老羊 经验分享手记

ARM Cortex-M0 20天自学教程

——LPC1114开发入门

杨奎武　赵 俭　单 征　编著　　陈 越　审

国防工業出版社
National Defense Industry Press

内 容 简 介

本书从学习者的视角向读者展示了当前流行的 ARM Cortex - M0 内核芯片——LPC1114 的开发学习过程,深入讲解了 ARM Cortex - M0 内核结构、LPC1114 微处理器开发以及嵌入式 μC/OS - Ⅱ操作系统移植等内容。

遵照科学的学习规律,本书为初学者设定了 20 天的学习内容,包括 LPC1114 芯片架构、开发板及电路、Keil MDK 开发环境、CMSIS 标准化软件接口、启动过程分析、时钟设置、GPIO 接口、中断程序设计、串口、RS485 接口、定时器、看门狗、I^2C 总线、SPI 总线、低功耗设计、LCD 驱动设计以及 μC/OS - Ⅱ操作系统裁剪和移植等,确保初学者能够全方位地了解和掌握 ARM Cortex - M0 内核芯片特性,尤其是 LPC1114 的开发理论和技术。

本书侧重理论与实践的紧密结合,有着丰富的实例和超级详细的代码分析。通过浅显、风趣的语言让读者能够快速接受和把握学习内容,"短、平、快"地完成内容学习。读者可以在出版社网站上下载全部的实例程序。同时本书作者也设定了微信号码,方便与读者交流。

本书可作为电子通信、软件工程、自动控制、智能仪器和物联网相关专业的高年级本科生或研究生学习嵌入式系统开发的教材,也可作为嵌入式系统爱好者和开发人员的参考用书。

图书在版编目(CIP)数据

ARM Cortex - M0 20 天自学教程:LPC 1114 开发入门/杨奎武等编著. —北京:国防工业出版社,2017. 1
ISBN 978 - 7 - 118 - 11136 - 1

Ⅰ. ①A… Ⅱ. ①杨… Ⅲ. ①微处理器—系统设计—高等学校—教材 Ⅳ. ①TP332

中国版本图书馆 CIP 数据核字(2017)第 013354 号

※

国防工业出版社出版发行
(北京市海淀区紫竹院南路 23 号 邮政编码 100048)
腾飞印务有限公司印刷
新华书店经售

*

开本 787 × 1092 1/16 **印张** 26½ **字数** 628 千字
2017 年 1 月第 1 版第 1 次印刷 **印数** 1—4000 册 **定价** 58. 00 元

(本书如有印装错误,我社负责调换)

国防书店:(010)88540777 发行邮购:(010)88540776
发行传真:(010)88540755 发行业务:(010)88540717

致读者

PREFACE

各位亲，大家好：

真的非常感谢你翻看本书，因为这至少说明了我们的书名或者封面设计还是成功的。作为一群理工科的老家伙，我们自然少了些浪漫，多了些闷骚，因此煽情和勾引你的话这里我们也就不说了，就简单、直白地和你谈谈我们撰写本书的出发点以及本书的主要内容吧！当然最后也会适当推销一下我们的劳动成果，提一下本书的特点以及适合的读者，希望大家能捧个人场！

接下来就用我们理工人最擅长的文章撰写方式开始吧，列条目：

一、本书撰写的出发点

近些年来，随着移动互联网、物联网、大数据等“高大上”词汇的不断涌现，技术的发展速度实在是太快了，这在给理工科的兄弟姐妹们带来了巨大机遇的同时也带来了无尽的烦恼，什么东西都要学，学什么东西都要快，否则就会被淘汰，一个字：累！甚至有些力不从心。有时真的希望科学技术的发展能够慢下来，让理工人喘喘气！当然这是不可能的，我们理工人只能适应时代的发展，从自身学习方法、学习方向、学习内容上要效率。

正是出于这个目的，我们几个老家伙选择了物联网这一领域，选择了 ARM 系统开发这一方向，选择了 Cortex - M0 这一点，将前期自己学习的一点东西拿出来，以日记的形式、浅显的言语讲给大家，希望能够帮助读者“短、平、快”地介入到这个未来 15 年仍具有市场前景的技术领域，避免大家在技术的浪潮中漫无目的、疲于奔命，当然更希望大家能够在未来智能化、网络化、小型化电子设备研发领域占得先机，找到自我，创造价值。

二、本书的主要内容

51 系列单片机作为整整影响了一代人的划时代产品，在历经几十年的沧海桑田后，面临当前网络化、智能化的物联网时代，已经变得力不从心了。而 ARM 作为移动互联网时代的王者，其最新的 Cortex 系列产品已经遍及各种高、中、低端设备，必将成为引领时代发展的巨人。我们以为，将 Cortex - M0 作为学习对象，并将其作为介入

Cortex 家族系列产品的基础，是嵌入式开发初学者的最优之路，也是最有前景之路。

本书以 NXP（恩智浦）公司 Cortex - M0 内核的 LPC1114 芯片为学习目标，从芯片、平台、接口驱动及操作系统四个层次，从代码级别向大家详细讲述基于 LPC1114 芯片的嵌入式开发和设计，确保大家能够在最短的时间内学到最丰富和最有用的开发设计知识，为你的嵌入式开发铺平道路、铲平门槛、拨开云雾。为此本书精心选择了 Cortex - M0 体系结构、Keil MDK 开发环境、LPC1114 时钟、可编程通用接口（GPIO）、定时器、UART/I²C/SPI 总线、ADC 转换、中断程序设计、LCD 液晶开发、低功耗程序设计、μC/OS - Ⅱ系统移植等内容，并在每一天内容的最后给出了典型的设计实例。目的是想让读者不但能够学会基本的 LPC1114 嵌入式开发，还能够从操作系统、产品设计层面上进一步深入理解嵌入式系统设计和开发的流程，成为知识全面的系统工程师。

三、本书的主要特色

自我推销的时间到了，请大家允许我们“以内容为依据，以代码为准绳”小幅度自吹一下！特色，也叫卖点，俗称“哪儿不一样”，我们几个老家伙一致认为本书的特色有五个字：鲜、全、易、趣、详。

鲜：即新鲜。Cortex - M0 内核推出已经 5 年以上了，LPC1114 也已经广泛应用于市场，被大家所熟知和使用，但是国内针对 Cortex - M0 LPC1114 进行专门系统讲解的教材还很少见到，本书的出版对于想深入了解 Cortex - M0 和 LPC1114 开发的小伙伴可以说是福音到了。

全：是指内容全面。本书虽然是主要介绍 Cortex - M0 LPC1114 的开发，但是在具体内容中还深入讲解了 μC/OS - Ⅱ嵌入式操作系统、电路设计、LCD 液晶驱动、汇编语言基础等很多其他单片机开发中的必要知识，是进行电子系统开发不可或缺的全面资料。

易：是指学习容易。教材中的学习内容是以日记形式精心设计和安排的，是我们这些老家伙切身的学习体会和总结，符合初学者的学习和认知过程，希望读者能够以最短的时间学会系统开发的精髓，少走我们学习的弯路。这种分享精神一直是我们所推崇和践行的。

趣：是指语言风趣。为了能够增强读书的趣味性，特别是降低知识学习和理解的难度，本书在语言表述上相对随意、风趣、不呆板，口语化特点突出，尽量用简单的语言表述复杂的问题。当然由于水平有限，某些问题的描述可能也不够严谨、科学，因此希望大家不要介意，也请大家谅解。毕竟我们最根本的出发点就是让大家能够“短、平、快”地完成学习任务，适应时代发展和市场竞争的需要。

详：是指文章内容详实、描述详尽、代码分析详细。尤其是实例代码是我们“百度＋工程实践”的结果，确保能够直接复制、直接运行，而且代码中我们给出了极为详尽的程序分析注释，确保读者能够了解每一条指令的作用和意义，这也是我们最为用心之处，读者再也不会找到像本书这样详尽的代码分析了。之所以这样做也是为了让读者在学习程序设计时能够知其然和知其所以然，打下坚实的学习基础。

四、读者对象和学习需求

本书主要面向嵌入式系统学习的初学者，特别是对 Cortex - M0 和 LPC1114 感兴趣的小伙伴，我们将为你开辟一条登上嵌入式开发顶峰的捷径，成为你路途的基石，当然你得有一双“登山鞋”——C 语言编程基础，其他装备暂不需要，毕竟走得不远。如果你能带个“相机”——开发板那是最好，不过没有相机也一样能够记录风景，因为我们会让你“走心”。

如果你在嵌入式开发的路上已经走了一段时间了，那么本书依然适合你，简单翻翻，说不定你忘了的东西，我们这里都有呢，毕竟我们的内容很全！下面是出版感言：

感谢承担了大量家务工作的老婆、父母，感谢编辑老师，感谢你们的支持！

感谢瑞生、感谢瑞生网，感谢那些为互联网发展做出积极推动的无私奉献者们，没有你们，就没有本书的完成，因为我们借鉴了你们很多的知识成果！另外，本书仅以教学、知识分享为目的！

感谢上帝，感谢大家，我都写了两千多字了！谢谢！

此致

敬礼！

老羊

本书约定

NOTICE

1. “(/＊楷体文字＊/)”,正文中引号内的部分代表作者的解释说明。

2. 部分C程序中我们混用“//”和“/＊　＊/”作为程序的注释说明。

3. “微处理器”、“微控制器”本书中会混用,没有特别区分。

4. 本书中给出的代码会有行号,由于注释等原因,行号不一定连续,但不影响程序功能。

5. 本书参考的一个重要材料就是恩智浦公司提供的“UM10398 LPC111x/LPC11Cxx User Manual”(正文中简称“用户手册”),版本号是Rev. 12.3,最后更新日期是2014.06.10。

6. GPIO引脚的写法PIOm_n和Pm.n表示的是同一个引脚,比如PIO1_9和P1.9。

超丰富内容设计,超详细代码解析

缩略语
ACRONYMS

AHB	先进高性能总线
AHB - AP	AHB 访问端口
AMBA	先进单片机总线架构
APB	先进外设总线
ASIC	行业领域专用集成电路
ATB	先进跟踪总线
BE8	字节不变式大端模式
CPI	每条指令的周期数
CPU	中央处理单元
DAP	调试访问端口
DSP	数字信号处理器/数字信号处理
DWT	数据观察点及跟踪
ETM	嵌入式跟踪宏单元
FPB	闪存地址重载及断点
FSR	Fault 状态寄存器
HTM	CoreSight AHB 跟踪宏单元
ICE	在线仿真器
IDE	集成开发环境
IRQ	中断请求(通常是指外部中断的请求)
ISA	指令系统架构
ISR	中断服务例程
ITM	指令跟踪宏单元
JTAG	连结点测试行动组(一个关于测试和调试接口的标准)

JTAG - DP	JTAG 调试端口
LR	连接寄存器
LSB	最低有效位
LSU	加载/存储单元
MCU	微控制器单元(俗称单片机)
MMU	存储器管理单元
MPU	存储器保护单元
MSB	最高有效位
MSP	主堆栈指针
NMI	不可屏蔽中断
NVIC	嵌套向量中断控制器
OS	操作系统
PC	程序计数器
PSP	进程堆栈指针
PPB	私有外设总线

目录
CONTENTS

为什么要学 Cortex－M0，Cortex－M0 什么样？

今天主要是想从非技术的角度和大家聊聊为什么要学习 Cortex－M0，以及学习的内容有哪些、主要的学习方法和需要准备的资料，当然，真正主体和重要的内容是学习 Cortex－M0 内核的体系结构，这个是后面内容的基础。

1.1　物联网时代请抛弃 51 单片机

1.1.1　物联网时代电子设备发展趋势

物联网，说白了就是想让所有有价值的物体都能通过网络相连，彼此通信，体现的是一种“无处不在”的计算理念。

2009 年开始，随着“智慧地球”“智慧中国”等一系列物联网理念的提出，物联网在学术界也着实火了一把，大量物联网相关的 973、863 科研课题相继开展，但总是心虚地感觉物联的时代还有那么一点点距离，想想啊，所有的物体都可以联网，那世界将会怎样！可是时代的发展实在是太快了，五六年的光景，我们突然间发现物联网好像并不遥远，好像就在我们身边，因为我们看到了苹果、安卓的智能终端，看到了智能手环、可穿戴设备，看到了 Arduino、Raspberry 开源硬件，更看到了无处不在的 WiFi、4G，原来物联网就在我们身边，正在慢慢地改变我们的生活，只不过它的表现形式太多样化、碎片化了，让你不知不觉，润物细无声。

敏感的电子设计人员突然发现我们设计的产品如果不能小型化、智能化、网络化、专业化、开放化，那么就很难生存。

• 小型化：指的是设备体积要小、功耗要小、成本要低，这样才方便携带、部署，便于维护甚至是不维护，就是坏了、丢了都不可惜。

• 智能化：指的是设备要具备一定的计算能力和处理能力，可以完成一些相对复杂的运算推理，可以自我监控、自我升级、自我维护。

• 网络化：指的是设备要能支持操作系统，并进一步支持国际互联网，便于设备间的网络通信和数据的及时传输。

• 专业化：指的是设备要针对具体的应用、具体的需求来设计，一个 PC 平台包打天下的时代已经结束了,只有专业的,才是最好的。

- 开放化:也就是开源、开放接口。产品要想生存,就要构建自己的生态系统,让更多的开发者加入进来,大家一同创造持续可生存的产品生态链,否则只能是昙花一现。

物联网时代,电子设备形态将越来越多样、越来越专业、越来越丰富,各种各样的硬件平台将不断涌现,"创客""极客"就是最好的体现,因此欢迎大家加入嵌入式系统设计大家庭,共同学习成长。站在"互联网 +"的风口,让我们张开臂膀,成为那只会飞的猪吧!

1.1.2 放弃 51,学点新东西

51 系列单片机从我们父辈开始就已经名满天下了,几十年的发展,其低成本及超大的应用范围成为其一统工控江湖的法宝。然而随着物联网时代的到来,"五化"已成为电子设计发展的主流方向,"功夫再好,架不住大炮",时代的车轮是谁也阻挡不了的,51 也将步入暮年,虽然它曾经那么辉煌,那么荣光,但它毕竟老了,让新一代当家主事的时候到了。那么新一代"扛把子"是谁,我不知道,相信也没人知道,但我知道 ARM Cortex - M 是新一代的佼佼者,也是有能力扛起大旗的产品。那么为什么要放弃 51,学习 Cortex - M 产品呢? 面向学习者,我给出几点粗浅的意见:

(1) 如果你是一个刚刚入门,想学习电子系统设计的小伙伴,那么在学习难度基本相同的情况下,你是不是更愿意学习功能更加强大、应用范围更广的处理器芯片呢? 我想答案是肯定的。

(2) 如果你的目标不仅仅是学习处理器开发,还要进一步深入学习嵌入式操作系统,学习应用程序开发,成为一个全面的系统工程师,那么你应该支持我的观点,因为 Cortex - M 能够很好地支持嵌入式系统,"搂草打兔子",既然处理器开发都学了,嵌入式系统也就"捎带脚"吧。

(3) 如果你羡慕苹果、安卓等产品功能的强大,也想今后能够开发像他们一样的产品,那么你应该以 Cortex - M0 系列处理器为学习起点,因为毕竟大部分移动终端的核心都是 ARM 家族的成员,它们有着天然的血缘关系,你的知识不会白学。

(4) "一招鲜,吃遍天",如果你想练点儿别人不会的功夫,到市场上找个好点的工作,挣个多点的工资,有个体面的职位,"嫁"个好点的老婆,ARM 也许是条路子。

(5) 最后,如果不想辛苦学习之后,过几年知识就没有用了,那就选个有前景的领域介入吧,ARM 可以让你十年不落伍。

以上都是一些不成熟的观点,没有从学术角度、系统角度对 51 和 Cortex - M 进行对比分析,可能会引起部分同行的批判,但却是真实想法,希望能够说服你。当然,存在即是合理,51 仍然有它自身的优势,这个也不能否认,但却不再是引领方向者。

1.1.3 本书主要内容、学习方法和准备资料

好了,如果你部分认同了我上面的观点,那么下面就可以真正开始 Cortex - M0 和 LPC1114 的学习旅程了,时间不长,不会很累。下面我具体介绍一下学习内容、学习方法,以及学习必需的资料。请大家学习前按要求准备好,尽量提高你的学习效率,我们尽量在 20 天以内让你能够学会 LPC1114 嵌入式系统的开发,虽然我们作者学习、使用的时

间都远远超过了 n 个 20 天。

1. 本书内容安排

本书共有 20 天的自学内容，只要每天能够抽出一点时间来读读书、动动手，认真读我们给出的代码及解释说明，相信你一定能够弄懂 Cortex – M0 LPC1114 系统开发设计的原理，当然 20 天毕竟有限，如果你想成为高手，那么找“度娘”和“谷哥”，自己来吧，因为，那时候已经没人能帮你了。

本书前两天主要是对 Cortex – M0 和 LPC1114 进行介绍，让大家熟悉嵌入式系统的体系结构，因为这是我们后期开发的基础；接下来一段时间重点介绍处理器基本开发内容，主要包括串口、GPIO 接口、系统时钟、中断、定时器、看门狗、ADC、I^2C、SPI 总线等开发；在基础内容弄清楚的情况下，我们会进行到应用开发部分，比如 LCD 液晶、TF 存储卡、字库、文件系统、μC/OS – Ⅱ移植等，每天都有几个具体的实例进行巩固，提升大家的综合能力。

2. 学习方法

本书的出发点是想让大家“短、平、快”地接触并学会基本的 Cortex – M0 和 LPC1114 的开发，目的是让大家懂原理、会使用，但也许很多读者关心的扩展功能、深入的细节本书可能没有介绍，希望小伙伴在学习过程中能够自己独立查找资料，学习理解。**具体的学习要求就是：在学会集成开发环境的基本操作前提下，要认真研读代码，每个程序要运行一遍，并会简单修改。**

其实我们特别希望小伙伴能够认真研读代码，弄清楚程序设计的基本原理，这也是为什么我们用了大量的篇幅对代码进行详细分析，因为只有这样才能以不变应万变，不管以后切换到什么平台，都能应付自如。

3. 学习准备

学习嵌入式开发并不是一件很难的事，尤其我们学习的是 ARM 系列产品中最简单的平台，因此学习过程中不必有畏难情绪，实在困难还有“度娘”呢，现在不是还有“度秘”嘛！在学习过程中我们希望大家首先准备好以下资料和条件：

（1）LPC1114 的数据手册，最好是英文的，因为本书中很多图表都来自其中。

（2）下载好本书的程序代码。

（3）下载好开发所需的相关软件、驱动程序等。

（4）一台能够安装 Keil MDK4.7 开发环境的电脑，最好有串口，没有串口一定要有 USB 接口。

（5）安排好一个能上网、安静的学习环境，因为分析代码需要细心、专心。

当然，部分资料我们在网络硬盘和出版社的网站上都有，请大家学习前下载完成。有问题可以找“老羊快跑”。

1.2 ARM Cortex – M0 简介

1.2.1 ARM 和 ARM 处理器

ARM 公司全称 Advanced RISC Machine Ltd.。ARM 并不生产处理器，主要是提供微

处理器设计方案。ARM 在微处理器设计上历史悠久，并取得了很大的成功，如今大部分移动终端都使用 ARM 内核的处理器，并且越来越多应用于可穿戴设备、电子娱乐产品、智能家居、电子玩具、工业控制等领域。ARM 已经进入微控制器市场二十多年了，它将自己设计的微处理器通过授权方式让半导体公司生产，从而迅速占领微控制器市场，当前 TI、NXP、ST、NEC 等知名半导体公司都取得了 ARM 的授权，其产品也走进千家万户，目前 ARM 的授权伙伴芯片累计出货量已经超过 500 亿颗，而这其中的 75% 则是近 5 年卖出的。

从图 1.1 当中我们可以基本看到 ARM 产品的发展历程，其各类产品的主要应用领域如图 1.2 所示。从这两幅图中我们可以看到，除了近年来发布的 Cortex - A8/9/15 等高端产品外，ARM 还拓展了微控制器领域的低端产品线。2004 年 ARM 发布了 Cortex - M3 处理器，并迅速取得市场成功，随后 2009 年 ARM 推出了入门级的 Cortex - M0，力争占领超低功耗微处理器市场。图 1.3 给出了近 20 年 ARM 各类架构产品出货量的发展曲线图(摘自 m. cnbeta. com)，从图中我们可以看出 ARM7、ARM9 在 2011 年之后开始走下坡路，ARM11 也随之下滑。Cortex - A 系列是从 2009 年开始爆发的，短短五年时间其规模就达到了和 ARM9 完全相同的水平，Cortex - M 系列势头更强劲，现在已经直逼 ARM7，不难看出，未来的低端微处理器市场，Cortex - M 必将成为领军者。

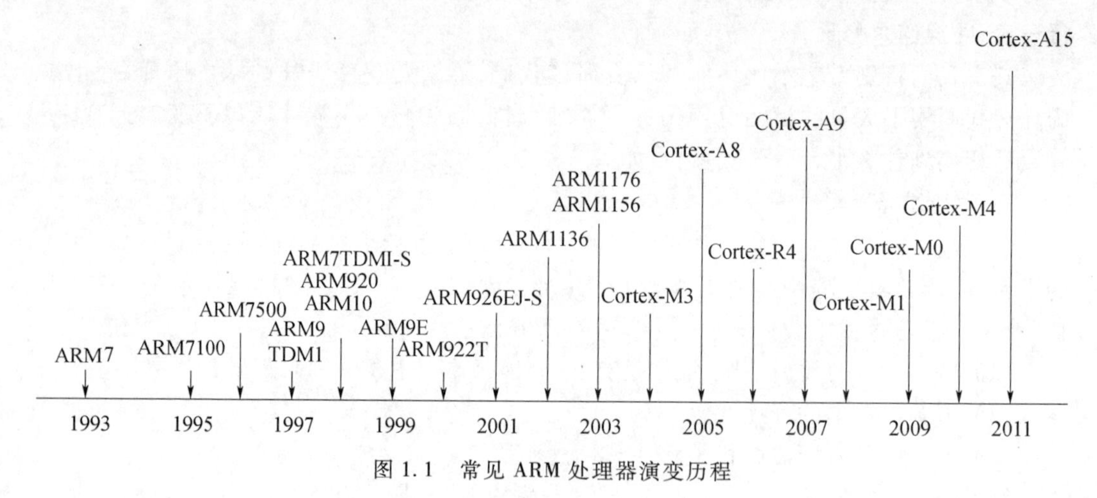

图 1.1 常见 ARM 处理器演变历程

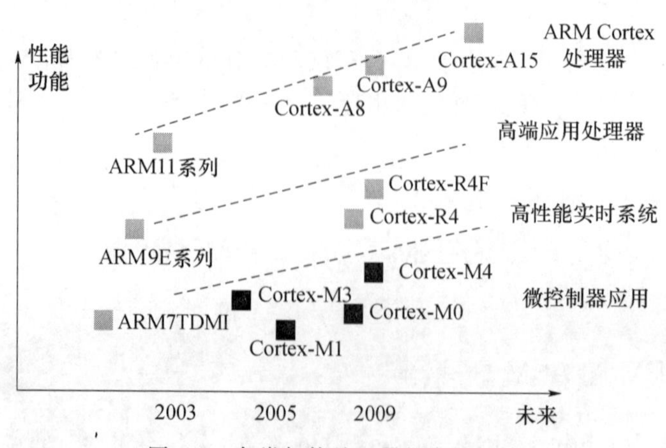

图 1.2 各类架构处理器的应用领域

（/＊好了，本节内容主要是给大家打打气，让大家知道我们所学习的知识肯定是有前景和有价值的，也为你日后“吹牛”添点谈资，至于 ARM 家族系列产品如何分类、采用何种内核架构，大家可以自行上网搜索，限于篇幅，不多说了。＊/）

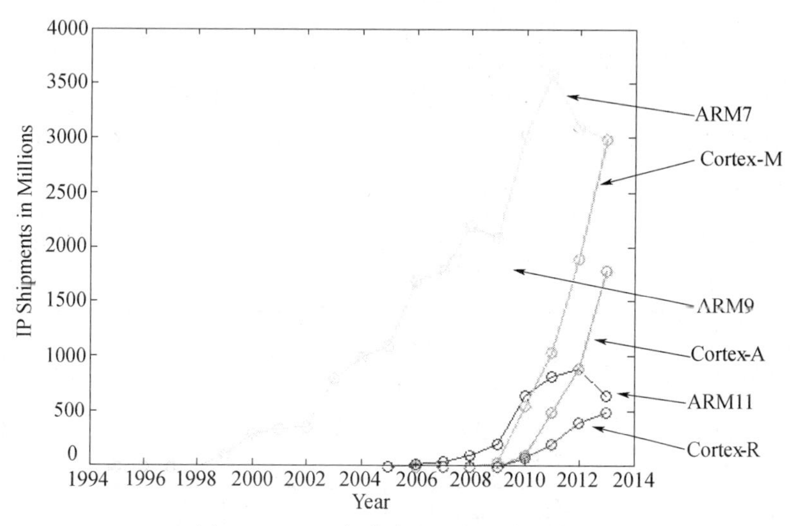

图 1.3　ARM 各类产品历年出货量统计

1.2.2　ARM Cortex－M0 处理器简介

我们本书重点介绍的 LPC1114 微控制器的内核就是 ARM Cortex－M0，因此这里我们先学习 Cortex－M0 内核的一些知识。Cortex－M 系列产品主要包括 Cortex－M0、Cortex－M1、Cortex－M3、Cortex－M4、Cortex－M7 等，其中 Cortex－M0 主打低功耗，M3 主要用来替代 ARM7，重点侧重能耗与性能的平衡，而 M7 则重点放在高性能控制运算领域。

Cortex－M0 处理器基于冯·诺依曼体系结构，采用的是 ARMv6－M 体系架构，使用 32 位的精简指令集（RISC）。该指令集被称为 Thumb，包含 Thumb－2 指令集。Cortex－M0 总共支持 56 个基本指令，其中某些指令会有多种形式。虽然指令集较小，但是其处理能力却不一般，因为 Thumb 是经过高度优化的指令集。由于读写存储器的指令相互独立，而且算术或逻辑操作的指令使用寄存器，Cortex－M0 处理器可以被归到加载－存储的结构中。Cortex－M0 的简单框图如图 1.4 所示。从图中可以看出，Cortex－M0 体系有 Cortex－M0 微处理器和可选的两个组件（唤醒中断控制器和调试接口）组成。Cortex－M0 微处理器主要包括处理器内核、嵌套向量中断控制器（NVIC）、调试子系统、内部总线系统构成。Cortex－M0 微处理器通过精简的高性能总线（AHB－LITE）与外部进行通信。Cortex－M0 处理器的特点如下：

（1）Thumb 指令集，高效、高代码密度。

（2）高性能，使用快速乘法器可以达到 0.9DMIPS/MHz。

（3）中断数量可配置（1～32 个），4 级中断优先级，低中断切换时延，提供不可屏蔽中断（NMI）输入保障高可靠性系统。

（4）确定的中断响应时间，中断等待时间可以被设定为固定值或者最短时间（最小为 16 个时钟周期)。

(5) 门电路少,低功耗,处理器可在休眠状态下掉电以降低功耗,还可被 WIC 唤醒。

(6) 具有 JTAG 调试口或 2 线的串行 SWD 调试口,其中 SWD 口用于小封装尺寸的 Cortex - M0 微处理器芯片。

(7) 与 Cortex - M1 处理器兼容,向上兼容 Cortex - M3 和 Cortex - M4 处理器,可以很容易地升级到 Cortex - M3。Cortex - M3 和 Cortex - M4 移植到 Cortex - M0 也非常简单。

(8) 支持多种嵌入式操作系统,也被多种开发组件支持,包括 MDK(ARM Keil 微控制器开发套件)、RVDS(ARM RealView 开发组件)、IAR C 编译器等。

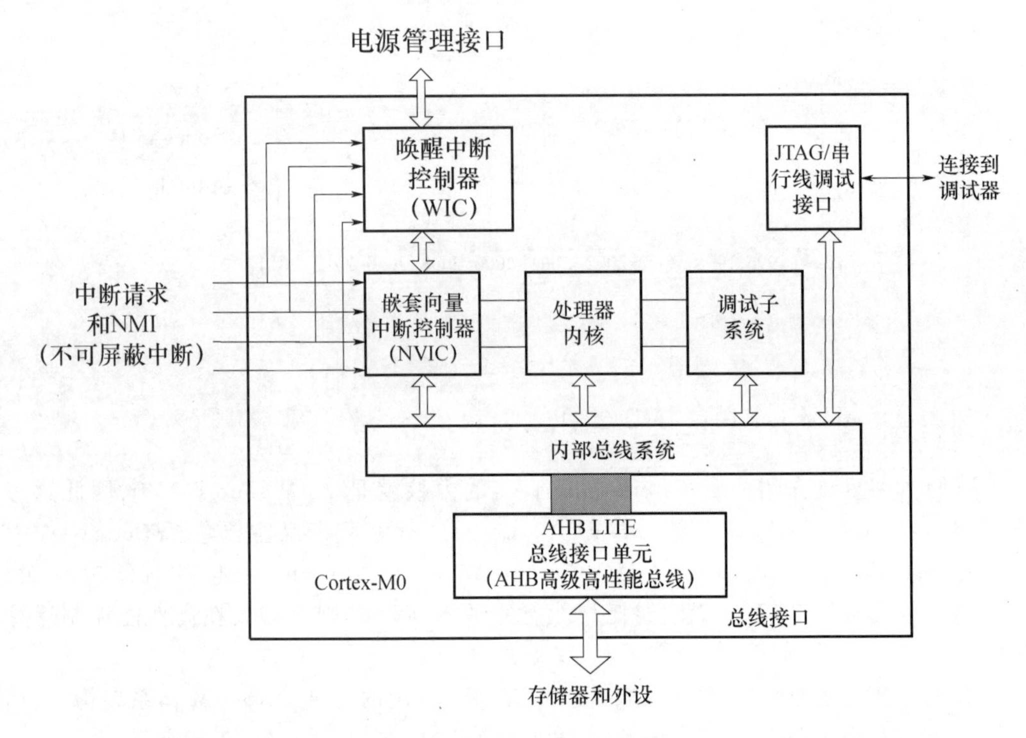

图 1.4 Cortex - M0 结构框图

ARM 公司对 Cortex - M0 处理器设计的目标就是体积小、低功耗、向上兼容 M3。因此以上特点使得 Cortex - M0 有着比 8 位和 16 位处理器更优秀的能耗效率(65nm 半导体工艺仅为 12μW/MHz),成为低功耗开发的不二之选。

1.2.3 ARM Cortex - M0 体系结构

1. 处理器工作模式

Cortex - M0 处理器有线程模式(Thread Mode)和处理模式(Handler Mode)。芯片复位后,即进入线程模式,执行用户程序;在处理模式下执行异常处理或者中断程序,处理完成后返回线程模式。Cortex - M0 处理器有两个堆栈,即主堆栈和进程堆栈,分别有着独立的指针 MSP 和 PSP。在处理模式下,只能使用主堆栈,在线程模式下,可以使用主堆栈也可以使用进程堆栈,这主要是由 CONTROL 寄存器控制完成。

2. 寄存器和特殊寄存器

Cortex - M0 处理器内核有 13 个通用寄存器以及多个特殊寄存器，如图 1.5 所示。具体介绍如下。

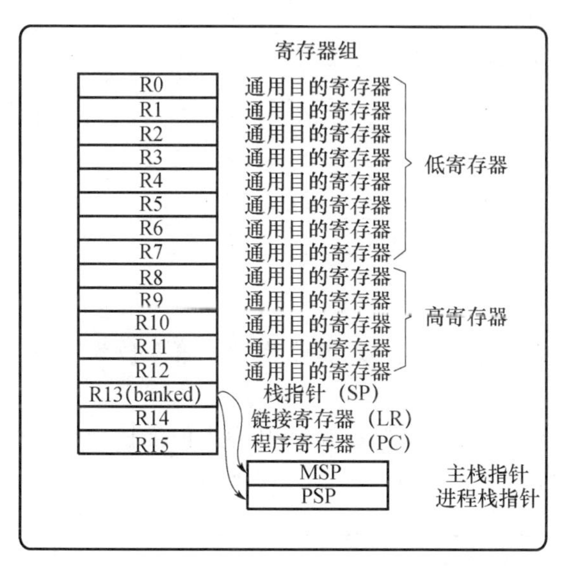

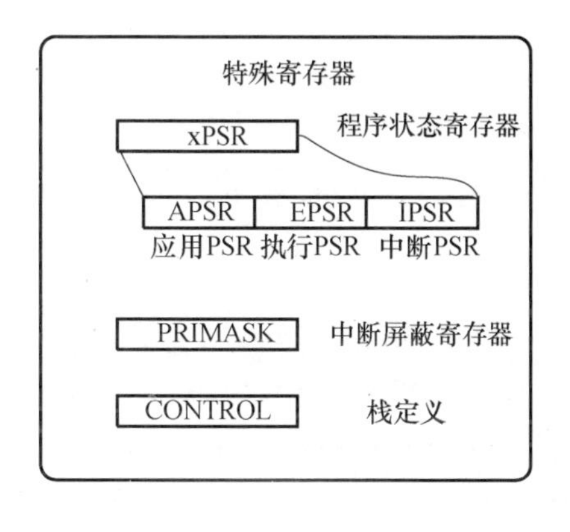

图 1.5　Cortex - M0 寄存器

（1）R0 ~ R12：通用寄存器。其中 R0 ~ R7 为低端寄存器，可作为 16 位或 32 位指令操作数，R8 ~ R12 为高端寄存器，只能用作 32 位操作数（/ * 如果你用 Thumb 指令编程，那么请记住 * /）。

（2）R13：堆栈指针 SP，Cortex - M0 在不同物理位置上存在两个栈指针，主栈指针 MSP，进程栈指针 PSP。当 CONTROL 寄存器的第 1 位为 0 时使用 MSP，当第 1 位为 1 时使用 PSP。系统复位后，中断向量表的低 4 个字节会填充到 MSP，作为 MSP 的初始值。（/ * 系统复位后默认使用 MSP，当加载操作系统时，会用到两个堆栈，一般情况下主要使用 MSP/。 * /）

（3）R14：连接寄存器（LR），用于存储子程序或者函数调用的返回地址，当子程序或者函数执行完毕，存储在 LR 中的返回地址将被装载到程序计数器（PC）中。函数的返回地址始终是偶数，因此 LR 最低位一直为 0。

（4）R15：程序计数器（PC），存储下一条将要执行的指令的地址。系统复位时，PC 指向 0x04 地址处，该地址存储的值最低位应该为 1，此时，最低位的值 1 会被写入到 EPSR 寄存器的 T 位，表示处理器工作在 Thumb 状态下。（/ * 启动时第一步到哪里找指令地址知道了吧！ * /）

（5）xPSR：组合程序状态寄存器，该寄存器由 3 个程序状态寄存器组成，APSR（应用程序状态寄存器），IPSR（中断程序状态寄存器）和 EPSR（执行程序状态寄存器），如图 1.6 所示。IPSR 和 EPSR 为只读寄存器，APSR 可读可写。APSR 包含了负号标志位 N、零标志位 Z、进位标志位 C、溢出标志位 V，主要用于控制条件跳转。IPSR 存放了中断服务程序的（ISR）编号，EPSR 中包含了 T 标志位，指示当前是否处于 Thumb 状态，一般必须为 1。这三个寄存器可以当作一个寄存器来访问，如图 1.7 所示。

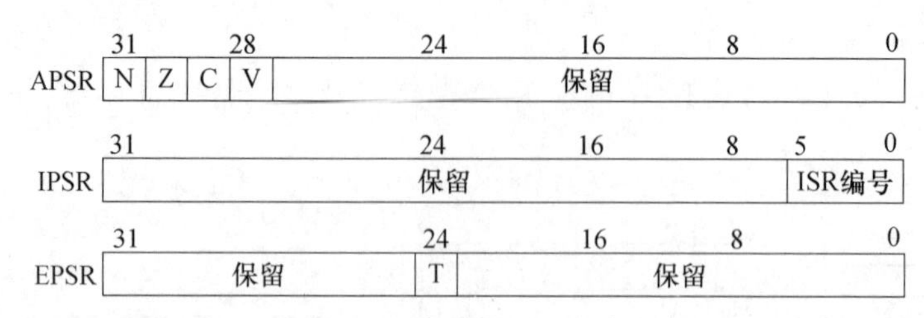

图 1.6　组合程序状态寄存器

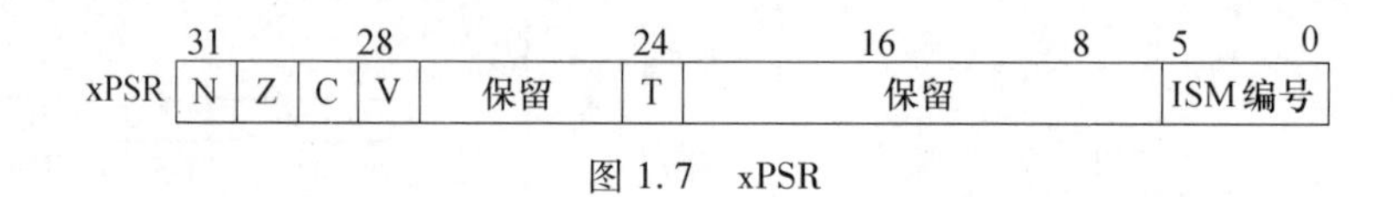

图 1.7　xPSR

(6) PRIMSK:中断屏蔽特殊寄存器,只有第 0 位有效,其余保留。第 0 位为 1,关闭所有可屏蔽异常和中断;为 0,表示开放这些中断。

(7) CONTROL:控制寄存器,只有第 1 位有效,为 0 表示 MSP 为当前堆栈指针,为 1 表示 PSP 为当前堆栈指针,如图 1.8 所示(/* 这个图还是比较直观的 */)。

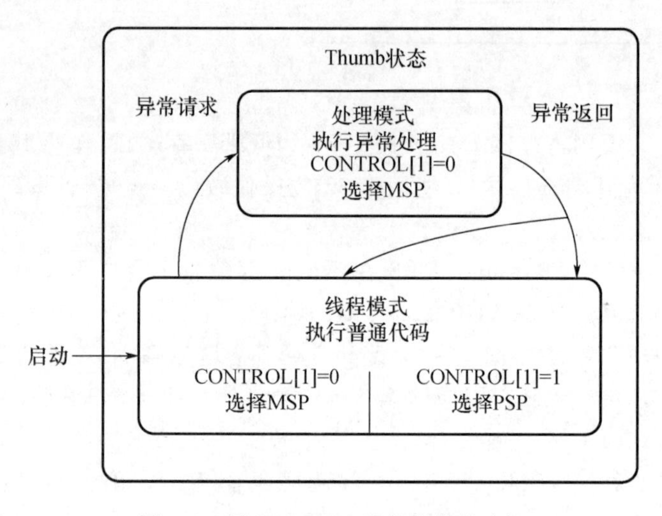

图 1.8　用 CONTROL 进行栈指针选择

3. 存储器映射

由于是 32 位处理器,因此 Cortex - M0 可以寻址的地址空间为 4GB,如图 1.9 所示。为了适应不同的需求,地址空间被划分为多个区域,每个区域的具体用途详见图中的解释说明(/* 这个区域的划分是 Cortex - M0 推荐的划分方法,实际中可以非常灵活,因此不一定要严格按照该划分方式进行地址分配,不同厂家生产的芯片可以不同。明天的 LPC1114 中还有详细描述 */)。32 位 Cortex - M0 支持大端和小端模式的数据存储,一个字由 4 个字节构成,具体存储方式见图 1.10。除了上一小节中的寄存器外,在微处理器内部,每一个存储单元、每一个寄存器都有自己的地址,可以利用这些地址对它们进行访问,从而实现某些功能。(/* 微处理器的开发实际上就是各类功能寄存器设置配置的过程。*/)

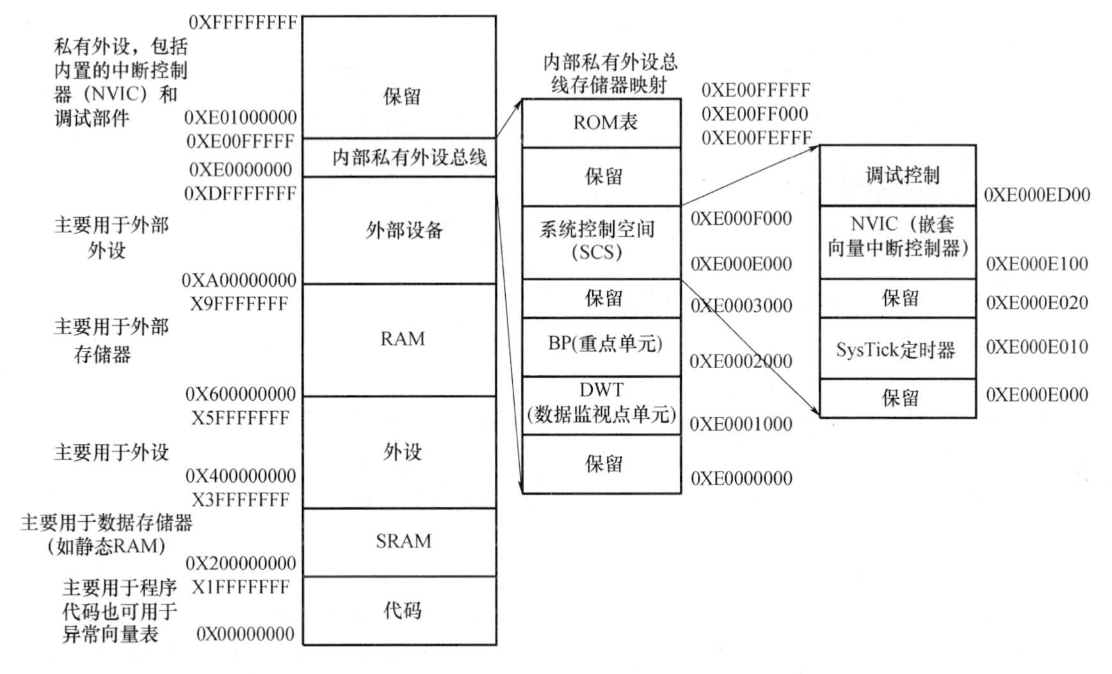

图 1.9　存储器映射

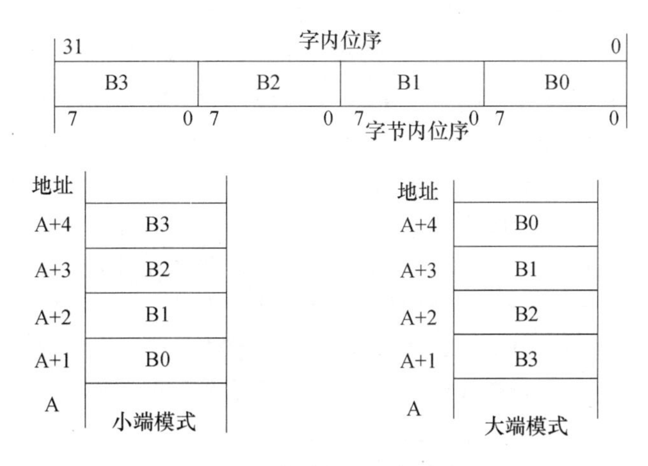

图 1.10　大端与小端存储模式

4. 堆栈操作

堆栈是程序设计必不可少的数据结构，一般采用先进后出的方式进行操作，具体的操作指令为 PUSH（压栈指令）和 POP（出栈指令）。PUSH 和 POP 常见于函数或子程序的开始和结尾处，PUSH 用于压栈保存数据，POP 用户出栈恢复数据。Cortex－M0 对堆栈操作的最小单位是 4 字节，32 位。ARM 处理器支持向上生长和向下生长两种堆栈（/＊向下生长最常见＊/）。假如某堆栈是向下生长的，其堆栈的区域为 0x1000～0x1FFF，那么该区域的上边界 0x2000 一般作为栈指针的初始值，当压入某个寄存器中的字数据 0x12345678 后，堆栈的指针将指向 0x1FFC，堆栈的指针时刻指向的是栈顶，如图 1.11 所示；用 POP 指令弹出堆栈时，操作相反。（/＊堆栈操作要清楚。＊/）

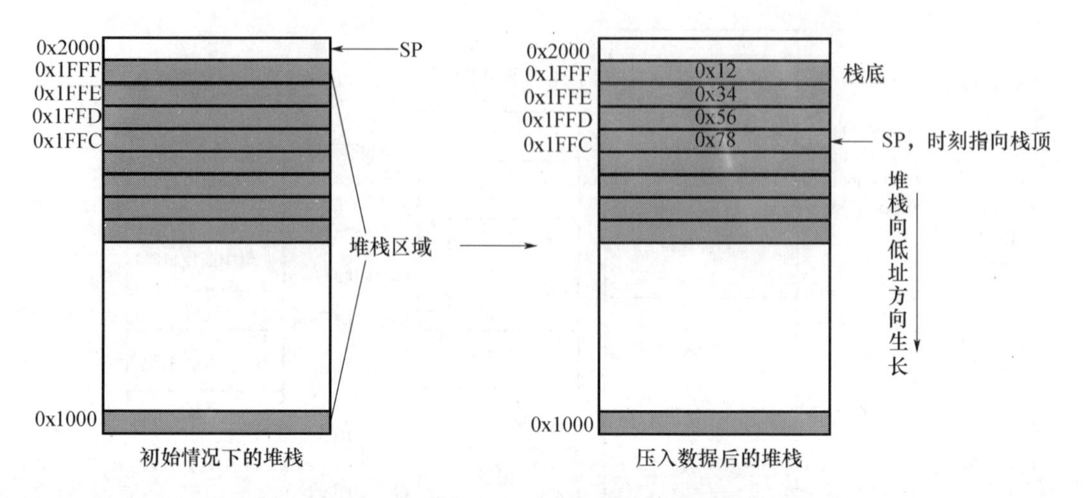

图 1.11　向下生长段的 PUSH 操作过程

5. 异常和中断

Cortex－M0 处理器最多支持 32 个外部中断(通常称为 IRQ)和一个不可屏蔽中断(NMI),另外 Cortex－M0 还支持许多系统异常(Reset、HardFault、SVCall、PendSV、SysTick),它们主要用于操作系统和错误处理,参见表 1.1。中断 IRQ0～IRQ31 是由中断服务程序(ISR)来处理的异常,HardFault 是由故障处理程序来处理的异常,NMI、PendSV、SVCall、SysTick 和 HardFault 是由系统处理程序来处理的异常。

Cortex－M0 异常(或中断)向量表如图 1.12 所示,该表位于 0x00 地址处,每个向量占 4 个字节,存储的是中断或异常服务程序的。IRQ 中断最多有 32 个,中断号从 0 至 31。中断号(IRQ)也可以为负值,为了简化软件层,只使用 IRQ 编号,因此,对除中断外的其他异常都使用负值(CMSIS 在 1.4 节会介绍)。中断或异常发生时,IPSR 寄存器返回的是异常编号。当中断发生时,PC 指针将指向异常向量表中相应的异常或中断入口处,取出服务程序的地址。Cortex－M0 处理器支持 3 个固定优先级(－3,－2,－1)和 4 个可编程优先级(0x00,0x40,0x80,0xC0,这些值写入优先级寄存器),优先级号越小,优先级越高,所有可配置优先级的异常或中断,如果不进行优先级配置则默认优先级为 0。(/* 中断向量表很重要,代码中会经常碰到,请关注。*/)

表 1.1　异常类型

异常类型	名称	优先级	触发方式	解释说明
Reset	复位	－3 优先级最高	上电复位或热复位	特殊的异常,如果复位,那么处理器将退出主程序
NMI	不可屏蔽中断	－2	外设或软件触发	优先级固定,不可被编程(/* LPC111x 产品没有 NMI */)
HardFault	硬件错误异常	－1	硬件访问或总线处理出错	优先级固定,不可被编程
SVCall	超级用户特权调用异常	可配置	SVC 指令触发	执行 SVC 指令时被激活,主要用于操作系统

（续）

异常类型	名称	优先级	触发方式	解释说明
PendSV	请求特权服务异常	可配置	软件方式触发	为操作系统服务，请求任务切换的软件来触发，在 PendSV 异常服务函数中进行任务切换
SysTick	系统时钟异常	可配置	SysTick 定时器触发，软件方式也可以触发	由系统时钟节拍定时器 SysTick 按一定频率触发，用于操作系统的“心跳”
IRQ	用户中断	可配置	外设或软件方式触发，用于外设与处理器异步通信	

为了管理中断请求的优先级并且处理其他异常，Cortex - M0 处理器内置了嵌套向量中断控制器（NVIC），NVIC 的一些可编程寄存器控制着中断管理功能，这些寄存器被映射到系统地址空间当中，所处的位置称为系统控制空间（SCS）。NVIC 相关寄存器主要有中断使能寄存器 ISER、中断清除使能寄存器 ICER、中断请求寄存器 ISPR、中断清除请求寄存器 ICPR 和中断优先级寄存器 IPR0 ~ IPR7，这些寄存器的具体功能后面用到时再详细介绍。

异常号	中断号	异常（或中断）向量	偏移地址
47	31	IRQ47	0xBC
		…	
16+n	n	IRQn	0x40+4n
		…	
18	2	IRQ2	0x48
17	1	IRQ1	0x44
16	0	IRQ0	0x40
15	-1	SysTick	0x3C
14	-2	PendSV	0x38
13 12		保留	
11	-5	SVCall	0x2C
		保留	0x10
3	-13	HardFault	0x0C
2	-14	NMI	0x08
1		Reset	0x04
		SP初始值	0x00

图 1.12　Cortex - M0 中断向量表

1.3　程序映像和启动流程

Cortex - M0 的程序映像通常是从地址 0x00000000 开始的，如图 1.13 所示。在程序映像的起始处为中断向量表,每个中断向量占4个字节,因此中断向量的地址为“异常号*4”,向量表的大小由实际中断的个数决定,每个中断向量的最低比特位都为1,表明异常处理使用Thumb指令。向量表的最低4个字节为MSP的初始值。

系统复位后,处理器首先读取向量表中的前两个字(8个字节),第一个字存入MSP,第二个字为复位向量,它表示程序执行的起始地址(复位处理)。如果启动代码位于地址0x000000C0处,则应在复位向量处写入0x000000C1,最低位置设置为1,表示当前为Thumb代码。假定内存0x20000000~0x200000FF处为堆栈,则可以在第一个中断向量处写入0x20000100,将MSP设为0x20000100。(/*这些内容掌握了还是非常有必要的。*/)

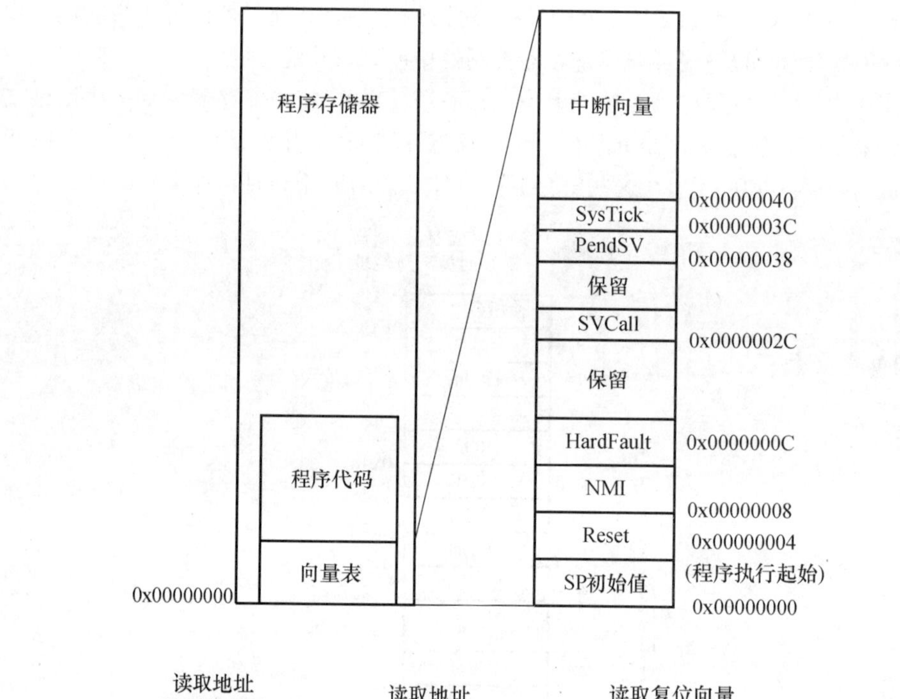

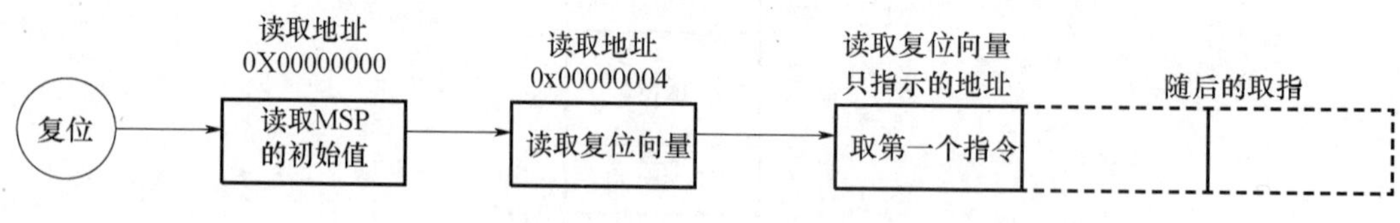

图1.13　程序映像及复位流程

1.4　Cortex微控制器软件接口标准(CMSIS)

为了使嵌入式软件产品具有高度的兼容性和可移植性,ARM同许多微控制器供应商和软件方案供应商共同努力,开发了一个通用的软件框架——Cortex微控制器软件接口标准(CMSIS),该框架适用于大多数的Corter-M处理器产品。CMSIS一般是作为微控制器厂商提供的设备驱动库的一部分来使用的。为了使用诸如NVIC和系统控制等功能,CMSIS 提供了一种标准化的软件接口,包括 Cortex - M 微控制器外设寄存器的定义和访问函数以及关键 NVIC 的中断管理函数等。

CMSIS 被集成在微控制器供应商提供的设备驱动包中,如果使用设备驱动库进行开发,那么就已经在使用 CMSIS 了,当然也可从 OnARM 网站下载并添加到所需的工程里。CMSIS 中与 Cortex_M0 有关的文件包括 core_cm0. c、core_cm0. h、<device>. h 等很多,这些文件里提供了相关处理器的寄存器信息、初始化函数、常量、辅助函数等很多有用的代码,能够大大方便开发者进行程序设计,也方便用户程序的移植和升级,能够大大降低开发风险,提高开发速度和兼容性。比如在后面的程序中我们会看到很多如图 1. 14 的代码,这些代码中的很多函数都是 CMSIS 提供的。(/* 总之一句话,你发现自己没有做什么,集成开发环境生成代码时很多东西都帮我们完成了,这都是 CMSIS 的功劳,因为你已经不知不觉在使用 CMSIS 库了。*/)

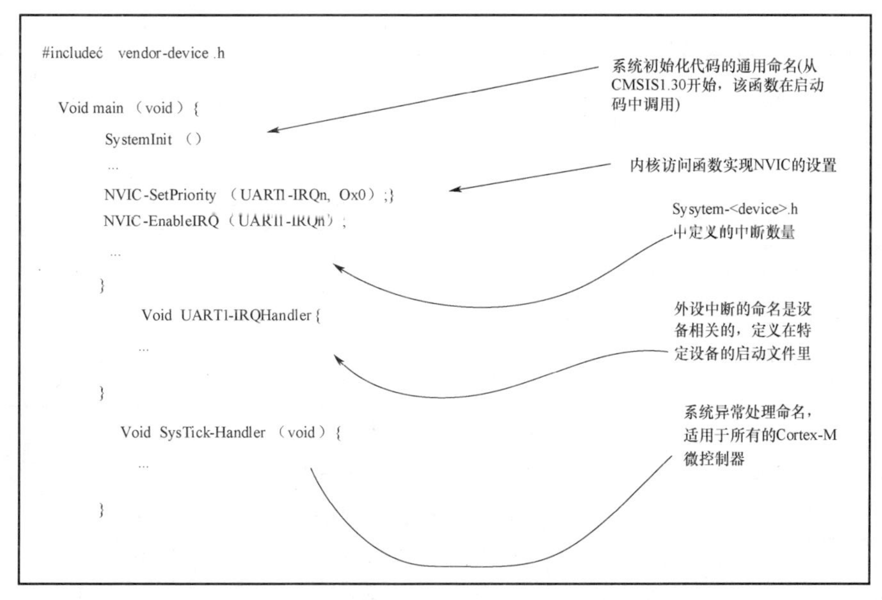

图 1. 14　CMSIS 示例

1.5　指 令 集

ARM 处理器支持两种指令集:ARM 和 Thumb。EPSR 寄存器的 T 标志位负责指令集的切换。Thumb 与 ARM 相比,代码体积小了 30%,但性能也低了 20%。2003 年,ARM 公司引入了 Thumb - 2 技术,具备了一些 32 位的 Thumb 指令,使得原来很多只有 ARM 指令能够完成的功能,用 Thumb 指令也可以完成了。Cortex - M0 基于的 ARMv6 - M 体系结构,该体系结构的处理器只是用了 16 位 Thumb 指令和部分 32 位 Thumb 指令。表 1. 2 给出了 Cortex - M0 支持的 Thumb 指令,其中除了 BL、DSB、DMB、ISB、MRS、MSR 为 32 位指令外,其他都为 16 位指令。(/* 由于后面在分析程序时会偶尔用到 Thumb 相关指令,所以请大家先在脑海中有个印象,不求全懂,用到时再回过头来翻翻。大多数情况下应

用程序代码完全可以用 C 实现。要想深入了解每条指令的细节请大家参考《ARMv6 - M 系统结构参考手册》。*/)

一般情况下 ARM 汇编使用如下指令格式:

[标号]助记符[操作数 1],[操作数 2],[……][;注释]

"标号"用作地址参考,是可选的;助记符,也就是指令名称;操作数为具体指令要操作的对象,ARM 汇编器上写的数据处理指令第一个操作数为目的操作数;指令不同,操作数的个数也不尽相同;立即数通常用"#"作为前缀。举几个汇编语言的例子:

```
MOVS R0,R1          ; 将寄存器 R1 中的值送入 R0 寄存器
LDR  R0,[R1]        ; 将 R1 所指向的存储器中的数据送入 R0 寄存器
BL   add0           ;跳转到 add0 函数,并将返回地址存入 LR 寄存器
```

后面我们分析代码过程中用到哪些具体指令我们再详细分析。

表 1.2 Cortex - M0 指令

助记符	操作数	简介	标志位
ADCS	{Rd,}Rn,Rm	进位加法	N,Z,C,V
ADD{S}	{Rd}Rn,<Rm|#imm>	加法	N,Z,C,V
ADR	Rd,label	将基于 PC 的偏移地址读入寄存器	—
ANDS	{Rd,}Rn,Rm	位与操作	N,Z
ASRS	{Rd}Rm,<Rs|#imm>	算术右移	N,Z,C
B{cc}	label	跳转{有条件}	—
BICS	{Rd,}Rn,Rm	位清楚	N,Z
BKPT	#imm	断点	—
BL	label	带链接的跳转	—
BLX	Rm	带链接的间接跳转	—
BX	Rm	间接跳转	—
CMN	Rn, Rm	比较负值	N,Z,C,V
CMP	Rn, <Rm|#imm>	比较	N,Z,C,V
CPSID	i	更改处理器状态,关闭中断	—
CPSIE	I	更改处理器状态,使能中断	—
DMB	—	数据内存屏障	—
DSB	—	数据同步屏障	—
EORS	{Rd,}Rn,Rm	异或	N,Z
ISB	—	指令同步屏障	—
LDM	Rn{!},reglist	加载多个寄存器,访问之后会递增地址	-
LDR	Rt,label	从基于 PC 的相对地址上加载寄存器	—
LDR	Rt,[Rn, <Rm|#imm>]	用字加载寄存器	—
LDRB	Rt,[Rn, <Rm|#imm>]	用字节加载寄存器	—
LDRH	Rt,[Rn, <Rm|#imm>]	用半字加载寄存器	—

（续）

助记符	操作数	简介	标志位
LDRSB	Rt,[Rn, < Rm|#imm >]	用有符号的字节加载寄存器	—
LDRSH	Rt,[Rn, < Rm|#imm >]	用有符号的半字加载寄存器	—
LSLS	{Rd} Rn, < Rs|#imm >	逻辑左移	N,Z,C
U	{Rd} Rn, < Rs|#imm >	逻辑右移	N,Z,C
MOV{S}	Rd,Rm	传输	N,Z
MRS	Rd,spec_reg	从特别寄存器传输到通用寄存器	—
MSR	Spec_reg,Rm	从通用寄存器传输到特别寄存器	N,Z,C,V
MULS	Rd,Rn,Rm	乘法,32位结果	N,Z
MVNS	Rd,Rm	位非	N,Z
NOP	—	无操作	—
ORRS	{Rd} Rn,Rm	逻辑或	N,Z
POP	Reglist	出栈,将堆栈的内容放入寄存器	—
PUSH	Reglist	压栈,将寄存器的内容放入堆栈	—
REV	Rd,Rm	反转字里面的字节顺序	—
REV16	Rd,Rm	反转半字里面的字节顺序	—
REVSH	Rd,Rm	反转有符号半字里面的顺序	—
RORS	{Rd,} Rn,Rs	循环右移	N,Z,C
RSBS	{Rd,} Rn,#0	反向减法	N,Z,C,V
SBCS	{Rd} Rn,Rm	进位减法	N,Z,C,V
SEV	—	发送事件	—
STM	Rn!,reglist	存储多个寄存器,在访问后地址递增	—
STR	Rt,[Rn, < Rm|#imm >]	将寄存器作为字来存储	—
STRB	Rt,[Rn, < Rm|#imm >]	将寄存器作为字节来存储	—
STRH	Rt,[Rn, < Rm|#imm >]	将寄存器作为半字来存储	—
SUB{S}	{Rd} Rn, < Rm|#imm >	减法	N,Z,C,V
SVC	#imm	超级用户调用	—
SXTB	Rd,Rm	符号扩展字节	—
SXTH	Rd,Rm	符号扩展半字	—
TST	Rn,Rm	基于测试的逻辑与	N,Z
UXTB	Rd,Rm	0扩展字节	—
UXTH	Rd,Rm	0扩展半字	—
WFE	—	等待事件	—
WFI	—	等待事件	—

表1.2中:尖括号 < > 内为操作数的备用格式;大括号{}内为可选的操作数和助记

符部分;操作数列所列出的操作数部完全。

1.6 小　结

好了,今天的内容先到这。简单总结一下,今天主要介绍了 Cortex - M0 体系结构相关的一些内容,包括中断向量表、启动过程、关键的寄存器、CMSIS、汇编指令等。那么如果今天的内容你看不太懂也没有关系,但要有个印象,后面在具体程序设计过程中我们会时不时地提到今天所学的知识,到时候返过头来再看看就能够明白了。学习本来就是循环反复的过程,不用心急,但要坚持。另外果你想对 Cortex - M0 有更深入的了解,那么推荐你看看 Joseph Yiu 的《ARM Cortex - M0 权威指南》,我们这里的内容很多就来自人家的大作!(/＊真心不错＊/)

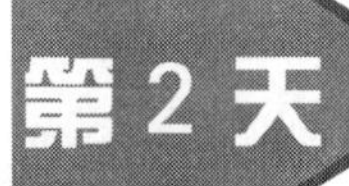

NXP LPC1114 亲密接触

今天主要介绍恩智浦(NXP)公司基于 Cortex - M0 内核的 LPC1000 系列产品,及其中最常见的 LPC1114 微处理器。着重分析 LPC1114 微处理器的特点、架构、寄存器、接口等部分内容,本章很多知识点都是后面程序设计中需要用到的,也请大家重点关注 LPC1114 的数据手册。

2.1 为什么选 NXP LPC1114

目前市场上有很多可用的 ARM Cortex - M0 产品,包括微控制器、开发板、入门套件以及开发组件,本小节简单介绍微控制器相关产品。(/ * 给出这些产品的主要目的是想让大家了解产品的特性,以后开发中可以据此进行芯片的选型。 * /)

2.1.1 NXP Cortex - M0 系列微控制器

NXP(www. nxp. com)提供了多种 Cortex - M0 微控制器,基于 ARM Cortex - M0 的 LPC1000 微控制器为低成本的 32 为 MCU 产品,主要面向传统 8/16 应用。该系列产品有着高性能、低功耗以及易于使用的优势。表 2.1 给出了当前主要的基于 ARM Cortex - M0 的 LPC1000 系列产品。

表 2.1 LPC1000 Cortex - M0 主要产品

产品	特性	电压
LPC1111, LPC1112, LPC1113, LPC1114	8 ~ 32KB 的 Flash 存储器, 2 ~ 8KB 的 SRAM、GPIO、UART、SPI、I^2C、16 位定时器和 32 位定时器、看门狗定时器、串行线调试、电源管理单元、10 位 ADC、掉电检测、在系统可编程(ISP)和在应用可编程(IAR), 2μA 深度休眠电流。	1.8 ~ 3.6V
LPC11C12, LPC11C14	LPC1112/LPC1114 的所有特性,外加一个 CAN 控制器。	1.8 ~ 3.6V
LPC1102	最多 32KB 的 Flash 存储器、8KB 的 SRAM、GPIO、UART、SPI、16 位定时器和 32 位定时器、10 位 ADC、130μA/MHz。	1.8 ~ 3.6V
LPC11U12, LPC11C13, LPC11C14	16 ~ 32KB 的 Flash 存储器, 6KB 的 SRAM、GPIO、UART、SPI、I^2C、USB 2.0 接口、ISO7816 - 3 智能卡接口, 16 位定时器和 32 位定时器、看门狗定时器、10 位 ADC。	1.8 ~ 3.6V

（续）

产品	特性	电压
LPC1224，LPC1225，LPC1226，LPC1227	32～128KB的Flash存储器，4～8KB的SRAM、micro－DMA控制器、GPIO、UART(2)、SSP/SPI、I^2C快速模式、RTC、16位定时器和32位定时器、窗口WDT、模拟比较器、10位ADC以及和LPC1112/LPC1114相同的时钟和功率特性。	3～3.6V

NXP是最早获得Cortex－M0授权的公司，旗下有着丰富的产品线，LPC1114是一款典型的Cortex－M0内核微控制器，封装大小为2.17mm×2.32mm，且有着丰富的接口，非常适合开发低功耗小型设备。

2.1.2 NuMicro及其他系列微控制器

NuMicro是台湾新唐公司基于ARM Cortex－M0内核的全新32位微处理器，它拥有丰富的外设，提供了强大的连接能力。目前，拥有的NUC100，NUC120，NUC130，NUC140等系列的产品，可满足32位机低成本场合的要求。详细产品请看表2.2。

表2.2 新唐NUC1XX Cortex－M0系列产品

产品系列	产品型号	特性	备注
NUC100系列	NUC100LE3AN，NUC100LD3AN，NUC100RE3AN，NUC100RD3AN，NUC100VE3AN，NUC100VD3AN，NUC100LC2AN，NUC100RC1AN等	32～128KB的Flash存储器，4～8KB的SRAM、GPIO、UART、SPI、I^2C、I^2S、通用定时器、比较器、看门狗定时器、电源管理单元、8个12位ADC、在系统可编程(ISP)。	部分芯片带有可编程直接存储器存取部件(PDAM)
NUC101系列	NUC101YD2AN，NUC101YC2AN，NUC101LC2AN，NUC101LD2AN	32～64KB的Flash存储器，4～8KB的SRAM、GPIO、UART、USB、LIN、SPI、I^2C，通用定时器、看门狗定时器、电源管理单元、在系统可编程(ISP)。	有PDMA
NUC120系列	NUC120LE3AN，NUC120LD3AN，NUC120RE3AN，NUC120RD3AN，NUC120VD3AN，NUC120VE3AN，NUC120VD2AN等	32～128KB的Flash存储器，4～8KB的SRAM、GPIO、UART、SPI、USB、I^2C、I^2S、通用定时器、比较器、看门狗定时器、电源管理单元、8个12位ADC、在系统可编程(ISP)。	部分芯片带有PDMA
NUC130系列	NUC130LE3AN，NUC130LD3AN，NUC130LD2AN，NUC130RD3AN，NUC130RE3AN，NUC130RE2AN等	64～128KB的Flash存储器，8～16KB的SRAM、GPIO、UART、SPI、I^2C、I^2S、CAN、通用定时器、比较器、电源管理电源、看门狗定时器、8个12位ADC。	有PDMA
NUC140系列	NUC140LE3AN，NUC140LD3AN，NUC140LD2AN，NUC140RE3AN，NUC140RD3AN，NUC140RD2AN，NUC140VE3AN，NUC140VD2AN等	64～128KB的Flash存储器，8～16KB的SRAM、GPIO、UART、USB、LIN、SPI、I^2C，I^2S，LIN、通用定时器、看门狗定时器、电源管理单元、8个12位ADC、在系统可编程(ISP)。	有PDMA

新唐的竞争优势是在中国台湾有个很好的产业链基础，包括人才、资金等，因此在中国大陆能够快速地服务客户，并主打大陆市场；在性价上也有优势，目前在大陆产品的使用量很大。

除了恩智浦、新唐等厂商外，意法半导体、飞思卡尔、Triad Semiconductor、晟元芯片等国内外很多厂商都成为 ARM 的授权厂商，尤其是意法半导体的 STM32F0 系列微控制器在业界也是非常有名，特别是在 Cortex－M3 内核的产品上更是突出。

2.1.3 为什么选择 LPC1114

从前面的介绍中大家可以看到，Cortex－M0 系列微控制器产品目前有很多，总体而言 NXP 公司由于其强大的公司实力、先进的芯片工艺、丰富的产品种类、灵活的应用范围、完善的软件支持使得其 Cortex－M0 系列产品深受国内外用户的欢迎，特别是在芯片抗干扰性和能耗方面相对于其他同类产品有着较大优势，非常适合用于低功耗小型设备的开发，因此我们向大家介绍该款微控制器。

2.2 NXP LPC1114 体系架构

2.2.1 NXP LPC1114 概述

首先我们简单了解下 LPC1114 的基本特点，留个大体的印象，主要特点如下：

（1）基于 Cortex－M0 内核，32 位微控制器，最高可运行至 50MHz；

（2）具有嵌套向量中断控制器（NVIC）；

（3）支持串行 SWD 调试；

（4）具有系统时钟节拍定时器 SysTick；

（5）片上集成 32KB Flash 存储器用于存储代码，具有 8KB SRAM，支持嵌入式实时操作系统 μC/OS－Ⅱ等；

（6）支持在系统（ISP）编程；

（7）具有多达 42 个通用可编程输入/输出接口（GPIO）；

（8）内部具有 PLL 倍频器；

（9）具有一个时钟输出引脚，可选择输出系统时钟，内部 RC 振荡器（IRC）时钟、CPU 工作时钟和看门狗时钟；

（10）集成功耗管理单元（PMU），具有睡眠、深度睡眠和深度掉电等低功耗模式；

（11）具有上电复位功能和掉电检测功能；

（12）单电源供电，供电电压 1.8～3.6V；

（13）具有一个快速 I^2C 口，具有 2 个 SPI 口，具有可分配的 UART 控制器，支持 RS232 和 RS485；

（14）具有 2 个 16 位定时器和 2 个 32 位定时器；具有 8 个外部输入 10 位 ADC。

（/＊如果你有意使用 LPC1114，那就主要看看以上这些特点符不符合你所设计产品的要求。＊/）

2.2.2 NXP LPC1114 微控制器结构

1. LPC1114 引脚分布

LPC1114 包括多种封装，图 2.1 给出了 LQFP48 封装的引脚分布（/＊我们开发板上的微控制器就是该封装的 */),从图中我们可以看出控制器引脚很多都是多种功能复用的,比如第30号引脚(PIO1_10/AD6/CT16B1_MAT)既可以作为通用的输入输出端口,也可以作为AD转换器的第6个输入端,还可以作为16位定时器的匹配输出。开发者可以通过配置引脚控制寄存器来设定具体的功能。

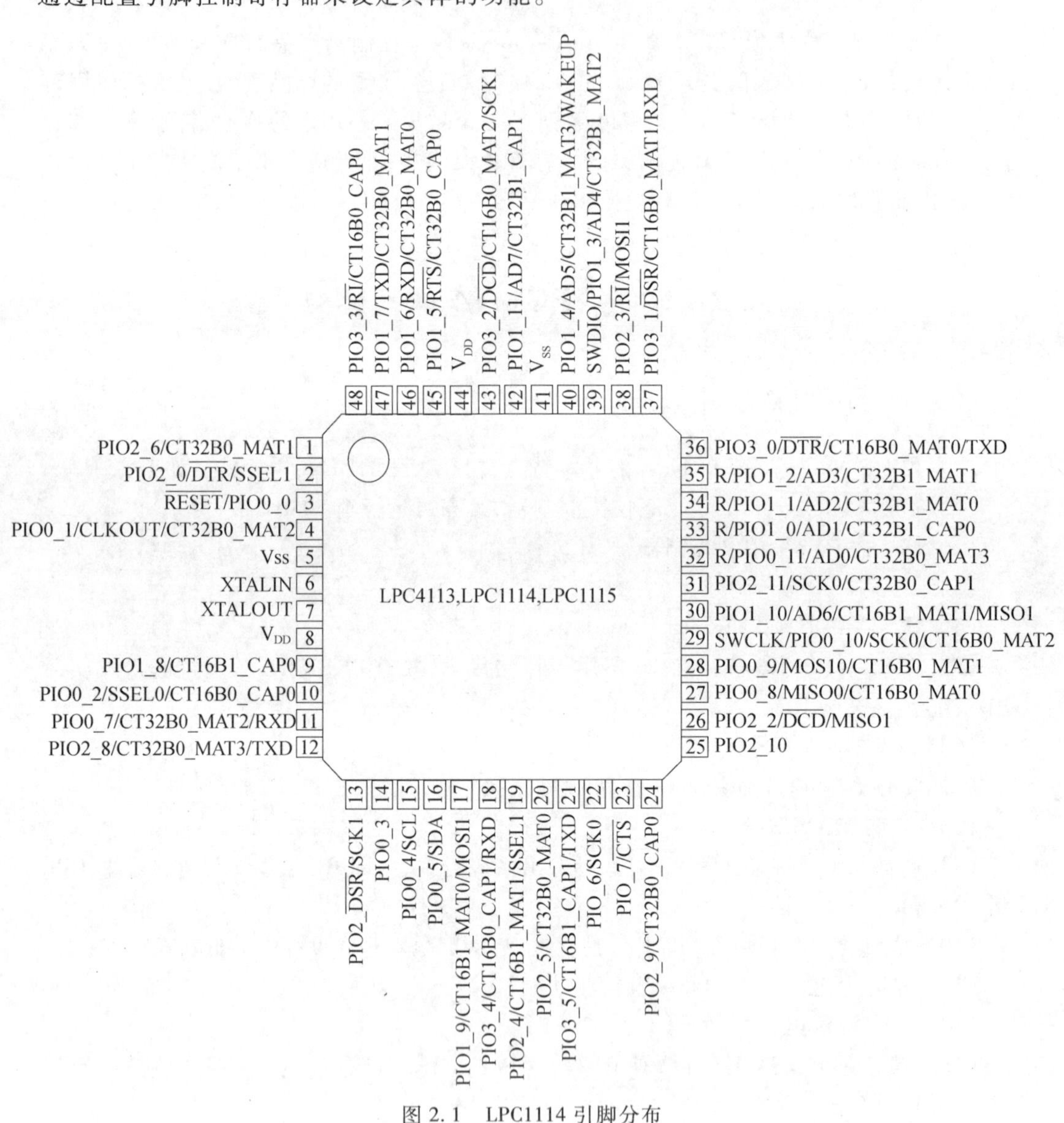

图2.1 LPC1114引脚分布

2. LPC1114内部结构

LPC1114内部结构如图2.2所示,从图中可以看出LPC1114内部主要是通过AHB总线和APB总线连接各个部件。AHB主要用于高性能模块(如CPU、DMA和DSP等)之间的连接,总线系统由主模块、从模块和基础结构(Infrastructure)3部分组成,整个AHB总线上的传输都由主模块发出,由从模块负责回应。APB主要用于低带宽的周边外设之间的连接,例如UART、定时器等,它的总线架构不像AHB支持多个主模块,在APB里面唯一的主模块就是 APB 桥。(/＊内部结构图主要是想让大家看看 LPC1114 内部都有些什么部件可以供大家使用,要想驱动这些部件大体都经过哪些总线。＊/)

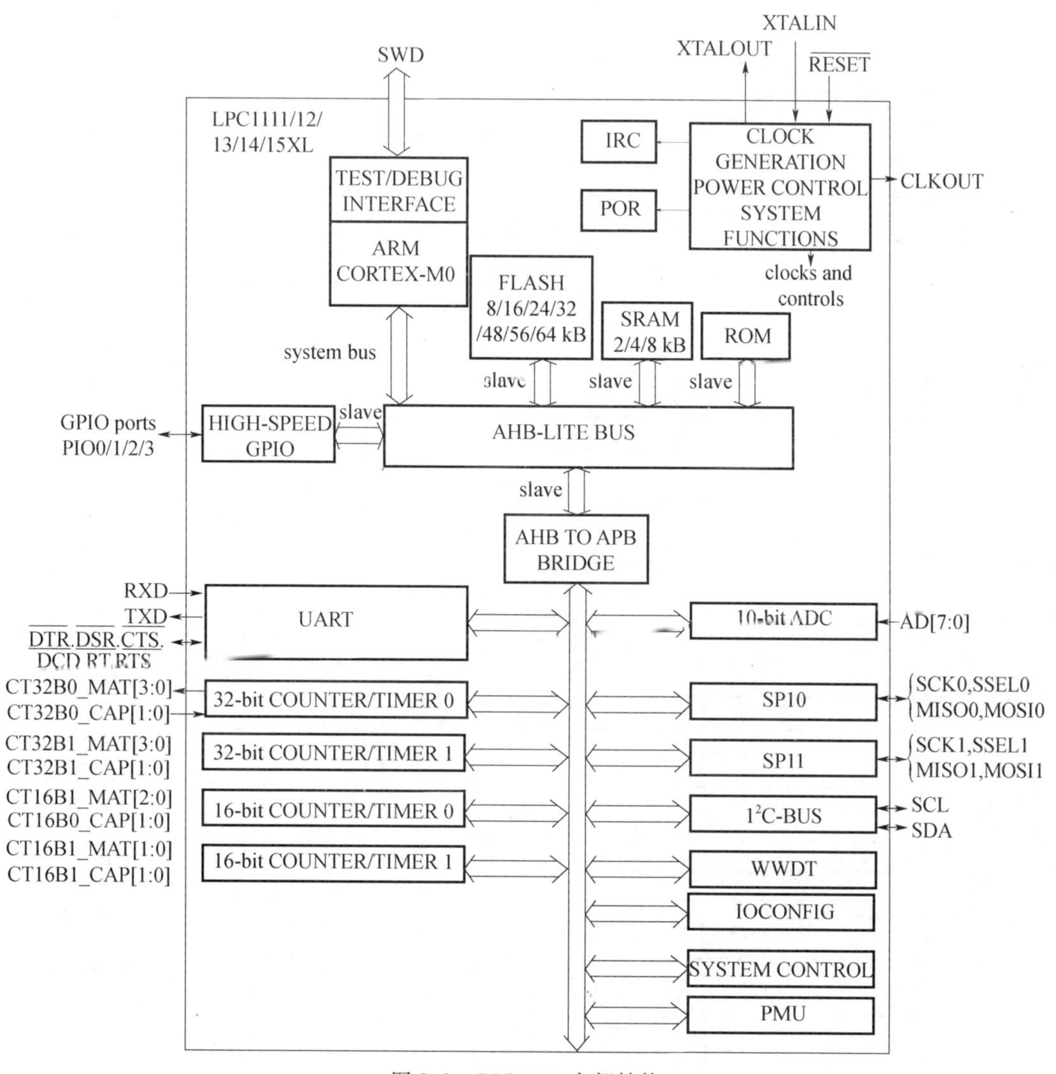

图 2.2　LPC1114 内部结构

2.2.3　NXP LPC1114 存储器映射

在微处理器当中,除了寄存器外,所有要访问的外设、存储器等资源都是有地址的,也就是说要根据地址才能对这些资源进行操作,比如需要对 16 位定时器 1 进行计数设置,就需要知道定时器控制寄存器(TCR)、定时器计数器(TC)、匹配寄存器(MR)等多个寄存器的地址。因此,存储器映射直白一点说就是安排这些资源占用的地址,好方便用户根据这些地址进行编程并控制资源。

LPC1114 存储器映射图如图 2.3 所示,从图中我们可以看出 4GB 的存储空间被划分成了多个区域,每个区域对应一种推荐的用途。(/＊这部分地址分配内容大家可以与代

码中的具体寄存器地址对照看,这样就知道寄存器地址值的来源了。*/)

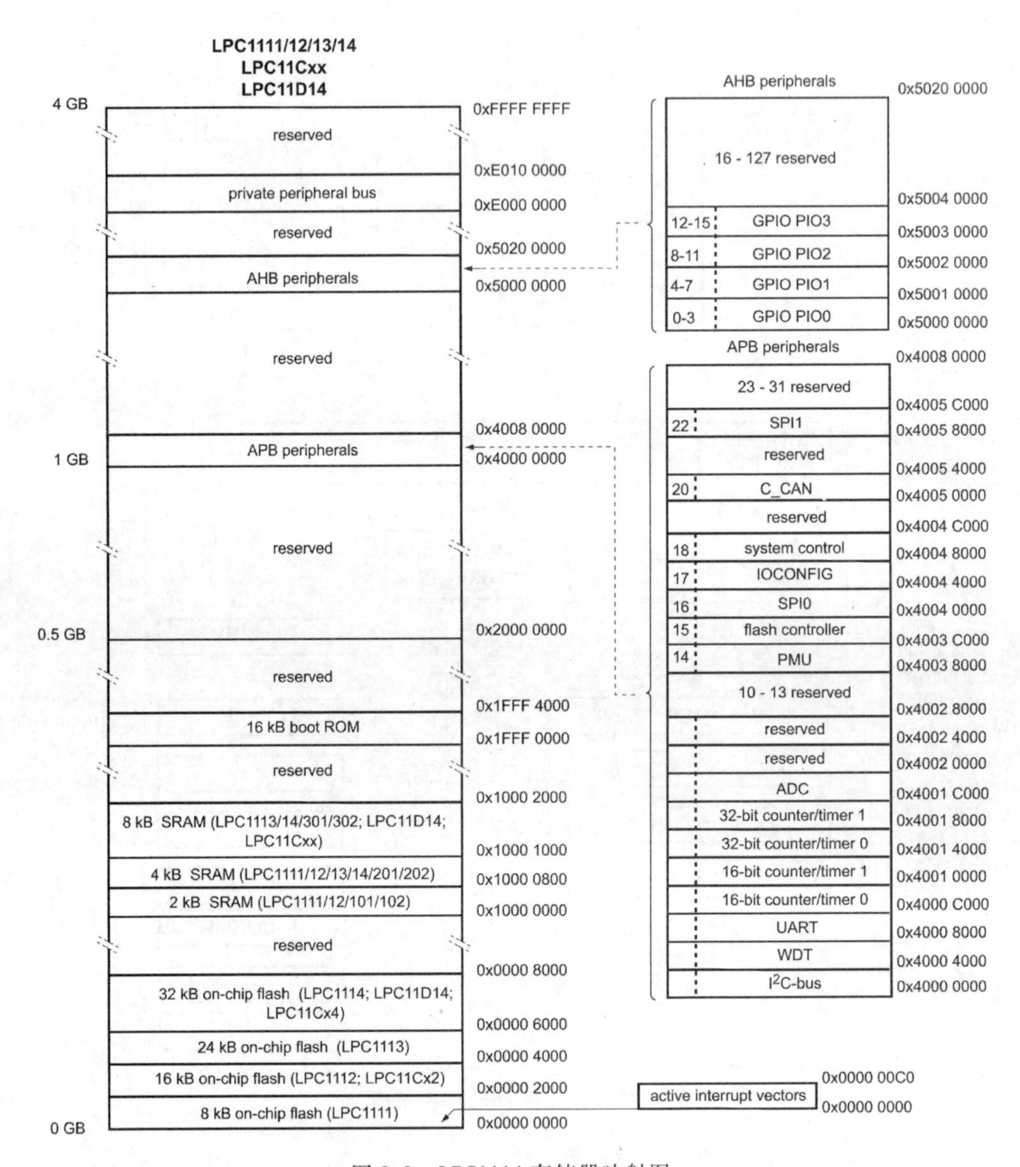

图2.3 LPC1114存储器映射图

(1) 地址0x00000000~0x1FFFFFFF为代码存储区域,大小为512MB。中断向量表在该地址空间的最低处,地址范围是0x00000000~0x000000BF,每个中断向量占4个字节,一共可以容纳48个中断向量。对于LPC1114而言,片上Flash大小为32KB,就占据该区域的0x00000000~0x00007FFF地址空间处;片内的SRAM大小为8KB,占据该区域的0x10000000~0x10001FFF地址空间处;其他大部分区域默认保留。

(2) 地址0x40000000~0x5FFFFFFF的512MB空间为外设区域,其中地址0x40000000~0x4007FFFF为高级外设总线(APB)地址区域,这个区域为512KB,分为32个小块,每个小块16KB,每个小块存储相应外设的寄存器。比如第0块存储与I^2C总线相关的寄存器,也就是说 I^2C 总线相关寄存器的地址在第 0 块地址范围内。地址 0x50000000 ~ 0x501FFFFF 的 2MB 地址空间为高性能总线(AHB)地址区域,分为 128 个小块,每个小块 16KB,LPC1114 仅使用了 16 个小块,用于存储 GPIO 相关的寄存器,其余保留。

(3) 地址 0xE0000000 ~ 0xD00FFFFF 为内部私有外设总线区域,用于处理器内部的外设,包括中断控制器 NVIC 和调试等部件的设定,大小为 1MB,该区域不允许执行代码。该区域内部包含中断控制寄存器、系统控制寄存器和调试控制寄存器等,当然这部分空间还包含一个可选的定时器 SysTick。

2.3 LPC1114 I/O 配置(IOCONFIG)

如果想对外部设备进行驱动或操作,那么学习芯片引脚如何使用、如何配置是必不可少的。LPC1114 一共 48 个引脚,除去时钟、电源和地,还有 42 个 I/O 引脚。由于微控制器内部有着诸如定时器、串口、ADC 等很多部件,因此 42 个 I/O 引脚根本不够用,所以这些引脚绝大部分都是功能复用的引脚,即某一个引脚在某一时刻可以配置成很多功能中的一种,完成具体任务。

所谓 I/O 配置,就是根据具体要求配置 I/O 引脚的功能、电器特性、内部上拉/下拉或总线保持、滞后等,每个引脚具体的配置是通过设定其对应的 I/O 控制寄存器(IOCON_PIOn_m)的值来完成的。在 LPC1114 用户手册(/* 不知道你下载了没有,没有就赶紧下载下来,打开看看 */)第 8 章的 Table 104 中给出了所有 I/O 引脚对应的控制寄存器,其部分截图如图 2.4 所示。在图 2.4 中,我们可以看出,这些寄存器的基地址为 0x40044000(/* 对照图 2.3 看一下! */),每个引脚控制寄存器的访问方式、偏移地址、具体功能描述、上电后默认值都给了出来。

Table 104. Register overview: I/O configuration (base address 0x4004 4000)

Name	Access	Address offset	Description	Reset value	Reference
IOCON_PIO2_6	R/W	0x000	I/O configuration for pin PIO2_6/ CT32B0_MAT1	0xD0	Table 106
-	R/W	0x004	Reserved	-	-
IOCON_PIO2_0	R/W	0x008	I/O configuration for pin PIO2_0/DTR/SSEL1	0xD0	Table 107
IOCON_RESET_PIO0_0	R/W	0x00C	I/O configuration for pin RESET/PIO0_0	0xD0	Table 108
IOCON_PIO0_1	R/W	0x010	I/O configuration for pin PIO0_1/CLKOUT/CT32B0_MAT2	0xD0	Table 106

图 2.4 LPC1114 用户手册关于 I/O 控制寄存器的截图

比如 2 号管脚 PIO2_0,它所对应控制寄存器名称为 IOCON_PIO2_0,该寄存器的访问方式是 R/W(可读可写),其偏移地址为 0x008(即物理地址为 0x40044000 + 0x008 = 0x40044008),该寄存器复位后的默认值为 0xD0,通过该寄存器可以将 2 号管脚设置为通用的 I/O 功能,也可以设置为 DTR 或 SSEL1 功能,具体如何设置可以参考 LPC1114 用户手册的 Table 107(如图 2.5 所示)。从图 2.5 中我们可以看出,IOCON_PIO2_0 控制寄存器是一个 32 位的寄存器,IOCON_PIO2_0[2:0]是功能选择位,用于设置管脚的功能(0x0 代表通用 IO 引脚,0x1 代表设置成 DTR,0x2 代表设置成 SSEL1),IOCON_PIO2_0[4:3]

用于设置上拉/下拉(所谓上拉下拉就是通过电阻将引脚设为高电平或低电平),IOCON_PIO2_0[5]用于设置管脚的迟滞功能(可以通过比较器消除信号抖动),IOCON_PIO2_0[10]用于设置管脚是开漏输出(Open - drain output)还是标准GPIO输出(Standard GPIO output或push - pull),其他位保留。(/*好了,到这里大家就应该知道了引脚的功能和电器特性如何设置了。*/)

Table 107. IOCON_PIO2_0 register (IOCON_PIO2_0, address 0x4004 4008) bit description

Bit	Symbol	Value	Description	Reset value
2:0	FUNC		Selects pin function. All other values are reserved.	000
		0x0	Selects function PIO2_0.	
		0x1	Select function $\overline{\text{DTR}}$.	
		0x2	Select function SSEL1.	
4:3	MODE		Selects function mode (on-chip pull-up/pull-down resistor control).	10
		0x0	Inactive (no pull-down/pull-up resistor enabled).	
		0x1	Pull-down resistor enabled.	
		0x2	Pull-up resistor enabled.	
		0x3	Repeater mode.	
5	HYS		Hysteresis.	0
		0	Disable.	
		1	Enable.	
9:6	–	–	Reserved	0011
10	OD		Selects pseudo open-drain mode.	0
		0	Standard GPIO output	
		1	Open-drain output	
31:11	–	–	Reserved	

图2.5 LPC1114用户手册中关于IOCON_PIO2_0控制寄存器的截图

(/*对于管脚设置一般分为开漏和推挽两种,即open - drain和push - pull,选择哪种说到底还是个权衡的问题:如果你想要电平转换速度快的话,那么就选push - pull,但是缺点是功耗相对会大些,适合连接数字器件。如果你想要功耗低,且同时具有“线与”的功能,那么就用open - drain的模式,适合电流驱动电路。*/)

(/*上拉就是通过一个电阻连接到高电平,这样引脚可以增强驱动能力;下拉是通过一个电阻接到低电平,保证有稳定的低压值。有个上拉、下拉可以降低外部干扰,平滑电平,防止静电破坏。*/)

2.4 LPC1114通用目的输入输出口(GPIO)

引脚的功能设置在上一小节中我们介绍了,那么这些引脚在使用时到底如何设置它的输入输出方向、中断方式,触发条件?这是本节的主要内容。

LPC1114的42个GPIO引脚可以划分为4组,第0组GPIO0为PIO0_0~PIO0_11,第1组GPIO1为PIO1_0~PIO1_11,第2组GPIO2为PIO2_0~PIO2_11,第3组GPIO3为

PIO3_0 ~ PIO3_5。每个 GPIO 口都可以配置成为输入或输出口,也可配置为中断输入口(/ * 中断触发可以是高电平、低电平、上升沿或下降沿,需要注意的是,如果采用电平触发中断,别忘了在中断服务程序中将触发中断的电压取反,以免不停地触发中断 * /)。每组 GPIO 口都具有表 2.3 所列的寄存器(用户手册 Table 173),其中 GPIO0 的基地址为 0x50000000,GPIO1 的基地址为 0x50010000,GPIO2 的基地址为 0x50020000,GPIO3 的基地址为 0x50030000,表 2.3 中 n 的值为 0,1,2 或 3。表中第 n 组 GPIO 口作为输入输出口时,仅与寄存器 GPIOnDATA 和 GPIOnDIR 有关;当第 n 组 GPIO 口用作中断输入口时,与其余的寄存器和 GPIOnDIR 无关。

当第 n 组 GPIO 口用作 I/O 口时,可以用 GPIOnDIR 寄存器(用户手册 Table 175)设置管脚为输入或输出,该寄存器如图 2.6 所示,寄存器的 GPIOnDIR[11:0]用于设置 PIOn_x 为输入或者输出,0 为输入,1 为输出,默认值为输入,其他位保留不用。在管脚设定好输入或输出情况下,到底输出的是 0 或 1,还是输入的是 0 或 1,如何判断呢?这就需要通过设置或读取 GPIOnDATA 寄存器(用户手册 Table 174)来决定,向其写入数据可以控制引脚的输出值,读取该寄存器可以获得外部输入的值。如图 2.7 所示,对于表 2.3 中偏移地址为 0x3FFC 的 GPIOnDATA 寄存器,如果 GPIOnDATA [11:0]中某一位如果为 1,代表对应引脚 PIOn_x 输入或输出的是高电平,相反代表 PIOn_x 输入或输出的是低电平。如果想单独设定某一 GPIO 口中的某一引脚或多个引脚,可以对偏移地址为 0x0000 ~ 0x3FF8 的寄存器进行操作。

Table 175. GPIOnDIR register (GPIO0DIR, address 0x5000 8000 to GPIO3DIR, address 0x5003 8000) bit description

Bit	Symbol	Description	Reset value	Access
11:0	IO	Selects pin x as input or output (x = 0 to 11). 0 = Pin PIOn_x is configured as input. 1 = Pin PIOn_x is configured as output.	0x00	R/W
31:12	–	Reserved	–	–

图 2.6 GPIOnDIR 寄存器

Table 174. GPIOnDATA register (GPIO0DATA, address 0x5000 0000 to 0x5000 3FFC; GPIO1DATA, address 0x5001 0000 to 0x5001 3FFC; GPIO2DATA, address 0x5002 0000 to 0x5002 3FFC; GPIO3DATA, address 0x5003 0000 to 0x5003 3FFC) bit description

Bit	Symbol	Description	Reset value	Access
11:0	DATA	Logic levels for pins PIOn_0 to PIOn_11. HIGH = 1, LOW = 0.	n/a	R/W
31:12	–	Reserved	–	–

图 2.7 GPIOnDATA 寄存器

当第 n 组 GPIO 口用作中断输入时,需要设置 GPIOnDIR 寄存器使相应的 I/O 口为输入模式,另外还需要设置表 2.3 中与中断相关的寄存器,这些寄存器的含义如表 2.4 ~ 表 2.10 所列。根据表 2.4 ~ 表 2.10,如果要配置 PIO2_9 为下降沿触发中断工作方式,需要做如下设置:

(1) 配置 GPIO2DIR 寄存器的第 9 位为 0,将 PIO2_9 设为输入口;

(2) 配置GPIO2IS寄存器的第9位为0,将PIO2_9设置为边沿触发方式;

(3) 配置GPIO2IBE寄存器的第9位为0,由GPIO2IEV寄存器的第9位决定触发方式;

(4) 配置GPIO2IEV寄存器的第9位为0,将PIO2_9设为下降沿触发;

(5) 配置GPIO2IE寄存器的第9位为1,开放PIO2_9中断;

(6) 当PIO2_9引脚有下降沿时,寄存器GPIO2RIS和GPIO2MIS的第9位将自动置1,一般使用GPIO2MIS寄存器;

(7) 在PIO2_9中断服务程序中,向GPIO2IC的第9位写入1,清除其中断标志。

表2.3 GPIO口相关寄存器

寄存器	类型	偏移地址	含义
GPIOnDATA	可读/可写	0x0000 ~ 0x3FF8	第n组(PIOn_0 ~ PIOn_11)每个引脚触发的或组合的数据寄存器
GPIOnDATA	可读/可写	0x3FFC	第n组GPIO口共用的数据寄存器
		0x4000 ~ 0x7FFC	保留
GPIOnDIR	可读/可写	0x8000	第n组GPIO口方向寄存器
GPIOnIS	可读/可写	0x8004	第n组敏感方式选择寄存器
GPIOnIBE	可读/可写	0x8008	第n组双边沿选择寄存器
GPIOnIEV	可读/可写	0x800C	第n组事件选择寄存器
GPIOnIE	可读/可写	0x8010	第n组中断屏蔽(使能)寄存器
GPIOnRIS	只读	0x8014	第n组全局中断状态寄存器
GPIOnMIS	只读	0x8018	第n组使能的中断状态寄存器
GPIOnIC	只写	0x801C	第n组中断标志清除寄存器
		0x8020 ~ 0xFFFF	保留

表2.4 GPIOnIS寄存器

寄存器位	名称	含义
11:0	ISENSE	第x位为0,则PIOn_x引脚边沿触发;第x位为1,则PIOn_x引脚电平触发
31:12	保留	

表2.5 GPIOnIBE寄存器

寄存器位	名称	含义
11:0	IBE	第x位为1,表示PIOn_x引脚双边沿触发;第x位为0,表示PIOn_x引脚触发方式由GPIOnIEV寄存器决定
31:12	保留	

表2.6 GPIOnIEV寄存器

寄存器位	名称	含义
11:0	IEV	第x位为0,则PEOn_x引脚下降沿或低电平触发;第x位为1,则PEOn_x引脚下降沿或高电平触发(由GPIOnIS寄存器决定是边沿还是电平触发)
31:12	保留	

表 2.7 GPIOnIE 寄存器

寄存器位	名称	含义
11:0	MASK	第 x 位为 0,则 PEOn_x 引脚中断被屏蔽;第 x 位为 1,则 PEOn_x 引脚中断使能
31:12	保留	

表 2.8 GPIOnRIS 寄存器

寄存器位	名称	含义
11:0	RAWST	第 x 位为 0,则 PEOn_x 引脚无中断输入;第 x 位为 1 则 PEOn_x 引脚有中断输入(无论该引脚中断是否被屏蔽)
31:12	保留	

表 2.9 GPIOnMIS 寄存器

寄存器位	名称	含义
11:0	MASK	第 x 位为 0,则 PEOn_x 引脚无中断输入或中断被屏蔽;第 x 位为 1 则 PEOn_x 引脚有中断输入
31:12	保留	

表 2.10 GPIOnIC 寄存器

寄存器位	名称	含义
11:0	CLR	只写寄存器,写入 0 无效,向第一位写入 1,则清零第 PIOn_x 引脚的中断标记,(由于 GPIO 和 NVIC 同步有 2 个时钟的延时,建议在清除指令后和退出中断任务程序前,加入 2 个时钟的延时,例如,添加 2 个 NOP 指令)
31:12	保留	

2.5 LPC1114 其他寄存器

LPC1114 内部的寄存器非常多,使用时的具体配置也非常细致,我们这里无法给大家一一列出,所以仅仅是将一些比较重要的寄存器给大家在表 2.11 中展示,并给出简要的说明。具体在程序设计的讲解中我们还会详细介绍所要用的寄存器及其用法。

表 2.11 LPC1114 常见寄存器

寄存器	类型	偏移地址	含义
SYSMEMREMAP	可读/可写	0x000	系统存储空间重定位
PRESETCTRL	可读/可写	0x004	外设软件复位控制
SYSPLLCTRL	可读/可写	0x008	系统 PLL 控制
SYSPLLSTAT	可读	0x00C	系统 PLL 状态
		0x010 ~ 0x01C	保留
SYSOSCCTRL	可读/可写	0x020	系统振荡器选择

（续）

寄存器	类型	偏移地址	含义
WDTOSCCTRL	可读/可写	0x024	看门狗振荡器控制
IRCCTRL	可读/可写	0x028	内部 RC 振荡器控制
		0x02C	保留
SYSRSTSTAT	可读	0x030	系统软件复位状态寄存器
		0x034 ~ 0x03C	保留
SYSPLLCLKSEL	可读/可写	0x040	系统 PLL 时钟源选择
SYSPLLCLKUEN	可读/可写	0x044	系统 PLL 时钟源更新使能
		0x048 ~ 0x06C	保留
MAINCLKSEL	可读/可写	0x070	主时钟源选择
MAINCLKUEN	可读/可写	0x074	主时钟源更新使能
		0x07C	保留
SYSAHBCLKCTRL	可读/可写	0x080	系统 AHB 时钟控制
		0x084 ~ 0x090	保留
SSP0CLKDIV	可读/可写	0x094	SSP0 时钟分频器
UARTCLKDIV	可读/可写	0x098	UART 时钟分频器
SSP1CLKDIV	可读/可写	0x09C	SSP1 时钟分频器
		0x0A0 ~ 0x0CC	保留
WDTCLKSEL	可读/可写	0x0D0	WDT 时钟源选择
寄存器	类型	偏移地址	含义
WDTCLKUEN	可读/可写	0x0D4	WDT 时钟源更新使能
WDTCLKDIV	可读/可写	0x0D8	WDT 时钟分频器
		0x0DC	保留
CLKOUTCLKSEL	可读/可写	0x0E0	CLKOUT 时钟源选择
CLKOUTUEN	可读/可写	0x0E4	CLKOUT 时钟源更新使能
CLKOUCLKDIV	可读/可写	0x100	CLKOUT 输出时钟分频器
		0x0EC ~ 0x0FC	保留
PIOPORCAP0	只读	0x100	POR(上电复位)捕获 PIO 状态 0
PIOPORCAP1	只读	0x104	POR 捕获 PIO 状态 1
		0x108 ~ 0x14C	保留
BODCTRL	可读/可写	0x150	BOD(掉电检测)控制
SYSTCKCAL	可读/可写	0x154	系统时钟节拍定时器校正
		0x158 ~ 0x170	保留
NMISRC	可读/可写	0x174	NMI 源选择
		0x178 ~ 0x1FC	保留
STARTAPRP0	可读/可写	0x200	启动逻辑边沿控制寄存器 0
STARTERP0	可读/可写	0x204	启动逻辑信号使能寄存器 0
STARTRSRP0CLR	只写	0x208	启动逻辑复位寄存器 0
STARTSRP0	只读	0x20C	启动逻辑状态寄存器 0

（续）

寄存器	类型	偏移地址	含义
		0x210 ~ 0x22C	保留
PDSLEEPCFG	可读/可写	0x230	深度睡眠模式掉电状态寄存器
PDAWAKECFG	可读/可写	0x234	从深度睡眠模式唤醒状态寄存器
PDRUNCFG	可读/可写	0x238	掉电模式配置寄存器
		0x23C ~ 0x3F4	保留

第3天

认识开发板并抛弃开发板

今天要向大家介绍一下我们所使用的开发板。主要内容是向大家讲解一下开发板的原理图,以及开发板使用的注意事项。原理图是后续程序设计中必要的参考资料,希望大家在学习过程中能够与代码相对照,以便更好地理解程序的含义。

3.1 开发板简介

今天我们将给大家介绍瑞生网推出的 LPC1114 V3.0 开发板,如图 3.1 所示,我们后面的程序开发都是在该平台上完成的。该开发板的配置和特点如下:

(1) 主控芯片 LPC1114FBD48/302(32KB Flash 存储空间,8KB RAM 内存)。

(2) 最高 50MHz 系统时钟。

(3) 2.4 寸 TFT 液晶屏。

(4) 具有 SD 卡接口。

(5) 原装 WCH CH340 芯片,提供 USB 接口,能够下载程序。

图 3.1 瑞生 LPC1114 V3.0 正面照片

与其他开发板不同的是该开发板能够利用USB接口直接进行程序的下载,因此使用没有串口的笔记本电脑也能够进行学习和开发,非常方便。

3.2 开发板原理图分析

本节主要介绍一下该开发板的硬件电路图。(/* 原理图大家没有必要记住,只需要了解器件运行的基本原理即可,用到时再仔细查看。需要注意的是原理图中网络标号相同的管脚代表他们有物理连接。 */)

3.2.1 LPC1114核心电路

LPC1114微控制器核心电路如图3.2所示,图中LPC1114编号为IC4,连接的是10MHz的外部无源晶振,供电电压为3.3V。从图中可以看到3号管脚平时保持的是高电平输入,当按键S2按下时,产生低电平输入,芯片复位(/* 这里也是复位电路 */)。

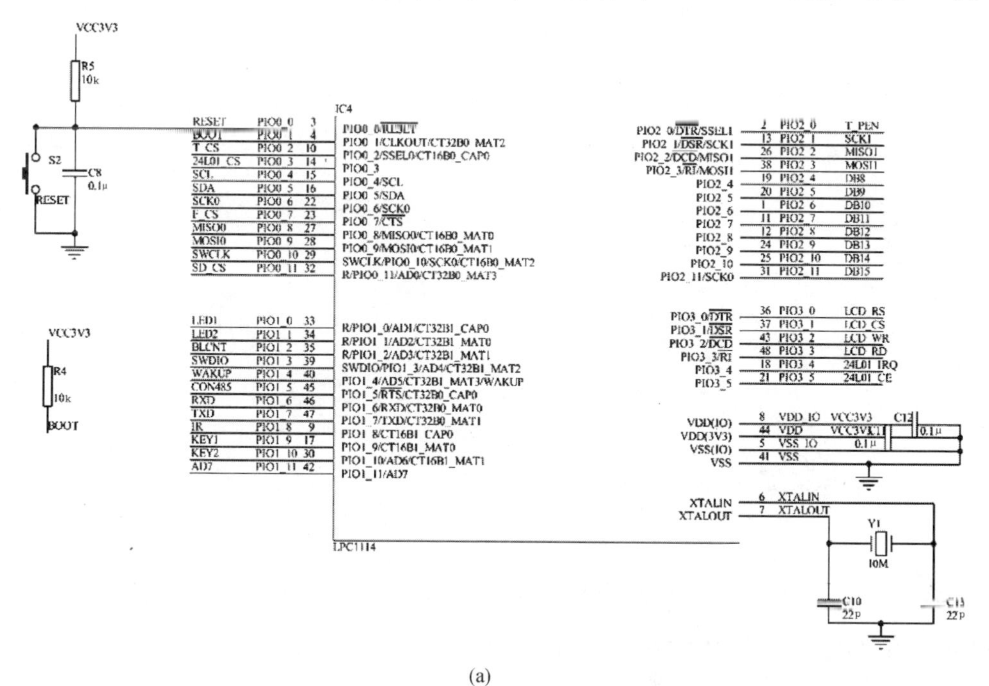

(a)

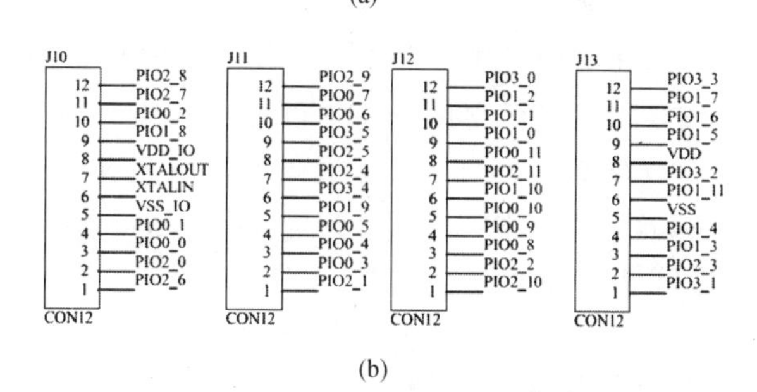

(b)

图3.2 LPC1114核心电路和扩展接口

为了方便功能的扩展，开发板将 LPC1114 所有 48 个管脚都通过扩展接口引出，方便用户连接其他开发板不具备的设备，实现功能的扩展。除了与一些跳线相关的管脚外，这些扩展接口在本书中我们基本上不用。

3.2.2 LED 驱动电路

图 3.3 是发光二极管（LED）的驱动电路，从图中可以看出两个 LED 一端与高电平 3.3V 相连，另一端连接到 J9 的两个接头上。在实际的电路板上，J9 的两个引脚是通过短接帽与扩展接口 J12 上网络标号为 PIO1_0 和 PIO1_1 的两个引脚相连，又由于 J12 接口引脚上网络标号与控制器芯片上的网络标号一一对应，因此实际上就是通过 LPC1114 标号为 PIO1_0、PIO1_1 的 33、34 号管脚来驱动 LED。当标号为 PIO1_0、PIO1_1 的 33、34 号管脚设置为输出低电平时，二极管就会发光。

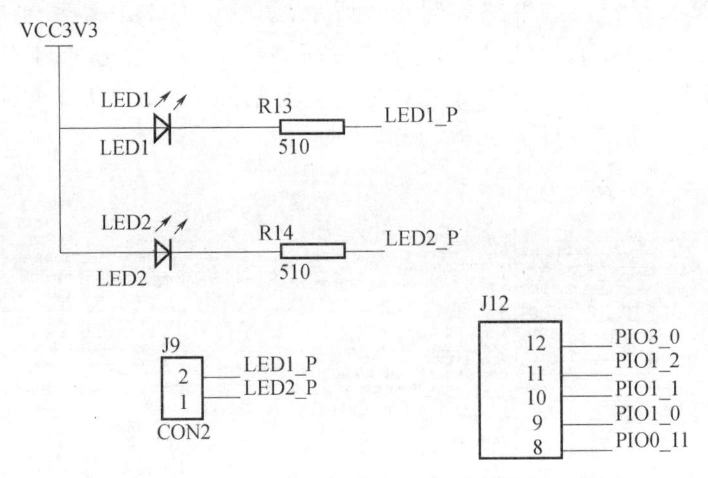

图 3.3　发光二极管（LED）驱动电路

3.2.3 RS485 通信电路

1. RS232 和 RS485

首先我们来了解一下 RS232 和 RS485。RS232 接口是 1970 年由美国电子工业协会（EIA）联合贝尔系统、调制解调器厂家及计算机终端生产厂家共同制定的用于串行通信的标准。它的全名是"数据终端设备（DTE）和数据通信设备（DCE）之间串行二进制数据交换接口技术标准"。该标准规定采用一个 25 个脚的 DB25 连接器，对连接器的每个引脚的信号内容加以规定，还对各种信号的电平加以规定。DB25 的串口一般用到的管脚只有 2（RXD）、3（TXD）、7（GND）这三个，随着设备的不断改进，现在 DB25 针很少看到了，代替它的是 DB9 的接口。大家常常把所有的串行设备接口都统一叫 RS232 接口。由于 RS232 接口标准出现较早，难免有不足之处，主要有以下 4 点：

（1）接口的信号电平值较高，易损坏接口电路的芯片，又因为与 TTL 电平不兼容故需使用电平转换电路方能与 TTL 电路连接。

（2）传输速率较低，在异步传输时，波特率为 20kb/s。

（3）接口使用一根信号线和一根信号返回线而构成共地的传输形式，容易产生共模干扰，所以抗噪声干扰性弱。

（4）传输距离有限，一般也就十几米左右。

针对 RS232 接口的不足，出现了一些新的接口标准，RS485 就是其中之一，它具有以下特点：

（1）RS485 的电气特性：逻辑“1”以两线间的电压差为 +（2 ~6）V 表示；逻辑“0”以两线间的电压差为 -（2 ~6）V 表示。接口信号电平比 RS232 降低了，不易损坏接口电路的芯片，且该电平与 TTL 电平兼容，可方便与 TTL 电路连接。

（2）RS485 的数据最高传输速率为 10Mb/s。

（3）RS485 接口抗噪声干扰性好。

（4）RS485 接口的最大传输距离标准值为 4000ft（1ft = 0.3048m），实际上可达 3000m，另外 RS232 接口在总线上只允许连接 1 个收发器，即单站能力。而 RS485 接口在总线上是允许连接多达 128 个收发器。即具有多站能力，这样用户可以利用单一的 RS485 接口方便地建立起设备网络。

因为 RS485 接口组成的是半双工网络，一般只需二根连线（我们一般叫 AB 线），所以 RS485 接口均采用屏蔽双绞线传输。

由于有的设备是 232 接口的，有的是 485 接口的，如果有一台 232 接口的设备与一台 485 接口的设备通信，那就需要一个 RS232/RS485 转换器，把 232 接口设备的 232 信号转换成 485 信号，然后再与 485 接口的设备通信。如果是两台 232 接口的设备要进行远距离的通信，那只要加上两个 RS232/RS485 转换电路就可以了，图 3.4 中的 SP3485 芯片就起到这样的作用。

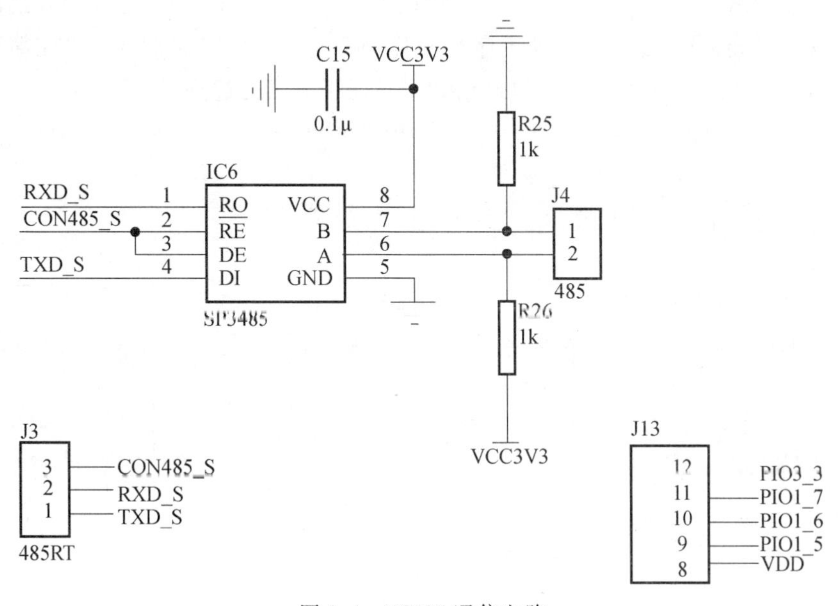

图 3.4　RS485 通信电路

2. RS485 通信电路

从上面的介绍中可以看出，图 3.4 中的 IC6 芯片 SP3485 就是 RS232/RS485 转换器，该转换器能够完成半双工通信，网络标号 CON485_S 对应的 SP3485 转换器的 2 号和 3 号引脚（$\overline{RE}$和 DE）用于控制数据的收发。当网络标号 CON485_S 导线为高电平时，TXD_S 的数据可以送入 DI 引脚，相反，如果为低电平，则可以从 RXD_S 上读出数据。

图 3.4 中的 J4 是 RS485 的接口，通过这个接口可以与其他 485 设备相连接。J3 接口上的三个引脚分别与 RS232/RS485 转换器上对应的引脚相连，同时，J3 接口的 1、2、3 三个引脚可以通过短接帽与 J13 扩展接口的 11、10、9（网络标号分别为 PIO1_7、PIO1_6、PIO1_5）的引脚相连。由于 PIO1_7、PIO1_6、PIO1_5 三个网络标号对应于 LPC1114 的 47、46、45 三个引脚，因此看出，当用户想进行 RS485 通信时，仅需要用短接帽将 J3 与 J13 对应引脚短接，LPC1114 的串口输入输出就可以送到芯片 SP3485 的 RXD_S 和 TXD_S 引脚上，完成通信。（/＊485 通信程序设计需要利用该电路图。＊/）

3.2.4 ISP 电路（串口转 USB 电路）

本小节向大家介绍 LPC1114 程序下载的电路原理图和串口通信的原理图，其实是一个图。

LPC1114 支持通过调试串口下载程序，即通常说的 ISP 下载。（/＊下载数据肯定是要用到串口，串口怎么用一会再详细说。＊/）

串口程序下载原理是这样的：LPC1114 上电后会自动检测引脚 4（图 3.1 中网络标号为 BOOT 的引脚），如果该引脚为低电平，则会等待用户下载程序，如果该引脚为高电平则会运行用户以前下载过的程序。因此只需要在上电时控制 BOOT 引脚的高低电平就可以进行程序下载或者运行程序。

为了方便大家用笔记本电脑的 USB 接口进行程序下载，电路板上没有设计 DB9 串口，而是通过 USB 转串口芯片 CH340T 来实现 LPC1114 的串口同笔记本 USB 之间的通信（笔记本需要安装 USB 转串口驱动程序），具体 ISP 电路图如图 3.5 所示。先简单介绍一下图中的器件，然后再具体说明串口通信和 ISP 程序下载的过程。

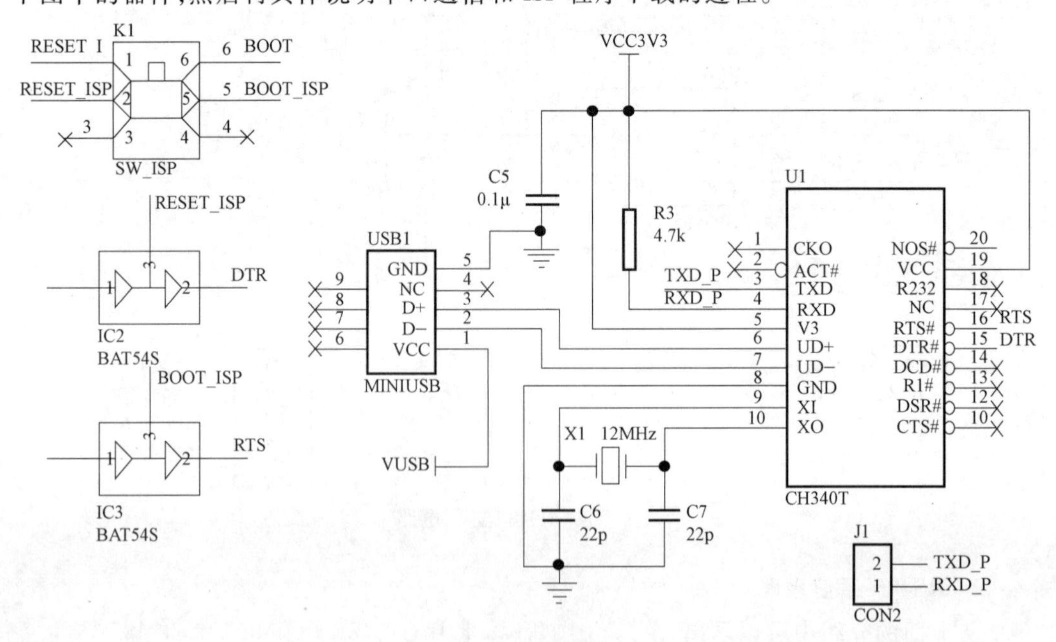

图 3.5 ISP 电路

从图3.5中可以看到左边是MINI-USB接口，中间的两条数据线与芯片CH340T相连，完成USB接口数据的进出。CH340T引脚3,4对应的网络标号为TXD_P和RXD_P，这两个引脚通过J1接口在短接帽的连接下可以与J13接口的PIO1_6和PIO1_7相连，也就是说，如果J1与J13对应引脚短接，LPC1114的串口输入输出RXD、TXD将直接与CH340T的RXD_P和TXD_P连接，完成串行数据的输出与输入。这样就在CH340T的作用下完成了串口与USB接口的转换。(/*参考RS485部分内容，可以看出扩展接口J13的PIO1_6,PIO1_7如果和J1用短接帽连接则是串口转USB通信，如果和J3用短接帽相连则是RS485通信，具体在使用过程中请注意短接帽的位置。*/)

另外图3.5中还有一个编号为K1的器件，这是一个6脚开关，这里只用了4个引脚，当开关按下时K1的1、2脚短接，5、6脚短接。相反，开关弹出时，1、2脚断开，5、6脚也断开。K1的2号和5号引脚分别与编号为IC2、IC3的肖特基二极管的3号引脚相连。因此，在K1开关按下时，就使得两个二极管(BAT54S)的3号引脚分别与LPC1114的RESET和BOOT引脚连在了一起，配合FlashMagic等烧写软件，就可以控制RTS、DTR引脚，进行程序烧写，用户通过串口下载程序。相反，如果K1弹开，则连接断开，BOOT为高电平，RESET也为高电平，此时上电LPC1114执行以前下载的程序，串口可以用于一般通信功能。(/*这部分内容说明了ISP串口程序下载的原理，请大家仔细体会，记住PC端烧写软件会控制RTS和DTR。另外需要简单说一下的就是CH340T需要一个12MHz的外部时钟。*/)

3.2.5 E^2PROM电路(I^2C总线电路)

AT24C02是一个2Kb串行CMOS E^2PROM，内部含有256个8位字节存储空间。AT24C02有一个8字节页写缓冲器。该器件通过I^2C总线接口进行操作，有一个专门的写保护功能。管脚名称及功能如表3.1所列。

表3.1 AT24C02管脚及功能

管脚名称	功能
A0、A1、A2	器件地址选择
SDA	串行数据、地址
SCL	串行时钟
WP	写保护
VCC	1.8~6.0V工作电压
VSS	地

I^2C总线协议规定任何将数据传送到总线的器件作为发送器，任何从总线接收数据的器件为接收器。数据传送是由产生串行时钟和所有起始停止信号的主器件控制的。主器件和从器件都可以作为发送器或接收器，但由主器件控制传送数据(发送或接收)的模式，由于A0、A1和A2可以组成000~111等8种情况，即通过器件地址输入端A0、A1和A2可以实现将最多8个AT24C02器件连接到总线上，利用不同的配置进行器件选择。另外根据I^2C总线规范，总线空闲时两根线(SDA和SCL)都必须为高，所以电路图中网络标号为SDA和SCL的两个引脚通过4.7kΩ的电阻上拉了。

图 3.6 中 J2 接口与 AT24C02 芯片的 SDA 和 SCL 相连(5,6 号引脚),另外这两个接头还通过短接帽与扩展接口 J11 的 PIO0_4、PIO0_5 相连,使得 LPC1114 的 15,16 号引脚(网络标号 SCL、SDA)能够完成对 AT24C02 的读写。(/ * I^2C 总线的读写练习后面就用这个芯片完成。 * /)

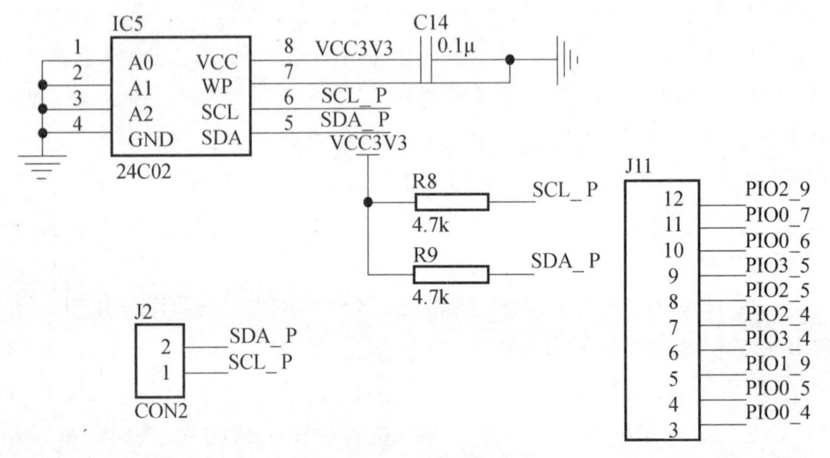

图 3.6 E^2PROM 电路

3.2.6 按键电路

如图 3.7 所示,电路板上的 KEY1、KEY2、WAKUP 按键分别连接的是 LPC1114 的 17、30、40 号引脚(网络标号分别为 KEY1、KEY2、WAKUP),也就是说当按键 KEY1、KEY2、WAKUP 按下时,将会有高电平送入 LPC1114 对应的引脚,微控制器可以通过读入对应引脚上的电平来判断是哪一个按键被按下。(/ * 中断、睡眠唤醒等程序需要用到按键。 * /)

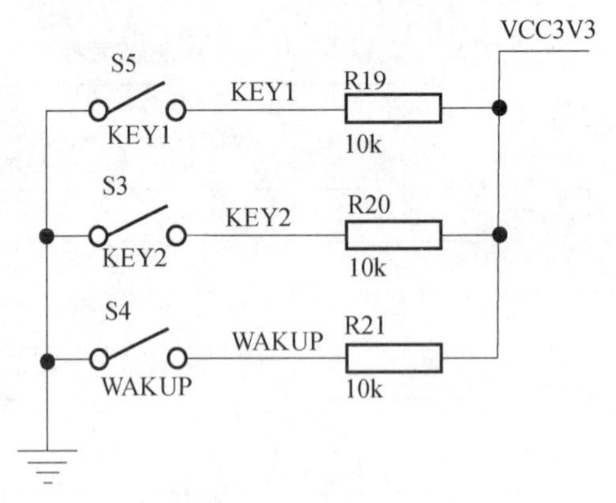

图 3.7 按键电路

3.2.7 SWD(JTAG)接口电路

LPC1114 支持 SWD 调试接口,如图 3.8 所示。传统的芯片调试方式为 JTAG,但随着 ARM 公司 Cortex 系列的推出,采样 SWD 方式调试成了大家的首选。SWD 不仅速度可以与 JTAG 媲美,而且使用的调试线也少,与 JTAG 调试主要区别在于:

(1) SWD 模式比 JTAG 在高速模式下面更加可靠。在大数据量的情况下 JTAG 下载程序会失败，但是 SWD 发生的概率会小很多。一般使用 JTAG 仿真模式的情况下是可以直接使用 SWD 模式的，只要你的仿真器支持。所以推荐大家使用这个模式。

(2) 在 GPIO 不足的时候，可以使用 SWD 仿真，这种模式支持更少的引脚。

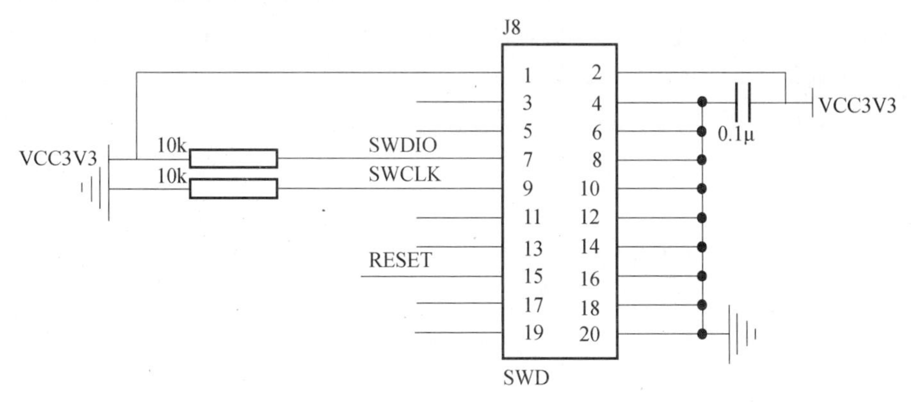

图 3.8　SWD(JTAG)调试接口

目前市面上的常用 JLINKV7、JLINKV8 仿真器对 SWD 仿真模式支持得都非常好。为了能够兼容多种调试设备，SWD 调试模式可以保留 VCC、RESET、GND、SWDIO、SWCLK 五条线(其中任何情况下后三条线必不可少)。

3.2.8　热敏电阻(ADC)电路

LPC1114 微控制器芯片上集成了一个八通道 10 位的 ADC(AD 转换器)，利用这些 ADC 通道可以进行外接模拟信号的数字化转换，热敏电阻电路图如图 3.9 所示。图中 J7 接口利用短接帽与 J13 接口的 PIO1_11 相连，J13 的 PIO1_11 引脚与 LPC1114 第 42 号引脚相连。因此，开发板借助热敏电阻 R16 向 ADC 通道 7 引脚(PIO1_11)提供一个在 0 ~ 3.3V 内的可变模拟电压。在程序开发过程中，如果用手按在 R16 电阻上则会因为温度变化改变电阻的分压，会使得 ADC 的模拟输入电压发生变化。(/＊AD 转换程序设计就用这部分电路。热敏电阻一般是温度升高电阻降低。＊/)

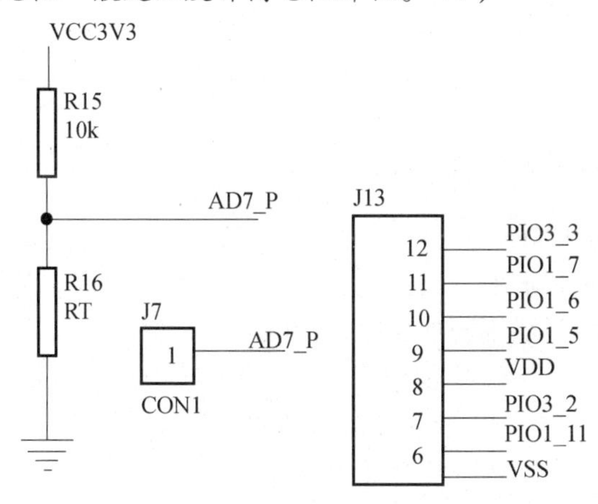

图 3.9　热敏电阻电路

3.2.9 Flash 读写接口电路(SPI0 接口电路)

SPI 接口是 Motorola 首先提出的全双工三线同步串行外围接口,采用主从模式(Master Slave)架构;支持多 Slave 模式应用,一般仅支持单 Master。时钟由 Master 控制,在时钟移位脉冲下,数据按位传输,高位在前,低位在后(MSB first);SPI 接口有 2 根单向数据线,为全双工通信,目前应用中的数据速率可达几 Mb/s 的水平。利用 SPI 总线可以对一些成本较低、速度不高的 Flash 芯片进行读写,如图 3.10 所示。

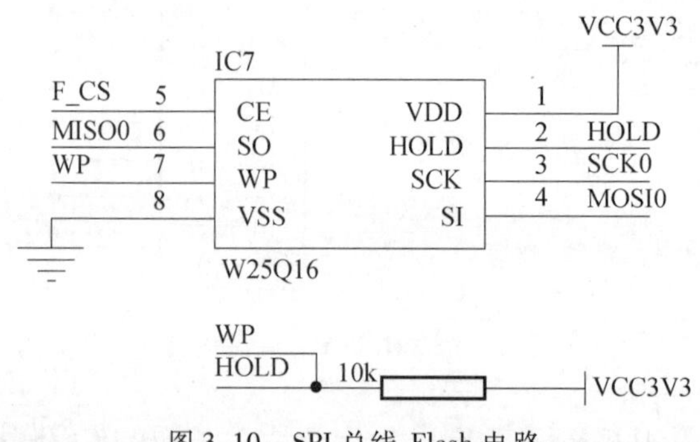

图 3.10 SPI 总线 Flash 电路

本书中使用的是 W25Q16 Flash 芯片采用串行外围接口,容量为 2MB,最高时钟频率为 75MHz。该芯片有着引脚数量少、功耗低等特点,非常适合用作程序、文本、数据的存储,本书中主要将其用作字库的存储。W25Q16 主要引脚及功能如表 3.2 所列。LPC1114 内部具有 2 个 SPI 接口。结合图 3.1 可以看出本开发板中使用 SPI0 接口对 W25Q16 进行操作。(/*具体如何操作及 W25Q16 内部结构将在后面内容中向大家介绍。*/)

表 3.2 W25Q16 主要管脚及功能

网络标号	管脚名称	功能
MOSI	SI	主器件数据输出,从器件数据输入
MISO	SO	主器件数据输入,从器件数据输出
SCK0	SCK	时钟信号,由主器件产生
WP	WP	写保护
F_CS	CE	从器件使能信号,由主器件控制

3.2.10 SD 卡接口电路

SD 卡(Secure Digital Memory Card)是一种为满足安全性、容量、性能和使用环境等各方面的需求而设计的一种新型存储器件,被广泛地应用于便携式装置上,例如数码相机、多媒体播放器等。SD 卡提供不同的速度,它是按 CD-ROM 的 150 KB/s 为 1 倍速(记作"1x")的速率计算方法来计算的。基本上,它们能够比标准 CD-ROM 的传输速度快 6 倍(900KB/s),而高速的 SD 卡更能传输 66x(9900KB/s = 9.66MB/s,标记为 10MB/s)以及 133x 或更高的速度。

SD 卡共支持三种传输模式:SPI 模式(独立序列输入和序列输出),1 位 SD 模式(独立指令和数据通道,独有的传输格式),4 位 SD 模式(使用额外的针脚以及某些重新设置的针脚,支持四位宽的并行传输)。低速卡通常支持 0 ~ 400Kb/s 数据传输率,采用 SPI 和 1 位 SD 传输模式;高速卡支持 0 ~ 100Mb/s 数据传输率,采用 4 位 SD 传输模式。SD 卡引脚图如图 3.11 所示,三种传输模式下的引脚定义如表 3.3 所列。

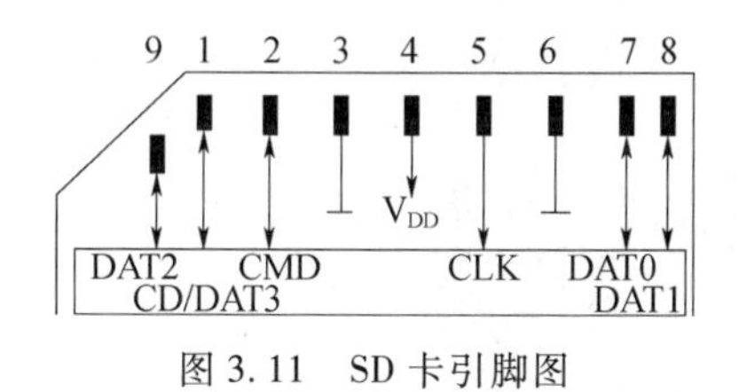

图 3.11 SD 卡引脚图

表 3.3 SD 三种传输模式下的引脚定义

引脚	4 位 SD 模式		1 位 SD 模式		SPI 模式	
	名称	描述	名称	描述	名称	描述
1	CD/DAT3	卡监测/数据位 3	CD	卡监测	CS	芯片选择
2	CMD	命令/回复	CMD	命令/回复	DI	数据输入
3	VSS1	地	VSS1	地	VSS1	地
4	VCC	电源	VCC	电源	VCC	电源
5	CLK	时钟	CLK	时钟	CLK	时钟
6	VSS2	地	VSS2	地	VSS2	地
7	DAT0	数据位 0	DAT	数据位	DO	数据输出
8	DAT1	数据位 1	RSV	保留	RSV	保留
9	DAT2	数据位 2	RSV	保留	RSV	保留

从开发板 SD 卡接口电路图 3.12 中我们可以看出,开发板使用的是 SPI 模式的通信方式,与 LPC1114 相连的接口仍然是 SPI0 接口。

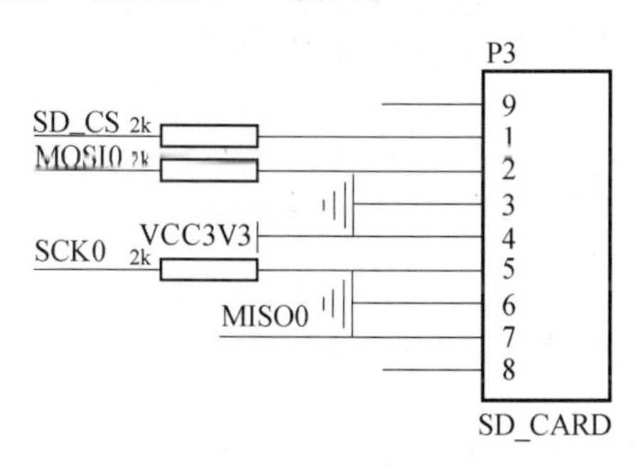

图 3.12 SD 卡接口电路图

3.2.11 主板与液晶板接口电路

由于开发板由主板和液晶板两块电路板构成,这两块电路板由 40 引脚接口相连接,在主板上的接口如图 3.13(a)所示,在液晶板上的接口如图 3.13(b)所示。

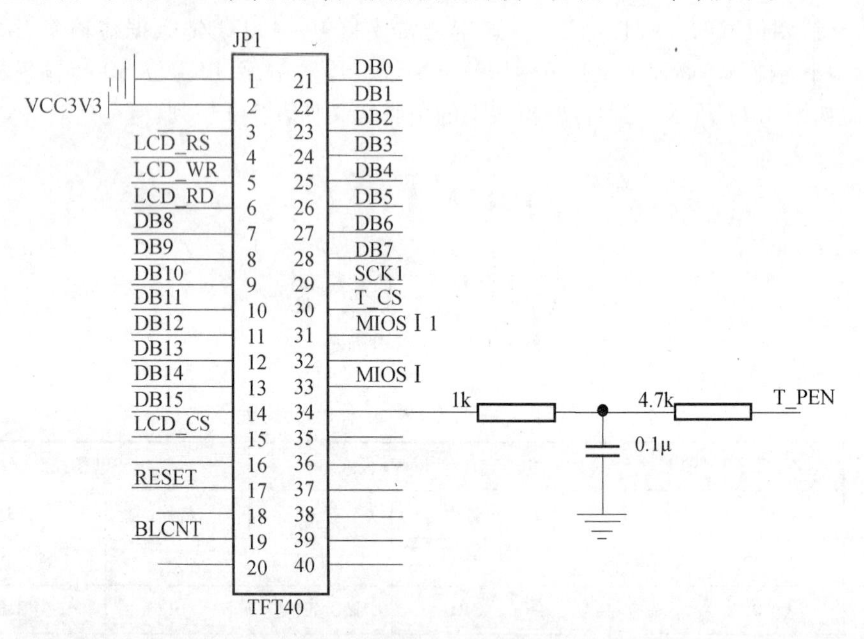

(a)主板 TFT-40 接口

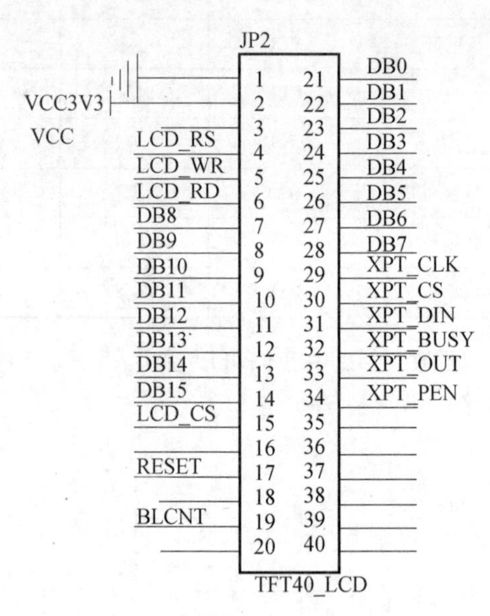

(b)液晶板 TFT-40 接口

图 3.13　主板与液晶板接口电路

3.2.12　触摸屏控制器(XPT2046)电路

XPT2046 是一款 4 线制电阻式触摸屏控制器,内含 125KHz 转换速率逐步逼近型 12 位 A/D 转换器。XPT2046 支持从 1.5~5.25V 的低电压 I/O 接口。XPT2046 能通过执行两次 A/D 转换查出被按的屏幕位置,除此之外,还可以测量加在触摸屏上的压力。内部自带 2.5V 参考电压,可以作为辅助输入、温度测量和电池监测之用,电池监测的电压范围可以从 0 ~ 6V。XPT2046 片内集成有一个温度传感器。在 2.7V 的典型工作状态下，关闭参考电压，功耗可小于 0.75mW。（/ * 现在我们就知道了，触摸屏可以将触碰的位置、压力大小的模拟信号送给 XPT2046，在进行模数转换后，用户就可以通过接口得到具体位置和压力的数字量。 * /）

XPT2046 引脚分布如图 3.14(a) 所示，共 16 个引脚。每个引脚的名称及功能如表 3.4 所示。具体电路连接方法如图 3.14(b) 所示，图中 12，14，15，16 四个引脚连接到 LPC1114 的 SPI1 接口上，从而在 SPI1 接口的控制下进行通信。电路图中，XPT2046 第 11 号引脚通过液晶板和主板接口接到 LPC1114 控制器的 PIO2_0 引脚，并将该引脚设置为中断输入引脚，当触摸屏没有被触摸时，11 引脚保持高电平，当有触摸屏被触摸时，XPT2046 第 11 号引脚变为低电平。控制器通过检测 11 号引脚的高低电平，就可以知道有没有触摸屏触摸事件发生。

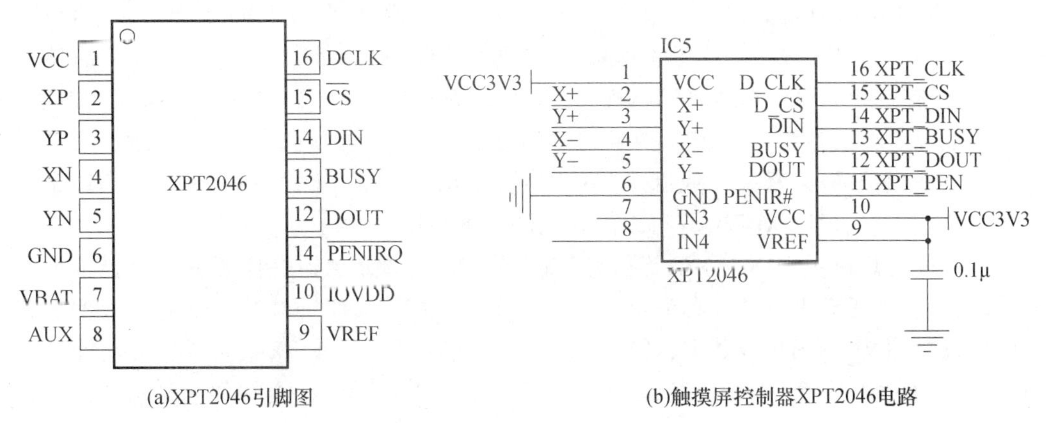

(a)XPT2046引脚图

(b)触摸屏控制器XPT2046电路

图 3.14　XPT 2046 电路

如果发生了触摸屏按下事件，单片机通过 SPI 口，首先发送读取 X 坐标的命令 0x90，然后读出 2 个字节的数据，再发送读取 Y 坐标的命令 0xD0，然后再读出 2 个字节的数据。这时候，XY 的坐标值就知道了，因为 XPT2046 是 12 位精度的 ADC，所以读出的 2 个字节中，只有高 12 位是有效数据。（/ * 液晶屏触摸位置的获取很简单吧，当然如果想要像手机一样精准，还得配合一些算法才行。 * /）

表 3.4　XPT2046 引脚及说明

引脚号	名称	说明	引脚号	名称	说明
1	VCC	电源输入端	9	VREF	参考电压输入/输出
2	XP	XP 位置输入端，与液晶模块相连（P 代表正）	10	IOVDD	数字电源输入端
3	YP	YP 位置输入端，与液晶模块相连	11	PENIRQ	笔接触中断引脚，向控制器提出中断申请
4	XN	XN 位置输入端，与液晶模块相连（N 代表负）	12	DOUT	串行数据输出端，数据在 DCLK 的下降沿移出

（续）

引脚号	名称	说明	引脚号	名称	说明
5	YN	YN位置输入端，与液晶模块相连	13	BUSY	忙时信号线
6	GND	地	14	DIN	串行数据输入端
7	VBAT	电池监视输入端	15	CS	片选信号，控制转换时序和使能串行输入输出寄存器
8	AUX	ADC辅助输入通道	16	DCLK	外部时钟输入

3.2.13 TFT_LCD液晶屏模块接口电路

TFT-LCD即薄膜晶体管液晶显示器。其英文全称为：Thin Film Transistor-Liquid Crystal Display。TFT-LCD在液晶显示屏的每一个像素上都设置有一个薄膜晶体管(TFT)，可有效地克服非选通时的串扰，大大提高了图像质量，因此TFT-LCD也被叫做真彩液晶显示器。这种液晶屏在淘宝网上随处可见，典型外观如图3.15所示。大部分的电阻式触摸液晶屏，都是4线制，即有四条线引出(X+,Y+,X-,Y-)，与XPT2046中的引脚相对应，说明XPT2046可以配合该触摸屏使用。

液晶屏要想显示文字或图像等信息，就要像PC机的显示器一样要有一个显卡似的驱动设备，这个驱动设备一般称为驱动芯片或LCD驱动器，驱动芯片内部有较大的缓存空间可以存储文字、图像等数据，并将其送入液晶模块显示。LCD驱动器主要功能就是对主机发的数据/命令，进行变换，变成每个像素的RGB数据，使之在屏上显示出来。常见的液晶驱动芯片有LI9325、ILI9320、SPFD5408、HX8347、ILI9341、LGDP4532等。我们开发板使用的是2.4英寸TFT液晶屏，其内部驱动芯片就是ILI9325，分辨率是240×320(/*就是说屏幕横着有240个像素点，竖着有320个像素点。*/)。

图3.15所示的液晶屏对外连接的柔性电路给出的是FPC接口，为了方便使用，很多厂商都自行设计了PCB板，将FPC接口引出，就成了图3.16所示的样子，一般称为液晶模块。最常见的液晶屏FPC接口电路如图3.17所示。具体接口引脚及说明如表3.5所列。

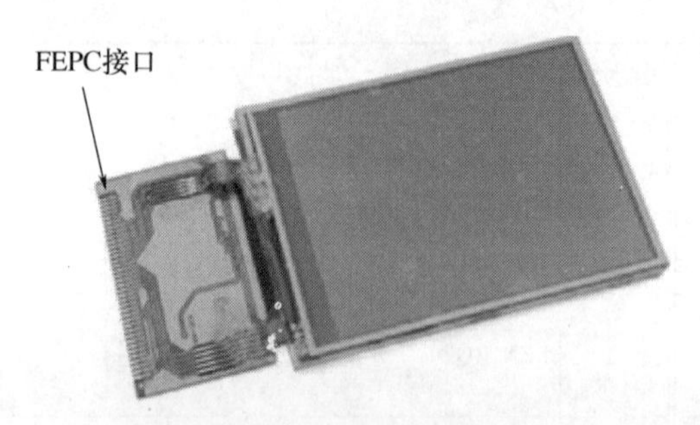

图3.15 触摸液晶屏

图3.16 液晶屏模块

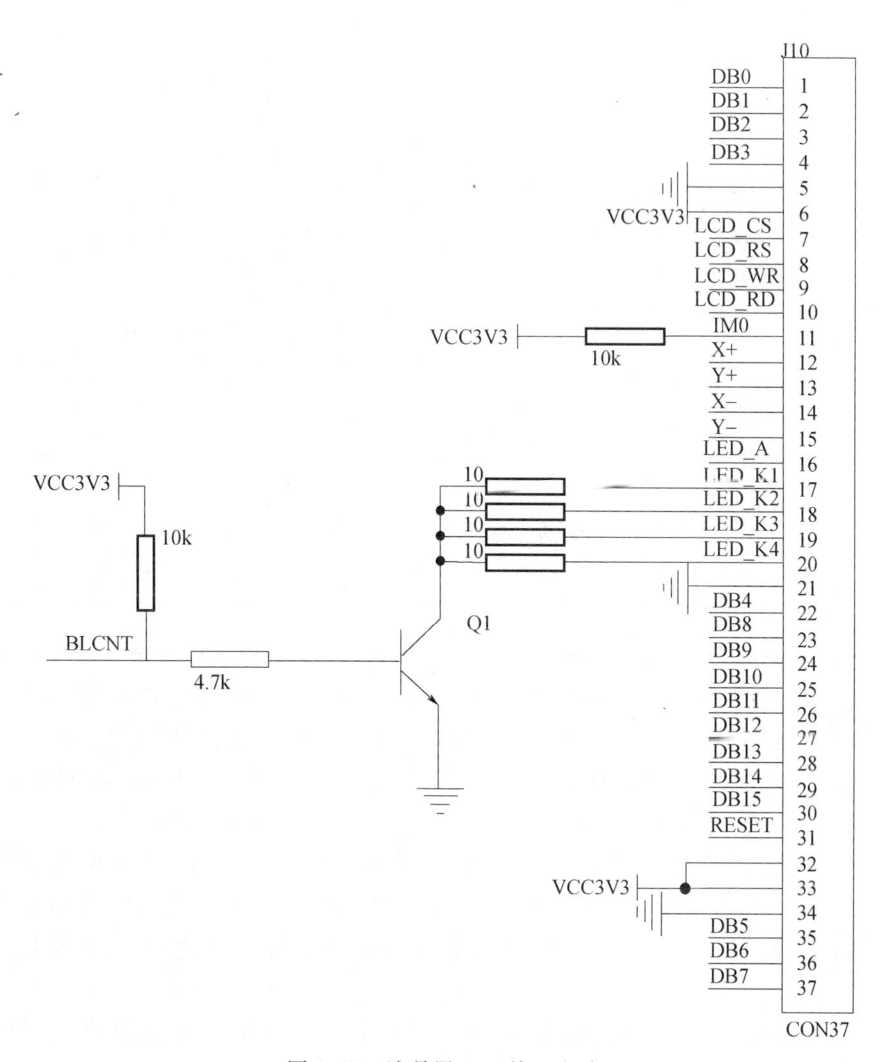

图 3.17 液晶屏 FPC 接口电路

表 3.5 FPC 引脚定义及说明

管脚号	符号	功能	管脚号	符号	功能
1	DB0	LCD 数据信号线	20	LEDK4	背光 LED 负极性端
2	DB1	LCD 数据信号线	21	GND	地
3	DB2	LCD 数据信号线	22	DB4	LCD 数据信号线
4	DB3	LCD 数据信号线	23	DB8	LCD 数据信号线
5	GND	地	24	DB9	LCD 数据信号线
6	VCC	模拟电路电源(+2.5~+3.3V)	25	DB10	LCD 数据信号线
7	/CS	片选信号低有效	26	DB11	LCD 数据信号线
8	RS	指令/数据选择端,L:指令,H:数据	27	DB12	LCD 数据信号线

（续）

管脚号	符号	功能	管脚号	符号	功能
9	/WR	LCD 写控制端，低有效	28	DB13	LCD 数据信号线
10	/RD	LCD 读控制端，低有效	29	DB14	LCD 数据信号线
11	IM0	数据线宽度选择（高：8 位，低：16 位）	30	DB15	LCD 数据信号线
12	X +	触摸屏信号线	31	/RESET	复位信号线
13	Y +	触摸屏信号线	32	VCC	模拟电路电源（+2.5~+3.3V）
14	X -	触摸屏信号线	33	VCC	I/O 接口电压（-1.65~+3.3V）
15	Y -	触摸屏信号线	34	GND	地
16	LEDA	背光 LED 正极性端	35	DB5	LCD 数据信号线
17	LEDK1	背光 LED 负极性端	36	DB6	LCD 数据信号线
18	LEDK2	背光 LED 负极性端	37	DB7	LCD 数据信号线
19	LEDK3	背光 LED 负极性端			

LCD 的接口有多种，分类很细。主要看 LCD 的驱动方式和控制方式，目前手机上的彩色 LCD 的连接方式一般有这么几种：MCU 模式、RGB 模式、SPI 模式、VSYNC 模式、MDDI 模式、DSI 模式。其中只有 TFT 模块才有 RGB 接口。但应用比较多的就是 MCU 模式和 RGB 模式。（/* 这么多接口方式在本书中我们只介绍 MCU 模式。*/）采用 MCU 接口方式时，显示数据写入 GRAM，常用于静止图片显示，而采用 RGB 接口方式时，显示数据不写入 GRAM，直接写屏，速度快，常用于显示视频或动画。MCU 模式主要是在单片机领域使用，因此得名。特别是在中低端手机大量使用，其主要特点就是价格低廉。

MCU 接口模式是 Intel 提出的 8080 总线标准，因此在很多文档中用 I80 来指 MCU 接口模式，主要又可以分为 8080 模式和 6800 模式。两种模式的数据宽度可以是 8/9/16/18/24 位，控制线主要有 CS、RS、RD 和 WR。主要优点是：控制简单方便，无需时钟和同步信号。缺点是：要耗费图像存储资源 GRAM，所以难以做到大屏（3.8 英寸以上）。

由表 3.5 我们可以知道 FPC 接口的 11 号引脚 IM0 的作用是选择数据线宽度，由于在图 3.17 所示的电路中我们将该引脚上拉至高电平，因此说明在我们使用的电路中数据总线的宽度是 8 位的（高 8 位），而读写控制信号则与 LPC1114 的 PIO3 接口相连，触摸屏的位置数据信号与 XPT2046 相连。

3.2.14 电源接口电路

开发板电源部分电路如图 3.18 所示，标号 VUSB 的电压来自 mini USB 输入（参见图 3.5），电源部分有个开关 S1，当开关闭合时，电路板通电，否则电路板断电。调试程序时，需要按下开关，保持通电。

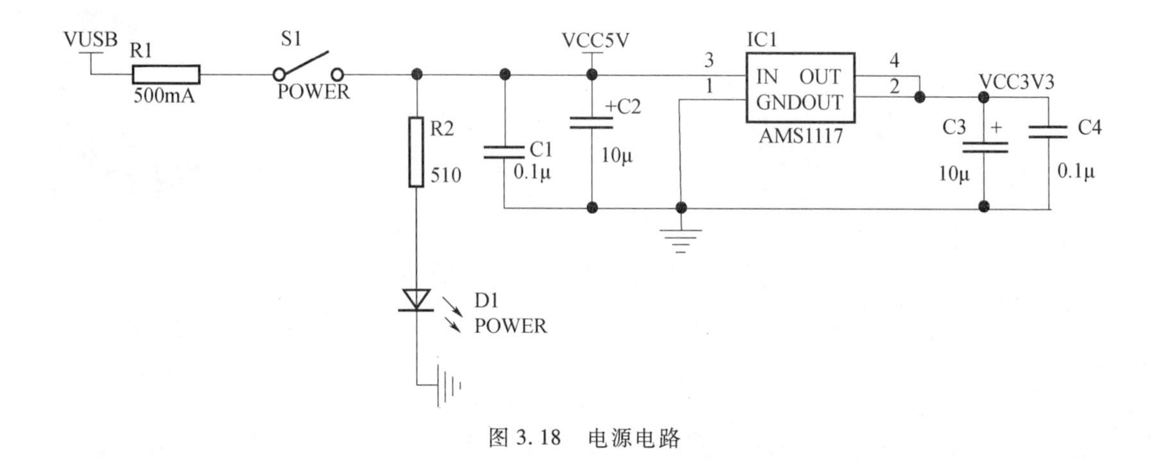

图 3.18 电源电路

3.3 抛弃开发板

我们说了，本书希望小伙伴在没有开发板的情况下也能够学习程序的开发，因此在今天的内容中给大家绘制了详细的电路原理图，大家根据原理图实际上就能够想象我们开发板的样子，因此有开发板最好，没有开发板，看本书也能够深入理解开发流程和程序运行原理。我们向大家保证程序和书中介绍的开发过程是可以复制的。

第4天

Keil MDK 开发利器

硬件是产品的外形，软件是产品的心智，两者相辅相成，对于产品而言缺一不可。那么我们今天将向大家讲解 LPC1114 软件开发的第一步——熟悉开发环境。主要向大家介绍一下目前最流行的 Keil MDK 开发环境的安装及简单使用过程，为我们今后的程序设计奠定基础。

4.1 Keil MDK 4.70a 安装

4.1.1 Keil MDK 集成开发环境简介

ARM 微控制器开发组件有很多种，ARM Keil 微控制器开发套件（MDK）就是其中之一，其生产厂家 Keil 公司最初由德国慕尼黑的 Keil Elektronik GmbH 和美国 Keil Software Inc. 联合经营，2005 年被 ARM 公司收购，目前主要产品有 ARM、C166、C51 开发工具以及调试适配器和开发板等。Keil MDK 是基于 Windows 环境的一款非常优秀微控制器开发套件，易学易用，支持 Cortex－M、Cortex－R4、ARM7、ARM9 系列微处理器内核，并提供了以下组件：

（1）μVision 集成开发环境（IDE）；

（2）C 编译器、汇编器、链接器和工具；

（3）调试器、模拟器；

（4）RTX 实时内核，微控制器用的嵌入式 OS；

（5）多种微控制器的启动代码；

（6）多种微控制器的 Flash 编程算法；

（7）编程实例和开发板支持文件。

喜欢程序开发的小伙伴可以在 Keil 网站上下载到评估版的 Keil MDK，该版本仅能编译大小为 32KB 以内的程序，这对于初学者而言已经绰绰有余，当然如果小伙伴想要完整版的，我相信在国内也有很多不花钱的，当然我们这里就不鼓励了。我们下面就以常见的 Keil MDK 4.70a 版本为例，简单介绍一下 Keil MDK 集成开发环境的安装和使用，讲解一下软件的操作方法。软件功能非常强大，如果想深入学习的同学可以到网上下载些资料，好好研究一下。（/＊其实现在MDK的版本已经到了5.1版了，但是由于本书不是专门讲软件使用方法的，因此就将最为常用的4.7版本介绍给大家，一是不落伍，二是参考资料多，方便刚刚接触开发的小伙伴。＊/）

4.1.2 Keil MDK 4.70a安装

在网站上下载Keil MDK安装程序后，双击可执行文件（如图4.1）就进入安装过程了（图4.2），单击Next后进入图4.3所示界面，勾选同意后单击Next，进入图4.4所示界面，设置好安装路径后单击Next，便进入到了用户信息填写界面（图4.5），这里您可以随便填写，最后给出一个E-mail地址方便人家给你发广告就行了，再点Next，程序就开始安装了（图4.6），大概过个五六分钟，基本就安装完成了，最后到了图4.7和图4.8两个界面，就一路Next就好了。（/＊Keil MDK安装文件大概500MB，安装后占用空间大概4.9GB，对系统的要求稍有点高，最好内存在2GB以上。安装过程非常简单，一路Next就可以了。最后在桌面上生成一个快捷图标。＊/）

mdk470a.exe

图4.1 安装程序

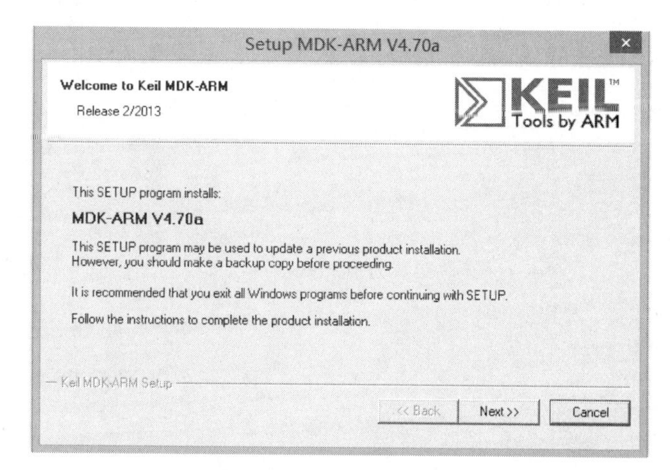

图4.2 进入安装界面

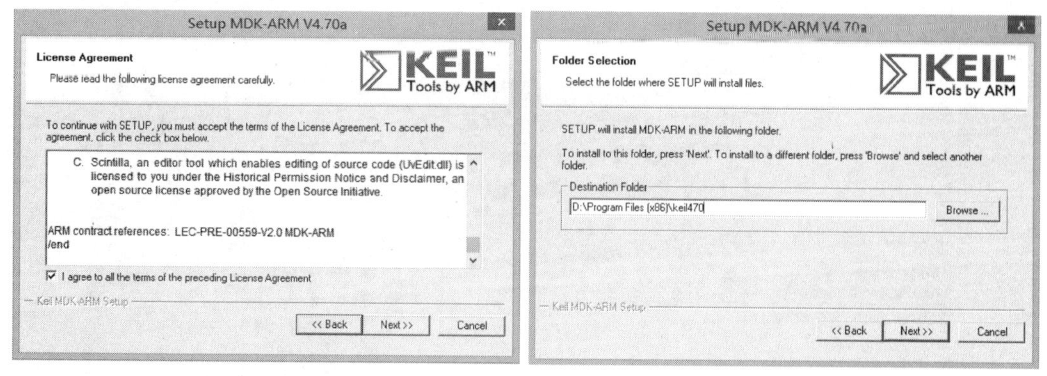

图4.3 安装程序　　图4.4 进入安装界面

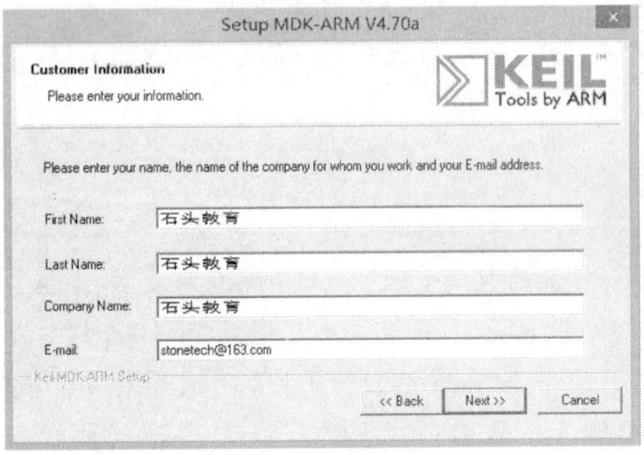

图 4.5　用户信息填写 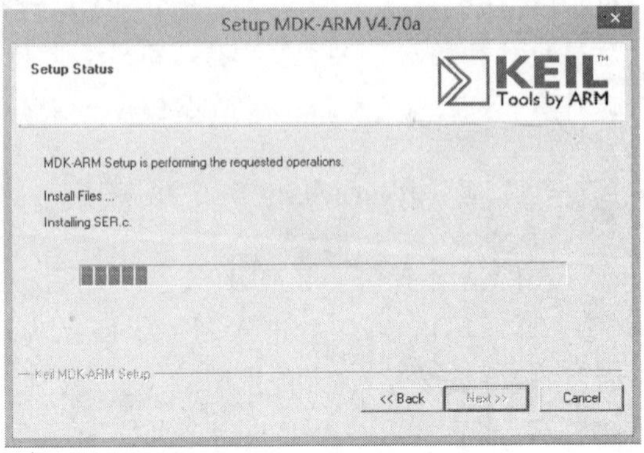　　　　图 4.6　程序安装

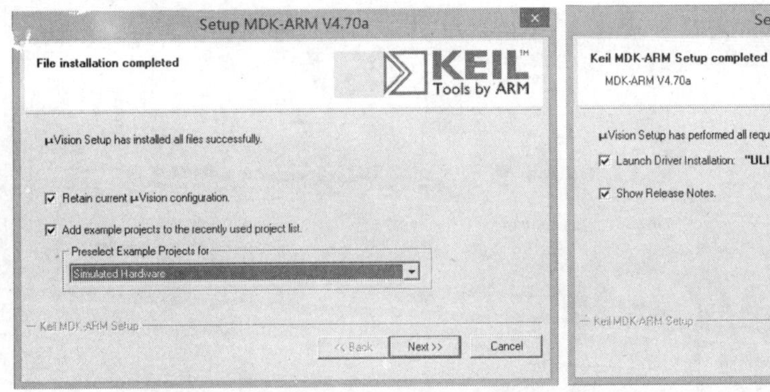

图 4.7　文件安装完成界面 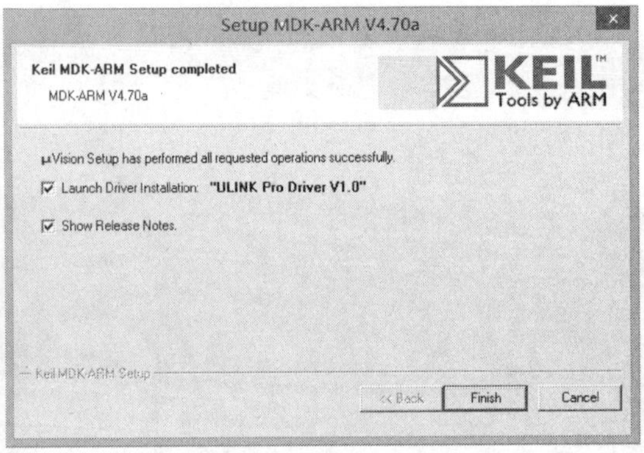　　　　图 4.8　SDK 安装完成界面

4.2　新建一个 LPC1114 工程

这里咱们学习一下如何在开发环境下新建一个工程，具体过程如下。

（1）双击桌面 Keil 图标，进入到图 4.9 所示界面。

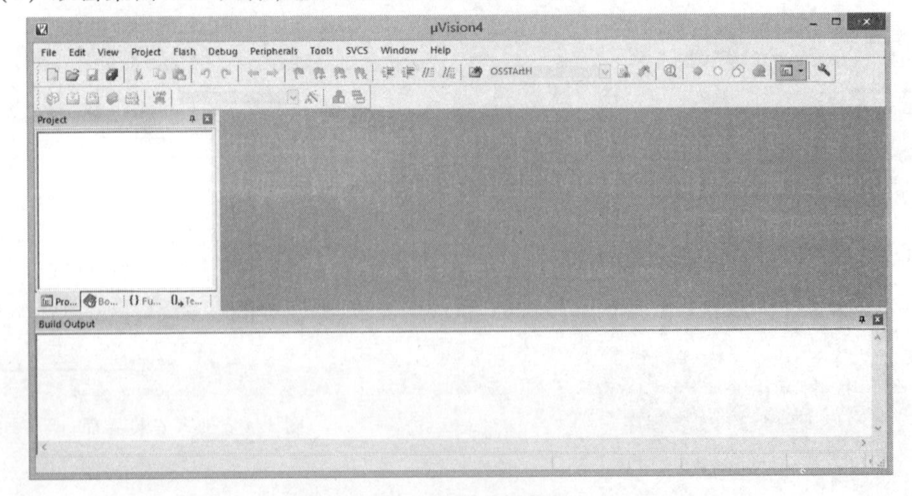

图 4.9　Keil 工程界面

（2）单击菜单“Project”，选择菜单中的“New μVision Project”，如图4.10所示。

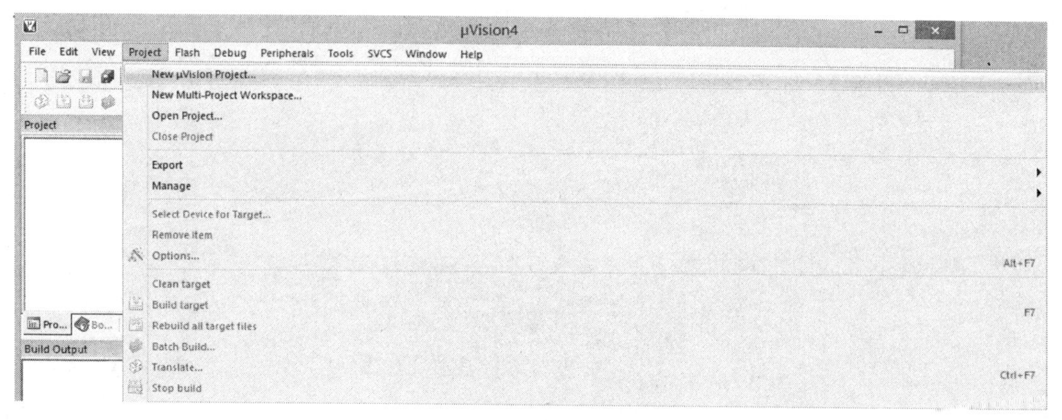

图4.10　选择新工程创建

（3）在弹出的窗口中选择工程保存路径，比如我们在D盘创建了一个"lpc_project"文件夹，并把工程命名为“stone1”，单击“保存”，如图4.11所示。

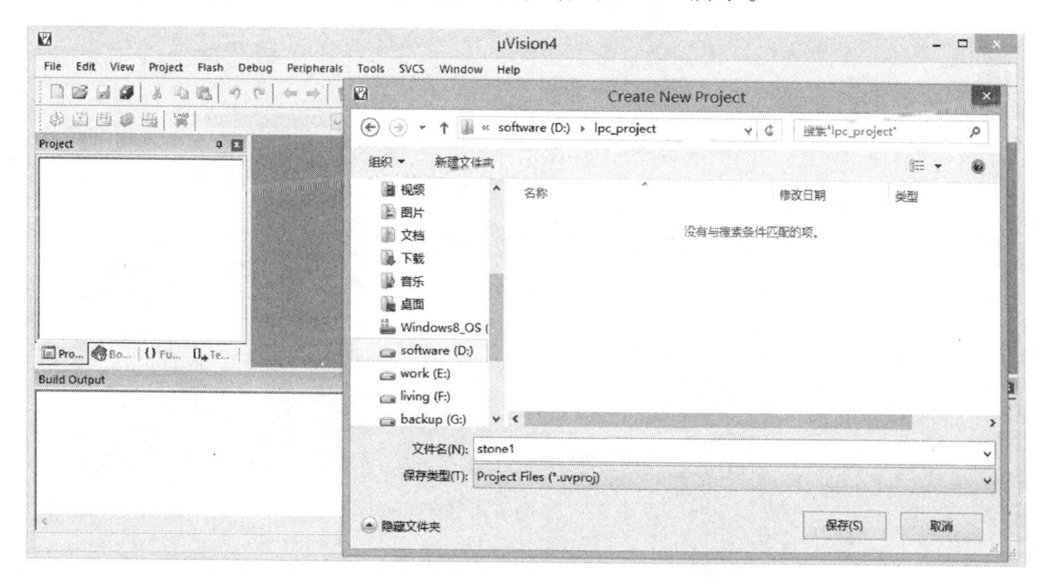

图4.11　选择工程保存位置及给工程命名

（4）在接下来弹出的窗口中选择微控制器型号，在其中我们选择NXP的“LPC1114/302”，单击“OK”按键。如图4.12所示。

（5）在上一步中单击“OK”按键后，弹出如图4.13所示对话框，询问用户是否加载启动代码文件到工程当中，我们选择“是”。然后在开发环境界面左侧“Project”窗口中会出现如图4.14所示的“Target1”，点开“+”号，就会出现“Source Group1”文件夹，下面有个文件名为“startup_LPC11xx.s”，这就是刚刚询问是否加入的文件。

（6）鼠标指向“Source Group1”，单击右键，在弹出菜单上选择“Add Files to Group ‘Source Group1’…”，如图4.15所示，在弹出的窗口找到文件“system_LPC11xx.c”，单击“add”到工程当中，如图4.16所示。（/＊文件在哪呢？在你的安装目录下，我们文件所在的目录是在“D/Program Files(x86)/keil470/ARM/Startup/NXP/LPC11xx”，你可以参考着找到你的文件。*/)。添加完成后开发环境界面左侧如图 4.17 所示。

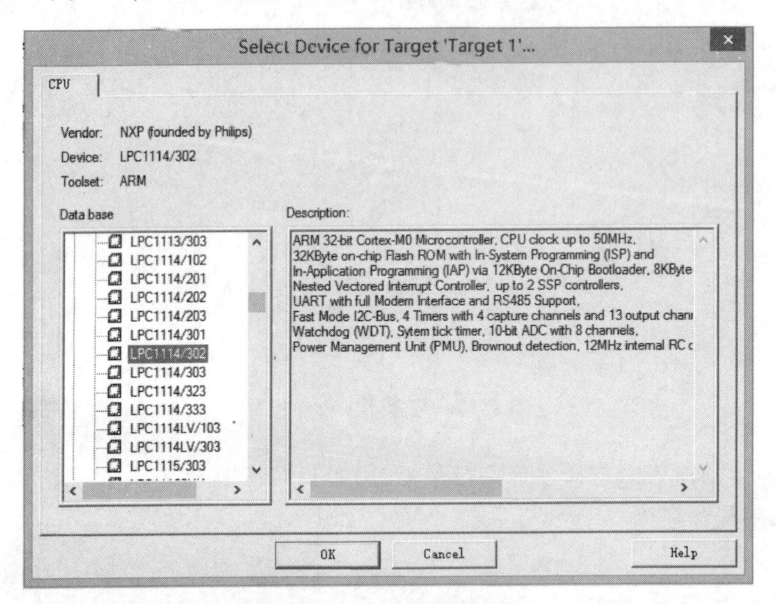

图 4.12　选择微控制器型号

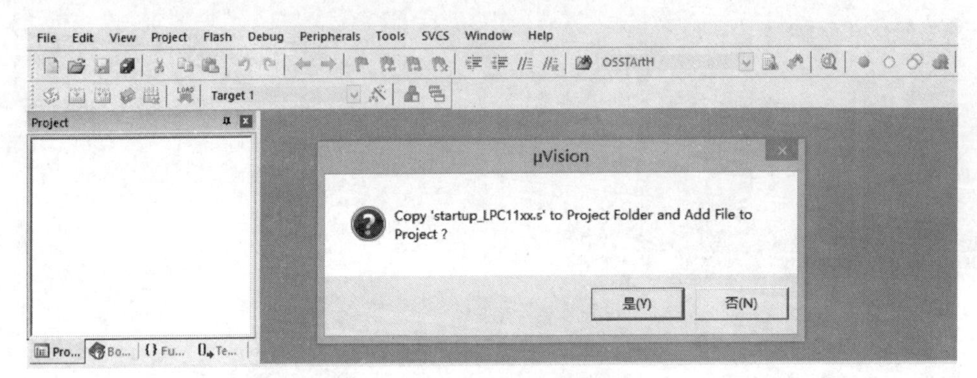

图 4.13　加载启动代码

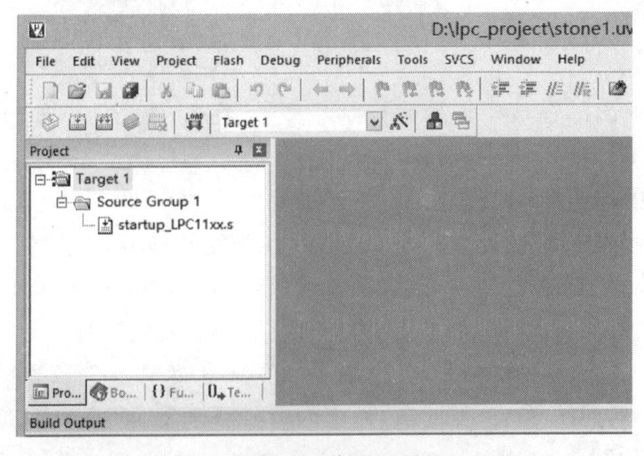

图 4.14　代码目录

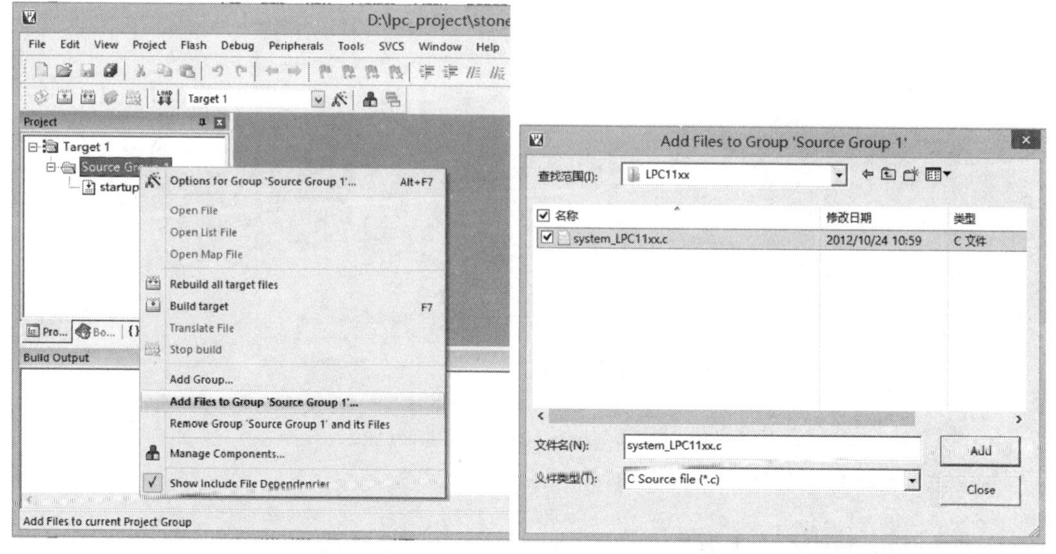

图 4.15　添加文件到工程　　　　图 4.16　添加的文件为“system_LPC11xx. c”

(/＊简单先说一下,防止大家有疑惑,startup_LPC11xx. s 和 system_LPC11xx. c 两个文件是 CMSIS 针对 LPC11xx 系列芯片启动过程写好的一段汇编程序和 C 程序,startup_LPC11xx. s 主要完成中断向量表设置等工作,system_LPC11xx. c 主要完成时钟设置等工作,有了这两段代码,LPC1114 的启动过程代码用户就不需要自行设计了,你只需要关注自己的主程序就好了,大大节省了用户的开发时间。后续这部分代码我们还会详细分析,这里点到为止。＊/)

(7) 接下来,我们写一个 . c 的 C 语言程序文件作为我们的主程序文件。具体可以通过菜单“File - > New”或者新建文件图标来创建,创建后界面如图 4.18 所示。将该文件取名“main. c”,扩展名一定要为“. c”,并单击保存按钮图标将该文件保存到工程所在文件夹下,如图 4.19 所示。

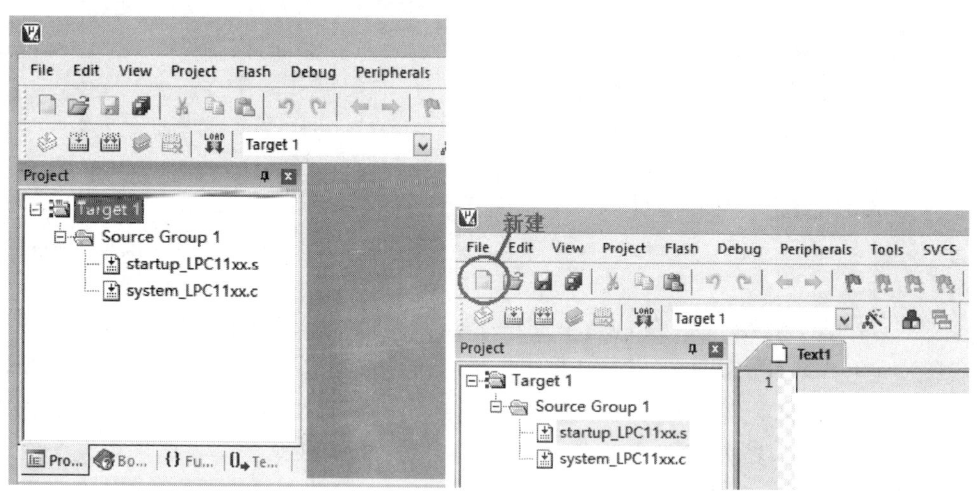

图 4.17　添加文件“system_LPC11xx. c”后　　　　图 4.18　新建一个 . c 文件

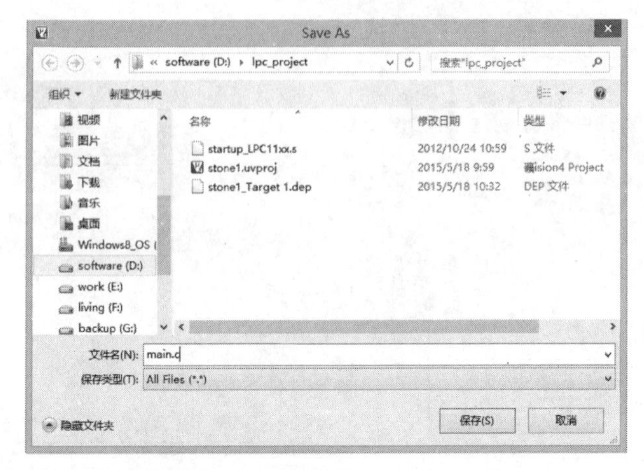

图4.19　创建并保存"main.c"文件

（8）把鼠标放在Target1上面，单击右键，在弹出菜单中选择"Add Group"，如图4.20所示。选择完后，会出现一个可修改的名字"New Group"，我们可以把它改成我们自己想要的名字，比如"mycode"，这样在工程中就有两个组了。我们可以把自己的"main.c"文件加入到新建的"mycode"组中，具体操作方法就是在"mycode"上单击右键，选择"Add Files to Group'mycode'"，如图4.21所示。在弹出窗口中选择我们刚建的main.c文件，单击"add"按键，加入文件，如图4.22所示，这样main.c就在mycode组中了。（/＊分组的目的就是让文件看起来结构清晰。＊/）

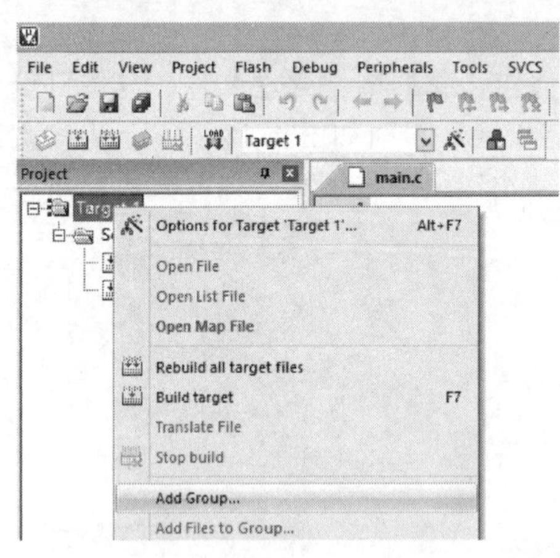

图4.20　创建一个新组

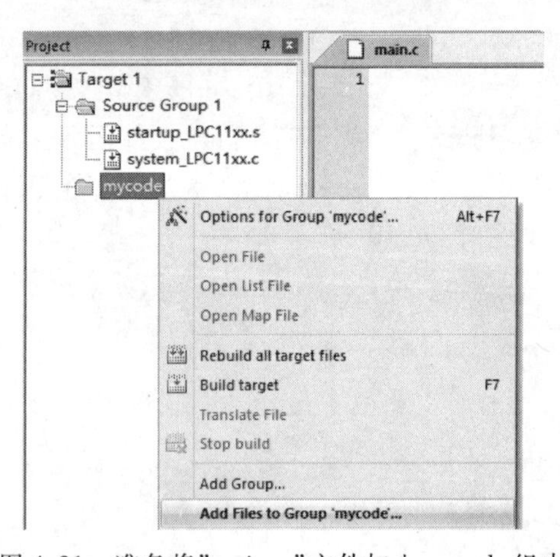

图4.21　准备将"main.c"文件加入mycode组中

（9）下面可以写程序了。在main.c文件中写入如图4.23所示的代码，并单击编译按钮，则在界面下方的"Build Output"对话框中会出现如图4.24所示的提示信息，错误和警告的数量都为0，因此我们第一个程序就成功了，虽然代码中什么都没有干。（/＊lpc11xx.h是一个必须包含的头文件，里面定义了许多寄存器的名称及地址信息。编译完成后在图4.24中也可看出，左侧Project对话框中包含了很多的.h文件，这些文件都是在编译链接中用到的头文件，因此虽然我们只写了一小段没有功能的代码，但是要想让程序能够在硬件上跑起来，还需要很多辅助的头文件，后面我们会详细介绍。这里也请大家注意，图4.24左

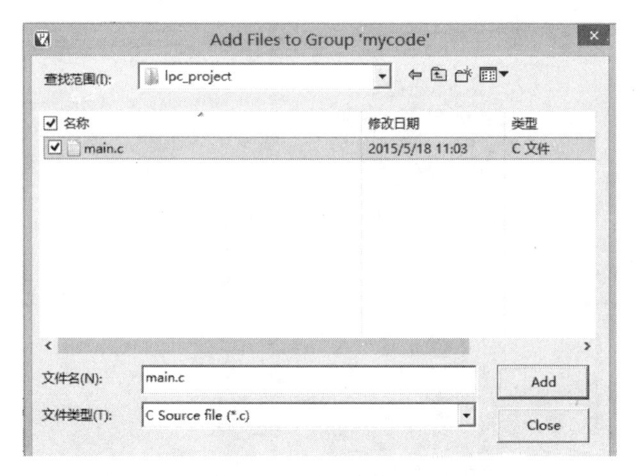

图 4.22　选择“main. c”文件加入 mycode 组中

侧 Project 对话框中的树形文件结构就是整个工程的文件结构。*/)

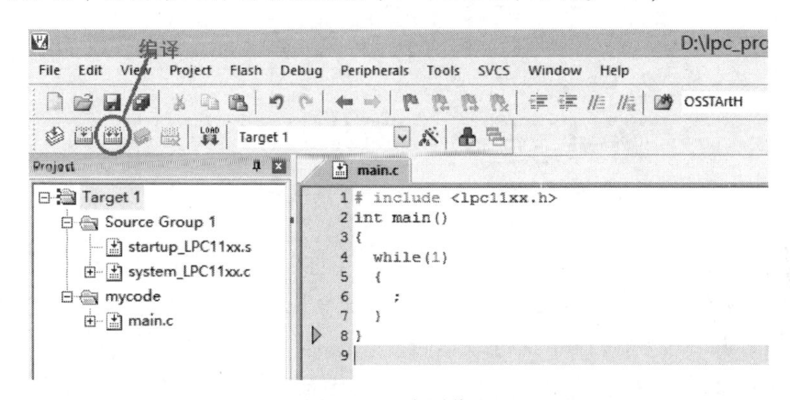

图 4.23　编写代码

到此为止我们的第一个工程 1 就完成了,暂时不要关闭工程(/* 关闭了重新打开就好 */)。下面我们要做的就是生成一个可以烧写到微控制器内部 ROM 中的 . hex 文件。

(/* 想要知道你最后写的程序会占用 Flash 多大空间吗? 不就是 . hex 文件的大小吗? 不对,请看看图 4.24 最下方的“Program Size”的提示吧! Code 代表程序代码部分, RO - data 表示程序定义的常量,RW - data 表示已初始化的全局变量,ZI - data 表示未初始化的全局变量以及初始化为 0 的变量。Code + RO - data + RW - data 将会被写入 Flash 当中(因此你的 Flash 一定要大于这三者之和),而 RW - data + ZI - data 会被写入 RAM 当中(你的运行内存一定要大于这二者之和),系统上的初始化时 RW - data 会加载到 RAM 中。这可是很少有人告诉你的秘密哟! */)

4.3　生成 HEX 文件

HEX 的全称是 Intel HEX,此类文件通常用于传输将被存于 ROM 或者 EPROM 中的程序和数据,是由一行行符合 Intel HEX 文件格式的文本所构成的 ASCII 文本文件。大

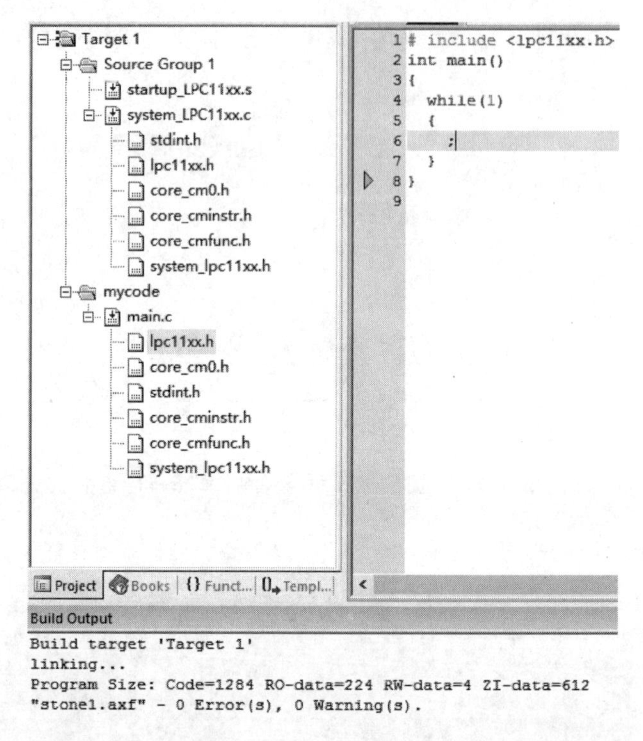

图 4.24　编译输出

多数 EPROM 编程器或模拟器使用 Intel HEX 文件。HEX 文件记录由对应机器语言码和/或常量数据的十六进制编码数字组成。也就是说,将程序生成的 HEX 文件下载到微控制器内部的 ROM 当中,程序就可以运行了。具体 HEX 的生成步骤如下:

(1) 在 4.2 小节所建工程基础上,单击下图所示工具栏上的“Target Options”图标(图 4.25),会弹出一个窗口(图 4.26)。

图 4.25　目标配置

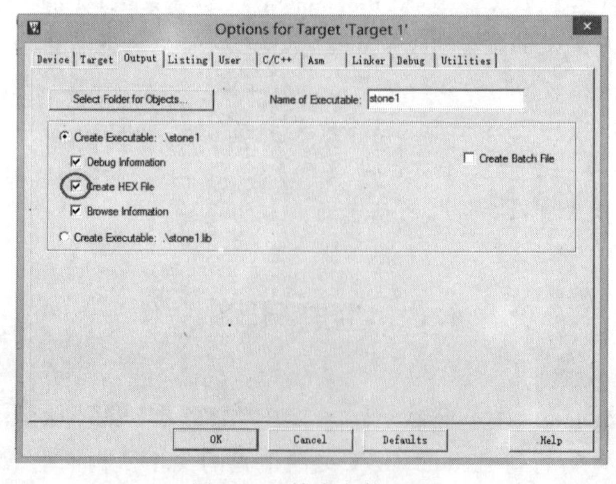

图 4.26　输出文件配置

(2) 在图4.26窗口中,选择“Output”选项卡,并在该卡片上勾选“Create HEX File”后,单击确定。

(3) 接下来再在工具栏上单击编译按钮(图4.27)。

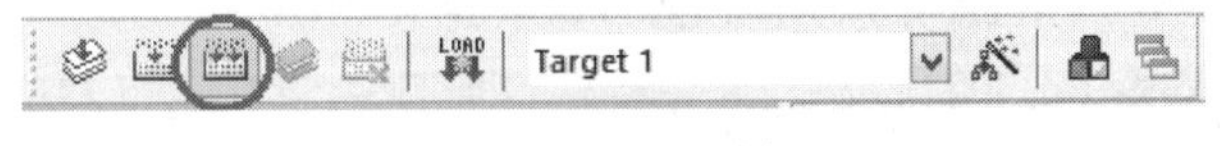

图4.27 重新编译

(4) 打开工程所在文件夹,如图4.28所示,大家就可以看到生成的“stone1.hex”文件了。

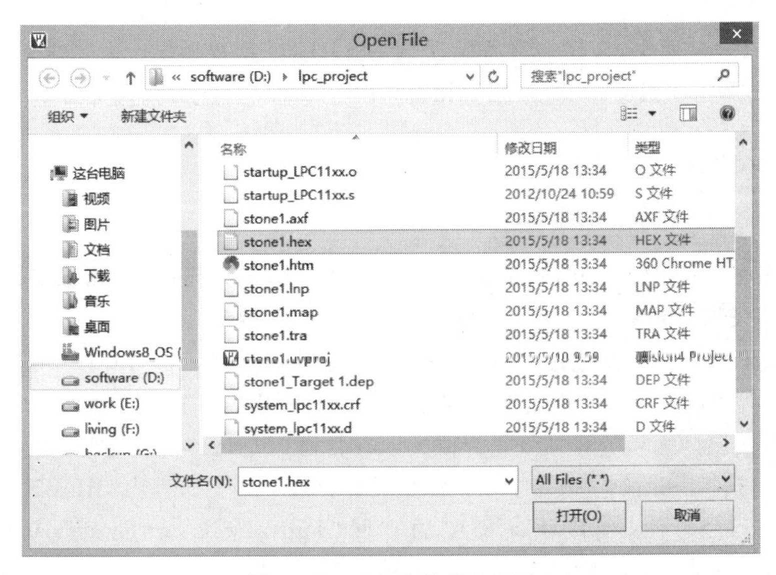

图4.28 HEX文件所在目录

到这里为止,我们就生成了向微控制器下载程序所需的HEX文件,就是“stone1.hex”,那么如何下载到开发板的微控制器当中呢?下一小节来介绍。

4.4 程序下载到开发板

4.4.1 程序下载方式简介

LPC1114程序的下载有两种方式,一种是通过串口,一种是通过JTAG接口。

1. 串口下载程序

串口下载程序,即通过LPC1114的RXD和TXD下载程序。需要借助ISP下载软件。这里我们用Flash Magic软件下载。

1) 手动下载

LPC1114的P0.1脚,即BOOT引脚,用来控制程序的下载,在LPC1114上电之前,把BOOT接地,上电后,单片机会等待程序的下载,下载好程序后,单片机断电,BOOT与地断开,单片机重新上电后,会运行刚才下载进去的程序。也就是说,当单片机上电后,会首先检测 BOOT 引脚是否接地,如果接地,等待程序下载;如果 BOOT 没有接地,将运行用户程序。

2）自动下载

利用串口的 DTR 和 RTS 分别连接 LPC1114 的 RESET 和 BOOT 引脚,可以免去手动下载的麻烦,直接单击 Flash Magic 的下载按钮,即可下载程序,下载完程序后自动重新复位运行刚刚下载的程序,使得开发更得心应手。(/* 我们使用的开发板支持自动下载方式。*/)

2. JTAG 接口下载程序

JTAG 接口下载程序,实质上是用 SWD 串行口下载,SWD 是 JTAG 的精简版本,专为 Cortex 系列处理器而生,只需要两条线,一条时钟线,一条数据线。需要借助 JLINK V8 或 ULINK2 仿真器。仿真器下载程序,直接在 KEIL 里面单击下载按钮即可下载。

4.4.2 串口程序自动下载

串口程序自动下载步骤如下:

(1) 下载 Flash Magic 软件(http://www.flashmagictool.com),单击安装图标并一路单击 Next 即可安装完成并在桌面上生成如图 4.29 所示图标。

(2) 如果你使用的是笔记本,没有串口,只能用 USB 接口进行程序下载,那么请先安装 USB 转串口的驱动程序,这个驱动程序一般开发板生产厂家会提供给大家。由于本书使用的开发板设计之初的目标就是方便大家在自己的笔记本上随时进行学习,因此根据开发板上串口转 USB 的芯片型号 CH340T 提供了相应的驱动程序“HL-340.exe”(如图 4.30 所示),大家可以到该驱动程序的官网“http://wch.cn/downloads.php?name=pro&proid=5”下载,并双击驱动程序图标安装即可。如果你使用的是台式机,自身就有 DB9 串口,而且开发板也有对应的串口,那么就不需要安装驱动了。

图 4.29　FlashMagic 快捷图标

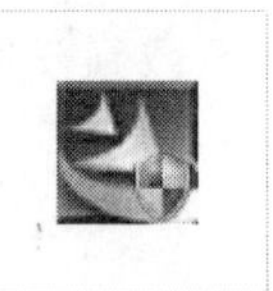

图 4.30　HL-340 USB 转串口驱动程序

(3) 如图 4.31 所示,连接好开发板和笔记本电脑,按下开发板上的 ISP 按键以及 S1 电源按键。双击桌面图 4.29 所示图标,会出现图 4.32 所示界面。在该界面中主要配置的步骤有 5 步:

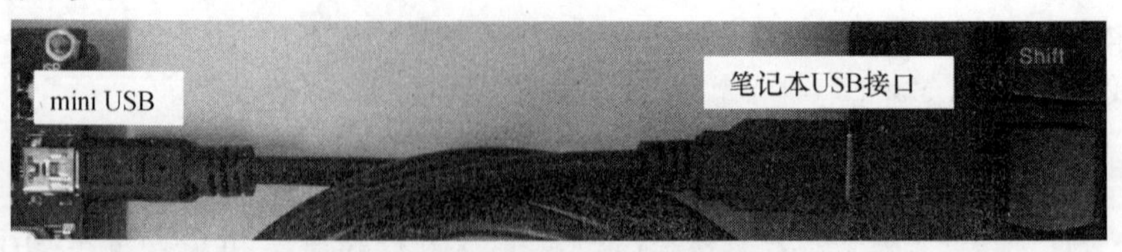

图 4.31　开发板与笔记本电脑相连

① 选择端口号。如何选择？大家可以打开操作系统设备管理器查看其中的端口，如图 4.33 所示，我们这是 COM6，因此在图 4.32 界面第一步中设定端口 COM6。注意这里必须是开发板与笔记本已经连接并通电，否则在设备管理器中看不到串口端口号；另外可以检验一下器件型号对不对，一般没有问题；其他默认。

② 勾选“Erase all Flash + Code Rd Prot”。

③ 选择需要下载到微控制器内部的 . hex 文件，我们选择刚刚生成的“1. hex”。

④ 勾选“Verify after programming”。

⑤ 单击“Start”开始下载程序。图 4.34 给出了下载过程中的界面，在界面的下方给出了下载进度，一般几秒钟就可下载完成。

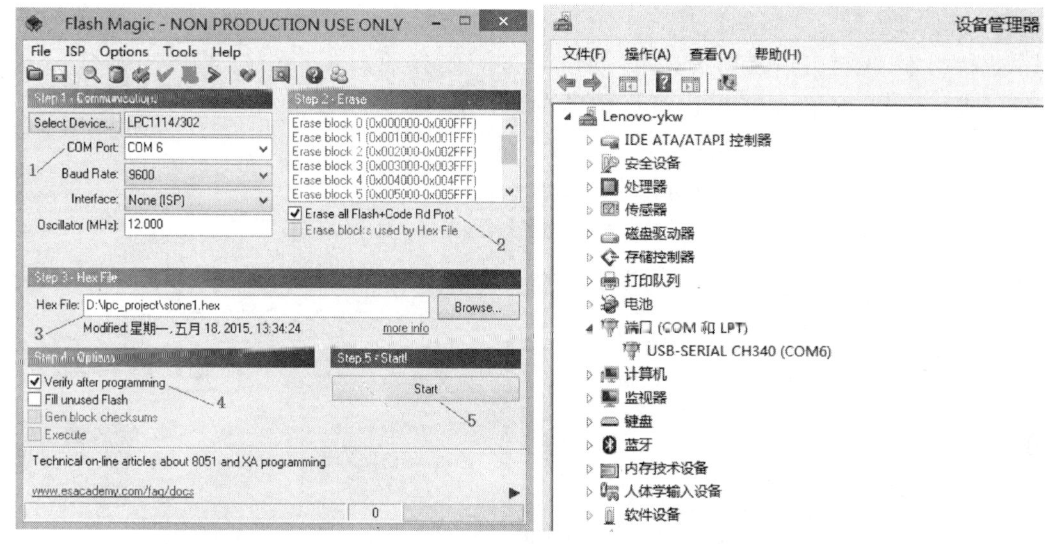

图 4.32 Flash Magic 配置　　　　图 4.33 串口端口号

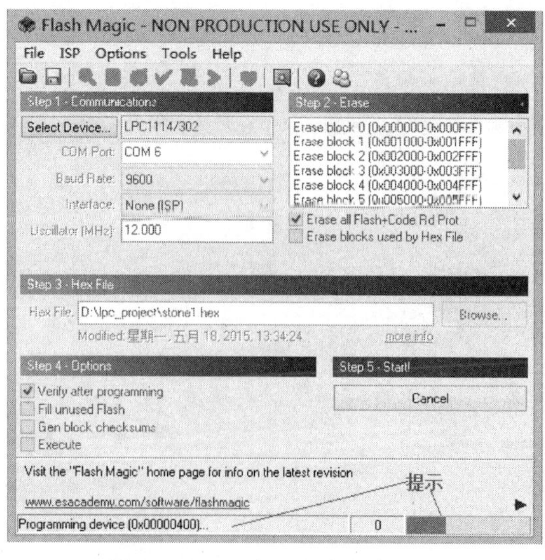

图 4.34 ISP 串口程序下载过程

到此为止,程序下载完成,程序就可以运行了,由于我们的代码中什么功能都没有,因此在开发板上看不到任何现象。

4.4.3 JTAG 程序下载(JLINK V8)

(1) 安装 JLINK V8 仿真器驱动,该驱动可以到网上下载。安装好驱动以后,再把 JLINKV8 仿真器插到电脑 USB 口。安装成功的话,会在电脑"设备管理器"看到 JLINK V8,如图 4.35 所示。

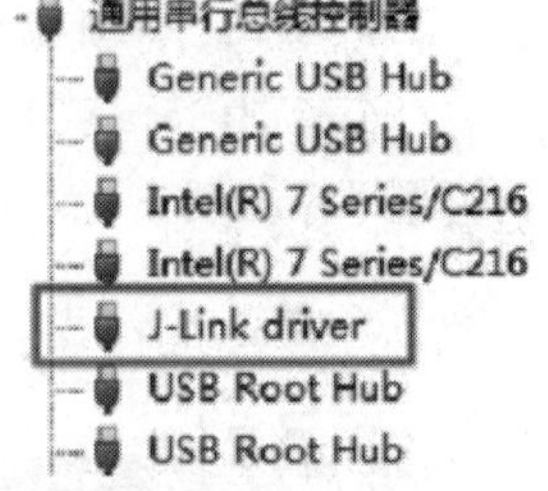

图 4.35 驱动程序安装后"设备管理器"中给出提示

(2) 配置 Keil。在开发环境界面的工具栏中单击"Target Options"按钮,如图 4.25 所示,并进入"Utilities"选项卡,按照图 4.36 所示进行配置。然后选择"Debug"选项卡,按照图 4.37 所示进行配置;并单击该选项卡内的"Settings"按钮,按照图 4.38 所示进行设置;配置后选择该窗口中的"Flash Download"选项卡,按照图 4.39 所示进行配置;配置后,接下来单击"add"按钮,添加编程算法,如图 4.40 所示,选择 LPC11xx/122x/13xx IAP 32k,单击"Add"按钮。回到原来的窗口,如图 4.41 所示,单击"OK"完成设置。

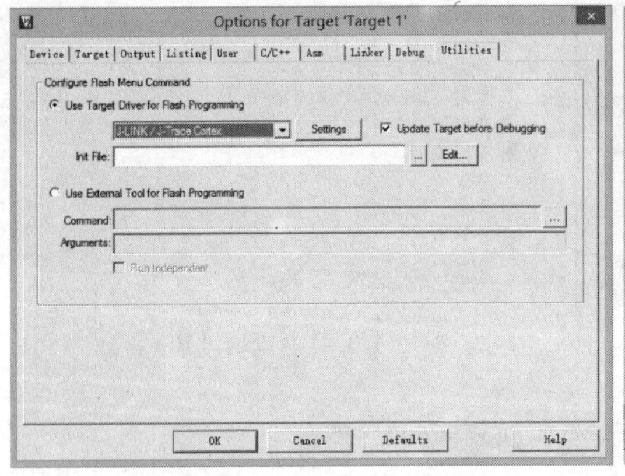

图 4.36 "Utilities"选项卡配置

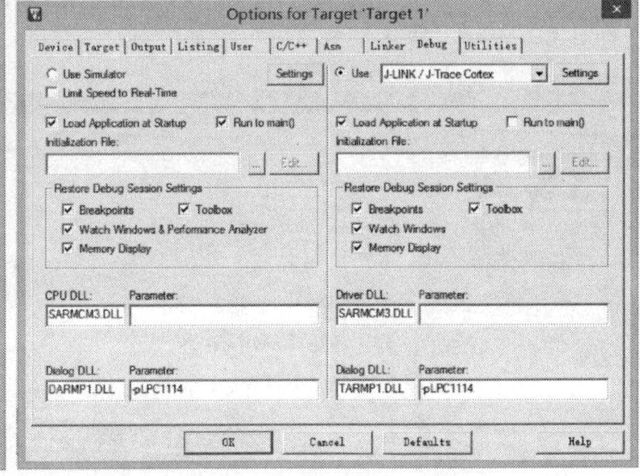

图 4.37 "Debug"选项卡配置

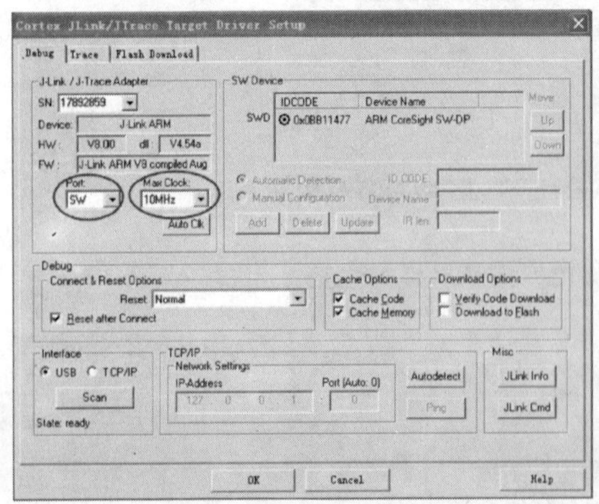

图 4.38 J-LINK 适配器设置

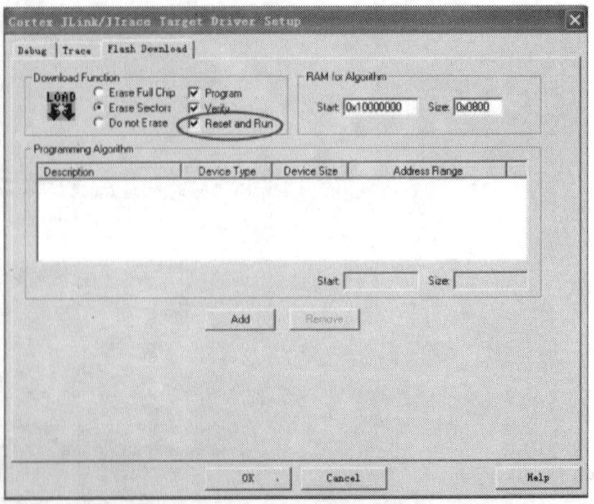

图 4.39 "Flash Download"选项卡

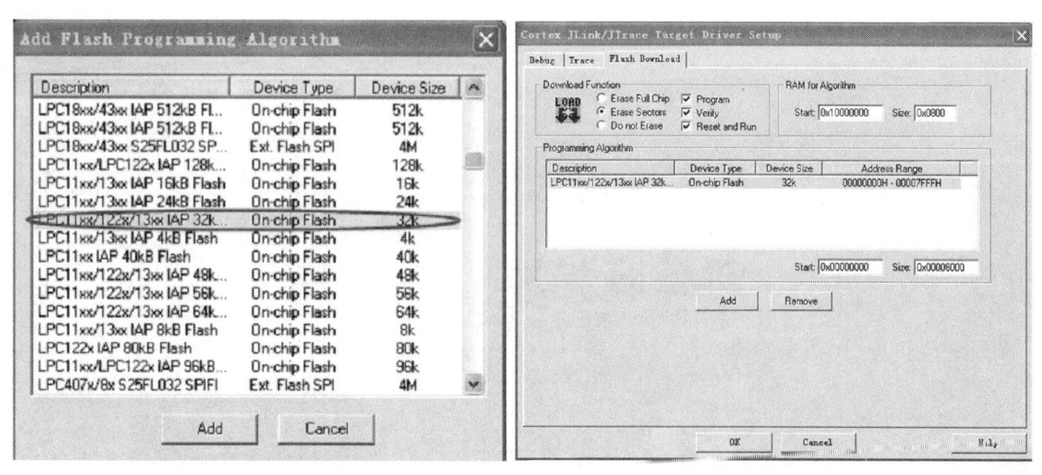

图 4.40　添加编程算法　　　　图 4.41　添加完算法

(3) 下载。这时,JLINK V8 在 Keil 中就可以仿真和下载程序了。用仿真器将开发板和电脑连接后,单击工具栏中的“Dowload”按钮(如图 4.42 所示)就能够进行程序下载了。

到此,利用 JTAG 接口进行程序下载就完成了。

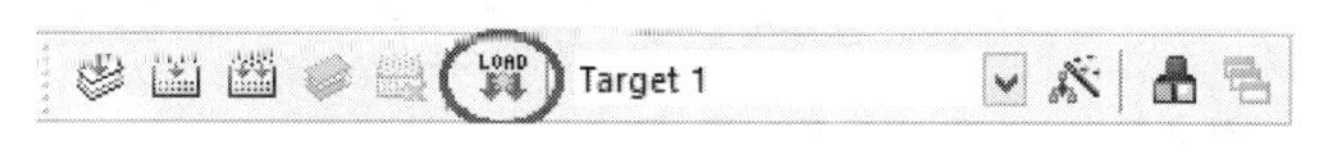

图 4.42　程序下载

1010101010101010101010101010

第5天

CMSIS 标准化软件接口

今天我们向大家详细分析几个重要的CMSIS库文件，这几个库文件是我们今后程序设计的重要组成部分，非常重要。深入了解这几个文件，对于加快程序设计速度、降低程序设计难度有着非常重要的意义。

5.1 Cortex 微控制器软件接口标准(CMSIS)介绍

5.1.1 CMSIS 简介

先从“高大上”的角度说一下CMSIS。Cortex 微控制器软件接口标准(Cortex Microcontroller Software Interface Standard)是ARM和一些编译器厂家以及半导体厂家共同遵循的一套标准，由ARM提出，专门针对Cortex-M系列微控制器的标准。在该标准的约定下，ARM和芯片厂商会提供一些通用的API接口来访问Cortex内核以及一些专用外设，以减少更换芯片以及开发工具等移植工作所带来的开销。CMSIS标准的提出，能够使得嵌入式领域的公司把更多的精力放到软件上，并增强代码的兼容性和可重用性。

CMSIS为嵌入式软件提供了如下标准化的内容：

(1) 标准化的操作函数。用于访问NVIC、系统控制块(SCB)、SysTick的中断控制和初始化。

(2) NVIC、SCB和SysTick寄存器的标准化定义。为了达到最佳的可移植性，应该使用这些标准化的操作函数和寄存器，能够提高软件的可移植性。

(3) Cortex-M微控制器的特殊指令标准化函数。有些指令不能由普通的C代码生成，如果需要这些指令，就可以使用CMSIS提供的这类函数来实现。否则的话，用户就不得不使用C编译器提供的内在函数或者嵌入式汇编代码，降低了代码可移植性。

(4) 系统异常处理的标准化命名。嵌入式操作系统往往需要系统异常，当系统异常都有了标准化的命名以后，在一个操作系统里支持不同的设备驱动库也就更容易了。

(5) 系统初始化函数的标准化命名。通用的系统初始化函数被命名为void SystemInit(void)，减小了软件开发人员的工作量。

(6) 为时钟频率信息建立标准化的变量。这个变量为SystemCoreClock(CMSIS v1.3

版本以后),用于确定处理器的时钟频率。

这些标准化的内容主要是为了满足基本操作的兼容性而开发的,微控制器供应商为了加强他们的软件解决方案,可以增加函数接口,以免 CMSIS 限制了嵌入式产品的功能和性能。使用 CMSIS,软件代码不会变得过时,CMSIS 也会支持将来的 Cortex－M 微控制器,所以可以将你的应用程序代码用到将来的产品中。

(/＊CMSIS 为各半导体公司生产的、基于 Cortex－M 内核的各种微处理器提供了一系列的标准化的函数定义、寄存器定义、异常命名等内容,开发人员可以免去定义、设计这些内容的劳苦,直接使用 CMSIS 提供的文件就可以了,可以提高开发速度。一般常用的开发环境都自动集成有这些内容,如果没有集成这些文件,NXP 用户则可以到 www.lpcware.com 上下载到 LPC11xx 相关的库文件。＊/)

5.1.2 CMSIS 组织结构

CMSIS 可以分为以下 3 个基本功能层:

1. 核内外设访问层(Core Peripheral Access Layer,CPAL)

该层用来定义 Cortex－M 处理器内部的寄存器地址以及功能函数。如对内核寄存器、NVIC、调试子系统的访问。一些对特殊用途寄存器的访问被定义成内联函数或是内嵌汇编的形式。该层的实现由 ARM 提供。

2. 中间件访问层(Middleware Access Layer,MWAL)

该层定义访问中间件的一些通用 API,该层也由 ARM 负责实现,但芯片厂商需要根据自己的设备特性进行更新。目前该层仍在开发中,还没有更进一步的消息。

3. 设备访问层(Device Peripheral Access Layer,DPAL)

该层和 CPAL 层类似,用来定义一些硬件寄存器的地址以及对外设的访问函数。另外芯片厂商还需要对异常向量表进行扩展,以实现对自己设备的中断处理。该层可引用 CPAL 层定义的地址和函数,该层由具体的芯片厂商提供。

这些层的作用在图 5.1 中做了说明。

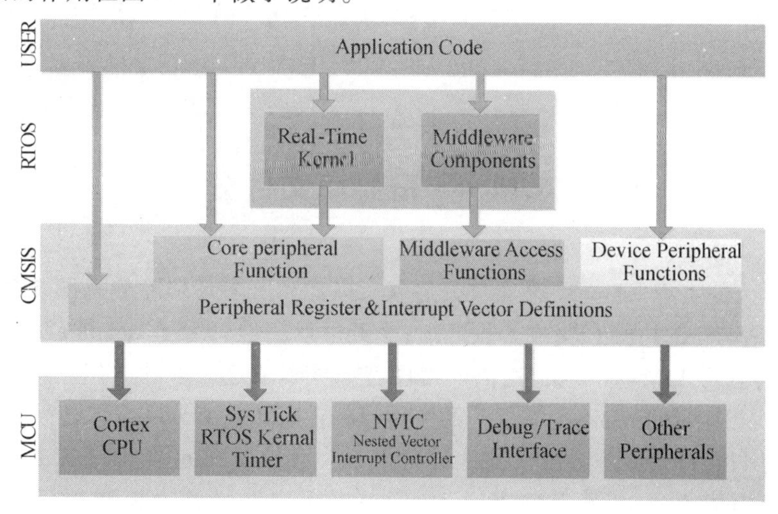

图 5.1 CMSIS 架构

5.1.3 CMSIS 中的文件

以 NXP LPC11xx 微控制器为例，在 www.lpcwarc.com 网站上下载的 CMSIS 库文件主要包括如下文件：

（1）core_cm0.h：该文件中包含处理器外设寄存器的定义，包括 NVIC、SysTick 定时器、系统控制卡（SCB）等，还提供了中断控制和系统控制等内核操作函数。该文件和 core_cm0.c 共同组成了 CMSIS 的内核外设访问层。

（2）core_cm0.c：该文件提供了 CMSIS 的内联函数，这些函数与编译器无关。在 CMSIS2.0 版本以后，core_cm0.c 文件被分为 core_cmfunc.h 和 core_cminstr.h，也就是说只要有 core_cmfunc.h 和 core_cminstr.h，没有 core_cm0.c 也可以。

（3）lpc11xx.h：该文件通常以控制器命名为 <device>.h，是微控制器供应商提供的文件，包括其他头文件以及提供了 CMSIS 需要的多个常量定义、设备特有的异常类型定义、外设寄存器定义以及外设地址定义，实际的文件名与设备相关。用户应用程序一般要包括该文件。

（4）system_lpc11xx.h：该文件为 system_lpc11xx.c 中函数的头文件，该文件通常以控制器命名为 system_<device>.h。

（5）system_lpc11xx.c ：该文件包含系统初始化函数“void SystemInit(void)、变量“SystemCoreClock”的定义以及一个名为“void SystemCoreClockUpdate(void)”的函数定义，该函数用于在时钟频率改变后更新“SystemCoreClock”。

一般在基于集成开发环境的程序设计当中，用户应用程序只需包含 lpc11xx.h（其他控制器为 <device>.h）即可。图 5.2 给出了库文件之间的关系。

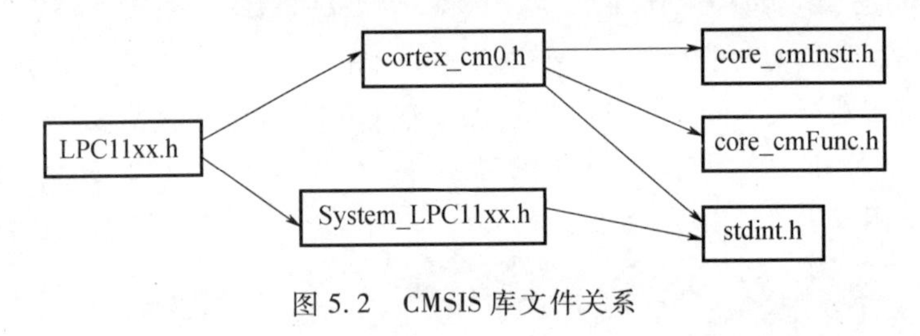

图 5.2 CMSIS 库文件关系

5.2 CMSIS 重要库文件分析

我们把昨天的工程“stone1”再次打开后就可以看到开发环境左侧是图 5.3 所示的程序代码结构。基于 Keil MDK 集成开发环境，昨天虽然我们只写了“main.c”程序，但由于在 main.c 中包含了 lpc11xx.h 文件，因此编译后就看到了这么多的文件。这些文件大家估计很眼熟，大部分都是 CMSIS 库提供的文件（除了 startup_LPC11xx.s 之外），同时从代码的树形结构中我们也可以看出文件之间的关系。那么 startup_LPC11xx.s 这个文件是谁提供的呢？是由集成开发环境 Keil MDK 根据用户选择的微控制器自动为用户生成的。

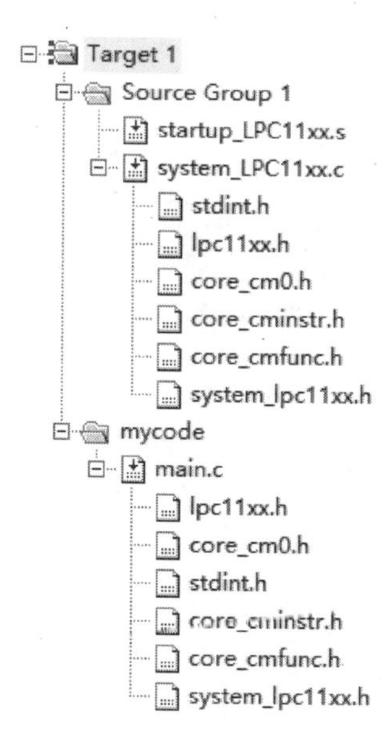

图 5.3 工程代码结构

好了,接下来让我们看看 CMSIS 提供的这些文件的内容,并详细进行分析。

(/*需要提醒大家注意的是,今后在我们本书中出现的代码都在前面有个行号,而这个行号有时不连续,但这并不代表我们少给出了部分程序语句,而是在实际程序中的那些行本就没有作用,所以直接删除了。*/)

5.2.1 stdint.h 文件分析

程序段 5.1 stdint.h 文件(部分代码)

```
001 /* Copyright (C) ARM Ltd., 1999 */
002 /* All rights reserved */
```

/* #ifndef/#define/#endif 这三个语句的作用是防止该头文件被重复引用,这种用法在后面很多头文件中常会看到。头文件被重复引用引起的后果是增加了编译工作的工作量,导致编译效率低,有些头文件重复包含,也会引起错误,在头文件引用时,采用 #ifndef/#define/#endif 这些代码能够避免头文件重复包含,是好的编程习惯。感兴趣的同学可以看看 http://blog.csdn.net/abc5382334/article/details/18052757 的博文。*/

```
010 #ifndef __stdint_h
011 #define __stdint_h
012 #define __ARMCLIB_VERSION 5030024
013
014   #ifndef __STDINT_DECLS
015   #define __STDINT_DECLS
017     #undef __CLIBNS
019     #ifdef __cplusplus
020       namespace std {
021         #define __CLIBNS std::
022         extern "C" {
```

```
023            #else
024               #define __CLIBNS
025         #endif  /* __cplusplus */
028  /*
029   * 'signed' is redundant below, except for 'signed char' and if
030   * the typedef is used to declare a bitfield.
031   * '__int64' is used instead of 'long long' so that this header
032   * can be used in --strict mode.
033   */
035     /* 7.18.1.1 */
037     /* exact - width signed integer types */
038  typedef   signed          char int8_t;
039  typedef   signed short    int int16_t;
040  typedef   signed          int int32_t;
041  typedef   signed       __int64 int64_t;
042
043     /* exact - width unsigned integer types */
044  typedef unsigned          char uint8_t;
045  typedef unsigned short    int uint16_t;
046  typedef unsigned          int uint32_t;
047  typedef unsigned      __int64 uint64_t;

097     /* maximum values of exact - width signed integer types */
098  #define INT8_MAX               127
099  #define INT16_MAX            32767
100  #define INT32_MAX       2147483647
101  #define INT64_MAX    __ESCAPE__(9223372036854775807ll)
102
103     /* maximum values of exact - width unsigned integer types */
104  #define UINT8_MAX               255
105  #define UINT16_MAX            65535
106  #define UINT32_MAX       4294967295u
107  #define UINT64_MAX __ESCAPE__(18446744073709551615ull)

260     #endif /* __cplusplus */
262  #endif /* __stdint_h */
264  /* end of stdint.h */
```

首先声明，stdint. h 不是 CMSIS 库文件。我们只不过是借此处介绍一下。

一般而言，编译器的编译单位是 . c 文件，对每个 . c 文件都生成一个 . obj 的目标文件，最后用 link 程序连接成 . exe 可执行文件。合理地使用 . h 文件能够很好地理清项目工程的结构和提高编译的效率。头文件主要是对函数、全局变量的声明和一些宏的定义，. h 文件是不参与编译的，#include 宏的作用就是预处理的时候在使用这句话的地方用 . h 文件的内容替换掉这句话。声明的作用也只是告诉编译器某个函数或者变量符号在调用之前在程序的某处已经定义过，编译的时候不报错。

程序段 5.1 所示，给出了"stone1"工程中的 stdint. h 头文件的部分代码。stdint. h 是 c99 中引进的一个标准 C 库的头文件。

stdint. h 中定义了一些整数类型，如下：

- int8_t, int16_t, int32_t 表示长度为 8、16、32 位的整型数。
- uint8_t, uint16_t, uint32 _t 表示长度为 8、16、32 位的无符号整型数。

stdint. h 中也定义了一些常量，表示以上各类型数的最大值、最小值，如：

- INT8_MIN, UINT8_MIN, INT8_MAX, UINT8_MAX 等。

(/* stdint. h 主要定义了一些整数类型和常量，这样用户就可以用这些类型定义数据了。当然你只要知道它是为编译器服务的就行了，没必要深究其内容和代码。*/)

5.2.2 lpc11xx. h 文件分析

lpc11xx. h 文件里面定义了 Cortex - M0 内核资源的地址以及 LPC1114 相关模块的基址，还包括一部分函数。文件内的程序如程序段 5.2 所示。我们在文件内部给出了关键部分的说明(中文部分)。

程序段 5.2 lpc11xx. h 文件

```
001 /*****************************************************
002  *   $Id:: LPC11xx. h 9198 2012 - 02 - 22 01:04:53Z usb00175          $
003  *   Project: NXP LPC11xx software example
004  *
005  *   Description:
006  *     CMSIS Cortex - M0 Core Peripheral Access Layer Header File for
007  *     NXP LPC11xx Device Series
008  *                               modified by Keil
020  *****************************************************/
```

/* 宏声明，如果没有定义 lpc11xx. h，那么就定义 lpc11xx. h，防止该头文件被重复引用。*/

```
021 #ifndef __LPC11xx_H__
022 #define __LPC11xx_H__
023
```

/* __cplusplus 是 cpp 中的自定义宏，这段代码的含义是：如果这是一段 cpp 的代码，那么就加入 extern "C"{和}处理其中的代码。要明白为何使用 extern "C"，还得从 cpp 中对函数的重载处理开始说起。在 C + + 中，为了支持重载机制，在编译生成的汇编代码中，要对函数的名字进行一些处理，加入比如函数的返回类型等等。而在 C 中，只是简单的函数名字而已，不会加入其他的信息。也就是说：C + + 和 C 对产生的函数名字的处理是不一样的。C + + 之父在设计 C + + 之时，考虑到当时已经存在了大量的 C 代码，为了支持原来的 C 代码和已经写好 C 库，需要在 C + + 中尽可能的支持 C，而 extern "C"就是其中的一个策略。对于我们全部为 C 代码的程序，可以不用管这几句的意思，如果是 C + + 程序使用头文件中的内容，则要加上这三句话。目的是让 cpp 与 C 代码能够相互调用。*/

```
024 #ifdef __cplusplus
025   extern "C" {
```

```
026  #endif

027/*下面27-33行说明了lpc11xx.h文件内部都定义了些什么内容,包括寄存器、外设地址、IO接口等。*/
028  /* addtogroup LPC11xx_Definitions LPC11xx Definitions
029    This file defines all structures and symbols for LPC11xx:
030         - Registers and bitfields
031         - peripheral base address
032         - peripheral ID
033         - PIO definitions
035  */
036
037
038  /*****************************************************************************/
039  /*          Processor and Core Peripherals                    */
040  /*****************************************************************************/
041  /** @ addtogroup LPC11xx_CMSIS LPC11xx CMSIS Definitions
042    Configuration of the Cortex - M0 Processor and Core Peripherals */

/*参考图1.12,下面定义了各个中断的中断号,具体是什么中断,请大家翻译英文说明,我们在使用具体中断时再个别介绍。*/

051  typedef enum IRQn
052  {
053  /******  Cortex - M0 Processor Exceptions Numbers ******************/
054    Reset_IRQn              = -15,  /*! < 1  Reset Vector, invoked on Power up and warm reset */
055    NonMaskableInt_IRQn     = -14,  /*! < 2  Non maskable Interrupt, cannot be stopped or preempted */
056    HardFault_IRQn          = -13,  /*! < 3  Hard Fault, all classes of Fault */
057    SVCall_IRQn             = -5,   /*! < 11 System Service Call via SVC instruction */
058    PendSV_IRQn             = -2,   /*! < 14 Pendable request for system service */
059    SysTick_IRQn            = -1,   /*! < 15 System Tick Timer          */
060
061  /******  LPC11Cxx or LPC11xx Specific Interrupt Numbers ***************/
062    WAKEUP0_IRQn            =0,     /*! < All I/O pins can be used as wakeup source.     */
063    WAKEUP1_IRQn            =1,     /*! < There are 13 pins in total for LPC11xx        */
064    WAKEUP2_IRQn            =2,
065    WAKEUP3_IRQn            =3,
066    WAKEUP4_IRQn            =4,
067    WAKEUP5_IRQn            =5,
068    WAKEUP6_IRQn            =6,
069    WAKEUP7_IRQn            =7,
070    WAKEUP8_IRQn            =8,
071    WAKEUP9_IRQn            =9,
072    WAKEUP10_IRQn           =10,
073    WAKEUP11_IRQn           =11,
074    WAKEUP12_IRQn           =12,
```

```
075    CAN_IRQn              =13,    /*! < CAN Interrupt          */
076    SSP1_IRQn             =14,    /*! < SSP1 Interrupt         */
077    I2C_IRQn              =15,    /*! < I2C Interrupt          */
078    TIMER_16_0_IRQn       =16,    /*! < 16 - bit Timer0 Interrupt   */
079    TIMER_16_1_IRQn       =17,    /*! < 16 - bit Timer1 Interrupt   */
080    TIMER_32_0_IRQn       =18,    /*! < 32 - bit Timer0 Interrupt   */
081    TIMER_32_1_IRQn       =19,    /*! < 32 - bit Timer1 Interrupt   */
082    SSP0_IRQn             =20,    /*! < SSP0 Interrupt         */
083    UART_IRQn             =21,    /*! < UART Interrupt         */
084    Reserved0_IRQn        =22,    /*! < Reserved Interrupt     */
085    Reserved1_IRQn        =23,
086    ADC_IRQn              =24,    /*! < A/D Converter Interrupt   */
087    WDT_IRQn              =25,    /*! < Watchdog timer Interrupt   */
088    BOD_IRQn              =26,    /*! < Brown Out Detect(BOD) Interrupt   */
089    FMC_IRQn              =27,    /*! < Flash Memory Controller Interrupt   */
090    EINT3_IRQn            =28,    /*! < External Interrupt 3 Interrupt   */
091    EINT2_IRQn            =29,    /*! < External Interrupt 2 Interrupt   */
092    EINT1_IRQn            =30,    /*! < External Interrupt 1 Interrupt   */
093    EINT0_IRQn            =31,    /*! < External Interrupt 0 Interrupt   */
094  } IRQn_Type;
096  /*
097   * ==================================================
098   * ------------ Processor and Core Peripheral Section ----------------
099   * ==================================================
102  /* Configuration of the Cortex - M0 Processor and Core Peripherals */
103  #define __MPU_PRESENT          0    /*! < MPU present or not                */
104  #define __NVIC_PRIO_BITS       2    /*! < Number of Bits used for Priority Levels   */
105  #define __Vendor_SysTickConfig 0    /*! < Set to 1 if different SysTick Config is used   */
106
/*本头文件又包含了另外两个头文件:core_cm0.h 和 system_LPC11xx.h*/

110  #include "core_cm0.h"            /* Cortex - M0 processor and core peripherals   */
111  #include "system_LPC11xx.h"      /* System Header                */
112
114  /****************************************************/
115  /*         Device Specific Peripheral Registers structures       */
116  /****************************************************/
   /*ARM 系列目前支持三大主流的工具链,即 ARM RealView (armcc), IAR EWARM (iccarm)和 GNU
   Compiler Collection (gcc)。Keil 是不支持匿名的结构体的,第 19 行告诉编译器启用对匿名结构体和联合
   体的支持。*/
118  #if defined ( __CC_ARM  )
119  #pragma anon_unions
120  #endif
121
122  /* ---------------- System Control (SYSCON) ---------------- */
```

```
123  /* addtogroup LPC11xx_SYSCON LPC11xx System Control Block */
```

/*下面结构体中,"__IO"在core_cm0 h中定义,具体为:"#define __IO volatile"。因此在128行中,"__IO uint32_t SYSMEMREMAP"就是要告诉编译器后面定义的SYSMEMREMAP是随时可能发生变化的,每次使用它的时候必须从SYSMEMREMAP的地址中读取,因而编译器生成的可执行码会重新从SYSMEMREMAP的地址读取数据放在目标变量中。如果不这样声明,编译器优化做法是:由于编译器发现两次从SYSMEMREMAP读数据的代码之间的代码没有对SYSMEMREMAP进行过操作,它会自动把上次读的数据放在目标变量中。而不是重新从SYSMEMREMAP里面读。这样一来,如果SYSMEMREMAP是一个寄存器变量或者表示一个端口数据就容易出错,所以说volatile可以保证对特殊地址的稳定访问,不会出错。*/

/*下面结构体中主要定义的是系统控制块。其中每个寄存器都是4个字节,因此大家要注意这些寄存器之间的地址是顺序增加的,所以英文的说明中偏移地址依次加4。在后面将要见到的很多结构体和联合体当中,会常见定义的RESERVEDn变量,比如下面代码132行定了5个32位的结构体成员RESERVED0[0]~RESERVED0[4],这些结构体的成员在具体程序设计中没有什么用处,主要是为了保证各寄存器偏移地址按照顺序增加,确保寄存器偏移地址的正确。这些寄存器大家可以参考用户手册的Table 7。*/

```
126  typedef struct
127  {
128    __IO uint32_t SYSMEMREMAP;      /*! < Offset: 0x000 System memory remap (R/W) */
129    __IO uint32_t PRESETCTRL;       /*! < Offset: 0x004 Peripheral reset control (R/W) */
130    __IO uint32_t SYSPLLCTRL;       /*! < Offset: 0x008 System PLL control (R/W) */
131    __IO uint32_t SYSPLLSTAT;       /*! < Offset: 0x00C System PLL status (R/W ) */
132       uint32_t RESERVED0[4];
133
134    __IO uint32_t SYSOSCCTRL;       /*! < Offset: 0x020 System oscillator control (R/W) */
135    __IO uint32_t WDTOSCCTRL;       /*! < Offset: 0x024 Watchdog oscillator control (R/W) */
136    __IO uint32_t IRCCTRL;          /*! < Offset: 0x028 IRC control (R/W) */
137       uint32_t RESERVED1[1];
138    __IO uint32_t SYSRSTSTAT;       /*! < Offset: 0x030 System reset status Register (R/ ) */
139       uint32_t RESERVED2[3];
140    __IO uint32_t SYSPLLCLKSEL;     /*! < Offset: 0x040 System PLL clock source select (R/W) */
141    __IO uint32_t SYSPLLCLKUEN;   /*! < Offset: 0x044 System PLL clock source update enable (R/W) */
142       uint32_t RESERVED3[10];
143
144    __IO uint32_t MAINCLKSEL;       /*! < Offset: 0x070 Main clock source select (R/W) */
145    __IO uint32_t MAINCLKUEN;       /*! < Offset: 0x074 Main clock source update enable (R/W) */
146    __IO uint32_t SYSAHBCLKDIV;     /*! < Offset: 0x078 System AHB clock divider (R/W) */
147       uint32_t RESERVED4[1];
148
149    __IO uint32_t SYSAHBCLKCTRL;    /*! < Offset: 0x080 System AHB clock control (R/W) */
150       uint32_t RESERVED5[4];
151    __IO uint32_t SSP0CLKDIV;       /*! < Offset: 0x094 SSP0 clock divider (R/W) */
152    __IO uint32_t UARTCLKDIV;       /*! < Offset: 0x098 UART clock divider (R/W) */
153    __IO uint32_t SSP1CLKDIV;       /*! < Offset: 0x09C SSP1 clock divider (R/W) */
```

```
154         uint32_t RESERVED6[12];
155
156       __IO uint32_t WDTCLKSEL;          /*! < Offset: 0x0D0 WDT clock source select (R/W) */
157       __IO uint32_t WDTCLKUEN;          /*! < Offset: 0x0D4 WDT clock source update enable (R/W) */
158       __IO uint32_t WDTCLKDIV;          /*! < Offset: 0x0D8 WDT clock divider (R/W) */
159         uint32_t RESERVED8[1];
160       __IO uint32_t CLKOUTCLKSEL;       /*! < Offset: 0x0E0 CLKOUT clock source select (R/W) */
161       __IO uint32_t CLKOUTUEN;          /*! < Offset: 0x0E4 CLKOUT clock source update enable (R/W) */
162       __IO uint32_t CLKOUTDIV;          /*! < Offset: 0x0E8 CLKOUT clock divider (R/W) */
163         uint32_t RESERVED9[5];
164
165       __IO uint32_t PIOPORCAP0;         /*! < Offset: 0x100 POR captured PIO status 0 (R/ ) */
166       __IO uint32_t PIOPORCAP1;         /*! < Offset: 0x104 POR captured PIO status 1 (R/ ) */
167         uint32_t RESERVED10[18];
168       __IO uint32_t BODCTRL;            /*! < Offset: 0x150 BOD control (R/W) */
169       __IO uint32_t SYSTCKCAL;          /*! < Offset: 0x154 System tick counter calibration (R/W) */
170
171         uint32_t RESERVED13[7];
172       __IO uint32_t NMISRC;             /*! < Offset: 0x174 NMI source selection register (R/W) */
173         uint32_t RESERVED14[34];
174
175       __IO uint32_t STARTAPRP0;         /*! < Offset: 0x200 Start logic edge control Register 0 (R/W) */
176       __IO uint32_t STARTERP0;          /*! < Offset: 0x204 Start logic signal enable Register 0 (R/W) */
177       __O  uint32_t STARTRSRP0CLR;      /*! < Offset: 0x208 Start logic reset Register 0  ( /W) */
178       __IO uint32_t STARTSRP0;          /*! < Offset: 0x20C Start logic status Register 0 (R/W) */
179       __IO uint32_t STARTAPRP1;         /*! < Offset: 0x210 Start logic edge control Register 0 (R/W).
                                            (LPC11UXX only) */
180       __IO uint32_t STARTERP1;          /*! < Offset: 0x214 Start logic signal enable Register 0 (R/W).
                                            (LPC11UXX only) */
181       __O  uint32_t STARTRSRP1CLR;      /*! < Offset: 0x218 Start logic reset Register 0 (/W).
                                            (LPC11UXX only) */
182       __IO uint32_t STARTSRP1;          /*! < Offset: 0x21C Start logic status Register 0 (R/W).
                                            (LPC11UXX only) */
183         uint32_t RESERVED17[4];
184
185       __IO uint32_t PDSLEEPCFG;         /*! < Offset: 0x230 Power-down states in Deep-sleep mode (R/W) */
186       __IO uint32_t PDAWAKECFG;         /*! < Offset: 0x234 Power-down states after wake-up (R/W) */
187       __IO uint32_t PDRUNCFG;           /*! < Offset: 0x238 Power-down configuration Register (R/W) */
188         uint32_t RESERVED15[110];
189       __I  uint32_t DEVICE_ID;          /*! < Offset: 0x3F4 Device ID (R/ ) */
190     } LPC_SYSCON_TypeDef;
191     /* end of group LPC11xx_SYSCON */
192
193
194     /*--------------- Pin Connect Block (IOCON) ----------------*/
```

```
195  /* addtogroup LPC11xx_IOCONLPC11xx I/O Configuration Block */
```

/*下面结构体中主要定义的是I/O配置寄存器。同样每个寄存器也都是4个字节,寄存器的地址偏移量依次增加,这些寄存器大家可以参考用户手册的Table 104。这些寄存器可以配置每个I/O引脚的功能和电器特性。*/

```
198  typedef struct
199  {
200    __IO uint32_t PIO2_6;          /*!< Offset: 0x000 I/O configuration for pin PIO2_6 (R/W) */
201      uint32_t RESERVED0[1];
202    __IO uint32_t PIO2_0;          /*!< Offset: 0x008 I/O configuration for pin PIO2_0/DTR/SSEL1 (R/W) */
203    __IO uint32_t RESET_PIO0_0;    /*!< Offset: 0x00C I/O configuration for pin RESET/PIO0_0 (R/
                                         W) */
204    __IO uint32_t PIO0_1;          /*!< Offset: 0x010 I/O configuration for pin PIO0_1/CLKOUT/CT32B0
                                         _MAT2 (R/W) */
205    __IO uint32_t PIO1_8;          /*!< Offset: 0x014 I/O configuration for pin PIO1_8/CT16B1_CAP0
                                         (R/W) */
206    __IO uint32_t SSEL1_LOC;       /*!< Offset: 0x018 IOCON SSEL1 location register (IOCON_SSEL1_
                                         LOC, address 0x4004 4018) */
207    __IO uint32_t PIO0_2;          /*!< Offset: 0x01C I/O configuration for pin PIO0_2/SSEL0/CT16B0_
                                         CAP0 (R/W) */
208
209    __IO uint32_t PIO2_7;          /*!< Offset: 0x020 I/O configuration for pin PIO2_7 (R/W) */
210    __IO uint32_t PIO2_8;          /*!< Offset: 0x024 I/O configuration for pin PIO2_8 (R/W) */
211    __IO uint32_t PIO2_1;          /*!< Offset: 0x028 I/O configuration for pin PIO2_1/nDSR/SCK1 (R/W) */
212    __IO uint32_t PIO0_3;          /*!< Offset: 0x02C I/O configuration for pin PIO0_3 (R/W) */
213    __IO uint32_t PIO0_4;          /*!< Offset: 0x030 I/O configuration for pin PIO0_4/SCL (R/W) */
214    __IO uint32_t PIO0_5;          /*!< Offset: 0x034 I/O configuration for pin PIO0_5/SDA (R/W) */
215    __IO uint32_t PIO1_9;          /*!< Offset: 0x038 I/O configuration for pin PIO1_9/CT16B1_MAT0 (R/W) */
216    __IO uint32_t PIO3_4;          /*!< Offset: 0x03C I/O configuration for pin PIO3_4 (R/W) */
217
218    __IO uint32_t PIO2_4;          /*!< Offset: 0x040 I/O configuration for pin PIO2_4 (R/W) */
219    __IO uint32_t PIO2_5;          /*!< Offset: 0x044 I/O configuration for pin PIO2_5 (R/W) */
220    __IO uint32_t PIO3_5;          /*!< Offset: 0x048 I/O configuration for pin PIO3_5 (R/W) */
221    __IO uint32_t PIO0_6;          /*!< Offset: 0x04C I/O configuration for pin PIO0_6/SCK0 (R/W) */
222    __IO uint32_t PIO0_7;          /*!< Offset: 0x050 I/O configuration for pin PIO0_7/nCTS (R/W) */
223    __IO uint32_t PIO2_9;          /*!< Offset: 0x054 I/O configuration for pin PIO2_9 (R/W) */
224    __IO uint32_t PIO2_10;         /*!< Offset: 0x058 I/O configuration for pin PIO2_10 (R/W) */
225    __IO uint32_t PIO2_2;          /*!< Offset: 0x05C I/O configuration for pin PIO2_2/DCD/MISO1 (R/W) */
226
227    __IO uint32_t PIO0_8;          /*!< Offset: 0x060 I/O configuration for pin PIO0_8/MISO0/CT16B0_
                                         MAT0 (R/W) */
228    __IO uint32_t PIO0_9;          /*!< Offset: 0x064 I/O configuration for pin PIO0_9/MOSI0/CT16B0_
                                         MAT1 (R/W) */
229    __IOuint32_t SWCLK_PIO0_10;    /*!< Offset: 0x068 I/O configuration for pin SWCLK/PIO0_10/SCK0/
```

```
                               CT16B0_MAT2 (R/W) */
230    __IO uint32_t PIO1_10;      /*! < Offset: 0x06C I/O configuration for pin PIO1_10/AD6/CT16B1_
                               MAT1 (R/W) */
231    __IO uint32_t PIO2_11;      /*! < Offset: 0x070 I/O configuration for pin PIO2_11/SCK0 (R/W) */
232    __IO uint32_t R_PIO0_11;    /*! < Offset: 0x074 I/O configuration for pin TDI/PIO0_11/AD0/
                               CT32B0_MAT3 (R/W) */
233    __IO uint32_t R_PIO1_0;     /*! < Offset: 0x078 I/O configuration for pin TMS/PIO1_0/AD1/
                               CT32B1_CAP0 (R/W) */
234    __IO uint32_t R_PIO1_1;     /*! < Offset: 0x07C I/O configuration for pin TDO/PIO1_1/AD2/
                               CT32B1_MAT0 (R/W) */
235
236    __IO uint32_t R_PIO1_2;     /*! < Offset: 0x080 I/O configuration for pin nTRST/PIO1_2/AD3/
                               CT32B1_MAT1 (R/W) */
237    __IO uint32_t PIO3_0;       /*! < Offset: 0x084 I/O configuration for pin PIO3_0/nDTR (R/W) */
238    __IO uint32_t PIO3_1;       /*! < Offset: 0x088 I/O configuration for pin PIO3_1/nDSR (R/W) */
239    __IO uint32_t PIO2_3;       /*! < Offset: 0x08C I/O configuration for pin PIO2_3/RI/MOSI1 (R/W) */
240    __IO uint32_t SWDIO_PIO1_3; /*! < Offset: 0x090 I/O configuration for pin SWDIO/PIO1_3/AD4/
                               CT32B1_MAT2 (R/W) */
241    __IO uint32_t PIO1_4;       /*! < Offset: 0x094 I/O configuration for pin PIO1_4/AD5/CT32B1_
                               MAT3 (R/W) */
242    __IO uint32_t PIO1_11;      /*! < Offset: 0x098 I/O configuration for pin PIO1_11/AD7 (R/W) */
243    __IO uint32_t PIO3_2;       /*! < Offset: 0x09C I/O configuration for pin PIO3_2/nDCD (R/W) */
244
245    __IO uint32_t PIO1_5;       /*! < Offset: 0x0A0 I/O configuration for pin PIO1_5/nRTS/CT32B0_
                               CAP0 (R/W) */
246    __IO uint32_t PIO1_6;       /*! < Offset: 0x0A4 I/O configuration for pin PIO1_6/RXD/CT32B0_
                               MAT0 (R/W) */
247    __IO uint32_t PIO1_7;       /*! < Offset: 0x0A8 I/O configuration for pin PIO1_7/TXD/CT32B0_
                               MAT1 (R/W) */
248    __IO uint32_t PIO3_3;       /*! < Offset: 0x0AC I/O configuration for pin PIO3_3/nRI (R/W) */
249    __IO uint32_t SCK_LOC;      /*! < Offset: 0x0B0 SCK pin location select Register (R/W) */
250    __IO uint32_t DSR_LOC;      /*! < Offset: 0x0B4 DSR pin location select Register (R/W) */
251    __IO uint32_t DCD_LOC;      /*! < Offset: 0x0B8 DCD pin location select Register (R/W) */
252    __IO uint32_t RI_LOC;       /*! < Offset: 0x0BC RI pin location Register (R/W) */
253
254    __IO uint32_t CT16B0_CAP0_LOC; /*! < Offset: 0x0C0 IOCON CT16B0_CAP0 location register (IO-
                               CON_CT16B0_CAP0_LOC, address 0x4004 40C0) */
255    __IO uint32_t SCK1_LOC;     /*! < Offset: 0x0C4 IOCON SCK1 location register (IOCON_SCK1_
                               LOC, address 0x4004 40C4) */
256    __IO uint32_t MISO1_LOC;    /*! < Offset: 0x0C8 IOCON MISO1 location register (IOCON_MISO1_
                               LOC, address 0x4004 40C8) */
257    __IO uint32_t MOSI1_LOC;    /*! < Offset: 0x0CC IOCON MOSI1 location register (IOCON_MOSI1_
                               LOC, address 0x4004 40CC) */
258    __IO uint32_t CT32B0_CAP0_LOC; /*! < Offset: 0x0D0 IOCON CT32B0_CAP0 location register (IO-
                               CON_CT32B0_CAP0_LOC, address 0x4004 40D0) */
```

```
259    __IO uint32_t RXD_LOC;        /*! < Offset: 0x0D4 IOCON RXD location register (IOCON_RXD_LOC,
                                      address 0x4004 40D4) */
260  } LPC_IOCON_TypeDef;
261  /* end of group LPC11xx_IOCON */
262
263
264  /*--------------- Power Management Unit (PMU) ------------------*/
265  /* addtogroup LPC11xx_PMU LPC11xx Power Management Unit */
```

/*下面结构体中主要定义的是电源管理单元相关的寄存器。同样每个寄存器也都是4个字节,寄存器的地址偏移量依次增加,这些寄存器大家可以参考用户手册的 Table 49。PCON 寄存器可以控制掉电模式,其他通用功能寄存器可以用于存放数据,确保掉电条件下数据不丢失。*/

```
268  typedef struct
269  {
270    __IO uint32_t PCON;           /*! < Offset: 0x000 Power control Register (R/W) */
271    __IO uint32_t GPREG0;         /*! < Offset: 0x004 General purpose Register 0 (R/W) */
272    __IO uint32_t GPREG1;         /*! < Offset: 0x008 General purpose Register 1 (R/W) */
273    __IO uint32_t GPREG2;         /*! < Offset: 0x00C General purpose Register 2 (R/W) */
274    __IO uint32_t GPREG3;         /*! < Offset: 0x010 General purpose Register 3 (R/W) */
275    __IO uint32_t GPREG4;         /*! < Offset: 0x014 General purpose Register 4 (R/W) */
276  } LPC_PMU_TypeDef;
277  /* end of group LPC11xx_PMU */
278
281  //---------------------------------------------------------
282  //------------------------ FLASHCTRL --------------------
```

/*下面结构体中主要定义的是 Flash 配置和 Flash 签名寄存器。这些寄存器大家可以参考用户手册的 Table 408、409。FLASHCFG 寄存器可以控制 Flash 的读写方式,其他相关寄存器可以生成 Flash 的签名。*/

```
285  typedef struct {            /*! < (@ 0x4003C000) FLASHCTRL Structure */
286    __I  uint32_t RESERVED0[4];
287    __IO uint32_t FLASHCFG;  /*! < (@ 0x4003C010) Flash memory access time configuration register */
288    __I  uint32_t RESERVED1[3];
289    __IO uint32_t FMSSTART;      /*! < (@ 0x4003C020) Signature start address register */
290    __IO uint32_t FMSSTOP;        /*! < (@ 0x4003C024) Signature stop - address register */
291    __I  uint32_t RESERVED2[1];
292    __I  uint32_t FMSW0;          /*! < (@ 0x4003C02C) Word 0 [31:0]     */
293    __I  uint32_t FMSW1;          /*! < (@ 0x4003C030) Word 1 [63:32]    */
294    __I  uint32_t FMSW2;          /*! < (@ 0x4003C034) Word 2 [95:64]    */
295    __I  uint32_t FMSW3;          /*! < (@ 0x4003C038) Word 3 [127:96]   */
296    __I  uint32_t RESERVED3[1001];
297    __I  uint32_t FMSTAT;        /*! < (@ 0x4003CFE0) Signature generation status register */
298    __I  uint32_t RESERVED4[1];
```

```
299    __IO uint32_t FMSTATCLR;    /*! < (@ 0x4003CFE8) Signature generation status clear register */
300  } LPC_FLASHCTRL_Type;
301
302
303  /* -------------- General Purpose Input/Output (GPIO) ------------- */
304  /** @addtogroup LPC11xx_GPIO LPC11xx General PurposeInput/Output */
```

/*下面结构体主要定义的是通用输入输出相关的寄存器。这些寄存器大家可以参考用户手册的Table173。第309行是个联合体,其内部又定义了一个结构体,怎么理解呢!那要看看联合体和结构体内存是如何分配的。联合体union表示几个变量共用一个内存空间,在不同的时间保存不同的数据类型和不同长度的变量,并且同一时间只能储存其中一个成员变量的值。而结构体struct中的每个成员都有自己独立的内存空间。因此309~315行说明这里要么用作310行的MASKED_ACCESS,要么用作311行的struct结构体,它们都是占据4096个4字节空间。其实,代码中最常用的就是DATA变量,用于读取引脚的高低电平或者向引脚输出数据。*/

```
307  typedef struct
308  {
309    union {
310      __IO uint32_t MASKED_ACCESS[4096];  /*! < Offset: 0x0000 to 0x3FFC Port data Register for pins
                                            PIOn_0 to PIOn_11 (R/W) */
311      struct {
312        uint32_t RESERVED0[4095];
313      __IO uint32_t DATA;          /*! < Offset: 0x3FFC Port data Register (R/W) */
314    };
315  };
316      uint32_t RESERVED1[4096];
317    __IO uint32_t DIR;          /*! < Offset: 0x8000 Data direction Register (R/W) */
318    __IO uint32_t IS;          /*! < Offset: 0x8004 Interrupt sense Register (R/W) */
319    __IO uint32_t IBE;          /*! < Offset: 0x8008 Interrupt both edges Register (R/W) */
320    __IO uint32_t IEV;          /*! < Offset: 0x800C Interrupt event Register (R/W) */
321    __IO uint32_t IE;          /*! < Offset: 0x8010 Interrupt mask Register (R/W) */
322    __IO uint32_t RIS;          /*! < Offset: 0x8014 Raw interrupt status Register (R/ ) */
323    __IO uint32_t MIS;          /*! < Offset: 0x8018 Masked interrupt status Register (R/ ) */
324    __IO uint32_t IC;          /*! < Offset: 0x801C Interrupt clear Register (R/W) */
325  } LPC_GPIO_TypeDef;
326  /* end of group LPC11xx_GPIO */
327
328  /* -------------- Timer (TMR) -------------------- */
329  /* addtogroup LPC11xx_TMRLPC11xx 16/32 - bit Counter/Timer */
```

/*下面结构体主要定义的是计数/定时器会用到的寄存器。这些寄存器大家可以参考用户手册的Table280,具体每个寄存器的用法我们会在定时器内容介绍时详细给出。*/

```
332  typedef struct
333  {
```

```
334    __IO uint32_t IR;             /*! < Offset: 0x000 Interrupt Register (R/W) */
335    __IO uint32_t TCR;            /*! < Offset: 0x004 Timer Control Register (R/W) */
336    __IO uint32_t TC;             /*! < Offset: 0x008 Timer Counter Register (R/W) */
337    __IO uint32_t PR;             /*! < Offset: 0x00C Prescale Register (R/W) */
338    __IO uint32_t PC;             /*! < Offset: 0x010 Prescale Counter Register (R/W) */
339    __IO uint32_t MCR;            /*! < Offset: 0x014 Match Control Register (R/W) */
340    __IO uint32_t MR0;            /*! < Offset: 0x018 Match Register 0 (R/W) */
341    __IO uint32_t MR1;            /*! < Offset: 0x01C Match Register 1 (R/W) */
342    __IO uint32_t MR2;            /*! < Offset: 0x020 Match Register 2 (R/W) */
343    __IO uint32_t MR3;            /*! < Offset: 0x024 Match Register 3 (R/W) */
344    __IO uint32_t CCR;            /*! < Offset: 0x028 Capture Control Register (R/W) */
345    __I  uint32_t CR0;            /*! < Offset: 0x02C Capture Register 0 (R/ ) */
346    __I  uint32_t CR1;            /*! < Offset: 0x030 Capture Register 1 (R/ ) */
347       uint32_t RESERVED1[2];
348    __IO uint32_t EMR;            /*! < Offset: 0x03C External Match Register (R/W) */
349       uint32_t RESERVED2[12];
350    __IO uint32_t CTCR;           /*! < Offset: 0x070 Count Control Register (R/W) */
351    __IO uint32_t PWMC;           /*! < Offset: 0x074 PWM Control Register (R/W) */
352  } LPC_TMR_TypeDef;
353  /* end of group LPC11xx_TMR */
354
355
356  /* ----------- Universal Asynchronous Receiver Transmitter (UART) ----------- */
357  /* addtogroup LPC11xx_UART LPC11xx Universal Asynchronous Receiver/Transmitter */
```

/*下面结构体主要定义的是通用异步串行收发器(串口)会用到的寄存器。这些寄存器大家可以参考用户手册的Table184。该结构体当中有很多联合体,比如362~366行,这表明这个地址的寄存器空间在不同时刻可以用作不同的功能。*/

```
360  typedef struct
361  {
362    union {
363    __I  uint32_t  RBR;          /*! < Offset: 0x000 Receiver Buffer  Register (R/ ) */
364    __O  uint32_t  THR;          /*! < Offset: 0x000 Transmit Holding Register ( /W) */
365    __IO uint32_t  DLL;          /*! < Offset: 0x000 Divisor Latch LSB (R/W) */
366    };
367    union {
368    __IO uint32_t  DLM;          /*! < Offset: 0x004 Divisor Latch MSB (R/W) */
369    __IO uint32_t  IER;          /*! < Offset: 0x000 Interrupt Enable Register (R/W) */
370    };
371    union {
372    __I  uint32_t  IIR;          /*! < Offset: 0x008 Interrupt ID Register (R/ ) */
373    __O  uint32_t  FCR;          /*! < Offset: 0x008 FIFO Control Register ( /W) */
374    };
375    __IO uint32_t  LCR;          /*! < Offset: 0x00C Line Control Register (R/W) */
```

```
376    __IO uint32_t   MCR;              /*!  < Offset: 0x010 Modem control Register (R/W)  */
377    __I  uint32_t   LSR;              /*!  < Offset: 0x014 Line Status Register (R/ )  */
378    __I  uint32_t   MSR;              /*!  < Offset: 0x018 Modem status Register (R/ )  */
379    __IO uint32_t   SCR;              /*!  < Offset: 0x01C Scratch Pad Register (R/W)  */
380    __IO uint32_t   ACR;              /*!  < Offset: 0x020 Auto - baud Control Register (R/W)  */
381         uint32_t   RESERVED0;
382    __IO uint32_t   FDR;              /*!  < Offset: 0x028 Fractional Divider Register (R/W)  */
383         uint32_t   RESERVED1;
384    __IO uint32_t   TER;              /*!  < Offset: 0x030 Transmit Enable Register (R/W)  */
385         uint32_t   RESERVED2[6];
386    __IO uint32_t   RS485CTRL;        /*!  < Offset: 0x04C RS - 485/EIA - 485 Control Register (R/W)  */
387    __IO uint32_t   ADRMATCH;         /*!  < Offset: 0x050 RS - 485/EIA - 485 address match Register (R/W)  */
388    __IO uint32_t   RS485DLY;         /*!  < Offset: 0x054 RS - 485/EIA - 485 direction control delay Reg-
                                          ister (R/W)  */
389    __I  uint32_t   FIFOLVL;          /*!  < Offset: 0x058 FIFO Level Register (R)  */
390  } LPC_UART_TypeDef;
391  /*  end of group LPC11xx_UART  */
392
393
394  /* --------------- Synchronous Serial Communication (SSP) ------------ */
395  /* addtogroup LPC11xx_SSP LPC11xx Synchronous Serial Port  */
```

/*下面结构体主要定义的是同步串行接口配置时会用到的寄存器。这些寄存器大家可以参考用户手册的 Table207、208。*/

```
398  typedef struct
399  {
400    __IO uint32_t CR0;             /*!  < Offset: 0x000 Control Register 0 (R/W)  */
401    __IO uint32_t CR1;             /*!  < Offset: 0x004 Control Register 1 (R/W)  */
402    __IO uint32_t DR;              /*!  < Offset: 0x008 Data Register (R/W)  */
403    __I  uint32_t SR;              /*!  < Offset: 0x00C Status Registe (R/ )  */
404    __IO uint32_t CPSR;            /*!  < Offset: 0x010 Clock Prescale Register (R/W)  */
405    __IO uint32_t IMSC;            /*!  < Offset: 0x014 Interrupt Mask Set and Clear Register (R/W)  */
406    __IO uint32_t RIS;             /*!  < Offset: 0x018 Raw Interrupt Status Register (R/W)  */
407    __IO uint32_t MIS;             /*!  < Offset: 0x01C Masked Interrupt Status Register (R/W)  */
408    __IO uint32_t ICR;             /*!  < Offset: 0x020 SSPICR Interrupt Clear Register (R/W)  */
409  } LPC_SSP_TypeDef;
410  /*  end of group LPC11xx_SSP  */
411
412
413  /* --------------- Inter - Integrated Circuit (I2C) ---------------- */
414  /* addtogroup LPC11xx_I2C LPC11xx I2C - Bus Interface  */
```

/*下面结构体主要定义的是 I^2C 接口配置时会用到的寄存器。这些寄存器大家可以参考用户手册的 Table219。*/

```
417  typedef struct
418  {
419     __IO uint32_t CONSET;        /*! < Offset: 0x000 I2C Control Set Register (R/W) */
420     __I  uint32_t STAT;          /*! < Offset: 0x004 I2C Status Register (R/ ) */
421     __IO uint32_t DAT;           /*! < Offset: 0x008 I2C Data Register (R/W) */
422     __IO uint32_t ADR0;          /*! < Offset: 0x00C I2C Slave Address Register 0 (R/W) */
423     __IO uint32_t SCLH;     /*! < Offset: 0x010 SCH Duty Cycle Register High Half Word (R/W) */
424     __IO uint32_t SCLL;      /*! < Offset: 0x014 SCL Duty Cycle Register Low Half Word (R/W) */
425     __O  uint32_t CONCLR;        /*! < Offset: 0x018 I2C Control Clear Register ( /W) */
426     __IO uint32_t MMCTRL;        /*! < Offset: 0x01C Monitor mode control register (R/W) */
427     __IO uint32_t ADR1;          /*! < Offset: 0x020 I2C Slave Address Register 1 (R/W) */
428     __IO uint32_t ADR2;          /*! < Offset: 0x024 I2C Slave Address Register 2 (R/W) */
429     __IO uint32_t ADR3;          /*! < Offset: 0x028 I2C Slave Address Register 3 (R/W) */
430     __I  uint32_t DATA_BUFFER;     /*! < Offset: 0x02C Data buffer register ( /W) */
431     __IO uint32_t MASK0;         /*! < Offset: 0x030 I2C Slave address mask register 0 (R/W) */
432     __IO uint32_t MASK1;         /*! < Offset: 0x034 I2C Slave address mask register 1 (R/W) */
433     __IO uint32_t MASK2;         /*! < Offset: 0x038 I2C Slave address mask register 2 (R/W) */
434     __IO uint32_t MASK3;         /*! < Offset: 0x03C I2C Slave address mask register 3 (R/W) */
435  } LPC_I2C_TypeDef;
436  /* end of group LPC11xx_I2C */
437
438
439  /* --------------- Watchdog Timer (WDT) ------------------- */
440  /* addtogroup LPC11xx_WDT LPC11xx WatchDog Timer */
```

/*下面结构体主要定义的是看门狗定时器用到的寄存器。这些寄存器大家可以参考用户手册的Table351。*/

```
443  typedef struct
444  {
445     __IO uint32_t MOD;           /*! < Offset: 0x000 Watchdog mode register (R/W) */
446     __IO uint32_t TC;          /*! < Offset: 0x004 Watchdog timer constant register (R/W) */
447     __O  uint32_t FEED;          /*! < Offset: 0x008 Watchdog feed sequence register (W) */
448     __I  uint32_t TV;          /*! < Offset: 0x00C Watchdog timer value register (R) */
449        uint32_t RESERVED0;
450     __IO uint32_t WARNINT;  /*! < Offset: 0x014 Watchdog timer warning int. register (R/W) */
451     __IO uint32_t WINDOW;  /*! < Offset: 0x018 Watchdog timer window value register (R/W) */
452  } LPC_WDT_TypeDef;
453  /* end of group LPC11xx_WDT */
454
455
456  /* --------------- Analog - to - Digital Converter (ADC) -------------- */
457  /* addtogroup LPC11xx_ADC LPC11xx Analog - to - Digital Converter */
```

/＊下面结构体主要定义的是 AD 转换器用到的寄存器。这些寄存器大家可以参考用户手册的 Table363。＊/

```
460 typedef struct
461 {
462   __IO uint32_t CR;          /*! < Offset: 0x000    A/D Control Register (R/W) */
463   __IO uint32_t GDR;         /*! < Offset: 0x004    A/D Global Data Register (R/W) */
464     uint32_t RESERVED0;
465   __IO uint32_t INTEN;       /*! < Offset: 0x00C    A/D Interrupt Enable Register (R/W) */
466   __IO uint32_t DR[8];       /*! < Offset: 0x010 - 0x02C A/D Channel 0..7 Data Register (R/W) */
467   __I  uint32_t STAT;        /*! < Offset: 0x030    A/D Status Register (R/ ) */
468 } LPC_ADC_TypeDef;
469 /* end of group LPC11xx_ADC */
470
471
472 /*-------------- CAN Controller (CAN) ---------------------*/
473 /* addtogroup LPC11xx_CAN LPC11xx Controller Area Network(CAN) */
```

/＊下面结构体主要定义的是 CAN 总线接口控制器用到的寄存器。这些寄存器大家可以参考用户手册的 Table245。＊/

```
476 typedef struct
477 {
478   __IO uint32_t CNTL;            /* 0x000 */
479   __IO uint32_t STAT;
480   __IO uint32_t EC;
481   __IO uint32_t BT;
482   __IO uint32_t INT;
483   __IO uint32_t TEST;
484   __IO uint32_t BRPE;
485     uint32_t RESERVED0;
486   __IO uint32_t IF1_CMDREQ;      /* 0x020 */
487   __IO uint32_t IF1_CMDMSK;
488   __IO uint32_t IF1_MSK1;
489   __IO uint32_t IF1_MSK2;
490   __IO uint32_t IF1_ARB1;
491   __IO uint32_t IF1_ARB2;
492   __IO uint32_t IF1_MCTRL;
493   __IO uint32_t IF1_DA1;
494   __IO uint32_t IF1_DA2;
495   __IO uint32_t IF1_DB1;
496   __IO uint32_t IF1_DB2;
497     uint32_t RESERVED1[13];
498   __IO uint32_t IF2_CMDREQ;      /* 0x080 */
499   __IO uint32_t IF2_CMDMSK;
```

```
500      __IO uint32_t IF2_MSK1;
501      __IO uint32_t IF2_MSK2;
502      __IO uint32_t IF2_ARB1;
503      __IO uint32_t IF2_ARB2;
504      __IO uint32_t IF2_MCTRL;
505      __IO uint32_t IF2_DA1;
506      __IO uint32_t IF2_DA2;
507      __IO uint32_t IF2_DB1;
508      __IO uint32_t IF2_DB2;
509         uint32_t RESERVED2[21];
510      __I   uint32_t TXREQ1;              /* 0x100 */
511      __I   uint32_t TXREQ2;
512         uint32_t RESERVED3[6];
513      __I   uint32_t ND1;                 /* 0x120 */
514      __I   uint32_t ND2;
515         uint32_t RESERVED4[6];
516      __I   uint32_t IR1;                 /* 0x140 */
517      __I   uint32_t IR2;
518         uint32_t RESERVED5[6];
519      __I   uint32_t MSGV1;               /* 0x160 */
520      __I   uint32_t MSGV2;
521         uint32_t RESERVED6[6];
522      __IO uint32_t CLKDIV;               /* 0x180 */
523   } LPC_CAN_TypeDef;
524   /* end of group LPC11xx_CAN */
525
```

/* 下面526~528行是告诉编译器禁止对匿名结构体和联合体的支持 */

```
526   #if defined ( __CC_ARM   )
527   #pragma no_anon_unions
528   #endif
529
530   /*****************************************************/
531   /*              Peripheral memory map                */
532   /*****************************************************/
```

/* 下面代码中用define定义了很多常量,这些常量代表的是地址信息,主要是各类寄存器的基址(起始地址),请大家参考图2.3再来看下面地址的具体数值。 */

/* 其实const也可以定义常量,那么为什么这里用define宏定义,它与const定义常量有什么区别呢? define是宏定义,程序在预处理阶段将用define定义的内容进行了替换。因此程序运行时,常量表中并没有用define定义的常量,系统不为它分配内存。const定义的常量,在程序运行时在常量表中,系统为它分配内存,因此节省内存空间。 */

```
533   /* Base addresses                                   */
534   #define LPC_FLASH_BASE        (0x00000000UL)
```

```
535  #define LPC_RAM_BASE         (0x10000000UL)
536  #define LPC_APB0_BASE        (0x40000000UL)
537  #define LPC_AHB_BASE         (0x50000000UL)
```

/ * 参考图2.3,我们就可以看出这些基址信息代表什么了。比如540行,代表的就是I^2C总线相关寄存器的起始地址 = 0x40000000 + 0x00000,再对照413~436行中定义的各个寄存器的偏移量,我们就可以知道每个寄存器的真实物理地址了。比如STAT寄存器的物理地址就是:0x40000000 + 0x00000 + 0x004 = 0x40000004。 * /

```
539  /* APB0 peripherals   */
540  #define LPC_I2C_BASE         (LPC_APB0_BASE + 0x00000)
541  #define LPC_WDT_BASE         (LPC_APB0_BASE + 0x04000)
542  #define LPC_UART_BASE        (LPC_APB0_BASE + 0x08000)
543  #define LPC_CT16B0_BASE      (LPC_APB0_BASE + 0x0C000)
544  #define LPC_CT16B1_BASE      (LPC_APB0_BASE + 0x10000)
545  #define LPC_CT32B0_BASE      (LPC_APB0_BASE + 0x14000)
546  #define LPC_CT32B1_BASE      (LPC_APB0_BASE + 0x18000)
547  #define LPC_ADC_BASE         (LPC_APB0_BASE + 0x1C000)
548  #define LPC_PMU_BASE         (LPC_APB0_BASE + 0x38000)
549  #define LPC_FLASHCTRL_BASE   (LPC_APB0_BASE + 0x3C000)
550  #define LPC_SSP0_BASE        (LPC_APB0_BASE + 0x40000)
551  #define LPC_IOCON_BASE       (LPC_APB0_BASE + 0x44000)
552  #define LPC_SYSCON_BASE      (LPC_APB0_BASE + 0x48000)
553  #define LPC_CAN_BASE         (LPC_APB0_BASE + 0x50000)
554  #define LPC_SSP1_BASE        (LPC_APB0_BASE + 0x58000)
555
556  /* AHB peripherals                          */
557  #define LPC_GPIO_BASE        (LPC_AHB_BASE  + 0x00000)
558  #define LPC_GPIO0_BASE       (LPC_AHB_BASE  + 0x00000)
559  #define LPC_GPIO1_BASE       (LPC_AHB_BASE  + 0x10000)
560  #define LPC_GPIO2_BASE       (LPC_AHB_BASE  + 0x20000)
561  #define LPC_GPIO3_BASE       (LPC_AHB_BASE  + 0x30000)
562
563  /******************************************************************************/
564  /*                Peripheral declaration                                      */
565  /******************************************************************************/
```

/ * 下面是预处理命令中的宏定义,比如566行,当代码中出现LPC_I2C时就用LPC_I2C_BASE指针(被强制转化为指向LPC_I2C_TypeDef结构的指针)来代替,简单地说LPC_I2C就是LPC_I2C_BASE,而LPC_I2C_BASE就是指向LPC_I2C_TypeDef结构的指针存器的偏移量。 * /

```
566  #define LPC_I2C         ((LPC_I2C_TypeDef  *) LPC_I2C_BASE  )
567  #define LPC_WDT         ((LPC_WDT_TypeDef  *) LPC_WDT_BASE  )
568  #define LPC_UART        ((LPC_UART_TypeDef *) LPC_UART_BASE )
569  #define LPC_TMR16B0     ((LPC_TMR_TypeDef  *) LPC_CT16B0_BASE)
```

```
570 #define LPC_TMR16B1         ((LPC_TMR_TypeDef    * ) LPC_CT16B1_BASE)
571 #define LPC_TMR32B0         ((LPC_TMR_TypeDef    * ) LPC_CT32B0_BASE)
572 #define LPC_TMR32B1         ((LPC_TMR_TypeDef    * ) LPC_CT32B1_BASE)
573 #define LPC_ADC           ((LPC_ADC_TypeDef    * ) LPC_ADC_BASE   )
574 #define LPC_PMU           ((LPC_PMU_TypeDef    * ) LPC_PMU_BASE   )
575 #define LPC_FLASHCTRL       ((LPC_FLASHCTRL_Type * ) LPC_FLASHCTRL_BASE)
576 #define LPC_SSP0          ((LPC_SSP_TypeDef    * ) LPC_SSP0_BASE   )
577 #define LPC_SSP1          ((LPC_SSP_TypeDef    * ) LPC_SSP1_BASE   )
578 #define LPC_CAN           ((LPC_CAN_TypeDef    * ) LPC_CAN_BASE   )
579 #define LPC_IOCON         ((LPC_IOCON_TypeDef   * ) LPC_IOCON_BASE )
580 #define LPC_SYSCON         ((LPC_SYSCON_TypeDef * ) LPC_SYSCON_BASE)
581 #define LPC_GPIO0         ((LPC_GPIO_TypeDef   * ) LPC_GPIO0_BASE )
582 #define LPC_GPIO1         ((LPC_GPIO_TypeDef   * ) LPC_GPIO1_BASE )
583 #define LPC_GPIO2         ((LPC_GPIO_TypeDef   * ) LPC_GPIO2_BASE )
584 #define LPC_GPIO3         ((LPC_GPIO_TypeDef   * ) LPC_GPIO3_BASE )
585
586 #ifdef __cplusplus
587 }
588 #endif
589
590 #endif  /* __LPC11xx_H__ */
591
```

5.2.3 core_cm0.h 文件分析

核心外设接入层头文件 core_cm0.h 包含的是一些内核相关的函数和宏定义，例如核内寄存器定义、部分核内外设的地址等等。文件内的程序如程序段 5.3 所示。我们在文件内部给出了关键部分的说明（中文部分）。

程序段 5.3 core_cm0.h 文件

```
001 /**************************************************************************//**
002  * @file    core_cm0.h
003  * @brief   CMSIS Cortex - M0 Core Peripheral Access Layer Header File
004  * @version  V3.02
005  * @date   16. July 2012
022  ******************************************************************************/

  /* 告诉编译软件，如果定义了 IAR 编译工具链，那么就把文件看成是系统包含的文件。*/

023 #if defined ( __ICCARM__ )
024 #pragma system_include  /* treat file as system include file for MISRA check */
025 #endif

  /* 下面三行请参考 5.2.2 中的相关解释。*/
```

```
027  #ifdef __cplusplus
028  extern "C" {
029  #endif
```

/* 注意 ifndef/define/endif 是要同时出现的。*/

```
031  #ifndef __CORE_CM0_H_GENERIC
032  #define __CORE_CM0_H_GENERIC
033
048  /*****************************************************************************
049   *             CMSIS definitions
050   ****************************************************************************/
051  /* ingroup Cortex_M0 */
```

/* 下面是关于 CMSIS CM0 版本号的定义 1.3 版。后面代码中会见到很多反斜杠"\",表示这一行没有写完,延续到下一行。*/

```
055  /*  CMSIS CM0 definitions */
056  #define __CM0_CMSIS_VERSION_MAIN  (0x03)  /*! < [31:16] CMSIS HAL main version  */
057  #define __CM0_CMSIS_VERSION_SUB  (0x01)   /*! < [15:0]  CMSIS HAL sub version  */
058  #define __CM0_CMSIS_VERSION      ((__CM0_CMSIS_VERSION_MAIN < < 16) | \
059    __CM0_CMSIS_VERSION_SUB      )  /*! < CMSIS HAL version number     */
```

/* __Cortex_M 为 0x00 代表 Cortex - M0 ,如果是 0x03 代表 Cortex - M3 */

```
061  #define __CORTEX_M     (0x00)     /*! < Cortex - M Core ,0 代表 Cortex - M0,如果是 0x03 代表
                                       Cortex - M3 */
```

/*64~84 行定义在不同编译器条件下嵌入汇编和内联函数的关键字写法。*/

```
064  #if  defined ( __CC_ARM )
065    #define __ASM        __asm                /*! < asm keyword for ARM Compiler      */
066    #define __INLINE     __inline             /*! < inline keyword for ARM Compiler    */
067    #define __STATIC_INLINE static  __inline
068
069  #elif defined ( __ICCARM__ )
070    #define __ASM        __asm                /*! < asm keyword for IAR Compiler       */
071    #define __INLINE     inline   /*! < inline keyword for IAR Compiler. Only available in High optimization
                                  mode! */
072    #define __STATIC_INLINE  static inline
073
074  #elif defined ( __GNUC__ )
075    #define __ASM        __asm                /*! < asm keyword for GNU Compiler       */
076    #define __INLINE     inline             /*! < inline keyword for GNU Compiler    */
077    #define __STATIC_INLINE  static inline
```

```
078
079 #elif defined ( __TASKING__ )
080   #define __ASM          __asm                    /*! < asm keyword for TASKING Compiler      */
081   #define __INLINE       inline                   /*! < inline keyword for TASKING Compiler   */
082   #define __STATIC_INLINE   static inline
083
084 #endif
085
086 /** __FPU_USED indicates whether an FPU is used or not. This core does not support an FPU at all */
088 #define __FPU_USED   0  /* 处理器有浮点运算单元,则应该为1,但LPC11xx微控制器没有浮点单元,
                         因此为0。*/

   /* 下面是一些不同编译器时的报错信息,我们不用关心。*/

090 #if defined ( __CC_ARM )
091   #if defined __TARGET_FPU_VFP
092     #warning "Compiler generates FPU instructions for a device without an FPU (check __FPU_PRESENT)"
093 #endif
094
095 #elif defined ( __ICCARM__ )
096   #if defined __ARMVFP__
097     #warning "Compiler generates FPU instructions for a device without an FPU (check __FPU_PRESENT)"
098   #endif
099
100 #elif defined ( __GNUC__ )
101   #if defined (__VFP_FP__) && ! defined(__SOFTFP__)
102     #warning "Compiler generates FPU instructions for a device without an FPU (check __FPU_PRESENT)"
103   #endif
104
105 #elif defined ( __TASKING__ )
106   #if defined __FPU_VFP__
107     #error "Compiler generates FPU instructions for a device without an FPU (check __FPU_PRESENT)"
108   #endif
109 #endif

   /* 下面三行给出本文件需要引用的其他头文件。*/

111 #include <stdint.h>          /* standard types definitions          */
112 #include <core_cmInstr.h>       /* Core Instruction Access           */
113 #include <core_cmFunc.h>        /* Core Function Access              */
114
115 #endif /* __CORE_CM0_H_GENERIC,与31行相呼应。*/
116
117 #ifndef __CMSIS_GENERIC
118
```

```
119  #ifndef __CORE_CM0_H_DEPENDANT
120  #define __CORE_CM0_H_DEPENDANT
121
122  /* check device defines and use defaults */
123  #if defined __CHECK_DEVICE_DEFINES
124    #ifndef __CM0_REV
125      #define __CM0_REV          0x0000
126      #warning "__CM0_REV not defined in device header file; using default!"
127    #endif
128
129    #ifndef __NVIC_PRIO_BITS
130      #define __NVIC_PRIO_BITS   2   /* NVIC 优先级位数定义,由于 Cortex - M0 有 4 个可编程优先级,
                                        因此用 2 比特表示。*/
131      #warning "__NVIC_PRIO_BITS not defined in device header file; using default!"
132    #endif
133
134    #ifndef __Vendor_SysTickConfig
135      #define __Vendor_SysTickConfig   0
136      #warning "__Vendor_SysTickConfig not defined in device header file; using default!"
137    #endif
138  #endif
139
140  /* IO definitions (access restrictions to peripheral registers) */
141  /*
142    \defgroup CMSIS_glob_defs CMSIS Global Defines
144    <strong>IO Type Qualifiers</strong> are usedli to specify the access to peripheral variables. li for auto-
matic generation of peripheral register debug information.
147   */
   /*定义外围寄存器的访问权限,另外由于接口数据可能随时变化,因此用 volatile 不让编译器进行优
   化。*/

148  #ifdef __cplusplus
149    #define   __I    volatile          /*! < Defines 'read only' permissions 只读          */
150  #else
151    #define   __I    volatile const    /*! < Defines 'read only' permissions  只读         */
152  #endif
153  #define   __O    volatile          /*! < Defines 'write only' permissions 只写          */
154  #define   __IO   volatile          /*! < Defines 'read / write' permissions 可读写       */
155
156  /* end of group Cortex_M0 */
160  /***************************************************
161   *           Register Abstraction
162    Core Register contain:
163     - Core Register
164     - Core NVIC Register
```

```
165      - Core SCB Register
166      - Core SysTick Register
167   * * * * * * * * * * * * * * * * * * * * * * * * * * * * * * * * * * * * * * * * * * * * /
168  / * defgroup CMSIS_core_register Defines and Type Definitionsbrief Type definitions and defines for Cortex - M
     processor based devices.   * /
172  / *  \ingroup   CMSIS_core_register
173    \defgroup   CMSIS_CORE   Status and Control Registers
174    \briefCore Register type definitions.
176   * /
178  / *  \brief   Union type to access the Application Program Status Register (APSR).  * /
```

/ * 应用程序状态寄存器的联合体定义。我们说过了联合体中各成员占用同一地址空间,只不过是在用的时候具体选择一个。因此该联合体可以用作其内部的结构体,也可以用作197行的一个32位的字。如果用作其内部的结构体,则这个结构体是可以按位进行操作的,比如185行中的冒号":"就表示作用的是位域,后面的数字代表结构体成员所占的比特位的长度。需要注意的是在后面定义的位是高位。请参考手册中的Fig 97。 * /

```
180  typedef union
181  {
182    struct
183    {
184  #if (__CORTEX_M ! =0x04)   / * 如果不是 cortex - M4 内核 * /
185      uint32_t _reserved0:27;          / * ! < bit:  0..26   Reserved                      * /
186  #else
187      uint32_t _reserved0:16;          / * ! < bit:  0..15   Reserved                      * /
188      uint32_t GE:4;                   / * ! < bit: 16..19   Greater than or Equal flags    * /
189      uint32_t _reserved1:7;           / * ! < bit: 20..26   Reserved                      * /
190  #endif
191      uint32_t Q:1;                    / * ! < bit:  27   Saturation condition flag         * /
192      uint32_t V:1;                    / * ! < bit:  28   Overflow condition code flag      * /
193      uint32_t C:1;                    / * ! < bit:  29   Carry condition code flag         * /
194      uint32_t Z:1;                    / * ! < bit:  30   Zero condition code flag          * /
195      uint32_t N:1;                    / * ! < bit:  31   Negative condition code flag      * /
196    } b;  / * ! < Structure used for bit access     声明这个结构体是可以进行按位的操作 * /
197    uint32_t w;           / * ! < Type used for word access          * /
198  } APSR_Type;
```

```
201  / * \brief   Union type to access the Interrupt Program Status Register (IPSR).  * /
```

/ * 中断程序状态寄存器的联合体定义。请参考手册中的Fig 97。 * /

```
203  typedef union
204  {
205    struct
206    {
```

```
207        uint32_t ISR:9;                  /*! < bit:  0..8   Exception number            */
208        uint32_t _reserved0:23;          /*! < bit:  9..31  Reserved                    */
209      } b;                          /*! < Structure used for bit  access         */
210      uint32_t w;  /*!            < Type used for word access            */
211    } IPSR_Type;
214    /* \brief  Union type to access the Special - Purpose Program Status Registers (xPSR). */
```

/* xPSR 寄存器的联合体定义。也请参考手册中的 Fig 97。*/

```
216    typedef union
217    {
218      struct
219      {
220        uint32_t ISR:9;                  /*! < bit:  0..8   Exception number            */
221    #if (__CORTEX_M ! =0x04)
222        uint32_t _reserved0:15;          /*! < bit:  9..23  Reserved                    */
223    #else
224        uint32_t _reserved0:7;           /*! < bit:  9..15  Reserved                    */
225        uint32_t GE:4;                   /*! < bit: 16..19  Greater than or Equal flags  */
226        uint32_t _reserved1:4;           /*! < bit: 20..23  Reserved                    */
227    #endif
228        uint32_t T:1;                    /*! < bit:  24  Thumb bit     (read 0)          */
229        uint32_t IT:2;                   /*! < bit: 25..26  saved IT state  (read 0)     */
230        uint32_t Q:1;                    /*! < bit:  27  Saturation condition flag       */
231        uint32_t V:1;                    /*! < bit:  28  Overflow condition code flag    */
232        uint32_t C:1;                    /*! < bit:  29  Carry condition code flag       */
233        uint32_t Z:1;                    /*! < bit:  30  Zero condition code flag        */
234        uint32_t N:1;                    /*! < bit:  31  Negative condition code flag    */
235      } b;                          /*! < Structure used for bit  access         */
236        uint32_t w;                      /*! < Type    used for word access          */
237    } xPSR_Type;
239
240    /* \brief  Union type to access the Control Registers (CONTROL). */
```

/* 控制寄存器的联合体定义。请参考手册中的 Table 426。*/

```
242    typedef union
243    {
244      struct
245      {
246        uint32_t nPRIV:1;                /*! < bit:    0  Execution privilege in Thread mode */
247        uint32_t SPSEL:1;                /*! < bit:    1  Stack to be used               */
248        uint32_t FPCA:1;                 /*! < bit:    2  FP extension active flag       */
249        uint32_t _reserved0:29;          /*! < bit:  3..31  Reserved                    */
250      } b;                          /*! < Structure used for bit  access         */
```

```
251     uint32_t w;                /*! < Type      used for word access              */
252   } CONTROL_Type;
253
254   /* end of group CMSIS_CORE */
255
256
257   /* \ingroup   CMSIS_core_register
258     \defgroup   CMSIS_NVIC   Nested Vectored Interrupt Controller (NVIC)
259     \brief      Type definitions for the NVIC Registers
261    */
263   /* \brief   Structure type to access the Nested Vectored Interrupt Controller (NVIC).  */

   /*下面结构体定义了中断嵌套控制器相关的一组寄存器。请参考手册中的Table 441。*/

265   typedef struct
266   {
267     __IO uint32_t ISER[1];          /*! < Offset: 0x000 (R/W)   Interrupt Set Enable Register         */
268       uint32_t RESERVED0[31];
269     __IO uint32_t ICER[1];          /*! < Offset: 0x080 (R/W)   Interrupt Clear Enable Register       */
270       uint32_t RSERVED1[31];
271     __IO uint32_t ISPR[1];          /*! < Offset: 0x100 (R/W)   Interrupt Set Pending Register        */
272       uint32_t RESERVED2[31];
273     __IO uint32_t ICPR[1];          /*! < Offset: 0x180 (R/W)   Interrupt Clear Pending Register      */
274       uint32_t RESERVED3[31];
275       uint32_t RESERVED4[64];
276     __IO uint32_t IP[8];            /*! < Offset: 0x300 (R/W)   Interrupt Priority Register           */
277   }  NVIC_Type;
278
279   /* end of group CMSIS_NVIC */
280
281
282   /*  \ingroup   CMSIS_core_register
283     \defgroup CMSIS_SCB   System Control Block (SCB)
284     \brief      Type definitions for the System Control Block Registers
286    */
288   /*  \brief  Structure type to access the System Control Block (SCB).  */

   /*下面结构体定义系统控制块相关的一组寄存器。请参考手册中的Table 449。*/

290   typedef struct
291   {
292     __I   uint32_t CPUID;     /*! < Offset: 0x000 (R/ ) CPUID Base Register                              */
293     __IO uint32_t ICSR;       /*! < Offset: 0x004 (R/W) Interrupt Control and State Register             */
294       uint32_t RESERVED0;
295     __IO uint32_t AIRCR;   /*! < Offset: 0x00C (R/W) Application Interrupt and Reset Control Register  */
```

```
296    __IO uint32_t SCR;           /*!< Offset: 0x010 (R/W) System Control Register             */
297    __IO uint32_t CCR;           /*!< Offset: 0x014 (R/W) Configuration Control Register      */
298         uint32_t RESERVED1;
299    __IO uint32_t SHP[2];        /*!< Offset: 0x01C (R/W) System Handlers Priority Registers. [0] is RE-
                                    SERVED   */
300    __IO uint32_t SHCSR;         /*!< Offset: 0x024 (R/W) System Handler Control and State Register  */
301 } SCB_Type;
302
303 /* SCB CPUID Register Definitions */
```

/*下面定义了系统控制块SCB中CPUID寄存器各功能位所在的位置,以及掩码值设置方法。请参考手册中的Table 450。*/

```
304 #define SCB_CPUID_IMPLEMENTER_Pos       24      /*!< SCB CPUID: IMPLEMENTER Position */
305 #define SCB_CPUID_IMPLEMENTER_Msk   (0xFFUL << SCB_CPUID_IMPLEMENTER_Pos)  /*!< SCB
                                        CPUID: IMPLEMENTER Mask */
306
307 #define SCB_CPUID_VARIANT_Pos          20         /*!< SCB CPUID: VARIANT Position */
308 #define SCB_CPUID_VARIANT_Msk        (0xFUL << SCB_CPUID_VARIANT_Pos)  /*!< SCB CPUID:
                                        VARIANT Mask */
309
310 #define SCB_CPUID_ARCHITECTURE_Pos     16    /*!< SCB CPUID: ARCHITECTURE Position */
311 #define SCB_CPUID_ARCHITECTURE_Msk     (0xFUL << SCB_CPUID_ARCHITECTURE_Pos)          /
*!< SCB CPUID: ARCHITECTURE Mask */
312
313 #define SCB_CPUID_PARTNO_Pos           4             /*!< SCB CPUID: PARTNO Position */
314 #define SCB_CPUID_PARTNO_Msk         (0xFFFUL << SCB_CPUID_PARTNO_Pos)  /*!< SCB
                                        CPUID: PARTNO Mask */
315
316 #define SCB_CPUID_REVISION_Pos         0     /*!< SCB CPUID: REVISION Position */
317 #define SCB_CPUID_REVISION_Msk       (0xFUL << SCB_CPUID_REVISION_Pos)  /*!< SCB
                                        CPUID: REVISION Mask */
```

/*下面定义了系统控制块SCB中中断控制状态寄存器各功能位所在的位置,以及掩码值设置方法。请参考手册中的Table 451。*/

```
319 /* SCB Interrupt Control State Register Definitions */
320 #define SCB_ICSR_NMIPENDSET_Pos        31         /*!< SCB ICSR: NMIPENDSET Position */
321 #define SCB_ICSR_NMIPENDSET_Msk   (1UL << SCB_ICSR_NMIPENDSET_Pos)  /*!< SCB ICSR:
                                     NMIPENDSET Mask */
322
323 #define SCB_ICSR_PENDSVSET_Pos         28       /*!< SCB ICSR: PENDSVSET Position */
324 #define SCB_ICSR_PENDSVSET_Msk    (1UL << SCB_ICSR_PENDSVSET_Pos)  /*!< SCB ICSR:
                                     PENDSVSET Mask */
325
```

```
326 #define SCB_ICSR_PENDSVCLR_Pos        27    /*! < SCB ICSR: PENDSVCLR Position */
327 #define SCB_ICSR_PENDSVCLR_Msk        (1UL < < SCB_ICSR_PENDSVCLR_Pos)  /*! < SCB ICSR:
                                          PENDSVCLR Mask */
328
329 #define SCB_ICSR_PENDSTSET_Pos        26    /*! < SCB ICSR: PENDSTSET Position */
330 #define SCB_ICSR_PENDSTSET_Msk        (1UL < < SCB_ICSR_PENDSTSET_Pos)  /*! < SCB ICSR:
                                          PENDSTSET Mask */
331
332 #define SCB_ICSR_PENDSTCLR_Pos        25          /*! < SCB ICSR: PENDSTCLR Position */
333 #define SCB_ICSR_PENDSTCLR_Msk        (1UL < < SCB_ICSR_PENDSTCLR_Pos)  /*! < SCB ICSR:
                                          PENDSTCLR Mask */
334
335 #define SCB_ICSR_ISRPREEMPT_Pos       23      /*! < SCB ICSR: ISRPREEMPT Position */
336 #define SCB_ICSR_ISRPREEMPT_Msk     (1UL < < SCB_ICSR_ISRPREEMPT_Pos)  /*! < SCB ICSR:
                                        ISRPREEMPT Mask */
337
338 #define SCB_ICSR_ISRPENDING_Pos       22      /*! < SCB ICSR: ISRPENDING Position */
339 #define SCB_ICSR_ISRPENDING_Msk       (1UL < < SCB_ICSR_ISRPENDING_Pos) /*! < SCB ICSR:
                                          ISRPENDING Mask */
340
341 #define SCB_ICSR_VECTPENDING_Pos      12          /*! < SCB ICSR: VECTPENDING Position */
342 #define SCB_ICSR_VECTPENDING_Msk    (0x1FFUL < < SCB_ICSR_VECTPENDING_Pos)  /*! < SCB
                                          ICSR: VECTPENDING Mask */
343
344 #define SCB_ICSR_VECTACTIVE_Pos       0     /*! < SCB ICSR: VECTACTIVE Position */
345 #define SCB_ICSR_VECTACTIVE_Msk     (0x1FFUL < < SCB_ICSR_VECTACTIVE_Pos)  /*! < SCB IC-
                                        SR: VECTACTIVE Mask */
```

/*下面定义了SCB中的应用中断和复位控制存器各功能位所在的位置,以及掩码值设置方法。请参考手册中的Table 452。*/

```
347 /* SCB Application Interrupt and Reset Control Register Definitions */
348 #define SCB_AIRCR_VECTKEY_Pos          16     /*! < SCB AIRCR: VECTKEY Position */
349 #define SCB_AIRCR_VECTKEY_Msk       (0xFFFFUL < < SCB_AIRCR_VECTKEY_Pos) /*! < SCB
                                          AIRCR: VECTKEY Mask */
350
351 #define SCB_AIRCR_VECTKEYSTAT_Pos     16     /*! < SCB AIRCR: VECTKEYSTAT Position */
352 #define SCB_AIRCR_VECTKEYSTAT_Msk          (0xFFFFUL < < SCB_AIRCR_VECTKEYSTAT_Pos)
                                               /*! < SCB AIRCR: VECTKEYSTAT Mask */
353
354 #define SCB_AIRCR_ENDIANESS_Pos        15     /*! < SCB AIRCR: ENDIANESS Position */
355 #define SCB_AIRCR_ENDIANESS_Msk      (1UL < < SCB_AIRCR_ENDIANESS_Pos)  /*! < SCB
                                           AIRCR: ENDIANESS Mask */
356
357 #define SCB_AIRCR_SYSRESETREQ_Pos     2     /*! < SCB AIRCR: SYSRESETREQ Position */
```

```
358 #define SCB_AIRCR_SYSRESETREQ_Msk  (1UL << SCB_AIRCR_SYSRESETREQ_Pos)  /*! < SCB
                                       AIRCR: SYSRESETREQ Mask */
359
360 #define SCB_AIRCR_VECTCLRACTIVE_Pos     1    /*! < SCB AIRCR: VECTCLRACTIVE Position */
361 #define SCB_AIRCR_VECTCLRACTIVE_Msk  (1UL << SCB_AIRCR_VECTCLRACTIVE_Pos)  /*! <
                                       SCB AIRCR: VECTCLRACTIVE Mask */

363 /* SCB System Control Register Definitions */
```

/*下面定义了SCB中系统控制寄存器各功能位所在的位置,以及掩码值设置方法。请参考用户手册中的Table 453。*/

```
364 #define SCB_SCR_SEVONPEND_Pos        4       /*! < SCB SCR: SEVONPEND Position */
365 #define SCB_SCR_SEVONPEND_Msk   (1UL << SCB_SCR_SEVONPEND_Pos)  /*! < SCB SCR:
                                    SEVONPEND Mask */
366
367 #define SCB_SCR_SLEEPDEEP_Pos        2       /*! < SCB SCR: SLEEPDEEP Position */
368 #define SCB_SCR_SLEEPDEEP_Msk    (1UL << SCB_SCR_SLEEPDEEP_Pos)  /*! < SCB SCR:
                                    SLEEPDEEP Mask */
369
370 #define SCB_SCR_SLEEPONEXIT_Pos      1       /*! < SCB SCR: SLEEPONEXIT Position */
371 #define SCB_SCR_SLEEPONEXIT_Msk  (1UL << SCB_SCR_SLEEPONEXIT_Pos)  /*! < SCB SCR:
                                    SLEEPONEXIT Mask */
372
373 /* SCB Configuration Control Register Definitions */
374 #define SCB_CCR_STKALIGN_Pos         9       /*! < SCB CCR: STKALIGN Position */
375 #define SCB_CCR_STKALIGN_Msk     (1UL << SCB_CCR_STKALIGN_Pos)  /*! < SCB CCR:
                                    STKALIGN Mask */
376
377 #define SCB_CCR_UNALIGN_TRP_Pos      3       /*! < SCB CCR: UNALIGN_TRP Position */
378 #define SCB_CCR_UNALIGN_TRP_Msk  (1UL << SCB_CCR_UNALIGN_TRP_Pos)  /*! < SCB CCR:
                                    UNALIGN_TRP Mask */
379
380 /* SCB System Handler Control and State Register Definitions */
381 #define SCB_SHCSR_SVCALLPENDED_Pos   15      /*! < SCB SHCSR: SVCALLPENDED Position */
382   #define SCB_SHCSR_SVCALLPENDED_Msk  (1UL << SCB_SHCSR_SVCALLPENDED_Pos)  /*! <
                                    SCB SHCSR: SVCALLPENDED Mask */
384 /* end of group CMSIS_SCB */
385
387 /* \ingroup  CMSIS_core_register
388   \defgroup CMSIS_SysTick  System Tick Timer (SysTick)
389   \brief    Type definitions for the System Timer Registers.
391  */
393 /* \brief  Structure type to access the System Timer (SysTick). */
```

/＊下面定义了SCB中Systick定时器相关的一组寄存器。请参考手册中的Table 357。＊/

```
395  typedef struct
396  {
397    __IO uint32_t CTRL;          /*! < Offset: 0x000 (R/W)  SysTick Control and Status Register */
398    __IO uint32_t LOAD;          /*! < Offset: 0x004 (R/W)  SysTick Reload Value Register      */
399    __IO uint32_t VAL;           /*! < Offset: 0x008 (R/W)  SysTick Current Value Register     */
400    __I  uint32_t CALIB;         /*! < Offset: 0x00C (R/ )  SysTick Calibration Register       */
401  } SysTick_Type;
```

/＊下面定义了Systick中各寄存器的各功能位所在的位置，以及掩码值设置方法。请参考手册中的Table 453。＊/

```
403  /* SysTick Control / Status Register Definitions */
404  #define SysTick_CTRL_COUNTFLAG_Pos    16    /*! < SysTick CTRL: COUNTFLAG Position */
405  #define SysTick_CTRL_COUNTFLAG_Msk    (1UL << SysTick_CTRL_COUNTFLAG_Pos) /*! < SysTick
                                           CTRL: COUNTFLAG Mask */
406
407  #define SysTick_CTRL_CLKSOURCE_Pos    2     /*! < SysTick CTRL: CLKSOURCE Position */
408  #define SysTick_CTRL_CLKSOURCE_Msk    (1UL << SysTick_CTRL_CLKSOURCE_Pos) /*! < SysTick
                                           CTRL: CLKSOURCE Mask */
409
410  #define SysTick_CTRL_TICKINT_Pos      1     /*! < SysTick CTRL: TICKINT Position */
411  #define SysTick_CTRL_TICKINT_Msk      (1UL << SysTick_CTRL_TICKINT_Pos) /*! < SysTick
                                           CTRL: TICKINT Mask */
412
413  #define SysTick_CTRL_ENABLE_Pos       0     /*! < SysTick CTRL: ENABLE Position */
414  #define SysTick_CTRL_ENABLE_Msk       (1UL << SysTick_CTRL_ENABLE_Pos)  /*! < SysTick
                                           CTRL: ENABLE Mask */
415
416  /* SysTick Reload Register Definitions */
417  #define SysTick_LOAD_RELOAD_Pos       0     /*! < SysTick LOAD: RELOAD Position */
418  #define SysTick_LOAD_RELOAD_Msk    (0xFFFFFFUL << SysTick_LOAD_RELOAD_Pos) /*! < Sy-
                                        sTick LOAD: RELOAD Mask */
419
420  /* SysTick Current Register Definitions */
421  #define SysTick_VAL_CURRENT_Pos       0     /*! < SysTick VAL: CURRENT Position */
422  #define SysTick_VAL_CURRENT_Msk    (0xFFFFFFUL << SysTick_VAL_CURRENT_Pos)  /*! < Sy-
                                        sTick VAL: CURRENT Mask */
423
424  /* SysTick Calibration Register Definitions */
425  #define SysTick_CALIB_NOREF_Pos       31    /*! < SysTick CALIB: NOREF Position */
426  #define SysTick_CALIB_NOREF_Msk    (1UL << SysTick_CALIB_NOREF_Pos)  /*! < SysTick CAL-
                                        IB: NOREF Mask */
427
```

```
428 #define SysTick_CALIB_SKEW_Pos        30                  /*! < SysTick CALIB: SKEW Position */
429 #define SysTick_CALIB_SKEW_Msk        (1UL < < SysTick_CALIB_SKEW_Pos)  /*! < SysTick CAL-
                                          IB: SKEW Mask */
430
431 #define SysTick_CALIB_TENMS_Pos       0                   /*! < SysTick CALIB: TENMS Position */
432 #define SysTick_CALIB_TENMS_Msk    (0xFFFFFFUL < < SysTick_VAL_CURRENT_Pos)  /*! < Sy-
                                       sTick CALIB: TENMS Mask */
433
434 /* end of group CMSIS_SysTick */
435
436
437 /* \ingroup   CMSIS_core_register
438    \defgroup CMSIS_CoreDebug    Core Debug Registers (CoreDebug)
439    \brief     Cortex - M0 Core Debug Registers (DCB registers, SHCSR, and DFSR)
440               are only accessible over DAP and not via processor. Therefore
441               they are not covered by the Cortex - M0 header file.
443  */
444 /* end of group CMSIS_CoreDebug */
447 /* \ingroup   CMSIS_core_register
448    \defgroup  CMSIS_core_base   Core Definitions
449    \brief     Definitions for base addresses, unions, and structures.
451  */
```

/*下面代码中用define定义了很多常量,这些常量代表的是地址信息,主要是各类寄存器的基址(起始地址),请大家参考手册中的Table357、358、441、449。459~461行则定义了一些指向这些地址的指针。*/

```
453 /* Memory mapping of Cortex - M0 Hardware */
454 #define SCS_BASE      (0xE000E000UL)                 /*! < System Control Space Base Address */
455 #define SysTick_BASE      (SCS_BASE +   0x0010UL)       /*! < SysTick Base Address       */
456 #define NVIC_BASE       (SCS_BASE +   0x0100UL)       /*! < NVIC Base Address      */
457 #define SCB_BASE       (SCS_BASE +   0x0D00UL)      /*! < System Control Block Base Address */
458
459 #define SCB            ((SCB_Type      *)   SCB_BASE       )  /*! < SCB configuration struct        */
460 #define SysTick        ((SysTick_Type    *)   SysTick_BASE   )  /*! < SysTick configuration struct   */
461 #define NVIC           ((NVIC_Type      *)   NVIC_BASE    )  /*! < NVIC configuration struct    */
462
468 /**********************下面代码定义了一些函数**************
469  *            Hardware Abstraction Layer
470    Core Function Interface contains:
471     - Core NVIC Functions
472     - Core SysTick Functions
473     - Core Register Access Functions
474  ******************************************************************/
475 /* \defgroup CMSIS_Core_FunctionInterface Functions and Instructions Reference */

480 /* ########################## NVIC functions #################################### */
```

```
481  /* * \ingroup  CMSIS_Core_FunctionInterface
       \defgroup CMSIS_Core_NVICFunctions NVIC Functions
483    \brief      Functions that manage interrupts and exceptions via the NVIC.  */
486
487  /*  Interrupt Priorities are WORD accessible only under ARMv6M              */
488  /*  The following MACROS handle generation of the register offset and byte masks  */
```

/*这里定义了一些基本位操作,在后面的函数中会用到。*/

```
489  #define _BIT_SHIFT(IRQn)      (  (((uint32_t)(IRQn)    )  &   0x03) * 8 )
490  #define _SHP_IDX(IRQn)        ( ((((uint32_t)(IRQn) & 0x0F) - 8) >>   2)   )
491  #define _IP_IDX(IRQn)         (   ((uint32_t)(IRQn)    >>    2)   )
492
494  /* \brief   Enable External Interrupt
496    The function enables a device - specific interrupt in the NVIC interrupt controller.
498    \param [in]      IRQn   External interrupt number.  Value cannot be negative.    */
```

/* NVIC_EnableIRQ 函数的作用是使能外部中断。IRQn 是 lpc11xx. h 文件中 62 ~ 93 行定义的中断号,都是外部中断。比如当我们想开放 I²C 总线的中断请求时,根据 I²C_IRQn 的中断号 15,将 15 = 0x0F 送入函数,"(1 << ((uint32_t)(IRQn) & 0x1F))"这一步操作就是将 0x0F 与 0x1F 相与得到的结果 0x0F,就是 15,然后将 1 向左移动 15b,送入 ISER[0]寄存器,就是 ISER[0] = 0x0000 1000。参考手册中 Table443 的说明,可以知道,ISER 寄存器中每一位对应一个中断,这些中断就是 lpc11xx. h 文件中 62 ~ 93 行中的中断,设置为 1 代表使能中断,为 0 表示屏蔽中断。那么为什么要和 0x1F 相与呢? 这是因为中断最多 32 个,因此用 5 个 b 就可以表示,高位完全不需要。502 行的 NVIC 代表一个结构体的指针,因此对 NVIC -> ISER[0]的操作就是对 ISER 所在地址的操作。*/
/*对内联函数的一点解释:程序执行时,处理器从 Memory 中读取代码执行。当程序中调用一个函数时,程序跳到存储器中保存函数的位置开始读取代码执行,执行完后再返回。为了提高速度,C 定义了 inline 函数,告诉编译器把函数代码在编译时直接拷到程序中,这样就不用执行时另外读取函数代码。Static inline 说明函数是 Local 的,工程中可以由多个同名函数,只要不在一个文件中就可以。*/

```
500  __STATIC_INLINE void NVIC_EnableIRQ(IRQn_Type IRQn)
501  {
502  NVIC -> ISER[0]  = (1  <<  ((uint32_t)(IRQn)  & 0x1F));
503  }
504
506  /*  \brief   Disable External Interrupt
508    The function disables a device - specific interrupt in the NVIC interrupt controller.
510    \param [in]      IRQn   External interrupt number.  Value cannot be negative.    */
```

/* NVIC_DisableIRQ 函数的作用屏蔽中断。ICER 寄存器的描述请参考手册中的 Table 444,某个比特设置为 1 则对应的中断被禁止。函数的具体操作就不再说明了。*/

```
512  __STATIC_INLINE void NVIC_DisableIRQ(IRQn_Type IRQn)
513  {
514    NVIC -> ICER[0]  = (1  <<  ((uint32_t)(IRQn)  & 0x1F));
515  }
```

```
516
518  /* * \brief   Get Pending Interrupt
520     The function reads the pending register in the NVIC and returns the pending bit
521     for the specified interrupt.
523     \param [in]      IRQn   Interrupt number.
525     \return        0   Interrupt status is not pending.
526     \return        1   Interrupt status is pending.
527   */
```

/* NVIC_GetPendingIRQ 函数的功能是读取某个中断或异常的挂起状态,说白了就是看看某个中断是否处于挂起状态,大家可以通过手册 Table 445 来查看 ISPR 寄存器的相关说明,通过读取该寄存器对应的比特位就可以知道相应的中断是否被挂起。一般而言,中断有这样几个状态:1. Inactive(不激活),没有被激活或挂起的中断;2. Pending(挂起),中断已被硬件识别或是由软件产生的,正等待处理器处理。3. Active(激活),中断被处理器从通用中断控制器中的中断源中识别了出来,并且正在处理这个中断,且没有处理完成。*/
/* 这里需要注意的一个是"?:"这是一个三目运算符。"?"前面表逻辑条件,":"前面也就是"?"后面表示条件成立时的值,":"后面表条件不成立时的值。例如,当 a>b 时,x=1 否则 x=0,可以写成 x=a>b? 1:0。*/

```
528  __STATIC_INLINE uint32_t NVIC_GetPendingIRQ(IRQn_Type IRQn)
529  {
530    return((uint32_t) ((NVIC->ISPR[0] & (1 << ((uint32_t)(IRQn) & 0x1F)))? 1:0));
531  }
532
534  /* \brief   Set Pending Interrupt
536     The function sets the pending bit of an external interrupt.
538     \param [in]      IRQn   Interrupt number.  Value cannot be negative. */
```

/* NVIC_SetPendingIRQ 函数功能是把某个中断设置为挂起状态 1,也就是设置 ISPR 寄存器对应的位为 1。*/

```
540  __STATIC_INLINE void NVIC_SetPendingIRQ(IRQn_Type IRQn)
541  {
542  NVIC->ISPR[0] = (1 << ((uint32_t)(IRQn) & 0x1F));
543  }
544
546  /* * \brief   Clear Pending Interrupt
548     The function clears the pending bit of an external interrupt.
550     \param [in]      IRQn   External interrupt number.  Value cannot be negative.
551   */
```

/* NVIC_ClearPendingIRQ 函数是把某个中断或异常的挂起状态清为 0。这里需要将 ICPR 寄存器对应的位设置为 1。ICPR 寄存器可以参见手册 Table 446。*/

```
552  __STATIC_INLINE void NVIC_ClearPendingIRQ(IRQn_Type IRQn)
```

```
553  {
554  NVIC->ICPR[0] = (1 << ((uint32_t)(IRQn) & 0x1F)); /* Clear pending interrupt */
555  }
556
557
558  /* \brief   Set Interrupt Priority
560     The function sets the priority of an interrupt.
562     \note The priority cannot be set for every core interrupt.
564     \param [in]      IRQn   Interrupt number.
565     \param [in]   priority   Priority to set.
566   */
```

/* 简单说一下：ARM 从 Cortex-M 系列开始引入了 NVIC 的概念（Nested Vectors Interrupts Controller），即嵌套向量中断控制器，以它为核心通过一张中断向量表来控制系统中断功能。中断向量表的前 16 个为内核级中断，之后的为外部中断，而内核级中断和外部中断的优先级则是由两套不同的寄存器组来控制的，其中内核级中断由 SCB_SHPRx 寄存器来控制，外部中断则由 NVIC_IPRx 来控制。*/

/* NVIC_SetPriority 函数的作用是把中断号为 IRQn 的中断优先级设为 priority。参考手册中的 Fig 107（图 5.4），我们可以看到 IPR 寄存器一共有 8 个，每个寄存器可以存放 4 个中断的优先级，因此可以存放外部的 32 个中断。15 号中断的优先级应该是存放在 IPR3 的高 8 位。假设我们要把 15 号中断优先级设为 1（Cortex-M0 优先级有 4 级：0~3），由于 15>0，因此执行 573 行，此时 NVIC->IP[_IP_IDX(15)] = NVIC->IP[3]，就是 IPR3 寄存器。~(0xFF << _BIT_SHIFT(15)) = 0x00FFFFFF，即把最高 8 位清 0，因此“(NVIC->IP[_IP_IDX(15)] & ~(0xFF << _BIT_SHIFT(15)))”执行后 IPR3 寄存器最高 8 位就为 0。而“(priority << (8 - __NVIC_PRIO_BITS))”就是将优先级左移 6 位，因此“(((priority << (8 - __NVIC_PRIO_BITS)) & 0xFF) << _BIT_SHIFT(IRQn))”就是在左移 6 位的基础上再左移 24 位，因此 IPR3 的最高 8 位为 0100 0000B。参考手册中的 Table 447，我们可以看出 IPR 寄存器的每个 8 位都代表一个中断的优先级，而这 8 位中却只有最高的 2 位是有效的，其他都应该为 0。因此，当我们看到 IPR3 最高 8 位为 0100 0000B 时，我们就知道了 15 号中断的优先级为 01B，就是 1。设置完成。对于内部中断，微控制器则设置的是 SHPR 寄存器，这里不再多说。*/

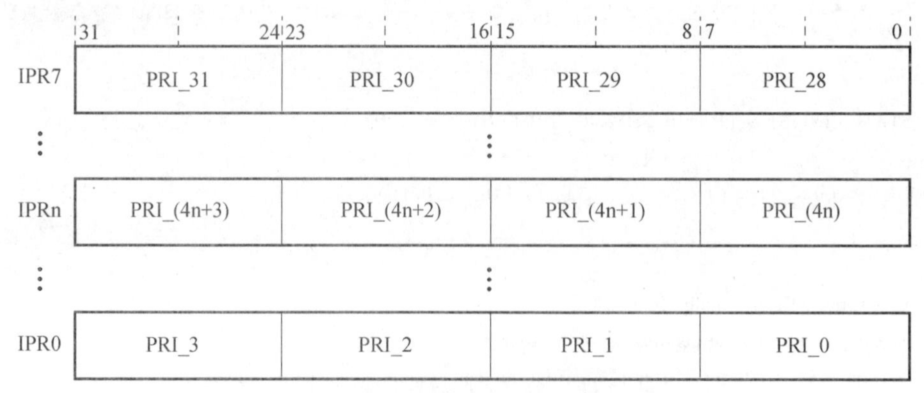

图 5.4　中断优先级寄存器

```
567  __STATIC_INLINE void NVIC_SetPriority(IRQn_Type IRQn, uint32_t priority)
568  {
569    if(IRQn < 0) {
570      SCB->SHP[_SHP_IDX(IRQn)] = (SCB->SHP[_SHP_IDX(IRQn)] & ~(0xFF << _BIT_
```

```
      SHIFT(IRQn))) |
571       (((priority << (8 - __NVIC_PRIO_BITS)) & 0xFF) << _BIT_SHIFT(IRQn)); }
572     else {
573       NVIC->IP[_IP_IDX(IRQn)] = (NVIC->IP[_IP_IDX(IRQn)] & ~(0xFF << _BIT_SHIFT
      (IRQn))) |
574       (((priority << (8 - __NVIC_PRIO_BITS)) & 0xFF) << _BIT_SHIFT(IRQn)); }
575   }
576
577
578   /** \brief  Get Interrupt Priority
580     The function reads the priority of an interrupt. The interrupt
581     number can be positive to specify an external (device specific)
582     interrupt, or negative to specify an internal (core) interrupt.
585     \param [in]   IRQn  Interrupt number.
586     \return        Interrupt Priority. Value is aligned automatically to the implemented
587                    priority bits of the microcontroller.
588    */
```

/*该函数就是读取某个中断或异常的优先级。参考566行下面的说明,大家可以自己分析实现原理。*/

```
589  __STATIC_INLINE uint32_t NVIC_GetPriority(IRQn_Type IRQn)
590  {
591
592    if(IRQn < 0) {
593      return((uint32_t)((SCB->SHP[_SHP_IDX(IRQn)] >> _BIT_SHIFT(IRQn) ) >> (8 - __
     NVIC_PRIO_BITS)));  } /* get priority for Cortex-M0 system interrupts */
594    else {
595      return((uint32_t)((NVIC->IP[ _IP_IDX(IRQn)] >> _BIT_SHIFT(IRQn) ) >> (8 - __NVIC_
     PRIO_BITS)));  } /* get priority for device specific interrupts  */
596  }
597
599  /** \brief  System Reset
601    The function initiates a system reset request to reset the MCU.
602   */
```

/*下面的函数是复位NVIC的。函数中__DSB()是定义在"core_cmInstr.h"文件中的一条指令,被称为数据同步屏障指令。数据同步屏障是一种特殊类型的内存屏障。只有当此指令执行完毕后,才会执行程序中位于此指令后的指令。也就是说当位于此指令前的所有显式内存访问均完成且位于此指令前的所有缓存、跳转预测和TLB维护操作全部完成时,其后面的指令才能运行。在复位NVIC前执行这条指令就是为了确保复位前的指令能够顺利完成,以免出现问题。复位过程就是将0x5FA写入到AIRCR寄存器的高16位。参考手册中的Table 452。*/

```
603  __STATIC_INLINE void NVIC_SystemReset(void)
604  {
```

```
605    __DSB();                          /* Ensure all outstanding memory accesses included
606                                        buffered write are completed before reset */
607    SCB->AIRCR  = ((0x5FA << SCB_AIRCR_VECTKEY_Pos)    |
608          SCB_AIRCR_SYSRESETREQ_Msk);
609    __DSB();                          /* Ensure completion of memory access */
610    while(1);                         /* wait until reset */
611  }
612
613  /* end of CMSIS_Core_NVICFunctions */
617  /* ##################################  SysTick function  ############################### */
618  /** \ingroup  CMSIS_Core_FunctionInterface
619    \defgroup CMSIS_Core_SysTickFunctions SysTick Functions
620    \brief   Functions that configure the System. */
623
```

/* __Vendor_SysTickConfig 在 lpc11xx.h 中定义。 */

```
624  #if (__Vendor_SysTickConfig == 0)
626  /** \brief  System Tick Configuration
628    The function initializes the System Timer and its interrupt, and starts the System Tick Timer.
629    Counter is in free running mode to generate periodic interrupts.
631    \param [in]   ticks   Number of ticks between two interrupts.
633    \return        0   Function succeeded.
634    \return        1   Function failed.
636    \note  When the variable <b>__Vendor_SysTickConfig</b> is set to 1, then the
637    function <b>SysTick_Config</b> is not included. In this case, the file <b><i>device</i>.h</b>
638    must contain a vendor-specific implementation of this function.
640   */
```

/* SysTick_Config 函数用于配置 SysTick 定时器。功能是设置系统嘀嗒时钟并使能中断,这个定时器的中断一般用作操作系统的心跳。SysTick 定时器是一个24位的定时器,因此 ticks 的值不能超过24位的表达范围。那么定时的周期怎么算呢?那就要看时钟的频率了。后面相应章节我们还会有说明。 */

```
641  __STATIC_INLINE uint32_t SysTick_Config(uint32_t ticks)
642  {
643    if ((ticks - 1) > SysTick_LOAD_RELOAD_Msk)  return (1);     /* Reload value impossibl,判断
                                                                   ticks是否超过了表达范围 */
644
645    SysTick->LOAD  = ticks - 1;                    /* set reload register,装入计数值,由于进行减一
                                                     计数,一直记到0,因此初值为 ticks-1 */
646    NVIC_SetPriority (SysTick_IRQn, (1<<__NVIC_PRIO_BITS) - 1);  /* set Priority for Systick Inter-
                                                                   rupt,设置定时器中断的优先
                                                                   级为3 */
647    SysTick->VAL   = 0;                      /* Load the SysTick Counter Value */
648    SysTick->CTRL  = SysTick_CTRL_CLKSOURCE_Msk |
```

```
649            SysTick_CTRL_TICKINT_Msk   |
650            SysTick_CTRL_ENABLE_Msk;            /* Enable SysTick IRQ and SysTick Timer,使能中断和
                                                   启动定时器 */
651     return (0);                           /* Function successful */
652   }
653
654   #endif
656   /* end of CMSIS_Core_SysTickFunctions */
661   #endif /* __CORE_CM0_H_DEPENDANT */
663   #endif /* __CMSIS_GENERIC */
665   #ifdef __cplusplus
666   }
667   #endif
```

5.2.4 core_cmInstr.h 文件分析

core_cmInstr.h 定义了很多内核指令的函数，其中个别函数我们在编程中还是能够用到的。之所以给出了这么多内核指令函数，主要是因为在我们进行应用程序设计时，很多微控制器指令无法实现，因此 CMSIS 给我们提供了内核指令函数，让用户方便在.c 的应用程序中进行调用。

由于文件代码非常简单，这里我们仅在程序段 5.4 中列出了该文件的部分代码，并简单进行一下分析。比如当我们在程序中碰到了 46 行的"__NOP"时，我们就会发现它的具体实现方法是在 285 ~ 292 行介绍的，实际上就是汇编语言中的一条"nop"指令，让微控制器空转一条指令周期，什么都不做。再比如当我们在某些代码中碰到"__WFI"时，我们就可以知道它实际上是 302 行的一条汇编指令"wfi"，让处理器处于休眠状态，并等待唤醒。5.2.3 小节的__DSB( )指令函数具体的实现方法就是本程序段 346 行的"dsb"汇编指令。

(/*好了，到这里我们就知道了 core_cmInstr.h 头文件中定义的是一些很基本的函数，这些函数可以被其他.c 程序调用，很多都是一些 C 程序难以实现的汇编指令。因此当我们遇到这些指令函数时，查查该头文件就可以了，很容易知道函数的具体功能。*/)

程序段 5.4　core_cmInstr.h 文件(部分代码)

```
001  /*****************************************//**
002   * @file    core_cmInstr.h
003   * @brief   CMSIS Cortex-M Core Instruction Access Header File
004   * @version  V3.02
005   * @date   08. May 2012
022   ****************************************/
023
024  #ifndef __CORE_CMINSTR_H
025  #define __CORE_CMINSTR_H
028  /* #########################  Core Instruction Access  ############################### */
```

```
029  /* \defgroup CMSIS_Core_InstructionInterface CMSIS Core Instruction Interface
030    Access to dedicated instructions */
033
034  #if  defined ( __CC_ARM ) /* ------------RealView Compiler ----------*/
035  /* ARM armcc specific functions */
036
037  #if (__ARMCC_VERSION < 400677)
038    #error "Please use ARM Compiler Toolchain V4.0.677 or later!"
039  #endif

042  /** \brief  No Operation
044    No Operation does nothing. This instruction can be used for code alignment purposes. */
046  #define __NOP                    __nop

049  /** \brief  Wait For Interrupt
051    Wait For Interrupt is a hint instruction that suspends execution
052    until one of a number of events occurs.
053   */
054  #define __WFI                    __wfi

057  /** \brief  Wait For Event
059    Wait For Event is a hint instruction that permits the processor to enter
060    a low-power state until one of a number of events occurs.
061   */
062  #define __WFE                    __wfe

081  /** \brief  Data Synchronization Barrier
083    This function acts as a special kind of Data Memory Barrier.
084    It completes when all explicit memory accesses before this instruction complete.
085   */
086  #define __DSB()                  __dsb(0xF)

285  /** \brief  No Operation
287    No Operation does nothing. This instruction can be used for code alignment purposes.
288   */
289  __attribute__( ( always_inline ) ) __STATIC_INLINE void __NOP(void)
290  {
291  __ASM volatile ("nop");
292  }

295  /** \brief  Wait For Interrupt
296
297    Wait For Interrupt is a hint instruction that suspends execution
298    until one of a number of events occurs.
299   */
```

```
300 __attribute__( ( always_inline ) ) __STATIC_INLINE void __WFI(void)
301 {
302 __ASM volatile ("wfi");
303 }

306 /** \brief  Wait For Event
308   Wait For Event is a hint instruction that permits the processor to enter
309   a low - power state until one of a number of events occurs.
310  */
311 __attribute__( ( always_inline ) ) __STATIC_INLINE void __WFE(void)
312 {
313 __ASM volatile ("wfe");
314 }

339 /** \brief  Data Synchronization Barrier
340
341   This function acts as a special kind of Data Memory Barrier.
342   It completes when all explicit memory accesses before this instruction complete.
343  */
344 __attribute__( ( always_inline ) ) __STATIC_INLINE void __DSB(void)
345 {
346 __ASM volatile ("dsb");
347 }
348
621 #endif /* __CORE_CMINSTR_H */
```

5.2.5 core_cmFunc.h 文件分析

core_cmFunc.h 是内核核心功能接口头文件，支持 MDK、IAR、GCC 三种编译环境（我们只关注 MDK 环境，也就是 ARMCC 编译条件下的函数）。其内部大多数函数和 core_cm0.c 是非常相似的，连函数名都一样，在实际使用中，也是使用 core_cmFunc.h 中的函数。文件中的部分代码如程序段 5.5 所示，具体说明请参考代码中的中文部分。

程序段 5.5　core_cmFunc.h 文件说明（只列出了 ARMCC 编译条件下的代码）

```
001 /**************************************************************************//**
002  * @file   core_cmFunc.h
003  * @brief  CMSIS Cortex - M Core Function Access Header File
004  * @version  V3.02
005  * @date   24. May 2012
022  ******************************************************************************/
023
024 #ifndef __CORE_CMFUNC_H
025 #define __CORE_CMFUNC_H

028 /* ###########################  Core Function Access  ########################### */
```

```
029  /* * \ingroup  CMSIS_Core_FunctionInterface
030    \defgroup CMSIS_Core_RegAccFunctions CMSIS Core Register Access Functions */

034  #if  defined ( __CC_ARM ) /* ---------- RealView Compiler ------------ MDK 用
该编译器,后面其他编译器下的函数我们就不看了。*/

037  #if (__ARMCC_VERSION  <  400677)
038    #error "Please use ARM Compiler Toolchain V4.0.677 or later!"
039  #endif
040
041  /* intrinsic void __enable_irq();    */
042  /* intrinsic void __disable_irq();   */
043
044  /* * \brief  Get Control Register
046    This function returns the content of the Control Register.
048    \returnControl Register value  */

  /* __get_CONTROL 函数用于获取 control 寄存器的内容。"register uint32_t __regControl"就是定义一个寄
  存器变量,该变量的值就是 control 寄存器。因此返回值就是 control 寄存器的值。控制寄存器有两个用
  途,其一用于定义特权级别,其二用于选择当前使用哪个堆栈指针。具体请参考手册 Table 426。*/

050  __STATIC_INLINE uint32_t __get_CONTROL(void)
051  {
052    register uint32_t __regControl      __ASM("control");
053    return(__regControl);
054  }

057  /* * \brief  Set Control Register
059    This function writes the given value to the Control Register.
061    \param [in]  control  Control Register value to set */

  /* __set_CONTROL 函数用于设置 control 寄存器的值。"register uint32_t __regControl"就是定义一个寄存
  器变量,该变量就是 control 寄存器。通过将 066 行中的 control 值写入 control 寄存器,就完成了寄存器的
  设置。*/

063  __STATIC_INLINE void __set_CONTROL(uint32_t control)
064  {
065    register uint32_t __regControl      __ASM("control");
066    __regControl  = control;
067  }

/* IPSR 寄存器请参见用户手册 Fig 97。*/

070  /* * \brief  Get IPSR Register
072    This function returns the content of the IPSR Register.
```

```
074     \return         IPSR Register value   */

076  __STATIC_INLINE uint32_t __get_IPSR(void)
077  {
078    register uint32_t __regIPSR          __ASM("ipsr");
079    return(__regIPSR);
080  }

     /* APSR 寄存器请参见手册 Fig 97。 */

083  /** \brief  Get APSR Register
085    This function returns the content of the APSR Register.
087    \return         APSR Register value  */
089  __STATIC_INLINE uint32_t __get_APSR(void)
090  {
091    register uint32_t __regAPSR          __ASM("apsr");
092    return(__regAPSR);
093  }

/* xPSR 寄存器请参见手册 Fig 97。 */

096  /** \brief  Get xPSR Register
098    This function returns the content of the xPSR Register.
100    \return         xPSR Register value  */

102  __STATIC_INLINE uint32_t __get_xPSR(void)
103  {
104    register uint32_t __regXPSR          __ASM("xpsr");
105    return(__regXPSR);
106  }

109  /** \brief  Get Process Stack Pointer
111    This function returns the current value of the Process Stack Pointer (PSP).
113    \return         PSP Register value  */

/* PSP 寄存器请参见手册 Table 420。 */

115  __STATIC_INLINE uint32_t __get_PSP(void)
116  {
117    register uint32_t __regProcessStackPointer  __ASM("psp");
118    return(__regProcessStackPointer);
119  }

122  /** \brief  Set Process Stack Pointer
124    This function assigns the given value to the Process Stack Pointer (PSP).
```

```
126    \param [in]   topOfProcStack   Process Stack Pointer value to set
127   */
128   __STATIC_INLINE void __set_PSP(uint32_t topOfProcStack)
129   {
130     register uint32_t __regProcessStackPointer   __ASM("psp");
131     __regProcessStackPointer  = topOfProcStack;
132   }

135   /** \brief  Get Main Stack Pointer
137     This function returns the current value of the Main Stack Pointer (MSP).
139     \return          MSP Register value
140    */

   /* MSP 寄存器请参见手册 Table 420。*/

141   __STATIC_INLINE uint32_t __get_MSP(void)
142   {
143     register uint32_t __regMainStackPointer   __ASM("msp");
144     return(__regMainStackPointer);
145   }

148   /** \brief  Set Main Stack Pointer
150     This function assigns the given value to the Main Stack Pointer (MSP).
152     \param [in]  topOfMainStack  Main Stack Pointer value to set
153    */
154   __STATIC_INLINE void __set_MSP(uint32_t topOfMainStack)
155   {
156     register uint32_t __regMainStackPointer   __ASM("msp");
157     __regMainStackPointer  = topOfMainStack;
158   }

161   /** \brief  Get Priority Mask
163     This function returns the current state of the priority mask bit from the Priority Mask Register.
165     \return          Priority Mask value
166    */

   /* PRIMASK 寄存器请参见手册 Table 420。*/

167   __STATIC_INLINE uint32_t __get_PRIMASK(void)
168   {
169     register uint32_t __regPriMask       __ASM("primask");
170     return(__regPriMask);
171   }

174   /** \brief  Set Priority Mask
```

```
176     This function assigns the given value to the Priority Mask Register.
178     \param [in]   priMask   Priority Mask
179   */
180  __STATIC_INLINE void __set_PRIMASK(uint32_t priMask)
181  {
182     register uint32_t __regPriMask      __ASM("primask");
183     __regPriMask  = (priMask);
184  }

616  #endif /* __CORE_CMFUNC_H */
```

5.2.6 system_lpc11xx.h 文件分析

system_lpc11xx.h 为 system_lpc11xx.c 的头文件，内部主要是声明了 SystemInit (void) 和 SystemCoreClockUpdate (void) 两个函数和 SystemCoreClock 变量。具体内容见程序段 5.6。

程序段 5.6 system_lpc11xx.h 文件说明

```
01  /*****************************************************************//**
02   * @file   system_LPC11xx.h
03   * @brief   CMSIS Cortex-M0 Device Peripheral Access Layer Header File
04   *          for the NXP LPC11xx/LPC11Cxx Device Series
05   * @version   V1.10
06   * @date   24. November 2010
23   ******************************************************************/

26  #ifndef __SYSTEM_LPC11xx_H
27  #define __SYSTEM_LPC11xx_H
28
29  #ifdef __cplusplus
30  extern "C" {
31  #endif
32
33  #include <stdint.h>
35  extern uint32_t SystemCoreClock;   /*!< System Clock Frequency (Core Clock)   */

38  /* Initialize the system  */
47  extern void SystemInit (void);
48
49  /*  Update SystemCoreClock variable */
58  extern void SystemCoreClockUpdate (void);
59
60  #ifdef __cplusplus
61  }
62  #endif
```

```
63
64  #endif /* __SYSTEM_LPC11xx_H */
```

5.2.7 system_lpc11xx.c文件分析

system_lpc11xx.c主要是实现了SystemInit (void) 和SystemCoreClockUpdate (void)两个函数,并设定了一些常量的值。其中SystemInit函数主要完成系统的初始化工作,而SystemCoreClockUpdate函数主要用于更新内核时钟频率。这两个函数非常有用,我们会在后续章节中详细分析这两个函数的实现过程。代码主要程序请见程序段5.7。

程序段5.7 system_lpc11xx.c文件(部分代码)

```
001 /*************************************************//**
002  * @file    system_LPC11xx.c
003  * @brief   CMSIS Cortex-M0 Device Peripheral Access Layer Source File
004  *          for the NXP LPC11xx/LPC11Cxx Devices
005  * @version  V1.10
006  * @date   24. November 2010
023  ******************************************************/

026 #include <stdint.h>
027 #include "LPC11xx.h"

107 #define CLOCK_SETUP          1
108 #define SYSOSCCTRL_Val       0x00000000       // Reset: 0x000
109 #define WDTOSCCTRL_Val       0x000001E0       // Reset: 0x000
110 #define SYSPLLCTRL_Val       0x00000024       // Reset: 0x000
111 #define SYSPLLCLKSEL_Val     0x00000001       // Reset: 0x000
112 #define MAINCLKSEL_Val       0x00000003       // Reset: 0x000
113 #define SYSAHBCLKDIV_Val     0x00000001       // Reset: 0x001

245 void SystemCoreClockUpdate (void)        /* Get Core Clock Frequency     */
246 {
247   uint32_t wdt_osc = 0;
248
249   /* Determine clock frequency according to clock register values        */
250   switch ((LPC_SYSCON->WDTOSCCTRL >> 5) & 0x0F) {
251     case 0:  wdt_osc =       0; break;
252     case 1:  wdt_osc =  500000; break;
253     case 2:  wdt_osc =  800000; break;
254     case 3:  wdt_osc = 1100000; break;
255     case 4:  wdt_osc = 1400000; break;
256     case 5:  wdt_osc = 1600000; break;
257     case 6:  wdt_osc = 1800000; break;
258     case 7:  wdt_osc = 2000000; break;
259     case 8:  wdt_osc = 2200000; break;
```

```
260        case 9:   wdt_osc  = 2400000; break;
261        case 10: wdt_osc  = 2600000; break;
262        case 11: wdt_osc  = 2700000; break;
263        case 12: wdt_osc  = 2900000; break;
264        case 13: wdt_osc  = 3100000; break;
265        case 14: wdt_osc  = 3200000; break;
266        case 15: wdt_osc  = 4600000; break;
267      }
268      wdt_osc /= ((LPC_SYSCON->WDTOSCCTRL & 0x1F) << 1) + 2;
269
270      switch (LPC_SYSCON->MAINCLKSEL & 0x03) {
271        case 0:                    /* Internal RC oscillator          */
272        SystemCoreClock  = __IRC_OSC_CLK;
273        break;
274      case 1:                      /* Input Clock to System PLL        */
275        switch (LPC_SYSCON->SYSPLLCLKSEL & 0x03) {
276          case 0:                  /* Internal RC oscillator          */
277            SystemCoreClock  = __IRC_OSC_CLK;
278            break;
279          case 1:                  /* System oscillator               */
280            SystemCoreClock  = __SYS_OSC_CLK;
281            break;
282          case 2:                  /* Reserved                        */
283          case 3:                  /* Reserved                        */
284            SystemCoreClock  = 0;
285            break;
286        }
287        break;
288      case 2:                      /* WDT Oscillator                   */
289        SystemCoreClock  = wdt_osc;
290        break;
291      case 3:                      /* System PLL Clock Out             */
292        switch (LPC_SYSCON->SYSPLLCLKSEL & 0x03) {
293          case 0:                  /* Internal RC oscillator          */
294            if (LPC_SYSCON->SYSPLLCTRL & 0x180) {
295              SystemCoreClock  = __IRC_OSC_CLK;
296            } else {
297              SystemCoreClock  = __IRC_OSC_CLK * ((LPC_SYSCON->SYSPLLCTRL & 0x01F) + 1);
298            }
299            break;
300          case 1:                  /* System oscillator               */
301            if (LPC_SYSCON->SYSPLLCTRL & 0x180) {
302              SystemCoreClock  = __SYS_OSC_CLK;
303            } else {
304              SystemCoreClock  = __SYS_OSC_CLK * ((LPC_SYSCON->SYSPLLCTRL & 0x01F) + 1);
```

```
305            }
306            break;
307          case 2:              /* Reserved                    */
308          case 3:              /* Reserved                    */
309            SystemCoreClock = 0;
310            break;
311        }
312        break;
313    }
314
315    SystemCoreClock /= LPC_SYSCON->SYSAHBCLKDIV;
316
317 }

328 void SystemInit (void) {
329    volatile uint32_t i;
330
331 #if (CLOCK_SETUP)                            /* Clock Setup              */
332
333 #if ((SYSPLLCLKSEL_Val & 0x03) == 1)
334    LPC_SYSCON->PDRUNCFG   &= ~(1 << 5);    /* Power-up System Osc      */
335    LPC_SYSCON->SYSOSCCTRL   = SYSOSCCTRL_Val;
336    for (i = 0; i < 200; i++) __NOP();
337 #endif
338
339    LPC_SYSCON->SYSPLLCLKSEL   = SYSPLLCLKSEL_Val;  /* Select PLL Input     */
340    LPC_SYSCON->SYSPLLCLKUEN    = 0x01;          /* Update Clock Source    */
341    LPC_SYSCON->SYSPLLCLKUEN    = 0x00;          /* Toggle Update Register */
342    LPC_SYSCON->SYSPLLCLKUEN    = 0x01;
343    while (!(LPC_SYSCON->SYSPLLCLKUEN & 0x01));   /* Wait Until Updated     */
344 #if ((MAINCLKSEL_Val & 0x03) == 3)           /* Main Clock is PLL Out   */
345    LPC_SYSCON->SYSPLLCTRL    = SYSPLLCTRL_Val;
346    LPC_SYSCON->PDRUNCFG   &= ~(1 << 7);         /* Power-up SYSPLL         */
347    while (!(LPC_SYSCON->SYSPLLSTAT & 0x01));      /* Wait Until PLL Locked   */
348 #endif
349
350 #if (((MAINCLKSEL_Val & 0x03) == 2) )
351    LPC_SYSCON->WDTOSCCTRL    = WDTOSCCTRL_Val;
352    LPC_SYSCON->PDRUNCFG   &= ~(1 << 6);         /* Power-up WDT Clock      */
353    for (i = 0; i < 200; i++) __NOP();
354 #endif
355
356    LPC_SYSCON->MAINCLKSEL    = MAINCLKSEL_Val;  /* Select PLL Clock Output  */
357    LPC_SYSCON->MAINCLKUEN    = 0x01;          /* Update MCLK Clock Source */
358    LPC_SYSCON->MAINCLKUEN    = 0x00;          /* Toggle Update Register  */
```

```
359     LPC_SYSCON->MAINCLKUEN    = 0x01;
360     while (!(LPC_SYSCON->MAINCLKUEN & 0x01));       /* Wait Until Updated       */
361
362     LPC_SYSCON->SYSAHBCLKDIV    = SYSAHBCLKDIV_Val;
363 #endif
364
365 }
```

(/*今天我们的文字阅读量非常大,分析了很多头文件,之所以用大量篇幅解释这些头文件,主要是因为这些文件在后面程序中基本都会用到,而且如果这些头文件没有弄清楚,就很难真正理解程序运行的流程,因此请大家把分析中的中文部分好好体会一下,再参考互联网上的相关资源,理解透彻各个头文件的作用。*/)

第 6 天

程序启动过程深度分析

今天我们将对第 4 天设计的 stone1 工程代码运行的过程进行详细分析，让大家真正了解程序运转的基本过程，尤其是代码启动过程。我们会对启动过程的汇编程序进行分析，让那些汇编语言不好的同学也能够打消程序设计的顾虑，放心进行应用程序的开发。

6.1 工程入口点

把工程“stone1”再次打开，单击编译“▦”按键后，就可以看到开发环境左侧如图 6.1 所示的程序代码结构。好了，下面我们最想知道的就是系统上电后哪个是第一条执行的代码？我们可以先单击 Debug 菜单并选择 Start/Stop Debut Session 选项（如图 6.2 所示），进入调试状态，这时界面会出现如图 6.3 所示的样子，其中图中红色圆圈 1 指出的就是第一条运行的指令，只不过一个是 C 语言的指令，一个是反汇编后的指令。但实际上红色圆圈 1 指出的位置并不是真正的微控制器的第一条指令，而是用户程序第一条运行的指令。那么微控制器复位后第一条执行的指令在哪儿呢？我们可以单击红色圆圈 2 所在

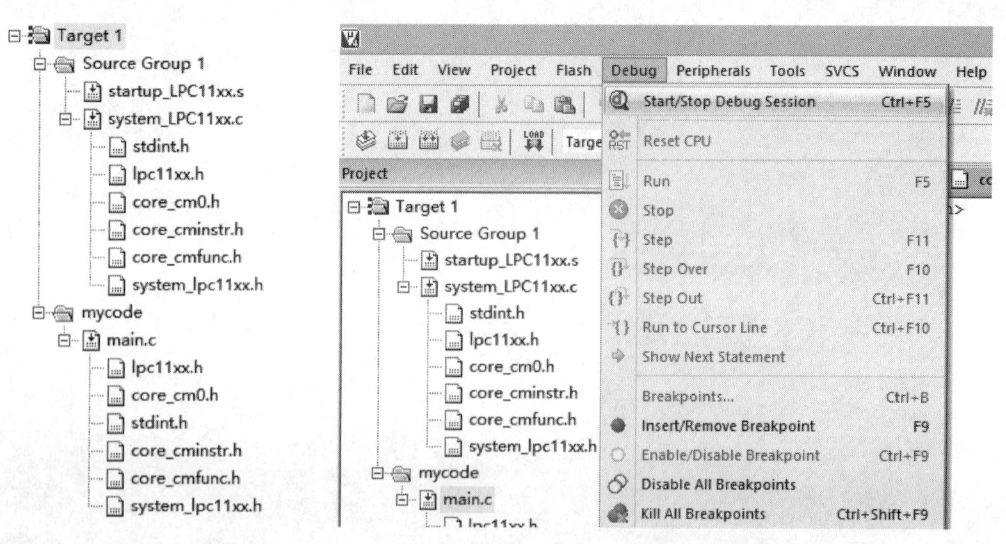

图 6.1　stone1 工程代码结构　　　　图 6.2　进入调试状态

的复位图标，之后进入如图 6.4 所示的界面，我们看到界面右下侧箭头指向 startup_lpc11xx. s 文件代码的第 126 行“LDR R0,System_Init”处，这里才是复位后代码第一步运行的地方，接下来我们就可以通过单击图 6.4 中的红色圆圈 1 所在的单步调试箭头，一步步看到程序每条指令运行的过程了。(/ * 程序的入口点我们已经找到了。 * /)

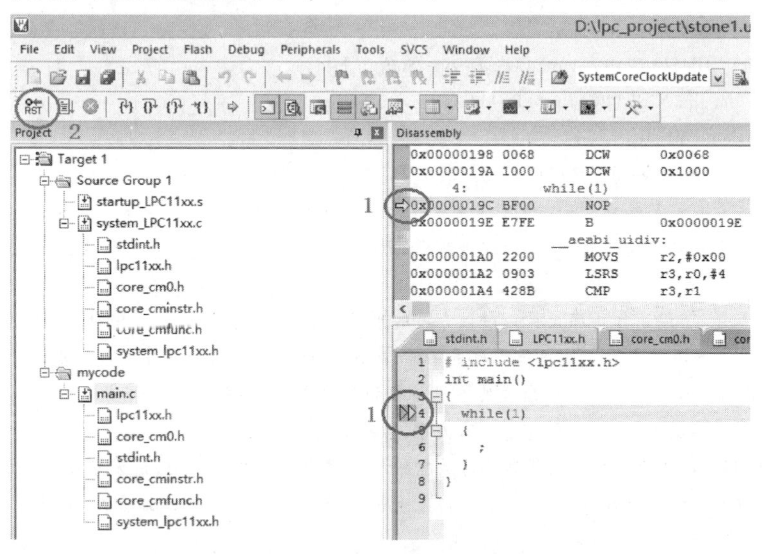

图 6.3　用户程序第一条运行的指令位置

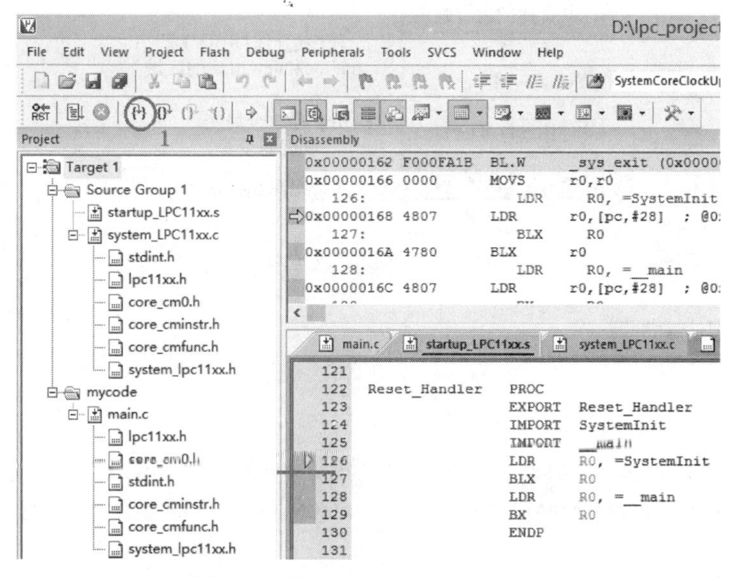

图 6.4　按下复位图标后系统界面

6.2　startup_lpc11xx. s 详解

由于第一步程序是在 startup_lpc11xx. s 文件中执行，这段代码是汇编语言完成的，主要工作就是完成中断向量表的构建、完成系统初始化(时钟配置)、并跳转到用户程序运行。实际上相当于其他嵌入式系统的 bootloader 程序。下面我们就详细分析一下该文件的具体内容都介绍了些什么，请详细阅读程序段 6.1 代码中的中文说明。

程序段 6.1 startup_lpc11xx.s 文件代码

```
001  ;/*****************************************//**
002  ; * @file    startup_LPC11xx.s
003  ; * @brief   CMSIS Cortex - M0 Core Device Startup File
004  ; *          for the NXP LPC11xx/LPC11Cxx Device Series
005  ; * @version  V1.10
006  ; * @date   24. November 2010
024  ; ******************************************/
```

/* 为了与其他代码保持一致的风格，这里我们的解释说明仍然使用“/* */”，实际上在汇编语言中“;”才代表注释。*/

/* 大家都知道，汇编语言程序设计一般以分段的形式完成，程序主要包括代码段、数据段、堆栈段以及一些附加段等，如图 6.5 所示。这段代码也是一样，在 31～35 行开始进行程序的栈和栈指针设置，在程序的 42～47 行进行堆设置。我们通常所说的堆栈一般指的都是栈，实际上堆和栈是不同的，栈由编译器自动分配释放，存放函数的参数值，局部变量的值等，堆一般由程序员分配释放，若程序员不释放，程序结束时可能由系统回收。内存分配中的堆和栈与数据结构课程中的堆和栈不同，请大家注意。栈一般是向下生长的，即由高地址向低地址生长，堆一般是向上生长的，即由低地址向高地址生长。*/

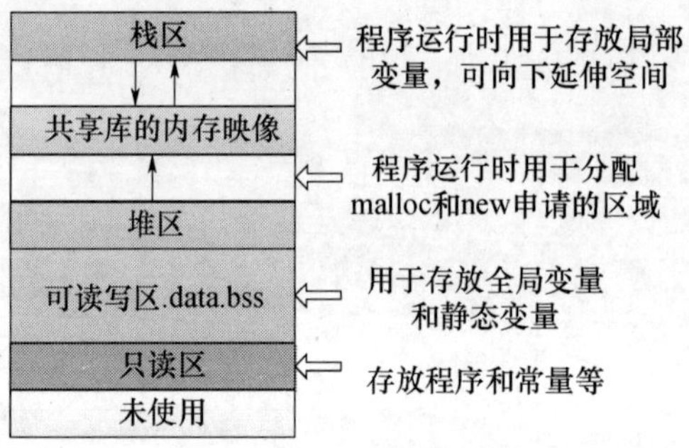

图 6.5 程序分段示意图

```
027  ; <h> Stack Configuration
028  ;   <o> Stack Size (in Bytes) <0x0 - 0xFFFFFFFF:8>
029  ; </h>
030
031  Stack_Size    EQU  0x00000200  /* 定义变量，该值为堆栈的大小，为 0x200 个字节 */
033          AREA  STACK, NOINIT, READWRITE, ALIGN = 3 /* AREA 是定义一个段，这个段是未初始
                                                    化的栈，可读可写的，并且段名为 STACK，
                                                    段以 2^3 对齐。*/
034  Stack_Mem    SPACE  Stack_Size  /* SPACE 是为栈分配空间，分配大小为 Stack_Size 个字节 */
035  __initial_sp                    /* __initial_sp 是个标号，这个标号指向栈的栈顶。*/


038  ; <h> Heap Configuration
039  ;   <o>  Heap Size (in Bytes) <0x0 - 0xFFFFFFFF:8>
040  ; </h>
041
```

```
042 Heap_Size      EQU   0x00000000   /* 定义变量,Heap_Size 值为堆的大小,为 0x00 个字节 */
044           AREA   HEAP, NOINIT, READWRITE, ALIGN=3 /* AREA 是定义一个段,这个段是未初始化
                                                 的堆,可读可写的并且段名为 HEAP,段以 2^3
                                                 对齐。*/
045 __heap_base   /* __heap_base 是个标号,这个标号指向堆底。*/
046 Heap_Mem      SPACE   Heap_Size   /* 堆的空间大小为 0。*/
047 __heap_limit   /* __heap_limit 是个标号,这个标号指向堆空间结束地址,与__heap_base 配合限制堆的大
                   小。*/

050           PRESERVE8      /* 命令指定当前文件保持栈的 8 字节对齐。*/
051           THUMB      /* 指示使用 THUMB 编译器,必须位于使用新语法的任何 Thumb 代码之前。*/

054 ; Vector Table Mapped to Address 0 at Reset      /* 复位时向量表映射到地址为 0 处。*/
056           AREA   RESET, DATA, READONLY   /* 此处定义了一个只读的数据段,名为 RESET。*/
057           EXPORT   __Vectors ;   /* EXPORT 在程序中声明一个全局的标号__Vectors,该标号可在其他
                                   的文件中引用。*/
058
059 __Vectors     DCD   __initial_sp          ; Top of Stack /* 栈顶指针被放在向量表的开始处,也就是 Flash
                                              的 0 地址处,复位后首先装载栈顶指针到 MSP 寄
                                              存器。DCD 代表占据 4 个字节空间。*/
  /* 下面的 Reset_Handler、NMI_Handler、HardFault_Handler、SVC_Handler Pend、SV_Handler Sys、Tick_Han-
  dler 分别代表不同异常中断情况下的中断服务程序的入口地址,对应在本程序的 122~155 行。对应的程
  序具体是哪些中断请参考表 1.1。*/

060           DCD   Reset_Handler          ; Reset Handler /* 复位异常,装载完栈顶后,第一个执行的程序,并
                                              且不返回 */
061           DCD   NMI_Handler            ; NMI Handler/* 不可屏蔽中断 */
062           DCD   HardFault_Handler      ; Hard Fault Handler /* 硬件错误异常 */
063           DCD   0                ; Reserved
064           DCD   0                ; Reserved
065           DCD   0                ; Reserved
066           DCD   0                ; Reserved
067           DCD   0                ; Reserved
068           DCD   0                ; Reserved
069           DCD   0                ; Reserved
070           DCD   SVC_Handler            ; SVCall Handler/* 系统调用异常,主要是为了调用操作系统内核
                                        服务 */
071           DCD   0                ; Reserved
072           DCD   0                ; Reserved
073           DCD   PendSV_Handler         ; PendSV Handler/* 挂起异常 */
074           DCD   SysTick_Handler        ; SysTick Handler/* 滴答定时器,为操作系统内核时钟 */
075
076           ; External Interrupts /* 下面对应的是外部中断。*/
077           DCD   WAKEUP_IRQHandler      ; 16 + 0: Wakeup PIO0.0   /* 77~89 行为 15 个能够唤醒微
                                            控制器的引脚中断服务程序,都对应 WAKEUP _
```

```
                                      IRQHandler */
078    DCD  WAKEUP_IRQHandler        ; 16 + 1: Wakeup PIO0.1
079    DCD  WAKEUP_IRQHandler        ; 16 + 2: Wakeup PIO0.2
080    DCD  WAKEUP_IRQHandler        ; 16 + 3: Wakeup PIO0.3
081    DCD  WAKEUP_IRQHandler        ; 16 + 4: Wakeup PIO0.4
082    DCD  WAKEUP_IRQHandler        ; 16 + 5: Wakeup PIO0.5
083    DCD  WAKEUP_IRQHandler        ; 16 + 6: Wakeup PIO0.6
084    DCD  WAKEUP_IRQHandler        ; 16 + 7: Wakeup PIO0.7
085    DCD  WAKEUP_IRQHandler        ; 16 + 8: Wakeup PIO0.8
086    DCD  WAKEUP_IRQHandler        ; 16 + 9: Wakeup PIO0.9
087    DCD  WAKEUP_IRQHandler        ; 16 +10: Wakeup PIO0.10
088    DCD  WAKEUP_IRQHandler        ; 16 +11: Wakeup PIO0.11
089    DCD  WAKEUP_IRQHandler        ; 16 +12: Wakeup PIO1.0
```

/*下面不用我说了,大家看字面意思就知道了,以下分别是CAN中断、SSP1中断等对应的服务程序入口。*/

```
090    DCD  CAN_IRQHandler           ; 16 +13: CAN
091    DCD  SSP1_IRQHandler          ; 16 +14: SSP1
092    DCD  I2C_IRQHandler           ; 16 +15: I2C
093    DCD  TIMER16_0_IRQHandler     ; 16 +16: 16 - bit Counter - Timer 0
094    DCD  TIMER16_1_IRQHandler     ; 16 +17: 16 - bit Counter - Timer 1
095    DCD  TIMER32_0_IRQHandler     ; 16 +18: 32 - bit Counter - Timer 0
096    DCD  TIMER32_1_IRQHandler     ; 16 +19: 32 - bit Counter - Timer 1
097    DCD  SSP0_IRQHandler          ; 16 +20: SSP0
098    DCD  UART_IRQHandler          ; 16 +21: UART
099    DCD  USB_IRQHandler           ; 16 +22: USB IRQ
100    DCD  USB_FIQHandler           ; 16 +24: USB FIQ
101    DCD  ADC_IRQHandler           ; 16 +24: A/D Converter
102    DCD  WDT_IRQHandler           ; 16 +25: Watchdog Timer
103    DCD  BOD_IRQHandler           ; 16 +26: Brown Out Detect
104    DCD  FMC_IRQHandler           ; 16 +27: IP2111 Flash Memory Controller
105    DCD  PIOINT3_IRQHandler       ; 16 +28: PIO INT3
106    DCD  PIOINT2_IRQHandler       ; 16 +29: PIO INT2
107    DCD  PIOINT1_IRQHandler       ; 16 +30: PIO INT1
108    DCD  PIOINT0_IRQHandler       ; 16 +31: PIO INT0
```

/*下面111~114四行中,LNOT为取逻辑非指令,":LNOT::DEF:NO_CRP"的意思是,如果没有定义NO_CRP那么DEF:NO_CRP=1,否则为0,然后在此基础上再取逻辑非,由于没有定义过NO_CRP,所以":LNOT::DEF:NO_CRP"=":LNOT:0"=1,前面加上IF,就表示该条件成立,所以定义了下面一个段,段名为|.ARM.__at_0x02FC|,由于段名不是由字母开头的,因此要加上绝对值符号。这里ARM.__at_0x02FC说明此处为ARM语句,相应设置的段在0x02FC位置处。因此CRP_Key这一变量是放在存储空间地址为0x02FC处的地方,代表的是加密的等级,0xFFFFFFFF为不加密。*/

/*另外还要说明的一个地方就是:在Keil中单击如图6.6所示的Target Options按钮,进入图6.7所示的

配置环境，我们可以看到只读的存储空间起始地址为0，可读可写的存储空间起始地址为0x10000000，因此文件中所定义数据段RESET、代码段|.ARM.__at_0x02FC|和|.text|都在片上Flash区域中，而堆、栈则RAM中。因此CRP_Key这一变量是放在ROM空间地址为0x02FC处的地方。*/

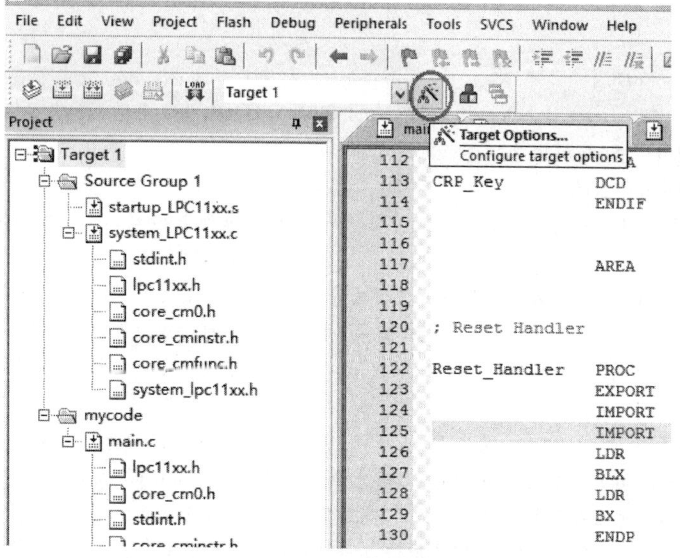

图6.6　单击Target Options按键

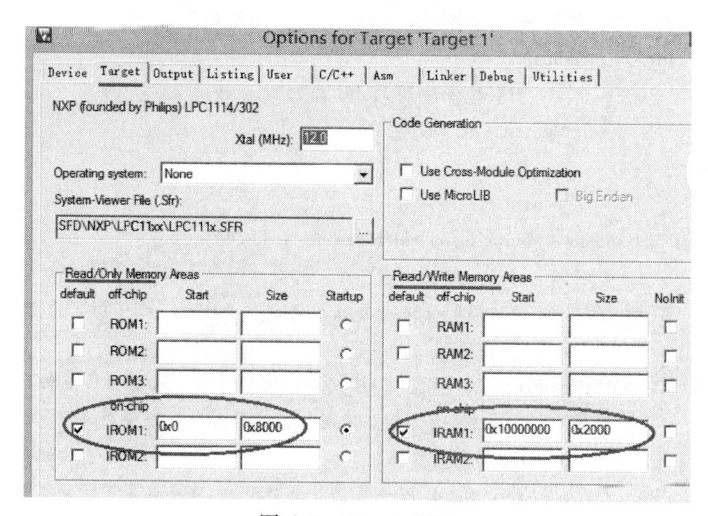

图6.7　Target配置

```
111        IF      :LNOT::DEF:NO_CRP
112        AREA    |.ARM.__at_0x02FC|, CODE, READONLY
113 CRP_Key    DCD   0xFFFFFFFF
114        ENDIF
```

/*声明一个只读的代码段|.text|，是代码开始的地方，控制器复位后进入Reset_Handler服务程序处运行，第一条指令就在126行。123行的EXPORT表明后面的标号是可以被文件外的其他程序调用的，而124行的IMPORT则表明后面标号所代表的函数是调用其他文件的。123行处的“[WEAK]”是一个比较低调的声明，就是告诉编译器，我这里声明的标号的优先权低于其他同名的标号，也就是说如果在工程中

还有别的函数和我同名，那么你就调用和我同名的其他函数，如果没有同名的，那你就调用我。[WEAK]的这种声明在后面还会见到。*/

```
117          AREA  |.text|, CODE, READONLY

120  ; Reset Handler
122  Reset_Handler   PROC
123          EXPORT  Reset_Handler  [WEAK]  /* EXPORT,IMPORT是伪指令,用于向编译器声明。*/
124          IMPORT  SystemInit
125          IMPORT  __main
126           LDR   R0, = SystemInit  /* "="号的作用相当于取地址,将函数SystemInit(在system_
                                      LPC11xx.c文件中)的地址放入R0中。*/
127          BLX   R0          /* BLX指令使得程序跳转到R0指示的位置处,并且将PC的内容保存到寄
                               存器R14中,以便在目标程序中执行完成后再跳转回来。下面就该进入Sys-
                               temInit函数中运行了,返回后从128行处继续执行。*/
```

/*下面128行是将__main的地址装入R0寄存器。准备进入__main中运行。需要注意的__main并不是我们在用户程序main.c中给的main()函数，而是编译系统提供的C/C++标准库函数里的一个初始化子程序__main，该程序的主要工作包括两点：①完成映像文件的初始化工作。②调用_rt_entry库函数进入到用户程序。__main是一个库函数，在它调用的_rt_entry函数的第一条指令就是调用本程序221行的_usr_initial_stackheap函数，初始化代码的堆和栈，然后初始化C运行库，接下来调用用户的main()函数进入到用户的main()程序运行。好了，到这里你可能就知道209行以后的程序是什么时候运行的了吧！*/

```
128          LDR   R0, =__main
129          BX       R0        /* BX指令跳转到R0指定的目标地址,与BLX不同,BX跳转后不再返
                                回。*/
130          ENDP

133  ; Dummy Exception Handlers (infinite loops which can be modified)
134
135  NMI_Handler   PROC          /*135~138是中断服务程序NMI_Handler的代码。该程序可被其他文
                                  件代码引用。*/
136          EXPORT  NMI_Handler        [WEAK]/*[WEAK]的作用前面已经说过了,如果有同名的
                                                函数则执行其他同名函数*/
137          B                /*"B  ."代表程序跳转到此处,也就是不停地在本行跳转,死循环了。也就
                              是说NMI的中断服务程序什么都没做,就在这里不停地循环,死在这了。后面
                              代码请参考此处。*/
138          ENDP

139  HardFault_Handler\
140          PROC
141          EXPORT  HardFault_Handler      [WEAK]
142          B
143          ENDP
144  SVC_Handler  PROC
145          EXPORT  SVC_Handler           [WEAK]
146          B
```

```
147             ENDP
148  PendSV_Handler   PROC
149             EXPORT   PendSV_Handler          [WEAK]
150             B       .
151             ENDP
152  SysTick_Handler PROC
153             EXPORT   SysTick_Handler         [WEAK]
154             B       .
155             ENDP
```

/* 下面159~178行声明了很多中断服务程序的名称,180~199行将这些名字写在一起的意思是:一旦对应的中断发生,中断服务程序都在此处,执行同样的程序代码,这个代码就是201行的"B .",一条循环跳转指令。因此所有中断异常的服务程序都是空的。那为什么这么做呢?因为它要把这些工作留给用户来自己定义。*/

```
157  Default_Handler PROC
158
159             EXPORT   WAKEUP_IRQHandler          [WEAK]
160             EXPORT   CAN_IRQHandler             [WEAK]
161             EXPORT   SSP1_IRQHandler            [WEAK]
162             EXPORT   I2C_IRQHandler             [WEAK]
163             EXPORT   TIMER16_0_IRQHandler       [WEAK]
164             EXPORT   TIMER16_1_IRQHandler       [WEAK]
165             EXPORT   TIMER32_0_IRQHandler       [WEAK]
166             EXPORT   TIMER32_1_IRQHandler       [WEAK]
167             EXPORT   SSP0_IRQHandler            [WEAK]
168             EXPORT   UART_IRQHandler            [WEAK]
169             EXPORT   USB_IRQHandler             [WEAK]
170             EXPORT   USB_FIQHandler             [WEAK]
171             EXPORT   ADC_IRQHandler             [WEAK]
172             EXPORT   WDT_IRQHandler             [WEAK]
173             EXPORT   BOD_IRQHandler             [WEAK]
174             EXPORT   FMC_IRQHandler             [WEAK]
175             EXPORT   PIOINT3_IRQHandler         [WEAK]
176             EXPORT   PIOINT2_IRQHandler         [WEAK]
177             EXPORT   PIOINT1_IRQHandler         [WEAK]
178             EXPORT   PIOINT0_IRQHandler         [WEAK]
179
180  WAKEUP_IRQHandler
181  CAN_IRQHandler
182  SSP1_IRQHandler
183  I2C_IRQHandler
184  TIMER16_0_IRQHandler
185  TIMER16_1_IRQHandler
186  TIMER32_0_IRQHandler
187  TIMER32_1_IRQHandler
```

```
188 SSP0_IRQHandler
189 UART_IRQHandler
190 USB_IRQHandler
191 USB_FIQHandler
192 ADC_IRQHandler
193 WDT_IRQHandler
194 BOD_IRQHandler
195 FMC_IRQHandler
196 PIOINT3_IRQHandler
197 PIOINT2_IRQHandler
198 PIOINT1_IRQHandler
199 PIOINT0_IRQHandler
200
201         B
203         ENDP

206         ALIGN/* 添加补丁字节,满足对齐要求 */
209 ; User Initial Stack & Heap
210
211         IF      :DEF:__MICROLIB /* 检查是否定义了__MICROLIB,如果定义了则条件成立。用户可
                          以在图6.7中进行勾选。*/
212
213         EXPORT  __initial_sp
214         EXPORT  __heap_base
215         EXPORT  __heap_limit
216
217         ELSE/* 如果没有定义__MICROLIB,则使用默认的C库。*/
218
219         IMPORT  __use_two_region_memory /* 指定存储器为双段模式,一部分用于栈、一部分用于
                          堆。*/
220         EXPORT  __user_initial_stackheap
221 __user_initial_stackheap
```

/* 将R0~R3各寄存器装入地址信息,参考图6.8你就知道这些寄存器都指向什么位置了。由于C语言必须要用到栈,因此在栈没有建立起来之前,就无法运行main()用户程序。*/

```
223         LDR  R0, =  Heap_Mem
224         LDR  R1, =(Stack_Mem + Stack_Size)
225         LDR  R2, =(Heap_Mem +  Heap_Size)
226         LDR  R3, =Stack_Mem
227         BX    LR          /* 谁从哪里调用了我这段程序,我就返回到哪里。*/

229         ALIGN
231         ENDIF
234         END
```

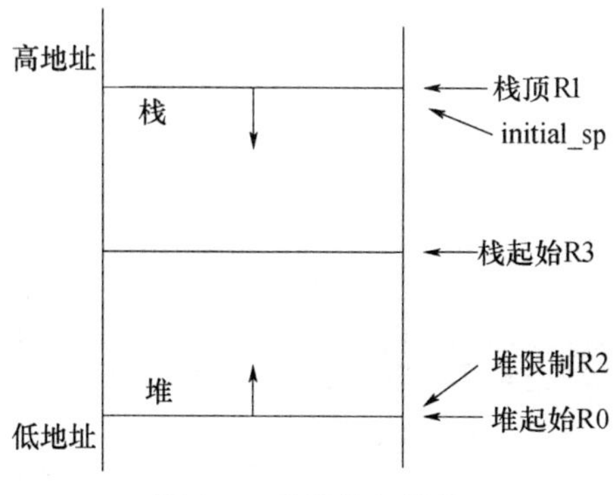

图 6.8 堆栈的初始化

6.3 启动过程分析

好了,看完 startup_lpc11xx. s 代码后,你是不是基本上知道了程序运行的流程了呢?那就是首先我们的代码要在编译器编译后生成可以执行的文件,然后装载到微控制器的 ROM 和 RAM 当中。上电复位后,首先将 Flash 当中地址 0 处的值取出来放入到 MSP 寄存器中,然后执行 Reset_Handler 复位中断服务程序,接下来会通过函数调用进入到 SystemInit 函数中运行。SystemInit 函数在文件 system_lpc11xx. c 当中,主要完成的工作就是微控制器时钟的初始化(在 stone1 工程中我们并没有设置时钟,实际上使用的是系统默认的配置。),时钟初始化完成后微控制就可以正常运转了,然后程序才会最后跳转到用户的 main( )函数中运行。在运行过程当中,一旦有中断发生,则微控制器就会根据中断号码,查找中断向量表,找到对应的中断服务程序。

(/ * 好了到这里我们启动代码就给大家介绍完了。我想大家一定还有一个问题想问,就是时钟初始化是怎么配置的呢? 那么就请你明天继续学习。 * /)

第7天

最重要的系统时钟设置

对于LPC1114来说,工程的建立关键是时钟的设置。其时钟的设置非常复杂,涉及大量的寄存器,而且每个外设都有相应的时钟分频寄存器和时钟控制寄存器。要设置相应的外设就必须正确地设置好这些寄存器。今天我们主要就是要学会如何设置系统的时钟。

7.1 时钟设置原理

系统的主频率是微控制器发挥性能的关键,主频率高,则控制器运行速度就快,相应地功耗也大;相反,主频率低,则运行速度慢,但功耗也低,因此在速度与功耗之间,用户可以进行平衡,这是产品设计的关键。所以非常有必要学会对系统时钟进行配置。

LPC111x系列微控制器一共有三个振荡器,它们分别是系统振荡器、IRC振荡器和看门狗振荡器,这三个振荡器是系统时钟的根源(图7.1左侧已列出,参考用户手册Fig8),一切频率源于此。系统振荡器和外部晶振一起配合产生的时钟有着精度高的优点,这也是所有LPC1114电路最常用的时钟,我们电路板上的外部晶振为10MHz。IRC振荡器是单片机内部的时钟源,固定为12MHz,精度1%,虽然没有系统振荡器的精度高,但是如果在电路板比较小的情况下,也可以用IRC振荡器作为时钟来源,这样电路板上就可以省下晶振的空间了。第三个看门狗振荡器由模拟和数字两部分组成,模拟部分产生时钟,数字部分把时钟分频为需要的时钟值,看门狗振荡器送出的时钟输出从300Hz到2.3MHz可调。这三个振荡器只是系统时钟的根源,并不是我们所说的处理器的主时钟频率,主时钟频率还需要再设置。

LPC1114刚上电的时候或者系统复位的时候,首先默认运行于IRC振荡器提供的时钟上,使用ISP下载程序时使用的时钟也是IRC提供的,为了使用系统振荡器提供的时钟,我们需要利用程序修改时钟源,这个工作就在system_lpc11xx.c文件的SystemInit函数中完成,后面我们会详细分析该函数的具体功能。下面我们将图7.1分解,分别介绍时钟配置的各个部分。(/*在介绍过程当中,我们会将用户手册中相关寄存器的配置表格也截图在各小节中,为了体现用户手册的权威,我们没有对寄存器相关表格进行翻译。*/)

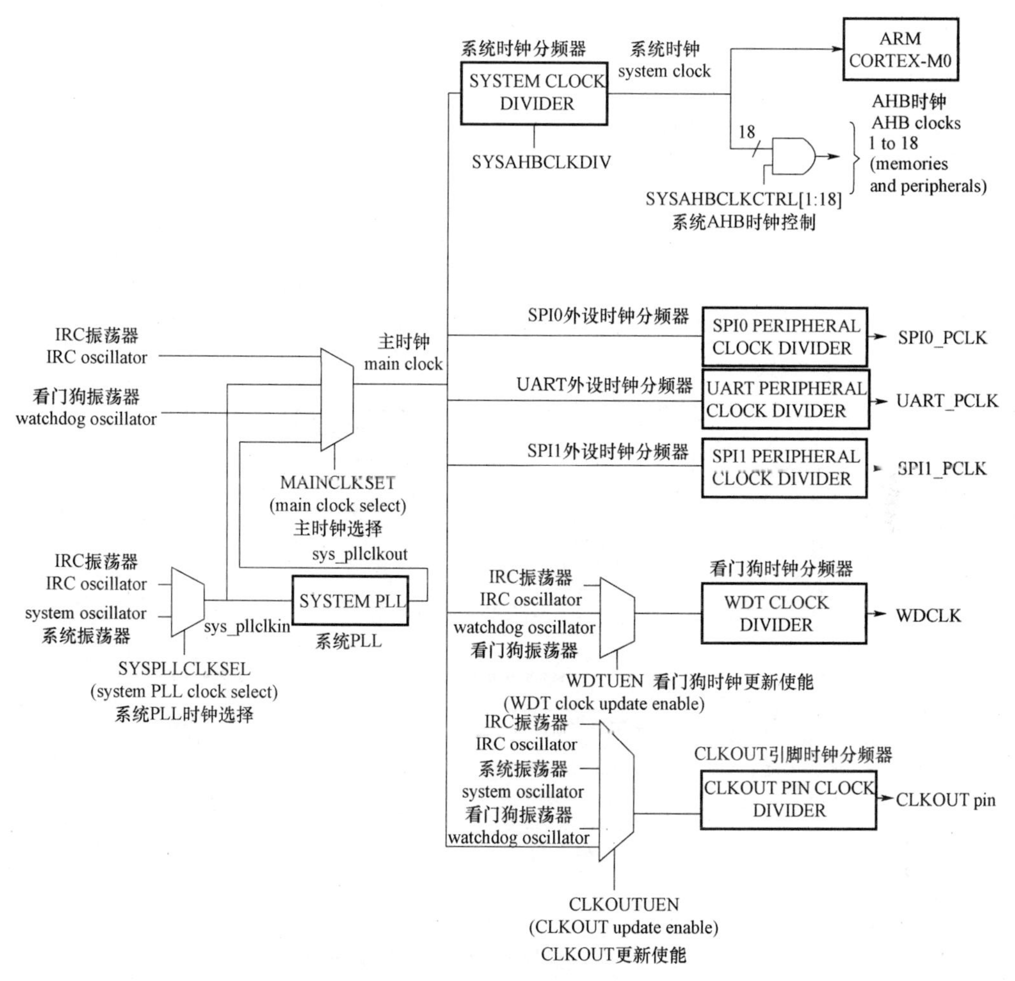

图 7.1 LPC111x 时钟产生单元框图

7.1.1 系统 PLL 及主时钟配置

从图 7.2 的左下角我们可以看到，sys_pllclkin 信号来自于 IRC 振荡器和系统振荡器，我们可以通过配置系统锁相环时钟选择寄存器 SYSPLLCLKSEL 来进行选择。参考图 7.3(用户手册 Table16)，我们可以看到当 SYSPLLCLKSEL 寄存器最低 2 位为 0x0 时，表明 sys_pllclkin 信号是来自于 IRC 振荡器，为 0x1 是来自系统振荡器，其他保留，该寄存器默认的复位值是 0x0。(/＊由于 LPC1114 是 32 位的微控制器，因此后面我们会发现所有的寄存器宽度都是 32 位的。＊/)

为什么我们振荡器的频率比较低，而微控制器却能够工作在 50MHz 的频率上呢？这主要是系统 PLL 的功劳，系统 PLL 被称作系统锁相环，能够起到倍频的作用，使得频率升高。图 7.2 中，系统 PLL 输入的频率信号是 sys_pllclkin，输出频率信号是 sys_pllclkout，用户可以通过配置系统 PLL 的相关参数来改变输出信号 sys_pllclkout 的频率。系统 PLL 结构图如图 7.4 所示，锁相环的时钟输入 sys_pllclkin 信号的频率范围只能是 10～25MHz。图中虚线部分是锁相环的模拟部分，模拟部分的输出信号是 FCCO。FCCO、P、M 三个值

共同决定了系统 PLL 输出信号 sys_pllclkout 的频率,具体频率的计算方法为

$$sys\_pllclkout = M * sys\_pllclkin = FCCO/(2 * P)$$

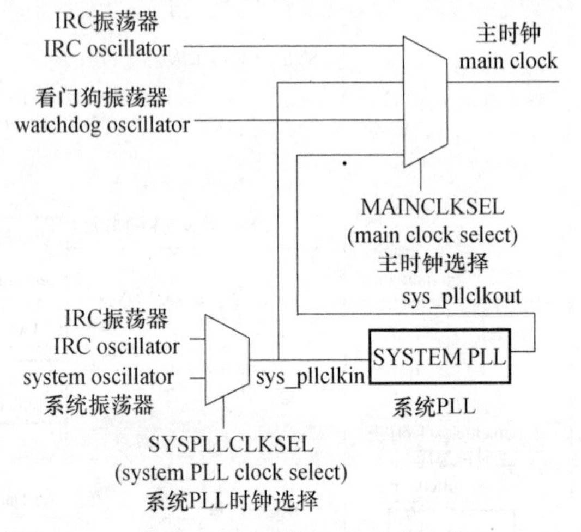

图 7.2　系统 PLL 和主时钟

Table 16.　System PLL clock source select register (SYSPLLCLKSEL, address 0x4004 8040) bit description

Bit	Symbol	Value	Description	Reset value
1:0	SEL		System PLL clock source	0x00
		0x0	IRC oscillator	
		0x1	System oscillator	
		0x2	Reserved	
		0x3	Reserved	
31:2	–	–	Reserved	0x00

图 7.3　SYSPLLCLKSEL 寄存器描述表

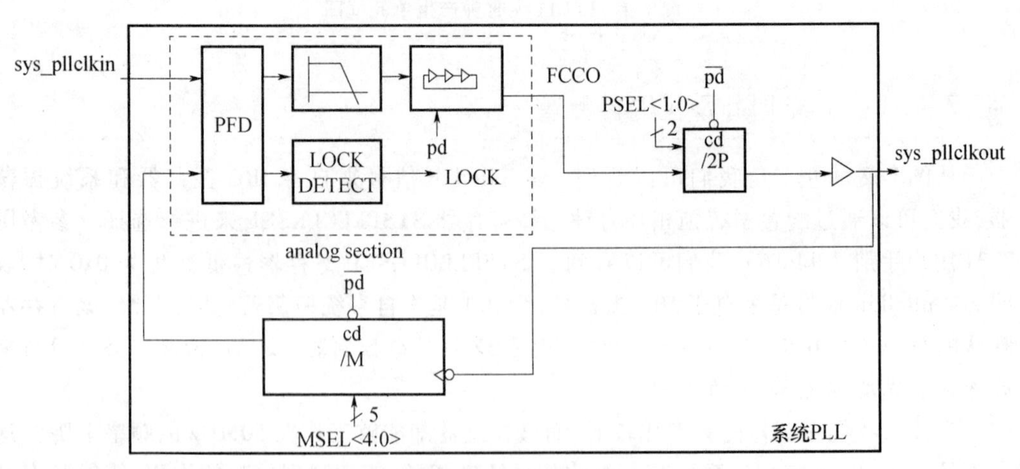

图 7.4　系统 PLL 结构图

在具体举例计算输出频率之前,我们先给出手册中的几个约定:

(1) sys_pllclkout 频率不能超过 100MHz;

(2) FCCO 的频率范围必须在 156～320MHz 之间;

(3) sys_pllclkin 频率范围只能是 10 ~ 25MHz。

有了这些约定之后,那么 M 和 P 的值如何定呢? 我们可以通过配置系统锁相环控制寄存器 SYSPLLCTRL(图 7.5,用户手册 Table10)来确定 M(MSEL + 1)和 P(PSEL)的值。从图 7.5 中我们可以看出 M = SYSPLLCTRL[4:0] + 1, $P = 2^{SYSPLLCTRL[6:5]}$。

Table 10. System PLL control register (SYSPLLCTRL, address 0x4004 8008) bit description

Bit	Symbol	Value	Description	Reset value
4:0	MSEL		Feedback divider value. The division value M is the programmed MSEL value + 1. 00000: Division ratio M = 1 to 11111: Division ratio M = 32.	0x000
6:5	PSEL		Post divider ratio P. The division ratio is 2 × P.	0x00
		0x0	P = 1	
		0x1	P = 2	
		0x2	P = 4	
		0x3	P = 8	
31:7	–	–	Reserved. Do not write ones to reserved bits.	0x0

图 7.5 系统 PLL 控制寄存器

举个例子,假如 sys_pllclkin 为 12MHz,如果我们想设置 sys_pllclkout 为 48MHz,那么我们可以这样设置:设置 M = 4,设置 P = 2,此时 FCCO = 192MHz,在规定的范围内,因此这时的设置是符合要求的。(/* 用户手册 Table 47 还有更多例子,大家可以参考。*/)

下面我们来看主时钟(main clock)。图 7.2 中的 main clock 就是我们微控制器的主频信号,它的时钟来源信号分别是:IRC 振荡器时钟,看门狗振荡器,系统 PLL 的输入时钟 sys_pllclkin 和系统 PLL 的输出时钟 sys_pllclkout。那么到底选择哪个时钟源作为主时钟呢,我们可以通过设置 MAINCLKSEL 寄存器来完成(图 7.6,用户手册 Table 18)。从图 7.6 中我们可知,当 MAINCLKSEL[1:0] = 0 时,主时钟(main clock)就等于 IRC 振荡器的频率;MAINCLKSEL[1:0] = 1 时,main clock 就等于 sys_pllclkin;MAINCLKSEL[1:0] = 2 时,main clock 就等于看门狗振荡器的时钟频率;MAINCLKSEL[1:0] = 3 时,main clock 就等于 sys_pllclkout。因此这一步主时钟的选择设置还是相对比较简单的。

Table 18. Main clock source select register (MAINCLKSEL, address 0x4004 8070) bit description

Bit	Symbol	Value	Description	Reset value
1:0	SEL		Clock source for main clock	0x00
		0x0	IRC oscillator	
		0x1	Input clock to system PLL	
		0x2	WDT oscillator	
		0x3	System PLL clock out	
31:2	–	–	Reserved	0x00

图 7.6 MAINCLKSEL 寄存器

7.1.2 系统时钟配置

如图 7.7 所示,系统时钟(system clock)是主时钟经过分频后提供给 Cortex – M0 内核、AHP 总线、APB 总线以及存储器的时钟，用户在对系统 AHB 时钟分频器寄存器 SYSAHBCLKDIV（图 7.8，用户手册 Table20）设置完成后，即可获得主时钟分频后的系统时钟。SYSAHBCLKDIV 寄存器的低 8 位代表分频值，即 system clock = main clock/SYSAHBCLKDIV[7:0]。在系统复位后 SYSAHBCLKDIV[7:0]默认为 0x01，也即系统时钟就是主时钟，不进行分频操作；如果 SYSAHBCLKDIV[7:0] = 0，那则表示禁止系统时钟。刚通过锁相环把主频升上来，为什么还让频率降下去呢，什么时候需要分频呢？有些时候我们的外设是无法支持很高的时钟的，因此我们就必须把系统时钟降下来，这就只能通过分频来完成，再比如有的时候我们出于性能及能耗的考虑，需要灵活设定内核时钟，这时就可以通过分频器来控制。

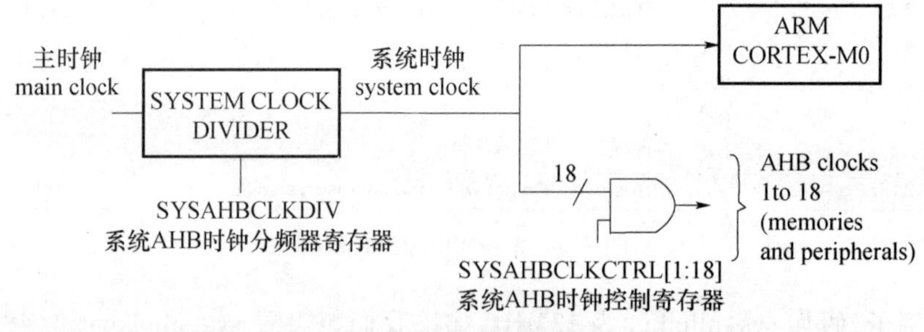

图 7.7 系统时钟配置图

Table 20. System AHB clock divider register (SYSAHBCLKDIV, address 0x4004 8078) bit description

Bit	Symbol	Description	Reset value
7:0	DIV	System AHB clock divider values 0: System clock disabled. 1: Divide by 1. to 255: Divide by 255.	0x01
31:8	–	Reserved	0x00

图 7.8 系统 AHB 时钟分频器寄存器

在系统运行过程中，为了节约能量，我们有时并不需要所有的外设都工作，这时就可以通过系统 AHB 时钟控制寄存器 SYSAHBCLKCTRL 来开启和关闭这些外部设备的时钟，以此来控制设备是否工作。SYSAHBCLKCTRL 寄存器的功能描述如表 7.1 所列。从表中我们可以看出，SYSAHBCLKCTRL[18:0]分别控制着不同的外设单元，其中位 0 必须为 1，其他位可以自行设置，复位值为 1 的位代表该设备在复位后默认工作，为 0 则不工作。因此在让某些外设工作时，我们首先要将 SYSAHBCLKCTRL 寄存器中其对应的位置 1。

表 7.1 SYSAHBCLKCTRL 寄存器

比特位	符号	功能描述	复位值
0	SYS	使能 AHB 至 APB 桥、AHB 矩阵、Cortex - M0 内核、电源管理单元、SysCON的时钟，该比特只能设置为 1，因为微控制器的这些单元必须工作	1
1	ROM	ROM 时钟使能，1 使能，0 禁能	1
2	RAM	RAM 时钟使能，1 使能，0 禁能	1

（续）

比特位	符号	功能描述	复位值
3	FLASHREG	FLASH 寄存器接口时钟使能,1 使能,0 禁能	1
4	FLASHARRAY	FLASH 阵列访问时钟使能,1 使能,0 禁能	1
5	I^2C	I^2C 时钟使能,1 使能,0 禁能	0
6	GPIO	GPIO 时钟使能,1 使能,0 禁能	1
7	CT16B0	16 位定时器 0 时钟使能,1 使能,0 禁能	0
8	CT16B1	16 位定时器 1 时钟使能,1 使能,0 禁能	0
9	CT32B0	32 位定时器 0 时钟使能,1 使能,0 禁能	0
10	CT32B1	32 位定时器 1 时钟使能,1 使能,0 禁能	0
11	SSP0	SPI0 时钟使能,1 使能,0 禁能	1
12	UART	UART 时钟使能,1 使能,0 禁能	0
13	ADC	ADC 时钟使能,1 使能,0 禁能	0
14	—	保留	0
15	WDT	看门狗时钟定时器时钟使能,1 使能,0 禁能	0
16	IOCON	IO 配置块时钟使能,1 使能,0 禁能	0
17	CAN	CAN 总线时钟使能,1 使能,0 禁能	0
18	SSP1	SSP1 时钟使能,1 使能,0 禁能	0
31 - 19	—	保留	0x00

7.1.3 其他重要设备时钟配置

从图 7.9 中我们可以看到,主时钟(main clock)还直接与 SPI0 时钟分频器、SPI1 时钟分频器以及 UART 时钟分频器相连。这些分频器中的寄存器都和 SYSAHBCLKDIV 寄存器类似,大家可以参考用户手册 Table22、Table23、Table24。当这些寄存器的低 8 位的值大于 0 时,代表针对主时钟的分频值;当低 8 位的值等于 0 时,表示对应的 SPI0\UART\SPI1 设备不工作。

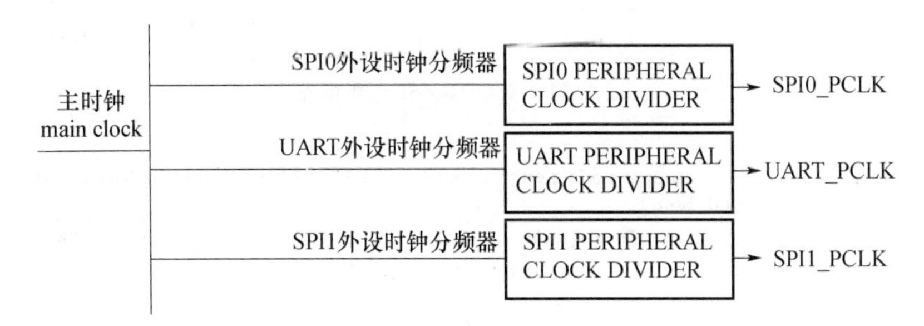

图 7.9 SPI0\SPI1\UART 时钟配置

另外,从图 7.10 中我们可以看出,看门狗时钟分频器有三个时钟输入,分别是 IRC 振荡器、看门狗振荡器以及 main clock。通过设置看门狗时钟源选择寄存器 WDTCLKSEL

(图 7.11,用户手册 Table25),我们可以选择看门狗定时器的时钟源;通过设置 WDTCLKUEN 寄存器(图 7.12,用户手册 Table26)可以更新看门狗定时器的时钟源。这里需要注意的是,一旦在 WDTCLKSEL 寄存器中选择了一个新的时钟源,那么就可以对看门狗定时器的时钟源进行更新,更新的过程必须是先向 WDTCLKUEN[0]写入 0,再写入 1 后才能更新完成。当然了,如果觉得看门狗时钟分频器的输入时钟过高,还可以通过设置 WDTCLKDIV 寄存器(图 7.13,用户手册 Table27)的分频值来降低频率,如果设置分频值为 0,则表明将关闭 WDCLK 时钟信号。

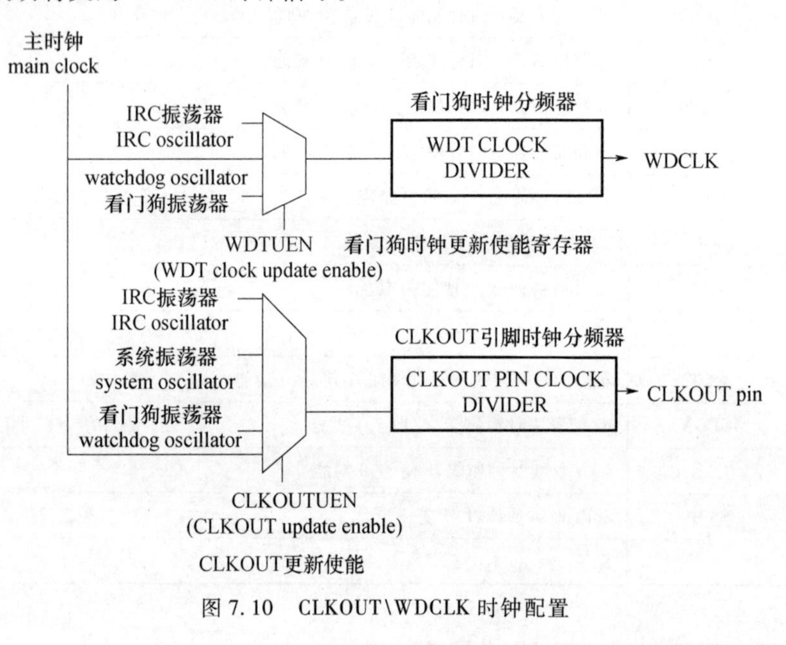

图 7.10　CLKOUT\WDCLK 时钟配置

Table 25. WDT clock source select register (WDTCLKSEL, address 0x4004 80D0) bit description

Bit	Symbol	Value	Description	Reset value
1:0	SEL		WDT clock source	0x00
		0x0	IRC oscillator	
		0x1	Main clock	
		0x2	Watchdog oscillator	
		0x3	Reserved	
31:2	–	–	Reserved	0x00

图 7.11　WDTCLKSEL 寄存器

Table 26. WDT clock source update enable register (WDTCLKUEN, address 0x4004 80D4) bit description

Bit	Symbol	Value	Description	Reset value
0	ENA		Enable WDT clock source update	0x0
		0	No change	
		1	Update clock source	
31:1	–	–	Reserved	0x00

图 7.12　WDTCLKUEN 寄存器

Table 27. WDT clock divider register (WDTCLKDIV, address 0x4004 80D8) bit description

Bit	Symbol	Description	Reset value
7:0	DIV	WDT clock divider values 0: Disable WDCLK. 1: Divide by 1. to 255: Divide by 255.	0x00
31:8	–	Reserved	0x00

图 7.13 WDTCLKDIV 寄存器

还有,LPC1114 芯片的第 4 个引脚为 PIO0_1/CLKOUT/CT32B0MAT2,该引脚是功能复用引脚,既可以作为 PIO0_1,可以作为芯片的 CLIOUT 引脚,还可以作为 32 位定时器的输出引脚 CT32B0MAT2。通过这个引脚我们可以给别的芯片提供时钟信号,也可以连接示波器观测该引脚分析程序的正误。从图 7.10 的图中,我们可以看见 CLKOUT 引脚时钟分频器有 4 个输入的时钟源,分别是 IRC 振荡器、系统振荡器、看门狗和主时钟(main clock)。同样我们可以通过设置 CLKOUTCLKSEL 寄存器(图 7.14,用户手册 Table28)来选择 CLKOUT 引脚时钟分频器的时钟源,还可以通过设置 CLKOUTUEN 寄存器(图 7.15,用户手册 Table29)来更新时钟源,更新的过程也是必须先向 CLKOUTUEN[0]写入 0,再写入 1 后才能完成更新。如果觉得 CLKOUT 引脚时钟分频器的输入时钟过高,可以通过设置 CLKOUTCLKDIV 寄存器(图 7.16,用户手册 Table30)的分频值来降低频率,如果设置分频值为 0,则表明将关闭 CLKUT 时钟信号。

Table 28. CLKOUT clock source select register (CLKOUTCLKSEL, address 0x4004 80E0) bit description

Bit	Symbol	Value	Description	Reset value
1:0	SEL		CLKOUT clock source	0x00
		0x0	IRC oscillator	
		0x1	System oscillator	
		0x2	Watchdog oscillator	
		0x3	Main clock	
31:2	–	–	Reserved	0x00

图 7.14 CLKOUTCLKSEL 寄存器

Table 29. CLKOUT clock source update enable register (CLKOUTUEN, address 0x4004 80E4) bit description

Bit	Symbol	Value	Description	Reset value
0	ENA		Enable CLKOUT clock source update	0x0
		0	No change	
		1	Update clock source	
31:1	–	–	Reserved	0x00

图 7.15 CLKOUTUEN 寄存器

好了,到此为止我们就将时钟产生单元的原理弄清楚了,下一步我们将深入分析系统初始化函数 system_init,从而加深对时钟的理解。

Table 30. CLKOUT clock divider registers (CLKOUTCLKDIV, address 0x4004 80E8) bit description

Bit	Symbol	Description	Reset value
7:0	DIV	Clock output divider values 0: Disable CLKOUT. 1: Divide by 1. to 255: Divide by 255.	0x00
31:8	–	Reserved	0x00

图 7.16 CLKOUTCLKDIV 寄存器

7.2 system_lpc11xx.c 程序详解

请大家再次打开 stone1 工程。昨天我们给大家详细分析了程序的启动过程,已经了解了启动的流程,但是还有一个地方一直没有详细分析就是 system_lpc11xx.c 文件中的 SystemInit 函数,由于 SystemInit 函数主要的任务就是配置微控制器的时钟,因此今天这里我们将详细介绍 system_lpc11xx.c 程序,并对 SystemInit 函数进行深入分析,具体请阅读程序段 7.1 中的中文注释。首先提醒一下大家,我们开发板外部的晶振是 10MHz,别忘了。

程序段 7.1 system_lpc11xx.c 文件代码

```
001 /*************************************************************************
002  * @file     system_LPC11xx.c
003  * @brief    CMSIS Cortex - M0 Device Peripheral Access Layer Source File
004  *           for the NXP LPC11xx/LPC11Cxx Devices
005  * @version  V1.10
006  * @date     24. November 2010
023  ************************************************************************/
    /* 下面是程序需要包含的头文件。*/
026 #include <stdint.h>
027 #include "LPC11xx.h"
```

/* 下面 29~106 行的英文部分实际上就是时钟设置的说明,因此 CMSIS 提供的库文件还是很有良心的。在 Keil MDK 环境下如果某个变量或符号不认识,大家可以鼠标单击右键,通过"go to definition 'xx'"选项来查看其定义或来源,这个操作在分析代码中非常有用,请大家记下。*/

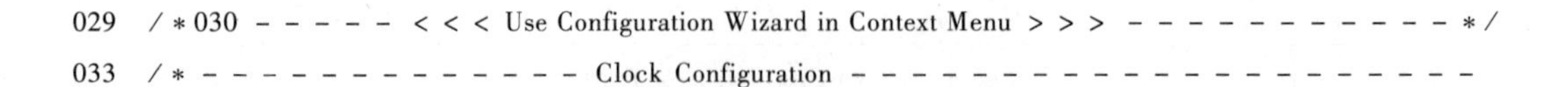

```
029 /*030 ----- <<< Use Configuration Wizard in Context Menu >>> ------------*/
033 /*-------------- Clock Configuration ---------------------
```

/* 参考用户手册 Table12(如图 7.17 所示),系统振荡器控制寄存器 SYSOSCCTRL 只有低 2 位起作用。最低位为 BYPASS,该位为 1 表明 LPC1114 外部时钟不是由晶体振荡器提供,而是由其他设备直接通过 XTALIN 引脚送入;倒数第二位是 FREQRANGE,该位为 1 说明在低功耗模式下微控制器的时钟频率范围是 15~25MHz,该位为 0 说明在低功耗模式下微控制器的频率范围是 1~20MHz。下面代码中的英文说

明。*/

Table 12. System oscillator control register (SYSOSCCTRL, address 0x4004 8020) bit description

Bit	Symbol	Value	Description	Reset value
0	BYPASS		Bypass system oscillator	0x0
		0	Oscillator is not bypassed.	
		1	Bypass enabled. PLL input (sys_osc_clk) is fed directly from the XTALIN pin bypassing the oscillator. Use this mode when using an external clock source instead of the crystal oscillator.	
1	FREQRANGE		Determines frequency range for Low-power oscillator.	0x0
		0	1 - 20 MHz frequency range.	
		1	15 - 25 MHz frequency range	
31:2	–	–	Reserved	0x00

图 7.17 SYSOSCCTRL 寄存器

```
035  // <e> Clock Configuration
036  //   <h> System Oscillator Control Register (SYSOSCCTRL)  /*系统振荡器控制寄存器 SYSOSCCTRL */
037  //   <o1.0>      BYPASS: System Oscillator Bypass Enable
038  //               <i> If enabled then PLL input (sys_osc_clk) is fed
039  //               <i> directly from XTALIN and XTALOUT pins.
040  //   <o1.9>      FREQRANGE: System Oscillator Frequency Range
041  //               <i> Determines frequency range for Low-power oscillator.
042  //               <0=> 1 - 20 MHz
043  //               <1=> 15 - 25 MHz
044  //   </h>
```

/*看门狗时钟振荡器是微控制器时钟的一个来源,该振荡器时钟不是很精准,但是由于频率较低,是能量开销最小的时钟来源,如果时间准确性要求不高,且有很高的能耗要求的话,可以使用该振荡器。在系统复位后,该振荡器的输出时钟 wdt_osc_clk 不确定,需要配置 WDTOSCCTRL 寄存器后才能确定。*/

/*看门狗振荡器控制寄存器 WDTOSCCTRL 具体说明请参考用户手册 Table13(我们这里不给出图)。WDTOSCCTRL[31:9]保留不用;WDTOSCCTRL[8:5]为 FREQSEL,参考下面代码 51~66 行可知,在该4位为不同的值的条件下,振荡器内部模拟输出时钟 Fclkana 的值分别为 0.6MHz~4.6MHz;WDTOSCCTRL[4:0]这5位为 DIVSEL,根据 DIVSEL 设置的不同值可以确定看门狗振荡器输出的时钟频率 wdt_osc_clk。wdt_osc_clk = Fclkana/(2 × (1 + DIVSEL))。与 v1.10 版 system_LPC11xx.c 代码不同的地方在于 51~66 行的说明是参考用户手册修改过的,同样 170~198 行,252~266 行也都是参考用户手册修改过的。*/

```
046  //   <h> Watchdog Oscillator Control Register (WDTOSCCTRL) /*看门狗振荡器控制寄存器 WDTOSCCTRL */
047  //   <o2.0..4>   DIVSEL: Select Divider for Fclkana
048  //               <i> wdt_osc_clk = Fclkana/ (2 × (1 + DIVSEL))
049  //               <0-31>
050  //   <o2.5..8>   FREQSEL: Select Watchdog Oscillator Analog Output Frequency (Fclkana)
051  //               <0=> Undefined
052  //               <1=>0.6 MHz
053  //               <2=>1.05 MHz
054  //               <3=>1.4 MHz
```

```
055 //            <4 = >1.75 MHz
056 //            <5 = >2.1 MHz
057 //            <6 = >2.4 MHz
058 //            <7 = >2.7 MHz
059 //            <8 = >3.0 MHz
060 //            <9 = >3.25 MHz
061 //            <10 = >3.5 MHz
062 //            <11 = >3.75MHz
063 //            <12 = >4.0 MHz
064 //            <13 = >4.2 MHz
065 //            <14 = >4.4MHz
066 //            <15 = >4.6MHz
067 //    </h>

069 //    <h> System PLL Control Register (SYSPLLCTRL)  /*系统锁相环控制寄存器SYSPLLCTRL,请参考图7.5。*/
070 //            <i> F_clkout = M * F_clkin = F_CCO / (2 * P)
071 //            <i> F_clkin must be in the range of  10 MHz to  25 MHz
072 //            <i> F_CCO   must be in the range of 156 MHz to 320 MHz
073 //    <o3.0..4>    MSEL: Feedback Divider Selection
074 //            <i> M  = MSEL + 1
075 //            <0-31>
076 //    <o3.5..6>    PSEL: Post Divider Selection
077 //            <0 = > P =1
078 //            <1 = > P =2
079 //            <2 = > P =4
080 //            <3 = > P =8
081 //    </h>

    /*系统锁相环时钟源选择寄存器SYSPLLCLKSEL,请参考图7.3。*/

083 //    <h> System PLL Clock Source Select Register (SYSPLLCLKSEL)
084 //    <o4.0..1>    SEL: System PLL Clock Source
085 //            <0 = > IRC Oscillator
086 //            <1 = > System Oscillator
087 //            <2 = > Reserved
088 //            <3 = > Reserved
089 //    </h>

    /*主时钟选择寄存器MAINCLKSEL,参考图7.6。*/

091 //    <h> Main Clock Source Select Register (MAINCLKSEL)
092 //    <o5.0..1>    SEL: Clock Source for Main Clock
093 //            <0 = > IRC Oscillator
094 //            <1 = > Input Clock to System PLL
```

```
095  //              <2 = > WDT Oscillator
096  //              <3 = > System PLL Clock Out
097  //    </h>
```

/* 系统 AHB 总线时钟分频寄存器 SYSAHBCLKDIV。请参考图 7.8。*/

```
099  //    <h> System AHB Clock Divider Register (SYSAHBCLKDIV)
100  //    <o6.0..7>   DIV: System AHB Clock Divider
101  //              <i> Divides main clock to provide system clock to core, memories, and peripherals.
102  //              <i> 0  = is disabled
103  //              <0 - 255>
104  //    </h>
```

/* 107 ~ 233 行程序有着很多的条件编译语句,也定义了很多宏常量,这些常量大部分是专门用来设置寄存器的。具体设置哪个寄存器,大家可以参考常量名称。在程序编译过程中,这些宏定义的操作或数据会取代程序中使用到的宏的名称。*/

```
107  #define CLOCK_SETUP              1
108  #define SYSOSCCTRL_Val           0x00000000        // Reset: 0x000
109  #define WDTOSCCTRL_Val           0x00000000        // Reset: 0x000
110  #define SYSPLLCTRL_Val           0x00000023        // Reset: 0x000
111  #define SYSPLLCLKSEL_Val         0x00000001        // Reset: 0x000
112  #define MAINCLKSEL_Val           0x00000003        // Reset: 0x000
113  #define SYSAHBCLKDIV_Val         0x00000001        // Reset: 0x001
114
115  /*/------ <<< end of configuration section >>> ---------------------*/
119  /*----------------------------------------------------------------
120  Check the register settings /* 122 ~ 123 是用来检测寄存器设置的两个宏定义,这两个宏类似于函数。*/
121   *---------------------------------------------------------------*/
122  #define CHECK_RANGE(val, min, max)       ((val < min) || (val > max))  /* 判断 val 是否在 min
                                                                           ~ max 之内。*/
123  #define CHECK_RSVD(val, mask)          (val & mask)      /* 将 val 与 mask 比特相与。*/
```

/* 下面 126 ~ 148 行是一些宏定义,是让编译器进行检查的。如果某些寄存器设置有问题,则编译器报错。例如第 130 行,由于 WDTOSCCTRL 寄存器的高 23 位必须设置为 0,因此 WDTOSCCTRL_Val[31:9]必须为 0,否则报错。*/

```
126  #if (CHECK_RSVD((SYSOSCCTRL_Val),   ~0x00000003))  /* "~"代表取反,如果 SYSOSCCTRL_
                                                        Val[31:2]不为 0,则报错。*/
127    #error "SYSOSCCTRL: Invalid values of reserved bits!"
128  #endif
129
130  #if (CHECK_RSVD((WDTOSCCTRL_Val),   ~0x000001FF))  /* 若 WDTOSCCTRL_Val[31:9]不为 0,
                                                        则报错。*/
131    #error "WDTOSCCTRL: Invalid values of reserved bits!"
```

```
132  #endif
133
134  #if (CHECK_RANGE((SYSPLLCLKSEL_Val), 0, 2))          /* 如果 SYSPLLCLKSEL_Val 不在 0、2 之间则报错。*/
135    #error "SYSPLLCLKSEL: Value out of range!"
136  #endif
137
138  #if (CHECK_RSVD((SYSPLLCTRL_Val),   ~0x000001FF))     /* 若 SYSPLLCTRL_Val[31:9]不为 0,则报错。*/
139    #error "SYSPLLCTRL: Invalid values of reserved bits!"
140  #endif
141
142  #if (CHECK_RSVD((MAINCLKSEL_Val),   ~0x00000003))     /* 若 MAINCLKSEL_Val [31:2]不为 0,则报错。*/
143    #error "MAINCLKSEL: Invalid values of reserved bits!"
144  #endif
145
146  #if (CHECK_RANGE((SYSAHBCLKDIV_Val), 0, 255))        /* 若 SYSAHBCLKDIV_Val 不在 0、255 之间则报错。*/
147    #error "SYSAHBCLKDIV: Value out of range!"
148  #endif

155  /*--------------------------------------------------------------------------
156  Define clocks
157  *--------------------------------------------------------------------------*/
158  #define __XTAL          (12000000UL)  /* Oscillator frequency */          /* 外部晶振频率 12MHz。*/
159   #define __SYS_OSC_CLK   (__XTAL)  /* Main oscillator frequency */        /* 主振荡器频率为 12MHz。*/
160  #define __IRC_OSC_CLK  (12000000UL)  /* Internal RC oscillator frequency */  /* IRC 振荡器频率 12MHz。*/

163  #define __FREQSEL  ((WDTOSCCTRL_Val >> 5) & 0x0F)  /* WDTSOCCTRL_Val 右移 5 位,并与 0x0F 相与,即 WDTOSCCTRL_Val[8:5]保留,其他位清零。__FREQSEL 实际为 0 */
164  #define __DIVSEL  (((WDTOSCCTRL_Val & 0x1F) << 1) + 2)  /* WDTSOCCTRL_Val[31:5]清 0 后左移 1 位,再加 2。__DIVSEL 实际为 2。*/

  /* 166~199 行是在设定看门狗振荡器设置过程中所需要的参数__WDT_OSC_CLK。*/

166  #if (CLOCK_SETUP)           /* CLOCK_SETUP = 1,条件成立。*/
167  #if  (__FREQSEL == 0)        /* __FREQSEL =0,条件成立。因此__WDT_OSC_CLK =0,含义是不使用看门狗振荡器。*/
```

```
168         #define __WDT_OSC_CLK      ( 0)             /* undefined */
169       #elif (__FREQSEL == 1)
170         #define __WDT_OSC_CLK      (600000 / __DIVSEL)
171       #elif (__FREQSEL == 2)
172         #define __WDT_OSC_CLK      (1050000 / __DIVSEL)
173       #elif (__FREQSEL == 3)
174         #define __WDT_OSC_CLK      (1400000 / __DIVSEL)
175       #elif (__FREQSEL == 4)
176         #define __WDT_OSC_CLK      (1750000 / __DIVSEL)
177       #elif (__FREQSEL == 5)
178         #define __WDT_OSC_CLK      (2100000 / __DIVSEL)
179       #elif (__FREQSEL == 6)
180         #define __WDT_OSC_CLK      (2400000 / __DIVSEL)
181       #elif (__FREQSEL == 7)
182         #define __WDT_OSC_CLK      (2700000 / __DIVSEL)
183       #elif (__FREQSEL == 8)
184         #define __WDT_OSC_CLK      (3000000 / __DIVSEL)
185       #elif (__FREQSEL == 9)
186         #define __WDT_OSC_CLK      (3250000 / __DIVSEL)
187       #elif (__FREQSEL ==10)
188         #define __WDT_OSC_CLK      (3500000 / __DIVSEL)
189       #elif (__FREQSEL ==11)
190         #define __WDT_OSC_CLK      (3750000 / __DIVSEL)
191       #elif (__FREQSEL ==12)
192         #define __WDT_OSC_CLK      (4000000 / __DIVSEL)
193       #elif (__FREQSEL ==13)
194         #define __WDT_OSC_CLK      (4200000 / __DIVSEL)
195       #elif (__FREQSEL ==14)
196         #define __WDT_OSC_CLK      (4400000 / __DIVSEL)
197       #else
198         #define __WDT_OSC_CLK      (4600000 / __DIVSEL)
199       #endif

   /*201~209是系统锁相环输入时钟源选择。*/

201       /* sys_pllclkin calculation */
202       #if ((SYSPLLCLKSEL_Val & 0x03) ==0)  /* SYSPLLCLKSEL_Val低2位为0,则__SYS_PLL-
                                                 CLKIN =__IRC_OSC_CLK,说明使用的是IRC振荡
                                                 器。*/
203         #define __SYS_PLLCLKIN       (__IRC_OSC_CLK)
204         #elif ((SYSPLLCLKSEL_Val & 0x03) ==1)  /* SYSPLLCLKSEL_Val低2位为1,则__SYS_PLL-
                                                 CLKIN =__SYS_OSC_CLK,说明使用的是系统振荡
                                                 器。*/
205         #define __SYS_PLLCLKIN       (__SYS_OSC_CLK)
206       #else
```

```
207       #define __SYS_PLLCLKIN          (0)          /* 不是上面两种情况,则__SYS_PLLCLKIN 设置为
                                                       0。*/
208     #endif
```

/*210行是计算锁相环输出时钟的,将__SYS_PLLCLKOUT设置为MSEL*__SYS_PLLCLKIN=3*__SYS_PLLCLKIN。*/

```
210     #define  __SYS_PLLCLKOUT     (__SYS_PLLCLKIN * ((SYSPLLCTRL_Val & 0x01F) + 1))
211
```

/*213~233是主时钟选择。*/

```
213     #if  ((MAINCLKSEL_Val & 0x03) = =0)  /*如果 MAINCLKSEL_Val =0,则主时钟__MAIN_CLOCK
                                              就是 IRC 振荡器__IRC_OSC_CLK 。*/
214     #define __MAIN_CLOCK          (__IRC_OSC_CLK)
215     #elif ((MAINCLKSEL_Val & 0x03) = =1)  /*如果 MAINCLKSEL_Val =1,则主时钟__MAIN_CLOCK
                                              就是系统振荡器__IRC_OSC_CLK 。*/
216       #define __MAIN_CLOCK          (__SYS_PLLCLKIN)
217     #elif ((MAINCLKSEL_Val & 0x03) = =2)   /*如果 MAINCLKSEL_Val =2,且__FREQSEL 为 0,则报
                                               错声明"看门狗定时器被选中但未定义 FREQSEL"。若_
                                               _FREQSEL 不为 0,则主时钟为看门狗振荡器。*/
218       #if (__FREQSEL = =   0)
219       #error "MAINCLKSEL: WDT Oscillator selected but FREQSEL is undefined!"
220       #else
221         #define __MAIN_CLOCK          (__WDT_OSC_CLK)
222       #endif
223     #elif ((MAINCLKSEL_Val & 0x03) = =3)    /*如果 MAINCLKSEL_Val =3,则主时钟__MAIN_
                                                CLOCK 就是锁相环输出时钟__SYS_PLLCLKOUT
                                                。*/
224       #define __MAIN_CLOCK          (__SYS_PLLCLKOUT)
225     #else
226       #define __MAIN_CLOCK          (0)   /*如果 MAINCLKSEL_Val 为其他值,则__MAIN_CLOCK 设为
                                             0。*/
227     #endif

229     #define __SYSTEM_CLOCK   (__MAIN_CLOCK / SYSAHBCLKDIV_Val)  /*系统时钟定义为主时钟除
                                                                  以分频系数 SYSAHBCLKDIV
                                                                  _Val。*/
230
231   #else
232     #define __SYSTEM_CLOCK   (__IRC_OSC_CLK) /*否则系统时钟定义为 IRC 振荡器时钟。*/
233   #endif  // CLOCK_SETUP

236   /*---------------------------------------------------------------
237   Clock Variable definitions
238   *---------------------------------------------------------------*/
```

```
239 uint32_t SystemCoreClock = __SYSTEM_CLOCK;  /* 定义变量SystemCoreClock,代表内核时钟,即为__
                                                   SYSTEM_CLOCK 。*/
```

/* 函数SystemCoreClockUpdate主要是更新内核的时钟频率,更新的过程主要是根据寄存器的值来进行时钟设置。这个函数一般是在系统运行之后,在某些需求情况下需要改变时钟时才使用,不是系统初始化必须的部分。*/

```
245 void SystemCoreClockUpdate (void)        /* Get Core Clock Frequency      */
246 {
247 uint32_t wdt_osc = 0;
```

/*250行的LPC_SYSCON是定义在LPC11xx.h中的结构体,其内部有WDTOSCCTRL这一成员,实际上LPC_SYSCON->WDTOSCCTRL就是指向WDTOSCCTRL寄存器的指针。250行意味着将寄存器的值右移5位后,再将WDTOSCCTRL高位清0,实际上就是将WDTOSCCTRL[8:5]移到低4位,其他位清0。假定WDTOSCCTRL[8:5]=0x8,则执行259行,设置变量wdt_osc =2200000,此时wdt_osc代表看门狗振荡器的模拟时钟频率,要想获得看门狗振荡器的输出频率还要再进行048行提示的操作。*/

```
249   /* Determine clock frequency according to clock register values   */
250   switch ((LPC_SYSCON->WDTOSCCTRL >> 5) & 0x0F) {
251     case 0:  wdt_osc =       0; break;
252     case 1:  wdt_osc = 600000; break;
253     case 2:  wdt_osc = 1050000; break;
254     case 3:  wdt_osc = 1400000; break;
255     case 4:  wdt_osc = 1750000; break;
256     case 5:  wdt_osc = 2100000; break;
257     case 6:  wdt_osc = 2400000; break;
258     case 7:  wdt_osc = 2700000; break;
259     case 8:  wdt_osc = 3000000; break;
260     case 9:  wdt_osc = 3250000; break;
261     case 10: wdt_osc = 3500000; break;
262     case 11: wdt_osc = 3750000; break;
263     case 12: wdt_osc = 4000000; break;
264     case 13: wdt_osc = 4200000; break;
265     case 14: wdt_osc = 4400000; break;
266     case 15: wdt_osc = 4600000; break;
267   }
268   wdt_osc /= (((LPC_SYSCON->WDTOSCCTRL & 0x1F) << 1) + 2);  /* 此处"<<1"相当于
                                                                 乘以2,此处就是48行的
                                                                 公式。*/
```

/*270行的LPC_SYSCON->MAINCLKSEL就是指向MAINCLKSEL寄存器的指针。250行意味对MAINCLKSEL寄存器的低2位进行判断,根据具体的值选择主时钟的输入源*/

```
270   switch (LPC_SYSCON->MAINCLKSEL & 0x03) {
271     case 0:                    /* 这种情况下主时钟源是IRC提供的。*/
```

```
272         SystemCoreClock  = __IRC_OSC_CLK;
273         break;
274       case 1:                 /* 这种情况下锁相环输入时钟作为主时钟源。*/
275     switch (LPC_SYSCON - > SYSPLLCLKSEL & 0x03) {
276       case 0:               /* 这种情况下锁相环输入时钟来源是 IRC 提供的。    */
277         SystemCoreClock  = __IRC_OSC_CLK;
278         break;
279       case 1:               /* 这种情况下锁相环输入时钟来源是系统振荡器提供的。*/
280         SystemCoreClock  = __SYS_OSC_CLK;
281         break;
282       case 2:               /*  Reserved */
283       case 3:               /*  Reserved */
284         SystemCoreClock  = 0;
285         break;
286     }
287       break;
288     case 2:                 /* 这种情况下主时钟源是 WDT 振荡器提供的,具体频率就是 wdt_osc。*/
289       SystemCoreClock  = wdt_osc;
290       break;
291     case 3:                 /* 这种情况下主时钟源是锁相环输出时钟提供的。*/
292       switch (LPC_SYSCON - > SYSPLLCLKSEL & 0x03) {
293         case 0:/* 这种情况下锁相环输入时钟来源是 IRC 提供的。*/
294           if (LPC_SYSCON - > SYSPLLCTRL & 0x180) {    /* SYSPLLCTRL 参考图 7.5,低 5 位为
                                                            MSEL,第 5、6 位为 PSEL。如果 SYS-
                                                            PLLCTRL 第 7、8 位不为 0,则 System-
                                                            CoreClock = __IRC_OSC_CLK。*/
295             SystemCoreClock  = __IRC_OSC_CLK;
296           } else { /* 否则 SystemCoreClock = __IRC_OSC_CLK * (MSEL + 1)。*/
297             SystemCoreClock  = __IRC_OSC_CLK * ((LPC_SYSCON - > SYSPLLCTRL & 0x01F) + 1);
298           }
299           break;
300         case 1:  /* 这种情况下锁相环输入时钟来源是系统振荡器。*/
301           if (LPC_SYSCON - > SYSPLLCTRL & 0x180) {
302           SystemCoreClock  = __SYS_OSC_CLK;
303           } else {
304             SystemCoreClock  = __SYS_OSC_CLK * ((LPC_SYSCON - > SYSPLLCTRL & 0x01F) + 1);
305           }
306           break;
307         case 2:               /*  Reserved */
308         case 3:               /*  Reserved */
309           SystemCoreClock  = 0;
310           break;
311       }
312       break;
313   }
```

```
314
315    SystemCoreClock / = LPC_SYSCON - > SYSAHBCLKDIV;   /* 系统时钟是主时钟除以 SYSAHBCLKDIV
                                                         的分频值。*/
316
317  }
```

/*328 行开始就是著名的 SystemInit 函数。*/

```
328  void SystemInit (void) {
329    volatile uint32_t i; /* 定义一个不会被编译器优化的变量 i,用于计数。*/
330
331  #if (CLOCK_SETUP)              /* 条件编译语句,这是一个总体的条件编译语句,与 363 行相对应。由
                                   于 CLOCK_SETUP = 1,所有条件成立。如果用户想让微控制器运行在默
                                   认的 IRC12MHz 主频下,置 CLOCK_SETUP 为 0 即可。*/
```

/*第 333 行也是一个条件编译语句,表明如果锁相环输入时钟来源是系统振荡器,那么首先配置掉电配置寄存器 PDRUNCFG,该寄存器主要是控制微控制器内部各模块是否上电,可以用来调节功耗,如表 7.2 所列(参考用户手册 Table44)。从 PDRUNCFG 寄存器复位值来看,在默认的情况下系统使用的是 IRC 振荡器。*/

表 7.2 PDRUNCFG 寄存器

比特位	符号	功能描述	复位值
0	IRCOUT_PD	1:IRC 振荡器输出掉电;0:上电	0
1	IRC_PD	1:IRC 振荡器掉电;0:上电	0
2	FLASH_PD	1:Flash 掉电;0:上电	0
3	BOD_PD	1:掉电检测单元掉电; 0:掉电检测单元上电	0
4	ADC_PD	1:ADC 掉电;0:上电	1
5	SYSOSC_PD	1:系统振荡器掉电;0:上电	1
6	WDTOSC_PD	1:看门狗振荡器掉电;0:上电	1
7	SYSPLL_PD	1:系统锁相环掉电;0:上电	1
8	—	保留,一般为 1	1
9	—	保留,一般为 0	0
10	—	保留,一般为 1	1
11	—	保留,一般为 1	1
12	—	保留,一般为 0	0
15:13	—	保留,一般为 111b	111
31:16	—	保留	—

```
333  #if ((SYSPLLCLKSEL_Val & 0x03) = = 1)  /* 条件编译语句,如果使用系统振荡器,则 334 ~ 336 的代
                                          码被编译。*/
334    LPC_SYSCON - > PDRUNCFG  & = ~(1 < < 5);       /* 需要使用系统振荡器,因此 PDRUNCFG
```

```
                                                              对应位应该清0,上电。*/
335    LPC_SYSCON->SYSOSCCTRL    = SYSOSCCTRL_Val;   /*设置SYSOSCCTRL寄存器的值为0,参考
                                                              图7.17,表示振荡器没有被旁路,低功耗下
                                                              时钟频率为1~20MHz。*/
336    for (i =0; i < 200; i++) __NOP(); /*循环等待一段时间,等待系统振荡器上电完成。*/
337  #endif
```

/*第339行设置SYSPLLCLKSEL寄存器,更新锁相环时钟源。更新时钟源时,IRC和系统振荡器必须同时工作,等待所选择的振荡器稳定后,才能够关闭另外一个振荡器(关闭可以节能)。注意,在使用CAN模块时,如果CAN总线通信速率大于100Kb/s时,必须选择系统振荡器。
当SYSPLLCLKSEL寄存器中的值改变后,需要对更新寄存器CLKOUTUEN(参考图7.18,用户手册Table29)先写0再写1达到时钟更新的目的。340~342就是更新过程。343行实际上是等待过程,直到寄存器的值更新完成,程序才向下执行。*/

Table 29. CLKOUT clock source update enable register (CLKOUTUEN, address 0x4004 80E4) bit description

Bit	Symbol	Value	Description	Reset value
0	ENA		Enable CLKOUT clock source update	0x0
		0	No change	
		1	Update clock source	
31:1	–	–	Reserved	0x00

图7.18 CLKOUTUEN寄存器

```
339    LPC_SYSCON->SYSPLLCLKSEL    = SYSPLLCLKSEL_Val;   /*设置SYSPLLCLKSEL寄存器的值为
                                                              0x00000001,选择系统振荡器。*/
340    LPC_SYSCON->SYSPLLCLKUEN    = 0x01;           /* Update Clock Source       */
341    LPC_SYSCON->SYSPLLCLKUEN    = 0x00;           /* Toggle Update Register    */
342    LPC_SYSCON->SYSPLLCLKUEN    = 0x01;
343    while (!(LPC_SYSCON->SYSPLLCLKUEN & 0x01));   /* Wait Until Updated        */
```

/*第344~348行是一段条件编译程序,含义是如果让系统锁相环输出时钟信号作为主时钟的信号源,那么应该首先要配置好锁相环的参数M和P,也就是首先配置SYSPLLCTRL寄存器,然后让系统锁相环工作起来。*/

```
344  #if ((MAINCLKSEL_Val & 0x03) == 3)          /*本段代码中MAINCLKSEL_Val = 0x00000003,条件
                                                  成立。*/
345    LPC_SYSCON->SYSPLLCTRL = SYSPLLCTRL_Val;   /*本段代码中SYSPLLCTRL_Val = 0x00000023,
                                                  即M = MSEL+1 = 4,P = 2。也就是说当系统振
                                                  荡器为12MHz时,锁相环输出为48MHz*/
346    LPC_SYSCON->PDRUNCFG  &= ~(1 << 7);        /*参考334行注释,此处是让系统锁相环上
                                                  电工作。*/
347    while (!(LPC_SYSCON->SYSPLLSTAT & 0x01));  /* SYSPLLSTAT寄存器请参考用户手册Ta-
                                                  ble11,该寄存器最低位为1表示锁相环锁定
                                                  成功,也就是能够正确输出时钟信号。如果
                                                  为0,表示锁相环没有锁定成功,还不能输出
                                                  正确频率的信号。*/
```

```
348  #endif
```

/* 第350~354行是一段条件编译程序,含义是如果让看门狗振荡器信号作为主时钟的信号源,那么应该首先要配置好看门狗振荡器输出的频率,也就是配置DIVSEL和FREQSEL的值(参考044行下面的注释),然后让看门狗振荡器工作起来。*/

```
350  #if (((MAINCLKSEL_Val & 0x03) ==2))   /* 本代码中MAINCLKSEL_Val=0x03,因此条件编译不成立。350~354行不执行。*/
351    LPC_SYSCON->WDTOSCCTRL  = WDTOSCCTRL_Val;  /* 设置DIVSEL和FREQSEL的值,本代码中都为0。*/
352    LPC_SYSCON->PDRUNCFG  &= ~(1 << 6);  /* 参考334行注释,此处是让看门狗振荡器上电工作。*/
353    for (i =0; i < 200; i++) __NOP();     /* 等待一段时间,确保看门狗振荡器输出信号正常。*/
354  #endif
```

/* 当MAINCLKSEL寄存器中的值改变后,需要对更新寄存器MAINCLKUEN(参考图7.19,用户手册Table19)先写0再写1达到时钟更新的目的。356~360行就是更新过程。360行实际上是等待过程,直到寄存器MAINCLKUEN的值更新完成,程序才向下执行。*/

Table 19. Main clock source update enable register (MAINCLKUEN, address 0x4004 0074) bit description

Bit	Symbol	Value	Description	Reset value
0	ENA		Enable main clock source update	0x0
		0	No change	
		1	Update clock source	
31:1	–	–	Reserved	0x00

图7.19 主时钟更新使能寄存器

```
356    LPC_SYSCON->MAINCLKSEL  = MAINCLKSEL_Val;  /* 设定主时钟的输入为锁相环输出信号。*/
357    LPC_SYSCON->MAINCLKUEN   = 0x01;        /* Update MCLK Clock Source */
358    LPC_SYSCON->MAINCLKUEN   = 0x00;        /* Toggle Update Register  */
359    LPC_SYSCON->MAINCLKUEN   = 0x01;
360    while (! (LPC_SYSCON->MAINCLKUEN & 0x01));    /* Wait Until Updated    */
361
362    LPC_SYSCON->SYSAHBCLKDIV  = SYSAHBCLKDIV_Val;  /* 最后设定内核时钟,为主时钟除以系统AHB总线分频值,由于SYSAHBCLKDIV_Val=0x01,所以主时钟频率就是内核时钟频率。SYSAHBCLKDIV寄存器请参考图7.8*/
363  #endif
364
365  }
```

到此为止,文件system_lpc11x.c程序就给大家分析完了。请大家回顾一下昨天学习的启动过程:当系统复位后会执行Reset_Handler复位中断服务程序,接下来便会进入到SystemInit函数中运行;SystemInit函数代码其实很短,主要是选择锁相环输入时钟、设定锁相环输出时钟频率、选择主时钟来源、设定内核时钟频率。那么到底用什么信号作为主时钟的时钟源我们可以通过设置 MAINCLKSEL 寄存器来完成;选择什么作为系统锁相环的输入时钟可以通过设置 SYSPLLCLKSEL 寄存器来完成;锁相环输出时钟频率可以通过设置 M、P 参数来完成;内核时钟频率可以通过设置 SYSAHBCLKDIV 寄存器来完成。当用户有需求进行程序时钟的变换和修改时,请大家注意这里提到的这些寄存器,我们需要重新设定。因此最关键的就是 107 ~ 113 行参数初始值的设定,不同的初始值,系统的频率则不同。以上这段程序,大家只需要把 SystemInit 函数弄清楚即可。另外再说一下,由于我们电路板上的时钟为 10MHz,因此根据 SystemInit 函数的设置,电路板的工作主频为 40MHz,因为参数 M = 4。

7.3 基于 Keil MDK 的快速主频设置

前面两节的内容实在是有点长,可能有的同学看得头疼了,那么有没有快速设置频率的方法呢,直接应用不就行了吗? 方法确实有,Keil MDK 给我们提供了一种快速配置主频的方法,下面我们就一起来学一下。(/ * 不过还是希望同学们能够把前面两节时钟配置的原理掌握好,因为这样才可以以不变应万变,做到随心所欲。 * /)

在 stone1 工程中打开 system_lpc11xx. c 文件,我们会看到文件下方有如图 7.20 所示红色圆圈给出的一个配置向导"configuration wizard",单击该向导,可以看到图 7.21 所示界面。在 7.21 所示界面中有 6 个寄存器,分别是 SYSOSCCTRL、WDTOSCCTRL、SYSPLLCTRL、SYSPLLCLKSEL、MAINCLKSEL、SYSAHBCLKDIV,通过该配置向导实际上就可以配置这 6 个寄存器的初始值,也就是与 system_lpc11xx. c 文件中的第 108 ~ 113 行对应的值。当我们修改配置时,你会神奇地发现 system_lpc11xx. c 文件中的第 108 ~ 113 行对应的值也在发生变化,感兴趣的读者可以自己设定一下试试。

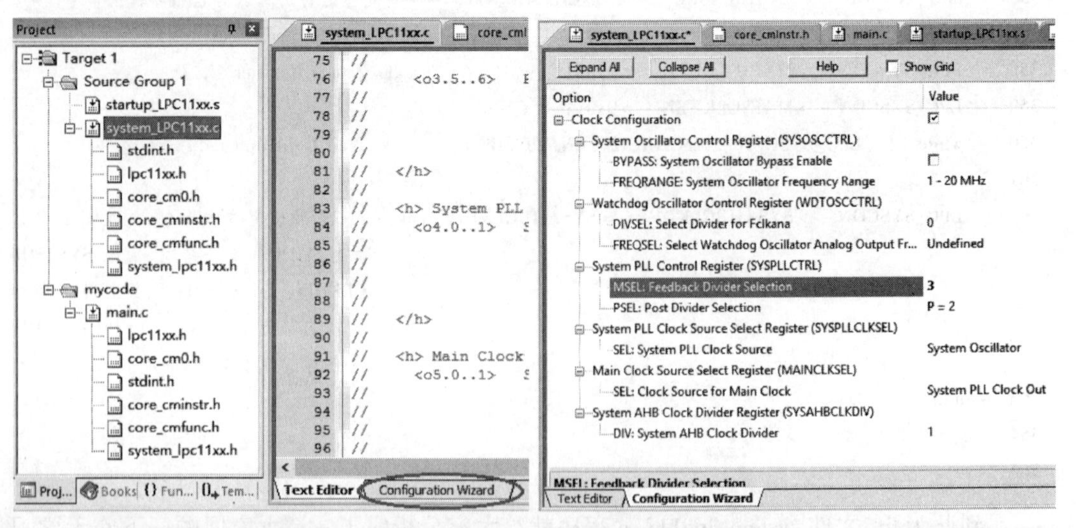

图 7.20 configuration wizard　　　图 7.21 configuration wizard 设置方法

图 7.21 给出的配置含义就是:①系统振荡器没有被旁路,在低功耗情况下时钟频率

为 1 ~ 20MHz；②看门狗时钟振荡器不用；③系统锁相环使用，并且输出时钟是输入时钟的 4 倍（M = MSEL + 1 = 4）；④系统锁相环的输入时钟源是系统振荡器 System Oscillator；⑤主时钟的来源是锁相环的输出；⑥微控制器内核时钟频率与主时钟相同，因为分配系数 DIV 为 1。

因此有了快速时钟配置方法，部分同学就可以直接通过配置来修改时钟，而不需要读懂代码了。大大提高了开发的速度。

7.4 实例：看门狗振荡器作为主时钟输入

这里我们举一个以看门狗振荡器作为主时钟输入的例子，希望大家从实例中学会如何配置整个系统的时钟。

程序设计目标：

（1）以看门狗时钟振荡器作为主时钟源；

（2）设置主时钟频率为 2.3MHz；

（3）将 LPC1114 的 P0.1 引脚设置为时钟输出方式，并且要求输出 9.2kHz 的方波。

程序设计思路：

（1）首先要在系统初始化过程中将系统主时钟的时钟源配置看门狗振荡器（主要配置 MAINCLKSEL 寄存器），并且按照频率要求进行主时钟频率设置（主要配置 WDTOSC-CTRL 寄存器）；

（2）将 P0.1 引脚设置成为 CLKOUT 时钟输出方式（主要配置 IOCON_PIO0_1 寄存器）；

（3）将 CLKOUT 引脚输出频率设置为 9.2kHz（需要配置 CLKOUTCLKSEL，CLKOUT-UEN，CLKOUTCLKDIV 寄存器）。

程序设计步骤一：工程建立

今天在这里我们再走一遍基于 Keil MDK 进行程序设计的流程，希望大家认真学习，后面遇到的实例我们将以代码讲解为主，程序设计步骤将不再介绍，毕竟基本的步骤都是一样的。具体步骤如下：

（1）首先在系统的某一目录下创建一个文件夹专门用来存放我们的工程，比如我们创建了一个专门存放代码的目录：E:\stone_project\WDT_MAINCLOCK，WDT_MAIN-CLOCK 文件夹专门存放本次程序的代码。

（2）在 WDT_MAINCLOCK 文件夹中创建 LPC11XX 文件夹，将 CMSIS 库文件复制到其中。这几个库文件请参考图 7.22。

（3）双击桌面 Keil 图标，然后参考图 4.9 和图 4.10 创建新的工程，并参考图 4.11 给工程取名为“WDT_MAINCLOCK”存放在 E:\stone_project\WDT_MAINCLOCK 下。

（4）参考图 4.12 和图 4.13 选择器件并加载启动代码，接下来我们在开发环境下就可以看到如下图 7.23 界面了。接下来为了清晰地管理工程文件，我们参考图 7.24 在“Project”窗格中添加两个文件夹，一个是“LPC11XX”，另一个是“USER”，分别存放 CM-SIS 的库文件和用户自己的程序。

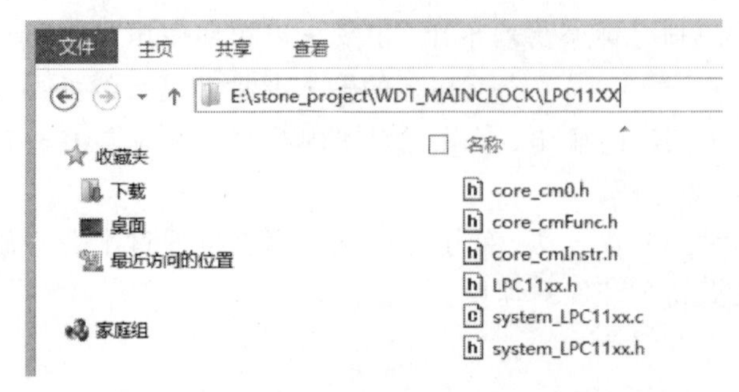

7.22　CMSIS 库文件复制到 WDT_MAINCLOCK 文件夹中

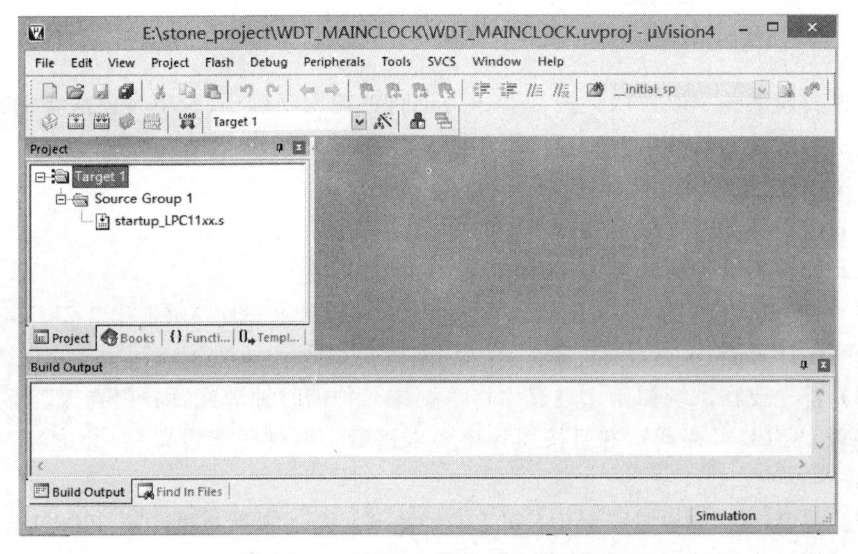

图 7.23　WDT_MAINCLOK 工程界面

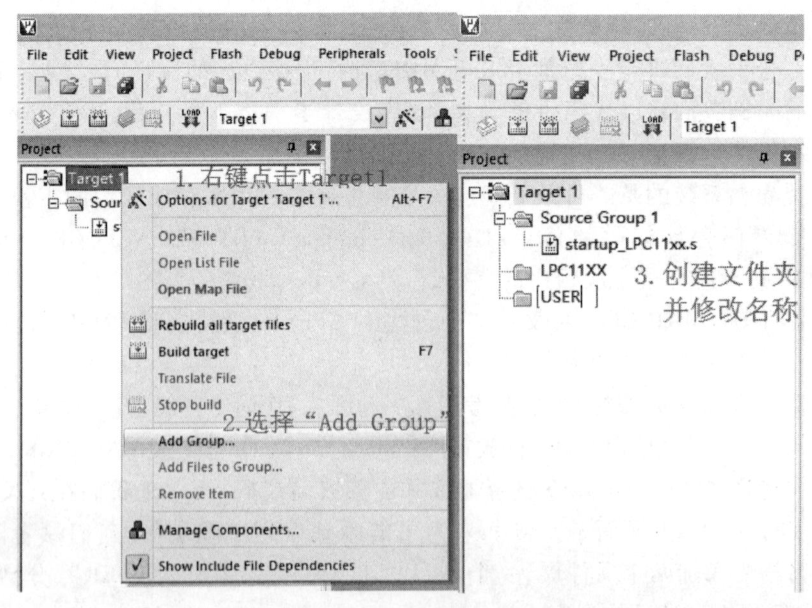

图 7.24　工程目录下添加文件夹步骤

（5）将刚刚复制到 E:\stone_project\WDT_MAINCLOCK\LPC11XX 目录下的 CMSIS 库文件中的“system_lpc11xx. c”文件添加开发环境 LPC11XX 文件夹下，如图 7.25 所示。

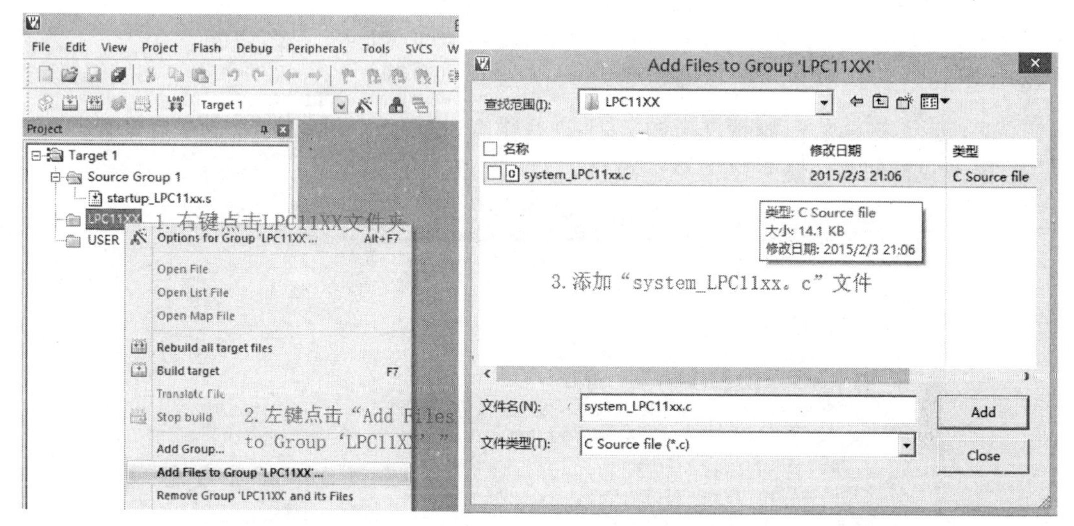

图 7.25　添加“system_lpc11xx. c”到 LPC11XX 文件夹下

（6）在 E:\stone_project\WDT_MAINCLOCK 目录下创建一个空的“main. c”文件，并将其添加到工程的“USER”文件夹下，添加过程参考图 7.25。最后文件的目录结构见图 7.26。

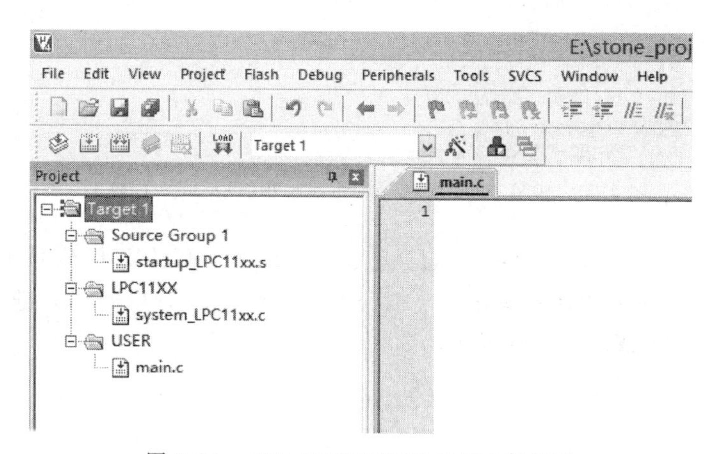

图 7.26　WDT_MAINCLOCK 工程文件目录

（7）修改 SystemInit 函数，并向“main. c”文件中写入 C 程序，完成相应的功能。

（/* 以上是工程建立的基本过程，请大家熟记，后面每天的学习中我们将只给出工程文件目录，不会再介绍工程建立的过程。 */）

程序设计步骤二：用户程序设计

首先修改 system_lpc11xx. c 文件中的 SystemInit 函数。参考 7.2 小节中的代码，将主时钟源设为看门狗振荡器，并设置主时钟频率为 2.3MHz，只需要修改 107～113 行中的代码，修改后如下：

```
108  #define SYSOSCCTRL_Val        0x00000000        // Reset: 0x000
```

```
109 #define WDTOSCCTRL_Val       0x000001E0        // Reset: 0x000  ( 0000 1 111 0 0000 )
110 #define SYSPLLCTRL_Val       0x00000042        // Reset: 0x000
111 #define SYSPLLCLKSEL_Val     0x00000000        // Reset: 0x000
112 #define MAINCLKSEL_Val       0x00000002        // Reset: 0x000
113 #define SYSAHBCLKDIV_Val     0x00000001        // Reset: 0x001
```

如果进行快速设置,则请参考图 7.27 进行设置,这里 SYSPLLCTRL 寄存器设置并不重要,因为我们使用的是看门狗振荡器。

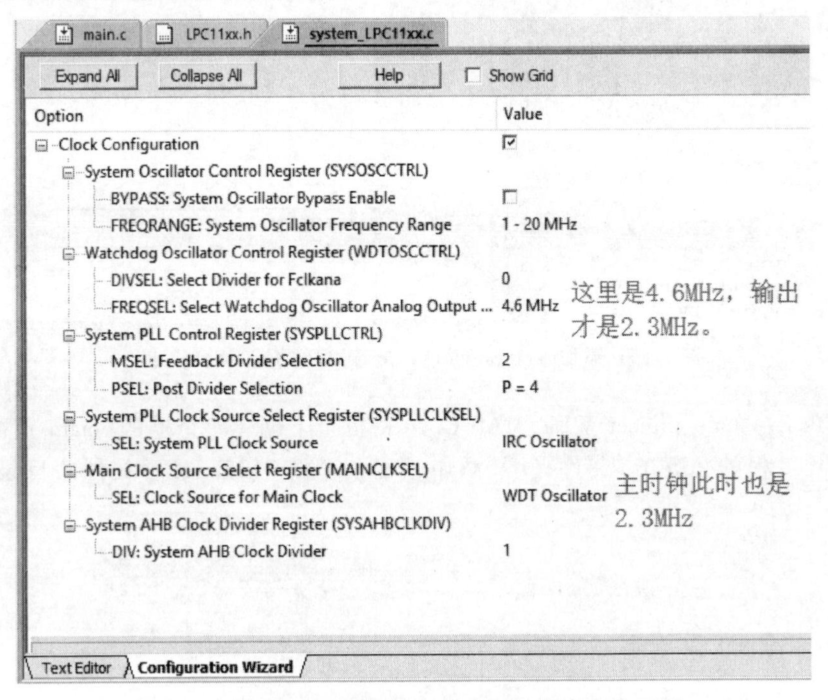

图 7.27　设置 WDT 振荡器为主时钟源,频率为 2.3MHz

好了,系统时钟设置完毕,下面该想办法让 P0.1 输出 9.2kHz 的信号了。这部分功能的实现我们在 main.c 程序中完成。下面我们就给出 main.c 的代码并进行详细分析,具体功能的实现过程请大家注意程序段 7.2 中的中文注释。

程序段 7.2　main.c 文件代码

```
01 /*************************************************************
02 * 目标:ARM Cortex - M0 LPC1114
03 * 编译环境:KEIL 4.70
04 * 外部晶振:10MHz
05 * 功能:看门狗振荡器作为主时钟源,配置 LPC1114 主频为 2.3MHz,P0.1 引脚作为 CLKOUT 引脚,
06 *        把主频 250 分频后,CLKOUT 引脚输出 9.2kHz 的方波
07 * 作者:
08 *************************************************************/
09
10 #include "LPC11XX.H"   /* 用户程序要包含的头文件。*/

13 /*************************************************************
```

```
14  函数功能:CLKOUT_EN 函数将使能 CLKOUT 脚并输出设定频率
15  入口参数:CLKOUT_DIV,即主时钟的分频值,1~255
16          如果为 0,则关闭时钟输出
17  说明:此函数可用来测试时钟
18  *****************************************************/
19  void CLKOUT_EN(uint8_t CLKOUT_DIV)
20  {
```

/* 引脚功能的配置、分频系数的设置都在本函数中完成。由于要求引脚输出 9.2kHz 时钟,因此首先要将 P0.1 引脚设置成为 CLKOUT 功能。 */

/* 参考表 7.1,可以看到 SYSAHBCLKCTRL 寄存器的主要功能是控制外设工作的时钟,某个位设为 1 时,则对应设备的时钟使能,也就是允许设备运行;第 21 行是将 1 左移 16 位,将 IOCON 的时钟使能,因为我们要设置 IO 接口功能,需要将 P0.1 设为时钟输出的 CLKOUT 引脚,所以必须首先使能 IOCON 时钟。 */

```
21    LPC_SYSCON->SYSAHBCLKCTRL |= (1<<16);        // 使能 IOCON 时钟
```

/* 如何才能设置 P0.1 引脚为 CLKOUT 功能? 请参考用户手册 Table61(图 7.28),从图 7.28 中可以看出,设置 IOCON_PIO0_1 寄存器最低三位便可以配置引脚功能;设置 IOCON_PIO0_1[4:3]可以设置引脚模式,引脚模式有上拉、下拉、无上拉也无下拉和中继模式。上拉表示引脚在芯片内部通过电阻连接到高电平,这样可以增强 IO 接口的驱动能力;下拉表示引脚在芯片内部通过电阻连接到地,保证 IO 为低电平;有了上拉、下拉可以降低外部干扰、平滑电平。HYS 符号代表引脚是否具有滞后功能,这主要涉及到引脚的缓冲器,使能滞后能够提高引脚的抗干扰性能。代码中的 22 行 0xD1 就是将引脚功能设为 CLKOUT,引脚模式为上拉,不具备滞后功能。 */

Table 61. IOCON_PIO0_1 register (IOCON_PIO0_1, address 0x4004 4010) bit description

Bit	Symbol	Value	Description	Reset value
2:0	FUNC		Selects pin function. All other values are reserved.	000
		0x0	Selects function PIO0_1.	
		0x1	Selects function CLKOUT.	
		0x2	Selects function CT32B0_MAT2.	
4:3	MODE		Selects function mode (on-chip pull-up/pull-down resistor control).	10
		0x0	Inactive (no pull-down/pull-up resistor enabled).	
		0x1	Pull-down resistor enabled.	
		0x2	Pull-up resistor enabled.	
		0x3	Repeater mode.	
5	HYS		Hysteresis.	0
		0	Disable.	
		1	Enable.	
9:6	–	–	Reserved	0011
10	OD		Selects pseudo open-drain mode. See Section 7.1 for part specific details.	0
		0	Standard GPIO output	
		1	Open-drain output	
31:11	–	–	Reserved	

图 7.28 P0.1 引脚控制寄存器

```
22    LPC_IOCON->PIO0_1 = 0xD1;// 0xD1 = 11 0 10 001b 把 P0.1 脚设置为 CLKOUT 引脚

23    LPC_SYSCON->SYSAHBCLKCTRL &= ~(1<<16);    // 引脚功能配置完成后,IOCON 时钟就可
                                                //以关闭了,因此将 SYSAHBCLKCTRL 对
                                                //应位设置为 0;
```

/* LPC_SYSCON->CLKOUTDIV 为指向 CLKOUTCLKDIV 寄存器的指针,该寄存器的描述请参考用户手册 Table30(图 7.29),该寄存器主要是给出 CLKOUT 引脚的分频值,分频值的范围是 1~255。当分频值为 0 时表示 CLKOUT 禁能。24 行的 CLKOUTCLKDIV 即为函数的输入参数,也就是具体的分频值。*/

Table 30. CLKOUT clock divider registers (CLKOUTCLKDIV, address 0x4004 80E8) bit description

Bit	Symbol	Description	Reset value
7:0	DIV	Clock output divider values 0: Disable CLKOUT. 1: Divide by 1. to 255: Divide by 255.	0x00
31:8	–	Reserved	0x00

图 7.29　CLKOUTCLKDIV 寄存器

```
24    LPC_SYSCON->CLKOUTDIV    = CLKOUT_DIV;//下一步完成后,则 CLKOUT 时钟值输出 = 主时钟/
                                            //CLKOUT_DIV
```

/* LPC_SYSCON->CLKOUTCLKSEL 是指向 CLKOUTCLKSEL 寄存器的指针,该寄存器的最低 2 位为 00b 表示选择 IRC 时钟,为 01b 表示选中系统振荡器,为 10b 表示选中看门狗振荡器,为 11b 表示选择主时钟作为 CLKOUT 信号的时钟源。请参考用户手册 Table28。*/

```
25    LPC_SYSCON->CLKOUTCLKSEL = 0X00000003;//主时钟作为时钟源
```

/* LPC_SYSCON->CLKOUTUEN 是指向 CLKOUTUEN 寄存器的指针,该寄存器的最低位为 1,表示更新时钟源。一般在更新时钟源时必须先设置为 0,再设置为 1,然后等待设置值稳定,这样输出频率也就更新了。CLKOUTUEN 寄存器请参考用户手册 Table29。*/

```
26    LPC_SYSCON->CLKOUTUEN    = 0;
27    LPC_SYSCON->CLKOUTUEN    = 1;
28    while (!(LPC_SYSCON->CLKOUTUEN & 0x01));    // 确定时钟源更新后向下执行
29  }
30
31  /*****************************************************
32  主函数
33  *****************************************************/
34  int main(void)
35  {
36    CLKOUT_EN(250);// CLKOUT 时钟值输出 = 2.3M/250 = 9.2k
37
38    while(1)
39    {
40
```

```
41      }
42  }
43
```

好了,单击编译按钮,程序应该没有任何错误,下载后就能用了。如果你有示波器,应该就可以看到信号了。

(/＊高兴、辛苦的一天! ＊/)

1010101010101010101010101010

第8天

灵活的 GPIO 接口

通用输入输出(GPIO)接口是嵌入式系统、单片机开发过程中最常用的接口,用户可以通过编程灵活地实现自身的功能,具有灵活、成本低的特点。我们电路板上的发光二极管、数码管、按键、继电器等常用设备都可以通过 GPIO 接口来控制,也可以作为中断的输入或 AD 的接口,因此其作用和功能真的是非常重要啊。

8.1 GPIO 复习

其实本书的 2.4 节已经对 GPIO 接口进行了详细的介绍,这里我们就先简单地回顾一下电路原理图,看看我们电路板上 LPC1114 微控制器都有哪些接口是 GPIO 接口。如图 8.1 所示,我们可以看到 LPC1114 一共 48 个引脚,除去电源、地、时钟等引脚,还有 42 个用于数据输入输出作用,这些就是 LPC1114 的 GPIO 引脚。由于芯片能够提供的接口功能太多(串口、I^2C 接口、定时器接口、A/D 转换接口),这些引脚根本不够用,因此这些引脚的功能基本上都是复用的,我们可以通过编程让其工作在某种工作方式上。(/* 既然是编程肯定就少不了对寄存器的设置,因此使用 GPIO 实际上就是配置 GPIO 相关的寄存器。注意,在默认的情况下这些引脚都是输入引脚。*/)

LPC1114 的 42 个 GPIO 引脚可以划分为四组,第 0 组 GPIO0 为 PIO0_0 ~ PIO0_11,第 1 组GPIO1 为 PIO1_0 ~ PIO1_11,第 2 组 GPIO2 为 PIO2_0 ~ PIO2_11,第 3 组 GPIO3 为 PIO3_0 ~ PIO3_5。每个 GPIO 口都可以配置成为输入或输出口,也可配置为中断输入口。因此我们可以用几个引脚来控制发光二极管、数码管、键盘等,也可以找一排引脚用于和其他芯片相连的数据线、地址线或控制信号线,那就看具体怎么用了。

8.2 GPIO 接口控制寄存器复习

LPC1114 中用于对 GPIO 进行控制的寄存器并不是很多,我们在表 2.3 中已经给大家列了出来。下面我们对这些寄存器的具体功能进行学习,由于 P0 ~ P3 每个接口(端口)都有这些寄存器,因此表中的"n"代表的是接口号。

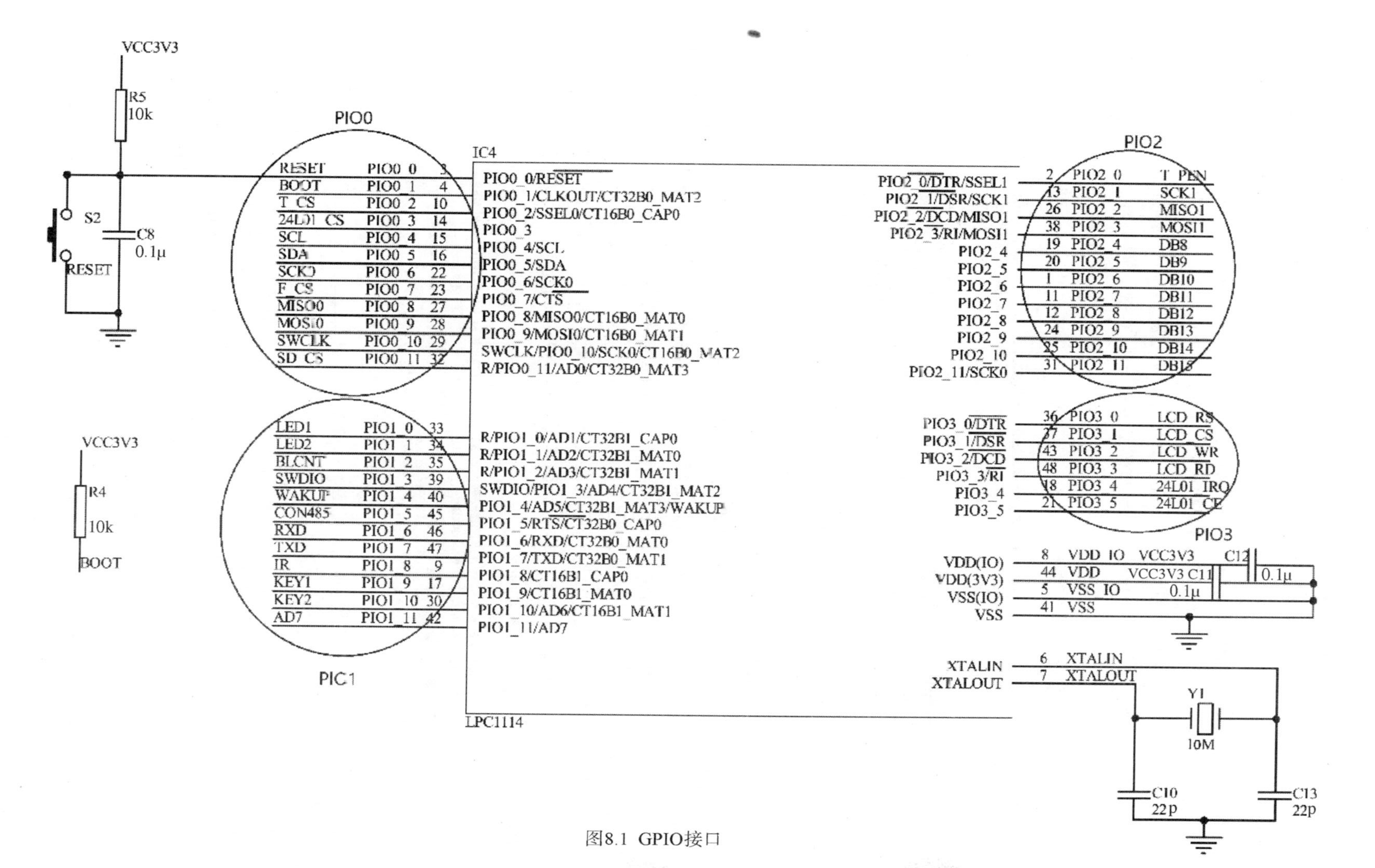
VCC3V3
R5
10k
S2
C8
0.1μ
RESET
VCC3V3
R4
10k
BOOT
PIO0
RESET PIO0_0 3
BOOT PIO0_1 4
T_CS PIO0_2 10
24L01_CS PIO0_3 14
SCL PIO0_4 15
SDA PIO0_5 16
SCK0 PIO0_6 22
F_CS PIO0_7 23
MISO0 PIO0_8 27
MOSI0 PIO0_9 28
SWCLK PIO0_10 29
SD_CS PIO0_11 32
PIC1
LED1 PIO1_0 33
LED2 PIO1_1 34
BLCNT PIO1_2 35
SWDIO PIO1_3 39
WAKUP PIO1_4 40
CON485 PIO1_5 45
RXD PIO1_6 46
TXD PIO1_7 47
IR PIO1_8 9
KEY1 PIO1_9 17
KEY2 PIO1_10 30
AD7 PIO1_11 42
IC4
LPC1114
PIO0_0/RESET
PIO0_1/CLKOUT/CT32B0_MAT2
PIO0_2/SSEL0/CT16B0_CAP0
PIO0_3
PIO0_4/SCL
PIO0_5/SDA
PIO0_6/SCK0
PIO0_7/CTS
PIO0_8/MISO0/CT16B0_MAT0
PIO0_9/MOSI0/CT16B0_MAT1
SWCLK/PIO0_10/SCK0/CT16B0_MAT2
R/PIO0_11/AD0/CT32B0_MAT3
R/PIO1_0/AD1/CT32B1_CAP0
R/PIO1_1/AD2/CT32B1_MAT0
R/PIO1_2/AD3/CT32B1_MAT1
SWDIO/PIO1_3/AD4/CT32B1_MAT2
PIO1_4/AD5/CT32B1_MAT3/WAKUP
PIO1_5/RTS/CT32B0_CAP0
PIO1_6/RXD/CT32B0_MAT0
PIO1_7/TXD/CT32B0_MAT1
PIO1_8/CT16B1_CAP0
PIO1_9/CT16B1_MAT0
PIO1_10/AD6/CT16B1_MAT1
PIO1_11/AD7
PIO2_0/DTR/SSEL1
PIO2_1/DSR/SCK1
PIO2_2/DCD/MISO1
PIO2_3/RI/MOSI1
PIO2_4
PIO2_5
PIO2_6
PIO2_7
PIO2_8
PIO2_9
PIO2_10
PIO2_11/SCK0
PIO3_0/DTR
PIO3_1/DSR
PIO3_2/DCD
PIO3_3/RI
PIO3_4
PIO3_5
VDD(IO)
VDD(3V3)
VSS(IO)
VSS
XTALIN
XTALOUT
PIO2
2 PIO2_0 T_PEN
13 PIO2_1 SCK1
26 PIO2_2 MISO1
38 PIO2_3 MOSI1
19 PIO2_4 DB8
20 PIO2_5 DB9
1 PIO2_6 DB10
11 PIO2_7 DB11
12 PIO2_8 DB12
24 PIO2_9 DB13
25 PIO2_10 DB14
31 PIO2_11 DB15
36 PIO3_0 LCD_RS
37 PIO3_1 LCD_CS
43 PIO3_2 LCD_WR
48 PIO3_3 LCD_RD
18 PIO3_4 24L01_IRQ
21 PIO3_5 24L01_CE
PIO3
8 VDD_IO VCC3V3
44 VDD VCC3V3
5 VSS_IO
41 VSS
C12
0.1μ
C11
0.1μ
6 XTALIN
7 XTALOUT
Y1
10M
C10
22p
C13
22p

图8.1 GPIO接口

1. 数据寄存器 GPIOnDATA

数据寄存器的具体描述如图 8.2 所示。该寄存器可以用来读取单片机引脚的电平或者设置单片机引脚的电平。当将引脚设置为输入引脚时,通过读取该寄存器就可以知道当前各引脚的电平,当然也就是外界的输入电平了;当将引脚设置为输出引脚时,如果我们向该寄存器写值,就可以设置引脚的电平,向外界输出信号。该寄存器的低 12 位分别对应接口的 12 个引脚,比如 GPIO0DATA[2]对应的就是 P0.2 引脚,由于 LPC1114 的 P3 口只有 6 个引脚,因此 GPIO3DATA 寄存器只有低 6 位有效。假如在引脚设定为输入方式下,你向该寄存器写了数据,那么别担心,这并不会影响该引脚的电平,因为芯片会自动认为你的操作无意义。系统复位后 DATA 的值是不确定的,一般会为 0。

Table 174. GPIOnDATA register (GPIO0DATA, address 0x5000 0000 to 0x5000 3FFC; GPIO1DATA, address 0x5001 0000 to 0x5001 3FFC; GPIO2DATA, address 0x5002 0000 to 0x5002 3FFC; GPIO3DATA, address 0x5003 0000 to 0x5003 3FFC) bit description

Bit	Symbol	Description	Reset value	Access
11:0	DATA	Logic levels for pins PIOn_0 to PIOn_11. HIGH = 1, LOW = 0.	n/a	R/W
31:12	–	Reserved	–	–

图 8.2 GPIOnDATA 寄存器

2. 方向寄存器 GPIOnDIR

方向寄存器的具体描述如图 8.3 所示。该寄存器主要用来控制 GPIO 引脚的输入和输出。寄存器的低 12 位分别对应接口的 12 个引脚,默认复位情况下该寄存器的值为 0,也就是默认所有的引脚都是输入,要想设置引脚为输出,只需要将对应的位置为 1 即可。比如向 GPIO0IDR[5]写入 1,就可以设置 P0.5 为输出方式。正常使用的情况下,前面两个寄存器是用得最多的,但是如果我们需要让某个引脚监测外部信号的变化,并向微控制器产生中断的话,就需要下面介绍的寄存器了。LPC1114 功能非常强大,它 GPIO 的每个引脚都可以向微控制器发出中断。

Table 175. GPIOnDIR register (GPIO0DIR, address 0x5000 8000 to GPIO3DIR, address 0x5003 8000) bit description

Bit	Symbol	Description	Reset value	Access
11:0	IO	Selects pin x as input or output (x = 0 to 11). 0 = Pin PIOn_x is configured as input. 1 = Pin PIOn_x is configured as output.	0x00	R/W
31:12	–	Reserved	–	–

图 8.3 GPIOnDIR 寄存器

3. 中断感应寄存器 GPIOnIS

如图 8.4 所示,中断感应寄存器 GPIOnIS 用于设置 GPIO 引脚产生中断的触发方式。寄存器当中的低 12 位与接口的引脚一一对应。当将某一个位设置为 1 时,表明将该引脚设置成为电平触发,也即当引脚出现高电平或低电平的时候微控制器才发生中断;当某一位设置为 0 时,表明引脚的电平发生跳变时才发生中断(也叫边沿触发)。电平触发分为高电平触发和低电平触发,边沿触发分为上升沿触发或下降沿触发。那么具体是什么样的触发方式,还要通过 GPIOnIEV 寄存器来控制。

Table 176. GPIOnIS register (GPIO0IS, address 0x5000 8004 to GPIO3IS, address 0x5003 8004) bit description

Bit	Symbol	Description	Reset value	Access
11:0	ISENSE	Selects interrupt on pin x as level or edge sensitive (x = 0 to 11). 0 = Interrupt on pin PIOn_x is configured as edge sensitive. 1 = Interrupt on pin PIOn_x is configured as level sensitive.	0x00	R/W
31:12	–	Reserved	–	–

图 8.4 GPIOnIS 寄存器

4. 中断事件寄存器 GPIOnIEV

中断事件寄存器与中断感应寄存器相互配合确定引脚中断的触发方式(如图 8.5 所示),GPIOnIEV 的低 12 位与引脚一一对应。当某位设置为 1 时,表示设置引脚上升沿或高电平触发;当某位设置为 0 时,表示引脚下降沿或低电平触发。例如 GPIO0IS[3] = 1,并且 GPIO0IEV[3] = 0,则表明 P0.3 引脚是电平触发,并且是低电平触发。

Table 178. GPIOnIEV register (GPIO0IEV, address 0x5000 800C to GPIO3IEV, address 0x5003 800C) bit description

Bit	Symbol	Description	Reset value	Access
11:0	IEV	Selects interrupt on pin x to be triggered rising or falling edges (x = 0 to 11). 0 = Depending on setting in register GPIOnIS (see Table 176), falling edges or LOW level on pin PIOn_x trigger an interrupt. 1 = Depending on setting in register GPIOnIS (see Table 176), rising edges or HIGH level on pin PIOn_x trigger an interrupt.	0x00	R/W
31:12	–	Reserved	–	–

图 8.5 GPIOnIEV 寄存器

5. 双边沿中断寄存器 GPIOnIBE

如果一个引脚我们既想让它上升沿触发,也想让它下降沿触发,那么我们只需要设置 GPIOnIBE 寄存对应的位为 1 即可,这就是双边沿触发方式。如果在某一位写 0,则表明触发方式由 GPIOnIEV 寄存器决定。默认情况下该寄存器的值为 0。该寄存器请参见图 8.6。

Table 177. GPIOnIBE register (GPIO0IBE, address 0x5000 8008 to GPIO3IBE, address 0x5003 8008) bit description

Bit	Symbol	Description	Reset value	Access
11:0	IBE	Selects interrupt on pin x to be triggered on both edges (x = 0 to 11). 0 = Interrupt on pin PIOn_x is controlled through register GPIOnIEV. 1 = Both edges on pin PIOn_x trigger an interrupt.	0x00	R/W
31:12	–	Reserved	–	–

图 8.6 GPIOnIBE 寄存器

6. 原始中断状态寄存器 GPIOnRIS

当我们设置完成了引脚的中断方式后,如果中断发生了,那么这个发生的中断会被记录下来,这第一个能够记录中断的寄存器就是原始中断寄存器 GPIOnRIS,见图 8.7。(/*为什么说是第一个?因为还有一个。*/)该寄存器是一个只读寄存器,寄存器的低 12 位与接口的引脚一一对应,当某个引脚发生了中断,则对应的位就会被置为 1。当我们读取该寄存器时就会知道到底都有哪些引脚的中断发生了。

Table 180. GPIOnRIS register (GPIO0RIS, address 0x5000 8014 to GPIO3RIS, address 0x5003 8014) bit description

Bit	Symbol	Description	Reset value	Access
11:0	RAWST	Raw interrupt status (x = 0 to 11). 0 = No interrupt on pin PIOn_x. 1 = Interrupt requirements met on PIOn_x.	0x00	R
31:12	–	Reserved	–	–

图 8.7 GPIOnRIS 寄存器

7. 中断屏蔽寄存器 GPIOnIE

当我们设置完成了引脚的中断方式后,那么中断发生的信息就一定会送到微控制器内部么?那可不一定,因为要想把中断发生的信息送入到微控制器内部还要打开一个开关,这个开关就是中断屏蔽寄存器 GPIOnIE,如图 8.8 所示。中断屏蔽寄存器的低 12 位与接口的引脚一一对应,如果我们将某一位设置为 1,那么就表明我们打开了这个开关,允许中断送给微控制器,相反,如果某一位设置为 0,就表明将这个中断被屏蔽掉了,即便中断事件发生了,也不会将中断的消息送给微控制器,自然微控制器也就不会响应这个中断。通过控制该寄存器我们就能够决定让哪些中断送入微控制器了。

Table 179. GPIOnIE register (GPIO0IE, address 0x5000 8010 to GPIO3IE, address 0x5003 8010) bit description

Bit	Symbol	Description	Reset value	Access
11:0	MASK	Selects interrupt on pin x to be masked (x = 0 to 11). 0 = Interrupt on pin PIOn_x is masked. 1 = Interrupt on pin PIOn_x is not masked.	0x00	R/W
31:12	–	Reserved	–	–

图 8.8 GPIOnIE 寄存器

8. 屏蔽中断状态寄存器 GPIOnMIS

屏蔽中断状态寄存器是一个只读寄存器(见图 8.9),用于记录哪些引脚中断送入了微控制器内部(/*注意,GPIOnRIS 用于记录哪些中断事件发生了,但这些事件不见得送入到了微控制器内部,可能被屏蔽了,而 GPIOnMIS 记录的是那些中断事件发生了,且没

Table 181. GPIOnMIS register (GPIO0MIS, address 0x5000 8018 to GPIO3MIS, address 0x5003 8018) bit description

Bit	Symbol	Description	Reset value	Access
11:0	MASK	Selects interrupt on pin x to be masked (x = 0 to 11). 0 = No interrupt or interrupt masked on pin PIOn_x. 1 = Interrupt on PIOn_x.	0x00	R
31:12	–	Reserved	–	–

图 8.9 GPIOnMIS 寄存器

有被屏蔽的中断 */)。读取该寄存器就知道引脚上有没有符合条件的中断发生了。假如我们设置了某引脚为下降沿中断,并且该引脚也出现了下降沿,同时该引脚对应的中断屏蔽寄存器的位也设置成了1,那么GPIOnMIS对应的位就会置为1;如果中断屏蔽寄存器对应的位没有设成1,那么GPIOnMIS对应的位是不会置为1的。

9. 中断清除寄存器 GPIOnIC

现在我们知道了GPIOnMIS、GPIOnRIS两个寄存器可以用于记录哪些中断发生了,但是中断发生后,也处理完成了,这两个寄存器对应的位还仍然为1么?什么时候变成0?如果不变成0,那么如何记录下一次中断呢?

实际上,当中断处理完成后我们可以通过设置中断清除寄存器GPIOnIC(见图8.10)对应的比特位来清除GPIOnMIS、GPIOnRIS两个寄存器中的信息。中断清除寄存器是一个只写寄存器,当我们向其某一位写1时,GPIOnMIS、GPIOnRIS两个寄存器中对应的位就会清0,这样就可以在下次发生中断时再次进行记录了。

Table 182. GPIOnIC register (GPIO0IC, address 0x5000 801C to GPIO3IC, address 0x5003 801C) bit description

Bit	Symbol	Description	Reset value	Access
11:0	CLR	Selects interrupt on pin x to be cleared (x = 0 to 11). Clears the interrupt edge detection logic. This register is write-only. **Remark:** The synchronizer between the GPIO and the NVIC blocks causes a delay of 2 clocks. It is recommended to add two NOPs after the clear of the interrupt edge detection logic before the exit of the interrupt service routine. 0 = No effect. 1 = Clears edge detection logic for pin PIOn_x.	0x00	W
31:12	–	Reserved	–	–

图8.10 GPIOnIC寄存器

(/* 了解了这些寄存器,下面我们就可以进入具体的程序设计了。 */)

8.3 LED跑马灯程序设计及详解

下面我们设计一个跑马灯程序。在此之前,我们先看一下我们的LED电路原理图,如图8.11所示。从图中可以看出两个发光二极管一端与高电平3.3V相连,另一端连接到J9的两个接头上。在实际的电路板上,J9的两个引脚是通过短接帽与扩展接口J12上网络标号为PIO1_0和PIO1_1的两个引脚相连,又由于J12接口引脚上网络标号与控制器芯片上的网络标号一一对应,因此实际上就是通过LPC1114标号为PIO1_0、PIO1_1的33、34号管脚来驱动LED发光二极管。当标号为PIO1_0、PIO1_1的33、34号管脚设置为输出低电平时,二极管就会发光。

很清楚了,我们的工作就是要设置P1.0、P1.1接口为输出方式,并且让这两个接口交替的输出低电平(输出0)就可以让两个发光二极管轮流发光。下面我们就开始程序了,具体工程创建的过程我们就不说了,大家可以看前面几天的内容。我们工程主要包括3个文件,如图8.12所示。工程当中startup_lpc11xx.s与system_lpc11xx.c文件与我们前面介绍的一样,代码没有变化。LED 跑马灯的主程序 main.c 文件参见程序段 8.1,具体程序设计说明请详见代码注释。

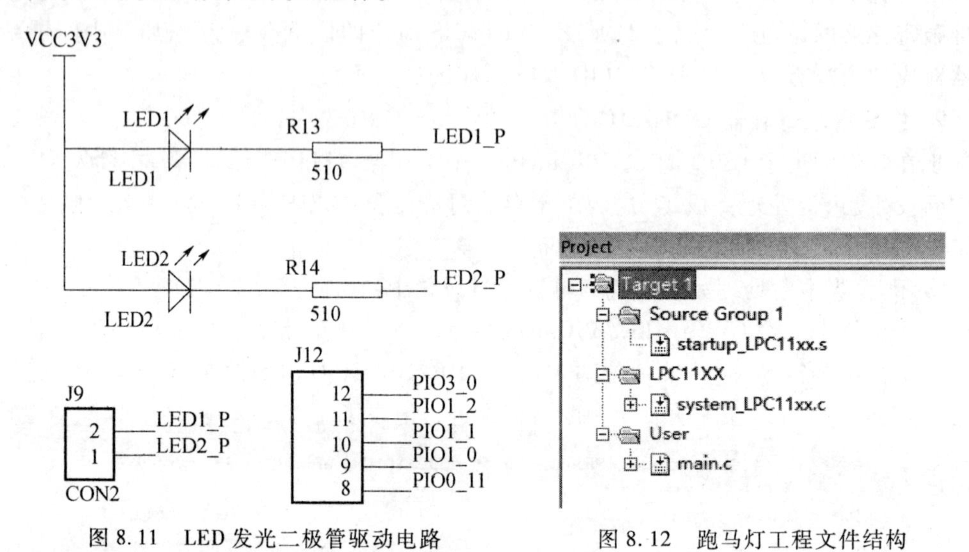

图 8.11 LED 发光二极管驱动电路

图 8.12 跑马灯工程文件结构

程序段 8.1 main.c 文件代码

```
01 /****************************************************
02  * 目标:ARM Cortex - M0 LPC1114
03  * 编译环境:KEIL 4.70
04  * 外部晶振:10MHz
05  * 功能:跑马灯,将 P1.0、P1.1 引脚交替设置为 0,点亮 LED 灯。
06  * 作者:
07  ****************************************************/
08
09 #include "LPC11XX.h"

   /*11~14 行定义了一系列的宏,包括 LED1_ON、LED1_OFF、LED2_ON、LED2_OFF,这些宏代表一系列的
   操作,LED1_ON、LED2_ON 代表点亮 LED1 和 LED2,LED1_OFF、LED2_OFF 代表要熄灭 LED1 和 LED2。其
   中 LPC_GPIO1 是在 LPC11xx.h 中定义的指向 LPC_GPIO_TypeDef 结构体的指针,LPC_GPIO1->DATA 实
   际上指向的就是 GPIO1DATA 寄存器指针,因此 LED1_ON 实际上是用来设置端口 1 的数据寄存器的。*/

11 #define LED1_ON LPC_GPIO1->DATA &= ~(1<<0)   /* ~(1<<0) 是将 1 向左移动 0b,然后取反。
                                                得到的值再与 DATA 寄存器中的数据进行比特
                                                与操作,因此 LED1_ON 实际上是将 DATA 寄存
                                                器的最低位置 0,也就是将引脚 P1.0 设置成低
                                                电平, 点亮发光二极管 LED1。*/
12 #define LED1_OFF LPC_GPIO1->DATA |= (1<<0)   /* "|"是或操作,LED1_OFF 是将 P1 口的
                                                GPIO1DATA[0] 设置为 1,也就是将引脚
                                                P1.0 设置为高电平,熄灭点亮发光二极管
                                                LED1。*/
13 #define LED2_ON  LPC_GPIO1->DATA &= ~(1<<1)  /* 将 P1.1 引脚设置为低电平,点亮发光二
                                                极管 LED2。*/
```

```
14 #define LED2_OFF LPC_GPIO1 - >DATA | = (1< <1)    /* 将 P1.1 引脚设置为高电平,熄灭发光二极
                                                      管 LED2。*/
15
16
17 /*****************************************************************/
18 /* 函数名称:延时函数,利用循环进行延迟         */
19 /*****************************************************************/
20 void delay()
21 {
22   uint16_t i,j;
23
24   for(i=0;i<10000;i++)
25       for(j=0;j<200;j++);
26 }
27
28 /************************************************************/
29 /* 函数名称:主函数             */
30 /************************************************************/
31 int main()
32 {
```

/* LPC1114 的引脚由于是功能复用的,因此我们需要在进入主函数的第一步就是要设置 P1.0、P1.1 两个引脚为 GPIO 引脚,并且设置他们为输出。*/

/* 参考表 7.1,可以看到 SYSAHBCLKCTRL 寄存器的主要功能是控制外设工作的时钟,某位设为 1 时,则对应设备的时钟使能,也就是允许设备运行;第 33 行是将 1 左移 16 位并与寄存器 SYSAHBCLKCTRL 原有的值进行或操作,也就是将第 16 位置 1,将 IOCON 的时钟使能,因为我们要设置 IO 接口功能,需要将 P1.0、P1.1 设为 GPIO 引脚,所以必须首先使能 IOCON 时钟。*/

```
33   LPC_SYSCON - >SYSAHBCLKCTRL | = (1< <16); // 使能 IOCON 时钟
```

/* 34 行的 LPC_IOCON - >R_PIO1_0,实际上指向的是寄存器 IOCON_R_PIO1_0 ,该寄存器具体的描述如图 8.13 所示。因此 34 行实际的含义就是将该寄存器的低 3 位清 0,之后在 35 行再将该寄存器的最低位置 1,因此也就是两行指令将 P1.0 引脚设置成了 GPIO 模式。36、37 行类似,不再赘述。*/

```
34   LPC_IOCON - >R_PIO1_0 & = ~0x07;
35   LPC_IOCON - >R_PIO1_0 | =0x01;//把 P1.0 脚设置为 GPIO
36   LPC_IOCON - >R_PIO1_1 & = ~0x07;
37   LPC_IOCON - >R_PIO1_1 | =0x01; //把 P1.1 脚设置为 GPIO
38   LPC_SYSCON - >SYSAHBCLKCTRL & = ~(1< <16);   //引脚功能设置完成后,就不再需要配置时
                                                 //钟了,因此这里关闭 IOCON 时钟
```

/* 引脚的功能设置完成之后,下一步我们就是将引脚的方向设置为输出引脚。40 行和 42 行的 LPC_GPIO1 - >DIR 寄存器实际上就是操作 GPIO1DIR 寄存器,将该寄存器对应位设置为 1 就是将引脚设置为输出,复位情况下默认的是输入。*/

```
40   LPC_GPIO1 - >DIR | = (1< <0); // 把 P1.0 设置为输出引脚
```

Table 86. IOCON_R_PIO1_0 register (IOCON_R_PIO1_0, address 0x4004 4078) bit description

Bit	Symbol	Value	Description	Reset value
2:0	FUNC		Selects pin function. All other values are reserved.	000
		0x0	Selects function R. This function is reserved. Select one of the alternate functions below.	
		0x1	Selects function PIO1_0.	
		0x2	Selects function AD1.	
		0x3	Selects function CT32B1_CAP0.	
4:3	MODE		Selects function mode (on-chip pull-up/pull-down resistor control).	10
		0x0	Inactive (no pull-down/pull-up resistor enabled).	
		0x1	Pull-down resistor enabled.	
		0x2	Pull-up resistor enabled.	
		0x3	Repeater mode.	
5	HYS		Hysteresis.	0
		0	Disable.	
		1	Enable.	
6	–	–	Reserved	1
7	ADMODE		Selects Analog/Digital mode	1
		0	Analog input mode	
		1	Digital functional mode	
9:8	–	–	Reserved	00
10	OD		Selects pseudo open-drain mode. See Section 7.1 for part specific details.	0
		0	Standard GPIO output	
		1	Open-drain output	
31:11	–	–	Reserved	–

图 8.13 IOCON_R_PIO1_0 寄存器

```
41    LPC_GPIO1->DATA |= (1<<0); // 将 DATA 的最低位置 1,也就是把 P1.0 引脚设置为高电平,熄
                                   //灭 LED1
42    LPC_GPIO1->DIR |= (1<<1); // 把 P1.1 设置为输出引脚
43    LPC_GPIO1->DATA |= (1<<1); // 把 P1.1 引脚设置为高电平,熄灭 LED2
44
45    while(1)        //进入死循环,发光二极管会交替闪烁
46    {
47      delay(); //等待一小会
48      LED1_ON; //点亮 LED1
49      LED2_OFF; //熄灭 LED2
50      delay(); //等待一小会
51      LED1_OFF; //熄灭 LED1
52      LED2_ON; //点亮 LED2
53    }
54  }
55
```

跑马灯程序到这里就结束了。总结一下我们设置引脚应当注意的事项:首先要设置引脚的功能,这需要打开对应的时钟控制块,设置完成后要及时关闭,如果不关闭虽然对

功能没有影响,但是会增加能耗;其次在设置完引脚功能后要设置引脚的具体输入输出方向,然后才能通过读写来控制引脚的电平。

8.4 按键检测程序设计及详解

刚才在跑马灯程序中我们主要考察的是如何让引脚输出信号,这里我们给出一段程序用于练习如何从引脚读入电平。

首先我们来看一下我们的电路,如图 8.14 所示,我们接下来要操作的就是电路板上的 KEY1、KEY2 两个按键,结合图 8.1 我们可以看出 KEY1、KEY2 两个按键实际上是与 LPC1114 微控制器的 P1.9、P1.10 两个引脚相连接的,由于按键右侧是通过电阻与 3.3V 电源相连,因此当按键没有按下时,送入到 P1.9、P1.10 两个引脚的应该是高电压,当按键按下时,由于此时直接与地相连,因此送入到 P1.9、P1.10 两个引脚的应该是低电压。

那么我们程序的设计目标就是:读取 KEY1、KEY2 两个按键,如果 KEY1 键按下,就点亮 LED1,KEY1 键放开就熄灭 LED1;同样如果 KEY2 按下,就点亮 LED2,KEY2 键放开就熄灭 LED2。

好,与跑马灯相似,我们的工程仍然包括 3 个文件,如图 8.15 所示。工程当中 startup_lpc11xx.s 与 system_lpc11xx.c 文件与我们前面介绍的一样,代码没有变化。主程序 main.c 文件参见程序段 8.2,具体程序设计说明请详见代码中的中文注释。

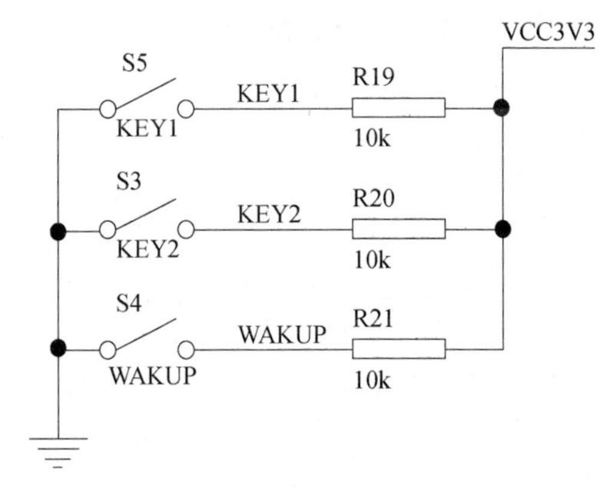

图 8.14 按键电路

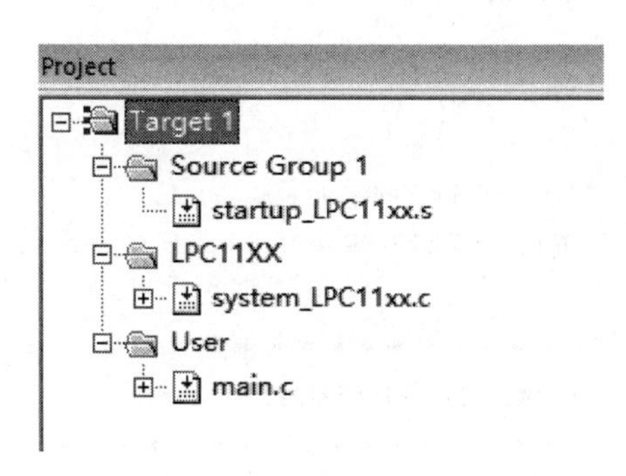

图 8.15 按键检测工程文件结构

程序段 8.2 main.c 文件代码

```
01 /*****************************************************
02  * 目标:ARM Cortex - M0 LPC1114
03  * 编译环境:KEIL 4.70
04  * 外部晶振:10MHz
05  * 功能:按键检测,读取 P1.9、P1.10 引脚的电压,并对 LED 进行点亮、熄灭控制。
06  * 作者:
07  *****************************************************/
08
09 #include "LPC11XX.H"
```

/* 11 ~ 14行的代码我们在上一段程序中介绍过了,大家可以参考上一段程序。*/

```
11  #define LED1_ON   LPC_GPIO1 - > DATA & = ~(1 < <0)
12  #define LED1_OFF LPC_GPIO1 - > DATA | = (1 < <0)
13  #define LED2_ON   LPC_GPIO1 - > DATA & = ~(1 < <2)
14  #define LED2_OFF LPC_GPIO1 - > DATA | = (1 < <2)
```

/* key1,key2与电路板上微控制器的P1.9和P1.10两个引脚相连,如果按键按下去,则引脚送入低电平0,这两个低电平会存储在GPIO1DATA[10:9]当中,因此当读取到这两个比特的值如果为0时,则表明有按键按下。代码17行中定义了一个宏,代表一个操作,其中LPC_GPIO1 - > DATA就是GPIO接口1的数据寄存器GPIO1DATA,"(LPC_GPIO1 - > DATA &(1 < <9))"表示将1左移9个比特后与GPIO1DATA相与,如果已经有按键key1按下,则GPIO1DATA[9]此时为0,那么再做相与操作后GPIO1DATA[9]仍然为0,此时与"(1 < <9)"肯定不相等,因此KEY1_DOWN为真。所以总结一句话就是如果按键按下,则KEY1_DOWN为真。18行类似。*/

```
17  #define KEY1_DOWN (LPC_GPIO1 - > DATA &(1 < <9))! =(1 < <9)
18  #define KEY2_DOWN (LPC_GPIO1 - > DATA &(1 < <10))! =(1 < <10)
19
20
21  /* * * * * * * * * * * * * * * * * * * * * * * * * * * * * * * * * * * * * * * * * * * * */
22  /* 函数名称:延时函数,利用循环进行延迟 */
23  /* * * * * * * * * * * * * * * * * * * * * * * * * * * * * * * * * * * * * * * * * * * * */
24  void delay()
25  {
26    uint16_t i,j;
27
28    for(i =0;i <5000;i + +)
29    for(j =0;j <10;j + +);
30  }
31  /* * * * * * * * * * * * * * * * * * * * * * * * * * * * * * * * * * * * */
32  /* 函数名称:LED灯初始化      */
33  /* * * * * * * * * * * * * * * * * * * * * * * * * * * * * * * * * * * * */
```

/* 下面的LED初始化程序是不是有些眼熟,实际上就是我们跑马灯中33 ~ 43行中的代码,作用就是将P1.0、P1.1两个引脚设置为GPIO引脚,并且是输出方式,而且暂时输出高电平。此时有的同学可能会提出一个疑问,为什么P1.0、P1.1两个引脚要初始化,需要进行配置,而P1.9和P1.10两个引脚没有进行配置?那么大家不要忘记了,在系统复位以后,所有的引脚都是默认为输入方式的,因此我们就不用进行配置了。*/

```
34  void led_init()
35  {
36    LPC_SYSCON - > SYSAHBCLKCTRL | = (1 < <16); // 使能IOCON时钟
37    LPC_IOCON - > R_PIO1_0 & = ~0x07;
38    LPC_IOCON - > R_PIO1_0 | =0x01; //把P1.0脚设置为GPIO
```

```
39    LPC_IOCON - > R_PIO1_2 & = ~0x07;
40    LPC_IOCON - > R_PIO1_2 | =0x01; //把 P1.1 脚设置为 GPIO
41    LPC_SYSCON - > SYSAHBCLKCTRL & = ~(1 < <16); // 禁能 IOCON 时钟
42
43    LPC_GPIO1 - > DIR | =(1 < <0); // 把 P1.0 设置为输出引脚
44    LPC_GPIO1 - > DATA | =(1 < <0); // 把 P1.0 设置为高电平
45    LPC_GPIO1 - > DIR | =(1 < <2); // 把 P1.1 设置为输出引脚
46    LPC_GPIO1 - > DATA | =(1 < <2); // 把 P1.1 设置为高电平
47  }
48  /* * * * * * * * * * * * * * * * * * * * * * * * * * * * * * * * * * * * */
49  /*函数名称:主函数*/
50  /* * * * * * * * * * * * * * * * * * * * * * * * * * * * * * * * * * * * */
51  int main()
52  {
53    led_init(); //首先初始化 LED;
54
55    while(1)     // 整个程序只有这样一个死循环。
56    {
57      if(KEY1_DOWN) // 如果按下了 KEY1 键,此时 KEY1_DOWN 为真
58      {
59      delay(); // 延时消抖,那么到底这个延迟时间要设置为多长? 没有确定值,要看实际情况。
60      if(KEY1_DOWN) // 等待一段时间以后,如果 KEY1 键还是按下的,那么说明不是抖动,确实是 KEY1
                    按下了
61        {
62          LED1_ON;     //点亮 LED1 发光二极管
63          while(KEY1_DOWN); // 如果 KEY1 一直按着不放,程序停留在此处,如果按键放开了,则程序向
                         下运行
64          LED1_OFF; //熄灭 LED1
65        }
66      }
67      if(KEY2_DOWN) //如果按下了 KEY2 键,此时 KEY2_DOWN 为真
68      {
69        delay(); // 延时消抖
70        if(KEY2_DOWN) //等待一段时间以后,如果 KEY2 键还是按下的,那么说明不是抖动,确实是
                      KEY2 按下了
71        {
72          LED2_ON; //点亮 LED2 发光二极管
73          while(KEY2_DOWN); // 如果 KEY2 一直按着不放,程序停留在此处,如果按键放开了,则程序
                           向下运行
74          LED2_OFF; //熄灭 LED2
75        }
76      }
77    } //while 循环结束
78  }//程序结束
79
```

以上程序的确能够实现我们的目标，即读取 KEY1、KEY2 两个按键，如果哪个键按下，就点亮对应的 LED，如果键放开就熄灭 LED。不过大家有没有发现，这个程序有点“弱”，为什么呢？就是主程序一开始运行就进入到了一个死循环当中，这个死循环不做其他事，就是在不停地监测按键情况，其他什么事情也没有做。如果我们微控制器想一边做点别的事情，一边监测按键，那好像很困难哦！能不能平时在做别的事情，按键发生时我们通知一下微控制器，让它去点灯，行不行呢？行，具体如何实施我们明天再见。

效率的源泉——中断程序设计

中断程序设计是嵌入式系统、单片机开发过程中非常重要的一项功能。利用中断可以实现程序的并行化、实现微控制器的中断唤醒、实现嵌入式操作系统进程之间的切换。因此,中断程序设计是提高系统性能、降低系统功耗、扩展系统功能的重要基础,是任何一个嵌入式开发者必会的基本技能。

9.1　一个简单的按键中断程序

首先声明一下,我们暂时只关注外部中断,也就是由接口、引脚等产生的中断,而不是处理器内部产生除法出错、挂起等内部中断。

学过微机原理的同学都知道,外部中断的基本流程是这样的:首先外部设备产生一个中断信号,如果这个中断设备的中断没有被屏蔽,则该中断信号就可以送入微控制器;实际上送入微控制器的是一个中断向量号(这个送入的编号是微控制器硬件系统固化好的),微控制器根据这个中断向量号去查找中断向量表;中断向量表中存储的就是中断服务程序的地址;找到中断服务程序的地址后,程序就可以跳转到中断服务程序中运行了,完成对中断的处理(至于怎么跳转的也是由硬件完成的,不是程序控制的),然后返回到主程序中断前的地址处继续运行(中断服务程序的汇编代码最后一般都会有一条 IRET 指令,用于从堆栈当中弹出返回的地址)。

(/ * 如果中断的基本原理大家没有学过,这也没有关系,当我们看完第一个中断程序时,你就会设计中断程序了,也就自然了解了中断的基本过程,至于原理以后再深入学习也不迟。 * /)

回顾一下我们昨天的程序段 8.2,我们说了那个程序很“弱”,一直在傻等着按键,什么别的事情也做不了。那么能不能让我们的微控制器平时在做自己的工作,当有按键按下时,我们通知一下它,它再去点亮 LED,如果没有按键按下,那它还干自己的活,这样效率多高啊!!! 今天我们学习的中断就可以实现这样的想法。

参考程序段 8.2,我们来看一个简单的按键中断程序,如程序段 9.1 所示。该程序段的基本功能就是在 KEY1、KEY2 按键按下时,点亮对应的 LED 灯,如果按键放开,则熄灭对应的 LED 灯。不过此时我们实现这个功能的机理和 8.2 程序段可完全不一样,我们是利用中断来完成的。(/＊前面和大家说过,LPC1114 的 GPIO 每个引脚都可以向微控制器发出中断,因此 KEY1、KEY2 两个按键对应的 P1.9、P1.10 两个引脚也可以发出中断。当某一按键按下时,P1.9 或 P1.10 引脚的电平将由原来的高电平转为低电平,因此我们可以根据变化后的电平来触发中断(即低电平触发中断),也可以用电平变化的下降沿来触发中断。那么到底用什么来触发中断呢?大家想想,如果某个按键被按下后一直没有放开,那么就会有很长时间的低电平出现在 P1.9 或 P1.10 的引脚上,这时如果我们采用低电平触发中断,那么持续这么长时间的低电平是不是会触发多次中断呢?这可能会很危险哦(有可能中断嵌套很深,甚至溢出,不过还要看具体程序是什么样的)!但按键按下的过程只会有一个下降沿,因此用下降沿触发中断是不是更安全呢?所以我们选用保险一点的下降沿触发中断。＊/)

在分析完程序段 9.1 后,我们再来对中断程序设计的基本流程进行总结,不过我们的分析过程是十分重要的,请大家认真看程序中的中文注释。工程的文件结构参考图 9.1所示,仍然是主要包括 startup_lpc11xx.s、system_lpc11xx.c 与 main.c 三个文件,需要大家注意的是今天这里的 startup_lpc11xx.s 文件与以往有些不同,后面我们再详细说明,下面看程序段 9.1。

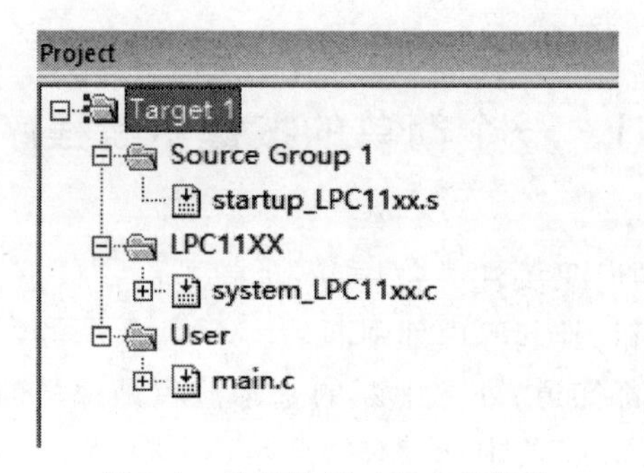

图 9.1 按键检测工程文件结构

程序段 9.1 main.c 文件代码

```
01 /*************************************************
02 * 目标:ARM Cortex - M0 LPC1114
03 * 编译环境:KEIL 4.70
04 * 外部晶振:10MHz
05 * 功能:下降沿中断,根据 P1.9、P1.10 引脚连接的按键的情况,点亮或者熄灭对应的 LED 灯。
06 * 作者:
07 *************************************************/
08
09 #include "LPC11XX.H"
10
```

/＊参考程序段 8.1,大家很容易就能知道 11~14 行定义了一系列的宏,这些宏代表一些操作,这些操作可以通过设置 P1.0、P1.1 引脚点亮和熄灭 LED 灯。＊/

```
11 #define LED1_ON   LPC_GPIO1 - >DATA & = ~(1 < <0)   //"LPC_GPIO1 - >DATA & = ~(1 < <0)"
                                                      //是设置 P1.0 引脚为低电平,点亮 LED1
```

```
12 #define LED1_OFF LPC_GPIO1 - >DATA | = (1 < <0) //"LPC_GPIO1 - >DATA | = (1 < <0) "是设置
                                              //P1.0 引脚为高电平,熄灭 LED1
13 #define LED2_ON  LPC_GPIO1 - >DATA & = ~(1 < <1) //"LPC_GPIO1 - >DATA & = ~(1 < <1)" 是
                                              //设置 P1.1 引脚为低电平,点亮 LED2
14 #define LED2_OFF LPC_GPIO1 - >DATA | = (1 < <1) //"LPC_GPIO1 - >DATA | = (1 < <1)" 是设置
                                              //P1.1 引脚为低电平,熄灭 LED2

/* KEY1、KEY2 与电路板上微控制器的 P1.9 和 P1.10 两个引脚相连,如果按键按下去,则引脚送入低电
平 0。*/

16 #define KEY1_DOWN (LPC_GPIO1 - >DATA&(1 < <9))! =(1 < <9)  //KEY1_DOWN 为真,代表
                                                            //P1.9引脚相连的 KEY1 键
                                                            //按下
17 #define KEY2_DOWN (LPC_GPIO1 - >DATA&(1 < <10))! =(1 < <10)  //KEY2_DOWN 为真,代表
                                                            //P1.10 引脚相连的 KEY2
                                                            //键按下

18 /*************************************/
19 /* 函数名称:LED 灯初始化函数      */
20 /*************************************/

/* 下面是 LED 初始化程序,作用就是将 P1.0、P1.1 两个引脚设置为 GPIO 引脚,并且是输出方式,而且暂
时输出高电平。详细说明请大家参考程序段 8.2 的 33 行处。*/

21 void led_init()
22 {
23   LPC_SYSCON - >SYSAHBCLKCTRL | = (1 < <16);  // 使能 IOCON 时钟,开始配置 P1.0,P1.1 引脚
24   LPC_IOCON - >R_PIO1_0 & = ~0x07;  //低 3 位清 0
25   LPC_IOCON - >R_PIO1_0 | =0x01;  //最低位置 1,把 P1.0 脚设置为 GPIO
26   LPC_IOCON - >R_PIO1_1 & = ~0x07;  //低 3 位清 0
27   LPC_IOCON - >R_PIO1_1 | =0x01;  //最低位置 1,把 P1.1 脚设置为 GPIO
28   LPC_SYSCON - >SYSAHBCLKCTRL & = ~(1 < <16);  // 禁能 IOCON 时钟,结束配置
29
30   LPC_GPIO1 - >DIR | = (1 < <0);  // 把 P1.0 设置为输出引脚
31   LPC_GPIO1 - >DATA | = (1 < <0);  // 把 P1.0 设置为高电平
32   LPC_GPIO1 - >DIR | = (1 < <1);  // 把 P1.1 设置为输出引脚
33   LPC_GPIO1 - >DATA | = (1 < <1);  // 把 P1.1 设置为高电平
34 }

35 /*************************************/
36 /* 函数名称:GPIO1 中断服务函数   */
37 /*************************************/

/* 下面是我们设计的按键中断服务函数,命名为 PIOINT1_IRQHandler_KeyTest,名字可以随便起,最好能
够一眼看到就让人理解。中断服务程序的主要作用就是判断哪个按键按下,并将对应的 LED 点亮,在按
```

键放开时,再熄灭LED。具体是如何判断哪个按键按下来,请看函数内部的注释。*/

```
39 void PIOINT1_IRQHandler_KeyTest()
40 {
```

/*41行的语句用到了GPIO1MIS寄存器,该寄存器是用来记录GPIO1接口中哪些引脚的中断受到了微控制器的响应。该寄存器的具体描述请参考图8.9。在中断没有被屏蔽的情况下,通过读取该寄存器就知道引脚上有没有符合条件的中断发生了。如果GPIOnMIS某一位为1,就说明微控制器响应了某个引脚的中断。LPC_GPIO1->MIS就是指向GPIO1MIS寄存器的指针,具体的定义参考程序段5.2(lpc11xx.h)代码的323和582行。*/

```
41   if((LPC_GPIO1->MIS&(1<<9))==(1<<9))   /*LPC_GPIO1->MIS&(1<<9)是将
                                              GPIO1MIS第9位保持不变,其他位清零,操
                                              作后的值如果等于(1<<9),说明GPIO1
                                              的P1.9引脚发生了中断,且中断送入了微
                                              控制器。也就是按键KEY1按下了。*/
42   {
43     LED1_ON;        //判断KEY1按键按下后,点亮LED1
44     while(KEY1_DOWN);  /*继续判断KEY1按键是否持续按下,如果持续按下,保持不动,一直循环;
                         如果按键放开,则循环结束。*/
45     LED1_OFF;  //按键放开,熄灭LED1
```

/*当中断处理完成后,我们可以通过向中断清除寄存器GPIOnIC(见图8.10)某位写1来清除GPIOnMIS,GPIOnRIS两个寄存器中对应的位,这样就可以让GPIOnMIS,GPIOnRIS两个寄存器在下次发生中断时再次进行记录了。LPC_GPIO1->IC就是指向GPIO1IC的指针。*/

```
46     LPC_GPIO1->IC =0XFFF;  // 清中断,P1接口有12个引脚,因此0xFFF是低12位都为1。
47   }
```

/*48~53行代码请参考41~46行。主要是用来判断KEY2键是否按下,如果按下,则具体操作与上面一样。*/

```
48   if((LPC_GPIO1->MIS&(1<<10))==(1<<10)) // 如果是P1.10引起的中断
49   {
50     LED2_ON;
51     while(KEY2_DOWN);
52     LED2_OFF;
53     LPC_GPIO1->IC =0XFFF;  // 清中断
54   }
55 }
```

/*通过分析PIOINT1_IRQHandler_KeyTest函数,我们可以看出该函数的功能就是:如果某个按键有中断发生,中断服务程序就点亮对应LED,但是点亮后仍然是在中断服从程序中不断查询按键是否放开(如while(KEY1_DOWN);语句),直到按键放开才能够退出中断服务程序,虽然代码效率也不高,但至少比程

序段 8.2 要高效一些。*/

```
57 /****************************************/
58 /*函数名称:主函数          */
59 /****************************************/
```

/*以下是主函数。*/

```
60 int main()
61 {
62   led_init(); // 初始化 LED 相关引脚
```

/*什么时候设置 P1.9、P1.10 引脚为下降沿触发呢？实际上我们这里没有代码,因为大家可以看一下 GPIOnIEV 和 GPIOnIS 两个寄存器,这两个寄存器在系统复位后默认的值是 0,也就是默认的触发方式就是下降沿触发,因此代码中不需要设置这两个寄存器。如果采用的是电平触发方式,那么在本程序的 63 行之前就需要对 GPIOnIEV 和 GPIOnIS 两个寄存器进行设置,比如要设置 P1.9 引脚为高电平触发,则需要这样两行代码:LPC_GPIO->IEV |=(1<<9)和 LPC_GPIO->IS |=(1<<9)。*/

/*昨天我们分析过,要想让中断能够送给微控制器内部,还需要开放中断屏蔽位,也就是要配置 GPIOnIE 寄存器,见 63、63 行。*/

```
63   LPC_GPIO1->IE |=(1<<9);  // 将 GPIO1IE 寄存器的第 9 位置 1,也就是允许 P1.9 引脚上的中
                              //断,该寄存器请参考图 8.8
64   LPC_GPIO1->IE |=(1<<10); //将 GPIO1IE 寄存器的第 10 位置 1,也就是允许 P1.10 引脚上的
                              //中断,该寄存器请参考图 8.8
```

/*还记得我们在图 1.12 中的内容吗,那幅图中给出了中断和异常的编号,其中中断号为 0~31 的 32 个中断是外部中断,这些外部中断能否被微控制器响应受到系统内的 ISER 寄存器(参考图 9.2)的影响,该寄存器使一个 32 位的寄存器,每个位对应一个外部中断,比如当我们想让微控制器响应某个外部中断号为 i 的中断时,就需要将 ISER 寄存器的第 i 位置为 1。因此,我们主函数中还有最后一个配置过程,就是配置中断集合使能寄存器 ISER,将 GPIO1 接口(中断号为 1)在 ISER 寄存器中对应位置 1,也就是将 ISER[1]置 1,那么如何设置呢？这就需要 65 行的 NVIC_EnableIRQ 函数。另外需要说明的是,ISER 寄存器是一个可读可写的寄存器,当读取该寄存器使,就可以知道哪些外部中断被使能了。*/

Table 443. ISER bit assignments

Bits	Name	Function
[31:0]	SETENA	Interrupt set-enable bits. Write: 0 = no effect 1 = enable interrupt. Read: 0 = interrupt disabled 1 = interrupt enabled.

图 9.2 ISER 寄存器

/* 65 行"NVIC_EnableIRQ(EINT1_IRQn)"语句中的 EINT1_IRQn,是在 LPC11XX.h 中定义的枚举类型 IRQn 中的一个变量,其值为 30,就是 GPIO1 接口的中断号(参考程序段 5.2)。NVIC_EnableIRQ 是 CMSIS 提供的一个函数,定义在 core_cm0.h 中(参考程序段 5.3),该函数的具体操作语句是"NVIC->ISER[0]

=(1 < < ((uint32_t)(IRQn) & 0x1F))"。语句中 ISER[0]就是 LPC1114 微控制器中的 ISER 寄存器,对于其他系列的微控制器,ISER[1]也可能是有用的。为了保证文件能够适用于多种微控制器,因此 CMSIS 在对 ISER 定义时,就定义了一个数组,我们 LPC1114 只用 ISER[0]。语句中的 IRQn 就是参数 EINT1_IRQn 的值,将 IRQn 的低 5 位保持不变,高位全部清 0 后,就是 30。这样操作的目的是防止给出的中断号大于 31。我们将 1 左移 30 个比特后送入 ISER[0],就是将 GPIO1 对应的中断使能位打开了。*/

```
65    NVIC_EnableIRQ(EINT1_IRQn); // 打开 GPIO1 中断
```

/*寄存器设置完成后就可以等待中断了发生了。此时微控制器将在 67 行的循环中进行空操作,如果有按键按下,则中断就会触发,程序就会跳转到中断服务程序中运行,点亮响应的 LED 灯。中断服务程序完成后,仍然会返回到 while 循环中继续空操作。*/

```
67    while(1)
68    {
69      ;
70    }
71  }
```

回顾一下主函数我们做的事情,主要就是:①设置引脚的中断方式(我们没有具体的设置程序,因为默认情况下就是下降沿中断);②设置中断使能寄存器,让引脚的中断可以送入微控制器,这里的中断需要设置 GPIOnIE 和 ISER 两个寄存器,千万别忘了;③给出中断服务程序的代码。那么为什么中断发生时就会执行我们给出的 PIOINT1_IRQHandler_KeyTest 中断服务函数呢?原因就在 startup_lpc11xx.s 文件当中,我们刚才说过了,这个文件与以往的文件有些不同,不同之处就在于文件的 58 行和 107 行(其他代码与程序段 6.1 完全一样),具体请看我们下面的分析,请看程序段 9.2 中的注释。

程序段 9.2 startup_lpc11xx.s 文件部分代码

/* 001~053 行代码与程序段 6.1 完全一样,这里就省略不给出了。59~108 行实际上是系统的中断向量表,中断向量表中给出的就是中断服务程序的地址,比如中断号为 -15 的系统复位异常(参考图 1.12),其中断服务程序地址就在 60 行给出的 Reset_Handler 处(执行代码在 122 行);中断号为 31 的外部中断(GPIO0),其中断服务程序地址就在 108 行给出的 PIOINT0_IRQHandler 处(执行代码在 199 行)。因此要想能够让中断号为 30 的 GPIO1 中断能够跳转到我们设计的中断服务程序 PIOINT1_IRQHandler_KeyTest 处,就需要在中断向量表中给出函数 PIOINT1_IRQHandler_KeyTest 的名称,也就是要修改程序段 6.1 中的 107 行,将其改为本段程序 107 行的样子。由于 PIOINT1_IRQHandler_KeyTest 函数不是在本段代码中定义的,为了防止编译出错,我们在 58 行处做了一个声明,*/

```
054   ; Vector Table Mapped to Address 0 at Reset
056           AREA    RESET, DATA, READONLY
057           EXPORT  __Vectors ;
```

/*下面是对 PIOINT1_IRQHandler_KeyTest 函数的一个声明,IMPORT 表示我们会用到名称为 PIOINT1_IRQHandler_KeyTest 的一个函数,该函数是在本程序以外的其他文件当中的。*/

```
058           IMPORT  PIOINT1_IRQHandler_KeyTest
```

```
059 __Vectors      DCD  __initial_sp
060            DCD  Reset_Handler       ; Reset Handler  /*复位异常,装载完栈顶后,第一个执行的程序,
                                                          并且不返回*/
061            DCD  NMI_Handler         ; NMI Handler/*不可屏蔽中断*/
062            DCD  HardFault_Handler   ; Hard Fault Handler/*硬件错误异常*/
063            DCD  0                ; Reserved
064            DCD  0                ; Reserved
065            DCD  0                ; Reserved
066            DCD  0                ; Reserved
067            DCD  0                ; Reserved
068            DCD  0                ; Reserved
069            DCD  0                ; Reserved
070            DCD  SVC_Handler         ; SVCall Handler  /*系统调用异常,主要是为了调用操作系统内
                                                          核服务*/
071            DCD  0                ; Reserved
072            DCD  0                ; Reserved
073            DCD  PendSV_Handler      ; PendSV Handler/*挂起异常*/
074            DCD  SysTick_Handler     ; SysTick Handler/*滴答定时器,为操作系统内核时钟*/
075
076            ; External Interrupts /*下面对应的是外部中断。*/
077            DCD  WAKEUP_IRQHandler   ; 16 + 0: Wakeup PIO0.0  /*77~89行为15个能够唤醒微
                                                                   控制器的引脚中断服务程序,都
                                                                   对应WAKEUP_IRQHandler*/
078            DCD  WAKEUP_IRQHandler   ; 16 + 1: Wakeup PIO0.1
079            DCD  WAKEUP_IRQHandler   ; 16 + 2: Wakeup PIO0.2
080            DCD  WAKEUP_IRQHandler   ; 16 + 3: Wakeup PIO0.3
081            DCD  WAKEUP_IRQHandler   ; 16 + 4: Wakeup PIO0.4
082            DCD  WAKEUP_IRQHandler   ; 16 + 5: Wakeup PIO0.5
083            DCD  WAKEUP_IRQHandler   ; 16 + 6: Wakeup PIO0.6
084            DCD  WAKEUP_IRQHandler   ; 16 + 7: Wakeup PIO0.7
085            DCD  WAKEUP_IRQHandler   ; 16 + 8: Wakeup PIO0.8
086            DCD  WAKEUP_IRQHandler   ; 16 + 9: Wakeup PIO0.9
087            DCD  WAKEUP_IRQHandler   ; 16 +10: Wakeup PIO0.10
088            DCD  WAKEUP_IRQHandler   ; 16 +11: Wakeup PIO0.11
089            DCD  WAKEUP_IRQHandler   ; 16 +12: Wakeup PIO1.0
```

/*下面不用我说了,大家看字面意思就知道了,以下分别是CAN中断、SSP1中断等对应的服务程序入口。*/

```
090            DCD  CAN_IRQHandler          ; 16 +13: CAN
091            DCD  SSP1_IRQHandler         ; 16 +14: SSP1
092            DCD  I2C_IRQHandler          ; 16 +15: I2C
093            DCD  TIMER16_0_IRQHandler    ; 16 +16: 16 - bit Counter - Timer 0
094            DCD  TIMER16_1_IRQHandler    ; 16 +17: 16 - bit Counter - Timer 1
095            DCD  TIMER32_0_IRQHandler    ; 16 +18: 32 - bit Counter - Timer 0
```

```
096         DCD   TIMER32_1_IRQHandler    ; 16 + 19: 32 - bit Counter - Timer 1
097         DCD   SSP0_IRQHandler         ; 16 + 20: SSP0
098         DCD   UART_IRQHandler         ; 16 + 21: UART
099         DCD   USB_IRQHandler          ; 16 + 22: USB IRQ
100         DCD   USB_FIQHandler          ; 16 + 24: USB FIQ
101         DCD   ADC_IRQHandler          ; 16 + 24: A/D Converter
102         DCD   WDT_IRQHandler          ; 16 + 25: Watchdog Timer
103         DCD   BOD_IRQHandler          ; 16 + 26: Brown Out Detect
104         DCD   FMC_IRQHandler          ; 16 + 27: IP2111 Flash Memory Controller
105         DCD   PIOINT3_IRQHandler      ; 16 + 28: PIO INT3
106         DCD   PIOINT2_IRQHandler      ; 16 + 29: PIO INT2
```

/*107 行是我们修改过的,我们将中断服务程序 PIOINT1_IRQHandler_KeyTest 的函数名称放在这里,就是在 30 号外部中断发生时,告诉系统应该跳转到 main. c 文件中的 PIOINT1_IRQHandler_KeyTest 函数处去执行。*/

```
107  DCD   PIOINT1_IRQHandler_KeyTest ; 16 + 30: PIO INT1,原来该行的代码是“DCD   PIOINT2_IRQHandler”
108  DCD   PIOINT0_IRQHandler     ; 16 + 31: PIO INT0

117         AREA   |.text|, CODE, READONLY
120  ; Reset Handler
122  Reset_Handler   PROC
123         EXPORT   Reset_Handler          [WEAK]
124         IMPORT   SystemInit
125         IMPORT   __main
126         LDR   R0, = SystemInit
127         BLX   R0
128         LDR   R0, = __main
129         BX     R0
130         ENDP

133  ; Dummy Exception Handlers (infinite loops which can be modified)
134
135  NMI_Handler   PROC
136         EXPORT   NMI_Handler   [WEAK]
137         B.         /*“B.”代表程序跳转到此处,也就是不停地在本行跳转,死循环了。也就是说 NMI
                       的中断服务程序什么都没做,就在这里不停地循环,死在这了。后面代码请参考此
                       处。*/
138         ENDP

139  HardFault_Handler\
140         PROC
141         EXPORT   HardFault_Handler     [WEAK]
142         B     .
143         ENDP
```

```
144 SVC_Handler   PROC
145             EXPORT   SVC_Handler            [WEAK]
146             B     .
147             ENDP
148 PendSV_Handler   PROC
149             EXPORT   PendSV_Handler         [WEAK]
150             B     .
151             ENDP
152 SysTick_Handler PROC
153             EXPORT   SysTick_Handler        [WEAK]
154             B     .
155             ENDP
```

/* 下面159～178行声明了很多中断服务程序的名称,180～199行将这些名字写在一起的意思是:一旦对应的中断发生,中断服务程序都在此处,执行同样的程序代码,这个代码就是201行的“B .”,一条循环跳转指令。因此所有中断异常的服务程序都是空的。那么为什么这么做呢,因为它要把这些中断工作留给用户来自己定义。*/

```
157 Default_Handler PROC
158
159             EXPORT   WAKEUP_IRQHandler      [WEAK]
160             EXPORT   CAN_IRQHandler         [WEAK]
161             EXPORT   SSP1_IRQHandler        [WEAK]
162             EXPORT   I2C_IRQHandler         [WEAK]
163             EXPORT   TIMER16_0_IRQHandler   [WEAK]
164             EXPORT   TIMER16_1_IRQHandler   [WEAK]
165             EXPORT   TIMER32_0_IRQHandler   [WEAK]
166             EXPORT   TIMER32_1_IRQHandler   [WEAK]
167             EXPORT   SSP0_IRQHandler        [WEAK]
168             EXPORT   UART_IRQHandler        [WEAK]
169             EXPORT   USB_IRQHandler         [WEAK]
170             EXPORT   USB_FIQHandler         [WEAK]
171             EXPORT   ADC_IRQHandler         [WEAK]
172             EXPORT   WDT_IRQHandler         [WEAK]
173             EXPORT   BOD_IRQHandler         [WEAK]
174             EXPORT   FMC_IRQHandler         [WEAK]
175             EXPORT   PIOINT3_IRQHandler     [WEAK]
176             EXPORT   PIOINT2_IRQHandler     [WEAK]
177             EXPORT   PIOINT1_IRQHandler     [WEAK]
178             EXPORT   PIOINT0_IRQHandler     [WEAK]
179
180 WAKEUP_IRQHandler
181 CAN_IRQHandler
182 SSP1_IRQHandler
183 I2C_IRQHandler
```

```
184  TIMER16_0_IRQHandler
185  TIMER16_1_IRQHandler
186  TIMER32_0_IRQHandler
187  TIMER32_1_IRQHandler
188  SSP0_IRQHandler
189  UART_IRQHandler
190  USB_IRQHandler
191  USB_FIQHandler
192  ADC_IRQHandler
193  WDT_IRQHandler
194  BOD_IRQHandler
195  FMC_IRQHandler
196  PIOINT3_IRQHandler
197  PIOINT2_IRQHandler
198  PIOINT1_IRQHandler
199  PIOINT0_IRQHandler
200
201              B.
203              ENDP
```

/*203行以后也与程序段6.1完全相同,不再赘述。*/

因此只要将main.c程序及其内部的中断服务函数写好后,像我们这里一样简单修改一下startup_lpc11xx.s程序,就可以让微控制器在发生中断时轻松执行你所设计的中断服务程序了,其他任何地方都不需要改动,简单吧。再直白一点说,就是假设你在main.c主程序中使能了中断,并设计了某个中断服务程序叫做int_server,那么在修改startup_lpc11xx.s的代码时,首先要在中断向量表结构之前(比如56~59行之间)声明int_server,然后再在中断向量表中(59~108行)对应的中断向量号处用int_server覆盖掉原来的函数名称,就可以了。(/*到目前为止,中断程序设计的基本步骤大家就应该清楚了。进一步的原理性分析请看下一小节。*/)

9.2 中断程序设计原理及流程

针对9.1节中我们给出的main.c和startup_lpc11xx.s两段程序,下面我们来设想几种外部中断的情况,看看中断程序会如何执行。

(1) 假设我们没有修改过startup_lpc11xx.s中的代码,同时在main.c中我们却设置好了引脚的中断触发方式,也使能了引脚对应的中断,但是没有写中断服务程序,那么一旦中断触发时,程序会如何运行呢?(/*没写中断服务程序是不是就不用进行中断处理了呢?往下看。*/)

由于在主函数中已经开放了中断,并且微控制器也能够响应中断请求,因此一旦中断事件发生,微控制器首先会响应该中断,接下微控制器会根据中断号自动查找中断服务程序,比如某引脚或者某接口的中断号为i,那么微控制器会计算中断服务程序在中断向量表中的地址,计算方法是将 i 加上 16 然后乘以 4(每个中断服务程序的地址在中断向量表中占 4 个字节),找到中断向量表对应的地址后,从中就可以取出中断服务程序的地址,跳转过去并执行。微控制器并不知道我们用户写了中断服务程序没有,因此即便我们没有写中断服务程序,它也会自动查找中断向量表,中断向量表中存储的地址就是它即将跳转过去的地方。

因此如果我们在 9.1 节的 main.c 程序中没有定义 PIOINT1_IRQHandler_KeyTest 函数,微控制器也会根据中断号 30,找到 startup_lpc11xx.s 定义的中断向量表中的中断服务程序 PIOINT1_IRQHandler,并跳转到 startup_lpc11xx.s 的 198 行 PIOINT1_IRQHandler 处执行中断服务程序,PIOINT1_IRQHandler 中断服务程序在 startup_lpc11xx.s 中并没有具体内容,仅有一条语句就是 201 行的"B .",意思是死循环。所以我们可以看出,即便我们用户不定义中断服务程序,微控制器也能够根据 startup_lpc11xx.s 的中断向量表找到最初的中断服务程序,并执行。

(2)既然 GPIO1 接口按键的中断服务程序在 startup_lpc11xx.s 原始程序中定义的就是 PIOINT1_IRQHandler,那么我们自己写的中断服务程序能不能也用相同的名字呢?该怎么做?

其实 startup_lpc11xx.s 原始程序中给出的中断服务程序的名称就是让用户来用的,只不过有些时候我们觉得名字不够形象,不想用罢了。因此我们自己在设计中断服务程序时,可以直接使用 startup_lpc11xx.s 中给出的中断服务程序名称,比如在 main.c 函数中我们就将 PIOINT1_IRQHandler 作为中断服务程序的名称。这时候程序设计就更简单了,我们写完主函数后根本不需要修改 startup_lpc11xx.s 中的代码,就可以在中断发生时让微控制器自动跳转到我们所写的中断服务程序中。

有的同学会问:"刚才不是说了,会自动跳转到 startup_lpc11xx.s 的 198 行 PIOINT1_IRQHandler 处执行中断服务程序,怎么会跳转到 main.c 中执行用户写的中断服务程序呢?"这里大家要关注一个地方,就是 startup_lpc11xx.s 中 177 行的"[WEAK]"指令,该指令的意思是:如果代码中别的地方没有声明 PIOINT1_IRQHandler,那么程序就会执行 198 行的指令,即"B .";如果代码中在其他的地方声明了 PIOINT1_IRQHandler 函数,则会跳转到其他的地方去运行。因此我们不用担心程序会找错地方。这种设计中断服务程序的办法实际上比我们 9.1 节介绍的过程更加简单,不用修改 startup_lpc11xx.s 程序,只不过唯一一点不好的地方就是中断服务程序的名字是固定的,不能修改。(/*不过我们推荐这样设计中断服务程序,因为可以避免因修改 startup_lpc11xx.s 程序而造成错误*/)。

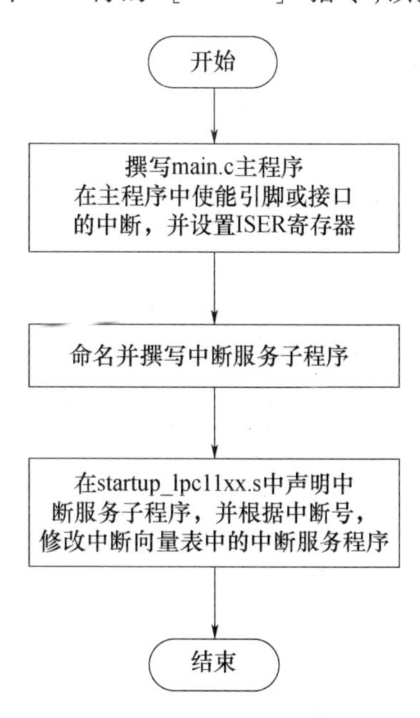

图 9.3 外部中断服务程序设计流程

上面两种情况分析完成以后,想必大家此时对外部中断程序设计的基本原理有所了解了吧,下面我们就给出中断服务程序设计的基本流程,如图 9.3 所示。

中断服务程序设计的基本流程非常简单,只要设置好中断服务程序并使能中断后,简单修改一下中断向量表,就可以实现中断功能了。那么在修改中断向量表时,我们怎么知道修改哪一个中断表项呢?这时就需要到大家对图9.4(参考用户手册Table55)有所了解了,读者根据该图就能够知道自己中断向量号是多少了,比如如果是ADC产生的中断,那么中断号就应该是24,修改向量表时就直接修改第24+16个中断表项(24代表外部中断的24号,内部中断还有16个,因此是向量表中的第40个表项)。

Table 55. Connection of interrupt sources to the Vectored Interrupt Controller

Exception Number	Vector Offset	Function	Flag(s)
12 to 0		start logic wake-up interrupts	Each interrupt is connected to a PIO input pin serving as wake-up pin from Deep-sleep mode; Interrupt 0 to 11 correspond to PIO0_0 to PIO0_11 and interrupt 12 corresponds to PIO1_0; see Section 3.5.30.
13		C_CAN	C_CAN interrupt
14		SPI/SSP1	Tx FIFO half empty Rx FIFO half full Rx Timeout Rx Overrun
15		I²C	SI (state change)
16		CT16B0	Match 0 - 2 Capture 0
17		CT16B1	Match 0 - 1 Capture 0
18		CT32B0	Match 0 - 3 Capture 0
19		CT32B1	Match 0 - 3 Capture 0
20		SPI/SSP0	Tx FIFO half empty Rx FIFO half full Rx Timeout Rx Overrun
21		UART	Rx Line Status (RLS) Transmit Holding Register Empty (THRE) Rx Data Available (RDA) Character Time-out Indicator (CTI) End of Auto-Baud (ABEO) Auto-Baud Time-Out (ABTO)
22		-	Reserved
23		-	Reserved
24		ADC	A/D Converter end of conversion
25		WDT	Watchdog interrupt (WDINT)
26		BOD	Brown-out detect
27		-	Reserved
28		PIO_3	GPIO interrupt status of port 3
29		PIO_2	GPIO interrupt status of port 2
30		PIO_1	GPIO interrupt status of port 1
31		PIO_0	GPIO interrupt status of port 0

图9.4 外部中断源及中断向量号

下面我们再来说说微控制器响应中断的基本过程,具体分为以下几个步骤:

(1) 中断事件发生,但中断事件被屏蔽了,那么微控制器不会响应中断;

(2) 中断事件发生,且没有被屏蔽,则此时根据中断源,硬件系统会向微控制器发送一个中断号(这是硬件自己完成的,用户不用考虑为什么);

(3) 微控制器根据中断号,查找内存中的中断向量表,具体方法就是根据"中断号 + 16"找到中断表项,并取出其中存储的中断服务程序地址(找的过程也是硬件自己完成的,用户不用管,因此只要设计好了中断向量表,中断服务程序自然会找的);

(4) 根据地址进行跳转,执行中断服务程序,执行完成后返回主程序。

9.3 NVIC 中断系统

LPC1114 的每一个引脚都可以引入一个外部中断,所以有多少个引脚就有多少个外部中断。虽然外部中断很多,但这只是其中断的一小部分。在 LPC11xx 系列处理器中,有一个部分被称为"私有外设总线"(Private peripheral bus),它位于 Memory map 中地址为 0xE0000000 ~ 0xE0100000 的地方,包含有图 9.5(用户手册 Table440)中列出的几个核心外设。

Table 440. Core peripheral register regions

Address	Core peripheral	Description
0xE000E008-0xE000E00F	System Control Block	Table 28–449
0xE000E010-0xE000E01F	System timer	Table 28–458
0xE000E100-0xE000E4EF	Nested Vectored Interrupt Controller	Table 28–441
0xE000ED00-0xE000ED3F	System Control Block	Table 28–449
0xE000EF00-0xE000EF03	Nested Vectored Interrupt Controller	Table 28–441

图 9.5 核心外设

其中的 Nested Vectored Interrupt Contorller(NVIC)就是中断系统,被称为"内嵌套向量中断控制器"。它与处理器内核紧密耦合,可实现低中断延迟及对新中断的有效处理。它具有以下特征:

拥有 32 路向量中断;每个中断的优先级均可编程设置为 0 ~ 192(步长 64),数值越小优先级越高,0 级为最高优先级;支持电平和边沿触发中断;拥有一个外部不可屏蔽中断 NMI。

NVIC 所涉及到的寄存器如图 9.6 所示(用户手册 Table441)。其中 ISER 寄存器是设置中断的使能。ICER 寄存器是设置中断的禁能。ISPR 寄存器是设置中断的挂起。ICPR 寄存器是清除中断的挂起。IPR0 ~ 7 寄存器是设置中断优先级。

Table 441. NVIC register summary

Address	Name	Type	Reset value	Description
0xE000E100	ISER	RW	0x00000000	Section 28–28.6.2.2
0xE000E180	ICER	RW	0x00000000	Section 28–28.6.2.3
0xE000E200	ISPR	RW	0x00000000	Section 28–28.6.2.4
0xE000E280	ICPR	RW	0x00000000	Section 28–28.6.2.5
0xE000E400-0xE000E41C	IPR0-7	RW	0x00000000	Section 28–28.6.2.6

图 9.6 NVIC 寄存器

这里需要提一下:CMSIS 为了方便用户编写程序,避免分析不同型号微控制器中断设置的差别所带来的麻烦,特别提供给用户一些专门用于 NVIC(中断嵌套控制器)控制的几个函数,以提高程序设计的兼容性,这些函数主要包括(位于头文件 core_cm0.h 中):

(1) 允许某个中断或异常。

```
static __INLINE void NVIC_EnableIRQ(IRQn_Type IRQn)
{
  NVIC->ISER[0] =(1 << ((uint32_t)(IRQn) & 0x1F));
}
```

(2) 禁止某个中断或异常。

```
static __INLINE void NVIC_DisableIRQ(IRQn_Type IRQn)
{
  NVIC->ICER[0] =(1 << ((uint32_t)(IRQn) & 0x1F));
}
```

(3) 读取某个中断或异常的挂起状态。

```
static __INLINE uint32_t NVIC_GetPendingIRQ(IRQn_Type IRQn)
{
  return((uint32_t) ((NVIC->ISPR[0] & (1 << ((uint32_t)(IRQn) & 0x1F)))? 1:0));
}
```

(4) 把某个中断或异常的挂起状态设为 1。

```
static __INLINE void NVIC_SetPendingIRQ(IRQn_Type IRQn)
{
  NVIC->ISPR[0] =(1 << ((uint32_t)(IRQn) & 0x1F));
}
```

(5) 把某个中断或异常的挂起状态清为 0。

```
static __INLINE void NVIC_ClearPendingIRQ(IRQn_Type IRQn)
{
  NVIC->ICPR[0] =(1 << ((uint32_t)(IRQn) & 0x1F)); /* Clear pending interrupt */
}
```

(6) 把某个中断或异常的可配置优先级设为 1。

```
static __INLINE void NVIC_SetPriority(IRQn_Type IRQn, uint32_t priority)
{
  if(IRQn < 0)
  {
  SCB->SHP[_SHP_IDX(IRQn)] =(SCB->SHP[_SHP_IDX(IRQn)] & ~(0xFF << _BIT_SHIFT
(IRQn)))|(((priority << (8 - __NVIC_PRIO_BITS)) & 0xFF) << _BIT_SHIFT(IRQn));
  }
  else
  {
```

```
    NVIC->IP[_IP_IDX(IRQn)] = (NVIC->IP[_IP_IDX(IRQn)] & ~(0xFF << _BIT_SHIFT(IRQn)))
   | (((priority << (8 - __NVIC_PRIO_BITS)) & 0xFF) << _BIT_SHIFT(IRQn));
   }
   }
```

(7) 读取某个中断或异常的优先级。

```
static __INLINE uint32_t NVIC_GetPriority(IRQn_Type IRQn)
{
  if(IRQn < 0)
  {
    return((uint32_t)((SCB->SHP[_SHP_IDX(IRQn)] >> _BIT_SHIFT(IRQn) ) >> (8 -__NVIC_PRIO_BITS)));
  }
    else
  {
    return((uint32_t)((NVIC->IP[ _IP_IDX(IRQn)] >> _BIT_SHIFT(IRQn) ) >> (8 - __NVIC_PRIO_BITS))); }
  }
```

(8) 复位 NVIC。

```
static __INLINE void NVIC_SystemReset(void)
{
    __DSB();
    SCB->AIRCR  =((0x5FA << SCB_AIRCR_VECTKEY_Pos) | SCB_AIRCR_SYSRESETREQ_Msk);
    __DSB();
    while(1);
}
```

参考网易博友“厚积薄发”的博文,我们对上述函数简单说明一下:

(1) 数组的引用其取值只能是0(即第一个元素),这是因为在结构体定义中只定义了一个数组元素,且由于需要利用数组的地址连续性来对应 CPU 物理地址,所以也不能将其定义为一个普通变量。

(2) 关键字“__INLINE ”在头文件 core_cm0.h 中已做了宏定义“#define __INLINE__ inline”,__inline 是通知编译器其后面的函数为内联形式。

(3) 中断源 IRQn 要与 0x1F 与一下,是为了屏蔽高 27 位的值,因为中断源的最大值只到 31,所以只用了 32 位中的低 5 位。

(4) 在函数的参数中,由于引入了枚举类型,所以可以在调用函数的时候,在参数部分可直接使用枚举中的名称,这样就可以省去记忆 32 个中断源在 32 位寄存器中的对应位置,便于书写和阅读。例如,要开启端口 0 的外部中断,执行程序“NVIC_EnableIRQ(EINT0_IRQn)”即可。

上述就是 LPC1114 中的整个中断系统。可以看出,它控制着整个处理器 32 路中断源的使能与挂起等 8 个动作,功能非常强大。但作为外部中断的端口中断源却只有 4

个,即 EINT0_IRQn、EINT1_IRQn、EINT2_IRQn、EINT3_IRQn。而每一个端口又对应有 12 个引脚(端口 3 为 6 个)又都可以产生外部中断,那怎么来判断是哪个引脚上申请的中断呢?这就需要借助 GPIOnMIS 寄存器了。在外部中断响应的服务程序内,判别 MIS 寄存器的各个位,值为 1 的位所对应的就是触发本次外部中断的引脚。

系统滴答定时器 SysTick

系统滴答定时器 SysTick 是 Cortex - M0 内核的核心部件，一般在有操作系统的设计中用作系统的“心跳”（定时节拍），当然也可以用作普通的定时器使用。学习掌握好系统定时器对于理解操作系统的运行机理有着很大的帮助。

10.1 系统滴答定时器工作原理

10.1.1 系统滴答定时器结构及寄存器

SysTick 定时器虽然被称作系统滴答定时器，但实际上也就是一个定时器而已，只不过处于 Cortex - M0 的内核当中，所以“高大上”一点儿。但也正是由于该定时器处于 Cortex - M0 的内核当中，因此 M0 系列的微控制器都有这个定时器，因此学好一个芯片的定时器开发，其他的也就都会了。

SysTick 定时器的主要目的是为了给嵌入式操作系统提供一个硬件上的中断（号称滴答中断），也称作“心跳”。操作系统为什么要有心跳呢？大家都知道，在操作系统上运行的任务往往会有多个，那么多个任务都要运行，而我们只有一个处理器，操作系统该怎么协调大家呢？很简单，操作系统会把整个运行时间分成一个个小的时间片，每个任务分一个，在不同的时间片运行不同的任务，当某个任务运行时间一到，就必须放弃处理器，让下一个任务运行，这样就可以使得多个任务轮流占用处理器，给人的感觉就是大家都在运行。时间片的长短如何计时？时间到了谁来通知操作系统？这就是 SysTick 定时器能够提供的功能，在对其配置完成后，SysTick 定时器能够产生周期性的中断。一般情况下操作系统“心跳”的周期是 10ms。

图 10.1 就是 SysTick 定时器的结构框图。从图中我们可以看出该定时器有两个时钟源输入信号，一个是系统时钟 system clock，另一个是系统时钟 system clock 的二分之一分频，用户肯定是可以选择的了。（/ * 不记得系统时钟的同学可以回顾一下图 7.1，在寄存器 SYSAHBCLKDIV 保持默认值的情况下，系统时钟就是主时钟。 * /）另外从图中我们还可以看出 SysTick 定时器是一个 24 位的计数器，即最长的计数次数为 16777216 次，设置好计数初始值以后，在时钟源的触发下进行倒数计数；计数完成后会通过中断信号

线向内核发送中断。要想控制 SysTick 定时器,需要学会配置图 10.2 中给出的几个寄存器(参考用户手册 Table357),下面我们一一作出说明。

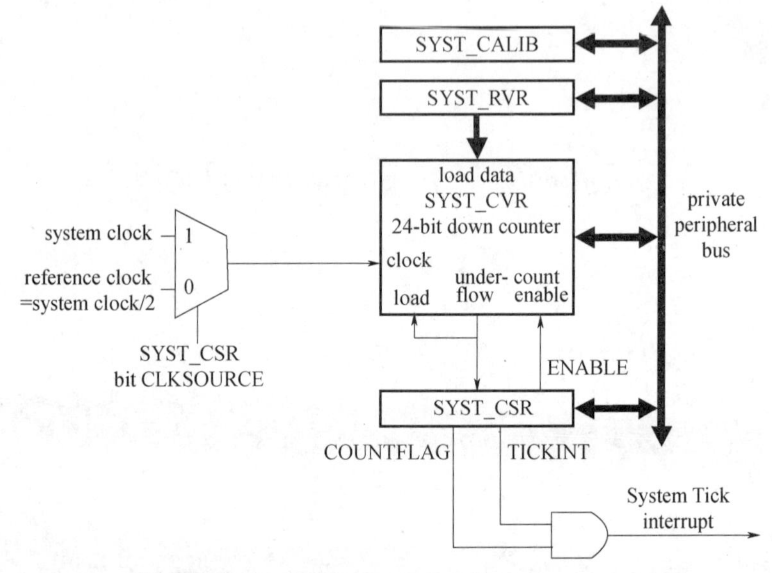

图 10.1　系统滴答定时器 SysTick 结构框图

Table 357. Register overview: SysTick timer (base address 0xE000 E000)

Name	Access	Address offset	Description	Reset value
SYST_CSR	R/W	0x010	System Timer Control and status register	0x000 0000
SYST_RVR	R/W	0x014	System Timer Reload value register	0
SYST_CVR	R/W	0x018	System Timer Current value register	0
SYST_CALIB	R/W	0x01C	System Timer Calibration value register	0x4

图 10.2　系统定时器控制寄存器

1. 校准寄存器 SYST_CALIB

SYST_CALIB 是系统定时器的校准值寄存器,负责 SysTick 的校准。用户不必去关心该寄存器,在出厂时已经设置完成。

2. 系统定时器的控制寄存器 SYST_CSR

SYST_CSR 是系统定时器的控制寄存器,负责 SysTick 的启动、中断使能、输入时钟选择、溢出标志读取等操作,如图 10.3 所示(用户手册 Table459)。

从图 10.3 中可以看出,第 0 位是使能 SysTick,值为 1 启动计数,值为 0 关闭计数;第 1 位是 SysTick 的中断使能位,值为 1 使能中断,值为 0 禁能中断;第 2 位是输入时钟源的选择位,值为 1 时选择系统时钟作为计数脉冲,值为 0 时选择二分之一系统时钟作为计数脉冲的参考时钟;第 16 位是溢出标志位,当计数的值递减到 0 时,该位被置 1,在读取该位后自动清零。

3. 系统定时器计数初值寄存器 SYST_RVR

SYST_RVR 寄存器的结构如图 10.4 所示(用户手册 Table460)。

SYST_RVR 寄存器使用的是低 24 位,因此系统定时器是一个 24 位的定时器,这 24

Table 459. SYST_CSR bit assignments

Bits	Name	Function
[31:17]	–	Reserved.
[16]	COUNTFLAG	Returns 1 if timer counted to 0 since the last read of this register.
[15:3]	–	Reserved.
[2]	CLKSOURCE	Selects the SysTick timer clock source: 0 = external reference clock. 1 = processor clock.
[1]	TICKINT	Enables SysTick exception request: 0 = counting down to zero does not assert the SysTick exception request. 1 = counting down to zero asserts the SysTick exception request.
[0]	ENABLE	Enables the counter: 0 = counter disabled. 1 = counter enabled.

图 10.3　系统定时器控制寄存器

Table 460. SYST_RVR bit assignments

Bits	Name	Function
[31:24]	–	Reserved.
[23:0]	RELOAD	Value to load into the SYST_CVR when the counter is enabled and when it reaches 0, see Section 28.6.4.2.1.

图 10.4　系统定时器计数初值寄存器

位存放的就是定时器倒计时的初始值，当定时器启动后，计数值会从此值开始倒计时到 0（SYST_RVR 的值不变，它只是个初始值），因为倒计时到 0 以后，又会从此值开始倒计时，如此循环，所以也叫这个寄存器为重载值寄存器。

4. 系统定时器当前值寄存器 SYST_CVR

SYST_CVR 寄存器的结构如图 10.5 所示（用户手册 Table461）。

Table 461. SYST_CVR bit assignments

Bits	Name	Function
[31:24]	–	Reserved.
[23:0]	CURRENT	Reads return the current value of the SysTick counter. A write of any value clears the field to 0, and also clears the SYST_CSR.COUNTFLAG bit to 0.

图 10.5　系统定时器当前值寄存器

SYST_CVR 寄存器也是用到低 24 位，即 24 位数，这是一个状态寄存器，当定时器一启动，SYST_RVR 寄存器就会将初始值装载到该寄存器当中，然后在时钟的触发下不断地进行减一计数直到为 0。用户读取该寄存器就会获得当前的计数值，也就可以知道距离中断发生还有多久。

从上面描述的几个寄存器可以看出，系统定时器的配置应有如下的操作顺序：

（1）首先确定每次计数的周期，并计算初始值后送入 SYST_RVR 寄存器，完成初始值配置；

（2）向 SYST_CVR 寄存器写入 0，完成清零工作；

（3）设置 SYST_CSR 寄存器启动定时、使能中断以及选择时钟源。

10.1.2 系统滴答定时器计数初值计算

因为系统滴答定时器的时钟源有两个，一个是系统时钟(system clock)，一个是二分之一系统时钟。因此在计算定时器的计数初值之前首先要明确系统时钟是多少。假设我们系统外部晶振是10MHz，系统锁相环控制寄存器SYSPLLCTRL(参考7.1.1小节)中参数MSEL=4，那么系统的主时钟就为10MHz*(4+1)=50MHz。那么系统时钟是多少呢，回顾7.1.2小节，我们可以看到系统时钟system clock = main clock/SYSAHBCLKDIV[7:0]，一般默认情况下，系统时钟就等于主时钟。因此现在我们得到了系统时钟频率就是50MHz。

假如我们的系统滴答定时器在设置SYST_CSR寄存器时选择的是系统时钟作为定时器的时钟源，那么每个时钟周期滴答定时器都会进行减一操作，计数值减到0时，就会触发中断。好了，这时候我们就可以计算计数初值了。假定我们想要的中断周期是T，那么送入SYST_RVR的计数初值LOAD就应该为

$$\text{LOAD} = \frac{T}{1/\text{source clock frequency}} - 1$$

式中：source clock frequency就是滴答定时器时钟源的频率(我们这里就是50MHz)，假设我们想要的中断周期为10ms，那么LOAD的值就为4999999(上式中为什么要减1呢？别忘了我们的定时器的减1计数是要计到0的)。另外需要大家注意的一个地方就是由于我们是24位计数器，因此最大的计数值不能超过$2^{24}-1$。

上面我们讲的是一个具体的例子，那么在其他情况下相信大家也都能够知道如何计算了。既然系统定时器是通过中断来告诉微控制器计时周期到了，就需要设计中断程序了，如何设计请看下节的例子。

10.2 系统滴答定时器实例详解

昨天我们给大家讲解的主要是外部中断程序设计，今天这里的系统滴答定时器引起的中断是内部中断，也就是说这个中断不是由外部引脚或接口总线产生的，而是内部产生的。参考图1.12，我们可以看到系统定时器中断号为-1，在程序段5.2所分析的lpc11xx.h文件的59行，这个-1用SysTick_IRQn代表。

这里我们通过一个具体的实例来向大家讲解系统滴答定时器的配置和中断程序设计方法。在这个例子当中我们用到了CMSIS给我们提供的很多功能函数，能够大大加快我们程序设计的速度。本实例的目标是让系统滴答定时器每10ms产生一个定时器中断，系统根据定时器中断设定LED灯每秒钟交替闪亮。实例中主要包括的文件如图10.6所示，system_lpc11xx.c文件与第5章详细分析的相同，startup_LPC11XX.s文件与第6章的一样。下面我们主要看一下主程序main.c的代码，并进行详细分析，请看程序段10.1。

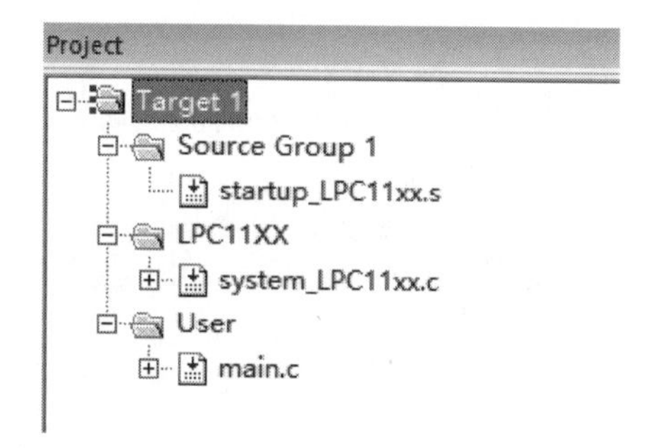

图 10.6 系统滴答定时器程序工程文件结构

程序段 10.1 main.c 文件代码

```
01 /*********************************************************
02  * 目标:ARM Cortex - M0 LPC1114
03  * 编译环境:KEIL 4.70
04  * 外部晶振:10MHz(主时钟:50MHz)
05  * 功能:系统定时器中断程序,每 10ms 发生一次中断,每 1s 中设置 LED 交替闪亮一次。
06  * 作者:
07  *********************************************************/
08 #include "lpc11xx.h"      //指定需要包含的头文件

   /*10~13 行定义了一系列的宏,包括 LED1_ON、LED1_OFF、LED2_ON、LED2_OFF,这些宏代表一系列的
   操作,LED1_ON、LED2_ON 代表点亮 LED1 和 LED2,LED1_OFF、LED2_OFF 代表要熄灭 LED1 和 LED2。
   8.3 节有详细说明,忘了的同学可以回头看下。*/

10 #define LED1_ON   LPC_GPIO1 - > DATA & = ~(1 < <0)
11 #define LED1_OFF LPC_GPIO1 - > DATA | = (1 < <0)
12 #define LED2_ON   LPC_GPIO1 - > DATA & = ~(1 < <1)
13 #define LED2_OFF LPC_GPIO1 - > DATA | = (1 < <1)
14
15 uint32_tmsTicks = 0;  //此处定义了一个全局变量,主要用于计数
16
17 void led_init()  // LED 灯相关管脚的初始化函数,请参考 8.3 节
18 {
19   LPC_SYSCON - > SYSAHBCLKCTRL | = (1 < <16); // 使能 IOCON 时钟,配置 p1.0、p1.1 接口为 GPIO
20   LPC_IOCON - > R_PIO1_0 & = ~0x07;
21   LPC_IOCON - > R_PIO1_0 | = 0x01;//把 P1.0 脚设置为 GPIO
22   LPC_IOCON - > R_PIO1_1 & = ~0x07;
23   LPC_IOCON - > R_PIO1_1 | = 0x01; //把 P1.1 脚设置为 GPIO
24   LPC_SYSCON - > SYSAHBCLKCTRL & = ~(1 < <16); // 配置完成,关闭 IOCON 时钟,节省能量
25
26   LPC_GPIO1 - > DIR | = (1 < <0);     // 设置引脚方向为输出
27   LPC_GPIO1 - > DATA | = (1 < <0);  // 设置引脚为高电平,LED 初始时熄灭
28   LPC_GPIO1 - > DIR | = (1 < <1);     // 设置引脚方向为输出
29   LPC_GPIO1 - > DATA | = (1 < <1);  // 设置引脚为高电平,LED 初始时熄灭
```

```
30  }
```

/＊32～35行定义了一个中断服务函数，名字为SysTick_Handler，该中断服务函数就是系统滴答定时器的中断服务程序，功能很简单就是将全局变量msTicks进行加1操作。“SysTick_Handler”这个名字不是我们随便起的，是startup_LPC11xx.s中断向量表中给出的（程序段6.1的74行），是默认的系统滴答定时器中断服务程序的名称，这里我们没有改动。＊/

```
32    void SysTick_Handler(void)
33  {
34    msTicks + + ;
35  }

39  int main( )
40  {
41    led_init( );  //首先初始化LED发光二极管
```

/＊接下来我们就要对系统滴答定时器进行配置了。42行就是配置过程，该过程很简单，我们用到了CMSIS提供的一个函数，名为：SysTick_Config，函数的实参“SystemCoreClock/100”就是用户计算的初值，当前我们系统的主时钟为50MHz，系统时钟SystemCoreClock也为50MHz（具体请参考5.2.7小节对system_lpc11xx.c文件的分析），因此实参的值就是500000。该函数定义在core_cm0.h文件中。具体如图10.7。首先我们把函数中用到宏列一下，这些宏都在core_cm0.h文件中定义的。

```
__STATIC_INLINE uint32_t SysTick_Config(uint32_t ticks)
{
  if ((ticks- 1) > SysTick_LOAD_RELOAD_Msk)  return (1);     /* 如果ticks-1大于24比特表达范围，则返回*/
  SysTick->LOAD  = ticks - 1;   /*SysTick->LOAD就是指向SYST_RVR寄存器的指针，这里是装在计数初值，
                                由于计数到0，因此我们算出来的值函数会帮我们自动减1为499999*/
NVIC_SetPriority (SysTick_IRQn, (1<<__NVIC_PRIO_BITS)-1); /* 设置中断号为-1的系统滴答定时器中断的
                                                优先级为 3（具体设置函数）
                                                NVIC_SetPriority请参考5.2.3小节
                                                core_cm0.h代码的567行处。）*/
                                               /*SysTick->VAL就是指向SYST_CVR寄
SysTick->VAL  = 0;
                                              存器的指针，这里就是将寄存器清0*/

  SysTick->CTRL  = SysTick_CTRL_CLKSOURCE_Msk |
                   SysTick_CTRL_TICKINT_Msk   |
                   SysTick_CTRL_ENABLE_Msk;         /* SysTick->CTRL为指向SYST_CSR寄存器的指
                                                针，这里是使能中断，计数启动，时钟源选择的
                                                是系统时钟   */
  return (0);                                     /* 配置完成 */
}
```

图10.7 SysTick_Config函数（代码分析见图中文字）＊

- #define SysTick_LOAD_RELOAD_Pos   0
- #define SysTick_LOAD_RELOAD_Msk   (0xFFFFFFUL < < SysTick_LOAD_RELOAD_Pos)
- #define __NVIC_PRIO_BITS   2
- #define SysTick_CTRL_CLKSOURCE_Pos   2
- #define SysTick_CTRL_CLKSOURCE_Msk (1UL < < SysTick_CTRL_CLKSOURCE_Pos)

```
• #define SysTick_CTRL_TICKINT_Pos        1
• #define SysTick_CTRL_TICKINT_Msk      (1UL << SysTick_CTRL_TICKINT_Pos)
• #define SysTick_CTRL_ENABLE_Pos         0
• #define SysTick_CTRL_ENABLE_Msk       (1UL << SysTick_CTRL_ENABLE_Pos)          */

/* 从图中的分析我们可以看出,本程序写入到 SYST_RVR 寄存器的初始值为 499999,该值倒数计数到 0
时,正好计了 500000 次,由于时钟是 50MHz,因此计数的周期就是 0.01s = 10ms,每 10ms 定时器就会产生
一此中断。CMSIS 只需要我们根据定时的周期和时钟源的频率来计算计数值,这个计数值会在函数中自
动减 1 后装入 SYST_RVR 寄存器。*/

42    SysTick_Config(SystemCoreClock/100); //配置滴答定时器,每 10ms 产生一次中断
43
44    while(1)      //进入死循环
45    {
46      while(msTicks < 100);   //由于每次中断 msTicks 都会加 1,因此这里在判断 msTicks 的值,只要到达
                                //100,就进行后续操作
47      msTicks = 0;         //msTicks 到达 100 后,时间过去了 1s,将 msTicks 清 0
48      LED1_ON;         //点亮 LED1
49      LED2_OFF;         //熄灭 LED2
50      while(msTicks < 100);   //再过 1s
51      LED1_OFF;         //点亮 LED2
52      LED2_ON;         //熄灭 LED1
53      msTicks = 0;         //msTicks 到达 100 后,msTicks 清 0
54    }
55  }
56
```

好了,中断程序我们到这里就分析完成了。这里大家可能还有一个疑惑的地方就是优先级的设置,为什么昨天的程序中我们没有设置中断的优先级,而刚才的代码中就设置了呢？回顾一下 1.2.3 小节的内容,我们可以知道 Cortex - M0 处理器支持 3 个固定优先级(-3, -2, -1)和 4 个可编程优先级(0x00,0x40,0x80,0xC0,这些值写入优先级寄存器),优先级号越小,优先级越高。所有可编程配置优先级的异常或中断,如果不进行优先级配置则默认优先级为 0。在系统中有多个中断可能发生的情况下,我们一般要设置优先级,决定哪个中断优先处理,昨天的程序中我们没有设置优先级就是默认优先级为 0。刚才程序代码中的优先级为 3,对应写入优先级寄存器后就是 0xC0,属于最低的优先级,不过一般在有操作系统的情况下,系统滴答定时器的优先级应该较高才合适,一般会设置为 0。

10.3 基于滴答定时器的精确延时函数设计

延迟函数在程序中会经常用到,我们以前看到的都是用 for 语句完成的延迟函数,这种延迟函数大家都会写,但是不好的地方就是具体延迟了多长时间我们不知道,往往要

根据经验来设置,而且在不同时钟频率条件下,延迟时间的长短还会变化,非常让人烦恼。由于系统滴答定时器一般是为操作系统提供服务的,没有操作系统的情况下,很少用到,这岂不是浪费,因此我们可以将该定时器改造一下,让它帮我们实现准确的延时。

下面我们就给出一段程序,目标是设计一个 delay_ms 的延迟函数,这个函数可以以毫秒为单位进行延迟。好了,我们给出这个工程的文件如图10.8所示,除了 main.c 外,其他文件都与前面介绍的一致。延迟函数的具体实现请大家详细查看程序段10.2,注意我们在程序中给出的中文注释。

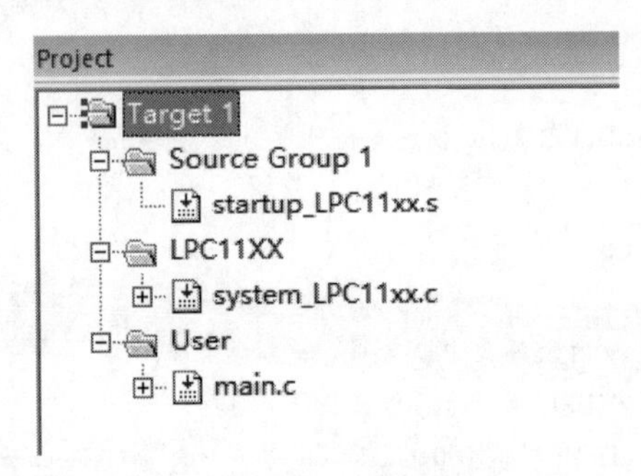

图10.8　基于系统滴答定时器的延迟函数设计

程序段10.2　main.c 文件代码

```
01 /*************************************************************
02 *目标:ARM Cortex-M0 LPC1114
03 *编译环境:KEIL 4.70
04 *外部晶振:10MHz
05 *功能:系统定时器每1ms发生一次中断,利用该中断设计一个以1ms为单位的延迟函数。
06 *作者:
07 *************************************************************/
08 #include "lpc11xx.h"

   /*10~13行定义了一系列的宏,包括LED1_ON、LED1_OFF、LED2_ON、LED2_OFF,这些宏代表一系列的
   操作,LED1_ON、LED2_ON代表点亮LED1和LED2、LED1_OFF、LED2_OFF代表要熄灭LED1和LED2。
   8.3节有详细说明,忘了的同学可以回头看下。*/

10 #define LED1_ON   LPC_GPIO1->DATA &= ~(1<<0)
11 #define LED1_OFF LPC_GPIO1->DATA |= (1<<0)
12 #define LED2_ON   LPC_GPIO1->DATA &= ~(1<<1)
13 #define LED2_OFF LPC_GPIO1->DATA |= (1<<1)
14
15 uint32_t msTicks = 0;  //此处定义了一个全局变量,主要用于计数
16
17 void led_init()      // LED灯相关管脚的初始化函数,请参考8.3小节
18 {
19   LPC_SYSCON->SYSAHBCLKCTRL |= (1<<16); // 使能IOCON时钟,配置p1.0、p1.1接口为GPIO
20   LPC_IOCON->R_PIO1_0 &= ~0x07;
21   LPC_IOCON->R_PIO1_0 |= 0x01; //把P1.0脚设置为GPIO
```

```
22    LPC_IOCON - > R_PIO1_1 & = ~0x07;
23    LPC_IOCON - > R_PIO1_1 | =0x01; //把 P1.1 脚设置为 GPIO
24    LPC_SYSCON - > SYSAHBCLKCTRL & = ~(1< <16); // 配置完成,关闭 IOCON 时钟,节省能量
25
26    LPC_GPIO1 - > DIR | = (1< <0);      // 设置引脚方向为输出
27    LPC_GPIO1 - > DATA | = (1< <0);     // 设置引脚为高电平,LED 初始时熄灭
28    LPC_GPIO1 - > DIR | = (1< <1);      // 设置引脚方向为输出
29    LPC_GPIO1 - > DATA | = (1< <1);     // 设置引脚为高电平,LED 初始时熄灭
30  }
```

/*32~35 行定义了一个中断服务函数,名字为 SysTick_Handler,该中断服务函数就是系统滴答定时器的中断服务程序,功能很简单就是将全局变量 msTicks 进行加 1 操作。*/

```
32    void SysTick_Handler(void)
33  {
34    msTicks + +;
35  }
```

/*37~45 行定义了以毫秒为单位的延迟函数 delay_ms,该函数唯一的参数 time_ms 就是用户想要延迟的时间(毫秒为单位)。*/

```
37  void delay_ms(uint32_t time_ms)
38  {
```

/* SysTick - > LOAD 为指向计数初值寄存器 SYST_RVR 的指针,"(SystemCoreClock/1000) * time_ms - 1"就是计数初值,一般而言我们系统时钟频率 SystemCoreClock 都是以 MHz 为单位的,想要延迟 1ms,需要计数的次数就是 SystemCoreClock/1000,当我们想计时 time_ms 毫秒时,输入 SYST_RVR 的计数初值就应该为(SystemCoreClock/1000) * time_ms -1。比如系统时钟为 10MHz,计时 10ms,那么计数初值就应该为 99999。*/

```
39    SysTick - > LOAD = (SystemCoreClock/1000) * time_ms -1;  //装载计数初值,在使用该函数前要确
                                                              //保计数初值不超出寄存器表达范围
40    SysTick - > VAL  =  0;                                  // SysTick - > VAL 就是指向 SYST_CVR
                                                              //寄存器的指针,这里就是将寄存器清 0
41    SysTick - > CTRL  | =  ((1< <2)|(1< <1)|(1< <0));       //设置控制寄存器,选择系统时钟为定
                                                              //时器的时钟源,启动定时器,打开
                                                              //中断
42    while(! msTicks);    //一旦 msTicks 不为 0,就表明发生了一次中断,也就是延迟的时间到了
43    msTicks =0;     //全局变量清 0
44    SysTick - > CTRL =0;  //关定时器,为什么要关闭,因为我们只是延迟函数,只延迟一次,而不是周期
                            //性中断函数
45  }
46
47
48  int main()
```

```
49 {
50   led_init();  //首先初始化 LED
51
52   while(1)  //进入死循环,循环的功能就是每 0.5s 进行一次灯的交替闪亮
53   {
54     delay_ms(500);  //延迟 500ms
55     LED1_ON;
56     LED2_OFF;
57     delay_ms(500);  //延迟 500ms
58     LED1_OFF;
59     LED2_ON;
60
61   }
62 }
```

参考 delay_ms 的延迟函数,相信大家也可以设计自己的准确延迟函数了。这里需要大家注意的一个地方就是 39 行的计数初值不能超过 24 位的表达范围。那有同学会问,我如果想延迟很长时间怎么办?把 delay_ms 放在 while 循环中不就行了!

第11天

串口及RS485程序设计

串口可以说是我们在嵌入式系统开发过程中应用最为普遍的一个接口了，具有成本低、设置灵活、简单可靠等优点，被各种电子设备广泛采用。学会串口通信程序设计不但能够完成设备间的通信，还能够帮助开发人员进行程序调试，可以说是非常有用的。

11.1 LPC1114串口工作原理

11.1.1 串口电路简介

UART(Universal Asynchronous Receiver Transmitter)，即通用串行异步收发器，就是我们常说的串口，在任何一款单片机、嵌入式芯片上都可能见到，足见其应用范围之广泛。之所以称为串行通信是指数据是一位位地顺序传送，因此发送或接收数据只要一根线就可以了，通信线路简单，适用于远距离通信。通常情况下我们见到的串口都是有两根线，一个收一个发，可以实现双向通信功能。有的同学也说了，电脑台式机上不都是DB9接口，9根线吗？的确，9线的串口一般用来开发调制解调器控制器很方便，但是与电脑通信，2根就够了。具体连接方式如图11.1所示。图中RS232转换器(如MAX232)是完成电平转换的，一般单片机是TTL电平，而PC机COM口是EIA电平，两个电平不一样，无法通信，因此要进行电平转换，但对通信数据没有影响。

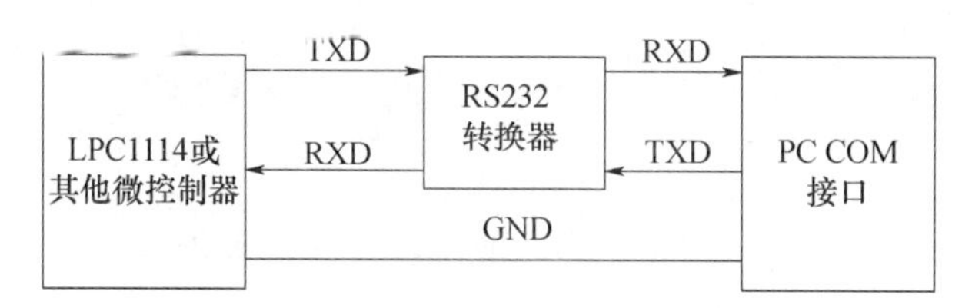

图11.1 微控制器与PC机连接示意图

随着笔记本电脑的普及，现在很多人都不再使用台式机，但由于笔记本电脑很少具有串口，因此现在常见的开发板都焊接一个串口转USB芯片(如CH430T)，将开发板上串口信号送给电脑的USB接口，只要我们在电脑上安装一下USB转串口的驱动，就可以像台式机一样使用串口了。

在图11.2中给出了我们开发板串口转USB的接口电路图,从图中可以看到左边是MINIUSB接口,中间的两条数据线与芯片CH340T相连,完成USB接口数据的进出。CH340T引脚3,4对应的网络标号为TXD_P和RXD_P,这两个引脚通过J1接口在短接帽的连接下可以与J13接口的PIO1_6和PIO1_7相连(参考图3.2),也就是说,如果J1与J13对应引脚短接,LPC1114的串口输入输出RXD、TXD将直接与CH340T的RXD_P和TXD_P连接,完成串行数据的输出与输入。这样就在CH340T的作用下完成了串口与USB接口的转换。(/*详细内容可以回顾第3天内容,调试程序时只要记得P1.6,P1.7接口就是LPC1114的串口输入与输出,我们在笔记本电脑上只要安装好驱动程序以及串口调试助手,就可以进行串口通信的调试与测试了,其他不用管。*/)

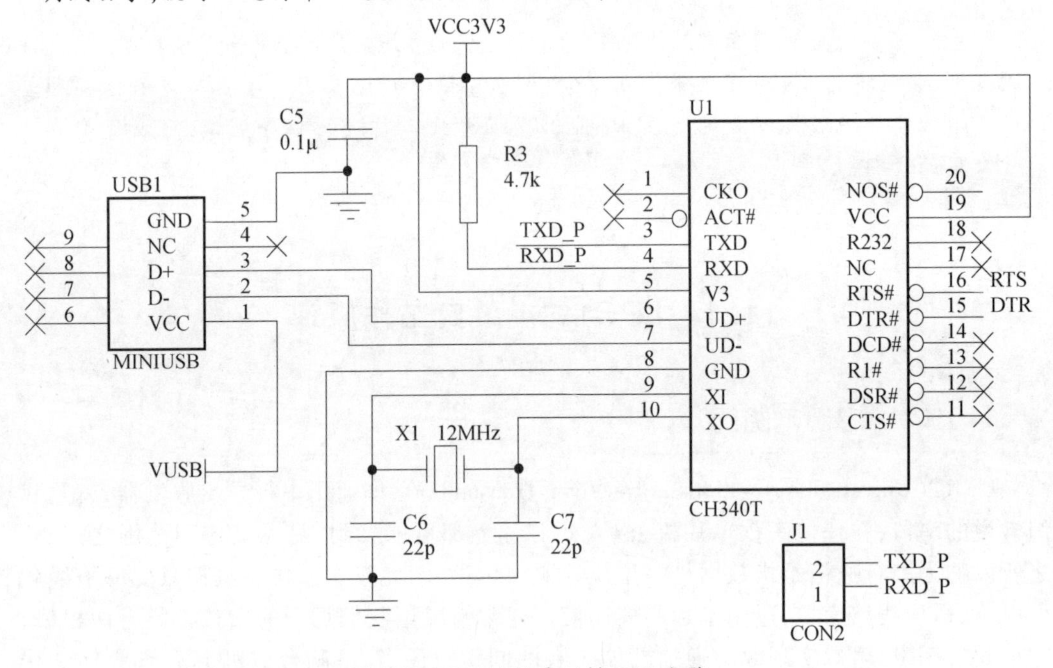

图11.2 LPC1114串口转USB电路

当然如果微控制器与其他微控制器想要进行串口通信,连接的方式就更加简单了,具体如图11.3所示。

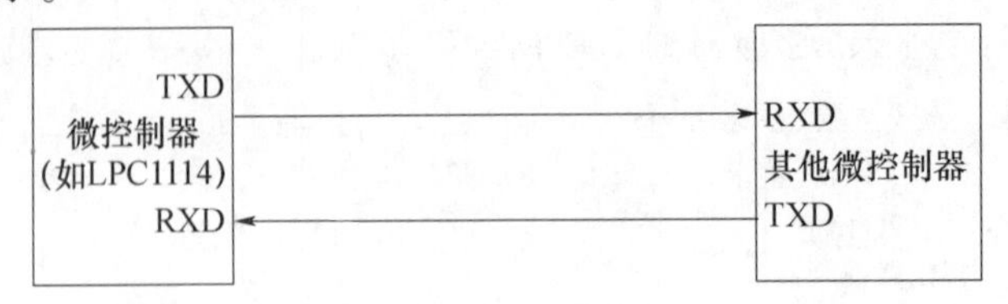

图11.3 LPC1114与其他微控制器串口通信连接

11.1.2 串口通信数据格式

串口通信数据是以字符为单位进行传输的,字符之间没有固定的时间间隔要求,而每个字符中的各位则以固定的时间传送。收、发双方取得同步的方法是采用在字符格式中设置起始位和停止位。在一个有效字符正式发送前,发送器先发送一个起始位,然后发送有效字符位,在字符结束时再发送一个停止位,起始位至停止位构成一帧。

串口数据传输的格式如图 11.4 所示。

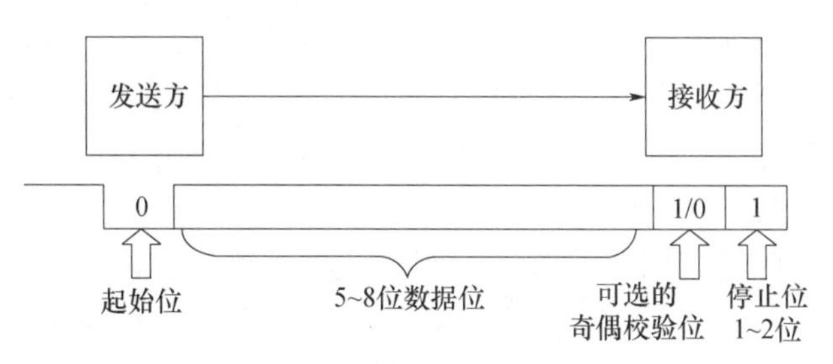

图 11.4　串口数据传输格式

(1) 起始位:起始位必须是持续一个比特时间的逻辑“0”电平,标志传送一个字符的开始。

(2) 数据位:数据位为 5 ~ 8 位,它紧跟在起始位之后,是被传送字符的有效数据位。传送时先传送字符的低位,后传送字符的高位。数据位究竟是几位,可由硬件或软件来设定。

(3) 校验位:奇偶校验位仅占一位,用于进行奇校验或偶校验,也可以不设奇偶校验位,所谓奇校验就是让数据及校验位中 1 的个数为奇数个,偶校验就是让数据及校验位中 1 的个数为偶数个。

(4) 停止位:停止位为 1 位、1.5 位或 2 位,可编程设定。它一定是逻辑“1”电平,标志着传送一个字符的结束。

(5) 空闲位:空闲位表示线路处于空闲状态,此时线路上为逻辑“1”电平。空闲位可以没有,此时异步传送的效率为最高。

LPC1114 只有一个串口,其数据传输格式我们可以通过设定具体的寄存器来完成。

11.1.3　串口通信速率

在串行通信中,用“波特率”来描述数据的传输速率。所谓波特率,即每秒钟传送的二进制位数,其单位为 b/s(bits per second)。它是衡量串行数据速度快慢的重要指标。国际上规定了一个标准波特率系列:110、300、600、1200、1800、2400、4800、9600、11.2kb/s、14.4kb/s、19.2kb/s、28.8kb/s、33.6kb/s、56kb/s。例如:9600b/s,指每秒传送 9600 位,包含字符的数位和其他必须的数位,如奇偶校验位等。大多数串行接口电路的接收波特率和发送波特率可以分别设置,但接收方的接收波特率必须与发送方的发送波特率相同。通信线上所传输的字符数据(代码)是逐位传送的,1 个字符由若干位组成,因此每秒钟所传输的字符数(字符速率)和波特率是两种概念。在串行通信中,所说的传输速率是指波特率,而不是指字符速率,它们两者的关系是:假如在异步串行通信中,传送一个字符,包括 12 位(其中有 1 个起始位,8 个数据位,1 个奇偶校验位,2 个停止位),其传输速率是 1200b/s,每秒所能传送的字符数是 1200/(1 +8 +1 +2) =100 个。

由于 CPU 与接口之间按并行方式传输,串行接口与外设之间按串行方式传输,因此,在串行通信接口中,必须要有“接收移位寄存器”(串行转并行)和“发送移位寄存器"(并行转串行)。在数据输入过程中,数据1位1位地从外设进入接口的"接收移位寄存器",当"接收移位寄存器"中已接收完1个字符的各位后,数据就从"接收移位寄存器"进入"数据输入寄存器",CPU从"数据输入寄存器"中读取接收到的字符。"接收移位寄存器"的移位速度由"接收时钟"确定。在数据输出过程中,CPU把要输出的字符(并行地)送入"数据输出寄存器","数据输出寄存器"的内容传输到"发送移位寄存器",然后由"发送移位寄存器"移位,把数据1位1位地送到外设。"发送移位寄存器"的移位速度由"发送时钟"确定。

那么LPC1114到底如何设置通信的波特率呢?大家还记得吗?在图7.1中有一个UART_PCLK信号,该时钟信号是主时钟在经过UART外设时钟分频寄存器分频后得到的。这个UART_PCLK就是串口工作的时钟;另外一般在串口通信控制器中都有专门的波特率发生器,该发生器有自己的波特率时钟,波特率时钟一般是通信速率(波特率)的16倍;因此只要设置好了波特率时钟就能够确定串口通信的速率了。那么如何设置波特率时钟呢?我们可以通过设置微控制器内部的除数锁存寄存器来确定收发设备的波特率时钟,具体设置的方法请看下一小节。

11.1.4 LPC1114串口通信寄存器介绍

LPC1114只有一个串口,一般称为UART0,其结构框图如图11.5所示。串口设置共涉及到19个寄存器(可以参考用户手册Table184),在程序段3.2的360行处有定义,可以说是比较多的,但是想要实现最简单的与电脑通信的程序设计只需要有7个寄存器就可以了,它们分别如下。

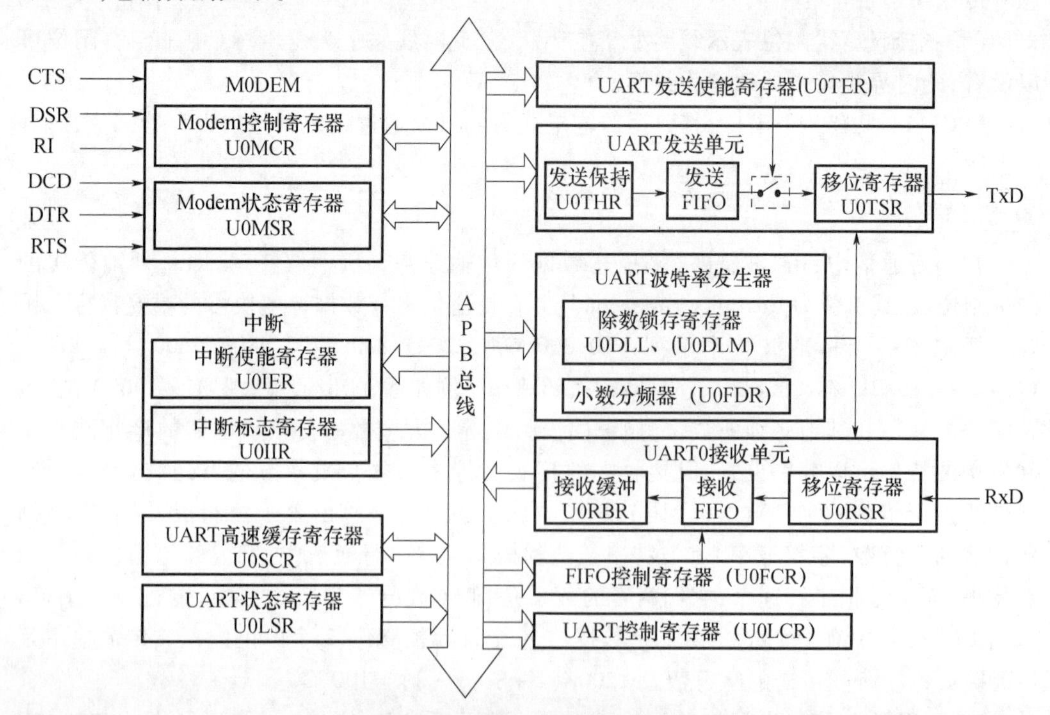

图11.5 LPC11xx串口结构框图

1. 数据传输格式控制寄存器 U0LCR

数据传输格式控制寄存器如表 11.1 所列(参考用户手册 Table193),该寄存器是一个 32 位寄存器,低 8 位有效,高位保留。表中字长度是指每一帧中数据的长度,不包含奇偶校验位。奇偶校验控制位一般值设置为 00 或 01,所谓强制 1 或 0 奇偶校验多用于多机通信系统,多机通信系统中每个设备都要有地址,因此在发送数据时强制校验位为 0 或 1 来指示当前发送的帧是地址帧还是数据帧,接收时可通过判断校验位来区分地址和数据;除数锁存访问位主要是用来控制对除数锁存寄存器的访问控制,除数锁存寄存器主要功能就是设定波特率。

表 11.1 U0LCR 寄存器

位	符号	描述	复位值
1:0	字长度选择	00:5 位字符长度 01:6 位字符长度 10:7 位字符长度 11:8 位字符长度	0
2	停止位选择	0:1 个停止位 1:2 个停止停(若 U0LCR[1:0] =00 时为 1.5 个停止位)	0
3	奇偶校验使能	0:禁止校验的产生和检测 1:使能校验的产生和检测	0
5:4	奇偶校验控制	00:奇校验。1s 内的发送字符数和附加校验位为奇数 01:偶校验。1s 内的发送字符数和附加校验位为偶数 10:强制“1”奇偶校验(stick parity) 11:强制“0”奇偶校验(stick parity)	0
6	间隔控制	0:禁止间隔传输 1:使能间隔传输。当 U0LCR[6]是高电平有效时,强制使输出管脚 UART TXD 为逻辑 0	0
7	除数锁存访问位	0:禁止对除数锁存器的访问 1:使能对除数锁存器的访问	0
31:8	—	保留	—

2. 除数锁存高位寄存器 U0DLM 和除数锁存低位寄存器 U0DLL

前面我们说了,一般在串口通信控制器中都有专门的波特率发生器,该发生器有自己的波特率时钟,且波特率时钟一般是通信速率(波特率)的 16 倍,那么如何设置波特率时钟呢?就是通过 U0DLM 和 U0DLL 两个寄存器来完成,它们分别是除数锁存高位/低位寄存器。U0DLL 寄存器描述如表 11.2 所列,U0DLM 寄存器描述如表 11.3 所列。这两个寄存器都是 32 位的,但都只有低 8 位有效,分别用来存放除数的低 8 位和高 8 位,复位时,除数置默认为 1。设定好除数以后,我们通信的波特率计算公式就有了,如下:

$$\text{Baud} = \frac{\text{UART\_PCLK}}{16 \times (\text{U0DLM}:\text{U0DLL})} = \frac{\text{波特率时钟}}{16}$$

表 11.2 U0DLL 寄存器

位	符号	描述	复位值
7:0	DLLSB	UART 除数锁存 LSB 寄存器与 U0DLM 寄存器一起决定 UART 的波特率	0x01
31:8	—	保留	—

表 11.3 U0DLM 寄存器

位	符号	描述	复位值
7:0	DLMSB	UART 除数锁存 MSB 寄存器与 U0DLL 寄存器一起商定 UART 的波特率	0x00
31:8	—	保留	—

那是不是利用上面公式在任何主时钟的条件下都能生成我们想要的串口通信速率呢？也不尽然，比如 UART_PCLK 为 48MHz，波特率设定为 9600，那么除数就应该是 312.5，这个小数如何用 U0DLM 和 U0DLL 表示呢？其实 LPC1114 还有一个 U0FDR 小数分频寄存器，可以帮忙取近似值，不过一般情况下速率的设置是允许有些误差的，可以不必要那么精准。因此需要用到 U0FDR 时我们再介绍，这里大家先知道有这个寄存器就行了。

3. FIFO 控制寄存器 U0FCR

U0FCR 控制串口接收和发送 FIFO 的操作，寄存器的详细描述见表 11.4。串口控制器收发数据都会先缓存到 FIFO 当中，因此初始化串口时一般要把 FIFO 内的数据清空。为了降低对微控制器的打扰，我们可以设置 U0FCR[7:6]两个位，确定 FIFO 中有多少个字节数据才向微控制器发送一次中断。

表 11.4 U0FCR 寄存器

位	符号	描述	复位值
0	FIFO 使能	0:UART FIFO 被禁止。禁止在应用中使用 1:高电平有效，使能对 UART Rx FIFO 和 Tx FIFO 以及 U0FCR[7:1]的访问。该位必须置位以实现正确的 UART 操作。该位的任何变化都将使 UART FIFO 清空	0
1	Rx FIFO 复位	0:对两个 UART FIFO 均无影响 1:写 1 到 U0FCR[1]将会清零 UART Rx FIFO 中的所有字节，并复位指针逻辑，该位可以自动清零	0
2	Tx FIFO 复位	0:对两个 UART FIFO 均无影响 1:写 1 到 U0FCR[2]将会清零 UART Tx FIFO 中的所有字节，并复位指针逻辑。该位会自动清零	0
3	—	保留	0
5:4	—	保留。用户软件不应对其写入 1。从保留位读出的值未定义	NA
7:6	Rx 触发选择	这个位决定了接收 UART FIFO 在激活中断前必须写入的字符数量 00:触发点 0(默认 1 字节或 0x01) 01:触发点 1(默认 4 字节或 0x04) 10:触发点 2(默认 8 字节或 0x08) 11:触发点 3(默认 14 字节或 0x0E)	0
31:8	—	保留	—

4. 接收缓存寄存器 U0RBR

U0RBR 是串口接收 FIFO 的最高字节,仅低 8 位有效。它包含了最早接收到的字符,并且可通过总线接口进行读取。最低位就是最“早”接收的数据位(因为串口通信最先发的是低位)。如果接收到的字符少于 8 位,则未使用的高位部分用 0 填充。

如果要访问 U0RBR,U0LCR 中的除数锁存访问位(DLAB)必须为 0。U0RBR 为只读寄存器。由于 UART 状态寄存器(U0LSR)中的 PE(奇偶错误)、FE(帧错误)和 BI(间隔中断)位与 RBR FIFO 顶部的字节(即下次读 RBR 时获取的字节)相关,因此,要正确地成对读出有效的接收字节及其状态位,应先读取 U0LSR 的内容,然后再读取 U0RBR 中的数据。U0RBR 寄存器描述见表 11.5。总之要接收串口的数据就是读这个寄存器。

表 11.5 U0RBR 寄存器

位	符号	描述	复位值
7:0	RBR	UART 接收器缓冲寄存器包含了 UART Rx FIFO 当中最早接收到的字节	未定义
31:8	—	保留	—

5. 发送保持寄存器 U0THR

U0THR 是串口发送 FIFO 的最高字节。它是发送 FIFO 中的最新字符,可通过总线接口进行写入。最低一位代表第一个要发送出去的位。如果要访问 U0THR,U0LCR 中的除数锁存访问位(DLAB)必须为 0。U0THR 为只写寄存器。具体描述请见表 11.6。要想向串口发送数据就要写该寄存器。

表 11.6 U0THR 寄存器

位	符号	描述	复位值
7:0	THR	写 UART 发送保持寄存器会使数据保存到 UART 发送 FIFO 中。当字节达到 FIFO 的底部并且发送器可用时,字节就会被发送	NA
31:8	—	保留	—

6. 发送接收状态寄存器 U0LSR

U0LSR 是一个只读寄存器,低 8 位有效,主要向用户提供串口发送和接收模块的状态信息,具体的寄存器各比特位的描述见表 11.7。通过读取该寄存器的错误状态位我们可以获取出错信息,比如校验出错、溢出错误或帧错误;通过读取 U0LSR[0]位,可以确定是否串口已经接收到数据;通过读取第 U0LSR[5]位,可以判定要发送的数据是否已经从 FIFO 中发送出去;但是发送 FIFO 空,并不意味着数据已发送完毕,可能还有数据在发送移位寄存器里。在需要确认数据发送完毕的场合(例如 RS485 网络下,需要等待数据发送完毕后,才改变 RS485 的接收状态),用户应该查询 U0LSR[6],即发送器空标志;其他情况则可查询发送 FIFO 空标志以提高发送效率。每次读取该寄存器都将完成寄存器的清空。

想要实现最简单的 LPC1114 微控制器与电脑的通信只需要有以上 7 个寄存器就可以了,但有时为了能够提高微控制器工作效率,串口中断在程序设计中也是经常用到的,串口与中断相关的寄存器由 2 个,分别是:中断使能寄存器 U0IER 和中断标志寄存器 U0IIR。

表11.7 U0LSR寄存器

位	符号	描述	复位值
0	接收数据就绪(RDR)	当U0RBR包含未读字符时,U0LSR[0]就会被置位;当UART接收FIFO为空时,U0LSR[0]就会被清零 0:U0RBR为空 1:U0RBR包含有效数据	0
1	溢出错误(OE)	一旦发生错误,就设置溢出错误条件。读U0LSR会清零U0LSR[1]。当UART RSR已有新的字符就绪,而UART RBR FIFO已满时,U0LSR[1]会置位。此时,UART接收FIFO将不会被覆盖,UART RSR内的字符地将会丢失 0:溢出错误状态无效 1:溢出错误状态有效	0
2	奇偶错误(PE)	当接收字符的校验位处于错误状态时,校验错误就会产生。读U0LSR会清零U0LSR[2]。校验错误检测时间取决于U0FCR[0] 0:校验错误状态无效 1:校验错误状态有效 注:校验错误与UART RBR FIRO顶部的字符相关	0
3	帧错误(FE)	当接收字符的停止位为逻辑0时,就会发生帧错误。读U0LSR会清零U0LSR[3]。帧错误检测时间取决于U0FCR0。当检测到有帧错误时,Rx会尝试与数据重新同步,并假设错误的停止位实际是一个超前的起始位。但即使没有出现帧错误,它也无法假设下一个接收到的字符是正确的 0:帧错误状态无效 1:帧错误状态有效 注:帧错误与UART RBR FIRO顶部的字符相关	0
4	间隔中断(BI)	在发送整个字符(起始位、数据、检验位以及停止位)过程中,RXD如果保持在空闲状态(全"0"),则产生间隔中断。一旦检测到间隔条件,接收器立即进入空间状态,直到RXD进入标记状态(全"1")。读U0LSR会清零该状态位。间隔检测的时间取决于U0FCR[0] 0:间隔中断状态无效 1:间隔中断状态有效 注:间隔中断与UART RBR FIRO顶部的字符相关	0
5	发送FIFO空(THRE)	当检测到UART THR已空时,THRE就会立即被设置。写U0THR会清零THRE 0:U0THR包含有效数据 1:U0THR为空	1
6	发送器空(TEMT)	当U0THR和U0TSR同时为空时,TEMT就会被设置;而当U0TSR或U0THR任意一个包含有效数据时,TEMT就会被清零 0:U0THR和/或U0TSR包含有效数据 1:U0THR和U0TSR为空	1
7	Rx FIFO错误(RXFF)	当一个带有Rx错误(如:帧错误、校验错误或间隔中断)的字符载入到U0RBR时,U0LSR[7]就会被置位。当U0LSR寄存器被读取并且UART FIFO中不再有错误时,该位就会清零 0:U0RBR中没有UART Rx错误或U0FCR[0]=0 1:UART RBR包含至少一个UART Rx错误	0
31:8	—	保留	—

7. 中断使能寄存器 U0IER

U0IER 用于使能 5 个 UART 中断源，其位描述如表 11.8 所列。U0IER[0]设置为 1 时，如果串口接收到数据即可发生中断；U0IER[1]设置为 1 时，如果串口发送数据完成即可发生中断，中断状态可从 U0ISR[5]中读出；U0IER[2]设置为 1 时，如果串口接收数据时发生了 U0ISR[4:1]指示的任意一个错误，即可发生中断；U0IER[8]设置为 1 时，使能自动波特率结束中断（如果每次都要人工设置波特率用户会感觉非常麻烦，LPC1114 具有自动设定波特率的功能，通信双方可以自动协调波特率，这个功能我们后面再介绍）；U0IER[9]设置为 1 时，使能自动波特率超时中断，如果自动波特率在一定时间内没有协调完成，则发生中断。

表 11.8　U0IER 寄存器

位	位功能	描　述	复位值
0	接收中断使能	使能 UART 的接收数据可用中断。它还控制着字符接收超时中断 0:禁止 RDA 中断 1:使能 RDA 中断	0
1	发送中断使能	使能 UART 的 THRE 中断。该中断的状态可从 U0LSR[5]中读出 0:禁止 THRE 中断 1:使能 THRE 中断	0
2	接收线状态中断使能	使能 UART 的 Rx 线状态中断。该中断的状态可从 U0LSR[4:1]中读出 0:禁止 Rx 线状态中断 1:使能 Rx 线状态中断	0
3	—	保留	—
6:4	—	保留。用户软件不应对其写入 1。从保留位读出的值未定义	NA
7	—	保留	0
8	自动波特率结束中断使能	使能自动波特率结束中断 0:禁止自动波特率结束中断 1:使能自动波特率结束中断	0
9	自动波特率超时中断使能	使能自动波特率超时中断 0:禁止自动波特率超时中断 1:使能自动波特率超时中断	0
31:10	—	保留，用户软件不应向保留位写入 1。从保留位读出的值未定义	NA

8. 中断标志寄存器 U0IIR

U0IIR 提供状态码用于指示一个待处理中断的优先级和中断源，中断的优先级从高到低依次为：接收线状态、接收字符可用、字符超时指示器、THRE 中断、Modem 中断。在访问 U0IIR 过程中，中断被冻结。如果在访问 U0IIR 过程中产生了中断，该中断将被记录，下次访问 U0IIR 时便可将其读出。U0IIR[9:8]反映了自动波特率的状态，当发生超时或者自动波特率结束时，相应的位会置位。自动波特率中断条件可以通过置位自动波特率控制寄存器中相应位来清除。寄存器内容如表 11.9 所列。

表11.9 U0IIR寄存器

位	功能	描 述	复位值
0	中断状态	中断状态。注意U0IIR[0]为低电平有效。待处理的中断可通过U0IIR[3:1]来确定 0:至少有一个中断正在等待处理 1:没有等待处理的中断	1
3:1	中断标志	中断标志。U0IER[3:1]指示对应UART Rx FIFO的中断。下面未列出的U0IER[3:1]的其他组合都为保留值(100、101、111) 011:1-接收线状态(RLS) 010:2a-接收数据可用(RDA) 110:2b-字符超时指示器(CTI) 001:3-THRE中断 000:4-Modem中断	0
5:4	—	保留。用户软件不应对其写入1。从保留位读出的值未定义	NA
7:6	FIFO使能	这些位等效于U0FCR[0]	0
8	自动波特率中断结束标志	自动波特率中断结束。若已成功完成自动波特率检测且中断使能,则ABEOInt为真	0
9	自动波特率超时中断标志	自动波特率超时中断。若自动波特率发生了超时且中断使能,则ABTOInt为真	0
31:10	—	保留。用户软件不应对其写入1。从保留位读出的值未定义	NA

好了,串口的基本原理、波特率以及相关寄存器的工作原理已经基本介绍完成,我们应该可以应付简单的程序设计问题了,鉴于篇幅有限,可能还有没有介绍到的知识点,还请大家自己学习。

11.2 查询方式串口收发数据程序设计及详细分析

首先我们看串口通信的第一个实例,程序的目标是采用程序查询方式时刻监控串口上获得的数据,并将该数据再通过串口传送回去。实例工程主要包括的文件如图11.6所示,system_lpc11xx.c、startup_LPC11XX.s文件与前面介绍的一样。下面我们主要看一下主程序main.c的代码,并进行详细分析,请看程序段11.1。

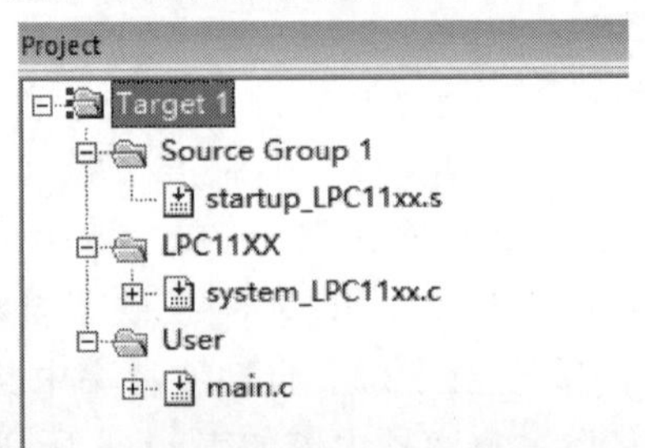

图11.6 查询方式串口收发数据程序结构

程序段 11.1　main.c 文件代码

```
01 /**************************************************
02  * 目标:ARM Cortex - M0 LPC1114
03  * 编译环境:KEIL 4.70
04  * 外部晶振:10MHz(主频 50MHz)
05  * 功能:初始化串口,监测串口接收的数据,并重新从串口发送出去。
06  * 作者:
07  *************************************************/
08 #include "lpc11xx.h"   //代码包含的头文件
09 
10 /*************************************************/
11 /* 函数功能:初始化串口 */
12 /*************************************************/
```

/* 13 ~ 34 行为 LPC1114 串口初始化函数,唯一一个参数就是设定的波特率。参考前面的介绍我们知道最简单串口通信用两根数据线 RXD、TXD 就可以了,因此我们需要对微控制器上的这两根引脚进行设置。又由于 P1.6、P1.7 两个引脚是功能复用引脚,因此我们首先要设置引脚功能。接下来就需要设置串口通信的时钟 UART_PCLK 以及波特率、数据格式等。*/

```
13 void UART_init(uint32_t baudrate)  //初始化函数的唯一参数就是需要设定的波特率
14 {
15   uint32_t DL_value;  //定义一个变量,用来存放设置波特率时的除数值
16   uint32_t Clear = Clear;  //"Clear = Clear",用这种方式定义变量能够解决编译器的"Warning"警告
```

/* 参考表 7.1,可以看到 SYSAHBCLKCTRL 寄存器的主要功能是控制外设工作的时钟,某个比特设为 1 时,则对应设备的时钟使能,也就是允许设备运行;第 18 行是将 1 左移 16 位并与寄存器 SYSAHBCLKCTRL 原有的值进行或操作,也就是将第 16 位置 1,将 IOCON 的时钟使能,因为我们要设置 IO 接口功能,需要将 P1.6、P1.7 设为串口 RXD 和 TXD 引脚,所以必须首先使能 IOCON 时钟。IOCON_PIO1_7 寄存器具体描述如图 11.7(用户手册 Table98)所示,从图中我们可以看出将该寄存器的低 3 位设置为 0x01 即是将 P1.7 引脚设置为 TXD 功能,P1.6 引脚设置方法相同。*/

```
18   LPC_SYSCON->SYSAHBCLKCTRL |= (1<<16);// 使能 IOCON 时钟, SYSAHBCLKCTRL 寄存器描
                                          //述详见表 7.1
19   LPC_IOCON->PIO1_6 &= ~0x07;     //IOCON_PIO1_6 寄存器低 3 位清 0
20   LPC_IOCON->PIO1_6 |= 0x01; // IOCON_PIO1_6 寄存器低 3 位设置为 0x1,把 P1.6 脚设置为 RXD
21   LPC_IOCON->PIO1_7 &= ~0x07;  //IOCON_PIO1_7 寄存器低 3 位清 0
22   LPC_IOCON->PIO1_7 |= 0x01;     // IOCON_PIO1_7 寄存器低 3 位设置为 0x1,把 P1.6 脚设置为 TXD
23   LPC_SYSCON->SYSAHBCLKCTRL &= ~(1<<16); // 禁能 IOCON 时钟可以节省能量,当然不禁能
                                              //也不会出问题!
```

/* P1.6、P1.7 引脚设置完成后,下面该设置串口了。首先要设置的就是串口的时钟 UART_PCLK,由于 UART_PCLK 是主时钟分频而来,因此参考图 11.8 我们需要设置 UARTCLKDIV 寄存器。25 行将分频值设置为 1,UART_PCLK 也为 50MHz。LPC1114 比较灵活的地方就在于时钟的设置,每个外设都有自己的可设置的运行时钟,可以根据需要进行设定,确保在性能和功耗上的平衡。*/

Table 98. IOCON_PIO1_7 register (IOCON_PIO1_7, address 0x4004 40A8) bit description

Bit	Symbol	Value	Description	Reset value
2:0	FUNC		Selects pin function. All other values are reserved.	000
		0x0	Selects function PIO1_7.	
		0x1	Selects function TXD.	
		0x2	Selects function CT32B0_MAT1.	
4:3	MODE		Selects function mode (on-chip pull-up/pull-down resistor control).	10
		0x0	Inactive (no pull-down/pull-up resistor enabled).	
		0x1	Pull-down resistor enabled.	
		0x2	Pull-up resistor enabled.	
		0x3	Repeater mode.	
5	HYS		Hysteresis.	0
		0	Disable.	
		1	Enable.	
9:6	–	–	Reserved	0011
10	OD		Selects pseudo open-drain mode. See Section 7.1 for part specific details.	0
		0	Standard GPIO output	
		1	Open-drain output	
31:11	–	–	Reserved	–

图 11.7　IOCON_PIO1_7 寄存器

Table 23. UART clock divider register (UARTCLKDIV, address 0x4004 8098) bit description

Bit	Symbol	Description	Reset value
7:0	DIV	UART_PCLK clock divider values 0: Disable UART_PCLK. 1: Divide by 1. to 255: Divide by 255.	0x00
31:8	–	Reserved	0x00

图 11.8　UARTCLKDIV 寄存器

```
25    LPC_SYSCON->UARTCLKDIV  =0x1;//时钟分频值为1,UART_PCLK=50MHz
```

/*由于在串口工作过程中,我们的串口需要一直工作,因此其时钟要一直保持运行,所以我们要打开串口时钟,也是要设置SYSAHBCLKCTRL寄存器。时钟打开后需要对串口进行工作配置了,27~33行就是配置过程。*/

```
26    LPC_SYSCON->SYSAHBCLKCTRL |=(1<<12);//打开串口时钟,配置完串口也不要关闭了,因为
                                         //串口工作需要时钟

27    LPC_UART->LCR  =0x83;  //配置U0LCR寄存器,8位传输,1个停止位,无奇偶校验,允许访问除数
                             //锁存器(后面需要写入除数)
```

/*28行用于计算除数。由于UART_PCLK=SystemCoreClock=MainClock,因此这里用全局变量SystemCoreClock代表UART_PCLK,baudrate为输入的实参。*/

```
28    DL_value  =SystemCoreClock/16/baudrate ;  //计算该波特率要求的除数值
```

```
29    LPC_UART - >DLM  = DL_value / 256;  //写除数锁存器高位值到 U0DLM 寄存器
30    LPC_UART - >DLL  = DL_value % 256;  //写除数锁存器低位值到 U0DLL 寄存器
31    LPC_UART - >LCR & = ~(1 < <7);      //重新设置 U0LCR 寄存器,实际上就是把 DLAB 置0,后面不
                                           //再允许对除数锁存器进行访问
32    LPC_UART - >FCR  =0x07;          //设置 U0FCR 寄存器,允许 FIFO,清空接收和发送 FIFO
33    Clear  = LPC_UART - >LSR;        //读 UART 状态寄存器,清空状态信息,初始化完成
34  }
35
36  /*******************************************/
37  /*函数功能:从串口接收1个字节的数据         */
38  /*******************************************/
```

/*串口接收数据函数,每次只接收1个字节。*/

```
39  uint8_t UART_recive(void)
40  {
```

//*如何知道串口有数据到达?可以判断状态寄存器 U0LSR 的最低位来确定是否有数据到达,如果为1表示有数据到达。*/

```
41    while(!(LPC_UART - >LSR & (1 < <0)));//如果 U0LSR[0]为1,循环退出,说明有数据到达
42    return(LPC_UART - >RBR); //返回 U0RBR 中的数据
43  }

45  /*******************************************/
46  /*函数功能:向串口发送1个字节数据           */
47  /*******************************************/
```

/*串口发送数据函数,每次只发送1个字节。*/

```
48  void UART_send_byte(uint8_t byte)
49  {
```

/*要想让串口发送数据,首先要看看以前发送的数据是否已经发送完成,如果前面的数据发送完成了,就可以将新的数据写入了,否则会发生错误。如何判断前面的数据是否发送完成?也可以通过查看 U0LSR 来实现,如果其第5位为1,表明以前的数据已经发送完成。*/

```
50    while ( ! (LPC_UART - >LSR & (1 < <5)) );  //等待以前的数据发送完成
51    LPC_UART - >THR  =byte;        //将要发送的数据写入 U0THR 寄存器,串口控制器会自动发送
52  }
```

/*68~74行是一个简单的延迟函数,不再赘述。*/

```
68  void delay(void)//
69  {
70    uint16_t i,j;
```

```
71
72    for(i=0;i<5000;i++)
73      for(j=0;j<1000;j++);
74  }
75  /*********************************************/
76  /*主函数              */
77  /*********************************************/
78  int main()
79  {
80    uint8_t rec_buf;  //定义一个字节型变量,用于接收数据
81    UART_init(9600); // 初始化串口,并将串口波特率配置为9600b/s
82
83    while(1)              //进入死循环,不停地进行串口接收数据的查询
84  {
85      delay();            //在每次循环过程中延迟一段时间,确保串口收发都能够完成
86      rec_buf =UART_recive();//如果串口有数据到达,则将数据存放在rec_buf变量中
87
88      UART_send_byte(rec_buf); //将接收到的数据再重新向串口发送回去
89
90    }
91  }
92
```

从上面的程序分析中我们可以看出串口初始化和设置的具体过程,由于main.c中的串口收发函数都只能收发一个字节的数据,因此要想进行批量数据或者数组的发送怎么办呢?可以用循环来完成,不过需要注意的是在每个字节发送之前,都需要判断前一个字节是否发送完成。

11.3 中断方式串口数据接收程序设计及详细分析

前面我们给大家展示的是以查询方式来进行串口数据收发的程序,在程序中微控制器不断地对状态寄存器进行查询,从而确定是否收到了从串口传来的数据。但这种查询方式的工作效率必然是很低下的,因此像往常一样我们就想到了用中断方式进行串口的数据接收。

下面我们就以中断方式下串口数据接收程序为例,对串口中断程序的设计给出讲解。实例工程主要包括的文件如图11.9所示,system_lpc11xx.c、startup_LPC11XX.s文件与前面介绍的一样。同样下面我们主要看一下主程序main.c的代码,并进行详细分析,请看程序段11.2。

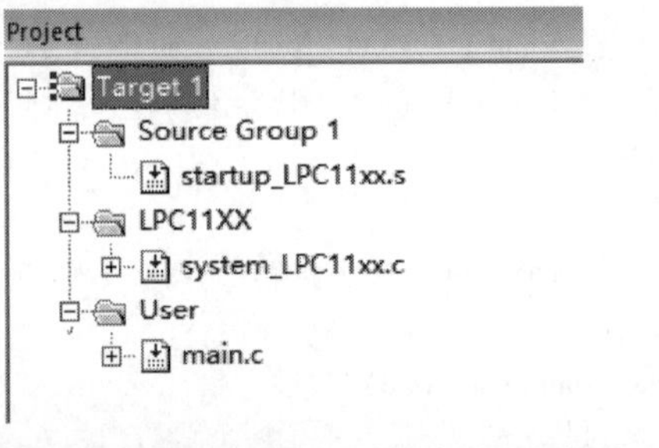

Project
Target 1
Source Group 1
startup_LPC11xx.s
LPC11XX
system_LPC11xx.c
User
main.c

图11.9 查询方式串口收发数据程序结构

程序段 11.2 main. c 文件代码

```
01 /*******************************************
02  * 目标:ARM Cortex - M0 LPC1114
03  * 编译环境:KEIL 4.70
04  * 外部晶振:10MHz(主频 50MHz)
05  * 功能:初始化串口,以中断方式接收串口数据,并重新从串口发送出去。
06  * 作者:
07  *******************************************/
08
09 #include "lpc11xx.h"
10
11 uint8_t rec_buf;
12
13 /*******************************************
14 /* 函数功能:初始化 UART 口 */
15 /*******************************************/

   /* 下面的串口初始化函数与上一小节的一样,这里不详细介绍了。*/

16 void UART_init(uint32_t baudrate)
17 {
18   uint32_t DL_value;
19   uint32_t  Clear = Clear;  // (用这种方式定义变量解决编译器的 Warning)
20   LPC_SYSCON->SYSAHBCLKCTRL |= (1<<16); // 使能 IOCON 时钟
21   LPC_IOCON->PIO1_6 &= ~0x07;
22   LPC_IOCON->PIO1_6 |= 0x01; //把 P1.6 脚设置为 RXD
23   LPC_IOCON->PIO1_7 &= ~0x07;
24   LPC_IOCON->PIO1_7 |= 0x01; //把 P1.7 脚设置为 TXD
25   LPC_SYSCON->SYSAHBCLKCTRL &= ~(1<<16); // 禁能 IOCON 时钟
26
27   LPC_SYSCON->UARTCLKDIV  = 0x1;//时钟分频值为 1
28   LPC_SYSCON->SYSAHBCLKCTRL |= (1<<12);//允许串口时钟
29   LPC_UART->LCR  = 0x83;  //8 位传输,1 个停止位,无奇偶校验,允许访问除数锁存器
30   DL_value  = SystemCoreClock/16/baudrate ;  //计算该波特率要求的除数锁存寄存器值
31   LPC_UART->DLM  = DL_value / 256;  //写除数锁存器高位值到 U0DLM 寄存器
32   LPC_UART->DLL  = DL_value % 256;  //写除数锁存器低位值到 U0DLL 寄存器
33   LPC_UART->LCR &= ~(1<<7);      //重新设置 U0LCR 寄存器,实际上就是把 DLAB 置 0,后面不
                                    //再允许对除数锁存器进行访问
34   LPC_UART->FCR  = 0x07;         //设置 U0FCR 寄存器,允许 FIFO,清空接收和发送 FIFO
35   Clear  = LPC_UART->LSR;        //读 UART 状态寄存器,清空状态信息,初始化完成
36 }
37
38
39 /*******************************************/
40 /* 函数功能:向串口发送 1 个字节数据        */
```

```
41 /*************************************************/
```

/*串口发送数据函数,每次只发送1个字节。与上一小节相同。*/

```
42 void UART_send_byte(uint8_t byte)
43 {
44   while ( ! (LPC_UART->LSR & (1<<5)) );  //等待以前的数据发送完成
45   LPC_UART->THR = byte;        //将要发送的数据写入U0THR寄存器,串口控制器会自动发送
46 }
47
```

/*49~63行为串口接收数据中断服务函数。串口的中断属于外部中断,依照第9天我们介绍的中断程序设计方法,我们可以在startup_LPC11xx.s文件的中断向量表中找到串口中断的函数名称为UART_IRQHandler,因此我们在这里也不修改该中断函数的名称。由于startup_LPC11xx.s文件中UART_IRQHandler函数是[weak]形式,因此我们在这里定义的UART_IRQHandler函数就会默认成为串口的中断服务程序。在中断服务程序中,我们的主要工作就是判断是不是因为接收到数据而产生了中断。要实现这一判断,就需要对U0IIR寄存器进行读取。*/

```
49 /*****************************************/
50 /*函数名称:串口中断函数        */
51 /*****************************************/
52 void UART_IRQHandler(void)
53 {
54   uint32_t IRQ_ID; // 定义一个局部变量,名字为IRQ_ID,作用是存放中断ID号
55
56   IRQ_ID = LPC_UART->IIR; // 读取U0IIR寄存器,并将其存放在IRQ_ID变量中
57   IRQ_ID = ((IRQ_ID>>1)&0x7); //"((IRQ_ID>>1)&0x7)"操作目的是保留bit3:bit1,参考表
                                 //11.8,我们就可以看出中断的原因
58   if(IRQ_ID ==0x02 )  // 如果IRQ_ID为010b,则说明接收到了新的数据,中断是由接收到数据引
                         //起的
59   {
60     rec_buf = LPC_UART->RBR; //读U0RBR寄存器,获得新到的数据,存放在rec_buf变量中
61     UART_send_byte(rec_buf); //再把接收到的字节发回串口
62   }
63 }
64
65
66 /*************************************************/
67 /*主函数*/
68 /*************************************************/
69 int main()
70 {
71   UART_init(9600); // 初始化串口,并把串口波特率配置为9600
72   LPC_UART->IER =0x01; // 设定U0IER寄存器,将其最低位置1,表明开启接收中断
```

```
/ * 73 行 NVIC_EnableIRQ 是 CMSIS 提供的一个函数,定义在 core_cm0.h 中,作用是使能中断。详细解释
大家可以参考程序段 9.1 的 65 行。 * /

73    NVIC_EnableIRQ(UART_IRQn); // 打开外部中断总开关,利用其打开串口中断
74
75    while(1)
76    {
77      ;除中断外,主函数什么都不做。
78    }
79 }
80
```

11.4 串口程序测试方法

串口查询及中断的程序都介绍完了,那么如何对程序进行测试呢?具体方法如下:

(1) 在我们将程序下载到开发板后,保持笔记本电脑和开发板的连接线不动;

(2) 接下来要确保开发板上 ISP 按键已经弹起(确保 RXD、TXD 不被 ISP 接口占用),电源键按下;

(3) 确定串口编号(大家可以打开电脑上的设备管理器,如图 11.10 所示,其"端口"中就给出了当前分配的串口编号 COM6);

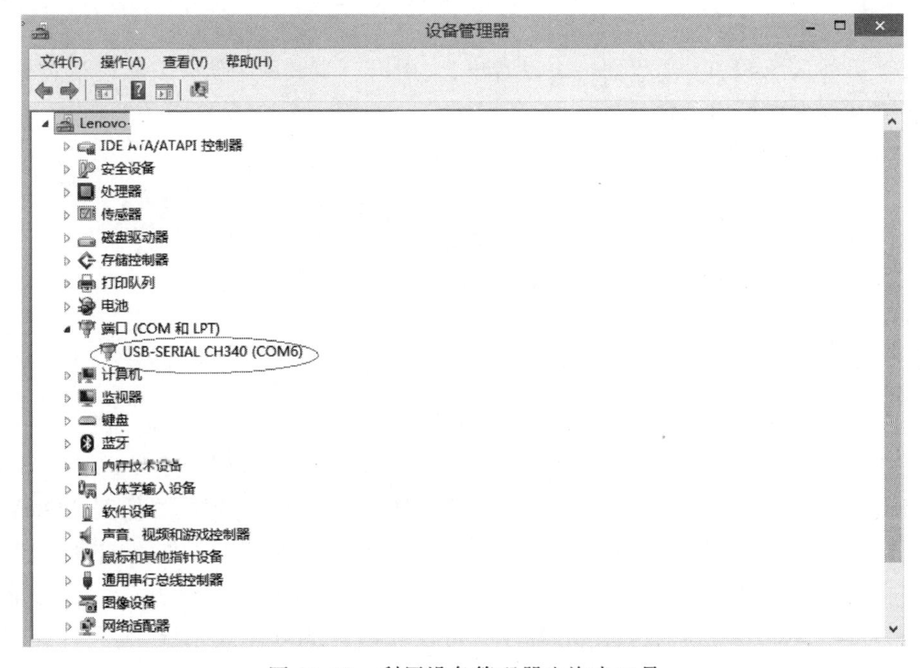

图 11.10 利用设备管理器查询串口号

(4) 然后打开串口调制助手(/ * 网上很多软件都可以用,比如 pcomm lite、sscom4.2 等都可以用,我们这里用的是 sscom4.2 * /),选择串口的端口以及配置相应的数据格式,

具体配置情况如图 11.11 所示；

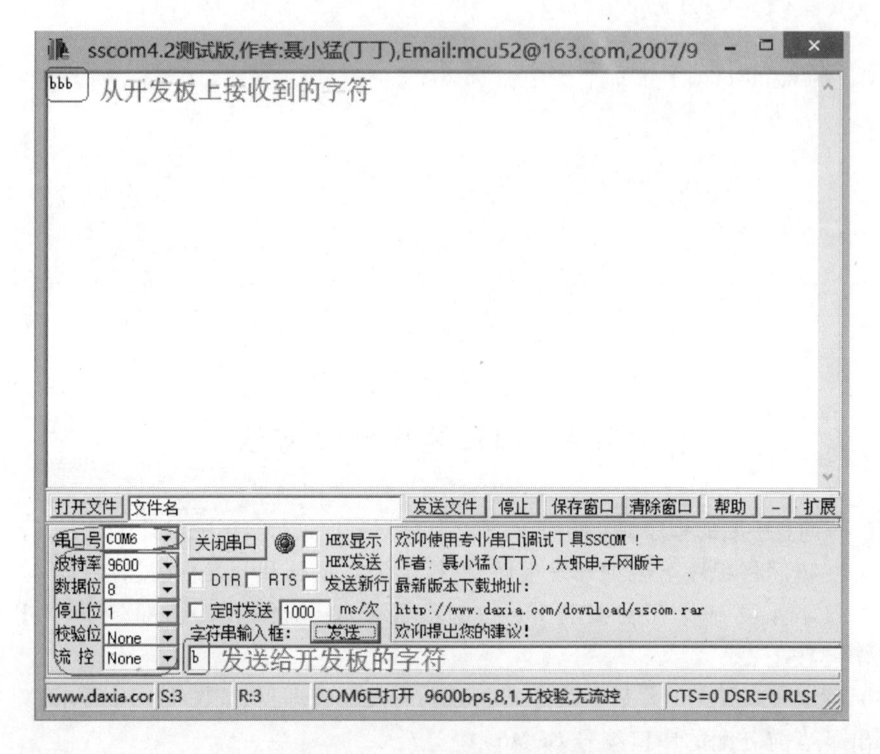

图 11.11　串口调试助手设置

（5）另外从图 11.11 中我们也可以看出，利用串口调试助手给开发板发送数据后，就可以看到从开发板返回的数据了。

11.5　RS485 程序设计

11.5.1　RS485 简介

串口应用非常广泛，但有一个缺点就是通信距离太短。要想达到通信距离为几十米甚至上千米时，我们大多采用 RS485 串行总线标准。RS485 采用平衡发送和差分接收，因此具有抑制共模干扰的能力，加上总线收发器具有高灵敏度，能检测低至 200mV 的电压，故传输信号能在千米以外得到恢复。通常 RS485 采用半双工工作方式，任何时候只能有一点处于发送状态，因此发送电路由使能信号加以控制。RS485 用于多点互联时非常方便，可以省掉许多信号线。应用 RS485 可以联网构成分布式系统，其允许最多并联 32 台驱动器和 32 台接收器。

本书 3.2.3 小节对 RS485 进行了较为详细的介绍，同时给出了开发板上 RS485 的电路结构（/＊希望大家回头看看，因为我们这里讲得很概括＊/）。与串口相比，RS485 电路比串口多了一个方向控制信号线（图 11.5 中的 RTS 信号——PIO1_5 引脚），这个信号线的高低电平控制着数据的收发。

由于 RS485 总线并没有规定通信协议，有很多厂家自己推出基于 RS485 总线的通信协议，其中最为著名的是由 modicon 公司推出的 Modbus 协议，该协议具有两个版本，一个是 Modbus RTU 和 Modbus ASCII 两种帧报文格式，感兴趣的同学可以自己看一下，我们这里不介绍。

由于 RS485 总线支持点对多点通信模式，而其没有数据冲突检测解决机制，所以数据冲突的问题都是依靠主机来解决，通过主机对整个系统进行全方位的控制，避免数据冲突的产生，一般而言，由于必须通过主机进行控制以避免数据冲突，基于 RS485 总线通信只能支持一主多从的通信方式。

11.5.2 RS485 的几种模式

RS485 总线可以挂载多个设备，但同一时刻只能有一个主机，从机比较多的情况下，每个从机都要有一个地址。当主机想要寻址某一个从机时，需要发送从机地址，主机发送器通过将校验位（第 9 位）置“1”来标识地址字符，而对于通信数据字符，校验位会被置“0”。从机可设定为手动或自动丢弃那些地址与本机地址不相符的数据。

1. RS485 正常多点模式（NMM）

所谓正常多点模式，就是总线上挂了多个设备，需要利用地址来对设备进行区分。该模式是通过置位 RS485CTRL 寄存器（/ * 下面马上就介绍，大家可以对照看下 * /）的位 0 来启动的。在该模式下，当接收到的数据字节使 UART 设置校验错误并产生中断时，就会进行地址检测。

如果此时接收器被禁能（RS485CTRL 位 1 =“1”），则任何接收到的数据字节（校验位 =“0”）都会被忽略且不会存放到 RX FIFO 中。当检测到地址字节（校验位 =“1”）时，接收到的数据就会被存放到 RXFIFO 中，并产生 Rx 数据就绪中断。此时，处理器可读出地址字节，并决定是否使能接收器接收后面的数据。

当接收器被使能（RS485CTRL 位 1 =“0”）时，所有接收到的字节（无论是数据还是地址）都会被存放到 Rx FIFO 中。当接收到地址字符时，校验错误中断就会产生，同时处理器会决定是否将接收器禁能。

2. RS485 自动地址检测（AAD）模式

当 RS485CTRL 寄存器的位 0 和位 2（AAD 模式使能）同时置位时，UART 就会处于自动地址检测模式。在该模式下，接收器会将任何接收到的地址字符（校验位 =“1”）与 RS485ADRMATCH 寄存器中设定的 8 位地址值进行比较。

如果接收器被禁能（RS485CTRL 位 1 =“1”），则任何接收到的字节，无论是数据字节还是地址字节，只要与 RS485ADRMATCH 的值不匹配，都会被丢弃。当检测到匹配的地址字符时，地址字符和校验位就会被存放到 RX FIFO 中，此外，接收器将会自动使能（RS485CTRL 位 1 将会由硬件清零），接收下一个数据，接收器还会产生 Rx 数据就绪中断。

当接收器被使能（RS485CTRL 位 1 =“0”）时，所有接收到的字节都会被存放到 Rx FIFO 中，直到接收到与 RS485ADRMATCH 的值不匹配的地址字符为止。当出现不匹配时，接收器会通过硬件自动禁能（RS485CTRL 位 1 将会置位）。所接收到的非匹配地址字符将不会被存放到 RX FIFO 中。

（/* 以上两点说完了，简单总结一下，如果你的电路总线中有多个从设备，那么此时就需要给每个从设备设置一个地址，从设备根据主设备发来的地址来确定主设备是否要与自身通信，此时需要设置正常多点模式，如果从设备想要利用自动地址判断，那么需要设置自动地址检测模式。

如果你的电路中就一主一从两个设备，那么就没有必要关心地址了，也不需要地址了，只要将接收使能，再设置一下方向控制引脚和极性控制位就好了。*/）

3. RS485 自动方向控制

RS485 模式包括选择是否允许发送器自动控制 DIR 管脚的状态作为方向控制输出信号。

该特性是通过将 RS485CTRL 的位 4 置“1”来使能。如果方向控制使能，当 RS485CTRL 的位 3 为 0 时，则使用 RTS 管脚，当 RS485CTRL 的位 3 为 1 时，则使用 DTR 管脚。

当自动方向控制使能时，被选中的管脚在 CPU 写数据到 Tx FIFO 时就会拉低（驱动为低电平）。最后一个数据位一旦发送出去，选中的管脚就会被拉高（驱动为高电平）。请参见 RS485CTRL 寄存器的位 4 和位 5。

（/* 这部分内容比较绕，请大家仔细阅读，仔细体会。*/）

11.5.3 LPC1114 中 RS485 相关寄存器

LPC1114 内部与 RS485 相关的寄存器主要有如下几个。

1. U0RS485CTRL 寄存器

U0RS485CTRL 为 RS485 的控制寄存器，如图 11.12 所示（用户手册 Table203），该寄存器各位的描述如下：

（1）NMMEN 位为 0 是 RS485 普通多点模式（NMM）禁能，为 1 是使能。在该模式下当接收字符使 UART 设置校验错误并产生中断时，对地址进行检测。

（2）RXDIS 用于控制接收器是否使能。

（3）AADEN 用于禁能或使能自动地址检测，为 1 使能，为 0 禁能。

（4）DCTRL 用于使能或禁能自动方向控制，为 1 使能，为 0 禁能。

（5）SEL 为 0，此时如果 DCTRL =1，则管脚 RTS 会被用于方向控制；SEL 为 1，此时如果 DCTRL =1，则管脚 DTR 会被用于方向控制。

（6）OINV 用于设置方向控制引脚的极性，如果 OINV 设置为 0，当发送器有数据要发送时，方向控制管脚会被驱动为逻辑“0”，在最后一个数据位被发送出去后，该位就会被驱动为逻辑“1”。如果 OINV 设置为 1，当发送器有数据要发送时，方向控制管脚就会被驱动为逻辑“1”，在最后一个数据位被发送出去后，该位就会被驱动为逻辑“0”。

2. U0RS485ADRMATCH 寄存器

U0RS485ADRMATCH 寄存器包含了 RS485 的地址匹配值，如图 11.13 所示（用户手册 Table204）。向 ADRMATCH 写入数据就可以设置设备的地址。

Table 203. UART RS485 Control register (U0RS485CTRL - address 0x4000 804C) bit description

Bit	Symbol	Value	Description	Reset value
0	NMMEN		NMM enable.	0
		0	RS-485/EIA-485 Normal Multidrop Mode (NMM) is disabled.	
		1	RS-485/EIA-485 Normal Multidrop Mode (NMM) is enabled. In this mode, an address is detected when a received byte causes the UART to set the parity error and generate an interrupt.	
1	RXDIS		Receiver enable.	0
		0	The receiver is enabled.	
		1	The receiver is disabled.	
2	AADEN		AAD enable.	0
		0	Auto Address Detect (AAD) is disabled.	
		1	Auto Address Detect (AAD) is enabled.	
3	SEL		Select direction control pin	0
		0	If direction control is enabled (bit DCTRL = 1), pin $\overline{\text{RTS}}$ is used for direction control.	
		1	If direction control is enabled (bit DCTRL = 1), pin $\overline{\text{DTR}}$ is used for direction control.	
4	DCTRL		Auto direction control enable.	0
		0	Disable Auto Direction Control.	
		1	Enable Auto Direction Control.	
5	OINV		Polarity control. This bit reverses the polarity of the direction control signal on the $\overline{\text{RTS}}$ (or $\overline{\text{DTR}}$) pin.	0
		0	The direction control pin will be driven to logic 0 when the transmitter has data to be sent. It will be driven to logic 1 after the last bit of data has been transmitted.	
		1	The direction control pin will be driven to logic 1 when the transmitter has data to be sent. It will be driven to logic 0 after the last bit of data has been transmitted.	
31:6	–	–	Reserved, user software should not write ones to reserved bits. The value read from a reserved bit is not defined.	NA

图 11.12　U0RS485CTRL 寄存器

Table 204. UART RS485 Address Match register (U0RS485ADRMATCH - address 0x4000 8050) bit description

Bit	Symbol	Description	Reset value
7:0	ADRMATCH	Contains the address match value.	0x00
31:8	–	Reserved	–

图 11.13　U0RS485CTRL 寄存器

11.5.4　RS485 程序设计

这里我们仅仅给出一段简单的 RS485 程序，实现两个设备的最简单收发功能，该段代码可以分别写入主设备和从设备共同完成通信实验。

工程主要包括的文件如图 11.14 所示，system_lpc11xx.c、startup_LPC11XX.s 文件与

前面介绍的一样。下面我们主要看一下主程序 main.c 的代码,请看程序段 11.3。

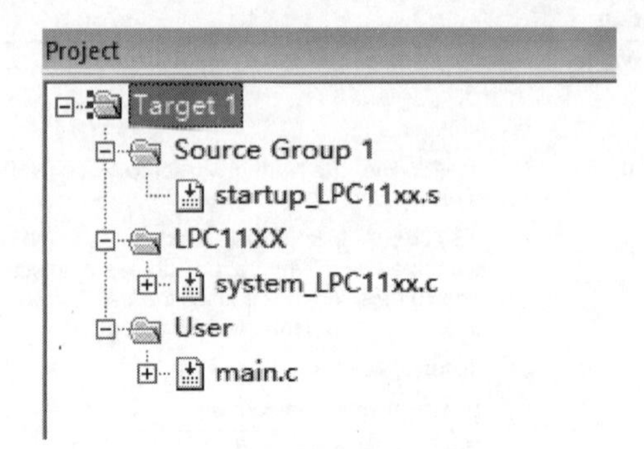

图 11.14　查询方式串口收发数据程序结构

程序段 11.3　main.c 文件代码

```
01 /*****************************************************
02 * 目标:ARM Cortex - M0 LPC1114
03 * 编译环境:KEIL 4.70
04 * 外部晶振:10MHz(主频 50MHz)
05 * 功能:初始化 RS485,进行简单的收发。主设备发送数据,从设备接收数据并返回
06 * 作者:
07 *****************************************************/
08
09 #include "lpc11xx.h"
10 #include "uart.h"
11
12 uint8_t rec_buf;  //定义一个全局变量
13
14 /*****************************************************/
15 /* 函数功能:初始化 UART 口 */
16 /*****************************************************/

   /* 下面的串口初始化函数与上一小节的一样,这里不详细介绍了。*/

17 void UART_init(uint32_t baudrate)
18 {
19   uint32_t DL_value,Clear = Clear;
20
21   LPC_SYSCON->SYSAHBCLKCTRL |= (1<<16); // 使能 IOCON 时钟
22   LPC_IOCON->PIO1_6 &= ~0x07;
23   LPC_IOCON->PIO1_6 |= 0x01; //把 P1.6 脚设置为 RXD
24   LPC_IOCON->PIO1_7 &= ~0x07;
25   LPC_IOCON->PIO1_7 |= 0x01; //把 P1.7 脚设置为 TXD
26   LPC_SYSCON->SYSAHBCLKCTRL &= ~(1<<16); // 禁能 IOCON 时钟
27
28   LPC_SYSCON->UARTCLKDIV = 0x1;//时钟分频值为 1
```

```
29    LPC_SYSCON->SYSAHBCLKCTRL |= (1<<12);//允许 UART 时钟
30    LPC_UART->LCR = 0x83;  //8 位传输,1 个停止位,无奇偶校验,允许访问除数锁存器
31    DL_value = SystemCoreClock/16/baudrate ;  //计算该波特率要求的除数锁存寄存器值
32    LPC_UART->DLM = DL_value / 256;  //写除数锁存器高位值
33    LPC_UART->DLL = DL_value % 256;  //写除数锁存器低位值
34    LPC_UART->LCR = 0x03;  //DLAB 置 0
35    LPC_UART->FCR = 0x07;  //允许 FIFO,清空 RxFIFO 和 TxFIFO
36    Clear = LPC_UART->LSR;  //读 UART 状态寄存器将清空残留状态
37  }
38
39  /*****************************************************/
40  /* 函数功能:串口接收字节数据 */
41  /*****************************************************/
42  uint8_t UART_recive(void)
43  {
44    while(!(LPC_UART->LSR & (1<<0)));//等待接收到数据
45    return(LPC_UART->RBR); //读出数据
46  }
47
48  /*****************************************************/
49  /* 函数功能:串口发送字节数据 */
50  /*****************************************************/
51  void UART_send_byte(uint8_t byte)
52  {
53    while ( !(LPC_UART->LSR & (1<<5)) );//等待发送完
54    LPC_UART->THR = byte;
55  }
56

/* 以上的代码我们在前面已经很熟悉了,下面是 RS485 初始化的函数,RS485 初始化与串口初始化函数
最大的区别在于要设置 PIO1.5 引脚以及 U0RS485CTRL 寄存器。*/

58  void RS485_init(uint32_t baudrate)  //参数为需要设置的波特率
59  {
60    UART_init(baudrate);  //与串口初始化函数一样
61
62    LPC_SYSCON->SYSAHBCLKCTRL |= (1<<16); // 使能 IOCON 时钟
63    LPC_IOCON->PIO1_5 &= ~0x07;
64    LPC_IOCON->PIO1_5 |= 0x01;// 把 P1_5 引脚设置为 RTS,作为 485 接收发送控制引脚
65    LPC_SYSCON->SYSAHBCLKCTRL &= ~(1<<16); // 禁能 IOCON 时钟
66    LPC_UART->RS485CTRL |= (0x3<<4); //允许自动方向控制,设置 RTS 置高发送(总线上没有多
                                        个从设备,因此设置很简单)
67  }
68
69  int main()
```

```
70  {
71    RS485_init(9600);
72    rec_buf = 1;
73    while(1)
74    {
75      //主设备用下面两行代码,78~81行删除
76      UART_send_byte(rec_buf);
77      rec_buf = UART_recive() + 1;  //主设备每发送一次将rec_buf加1
78
79      //从设备用下面两行代码,75~78行删除
80      rec_buf = UART_recive();
81      UART_send_byte(rec_buf);
82    }
83  }
84
```

第12天

时间规划师——通用定时器/计数器

如果说系统滴答定时器是给操作系统用的，那么通用定时器/计数器(后面简称定时器)就是给用户程序用的了。通用定时器实际上是 Cortex－M0 内核外部的一个计数设备，能够对微控制器的机器周期或者外部信号进行计数，对固定的机器周期进行计数就是定时器，对外部信号进行计数就是计数器，而且通用定时器还可以向外部其他器件提供时钟信号，用处多多。今天主要以16位定时器为例来讲述如何对定时器进行操作。

12.1 16位通用定时器结构及工作原理

12.1.1 16位通用定时器简介

LPC1100 系列 Cortex－M0 微控制器拥有2个32位和2个16位可编程定时器/计数器，均具有捕获比较功能。定时器用来对时钟信号进行计数，而计数器对外部脉冲信号进行计数，可选择在规定的时间内产生中断或执行其他操作。每个定时器/计数器还包含1个捕获输入，用来在输入信号变化时捕获定时器瞬时值并产生中断。由于32位定时器与16位定时器功能类似，因此今天我们仅以16位通用定时器为例介绍如何开发定时器的基本功能(/＊除了寄存器等地址不同外，LPC1114 的2个16位定时器的操作都是相同的，我们以16位定时器0(CT16B0)为例进行介绍＊/)。16位定时器具有如下特点：

(1) 具有定时、计数功能。

(2) 具有一个16位捕获通道，可在输入信号跳变时捕捉定时器的瞬时值，也可在捕获事件后产生中断。

(3) 拥有4个16位匹配寄存器允许执行以下操作：

① 匹配时保持定时器继续工作，可产生中断；

② 匹配时停止定时器运行，可产生中断；

③ 匹配时复位定时器，可产生中断。

(4) 有多达3个(CT16B0)或2个(CT16B1)与匹配寄存器相对应的外部输出引脚，

这些输出引脚具有以下功能：

① 在匹配时输出低电平；

② 在匹配时输出高电平；

③ 在匹配时翻转电平；

④ 在匹配时不执行任何操作。

(5) 最多4个匹配寄存器可配置为脉宽调制方式(PWM),允许使用最多3个匹配输出作为单独边沿控制的PWM输出。(/＊PWM 直白一点说就是:输出信号的占空比可设置。＊/)

12.1.2 16 位通用定时器引脚及寄存器

参考图12.1(图2.2的部分截图),我们可以看到与LPC1114内部定时器相关的引脚还是非常多的,其中CT16B0定时器对外有5个引脚,分别是:CT16B0_CAP1、CT16B0_CAP0、CT16B0_MAT2、CT16B0_MAT1、CT16B0_MAT0,分别与编号为18、10、29、28、27的管脚相对应(/＊需要大家注意的是,不同封装的微控制器可能对应的引脚不同,我们这里是以LQFP48封装的LPC1114微控制器为例＊/)。这些引脚的主要功能如下：

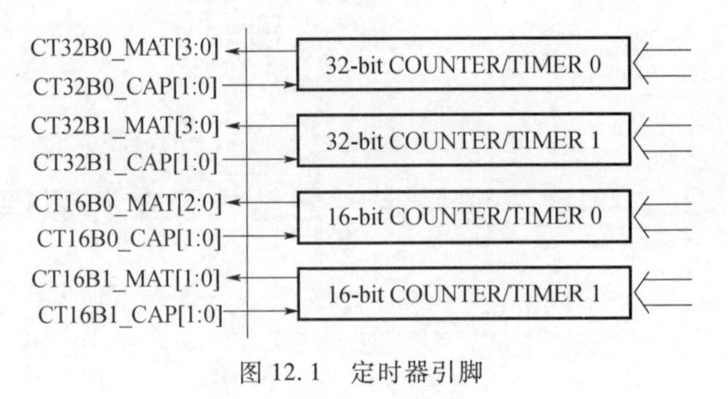

图 12.1　定时器引脚

(1) CT16B0_CAP[1:0]是定时器的外部输入信号引脚,定时器可以感知在这两个引脚上的信号变化；

(2) CT16B0_MAT[2:0]是定时器的匹配输出引脚,在定时器/计数器的计数值与目标相匹配时,这些引脚可以产生电平的变化,通知外部设备,或者产生固定的时钟信号。

对外的引脚说完了,我们看看定时器内部的结构。由于通用定时器功能比较丰富,因此其内部结构也比较复杂,LPC1114的16位定时器内部结构如图12.2所示。从图中我们可以看到,定时器运行的时钟信号为PCLK(在SYSAHBCLKDIV寄存器值为1的情况下,PCLK频率就等于系统时钟)。由于PCLK时钟稳定,因此当定时器对PCLK时钟信号进行计数时,就可以完成定时功能了。另外由于PCLK频率较高,如果只使用一个计数器对其进行计数的话,能够定时的周期就会很短,为此,定时器内部还专门设置了一个预分频计数器(PRESCALE COUNTER),预分频计数器与定时器计数器(TIMER COUNTER)一同进行计数,可以确保计数周期较长。为了降低功耗,可通过SYSAHB-CLKCTRL寄存器中的位9和位10禁能32位定时器的时钟,通过位7和位8禁能16位定时器的时钟。

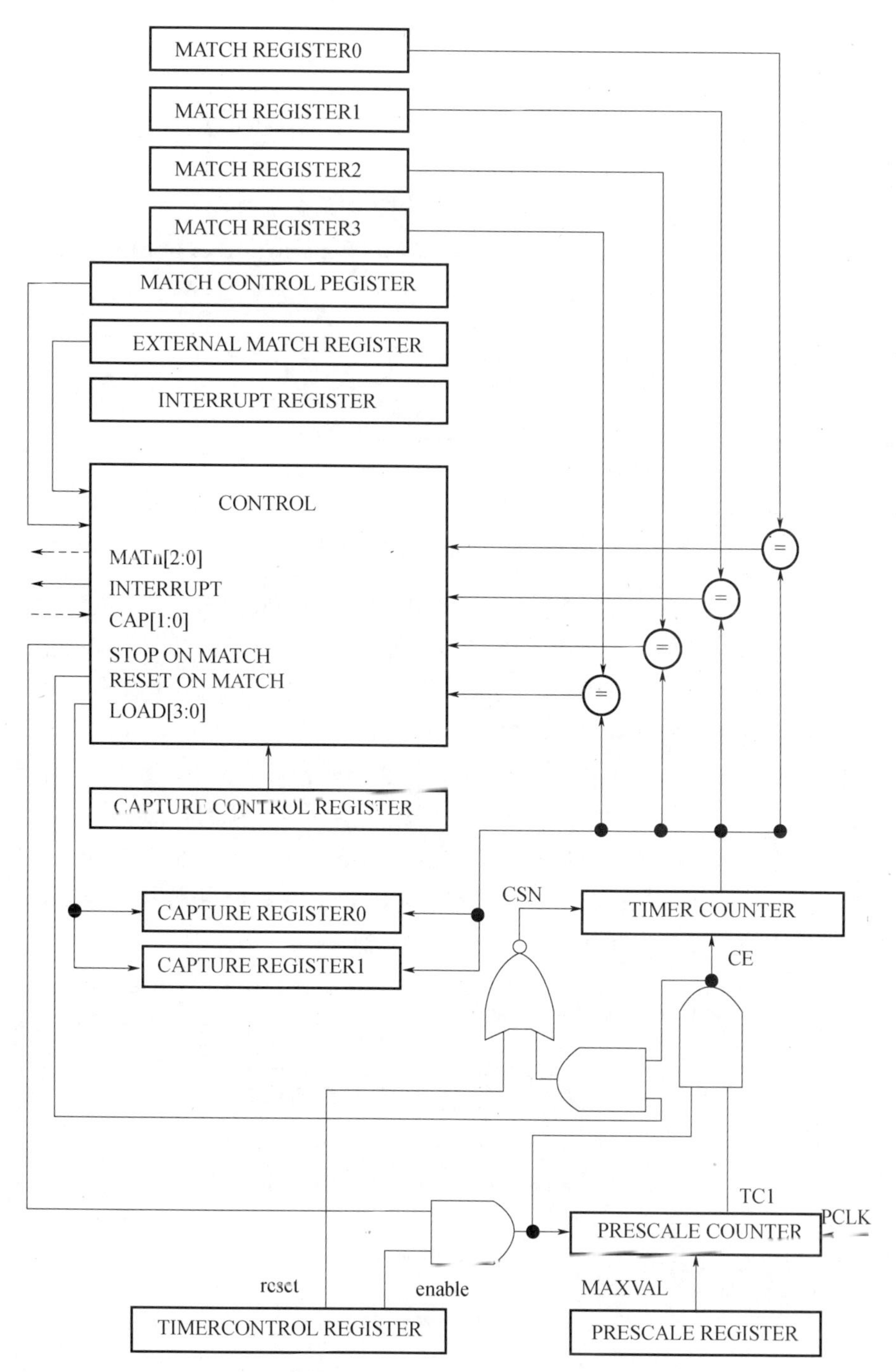

图 12.2　16 位定时器内部结构

LPC1114 的 16 位定时器内部有匹配寄存器、匹配控制寄存器、中断寄存器、捕获寄存器等各类寄存器共 15 个。下面我们就向大家介绍这些寄存器。

(/＊16 位定时器 0 与定时器 1 的内部结构一样，与 32 位定时器的内部结构也基本相同。定时器的寄存器很多，功能也比较灵活，因此学起来肯定比较复杂和枯燥，如果大家实在是不想看，也可以在分析代码时回过头来再看具体寄存器的说明，也许那样效率

更高。*/)

1. 中断寄存器 TMR16B0IR

CT16B0 的中断定时器描述如图 12.3 所示(用户手册 Table298),该寄存器低 6 位有效。中断寄存器包含 4 个用于匹配中断的位及 2 个用于捕获中断的位。(/* 直白地说就是从这个寄存器可以看出中断的来源以及哪个中断在等待处理。*/)

Table 298. Interrupt Register (TMR16B0IR - address 0x4000 C000 and TMR16B1IR - address 0x4001 0000) bit description

Bit	Symbol	Description	Reset value
0	MR0INT	Interrupt flag for match channel 0.	0
1	MR1INT	Interrupt flag for match channel 1.	0
2	MR2INT	Interrupt flag for match channel 2.	0
3	MR3INT	Interrupt flag for match channel 3.	0
4	CR0INT	Interrupt flag for capture channel 0 event.	0
5	CR1INT	Interrupt flag for capture channel 1 event.	0
31:6	–	Reserved	–

图 12.3 TMR16B0IR 寄存器

如果某个匹配通道 n 有中断产生,则 TMR16B0IR 中的相应的 MRnINT 位置 1(n=0,1,2,3),否则,对应位为 0。如果某个捕获通道发生信号变化,则也可以产生捕获中断,此时 CRnINT 位为 1。当我们向 TMR16B0IR 的某些位写 1 时会复位(清零)中断,写 0 无效。

2. 定时器控制寄存器 TMR16B0TCR

定时器控制寄存器用来控制定时器/计数器的操作,具体描述如图 12.4 所示(用户手册 Table299)。当最低位 CEN 为 1 时,定时器开始工作,为 0 时,定时器停止工作。CRST 位为 1 时,定时器和预分频计数器在 PCLK 的下一个上升沿同步复位。计数器在 CRST 位恢复为 0 之前将一直保持复位状态(因此定时器是否启动需要判断该位的情况)。定时器复位后,所有的定时器相关寄存器都清 0。

Table 299. Timer Control Register (TMR16B0TCR - address 0x4000 C004 and TMR16B1TCR - address 0x4001 0004) bit description

Bit	Symbol	Description	Reset value
0	CEN	Counter Enable. When one, the Timer Counter and Prescale Counter are enabled for counting. When zero, the counters are disabled.	0
1	CRST	Counter Reset. When one, the Timer Counter and the Prescale Counter are synchronously reset on the next positive edge of PCLK. The counters remain reset until TCR[1] is returned to zero.	0
31:2	–	Reserved, user software should not write ones to reserved bits. The value read from a reserved bit is not defined.	NA

图 12.4 TMR16B0TCR 寄存器

3. 定时器计数器 TMR16B0TC

我们这里的定时器计数器的英文为 TIMER COUNTER(TC),是定时器内部专门用来计数的设备。16 位定时器的计数宽度为 16 比特。监测的事件每发生一次(一般是预分频计数器计满一周),TIMER COUNTER 就进行一次加 1 的操作,在 TIMER COUNTER 没有到达计数器上限之前如果定时器没有复位,那么它将一直计数到 0xFFFF 然后翻转到 0x0000,这个过程不会产生中断。如果需要中断,可用匹配寄存器检查溢出。

TMR16B0TC 的具体描述如图 12.5 所示(参见用户手册 Table300)。

Table 300: Timer counter registers (TMR16B0TC, address 0x4000 C008 and TMR16B1TC 0x4001 0008) bit description

Bit	Symbol	Description	Reset value
15:0	TC	Timer counter value.	0
31:16	–	Reserved.	–

图 12.5 TMR16B0TC 寄存器

4. 预分频计数器 TMR16B0PC

预分频计数器 TMR16B0PC 是一个 16 位的计数器(后面也会有 PC 表示),当它的计数值增加到与预分频寄存器 TMR16B0PR 中存放的值相等时,TMR16B0TC 寄存器在下个时钟进行加 1 操作,TMR16B0PC 清零。TMR16B0PC 的具体描述如图 12.6 所示(参见用户手册 Table302)。那么 TMR16B0PC 计数到哪个值算是一个周期呢? 这就要参考预分频寄存器 TMR16B0PR 了。

Table 302: Prescale counter registers (TMR16B0PC, address 0x4001 C010 and TMR16B1PC 0x4000 0010) bit description

Bit	Symbol	Description	Reset value
15:0	PC	Prescale counter value.	0
31:16	–	Reserved.	–

图 12.6 TMR16B0PC 寄存器

5. 预分频寄存器 TMR16B0PR

预分频寄存器 TMR16B0PR 指定了预分频计数器的最大计数值。TMR16B0PR 的具体描述如图 12.7 所示(参见用户手册 Table301)。TMR16B0TC 与 TMR16B0PC 配合共同完成计数。当 TMR16B0PR = 0 时,每个 PCLK 周期 TMR16B0TC 都加 1;当 TMR16B0PR = 1 时,每 2 个 PCLK 周期 TMR16B0TC 进行一次加 1 操作。因此定时器的计数频率为:

$$\text{定时器计数频率} = \frac{\text{PCLK}}{\text{TMR16B0PR} + 1}$$

Table 301: Prescale registers (TMR16B0PR, address 0x4000 C00C and TMR16B1PR 0x4001 000C) bit description

Bit	Symbol	Description	Reset value
15:0	PR	Prescale max value.	0
31:16	–	Reserved.	–

图 12.7 TMR16B0PR 寄存器

6. 匹配控制寄存器 TMR16B0MCR

匹配控制寄存器 TMR16B0MCR 用于控制当定时器中某一个匹配寄存器(一共 4 个)的值与定时器计数器的值相等时应执行的操作。匹配控制寄存器具体描述如图 12.8 所示(参见手册 Table303)。当第 0,3,6,9 位设置为 1 时,则当定时计数器 TIMER COUNTER 的值分别与匹配寄存器 TMR16B0MR0、TMR16B0MR1、TMR16B0MR2、TMR16B0MR3 的值相等时就会产生中断;当第 1,4,7,10 位设置为 1 时,则当定时计数器 TIMER COUNTER 的值分别与匹配寄存器 TMR16B0MR0、TMR16B0MR1、TMR16B0MR2、

TMR16B0MR3 的值相等时,TIMER COUNTER 会被复位;当第 2,5,8,11 位设置为 1 时,则当定时计数器 TIMER COUNTER 的值分别与匹配寄存器 TMR16B0MR0、TMR16B0MR1、TMR16B0MR2、TMR16B0MR3 的值相等时,TMR16B0TC 和 TMR16B0PC 都会被复位,同时 TMR16B0TCR 寄存器的第 0 位将被清 0。

简单一点说就是当 TMR16B0TC 与 TMR16B0MRn 寄存器相等时,TMR16B0MCR 寄存器控制是否产生中断,及是否需要对一些寄存器清 0。

Table 303. Match Control Register (TMR16B0MCR - address 0x4000 C014 and TMR16B1MCR - address 0x4001 0014) bit description

Bit	Symbol	Value	Description	Reset value
0	MR0I		Interrupt on MR0: an interrupt is generated when MR0 matches the value in the TC.	0
		1	Enabled	
		0	Disabled	
1	MR0R		Reset on MR0: the TC will be reset if MR0 matches it.	0
		1	Enabled	
		0	Disabled	
2	MR0S		Stop on MR0: the TC and PC will be stopped and TCR[0] will be set to 0 if MR0 matches the TC.	0
		1	Enabled	
		0	Disabled	
3	MR1I		Interrupt on MR1: an interrupt is generated when MR1 matches the value in the TC.	0
		1	Enabled	
		0	Disabled	
4	MR1R		Reset on MR1: the TC will be reset if MR1 matches it.	0
		1	Enabled	
		0	Disabled	
5	MR1S		Stop on MR1: the TC and PC will be stopped and TCR[0] will be set to 0 if MR1 matches the TC.	0
		1	Enabled	
		0	Disabled	
6	MR2I		Interrupt on MR2: an interrupt is generated when MR2 matches the value in the TC.	0
		1	Enabled	
		0	Disabled	
7	MR2R		Reset on MR2: the TC will be reset if MR2 matches it.	0
		1	Enabled	
		0	Disabled	
8	MR2S		Stop on MR2: the TC and PC will be stopped and TCR[0] will be set to 0 if MR2 matches the TC.	0
		1	Enabled	
		0	Disabled	
9	MR3I		Interrupt on MR3: an interrupt is generated when MR3 matches the value in the TC.	0
		1	Enabled	
		0	Disabled	
10	MR3R		Reset on MR3: the TC will be reset if MR3 matches it.	0
		1	Enabled	
		0	Disabled	
11	MR3S		Stop on MR3: the TC and PC will be stopped and TCR[0] will be set to 0 if MR3 matches the TC.	0
		1	Enabled	
		0	Disabled	
31:12	–		Reserved, user software should not write ones to reserved bits. The value read from a reserved bit is not defined.	NA

图 12.8　TMR16B0MCR 寄存器

7. 匹配寄存器 TMR16B0MR0/1/2/3

CT16B0 定时器有 4 个匹配寄存器(MR),匹配寄存器值会不断地与定时器计数器值进行比较。当两个值相等时，自动触发相应动作。这些动作包括产生中断，复位定时器/计数器或停止定时器，所有动作均由 TMR16BMCR 寄存器控制。由于是 16 位定时器，因此匹配寄存器只有低 16 位有效，具体描述请见图 12.9（用户手册 Table304）。

Table 304: Match registers (TMR16B0MR0 to 3, addresses 0x4000 C018 to 24 and TMR16B1MR0 to 3, addresses 0x4001 0018 to 24) bit description

Bit	Symbol	Description	Reset value
15:0	MATCH	Timer counter match value.	0
31:16	–	Reserved.	–

图 12.9 TMR16B0MR0/1/2/3 寄存器

8. 捕获控制寄存器 TMR16B0CCR

捕获控制寄存器用于控制当捕获事件发生时，是否将定时器计数器中的值装入捕获寄存器，以及捕获事件是否产生中断。TMR16B0CCR[0]、TMR16B0CCR[3]设置为 1 时表明捕获引脚 CT16B0_CAP0 、CT16B0_CAP1 在出现上升沿时，TMR16B0TC 的计数值将会被装载入捕获寄存器 TMR16BnCR0、TMR16BnCR1 中；TMR16B0CCR[1]、TMR16B0CCR[4] 设置为 1 时表明捕获引脚 CT16B0_CAP0 、CT16B0_CAP1 在出现下降沿时，TMR16B0TC 的计数值将会被装载入捕获寄存器 TMR16BnCR0、TMR16BnCR1 中；TMR16B0CCR[2]、TMR16B0CCR[5] 设置为 1 时表明在捕获引脚 CT16B0_CAP0 、CT16B0_CAP1 发生变化时产生中断。具体描述见图 12.10（用户手册 Table305）。

Table 305. Capture Control Register (TMR16B0CCR - address 0x4000 C028 and TMR16B1CCR - address 0x4001 0028) bit description

Bit	Symbol	Value	Description	Reset value
0	CAP0RE		Capture on CT16Bn_CAP0 rising edge: a sequence of 0 then 1 on CT16Bn_CAP0 will cause CR0 to be loaded with the contents of TC.	0
		1	Enabled	
		0	Disabled	
1	CAP0FE		Capture on CT16Bn_CAP0 falling edge: a sequence of 1 then 0 on CT16Bn_CAP0 will cause CR0 to be loaded with the contents of TC.	0
		1	Enabled	
		0	Disabled	
2	CAP0I		Interrupt on CT16Bn_CAP0 event: a CR0 load due to a CT16Bn_CAP0 event will generate an interrupt.	0
		1	Enabled	
		0	Disabled	
3	CAP1RE		Capture on CT16Bn_CAP1 rising edge: a sequence of 0 then 1 on CT16Bn_CAP1 will cause CR1 to be loaded with the contents of TC.	0
		1	Enabled	
		0	Disabled	
4	CAP1FE		Capture on CT16Bn_CAP1 falling edge: a sequence of 1 then 0 on CT16Bn_CAP1 will cause CR1 to be loaded with the contents of TC.	0
		1	Enabled	
		0	Disabled	
5	CAP1I		Interrupt on CT16Bn_CAP1 event: a CR1 load due to a CT16Bn_CAP1 event will generate an interrupt.	0
		1	Enabled	
		0	Disabled	
31:6	–	–	Reserved, user software should not write ones to reserved bits. The value read from a reserved bit is not defined.	NA

图 12.10 TMR16B0CCR 寄存器

9. 捕获寄存器 TMR16B0CR0/1

捕获寄存器 TMR16B0CR0/1 与器件管脚相关联，当管脚发生特定的事件时，可将定时器计数器的值装入该捕获寄存器。捕获控制寄存器中的设置决定是否使能捕获功能，即在相关管脚的上升沿、下降沿或上升沿和下降沿时是否产生捕获事件。具体描述见图 12.11（用户手册 Table 306）。

Table 306: Capture registers (TMR16B0CR0/1, address 0x4000 C02C/30 and TMR16B1CR0/1, address 0x4001 002C/30) bit description

Bit	Symbol	Description	Reset value
15:0	CAP	Timer counter capture value.	0
31:16	–	Reserved.	–

图 12.11　TMR16B0CR0/1 寄存器

10. 外部匹配寄存器 TMR16B0EMR

外部匹配寄存器控制外部匹配管脚 CAP16B0_MAT[2:0]，并提供外部匹配管脚的状态。如果匹配输出配置为脉宽调制（PWM）输出，则外部匹配寄存器的功能由 PWM 规则决定（后面再说）。外部匹配控制寄存器位功能描述如图 12.12 所示。

由于 16 位定时器 CT16B0 只有 3 个匹配输出引脚，因此在该寄存器中只有 TMR16B0EMR[2:0]和 TMR16B0EMR[9:4]有效。举个例子，当我们设置 LPC1114 的 27 号管脚的引脚功能为 CAP16B0_MAT0 后，这时管脚是与 EM0 位保持连接的（/＊这个地方很有意思，当你将 27 号管脚设置为 CAP16B0_MAT0 功能后，EM0 的状态会反映到管脚上，如果不设置该功能，EM0 也会变化，但不会反映到管脚上，说白了就是没有与管脚 27 连接＊/），因此我们此时就可以通过读取和设置 EM0 来知道外部引脚的高低电平和设置外部引脚的高低电平；当匹配寄存器 TMR16B0MR0 与定时器计数器相同时，我们就可以根据 EMC0 设置的规则控制引脚的输出。图中英文“Toggle”表示电平翻转。

11. 计数控制寄存器 TMR16B0CTCR

计数控制寄存器 TMR16B0CTCR 用于在定时器模式和计数器模式之间进行选择，且在处于计数器模式时选择进行计数的管脚和边沿。计数控制寄存器位功能描述如图 12.13所示。

TMR16B0CTCR[1:0]设置为 0 时，为定时模式，不为 0 则为计数模式。为定时模式时，在 PCLK 时钟信号上升沿时定时器计数器 TC 进行加 1 操作。为计数模式时，如果 TMR16B0CTCR[1:0]为 0x01，则定时器计数器 TC 在捕获引脚为上升沿时进行加 1 操作；如果 TMR16B0CTCR[1:0]为 0x10，则定时器计数器 TC 在捕获引脚为下降沿时进行加 1 操作；如果 TMR16B0CTCR[1:0]为 0x11，则定时器计数器 TC 在捕获引脚上升沿和下降沿时都进行加 1 操作，具体测量的是哪个捕获引脚要看 TMR16B0CTCR[3:2]的值。需要注意的是由于可能需要在捕获引脚上升和下降沿时都进行计数，因此采样频率 PCLK 一般应为捕获引脚频率的 2 倍以上。由于计数模式时，捕获引脚不需要中断，因此 TMR16B0CCR 寄存器对应引脚位应为 0。

当 TMR16B0CTCR[4]设置为 1 时，则发生 TMR16B0CTCR[7:5]的事件时定时器计数器 TC 以及预分频计数器将清 0。

Table 307. External Match Register (TMR16B0EMR - address 0x4000 C03C and TMR16B1EMR - address 0x4001 003C) bit description

Bit	Symbol	Value	Description	Reset value
0	EM0		External Match 0. This bit reflects the state of output CT16B0_MAT0/CT16B1_MAT0, whether or not this output is connected to its pin. When a match occurs between the TC and MR0, this bit can either toggle, go LOW, go HIGH, or do nothing. Bits EMR[5:4] control the functionality of this output. This bit is driven to the CT16B0_MAT0/CT16B1_MAT0 pins if the match function is selected in the IOCON registers (0 = LOW, 1 = HIGH).	0
1	EM1		External Match 1. This bit reflects the state of output CT16B0_MAT1/CT16B1_MAT1, whether or not this output is connected to its pin. When a match occurs between the TC and MR1, this bit can either toggle, go LOW, go HIGH, or do nothing. Bits EMR[7:6] control the functionality of this output. This bit is driven to the CT16B0_MAT1/CT16B1_MAT1 pins if the match function is selected in the IOCON registers (0 = LOW, 1 = HIGH).	0
2	EM2		External Match 2. This bit reflects the state of output match channel 2, whether or not this output is connected to its pin. When a match occurs between the TC and MR2, this bit can either toggle, go LOW, go HIGH, or do nothing. Bits EMR[9:8] control the functionality of this output. Note that on counter/timer 0 this match channel is not pinned out. This bit is driven to the CT16B1_MAT2 pin if the match function is selected in the IOCON registers (0 = LOW, 1 = HIGH).	0
3	EM3		External Match 3. This bit reflects the state of output of match channel 3. When a match occurs between the TC and MR3, this bit can either toggle, go LOW, go HIGH, or do nothing. Bits EMR[11:10] control the functionality of this output. There is no output pin available for this channel on either of the 16-bit timers.	0
5:4	EMC0		External Match Control 0. Determines the functionality of External Match 0.	00
		0x0	Do Nothing.	
		0x1	Clear the corresponding External Match bit/output to 0 (CT16Bn_MATm pin is LOW if pinned out).	
		0x2	Set the corresponding External Match bit/output to 1 (CT16Bn_MATm pin is HIGH if pinned out).	
		0x3	Toggle the corresponding External Match bit/output.	
7:6	EMC1		External Match Control 1. Determines the functionality of External Match 1.	00
		0x0	Do Nothing.	
		0x1	Clear the corresponding External Match bit/output to 0 (CT16Bn_MATm pin is LOW if pinned out).	
		0x2	Set the corresponding External Match bit/output to 1 (CT16Bn_MATm pin is HIGH if pinned out).	
		0x3	Toggle the corresponding External Match bit/output.	
9:8	EMC2		External Match Control 2. Determines the functionality of External Match 2.	00
		0x0	Do Nothing.	
		0x1	Clear the corresponding External Match bit/output to 0 (CT16Bn_MATm pin is LOW if pinned out).	
		0x2	Set the corresponding External Match bit/output to 1 (CT16Bn_MATm pin is HIGH if pinned out).	
		0x3	Toggle the corresponding External Match bit/output.	
11:10	EMC3		External Match Control 3. Determines the functionality of External Match 3.	00
		0x0	Do Nothing.	
		0x1	Clear the corresponding External Match bit/output to 0 (CT16Bn_MATm pin is LOW if pinned out).	
		0x2	Set the corresponding External Match bit/output to 1 (CT16Bn_MATm pin is HIGH if pinned out).	
		0x3	Toggle the corresponding External Match bit/output.	
31:12	–		Reserved, user software should not write ones to reserved bits. The value read from a reserved bit is not defined.	NA

图 12.12 TMR16B0EMR 寄存器

12. PWM 控制寄存器 TMR16B0PWMC

PWM 控制寄存器用于将 CT16B_MAT[2:0]匹配输出配置为 PWM 输出。每个匹配输出引脚均可分别设置,以决定匹配输出是作为 PWM 输出还是作为功能引脚受外部匹配寄存器(TMR16B0EMR)控制的匹配输出。直白点说就是当我们将 TMR16B0PWMC

Table 309. Count Control Register (TMR16B0CTCR - address 0x4000 C070 and TMR16B1CTCR - address 0x4001 0070) bit description

Bit	Symbol	Value	Description	Reset value
1:0	CTM		Counter/Timer Mode. This field selects which rising PCLK edges can increment Timer's Prescale Counter (PC), or clear PC and increment Timer Counter (TC).	00
		0x0	Timer Mode: every rising PCLK edge	
		0x1	Counter Mode: TC is incremented on rising edges on the CAP input selected by bits 3:2.	
		0x2	Counter Mode: TC is incremented on falling edges on the CAP input selected by bits 3:2.	
		0x3	Counter Mode: TC is incremented on both edges on the CAP input selected by bits 3:2.	
3:2	CIS		Count Input Select. In counter mode (when bits 1:0 in this register are not 00), these bits select which CAP pin is sampled for clocking. **Note:** If Counter mode is selected in the CTCR register, bits 2:0 in the Capture Control Register (CCR) must be programmed as 000.	00
		0x0	CT16Bn_CAP0	
		0x1	CT16Bn_CAP1	
		0x2	Reserved.	
		0x0	Reserved.	
4	ENCC		Setting this bit to one enables clearing of the timer and the prescaler when the capture-edge event specified in bits 7:5 occurs.	0
7:5	SELCC		When bit 4 is one, these bits select which capture input edge will cause the timer and prescaler to be cleared. These bits have no effect when bit 4 is zero.	0
		0x0	Rising Edge of CAP0 clears the timer (if bit 4 is set).	
		0x1	Falling Edge of CAP0 clears the timer (if bit 4 is set).	
		0x2	Rising Edge of CAP1 clears the timer (if bit 4 is set).	
		0x3	Falling Edge of CAP1 clears the timer (if bit 4 is set).	
		0x4	Reserved.	
		0x5	Reserved.	
		0x6	Reserved.	
		0x7	Reserved.	
31:8	–	–	Reserved, user software should not write ones to reserved bits. The value read from a reserved bit is not defined.	–

图 12.13　TMR16B0CTCR 寄存器

[3:0]的某一位设置为 1 时,其对应的匹配输出引脚就成为脉宽调制输出引脚了。这时输出脉冲信号的占空比是可以调节的。寄存器描述如图 12.14(用户手册 Table310)。

对于 16 位定时器 CT16B0,CT16B0_MAT[2:0]三个引脚都可选择为单边沿控制的 PWM 输出。CT16B0_MAT[2:0]三个输出引脚对应匹配寄存器 TMR16B0MR2/1/0,这些匹配寄存器用来确定 PWM 低电平输出的长度,而剩下的 TMR16B0MR3 寄存器决定 PWM 的周期长度。当 TMR16B0MR2/1/0 任一匹配寄存器出现匹配时,PWM 输出置为高电平。TMR16B0MR3 用于负责将定时器复位。当定时器复位到 0 时,所有当前配置为 PWM 输出的高电平匹配输出清零。

需要注意的是当选择匹配输出用作 PWM 输出时,除匹配寄存器设置 PWM 周期长度外,匹配控制寄存器 TMR16B0MCR 中的定时器复位(MRnR)和定时器停止(MRnS)位必须置为 0,对于该寄存器,当定时器值与相应的匹配寄存器值匹配时,将 MRnR 位置 1 以使能定时器复位。

Table 310. PWM Control Register (TMR16B0PWMC - address 0x4000 C074 and TMR16B1PWMC- address 0x4001 0074) bit description

Bit	Symbol	Value	Description	Reset value
0	PWMEN0		PWM channel0 enable	0
		0	CT16Bn_MAT0 is controlled by EM0.	
		1	PWM mode is enabled for CT16Bn_MAT0.	
1	PWMEN1		PWM channel1 enable	0
		0	CT16Bn_MAT1 is controlled by EM1.	
		1	PWM mode is enabled for CT16Bn_MAT1.	
2	PWMEN2		PWM channel2 enable	0
		0	Match channel 2 or pin CT16B0_MAT2 is controlled by EM2. Match channel 2 is not pinned out on timer 1.	
		1	PWM mode is enabled for match channel 2 or pin CT16B0_MAT2.	
3	PWMEN3		PWM channel3 enable **Note:** It is recommended to use match channel 3 to set the PWM cycle because it is not pinned out.	0
		0	Match channel 3 match channel 3 is controlled by EM3.	
		1	PWM mode is enabled for match channel 3match channel 3.	
31:4	–		Reserved, user software should not write ones to reserved bits. The value read from a reserved bit is not defined.	NA

图 12.14　TMR16B0PWMC 寄存器

到这里我们终于把 16 位定时器 CT16B0 的寄存器介绍完了，LPC1114 内部其他定时器与 CT16B0 也基本相同，这里不再赘述。

我们总结一下，定时器可以对捕获引脚进行监测，从而进行计数，也可以对 PCLK 时钟进行计数，从而进行计时；还可以在计数、计时到达时利用匹配输出引脚输出高、低、翻转电平告诉芯片外的其他设备，还可以利用匹配输出引脚输出 PWM 周期性脉冲信号。具体如何实现这些功能就要设置这些寄存器了。（/＊还是那句话，读者实在觉得寄存器太麻烦，可以先大体了解，到了程序分析中再回过头来仔细分析。＊/）

12.2　16 位定时器基本定时功能程序设计及详细分析

延迟函数在程序中会经常用到，我们以前看到的都是用 for 语句完成的延迟函数，或者用系统滴答定时器设计的延迟函数，下面我们给出一段基于 16 位定时器设计的延迟函数。我们的目标是设计一个 delay_ms 的延迟函数，这个函数可以以毫秒为单位进行延迟。我们工程的文件如图 12.15 所示，除了 main. c 外，其他文件都与前面介绍的一致。main. c 的详细注释请查看程序段 12. 1。

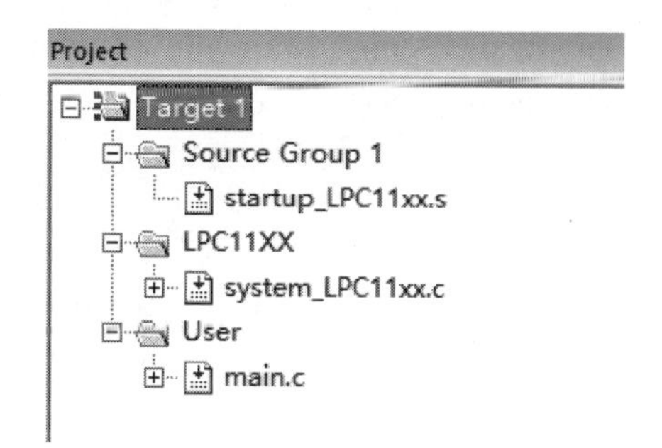

图 12.15　16 位定时器基本定时功能程序结构

程序段12.1 main.c文件代码

```
01 /*****************************************************
02  *目标:ARM Cortex - M0 LPC1114
03  *编译环境:KEIL 4.70
04  *外部晶振:10MHz(主频50MHz)
05  *功能:利用CT16B0定时器设计延迟函数,并基于延迟函数点亮二极管。
06  *作者:
07  *****************************************************/
08 #include "lpc11xx.h"
09
```

/*下面11~32行的代码大家已经非常熟悉了,这里就不介绍,主要是设置LED相关引脚的。请参考程序段8.1。*/

```
11 #define LED1_ON   LPC_GPIO1->DATA &= ~(1<<0)
12 #define LED1_OFF LPC_GPIO1->DATA |= (1<<0)
13 #define LED2_ON   LPC_GPIO1->DATA &= ~(1<<1)
14 #define LED2_OFF LPC_GPIO1->DATA |= (1<<1)
15
16 /*****************************************/
17 /*函数名称:LED灯初始化          */
18 /*****************************************/
19 void led_init()
20 {
21   LPC_SYSCON->SYSAHBCLKCTRL |= (1<<16); // 使能IOCON时钟
22   LPC_IOCON->R_PIO1_0 &= ~0x07;
23   LPC_IOCON->R_PIO1_0 |= 0x01; //把P1.0脚设置为GPIO
24   LPC_IOCON->R_PIO1_1 &= ~0x07;
25   LPC_IOCON->R_PIO1_1 |= 0x01; //把P1.1脚设置为GPIO
26   LPC_SYSCON->SYSAHBCLKCTRL &= ~(1<<16); // 禁能IOCON时钟
27
28   LPC_GPIO1->DIR |= (1<<0); // 把P1.0设置为输出引脚
29   LPC_GPIO1->DATA |= (1<<0); // 把P1.0设置为高电平
30   LPC_GPIO1->DIR |= (1<<1); // 把P1.1设置为输出引脚
31   LPC_GPIO1->DATA |= (1<<1); // 把P1.1设置为高电平
32 }
33
```

/*下面CT16B0_init函数是对16定时器0进行初始化的程序。由于16位定时器0需要工作,因此我们要开放它的时钟信号,参考表7.1 SYSAHBCLKCTRL寄存器的介绍,需要将其第7位置1。*/

```
35 voidCT16B0_init(void)
36 {
37   LPC_SYSCON->SYSAHBCLKCTRL |= (1<<7);//使能CT16B0时钟
38   LPC_TMR16B0->IR   =0x01;//参考图12.3,向TMR16B0IR寄存器的最低位写1,即清除通道0的中
```

```
                                      //断标志
39    LPC_TMR16B0 - >MCR  =0x04;/* TMR16B0MCR 寄存器低三位设置为 100B,当 MR0 与 TC 匹配时,停
                                      止 TC 和 PC 的计数,并使 TCR[0] =0, 停止定时器工作,但并不产生中
                                      断。这里是设置定时器的工作方法。*/
40  }
```

/* 下面 delay_ms 是以 ms 为单位的延迟函数。该函数的输入参数就是需要延迟的时间。*/

```
42  void delay_ms(uint16_t ms)
43  {
44    LPC_TMR16B0 - >TCR  =0x02;// TMR16B0TCR 用于启动和复位定时器,此处是复位定时器
```

/* PR 是预分频寄存器,SystemCoreClock 当前为 50MHz(与 PCLK 相同),(SystemCoreClock/1000 - 1) = 49999,由于 PR 是减 1 计数,减到 0 再重新循环,因此 49999 减到 0 正好减了 50000 次,也就是经历了 50000 个 PCLK 时钟的上升沿,PR 计数 1 轮,周期为 1ms,使得 TC 进行一次加 1 操作。因此 45 行向 PR 寄存器写入 49999。*/

```
45    LPC_TMR16B0 - >PR   = SystemCoreClock/1000 - 1;//通过更改除数的值可以改变延迟的周期。注意
                                                      //PR,MR 的宽度都是 16 位。
46    LPC_TMR16B0 - >MR0  = ms;// 将用户需要的延迟时间送入 MR0 寄存器
47    LPC_TMR16B0 - >TCR  =0x01;//44 行是复位定时器,这里是启动定时器:TCR[0] =1;
```

/* 49 行是等待定时周期到达。如果定时周期到达,TC 和 PC 将停止,且 TCR[0] =0 将会为 0。因此只要判断 TCR[0]为 0,说明定时的周期到了。*/

```
49    while (LPC_TMR16B0 - >TCR & 0x01);//判断周期是否到达
50  }

62  int main()
63  {
64    led_init();  //初始化 LED
65    CT16B0_init();  //初始化 CT16B0 定时器
66
67    while(1)
68    {
69      delay_ms(1000);  // 延迟 1s
70      LED1_ON;      //点亮 LED1
71      LED2_OFF;      //熄灭 LED2
72      delay_ms(1000);
73      LED1_OFF;
74      LED2_ON;
75    }
76  }
```

12.3 16位定时器基本计数功能程序设计及详细分析

这里我们学习一下利用16位定时器完成基本计数功能。我们程序的目标是捕获开发板上按键KEY1的按下操作,并对按下次数进行计数。我们在8.4节给大家介绍过开发板上的按键,其中KEY1按键是与微控制器的P1.9引脚相连的,每次KEY1按下,都会向微控制器输入一个低电平,为了捕获到这个低电平,我们首先在开发板上用外接的引线将P1.9引脚与P0.2引脚(10号引脚为P0.2,可以配置为CT16B0_CAP0功能)相连,P0.2作为我们的捕获引脚CT16B0_CAP0。下面我们就编程对捕获引脚的下降沿进行计数,就可以知道按键被按下了多少次。我们工程的文件结构如图12.16所示,main.c程序的详细分析请看程序段12.2。

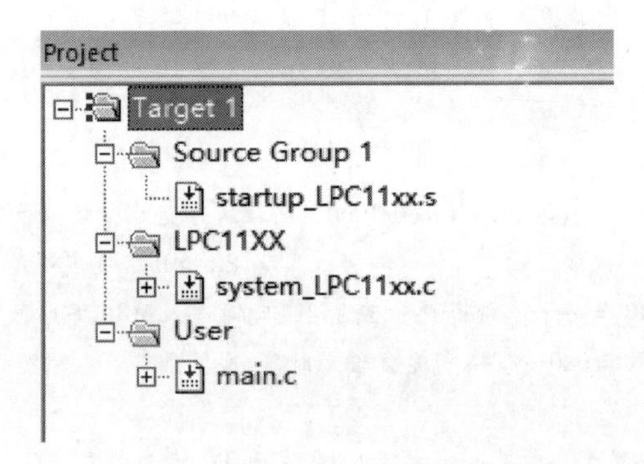

图12.16 16位定时器基本计数功能程序结构

程序段12.2 main.c文件代码

```
01 /***************************************
02  * 目标:ARM Cortex - M0 LPC1114
03  * 编译环境:KEIL 4.70
04  * 外部晶振:10MHz(主频50MHz)
05  * 功能:对按键按下的次数进行计数,按键按下一次,LED1闪亮一次
06  * 作者:
07  ***************************************/
08
09 #include "lpc11xx.h"
10

   /* 下面12~30行的代码大家已经非常熟悉了,这里就不介绍,主要是设置LED相关引脚的。请参考程序段8.1。 */

12 #define LED1_ON  LPC_GPIO1 - >DATA & = ~(1< <0)
13 #define LED1_OFF LPC_GPIO1 - >DATA | = (1< <0)
14 #define LED2_ON  LPC_GPIO1 - >DATA & = ~(1< <1)
```

```
15  #define LED2_OFF LPC_GPIO1 - >DATA | =(1< <1)
16
17  void led_init()
18  {
19    LPC_SYSCON - >SYSAHBCLKCTRL | =(1< <16); // 使能 IOCON 时钟
20    LPC_IOCON - >R_PIO1_0 & = ~0x07;
21    LPC_IOCON - >R_PIO1_0 | =0x01; //把 P1.0 脚设置为 GPIO
22    LPC_IOCON - >R_PIO1_1 & = ~0x07;
23    LPC_IOCON - >R_PIO1_1 | =0x01; //把 P1.1 脚设置为 GPIO
24    LPC_SYSCON - >SYSAHBCLKCTRL & = ~(1< <16); // 禁能 IOCON 时钟
25
26    LPC_GPIO1 - >DIR | =(1< <0); // 把 P1.0 设置为输出引脚
27    LPC_GPIO1 - >DATA | =(1< <0); // 把 P1.0 设置为高电平
28    LPC_GPIO1 - >DIR | =(1< <1); // 把 P1.1 设置为输出引脚
29    LPC_GPIO1 - >DATA | =(1< <1); // 把 P1.1 设置为高电平
30  }
31
```

/*下面 CT16B0_init 函数是对 16 定时器 0 进行初始化的程序。与程序段 12.1 不一样了,请注意函数内详细注释。*/

```
32  voidCT16B0_init(void)
33  {
```

/*34~37 行是设置 P0.2 引脚为捕获引脚 CT16B0_CAP0。设置原理与 19~24 行相同。*/

```
34    LPC_SYSCON - >SYSAHBCLKCTRL | =(1< <16);   // 使能 IOCON 时钟
35    LPC_IOCON - >PIO0_2 & = ~0x07;
36    LPC_IOCON - >PIO0_2 | =0x02;              //设置为 CT16B0_CAP0
37    LPC_SYSCON - >SYSAHBCLKCTRL & = ~(1< <16);   // 禁能 IOCON 时钟

38    LPC_SYSCON - >SYSAHBCLKCTRL | =(1< <7);//使能 TIM16B0 时钟,该时钟不用关闭,因为定时器
                                          //会一直使用。
39    LPC_TMR16B0 - >TCR  =0x02;// TMR16B0TCR 用于启动和复位定时器,此处是复位定时器
40    LPC_TMR16B0 - >CTCR  =0x02;  //参考图 12.13,将定时器设置为计数模式,对引脚 CT16B0_CAP0
                                //的下降沿进行计数
41    LPC_TMR16B0 - >TCR  =0x01;//启动定时器:TCR[0]=1;
42  }
43
44  void delay(void)  //这里是一个简单的 for 循环延迟函数
45  {
46    uint16_t i,j;
47
48    for(i=0;i<5000;i++)
49      for(j=0;j<1000;j++);
```

```
50 }
51
52 int main()      //主函数
53 {
54   uint16_t temp1,temp2,count = 0;  //定义三个变量,temp1,temp2 用于存放定时器计数器 TC 的值,count
                                     //用于记录下降沿数量
55   led_init();              //初始化 LED 引脚
56   CT16B0_init(); // 初始化定时器
57   temp1  = LPC_TMR16B0 - > TC; // 读取定时器计数器 TC 的初始值,存储到 temp1 中
58
59   while(1)     //进入一个死循环,作用就是如果判断有下降沿发生就点亮一下 LED1,并统计下降沿次数。
60   {
61     temp2  = LPC_TMR16B0 - > TC;//再次读取定时器计数器 TC,存储到变量 temp2 当中
62     if(temp2!  = temp1)        /* 如果这次获取的 TC 值与上一次获取的不相等,说明捕获引脚有下降
                                   沿发生,因为下降沿每发生一次,TC 都会自动加 1 */
63     {
64       temp1  = LPC_TMR16B0 - > TC; // 如果有下降沿发生,那么把新的 TC 值给 temp1
65       LED1_ON;           //  点亮 LED1
66       delay();            //LED1 点亮一会
67       LED1_OFF;           //关闭 LED1
68       count = count + 1;         //count 加 1,count 为下降沿发生的次数
69     }
70   }
71 }
```

如果将 P1.9 和 P0.2 两个引脚用导线短接后,将上面的代码在下载到开发板上运行,我们会看到当按下 KEY1 按键后,LED1 会闪亮一次,如果想知道到底按了多少下,那么可以让 count 从串口输出出来,在电脑上查看。

从程序段 12.1 和 12.2 中我们暂时可以归纳出使用定时器的以下经验:

(1) 使用定时器前,定时器的时钟信号要打开

(2) 每次使用定时器前要先复位;

(3) 定时器功能设置完成后,要重新启动定时器,才能开始工作。

12.4 基于捕获中断的 16 位定时器频率检测程序设计及详细分析

本节我们将学习两方面的知识,一个是 16 位定时器中断程序的设计,另一个是通过捕获引脚来检测输入信号的频率。

本程序的初步想法是这样的,我们首先将按键 P1.9 引脚与 P0.2 引脚用导线连接;设置 P0.2 引脚为捕获引脚 CT16B0_CAP0;程序运行时,我们不停地按下 KEY1 键,P0.2 引脚通过捕获我们两次按键的下降沿来判断我们按下按键的频率。我们通过编程在按键每次按下时产生一个中断信号,并通过中断服务程序将按键的频率从串口打印出来。利用这个实例我们共同来学习定时器中断程序的设计和捕获引脚频率的检测。通过查

看程序段 6.1 的 93 行，我们知道了 CT16B0 定时器的中断服务程序名称应该为：TIMER16_0_IRQHandler，我们仍然沿用这个名称，以方便编程。

我们工程的文件结构如图 12.17 所示，main.c 程序的详细分析请看程序段 12.3。

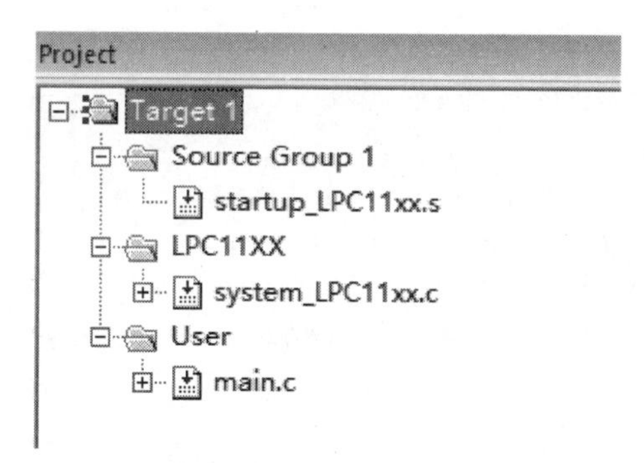

图 12.17　16 位定时器频率检测程序结构

程序段 12.3　main.c 文件代码

```
01 /*********************************************************************
02  * 目标:ARM Cortex - M0 LPC1114
03  * 编译环境:KEIL 4.70
04  * 外部晶振:10MHz(主频 50MHz)
05  * 功能:当捕获引脚出现低电平则发生中断,探测捕获硬件的中断信号频率
06  * 作者:
07  *********************************************************************/
08
09 #include "lpc11xx.h"
10
11
12 uint16_t temp;  //定义一个临时变量
13 uint16_t freq;  //定义一个变量,用来表示捕获频率

   /*18~38 行为串口初始化的函数,该函数已在程序段 11.1 中介绍过了,大家如果不清楚请回头看
   看。*/

15 /*********************************************************************/
16 /*函数功能:初始化 UART 口*/
17 /*********************************************************************/
18 void UART_init(uint32_t baudrate)
19 {
20   uint32_t DL_value; Clear = Clear;  //(用这种方式定义变量解决编译器的 Warning)
21
22   LPC_SYSCON->SYSAHBCLKCTRL |= (1<<16); // 使能 IOCON 时钟
23   LPC_IOCON->PIO1_6 &= ~0x07;
24   LPC_IOCON->PIO1_6 |= 0x01; //把 P1.6 脚设置为 RXD
25   LPC_IOCON->PIO1_7 &= ~0x07;
26   LPC_IOCON->PIO1_7 |= 0x01; //把 P1.7 脚设置为 TXD
```

```
27    LPC_SYSCON - >SYSAHBCLKCTRL & = ~(1< <16); // 禁能 IOCON 时钟
28
29    LPC_SYSCON - >UARTCLKDIV  =0x1;//时钟分频值为1
30    LPC_SYSCON - >SYSAHBCLKCTRL | =(1< <12);//允许 UART 时钟
31    LPC_UART - >LCR  =0x83;  //8位传输,1个停止位,无奇偶校验,允许访问除数锁存器
32    DL_value  =SystemCoreClock/16/baudrate ;  //计算该波特率要求的除数锁存寄存器值
33    LPC_UART - >DLM  =DL_value / 256;  //写除数锁存器高位值
34    LPC_UART - >DLL  =DL_value % 256;  //写除数锁存器低位值
35    LPC_UART - >LCR  =0x03;  //DLAB置0
36    LPC_UART - >FCR  =0x07;  //允许 FIFO,清空 RxFIFO 和 TxFIFO
37    Clear  =LPC_UART - >LSR;  //读 UART 状态寄存器将清空残留状态
38  }
39
40  /*************************************************/
41  /*函数功能:串口发送字节数据*/
42  /*************************************************/
```

/*串口发送数据函数,每次只发送1个字节。要想让串口发送数据,首先要看看以前发送的数据是否已经发送完成,如果前面的数据发生完成了,就可以将新的数据写入了,否则会覆盖掉上一个数据。*/

```
43  void UART_send_byte(uint8_t byte)
44  {
45    while ( ! (LPC_UART - >LSR & (1< <5)) );//等待发送完
46    LPC_UART - >THR  =byte;
47  }
48
```

/*49~65行为定时器初始化函数。函数细节请看函数内的注释。该函数设定两种情况会产生中断,一种是捕获引脚有下降沿发生,另一种是匹配寄存器MR0与TC相同。*/

```
49  void CT16B0_init(void)
50  {
51    LPC_SYSCON - >SYSAHBCLKCTRL | =(1< <16);  // 要配置 P0.2 引脚,因此首先要使能 IOCON
                                                //时钟
52    LPC_IOCON - >PIO0_2 & = ~0x07;            //低3位清0
53    LPC_IOCON - >PIO0_2 | =0x02;              //将 P0.2 设置为捕获引脚 CT16B0_CAP0
54    LPC_SYSCON - >SYSAHBCLKCTRL & = ~(1< <16);  // 引脚设置完成,可以禁能 IOCON 时钟了
55    LPC_SYSCON - >SYSAHBCLKCTRL | =(0X1< <7);  // 准备配置定时器,因此要打开定时器
                                                 //TIM16B0时钟
56
57    LPC_TMR16B0 - >TCR  =0x02;//复位定时器(bit1:写1复位)
```

/*58行中,我们 SystemCoreClock 为50MHz,这里将预分频计数器 PR 设置为49999,预分频计数器的计数周期为50000。*/

```
58     LPC_TMR16B0 - > PR    = SystemCoreClock/1000 - 1;   //当出现 50000 个 PCLK 周期信号时,TC 进行一
                                                          //次加 1 操作,即每毫秒 TC + 1
```

/*59 行,IR 寄存器低 5 位被设置为全 1,TMR16B0IR[4] = 1 表明当 CT16B0_CAP0 有事件发生时则发生中断,低 4 位写 1 表示清除以往中断的标志。*/

```
59     LPC_TMR16B0 - > IR   = 0x1F;//CAP0 中断复位,低 4 位清中断
60     LPC_TMR16B0 - > CCR  = 0x06; // CCR 为捕获控制寄存器,下降沿中断,中断时 TC 的值要装入捕获寄
                                  //存器 CR0 寄存器里
61     LPC_TMR16B0 - > MR0  = 0XFFFF; // 设置匹配寄存器 MR0 为 0FFFFH
62     LPC_TMR16B0 - > MCR  = 0X01; //TC 值与 MR0 相同时,产生一个中断
63     LPC_TMR16B0 - > TCR  = 0x01;      //启动定时器
64     NVIC_EnableIRQ(TIMER_16_0_IRQn);// CT16B0 定时器对应的中断号为 TIMER_16_0_IRQn,利用
                                      //CMSIS函数使能 CT16B0 中断
65   }
66
```

/*下面是 CT16B0 的中断服务函数,由于该定时器多种情况下都可以产生中断,因此在中断服务函数中要判断到底是中断发生的原因是什么。要想知道确切的中断来源,还要查看图 12.3,TMR16B0 寄存器。首先我们来看捕获引脚产生的中断,定时刚启动是 TC = 0,每 1ms,定时器 TC 加 1,当我们按下 KEY1 键时,TC 的值就会加载到 CR0 当中,当读出 CR0 的值后,我们就知道了经过了多长时间,也就知道了按键的频率。如果出现 MR0 与 TC 相等时并产生了中断,那说明我们已经 0xFFFFH * 1ms 这么长时间没有按下 KEY1 键了,按键频率太低了,我们认为频率为 0。*/

```
67   void TIMER16_0_IRQHandler(void)
68   {
69     if((LPC_TMR16B0 - > IR&0x10) = = 0x10) // TMR16B0 的第 4 位为 1,说明是捕获引脚引起的中断,也
                                             //就是说捕获引脚有下降沿产生
70     {
71       temp = LPC_TMR16B0 - > CR0;  //下降沿发生中断时,TC 中的值会自动载入计数器寄存器 CR0 中
72       LPC_TMR16B0 - > TC  = 0;     //将定时器计数器 TC 清 0
73       freq  = 1000/temp; // 由于 TC 是每 1 毫秒就加 1,因此用 1000 除以 temp 就是下降沿出现的频率
74
75       UART_send_byte(freq);        /* 由于手按 KEY1 的频率不会很高,因此估计 freq 不会高于 256,因此
                                      我们直接将 freq 输出到串口 */
76     }
77     else if((LPC_TMR16B0 - > IR&0X01) = = 0X01) // 如果是 MR0 匹配引起的中断,即溢出中断
78     {
79       freq  = 0;                  //设置 freq 为 0
80       UART_send_byte(freq);       //认定频率为 0,发送到串口
81     }
82     LPC_TMR16B0 - > IR  = 0X1F; // 中断已经发生 1 次了,为了下次还能够查询正确,我们有必要将中断
                                  //标志位清 0
83   }
84
```

```
85
86  int main()  //主函数
87  {
88    UART_init(9600);  //初始化串口
89    CT16B0_init();  //初始化定时器
90
91    while(1)
92    {
93        //死循环,等待中断发生
94    }
95  }
```

从上面的代码中,我们又学到了一个经验,那就是定时器发生中断的原因可能很多,我们在中断服务程序中要判断到底中断源是什么,还要查询 IR 寄存器。

12.5 PWM 输出程序设计

PWM 输出就是可以让定时器的匹配输出引脚输出不同占空比的脉冲波形。那么如何设计 PWM 输出程序呢?我们给出下面的程序段 12.4,在程序段 main.c 中有一个 PWM 的初始化函数,请大家认真阅读。

程序段 12.4　main.c 文件代码

```
01 /*****************************************************************
02  * 目标:ARM Cortex - M0 LPC1114
03  * 编译环境:KEIL 4.70
04  * 外部晶振:10MHz(主频 50MHz)
05  * 功能:一个简单的 PWM 信号输出程序。
06  * 作者:
07  ****************************************************************/
08 #include "lpc11xx.h"
09
10 uint16_t cycle = 10000; //输出脉冲周期为 10000ms,单位是 ms
11 uint8_t duty = 70; //占空比,范围 1 ~ 99
12
13
14 /****************************************************************/
15 /* 函数名称:CT16B0M0_PWM_Init   */
16 /****************************************************************/
```

/* CT16B0M0_PWM_Init 是 PWM 脉冲信号输出的初始化函数。在函数中我们首先要判断占空比的值 duty 是否在 0 ~ 100 之间。我们将 P0.8 设置为 MAT0 输出功能,该引脚输出 PWM 脉冲信号。*/

```
17 voidCT16B0M0_PWM_Init(void)
18 {
```

```
19    if((duty > =100)&&(duty < =0))return;//如果占空比值不是1~99中的数,退出函数
20    LPC_SYSCON - >SYSAHBCLKCTRL | =(1< <7);//使能TIM16B0时钟
21    LPC_SYSCON - >SYSAHBCLKCTRL | =(1< <16);  // 使能IOCON时钟
22    LPC_IOCON - >PIO0_8 & = ~0x07;
23    LPC_IOCON - >PIO0_8 | =0x02;     //把P0.8脚设置为MAT0
24    LPC_SYSCON - >SYSAHBCLKCTRL & = ~(1< <16);  // 禁能IOCON时钟,关了省电,还有利于程序
                                                  //稳定
25
26    LPC_TMR16B0 - >TCR  =0x02;  //复位定时器(bit1:写1复位)
27    LPC_TMR16B0 - >PR   = SystemCoreClock/1000000 -1;  //1μs,TC+1
28    LPC_TMR16B0 - >PWMC =0x01;  //设置MAT0为PWM输出引脚
29    LPC_TMR16B0 - >MCR  =0x02< <9;  //设置MR3匹配时复位TC,也就是把MR3当作周期寄存器
30    LPC_TMR16B0 - >MR3  =cycle;  //设置周期
31    LPC_TMR16B0 - >MR0  =cycle/100 * (100 - duty);     /* MR0的值为低电平保持的时间。TC与
                                                        MR0匹配后MAT0引脚自动翻转,当MR3在
                                                        匹配时,TC复位,又从头开始,从而形成周期
                                                        性脉冲信号 */
32    LPC_TMR16B0 - >TCR  =0x01;//启动定时器
33  }
34
35
36  int main()
37  {
38
39    CT16B0M0_PWM_Init(); // 周期10000微秒,占空比20%
40
41    while(1)
42    {
43
44    }
45  }
```

我们可以将P0.8引脚与LED连接,在不同占空比情况下,LED灯的亮度是不同的,大家不妨修改一下duty的值,然后下载程序验证一下。

(/* 又是极其辛苦的一天。 */)

忠实的看门狗

看门狗本质上来说就是一个定时器电路，该定时器有个特点就是当其计数值达到最大时就会将微控制器复位。利用看门狗这个功能，在当系统程序异常或者跑飞后，我们就可以重新复位控制器，让程序重新运行，从而确保系统能够快速恢复，防止死机。

13.1 看门狗电路工作原理

13.1.1 看门狗简介

我们设计的产品，在代码健壮性不好、系统受到干扰等情况下往往会出现死机、程序跑飞等情况，这种情况通常需要将系统重新复位来解决，但是如果每个产品都需要人来手动复位，就太麻烦了，因此人们设计了看门狗电路，又叫 Watch Dog Timer(WDT)，从本质上来说就是一个定时器电路，在微控制器正常工作的时候，每隔一段时间向看门狗电路输出一个信号，我们称之为“喂狗”，给看门狗电路清零，如果在超过规定的时间不喂狗，看门狗定时器超时，看门狗就认为系统出现异常，就会发送一个复位信号给微控制，使 MCU 复位，防止 MCU 死机。总的来说，看门狗电路的作用就是防止程序发生死循环，或者说程序跑飞。

看门狗定时器的基本工作原理如下：在整个系统运行以后就启动了看门狗的计数器，此时看门狗就开始自动计时，如果到达了一定的时间还不去给它清零，看门狗计数器就会溢出从而引起看门狗中断，造成系统的复位。

13.1.2 LPC1114 看门狗定时器工作原理

LPC1114 内部也集成了看门狗电路，这个看门狗定时器包括一个 4 分频的预分频器和一个 24 位的计数器。时钟信号 WDCLK 通过预分频器输入到定时器。在看门狗定时器工作之前，我们可以给它写入一个初始值；定时器启动以后，该值会进行递减操作，如果减到 0，则会引起看门狗中断，系统复位，为了不让系统复位，用户要及时进行“喂狗操作”。对于 LPC1114 微控制器，如果用户写入看门狗定时器的初始值小于 255，那么初值会自动被设置为 0xFF，也就是说计数初值最小为 255，定时的最小时间间隔为 $T_{WDCLK} \times 4 \times 256$，其中 T_{WDCLK}，为看门狗时钟的周期。

LPC1114 的看门狗定时器可以选择的时钟信号有 IRC 时钟、主时钟和看门狗振荡器时钟，这为看门狗在不同功率下提供了较宽的时序选择范围。为了提高可靠性，可以使看门狗定时器工作在与外部晶振及元件无关的内部时钟源下。看门狗定时器的结构图如图 13.1 所示，主要用到的寄存器有看门狗定时器常数寄存器 WDTC、看门狗模式寄存器 WDMOD、看门狗喂狗寄存器 WDFEED 和看门狗当前值寄存器 WDTV。另外还有两个要用到的寄存器是看门狗时钟源选择寄存器 WDTLKSEL 和看门狗定时器分频寄存器 WDTCLKDIV。看门狗应按照下面方法来使用：

(1) 确定看门狗定时器所使用的时钟源(默认情况下使用 IRC 振荡器)；

(2) 在 WDTC 寄存器中设置看门狗定时器固定的重装值；

(3) 在 WDMOD 寄存器中设置看门狗定时器的工作模式；

(4) 通过向 WDFEED 寄存器写入 0xAA 和 0x55 启动看门狗；

(5) 在看门狗计数器溢出前应再次喂狗，以免发生复位/中断。

当看门狗处于复位模式且计数器溢出时，CPU 将复位，并从向量表中加载堆栈指针和编程计数器(与外部复位情况相同)，检查看门狗超时标志(WDTOF)以决定看门狗是否已引起复位条件，WDTOF 标志必须通过软件清零。

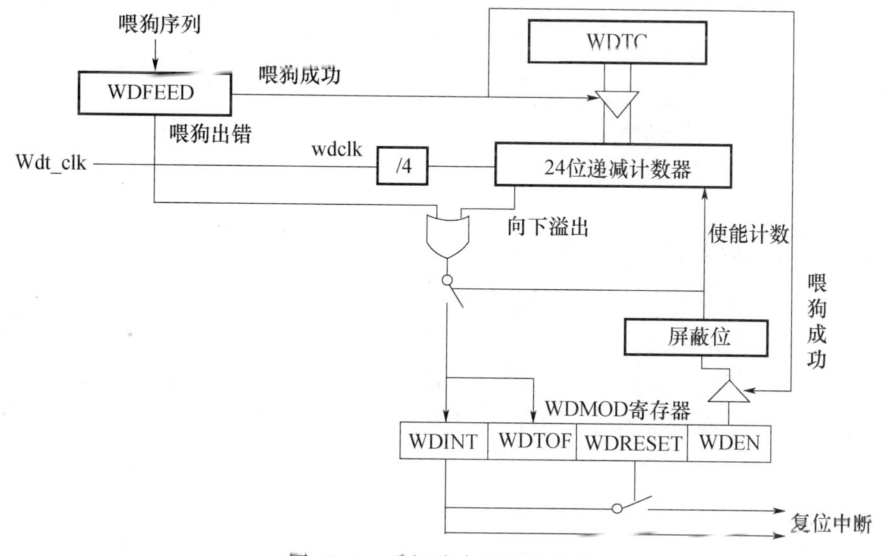

图 13.1　看门狗定时器结构图

13.2　看门狗定时器相关寄存器

下面我们给出看门狗定时器相关的寄存器，并进行详细分析。

1. 看门狗时钟源选择寄存器 WDTCLKSEL

WDTCLKSEL 寄存器详细描述如图 13.2 所示(参考用户手册 Table25)，该寄存器只有低2位有效,用于选择看门狗定时器的时钟源,分别为IRC、主时钟和看门狗振荡器。

Table 25. WDT clock source select register (WDTCLKSEL, address 0x4004 80D0) bit description

Bit	Symbol	Value	Description	Reset value
1:0	SEL		WDT clock source	0x00
		0x0	IRC oscillator	
		0x1	Main clock	
		0x2	Watchdog oscillator	
		0x3	Reserved	
31:2	—	—	Reserved	0x00

图13.2 WDTCLKSEL寄存器

2. 看门狗定时器分频寄存器WDTCLKDIV

WDTCLKDIV寄存器用来对时钟源进行分频,分频值的设置如图13.3所示(参考用户手册Table27),看门狗定时器的时钟WDCLK的频率就是时钟源分频后的值。WDTCLKDIV寄存器低8位有效,当分频值为0时,表示禁能WDCLK,为1~255时,表示WDCLK=时钟源/WDTCLKDIV。

Table 27. WDT clock divider register (WDTCLKDIV, address 0x4004 80D8) bit description

Bit	Symbol	Description	Reset value
7:0	DIV	WDT clock divider values 0: Disable WDCLK. 1: Divide by 1. to 255: Divide by 255.	0x00
31:8	-	Reserved	0x00

图13.3 WDTCLKDIV寄存器

3. 看门狗模式寄存器WDMOD

WDMOD寄存器具体描述如图13.4所示(用户手册Table344),WDEN位的主要功能是开启和停止看门狗定时器,需要注意的是一旦该位设置为1,则看门狗定时器的时钟源就被锁定了,不能再改变;如果在深度睡眠模式下也需要看门狗功能,那么在看门狗定时器启动前必须将看门狗时钟源设置为看门狗振荡器;如果在睡眠或深度睡眠模式中出现看门狗中断,那么看门狗中断会唤醒器件。看门狗复位使能标志位WDRESET为1时,当看门狗出现超时时,会引起芯片复位;为0时芯片不会复位。WDTOF是看门狗超时标志,只在看门狗定时器超时时置位,重新启动看门狗时,该位要由软件清零。WDINT是看门狗中断标志位,当看门狗超时时,看门狗中断标志置位;该标志仅能通过复位来清零。只要看门狗中断被响应,它就可以在NVIC中禁止或不停地产生看门狗中断请求。看门狗中断的用途就是在不进行芯片复位的前提下允许在看门狗溢出时对其活动进行调整。

WDMOD寄存器通过WDEN和WDRESET位的组合来控制看门狗的操作。当WDEN为1,WDRESET为0时,如果定时器发生超时,会产生中断;当WDEN为1,WDRESET也为1时,如果定时器发生超时,会产生复位(虽然中断也发生,但由于复位会清零WDINT标志,所以无法判断出看门狗中断)。注意在任何WDMOD寄存器改变生效前,必须先喂狗。WDPROTECT位为0时,WDTC的值可以在任何时候改变;为1时,WDTC的值只有在小于

Table 344: Watchdog Mode register (WDMOD - 0x4000 4000) bit description

Bit	Symbol	Value	Description	Reset value
0	WDEN		Watchdog enable bit. This bit is Set Only. **Remark:** Setting this bit to one also locks the watchdog clock source. Once the watchdog timer is enabled, the watchdog timer clock source cannot be changed. If the watchdog timer is needed in Deep-sleep mode, the watchdog clock source must be changed to the watchdog oscillator before setting this bit to one.	0
		0	The watchdog timer is stopped.	
		1	The watchdog timer is running.	
1	WDRESET		Watchdog reset enable bit. This bit is Set Only.	0
		0	A watchdog timeout will not cause a chip reset.	
		1	A watchdog timeout will cause a chip reset.	
2	WDTOF		Watchdog time-out flag. Set when the watchdog timer times out, by a feed error, or by events associated with WDPROTECT, cleared by software. Causes a chip reset if WDRESET = 1.	0 (Only after external reset)
3	WDINT		Watchdog interrupt flag. Set when the timer reaches the value in WDWARNINT. Cleared by software.	0
4	WDPROTECT		Watchdog update mode. This bit is Set Only.	0
		0	The watchdog reload value (WDTC) can be changed at any time.	
		1	The watchdog reload value (WDTC) can be changed only after the counter is below the value of WDWARNINT and WDWINDOW. **Note**: this mode is intended for use only when WDRESET =1.	
31: 5	–		Reserved. Read value is undefined, only zero should be written.	–

图 13.4 WDMOD 寄存器

WDWARNINT 和 WDWINDOW 的值时,才可以改变(只有在 WDRESET 为 1 时使用)。

总结一下,模式寄存器最重要的功能就是设置在定时器超时时是中断还是复位,其他复杂的设置说明大家可以暂时不用了解。

4. 看门狗定时器常数寄存器 WDTC

WDTC 寄存器决定看门狗定时器的超时值。每当喂狗时序产生时,WDTC 的内容就会被重新装入看门狗定时器。它是一个 32 位寄存器,低 8 位在复位时置 1,因此最小值就是 0xFF;寄存器高 8 位保留,虽然不起作用,但是写寄存器时该 8 位要写 0。具体描述请见图 13.5(用户手册 Table346)。

Table 346: Watchdog Timer Constant register (WDTC - 0x4000 4004) bit description

Bit	Symbol	Description	Reset value
23:0	Count	Watchdog time-out interval.	0x00 00FF
31:24	–	Reserved. Read value is undefined, only zero should be written.	NA

图 13.5 WDTC 寄存器

5. 看门狗当前值寄存器 WDTV

WDTV 寄存器用于读取看门狗定时器的当前值。低 24 位有效,在读取该寄存器时,需要一个过程,这个过程需要占用 6 个系统时钟周期,因此,我们读取的 WDTV 的值比 CPU 正在读取的定时器的值要“老”。具体描述请见图 13.6(用户手册 Table348)。

Table 348: Watchdog Timer Value register (WDTV - 0x4000 400C) bit description

Bit	Symbol	Description	Reset value
23:0	Count	Counter timer value.	0x00 00FF
31:24	–	Reserved. Read value is undefined, only zero should be written.	–

图 13.6　WDTV 寄存器

6. 看门狗喂狗寄存器 WDFEED

向该寄存器写 0xAA,然后写入 0x55 会使 WDTC 的值重新装入看门狗定时器。如果看门狗已通过 WDMOD 寄存器使能,那么该操作也会启动看门狗。设置 WDMOD 寄存器中的 WDEN 位不足以使能看门狗,还必须完成一次有效的喂狗操作,看门狗才能产生启动。在看门狗真正启动前,看门狗将忽略错误的喂狗操作。

看门狗启动后,如果向 WDFEED 写入 0xAA 之后的下一个操作不是向 WDFEED 写入 0x55,而是访问任一看门狗寄存器,那么会立即造成复位/中断。在喂狗时序中,如果对看门狗寄存器做了不正确访问,那么在第 2 个时钟周期将产生复位。需要注意的是在喂狗时序期间中断应禁能,否则容易出错。具体描述请见图 13.7(用户手册 Table 347)。

Table 347: Watchdog Feed register (WDFEED - 0x4000 4008) bit description

Bit	Symbol	Description	Reset value
7:0	Feed	Feed value should be 0xAA followed by 0x55.	–
31:8	–	Reserved	–

图 13.7　WDFEED 寄存器

13.3　看门狗基本程序设计及详细分析

从前面的学习中我们可以知道,看门狗设定后,如果长时间不进行喂狗操作,那么要么会使得系统复位,要么会发生中断,我们下面就给出一个实例,让大家看一下看门狗在长时间不喂狗操作时系统的反应。我们工程的文件结构如图 13.8 所示,main.c 程序的详细分析请看程序段 13.1。

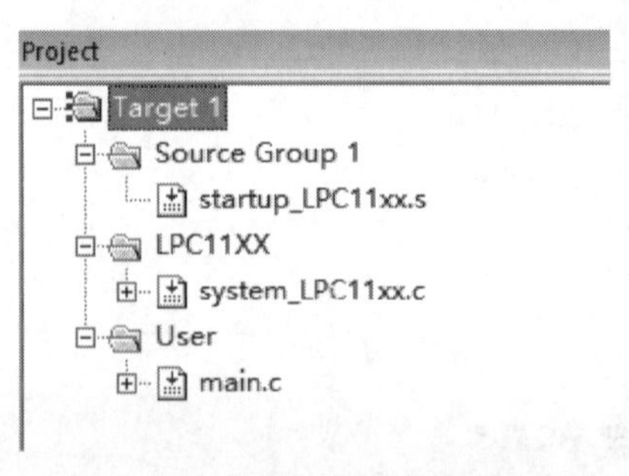

图 13.8　看门狗定时器基本程序

程序段 13.1 main.c 文件代码

```
001 /*********************************************
002  * 目标:ARM Cortex - M0 LPC1114
003  * 编译环境:KEIL 4.70
004  * 外部晶振:10MHz(主频 50MHz)
005  * 功能:将看门狗设置为超时中断或者超时复位模式,并观察串口输出
006  * 作者:
007  *********************************************/
008
009 #include "lpc11xx.h"
010
011
```

/*15～35 行为串口初始化的函数,该函数已在程序段 11.1 中介绍过了,不再多说。*/

```
012 /*********************************************/
013 /* 函数功能:初始化 UART 口 */
014 /*********************************************/
015 void UART_init(uint32_t baudrate)
016 {
017   uint32_t DL_value,Clear = Clear;  // (用这种方式定义变量解决编译器的 Warning)
018
019   LPC_SYSCON->SYSAHBCLKCTRL |= (1<<16); // 使能 IOCON 时钟
020   LPC_IOCON->PIO1_6 &= ~0x07;
021   LPC_IOCON->PIO1_6 |= 0x01; //把 P1.6 脚设置为 RXD
022   LPC_IOCON->PIO1_7 &= ~0x07;
023   LPC_IOCON->PIO1_7 |= 0x01; //把 P1.7 脚设置为 TXD
024   LPC_SYSCON->SYSAHBCLKCTRL &= ~(1<<16); // 禁能 IOCON 时钟
025
026   LPC_SYSCON->UARTCLKDIV = 0x1;//时钟分频值为 1
027   LPC_SYSCON->SYSAHBCLKCTRL |= (1<<12);//允许 UART 时钟
028   LPC_UART->LCR = 0x83;  //8 位传输,1 个停止位,无奇偶校验,允许访问除数锁存器
029   DL_value = SystemCoreClock/16/baudrate ;  //计算该波特率要求的除数锁存寄存器值
030   LPC_UART->DLM = DL_value / 256;  //写除数锁存器高位值
031   LPC_UART->DLL = DL_value % 256;  //写除数锁存器低位值
032   LPC_UART->LCR = 0x03;  //DLAB 置 0
033   LPC_UART->FCR = 0x07;  //允许 FIFO,清空 RxFIFO 和 TxFIFO
034   Clear = LPC_UART->LSR;  //读 UART 状态寄存器将清空残留状态
035 }
036
```

/*串口发送数据函数,每次只发送 1 个字节。要想让串口发送数据,首先要看看以前发送的数据是否已经发送完成,如果前面的数据发生完成了,就可以将新的数据写入了,否则会覆盖掉上一个数据。*/

```
038 /*********************************************/
```

```
039  /*函数功能:串口发送一个字节数据*/
040  /**********************************************/
041  void UART_send_byte(uint8_t byte)
042  {
043    LPC_UART->THR = byte;
044    while ( ! (LPC_UART->LSR & (1<<5)) );//等待发送完
045  }
046
047
048  /**********************************************/
049  /*函数功能:一个简单for循环的延迟函数*/
050  /*参数:                    */
051  /**********************************************/
052  void delay(void)
053  {
054    uint16_t i,j;
055
056    for(i=0;i<5000;i++)
057      for(j=0;j<280;j++);
058  }
059
061  /**********************************************/
062  /*函数功能:看门狗初始化 */
063  /*参数:mode=1:超时不喂狗会产生复位      */
064  /*mode=0:超时不喂狗产生中断   */
065  /**********************************************/
```

/*下面66~83行是看门狗初始化函数,初始化过程一般是配置看门狗时、设置定时器初始值、设置看门狗工作模式、启动看门狗。*/

```
066  void WDT_init(uint8_t mode)
067  {
```

/*掉电配置寄存器PDRUNCFG主要是控制微控制器内部各模块是否上电,可以用来调节功耗,如表7.2所列(参考用户手册Table44)。从表中可以看出,为了节省能量,看门狗振荡器复位后默认是不上电的,为了使用该时钟源,我们需要将其上电。*/

```
068    LPC_SYSCON->PDRUNCFG &= ~(0x1<<6);  // 看门狗振荡器时钟上电(bit6清0)
```

/*看门狗振荡器控制寄存器WDTOSCCTRL如图13.9所示(部分截图)。WDTOSCCTRL[31:9]保留不用;WDTOSCCTRL[8:5]为FREQSEL,根据该值振荡器内部模拟输出时钟Fclkana的值分别为0.6~4.6MHz;WDTOSCCTRL[4:0]这5位为DIVSEL,根据DIVSEL设置的不同值可以确定看门狗振荡器输出的时钟频率wdt_osc_clk。wdt_osc_clk = Fclkana/(2×(1+DIVSEL))。*/

Table 13. Watchdog oscillator control register (WDTOSCCTRL, address 0x4004 8024) bit description

Bit	Symbol	Value	Description	Reset value
4:0	DIVSEL		Select divider for Fclkana. wdt_osc_clk = Fclkana/ (2 × (1 + DIVSEL)) 00000: 2 × (1 + DIVSEL) = 2 00001: 2 × (1 + DIVSEL) = 4 to 11111: 2 × (1 + DIVSEL) = 64	0
8:5	FREQSEL		Select watchdog oscillator analog output frequency (Fclkana).	0x00
		0x1	0.6 MHz	
		0x2	1.05 MHz	
		0x3	1.4 MHz	
		0x4	1.75 MHz	
		0x5	2.1 MHz	
		0x6	2.4 MHz	
		0x7	2.7 MHz	
		0x8	3.0 MHz	

图 13.9　WDTOSCCTRL 寄存器(部分内容)

```
069   LPC_SYSCON->WDTOSCCTRL = (0x1 << 5); // DIVSEL = 0, FREQSEL = 1, WDT_OSC_CLK
                                           // = 300kHz
070   LPC_SYSCON->WDTCLKSEL = 0x2;   //看门狗定时器时钟源选择寄存器,参考图 13.2,时钟源为
                                     //看门狗振荡器
071   LPC_SYSCON->WDTCLKUEN = 0x01;   // 更新时钟源,WDTCLKUEN 寄存器请参考图 7.12
072   LPC_SYSCON->WDTCLKUEN = 0x00;   // 先写 0,再写 1 达到更新目的,更新需要一段时间,所以
                                      //在 74 行需要等待
073   LPC_SYSCON->WDTCLKUEN = 0x01;
074   while ( ! (LPC_SYSCON->WDTCLKUEN & 0x01) );  //等待更新成功
```

/*以上代码将看门狗定时器的时钟源选择和设置完成了。*/

```
075   LPC_SYSCON->WDTCLKDIV = 3;   //设置看门狗分频值为 3,由于 WDT_OSC_CLK = 300kHz,因
                                   //此看门狗定时器输入时钟 WDCLK 为 100kHz
076   LPC_SYSCON->SYSAHBCLKCTRL |= (1<<15);// 由于我们打算让看门狗定时器开始工作了,因
                                           //此需要开放 WDT 时钟
```

/*下面 77 行是给看门狗定时器赋值,初值为 25000,由于 WDCLK = 100kHz,在 4 分频的预分频器作用下,4 个 WDCLK 时钟周期 TC 才进行一次减一操作,因此定时时间大约 1s。*/

```
077   LPC_WDT->TC = 25000;// 给看门狗定时器赋值,定时时间大约 1s(这是在 WDCLK = 100kHz 时)
```

/*下两行代码是设置看门狗定时器的模式,这里我们采用判断的方法,当函数参数 mode = 1 时,我们设定看门狗在发生超时时,产生复位操作;当函数参数 mode = 0 时,我们设定看门狗在发生超时时,产生中断操作。*/

```
078   if(mode == 1) LPC_WDT->MOD |= 0x03;// 写值 0x03:不喂狗产生复位,启动定时器
079   else if(mode == 0) LPC_WDT->MOD |= 0x01; //写值 0x01:不喂狗发生中断,启动定时器
```

```
080    LPC_WDT->FEED =0xAA;// 只有"喂狗"了,才能正式开启定时,喂狗必须先写0xAA,再写0x55
081    LPC_WDT->FEED =0x55;

082    NVIC_EnableIRQ(WDT_IRQn);      //开启看门狗定时器中断
083  }
084
085
086  /***************************************/
087  /*函数功能:喂狗            */
088  /***************************************/
089  void WDTFeed(void)
090  {
091    LPC_WDT->FEED =0xAA;//喂狗必须先写0xAA,再写0x55
092    LPC_WDT->FEED =0x55;
093  }
094
095  /****************************************/
096  /*函数功能:看门狗中断服务函数*/
097  /*说明:当mode=0时如果没有及时*/
098  /*喂狗,将会进入这个中断函数   */
099  /****************************************/
```

/*参考startup_lpc11xx.s代码,看门狗中断函数的名称我们不作修改,仍然设为WDT_IRQHandler。一旦没有喂狗,发生超时,则进入该中断服务程序,在这个中断服务程序中,首先要清看门狗超时标志位WDTOF,然后从串口发送字符"C",等待一会后,自动调用NVIC_SystemReset函数,复位系统。中断函数中可以设置用户想要做的事情。*/

```
100  void WDT_IRQHandler(void)
101  {
102    LPC_WDT->MOD &= ~(0x1<<2);// 清看门狗超时标志位WDTOF
103
104    UART_send_byte('C');
105    delay();//等待数据发送完成
106    NVIC_SystemReset();  //软件复位系统。
107  }
108
109
110  int main()
111  {
112    UART_init(9600);      //初始化串口
113    WDT_init(0);// 初始化看门狗定时器,mode暂时设为0,表示如果不喂狗,就会发生中断。最好喂狗
                 //的周期小于1s
114    UART_send_byte('A');  // 向串口发送"A"
115    while(1)
```

```
116     {
117       delay();      //延迟函数

  /* 当我们想要测试不喂狗会发生什么情况时,我们需要把下面一行注释掉。*/

118       WDTFeed();  //喂狗
119       UART_send_byte('B');  //发送字符“B”
120     }
121   }
122
```

程序解释完成了。总结一下,如果第118行没有注释掉,那么程序一直正常运行,串口输出的数据是:“ABBBB…”;如果第118行注释掉了,那么就没有喂狗的操作了,此时,如果mode参数为0,则超时时发生中断,整个过程串口输出的数据是:“ABB…BBC ABB…BBC…”;如果第118行注释掉了,同时mode参数为1,则超时时发生复位,此时整个过程串口输出的数据是:“ABB…BBABB…BB…”。(/* 体会一下,是不是看到区别了? */)

13.4 窗口看门狗程序设计

通常情况下当我们向看门狗定时器常数寄存器WDTC赋值后,在任何时刻喂狗都没有问题,而且喂狗程序通常写在主程序中,可是用户自己如果把握不准喂狗的时机,不知道应该在代码中哪些部分插入喂狗程序那该怎么办呢?当然用户可以用通用定时器设定一个周期信号,信号到达时产生一个中断,利用中断进行喂狗,不过这样会占用一个通用定时器通道,浪费了资源。有没有其他解决办法呢?LPC1114微控制器的看门狗定时器提供了一个窗口功能,用户可以利用该功能来解决这一问题。

在介绍窗口功能前,我们先介绍两个寄存器,具体如下。

1. 看门狗定时器提醒中断寄存器WDWARNINT

该寄存器的低10位有效,可以写入一个数值,最大值为1023。当看门狗定时器倒计时到这个值时,可以产生一个中断。该寄存器如图13.10所示(用户手册Table349)。

Table 349: Watchdog Timer Warning Interrupt register (WDWARNINT - 0x4000 4014) bit description

Bit	Symbol	Description	Reset value
9:0	WARNINT	Watchdog warning interrupt compare value.	0
31:10	–	Reserved. Read value is undefined, only zero should be written.	–

图13.10 WDTOSCCTRL寄存器

2. 看门狗窗口寄存器WDWINDOW

该寄存器的低24位有效,可以写入一个数值,该值被称为窗口值。如果在看门狗定时器倒计时的值大于该窗口值时进行喂狗,则会产生系统复位。该寄存器如图13.11所示(用户手册 Table350)。

Table 350: Watchdog Timer Window register (WDWINDOW - 0x4000 4018) bit description

Bit	Symbol	Description	Reset value
23:0	WINDOW	Watchdog window value.	0xFF FFFF
31:24	–	Reserved. Read value is undefined, only zero should be written.	–

图 13.11　WDTOSCCTRL 寄存器

回过头来我们再说窗口功能,窗口功能就是将以上两个寄存器设置完成后,如果看门狗定时器喂狗的时机不在窗口和 0 之间,就会发生系统复位,在倒数计数到达提醒值 WARNINT 时如果还没有喂狗,则会产生中断。(/* 用户可以利用该窗口功能的中断进行喂狗操作,这样就没有必要发愁应该在什么地方添加喂狗程序了。*/)

我们下面给出一段窗口看门狗程序设计的代码,请大家详细阅读,以便了解窗口功能如何设置。我们工程的文件结构如图 13.12 所示,main.c 程序的详细分析请看程序段 13.2。

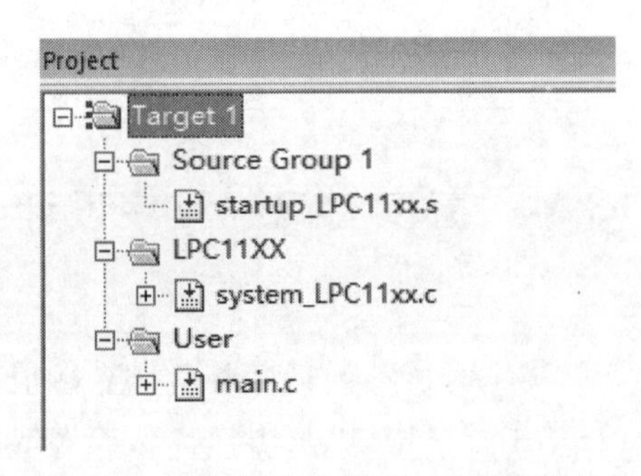

图 13.12　看门狗定时器窗口功能程序结构

程序段 13.2 main.c 文件代码

```
001 /*******************************************
002  * 目标:ARM Cortex - M0 LPC1114
003  * 编译环境:KEIL 4.70
004  * 外部晶振:10MHz(主频 50MHz)
005  * 功能:窗口看门狗功能程序设计。
006  * 作者:
007  *******************************************/
008  #include "lpc11xx.h"
009
010 /*******************************************/
011 /* 函数功能:初始化 UART 口 */
012 /*******************************************/
```

/* 13 ~33 行为串口初始化的函数,该函数已在程序段 11.1 中介绍过了,不再多说。*/

```
013  void UART_init(uint32_t baudrate)
014  {
```

```
015    uint32_t DL_value,Clear = Clear;
016
017    LPC_SYSCON - >SYSAHBCLKCTRL | = (1 < <16); //开启 IOCON 时钟
018    LPC_IOCON - >PIO1_6 & = ~0x07;
019    LPC_IOCON - >PIO1_6 | = 0x01; //把 P1.6 脚设置为 RXD
020    LPC_IOCON - >PIO1_7 & = ~0x07;
021    LPC_IOCON - >PIO1_7 | = 0x01; //把 P1.7 脚设置为 TXD
022    LPC_SYSCON - >SYSAHBCLKCTRL & = ~(1 < <16); // 禁能 IOCON 时钟
023
024    LPC_SYSCON - >UARTCLKDIV  =0x1;//串口时钟分频值为 1
025    LPC_SYSCON - >SYSAHBCLKCTRL | = (1 < <12);//允许 UART 时钟
026    LPC_UART - >LCR  =0x83;  //8 位传输,1 个停止位,无奇偶校验,允许访问除数锁存器
027    DL_value  = SystemCoreClock/16/baudrate ;  //计算该波特率要求的除数锁存寄存器值
028    LPC_UART - >DLM  = DL_value / 256;  //写除数锁存器高位值
029    LPC_UART - >DLL  = DL_value % 256;  //写除数锁存器低位值
030    LPC_UART - >LCR  =0x03;  //DLAB 置 0
031    LPC_UART - >FCR  =0x07;  //允许 FIFO,清空 RxFIFO 和 TxFIFO
032    Clear  = LPC_UART - >LSR;  //读 UART 状态寄存器将清空残留状态
033 }
034
037 /**************************************************/
038 /*函数功能:串口发送字节数据*/
039 /**************************************************/
040 void UART_send_byte(uint8_t byte)
041 {
042    LPC_UART - >THR  = byte;
043    while ( ! (LPC_UART - >LSR & (1 < <5)) );//等待发送完
044 }
045
046 /**************************************************/
047 /*函数功能:for 循环延迟*/
048 /**************************************************/
049 void delay(void)
050 {
051    uint16_t i,j;
052
053    for(i = 0;i < 5000;i + +)
054      for(j = 0;j < 560;j + +);
055 }
056
057 /**************************************************/
058 /*函数功能:窗口看门狗功能初始化*/
059 /**************************************************/
```

/*60~78 行为看门狗窗口功能初始化函数,与程序段 13.1 不同之处在于多了 72、73 行,其他都一样。不

```
熟悉的地方请大家参考程序段13.1。*/

060 void WDT_Window_Init()
061 {
062   LPC_SYSCON->PDRUNCFG &= ~(0x1<<6);  // 看门狗振荡器时钟上电
063   LPC_SYSCON->WDTOSCCTRL =(0x1<<5); // 设置WDT_OSC_CLK=300kHz
064   LPC_SYSCON->WDTCLKSEL =0x2;     //选择看门狗时钟源为看门狗振荡器
065   LPC_SYSCON->WDTCLKUEN =0x01;        //更新时钟源
066   LPC_SYSCON->WDTCLKUEN =0x00;        //先写0,再写1达到更新目的
067   LPC_SYSCON->WDTCLKUEN =0x01;
068   while(!(LPC_SYSCON->WDTCLKUEN & 0x01)); //等待更新成功

069   LPC_SYSCON->WDTCLKDIV =3;         //看门狗分频值为3,看门狗时钟为100kHz
070   LPC_SYSCON->SYSAHBCLKCTRL |=(1<<15);//使能看门狗时钟
071   LPC_WDT->TC =50000;// 给看门狗定时器赋值,定时时间大约2s
072   LPC_WDT->WARNINT =500; // 当看门狗定时器倒数到500时,产生中断
073   LPC_WDT->WINDOW =10000; // 最大喂狗值为10000,TC在10000内喂狗有效,否则系统复位
074   LPC_WDT->MOD |=0x03; // 写值0x03:不喂狗产生复位,启动定时器
075   LPC_WDT->FEED =0xAA;// 喂看门狗,开启定时器
076   LPC_WDT->FEED =0x55;
077   NVIC_EnableIRQ(WDT_IRQn);     //中断使能
078 }
079
080
081 /*****************************************************/
082 /*函数功能:喂狗函数*/
083 /*****************************************************/
084 void WDTFeed(void)
085 {
086   LPC_WDT->FEED =0xAA;// 喂狗
087   LPC_WDT->FEED =0x55;
088 }
089
090 /*****************************************************/
091 /*函数功能:看门狗中断服务函数   */
092 /*说明:如果没有及时喂狗,当TC=500时*/
093 /*将会进入这个中断函数   */
094 /*****************************************************/
095 void WDT_IRQHandler(void)
096 {
097     LPC_WDT->MOD &= ~(0x1<<2);// 清看门狗中断标志位WDTOF
098   WDTFeed();
099 }
100
101 int main()
```

```
102  {
103    uint8_t count = 0;
104
105    UART_init(9600);
106    WDT_Window_Init(); // 看门狗初始化,2 秒钟之内喂狗
107      //WDTFeed;         //暂时不用,注释掉
108    while(1)
109    {
110      UART_send_byte(count + +);  //串口输出,从 0 开始输出,每次加 1
111      delay();
112    }
113  }
```

分析完上面代码,我们可以看出如果上面代码不做任何改变,则系统不会出现任何错误,串口输出的数据是从 0 开始不断加 1 递增。如果我们将喂狗函数写在 107 行,那么就是说在看门狗初始化完成后,马上进行喂狗操作,则由于 TC 不在窗口范围内,所以会出现系统复位,此时串口会重新输出数据 0,并递增输出。如果我们将 98 行中的喂狗程序去掉,也就是说在中断函数中不喂狗,那么等定时器超时时,系统依然复位,串口同样再次输出数据 0。通过分析上面的程序,我们可以看出,有了窗口中断函数,我们可以不用考虑何时进行喂狗了,中断函数自动帮我们完成了,非常方便。

用 ADC 感知与度量

使用嵌入式系统和单片机不可避免地要对外部输入信号进行测量，比如想知道热敏电阻的电压、锂电池的电压等，要想实现这些功能模数转换器（ADC）就必不可少了。目前模数转换器几乎已经成为嵌入式系统和单片机的标配，想不学都不行。LPC1114 有一个功能强大的 ADC，你一定想感受一下。

14.1 LPC1114 ADC 介绍

14.1.1 LPC1114 ADC 简介

首先声明一下，今明两天我们在书中提及的“模数转换器”、“A/D 转换器”、“ADC”都是一个东西，不要被我们强大的变身能力迷惑了。

LPC1114 内部有一个 10 位逐次逼近型的 A/D 转换器（/＊ADC 有多种类型，积分型、逐次逼近型、并行比较型等等，总体而言就是精度高的转换速度慢，转换速度快的精度不高，逐次比较型的 ADC 属于成本、速度、精度折中类型。10 位说明转换后的数据用 10 个 bit 来表示，精度为 1/1024＊/），其时钟信号由内部 APB 总线时钟提供，速度最大可达 4.5MHz。当然既然是逐次逼近型的 ADC，就说明一个时钟周期是无法完成 A/D 转换的，准确地说，要想得到精度最高的 10 位数字信号，那么需要 11 个时钟周期，也就是 2.44μs 左右。

LPC1114 的 ADC 还有几个特点，简单说下：

（1）ADC 有 8 个模拟输入通道，可以测量一个通道的电压，也可以同时测量 8 个通道的电压；每个通道都有存放转换结果的寄存器；

（2）ADC 的输入电压范围是 0～VDD（/＊VDD 是微控制器芯片的电源引脚电压一般是 3.3V＊/）；

（3）ADC 的时钟最大是 4.5MHz，也可以比这小，是可以调整的（/＊肯定有分频器！＊/）；

（4）ADC 每个通道转换完成后都可以产生中断；

（5）LPC1114 的 ADC 有多种触发转换的模式，可以软件控制转换，也可以硬件扫描转换,用户可以有多种选择。

既然 LPC1114 的 ADC 有 8 个通道,那这 8 个通道的输入都在哪儿呢?是在 AD0 ~ AD7 的 8 个管脚上,具体如图 14.1 所示。若要通过管脚获得准确的电压读数,必须事先通过 IOCON 寄存器将管脚设置为 ADC 功能。(/* 如果想不设置 ADC 功能就通过管脚获得 ADC 的转换数据是不可能的。*/)

表 14.1　ADC8 个输入管脚

管脚名称	CPU 引脚	类型	描述
AD0	P0.11	输入	模拟输入。A/D 转换器单元可测量所有这些输入信号上的电压。 注意:尽管这些管脚在数字模式下具备 5V 的耐压能力,但是,当它们被配置为模拟输入的时候最大的输入电压不得超过 VDD(3V3)的大小
AD1	P1.0		
AD2	P1.1		
AD3	P1.2		
AD4	P1.3		
AD5	P1.4		
AD6	P1.10		
AD7	P1.11		
VDD(3V3)		输入	VREF:参考电压

为了降低功耗,LPC1114 可以通过 AHBCLKCTRL 寄存器第 13 位来禁能 ADC 的时钟信号,也可以通过 PDRUNCFG 寄存器使 ADC 掉电。

(/* LPC1114 微控制器有两个电源输入,一个是 44 号引脚,为 ADC 与内部稳压器供电,还有一个 8 号引脚也是供电电源,两者都是 3.3V。一般这两个电源可以直接连接。如果要使用内部 AD 功能,要求分开供电的话,可以对 44 号引脚加入电压基准。因此后面我们会见到一个 VREF 参考电压,就是 AD 的供电电压,在我们电路中与 VDD 一样都是 3.3V。*/)

14.1.2　LPC1114 ADC 的转换模式

LPC1114 ADC 要实现模拟数字转换,其工作模式是非常多样的,也非常灵活,主要有软件控制模式和硬件扫描模式两种。软件控制模式,顾名思义就是利用程序,根据寄存器、引脚中的一些标志信息或事件来控制转换的进行;硬件扫描模式则是无需触发,转换随时进行。

软件控制模式下,用户可以通过向控制寄存器 AD0CR 的某些控制位写入信息来启动转换,也可以根据某些外部引脚的上升或下降沿来启动转换,还可以根据通用定时器的匹配输出引脚的上升或下降沿启动转换。软件控制模式虽然比较灵活,但每次启动只能进行一次转换,而且只能开启一个通道,但是硬件转换模式却可以同时开启 8 个通道,而且转换不停进行,当然功耗也大一些。

14.1.3　LPC1114 ADC 寄存器

要想用好 ADC,必须先了解 ADC 相关的寄存器(/* 不算多哦! */)。下面我们就给出 ADC 主要用到的寄存器,并对其配置方法进行详细介绍。

1. A/D 控制寄存器 AD0CR

AD0CR 寄存器如图 14.1 所示(参见用户手册 Table364),该寄存器功能比较复杂,低 28 位有效,高 4 位无效,具体功能我们慢慢儿说。

Table 364. A/D Control Register (AD0CR - address 0x4001 C000) bit description

Bit	Symbol	Value	Description	Reset Value
7:0	SEL		Selects which of the AD7:0 pins is (are) to be sampled and converted. Bit 0 selects Pin AD0, bit 1 selects pin AD1,..., and bit 7 selects pin AD7. In software-controlled mode (BURST = 0), only one channel can be selected, i.e. only one of these bits should be 1. In hardware scan mode (BURST = 1), any numbers of channels can be selected, i.e any or all bits can be set to 1. If all bits are set to 0, channel 0 is selected automatically (SEL = 0x01).	0x00
15:8	CLKDIV		The APB clock (PCLK) is divided by CLKDIV +1 to produce the clock for the ADC, which should be less than or equal to 4.5 MHz. Typically, software should program the smallest value in this field that yields a clock of 4.5 MHz or slightly less, but in certain cases (such as a high-impedance analog source) a slower clock may be desirable.	0
16	BURST		Burst mode **Remark:** If BURST is set to 1, the ADGINTEN bit in the AD0INTEN register (Table 366) must be set to 0.	0
		0	Software-controlled mode: Conversions are software-controlled and require 11 clocks.	
		1	Hardware scan mode: The AD converter does repeated conversions at the rate selected by the CLKS field, scanning (if necessary) through the pins selected by 1s in the SEL field. The first conversion after the start corresponds to the least-significant bit set to 1 in the SEL field, then the next higher bits (pins) set to 1 are scanned if applicable. Repeated conversions can be terminated by clearing this bit, but the conversion in progress when this bit is cleared will be completed. **Important:** START bits must be 000 when BURST = 1 or conversions will not start.	
19:17	CLKS		This field selects the number of clocks used for each conversion in Burst mode, and the number of bits of accuracy of the result in the LS bits of ADDR, between 11 clocks (10 bits) and 4 clocks (3 bits).	000
		0x0	11 clocks / 10 bits	
		0x1	10 clocks / 9 bits	
		0x2	9 clocks / 8 bits	
		0x3	8 clocks / 7 bits	
		0x4	7 clocks / 6 bits	
		0x5	6 clocks / 5 bits	
		0x6	5 clocks / 4 bits	
		0x7	4 clocks / 3 bits	
23:20	-		Reserved, user software should not write ones to reserved bits. The value read from a reserved bit is not defined.	NA
26:24	START		When the BURST bit is 0, these bits control whether and when an A/D conversion is started:	0
		0x0	No start (this value should be used when clearing PDN to 0).	
		0x1	Start conversion now.	
		0x2	Start conversion when the edge selected by bit 27 occurs on PIO0_2/SSEL/CT16B0_CAP0.	
		0x3	Start conversion when the edge selected by bit 27 occurs on PIO1_5/DIR/CT32B0_CAP0.	
		0x4	Start conversion when the edge selected by bit 27 occurs on CT32B0_MAT0[1].	
		0x5	Start conversion when the edge selected by bit 27 occurs on CT32B0_MAT1[1].	
		0x6	Start conversion when the edge selected by bit 27 occurs on CT16B0_MAT0[1].	
		0x7	Start conversion when the edge selected by bit 27 occurs on CT16B0_MAT1[1].	
27	EDGE		This bit is significant only when the START field contains 010-111. In these cases:	0
		0	Start conversion on a rising edge on the selected CAP/MAT signal.	
		1	Start conversion on a falling edge on the selected CAP/MAT signal.	
31:28	-		Reserved, user software should not write ones to reserved bits. The value read from a reserved bit is not defined.	NA

图 14.1 AD0CR 寄存器

(1) SEL 共 8 位，每个位对应一个通道，SEL[7:0]分别对应 AD7 ~ AD0，某位为 1，表明选中了对应的通道；软件控制模式下，只能选 1 个通道；硬件扫描模式下可以多选，但是如果都设置为 0，那么会默认通道 0 打开。

(2) CLKDIV 为分频值。主要是将 APB 时钟(PCLK)进行(CLKDIV +1)分频，得到 A/D 转换的时钟，即 A/D 转换时钟 = PCLK / (CLKDIV + 1)。该时钟必须小于或等于 4.5 MHz。通常软件将 CLKDIV 编程为最小值来得到 4.5 MHz 或稍低于 4.5 MHz 的时钟。(/* LPC1114 的 APB 时钟等于 AHB 时钟，在 SYSAHBCLKDIV 寄存器为 1 时，就等于主时钟。Cortex 其他内核可不这样。*/)

(3) BURST 位用于控制 A/D 转换器的工作模式，该位为 0，表示软件控制模式，该模式下每次转换要 11 个 A/D 时钟才能完成；该位为 1，表示硬件扫描模式，转换的速度受到 CLKS 字段影响。在硬件扫描模式下，A/D 转换器首先转换 SEL 字段中被置为 1 的最低位，转换完成后，再扫描被置为 1 的次高位，依次轮流重复。如果在某一时刻该位由 1 变为 0，那么本轮扫描不会结束，但是轮流扫描会被终止。

(4) CLKS 位只有在 BURST =1 时才起作用，主要负责确定转换速度和精度。比如 CLKS =001 时，说明用户需要的转换精度为 9 位(10 位数据中的高 9 位有效)，但是每次转换需要的时间是 10 个 A/D 转换器时钟周期，比较长；再比如 CLKS =111，表明用户需要的精度为 3 位(10 位数据中的高 3 位有效)，这时转换的速度比较快，4 个时钟周期就可以转换完成。不管哪种精度和哪种速度，最先转换完成的是 10 位数据中的最高位。

START 位只有在 BURST =0 时有效，是软件控制模式下的启动转换位，START =000 表示不启动转换，START =001 表示启动转换，START =010 表示 P0.2 引脚设置为了 CT16B0_CAP0 功能，且该引脚发生上升或下降沿时启动转换(具体是上升还是下降沿受 EDGE 位控制)，START =011 表示 P1.5 引脚设置为了 CT32B0_CAP0 功能，且该引脚发生上升或下降沿时启动转换；当 START 为 0x4，0x5，0x6，0x7 时，表示定时器的 MAT0，MAT1 发生上升或下降变化时，启动转换，这里并不要求将 MAT0，MAT1 设置为匹配输出功能，也没有必要在引脚上体现出电平的变化，只要相关寄存器 EM0，EM1 出现变化就可以。需要注意的是 BURST =1 时，START 必须全部为 0，否则硬件扫描模式无法启动。

EDGE 位主要控制软件控制模式下的引脚触发启动转换的条件，EDGE =0 表示上升沿触发转换，EDGE =1 表示下降沿触发转换。

2. A/D 数据寄存器 AD0DR0 ~ AD0DR7

当某个通道的 A/D 转换完成时，其对应的 A/D 数据寄存器将保存转换结果 V_VREF，并给出转换结束的指示 DONE，如果转换的数据没有及时读取，被新的转换数据覆盖，那么还会给出溢出的标志 OVERRUN。该寄存器描述如图 14.2 所示(用户手册 Table367)。

某个通道的 A/D 数据寄存器中，V_VREF 为转换后的结果。当 DONE 为 1 时，表示转换结束。此时 V_VREF 字段是一个二进制小数，表示的是该通道的电压除以 VDD 管脚上的电压的值；V_VREF 为 0 表示该通道输入的电压小于、等于或接近于 VSS 引脚电压(VSS 为微控制器的接地引脚)，而 V_VREF 为 0x3FF(全 1)表明通道的电压接近于、等于或大于 VDD 的电压。(/* 将读出来的值乘以参考电压 VREF，一般是 VDD，就是转换

Table 367. A/D Data Registers (AD0DR0 to AD0DR7 - addresses 0x4001 C010 to 0x4001 C02C) bit description

Bit	Symbol	Description	Reset Value
5:0	–	Reserved.	0
15:6	V_VREF	When DONE is 1, this field contains a binary fraction representing the voltage on the ADn pin, divided by the voltage on the V_{REF} pin. Zero in the field indicates that the voltage on the ADn pin was less than, equal to, or close to that on V_{REF}, while 0x3FF indicates that the voltage on AD input was close to, equal to, or greater than that on V_{REF}.	NA
29:16	–	Reserved.	0
30	OVERRUN	This bit is 1 in burst mode if the results of one or more conversions was (were) lost and overwritten before the conversion that produced the result in the V_VREF bits.This bit is cleared by reading this register.	0
31	DONE	This bit is set to 1 when an A/D conversion completes. It is cleared when this register is read.	0

图 14.2　AD0DR0 ~ AD0DR7 寄存器

后的电压。在实际程序设计中 V_VREF * VDD/1024 就是真实的电压转换结果。*/）

OVERRUN 表示在硬件扫描模式下，如果没有来得及读取转换值，造成先前的转换数据被后来的转换数据覆盖掉，此时该位为 1。读取操作会使得该位清 0。

DONE 标志位为 1 表示转换完成，在读取该寄存器时该标志位会清零。

3. A/D 全局数据寄存器 AD0GDR

A/D 全局数据寄存器是一个 32 位的寄存器，如图 14.3 所示（用户手册 Table365）。该寄存器包含最近一次 A/D 转换的结果（/ * 是最近一次哦！ */）。转换结果中包含数据、DONE 和 OVERRUN 标志以及与数据相关的 A/D 通道的标识。AD0GDR[5:0]、AD0GDR[23:16]以及 AD0GDR[29:27]保留不用。

Table 365. A/D Global Data Register (AD0GDR - address 0x4001 C004) bit description

Bit	Symbol	Description	Reset Value
5:0	–	Reserved. These bits always read as zeroes.	0
15:6	V_VREF	When DONE is 1, this field contains a binary fraction representing the voltage on the ADn pin selected by the SEL field, divided by the voltage on the V_{DD} pin. Zero in the field indicates that the voltage on the ADn pin was less than, equal to, or close to that on V_{SS}, while 0x3FF indicates that the voltage on ADn was close to, equal to, or greater than that on V_{REF}.	X
23:16	–	Reserved. These bits always read as zeroes.	0
26:24	CHN	These bits contain the channel from which the result bits V_VREF were converted.	X
29:27	–	Reserved. These bits always read as zeroes.	0
30	OVERRUN	This bit is 1 in burst mode if the results of one or more conversions was (were) lost and overwritten before the conversion that produced the result in the V_VREF bits.	0
31	DONE	This bit is set to 1 when an A/D conversion completes. It is cleared when this register is read and when the ADCR is written. If the ADCR is written while a conversion is still in progress, this bit is set and a new conversion is started.	0

图 14.3　AD0GDR 寄存器

DONE 标志位为 1 表示转换完成，在读取该寄存器和写 AD0CR 寄存器时，该标志位会清零。如果在转换过程中进行 AD0CR 寄存器的写操作，则该位将被值 1，并启动新的转换。

V_VREF 为最近一次转换后的结果,当 DONE 为 1 时,V_VREF 字段包含的是一个二进制小数。这个值与 A/D 数据寄存器中的值一样。

CHN 位表示 V_VREF 的值是从哪个通道来的。000 为 AD0,111 为 AD7。OVERRUN 表示在硬件扫描模式下,如果没有来得及读取转换值,造成先前的转换数据被后来的转换数据覆盖掉,此时该位为 1。读取操作会使得该位清 0。

4. A/D 状态寄存器 AD0STAT

A/D 状态寄存器反映的是各通道的状态,包括各通道是否转换完成的 DONE[7:0] 和各通道是否发生溢出的 OVERRUN[7:0]。图 14.4 为该寄存器的具体描述(用户手册 Table368)。在 AD0STAT 中还可以找到中断标志 ADINT,该位是所有 DONE 标志逻辑或的结果,如果某一通道转换完成且运行产生中断,则 ADINT 置 1。

Table 368. A/D Status Register (AD0STAT - address 0x4001 C030) bit description

Bit	Symbol	Description	Reset Value
7:0	DONE	These bits mirror the DONE status flags that appear in the result register for each A/D channel n.	0
15:8	OVERRUN	These bits mirror the OVERRRUN status flags that appear in the result register for each A/D channel n. Reading ADSTAT allows checking the status of all A/D channels simultaneously.	0
16	ADINT	This bit is the A/D interrupt flag. It is one when any of the individual A/D channel Done flags is asserted and enabled to contribute to the A/D interrupt via the ADINTEN register.	0
31:17	–	Reserved. Unused, always 0.	0

图 14.4　AD0STAT 寄存器

一般启动了一次 A/D 转换后,需要使用状态寄存器的低 8 位来判断是否转换结束,比如通道 1 转换结束,则 AD0STAT 的第 1 位 Done[1]会置 1,当用户读取了通道 1 数据寄存器 AD0DR1 后,AD0STAT 中相应的 Done[1]位会清零。

5. A/D 中断使能寄存器 AD0INTEN

如图 14.5(用户手册 Table366)所示,AD0INTEN 寄存器用来控制转换完成时哪个 A/D 通道产生中断。ADINTEN[7:0]这 8 位用来控制哪个 A/D 通道在转换结束时产生中断。当位 0 为 1 时,表明 A/D 通道 0 转换结束将产生中断,当位 1 为 1 时,表明 A/D 通道 1 转换结束将产生中断,依次类推。

Table 366. A/D Interrupt Enable Register (AD0INTEN - address 0x4001 C00C) bit description

Bit	Symbol	Description	Reset Value
7:0	ADINTEN	These bits allow control over which A/D channels generate interrupts for conversion completion. When bit 0 is one, completion of a conversion on A/D channel 0 will generate an interrupt, when bit 1 is one, completion of a conversion on A/D channel 1 will generate an interrupt, etc.	0x00
8	ADGINTEN	When 1, enables the global DONE flag in AD0DRx to generate an interrupt. When 0, only the individual A/D channels enabled by ADINTEN 7:0 will generate interrupts. **Remark:** This bit must be set to 0 in burst mode (BURST = 1 in the AD0CR register).	1
31:9	–	Reserved. Unused, always 0.	0

图 14.5　AD0INTEN 寄存器

ADGINTEN 位为 1 时,使能 AD0GDR 寄存器中的全局 DONE 标志产生中断。该位为

0 时,只有由 AD0INTEN [7:0]使能的 A/D 通道会产生中断。在硬件扫描模式时,该位必须为 0。

(/*以上就是我们要向大家介绍的 ADC 相关寄存器,从上面的介绍中我们可以看出既可以从 AD0GDR 中读取转换结果,也可以从 AD0DRn 中读取转换结果,我们建议同学们在读取数据时使用统一固定的方法,要么读 AD0GDR,要么读 AD0DRn,不能一会儿读这个一会儿又读那个,否则 DONE 和 OVERRUN 标志在 AD0GDR 和 AD0DRn 之间就不会同步。*/)

14.2 基于 START 标志位的转换控制程序设计及详细分析

还记得我们在图 3.9 中给出的热敏电阻的电路吗?大家可以回头看看,在那个电路中,热敏电阻的分压值可以送入 P1.11 接口,也就是我们的 AD7 通道。

本节我们就先给出一个比较简单的利用 START 标志位控制转换的程序实例。本实例中,程序通过设置 AD0CR 寄存器的 START 标志位,启动 AD7 转换通道,读取热敏电阻的分压值,并通过查询 AD0DR7 寄存器获取转换后的电压数据。

工程主要包括的文件如图 14.6 所示,system_LPC11xx.c、startup_LPC11XX.s 文件与前面介绍的一样。主程序 main.c 的代码请看程序段 14.1,请仔细阅读中文注释。

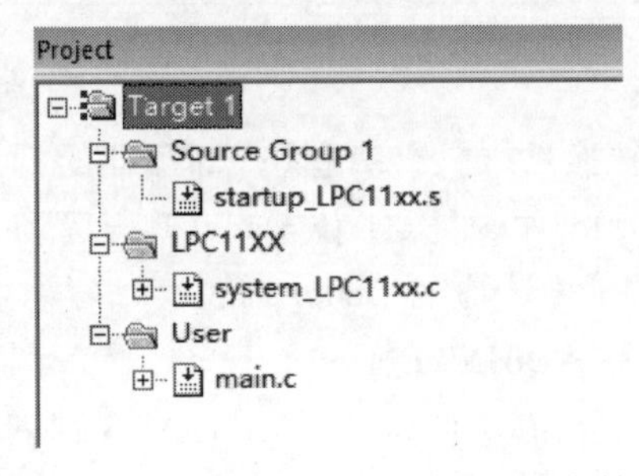

图 14.6 查询方式串口收发数据程序结构

程序段 14.1 main.c 文件代码

```
001 /*********************************************
002 *目标:ARM Cortex-M0 LPC1114
003 *编译环境:KEIL 4.70
004 *外部晶振:10MHz(主频 50MHz)
005 *功能:ADC 软件控制模式,通过 START 标志位触发转换。一种是中断方式,一种是查询方式。
006 *作者:
007 *********************************************/
008
009 #include "lpc11xx.h"  //包含的头文件
010
011 #define  VREF  3300 //44 号引脚上的参考电压,我们电路中 LPC1114 的参考电压就是电路上的 VDD,
                    //也就是 3.3V = 3300mV
012
013 uint8_t Channel;  //该变量用于表示 ADC 的通道
```

```
014
    /*16~39行为串口初始化的函数,该函数已在程序段11.1中介绍过了,不再多说。*/

015 /***************************************/
016 /* 函数功能:初始化UART口 */
017 /***************************************/
018 void UART_init(uint32_t baudrate)
019 {
020   uint32_t DL_value;
021   Clear = Clear;
022
023   LPC_SYSCON->SYSAHBCLKCTRL |= (1<<16);  // 使能IOCON时钟,SYSAHBCLKCTRL寄存
                                            //器描述详见表7.1
024   LPC_IOCON->PIO1_6 &= ~0x07;    //IOCON_PIO1_6寄存器低三位清0
025   LPC_IOCON->PIO1_6 |= 0x01;     // IOCON_PIO1_6寄存器低三位设置为0x1,把P1.6脚设置
                                  //为RXD
026   LPC_IOCON->PIO1_7 &= ~0x07;  //IOCON_PIO1_7寄存器低三位清0
027   LPC_IOCON->PIO1_7 |= 0x01;    // IOCON_PIO1_7寄存器低三位设置为0x1,把P1.6脚设置为TXD
028   LPC_SYSCON->SYSAHBCLKCTRL &= ~(1<<16); // 禁能IOCON时钟可以节省能量,当然不禁
                                             //能也不会出问题!
029
030   LPC_SYSCON->UARTCLKDIV = 0x1;//串口时钟分频值为1
031   LPC_SYSCON->SYSAHBCLKCTRL |= (1<<12);//允许UART时钟
032   LPC_UART->LCR = 0x83;  //8位传输,1个停止位,无奇偶校验,允许访问除数锁存器
033   DL_value = SystemCoreClock/16/baudrate ;  //计算该波特率要求的除数锁存寄存器值
034   LPC_UART->DLM = DL_value / 256;  //写除数锁存器高位值
035   LPC_UART->DLL = DL_value % 256;  //写除数锁存器低位值
036   LPC_UART->LCR = 0x03;  //DLAB置0
037   LPC_UART->FCR = 0x07;  //允许FIFO,清空RxFIFO和TxFIFO
038   Clear = LPC_UART->LSR;  //读UART状态寄存器将清空残留状态
039 }
040
041
042 /***************************************/
043 /*函数功能:串口发送一个字节数据*/
044 /***************************************/
045 void UART_send_byte(uint8_t byte)//不管实参是多长,只发送低8位,1个字节
046 {
047   while ( !(LPC_UART->LSR & (1<<5)) );//等待发送完
048   LPC_UART->THR = byte;
049 }
050
051
052 /***************************************/
053 /*函数名称:初始化ADC,每次只能打开一个通道*/
```

```
054 /*********************************************/
```

/*55行到117行是本程序最重要的ADC初始化函数，由于我们目前是软件控制模式，因此每次只能打开一个通道。另外由于每个通道都对应一个控制器的引脚，因此需要将引脚设置为AD功能。*/

```
055 void ADC_Channel_Init(uint8_t Channel)        //ADC初始化函数，送入的参数是AD通道编号
056 {
057   if(Channel>7) return;               //由于只有8个通道，因此通道号不能大于7，否则直接返回
058   LPC_SYSCON->SYSAHBCLKCTRL |= (1<<16);  //这一行与23行一样，由于要将引脚设置为
                                             //AD功能，因此要使能IOCON时钟
059   switch(Channel)                     //由于不同的通道对应不同的引脚，因此我们要根据初始化的通道
                                          //编号设置引脚
060   {
061     case 0://配置通道0，也就是要设置P0.11引脚为AD0功能
```

/*如何设置P0.11引脚功能呢？这就需要查看IOCON_R_PIO0_11寄存器了，如图14.7所示(用户手册Table133)。要想设置P0.11为AD0功能，只需要将FUNC标志位设置为0x2即可。另外由于我们监测的P0.11是模拟的输入信号，因此需要将ADMODE位设置为0。为了不影响测量结果，我们需要将与P0.11相关的上拉或下拉电阻去掉，将MODE标志位设置为0x0。其他标志位请大家查看2.3节。*/

Table 133. IOCON_R_PIO0_11 register (IOCON_R_PIO0_11, address 0x4004 4074) bit description

Bit	Symbol	Value	Description	Reset value
2:0	FUNC		Selects pin function. All other values are reserved.	000
		0x0	Selects function R. This function is reserved. Select one of the alternate functions below.	
		0x1	Selects function PIO0_11.	
		0x2	Selects function AD0.	
		0x3	Selects function CT32B0_MAT3.	
4:3	MODE		Selects function mode (on-chip pull-up/pull-down resistor control).	10
		0x0	Inactive (no pull-down/pull-up resistor enabled).	
		0x1	Pull-down resistor enabled.	
		0x2	Pull-up resistor enabled.	
		0x3	Repeater mode.	
5	HYS		Hysteresis.	0
		0	Disable.	
		1	Enable.	
6	–	–	Reserved	1
7	ADMODE		Selects Analog/Digital mode	1
		0	Analog input mode	
		1	Digital functional mode	
9:8	–	–	Reserved	00
10	OD		Selects pseudo open-drain mode.	0
		0	Standard GPIO output	
		1	Open-drain output	
31:11	–	–	Reserved	-

图14.7 IOCON_R_PIO0_11寄存器

```
062     LPC_IOCON - > R_PIO0_11 & = ~0x07;      // 根据图14.7首先将寄存器低3位清零
063     LPC_IOCON - > R_PIO0_11 | =0x02;      // 把P0.11引脚设置为AD0功能
064     LPC_IOCON - > R_PIO0_11 & = ~(3 < <3) ;      // MODE标志位清0,去掉上拉和下拉电阻
065     LPC_IOCON - > R_PIO0_11 & = ~(1 < <7) ;      // ADMODE标志位清0,设置为模拟输入模式
066     break;                               //通道AD0设置完成,返回
```

/* 下面是其他通道的设置方法,与AD0一样,不再赘述。*/

```
067   case 1: //配置通道1
068     LPC_IOCON - > R_PIO1_0 & = ~0x07;      // 寄存器低3位清零
069     LPC_IOCON - > R_PIO1_0 | =0x02;      // 把P1.0引脚设置为AD1功能
070     LPC_IOCON - > R_PIO1_0 & = ~(3 < <3) ;      // MODE标志位清0,去掉上拉和下拉电阻
071     LPC_IOCON - > R_PIO1_0 & = ~(1 < <7) ;      // ADMODE标志位清0,模拟输入模式
072     break;
073   case 2:                  //配置通道2
074     LPC_IOCON - > R_PIO1_1 & = ~0x07;      // 寄存器低3位清零
075     LPC_IOCON - > R_PIO1_1 | =0x02;      // 把P1.1引脚设置为AD2功能
076     LPC_IOCON - > R_PIO1_1 & = ~(3 < <3) ;      // MODE标志位清0,去掉上拉和下拉电阻
077     LPC_IOCON - > R_PIO1_1 & = ~(1 < <7) ;      // ADMODE标志位清0,模拟输入模式
078     break;
079   case 3: //配置通道3
080     LPC_IOCON - > R_PIO1_2 & = ~0x07;      // 寄存器低3位清零
081     LPC_IOCON - > R_PIO1_2 | =0x02;      // 把P1.2引脚设置为AD3功能
082     LPC_IOCON - > R_PIO1_2 & = ~(3 < <3) ;      // MODE标志位清0,去掉上拉和下拉电阻
083     LPC_IOCON - > R_PIO1_2 & = ~(1 < <7) ;      // ADMODE标志位清0,模拟输入模式
084     break;
085   case 4: //配置通道4
086     LPC_IOCON - > SWDIO_PIO1_3 & = ~0x07;      // 寄存器低3位清零
087     LPC_IOCON - > SWDIO_PIO1_3 | =0x02;      // 把P1.3引脚设置为AD4功能
088     LPC_IOCON - > SWDIO_PIO1_3 & = ~(3 < <3) ;      // MODE标志位清0,去掉上拉和下拉
电阻
089     LPC_IOCON - > SWDIO_PIO1_3 & = ~(1 < <7) ;      // ADMODE标志位清0,模拟输入模式
090     break;
091   case 5:                          //配置通道5
092     LPC_IOCON - > PIO1_4 & = ~0x07;      // 寄存器低3位清零
093     LPC_IOCON - > PIO1_4 | =0x01;      // 把P1.4引脚设置为AD5功能
094     LPC_IOCON - > PIO1_4 & = ~(3 < <3) ;      // MODE标志位清0,去掉上拉和下拉电阻
095     LPC_IOCON - > PIO1_4 & = ~(1 < <7) ;      // ADMODE标志位清0,模拟输入模式
096     break;
097   case 6: //配置通道6
098     LPC_IOCON - > PIO1_10 & = ~0x07;      // 寄存器低3位清零
099     LPC_IOCON - > PIO1_10 | =0x01;      // 把P1.10引脚设置为AD6功能
100     LPC_IOCON - > PIO1_10 & = ~(3 < <3) ;      // MODE标志位清0,去掉上拉和下拉电阻
101     LPC_IOCON - > PIO1_10 & = ~(1 < <7) ;      // ADMODE标志位清0,模拟输入模式
102     break;
```

```
103     case 7:                          //配置通道7
104       LPC_IOCON->PIO1_11 &= ~0x07;          // IOCON_R_PIO1_11寄存器低3位清零
105       LPC_IOCON->PIO1_11 |=0x01;          // 把P1.11引脚设置为AD7功能
106       LPC_IOCON->PIO1_11 &= ~(3<<3) ;          // MODE标志位清0,去掉上拉和下拉电阻
107       LPC_IOCON->PIO1_11 &= ~(1<<7) ;          // ADMODE标志位清0,模拟输入模式
108       break;
109     default:break;
110     }
111 
112     LPC_SYSCON->SYSAHBCLKCTRL &= ~(1<<16);      // 引脚配置完成,可以关闭IOCON时钟了
```

/*引脚的AD功能设置完成后,下面我们该配置ADC了,第一步要让ADC工作起来,然后配置ADC的时钟。*/

```
113     LPC_SYSCON->PDRUNCFG &= ~(0x1<<4);          // 参考表7.2,将PDRUNCFG寄存器第4位
                                                   //写0,ADC模块上电
114     LPC_SYSCON->SYSAHBCLKCTRL |=(1<<13);        // ADC模块上电后,还要让ADC时钟工作,
                                                   //参考表7.1
```

/*ADC的时钟也开始工作了,那么ADC的采样频率如何设置呢?回头要看AD0CR寄存器,参考图14.1。我们需要采样通道Channel,需要工作在软件控制模式下,需要设置采样频率(也就是设置分频系数),需要设置转换精度。当然如果某些比特位如果我们不设置的情况下,别忘了是按照默认的模式来的。*/

```
115     LPC_ADC->CR =(1<<Channel)|(24<<8);      /*"(1<<Channel)"是设置AD0CR[7:0]*/
116           /*"(24<<8)"是设置CLKDIV为24,此时采样时钟频率设置为50MHz/(24+1)=2MHz*/
117   }                      //初始化完成
118 
```

/*如果我们还想在转换完成后产生中断,那么还需要使能ADC的中断。ADC_INT_EN就是中断初始化使能函数。当然在本段代码中我们采用的不是中断方式,而是查询方式,因此没有用到该函数。我们写在这里的原因请大家往后看。*/

```
119  /****************************************************/
120  /*函数名称:ADC中断使能*/
121  /****************************************************/
122  void ADC_INT_EN(uint8_t Channel)      //Channel使我们要设置的通道编号
123  {
124    LPC_ADC->INTEN =(1<<Channel);  // 对照图14.5,我们将Channel对应的通道中断打开,允许
                                      //转换完成后产生中断
125    NVIC_EnableIRQ(ADC_IRQn); // 利用NVIC_EnableIRQ函数开中断,使得微控制器能够响应
126  }
127 
128 
129  /****************************************************/
```

```
130  /* 函数功能:读取电压值(AD7)              */
131  /* 出口参数:adc_value, 读到的电压值        */
132  /*****************************************/
```

/*由于本段代码采用的是查询方式来获得转换后的结果,因此就会有一个读取通道转换结果的操作,ADC_Read 就是这样一个读函数,它首先要启动转换,然后在转换完成后获得转换后的值,再将值通过串口送入到电脑上位机查看。*/

```
133  void ADC_Read(uint8_t Channel)   //Channel 为需要读取的通道编号
134  {
135    uint32_t adc_value = 0;        //定义一个局部变量用于存放转换后的值
136
137    LPC_ADC->CR |= (1<<24); // 在读取转换结果之前,首先要利用 START 标志位启动 ADC 转换
                                 //开始,向 AD0CR 的 START 写 1
138
```

/*转换需要一定的时间,什么时候能够转换完成,需要判断 AD0DRn 寄存器的 DONE 标志位,假如 Channel=7,那么 139 行的“LPC_ADC->DR[Channel]”就是指向 AD0DR7 的指针,请参考程序段 5.2 的 573 行。如果 AD0DRn 的 DONE 标志位为 1,即转换完成,则此时“LPC_ADC->DR[Channel]&0x80000000)==0”不成立,循环结束。这时转换后的数据就放在 AD0DRn 寄存器的 V_VREF 中了,一个 10 个 bit。*/

```
139    while((LPC_ADC->DR[Channel]&0x80000000)==0);//转换完成退出循环
140    adc_value =(LPC_ADC->DR[Channel]>>6)&0x3FF;  //取出 AD0DRn[15:6],存入变量之中
141    adc_value =(adc_value*VREF)/1024; // 转换为真正的电压值
142    UART_send_byte(adc_value>>8);         //将真正电压值的高位从串口送出
143    UART_send_byte(adc_value);            //将真正电压值的低位从串口送出
144  }
145
```

/*119 行给了一个中断使能的函数,这里我们再给一个中断服务函数,服务函数的名字参考了 startup_lpc11xx.s 代码,没有做修改。这个中断服务函数干什么呢,和我们 140~143 行的工作一样,获取并发送转换结果。具体代码说明就参考 140~143 行吧。由于本段程序没有使用中断方式,因此这个中断服务函数也没有使用,只是暂时列在这。*/

```
146  /*****************************************/
147  /* 函数功能:ADC 中断服务程序 */
148  /*****************************************/
149
150  void ADC_IRQHandler(void)
151  {
152    uint16_t adc_value;
153
154    adc_value =(LPC_ADC->DR[Channel]>>6)&0x3FF;
155    adc_value =(adc_value*VREF)/1024; // 转换为真正的电压值
156    UART_send_byte(adc_value>>8);    //先传输高 8 位
```

```
157    UART_send_byte(adc_value);      //再传输低8位
158  }
159
160
161  void delay(void)  //一个普通的延迟程序,暂时也没有用到,先保留在这里
162  {
163    uint16_t i,j;
164    for(j = 0;j < 5000;j + +)
165      for(i = 0;i < 500;i + +);
166  }
167
168
169  int main()      //终于到了主函数了
170  {
171    Channel = 7;      //我们准备操作的是通道AD7
172
173    UART_init(9600);  //初始化串口,波特率为9600b/s
174    ADC_Channel_Init(Channel);  //初始化AD7通道
175    while(1)
176    {
177      ADC_Read(Channel);      //不断地循环读取通道AD7,并将结果通过串口送到上位机
178    }
179  }
180
```

通过分析上面的代码我们可以看到,在主函数main中完成通道AD7的初始化以后,循环进行ADC_Read函数,而该函数的工作是设置START标志,启动转换,在等待转换完成后取出转换数据并发送给上位机。整个过程是在不断地等待查询AD0DR7寄存器。这种不断循环查询的方式肯定效率不高了,因此我们再给出下面一小段代码,程序段14.2,如果将这段代码替换掉程序段14.1中的main函数,就可以实现中断方式读取转换结果了(/*中断程序设计的方法在9.2小节已经很详细了,这里不再多说了*/)。替换后,程序段14.1中很多没有用到的函数就可以使用了。

程序段14.2　中断方式读取转换值的main函数

```
01  int main()
02  {
03    Channel = 7;
04
05    UART_init(9600);
06    ADC_Channel_Init(Channel);
07    ADC_INT_EN(Channel);  //打开通道AD7的中断
08    while(1)
09    {
10      delay();  //每隔一段时间进行一次转换,软件控制模式是启动一次转换一次,不启动不转换,延迟
                  //时间要确保转换能够完成
```

```
11    LPC_ADC->CR |= (1<<24); //启动转换,当转换完成后,会发生中断,自动跳转到中断服务程序
                              中,获取转换后的结果
12    }
13  }
```

(/*好了,中断方式和查询方式的软件控制模式都已经介绍完成了,大家可以通过触摸热敏电阻感受一下上传结果的动态变化过程吧。记得热敏电阻是越热阻值越小啊,因此手放上后,应该是输出值变小才对啊。*/)

14.3 CAP引脚中断触发转换程序设计及详细分析

LPC1114两个捕获引脚能够触发ADC转换,分别是CT16B0_CAP0和CT32B0_CAP0。下面我们只介绍CT16B0_CAP0,它对应的引脚是P0.2,我们打算用该引脚的下降沿触发转换,这个下降沿如何获取呢,我们可以将按键KEY1的P1.9引脚与P0.2引脚用导线连接,这时按一下KEY1就出现一个下降沿。本实例的目标还是通过AD7获取热敏电阻的分压值。

工程主要包括的文件如图14.8所示,system_LPC11xx.c、startup_LPC11XX.s文件与前面介绍的一样。主程序main.c的代码请看程序段14.3。(/*为了保证每段代码都能够独立运行,我们不得不占用些篇幅写些大家都熟悉的代码,请见谅。*/)

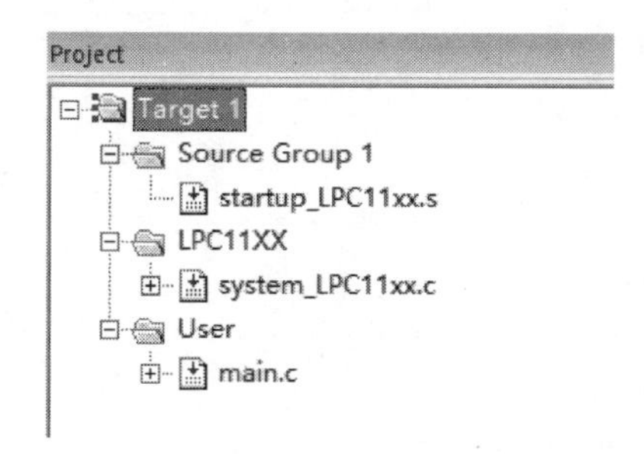

图14.8 CT16B0_CAP0中断触发转换程序结构

程序段14.3 main.c文件代码

```
01 /******************************************
02  * 目标:ARM Cortex-M0 LPC1114
03  * 编译环境:KEIL 4.70
04  * 外部晶振:10MHz(主频50MHz)
05  * 功能:CAP0下降沿触发转换,中断方式。
06  * 作者:
07  ******************************************/
08 #include "lpc11xx.h"
09 #define  Vref  3300 //参考电压,LPC1114的参考电压就是电路上的VDD,也就是3.3V=3300mV
```

/*11~44行还是串口初始化和字节发送函数,不做解释。*/

```
11  /*******************************************/
12  /*函数功能:初始化 UART 口*/
13  /*******************************************/
14  void UART_init(uint32_t baudrate)
15  {
16    uint32_t DL_value,Clear = Clear;
17
18    LPC_SYSCON->SYSAHBCLKCTRL |= (1<<16);
19    LPC_IOCON->PIO1_6 &= ~0x07;
20    LPC_IOCON->PIO1_6 |= 0x01;
21    LPC_IOCON->PIO1_7 &= ~0x07;
22    LPC_IOCON->PIO1_7 |= 0x01;
23    LPC_SYSCON->SYSAHBCLKCTRL &= ~(1<<16);
24
25    LPC_SYSCON->UARTCLKDIV  = 0x1;
26    LPC_SYSCON->SYSAHBCLKCTRL |= (1<<12);
27    LPC_UART->LCR  = 0x83;
28    DL_value  = SystemCoreClock/16/baudrate ;
29    LPC_UART->DLM  = DL_value / 256;
30    LPC_UART->DLL  = DL_value % 256;
31    LPC_UART->LCR  = 0x03;
32    LPC_UART->FCR  = 0x07;
33    Clear  = LPC_UART->LSR;
34  }
35
36  /*******************************************/
37  /*函数功能:串口发送字节数据*/
38  /*******************************************/
39  void UART_send_byte(uint8_t byte)
40  {
41    while ( ! (LPC_UART->LSR & (1<<5)) );      //等待发送完
42    LPC_UART->THR  = byte;
43  }
44
46  /*******************************************/
47  /*函数名称:初始化 ADC 口*/
48  /*******************************************/
49  void ADC_Init(void)  //此处的初始化函数没有参数,是因为我们在函数中直接对 P1.11 引脚和 AD7 功
                         //能进行了初始化
50  {
51
52    LPC_SYSCON->PDRUNCFG &= ~(0x1<<4);          // ADC 模块上电
53    LPC_SYSCON->SYSAHBCLKCTRL |= (1<<13);       // 使能 ADC 时钟
54    LPC_SYSCON->SYSAHBCLKCTRL |= (1<<16);       // 使能 IOCON 时钟
55
```

```
56      // 通道7配置
57    LPC_IOCON->PIO1_11 &= ~0x07;           // IOCON_R_PIO1_11 寄存器低三位清0
58    LPC_IOCON->PIO1_11 |=0x01;             // 把 P1.11 引脚设置为 AD7 功能
59    LPC_IOCON->PIO1_11 &= ~(3<<3) ;       // 去掉上拉和下拉电阻
60    LPC_IOCON->PIO1_11 &= ~(1<<7) ;       // 模拟输入模式
61
62
63    LPC_IOCON->PIO0_2 &= ~0x07;           // IOCON_R_PIO0_2 寄存器低三位清0
64    LPC_IOCON->PIO0_2 |=0x02;            // 把 P0.2 引脚设置为 CT16B0CAP0
65
66    LPC_SYSCON->SYSAHBCLKCTRL &= ~(1<<16); // 引脚设置完成,关闭 IOCON 时钟
67
68    LPC_ADC->CR =(1<<7)|                  // 选择通道 AD7
69          (24<<8)|              // 把采样时钟频率设置为 2MHz 50/(24+1)
70          (2<<24)|              // CT16B0CAP0 触发转换
71          (1<<27);              // 下降沿触发
72    LPC_ADC->INTEN =(1<<7);            // 允许 AD7 的中断
73    NVIC_EnableIRQ(ADC_IRQn);          // 开中断
74  }
75
76
77  void ADC_IRQHandler(void)  //一旦 P0.2 有下降沿出现,则会触发转换,转换完成后进入该中断服务函数
78  {
79    uint16_t adc_value;
80
81    adc_value =(LPC_ADC->DR[7]>>6)&0x3FF;  //获取转换后的值
82    adc_value =(adc_value * Vref)/1024;            //转换为真实电压,别忘了单位是毫伏
83    UART_send_byte(adc_value>>8);                  //向串口发送高字节
84    UART_send_byte(adc_value);                     //向串口发送低字节
85  }
86
87  int main()  //主函数就是完成了两个初始化的工作,其他什么也没有做
88  {
89    UART_init(9600);
90    ADC_Init();
91
92    while(1)
93    {
94      ;
95    }
96  }
```

CAP 捕获引脚触发转换好的地方在于不需要微控制器进行监督,完全由外部信号控制转换时机,大大降低了微控制器的管理开销。

14.4 MAT触发转换程序设计及详细分析

我们说了CAP捕获引脚触发转换优势的地方在于不需要微控制器进行监督,完全由外部信号控制转换时机,大大降低了微控制器的管理开销。但是如果存在需要周期性对外部信号进行转换的需求该如何做呢?有的同学说可以用“通用定时器+START软件控制+查询”的方式来完成啊,的确不错,但是LPC1114给我们提供了一种更加高效的周期性触发转换的方法——基于定时器MAT触发转换的方式。就是利用16位或32位定时器的匹配寄存器来周期性地触发转换,非常便捷高效。LPC1114微控制器一共有4个匹配寄存器可以用于MAT触发转换,分别是CT16B0_MAT0、CT16B0_MAT1、CT32B0_MAT0、CT32B0_MAT1(/*注意这里可与MAT功能引脚无关啊,不是由外部信号来触发哟,而是由内部匹配寄存器来触发! */)。下面我们就给出一个以CT16B0_MAT0来周期性触发转换的实例,我们先分析代码,而后再进行总结。

该实例工程主要包括的文件如图14.9所示,system_lpc11xx.c、startup_LPC11XX.s文件与前面介绍的一样。主程序main.c的代码请看程序段14.4。

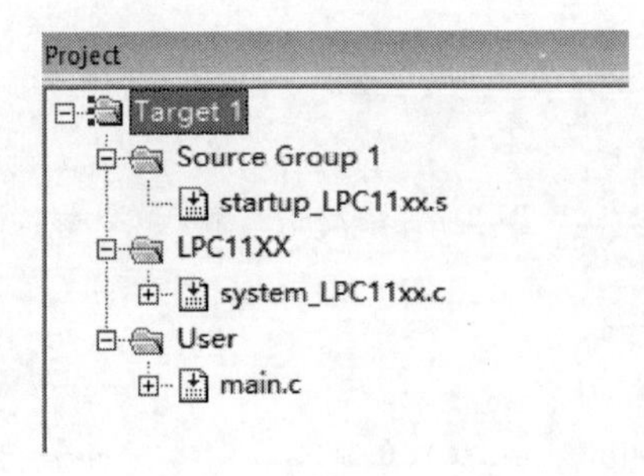

图14.9 CT16B0_MAT0周期性中断触发转换程序结构

程序段14.4 main.c文件代码

```
001 /* * * * * * * * * * * * * * * * * * * * * * * * * * * * * * * * * * * * * * * * * * *
002  * 目标:ARM Cortex - M0 LPC1114
003  * 编译环境:KEIL 4.70
004  * 外部晶振:10MHz(主频 50MHz)
005  * 功能:MAT0 匹配触发 AD 转换,以中断方式。
006  * 作者:
007  * * * * * * * * * * * * * * * * * * * * * * * * * * * * * * * * * * * * * * * * * * */
008 #include "lpc11xx.h"
009
010 uint32_t  Vref = 3300;  //参考电压 3300mV
011
   /* 12 ~ 45 行还是串口初始化和字节发送函数,不做解释。 */

012 /* * * * * * * * * * * * * * * * * * * * * * * * * * * * * * * * * * * * * * * * * */
013 /* 函数功能:初始化 UART 口 */
```

```
014 /********************************************************/
015 void UART_init(uint32_t baudrate)
016 {
017   uint32_t DL_value;
018   Clear = Clear;
019   LPC_SYSCON->SYSAHBCLKCTRL |= (1<<16);
020   LPC_IOCON->PIO1_6 &= ~0x07;
021   LPC_IOCON->PIO1_6 |= 0x01;
022   LPC_IOCON->PIO1_7 &= ~0x07;
023   LPC_IOCON->PIO1_7 |= 0x01;
024   LPC_SYSCON->SYSAHBCLKCTRL &= ~(1<<16);
025
026   LPC_SYSCON->UARTCLKDIV  = 0x1;
027   LPC_SYSCON->SYSAHBCLKCTRL |= (1<<12);
028   LPC_UART->LCR  = 0x83;
029   DL_value  = SystemCoreClock/16/baudrate ;
030   LPC_UART->DLM  = DL_value / 256;
031   LPC_UART->DLL  = DL_value % 256;
032   LPC_UART->LCR  = 0x03;
033   LPC_UART->FCR  = 0x07;
034   Clear  = LPC_UART->LSR;
035 }
036
037
038 /********************************************************/
039 /* 函数功能:串口发送1字节数据               */
040 /********************************************************/
041 void UART_send_byte(uint8_t byte)
042 {
043   while ( ! (LPC_UART->LSR & (1<<5)) );//等待发送完
044   LPC_UART->THR  = byte;
045 }
046
047
048 /********************************************************/
049 /* 函数名称:初始化ADC口            */
050 /********************************************************/
```

/* 51 ~ 68 行的 ADC_Init 函数才是本段代码的核心。这段代码首先仍然是配置 AD7 通道,配置完成后就将设置通道的时钟、触发模式了,主要在 63 行处。 */

```
051 void ADC_Init(void)
052 {
053   LPC_SYSCON->PDRUNCFG &= ~(0x1<<4);      // ADC模块上电,上电后必须还要有时钟。
054   LPC_SYSCON->SYSAHBCLKCTRL |= (1<<13);  // 使能ADC时钟,ADC可以工作
```

```
055
056    LPC_SYSCON - >SYSAHBCLKCTRL | = (1 < <16);  // 由于需要配置 AD7 通道,因此要设置 P1.11
                                                //引脚,所有首先使能 IOCON 时钟
057    LPC_IOCON - >PIO1_11 & = ~0x07;             // 寄存器低 3 位清 0
058    LPC_IOCON - >PIO1_11 | =0x01;               // 把 P1.11 引脚设置为 AD7 功能
059    LPC_IOCON - >PIO1_11 & = ~(3 < <3) ;       // 去掉上拉和下拉电阻,确保转换后的数据准确
060    LPC_IOCON - >PIO1_11 & = ~(1 < <7) ;       // 由于是 AD 转换,输入都是模拟信号,因此设置模
                                               //拟输入模式
061    LPC_SYSCON - >SYSAHBCLKCTRL & = ~(1 < <16);  // 设置完成就可以关闭 IOCON 时钟,关闭可
                                                 //以省电,还更加稳定
062
063    LPC_ADC - >CR  =(1 < <7)|            /* 控制寄存器选择通道 7,即 AD7 */
064           (24 < <8)|          /*把 ADC 采样时钟频率设置为 2MHz = 50MHz/(24 +1) */
065      (0x6 < <24);      /* 参考图 14.1 的 START 标志位,此处设置为 CT16B0_MAT0 上升沿触发转换
*/
066    LPC_ADC - >INTEN  =(1 < <7);      // 转换完成,DONE 信号可以触发中断,这里是允许 AD7 的
                                        中断
067    NVIC_EnableIRQ(ADC_IRQn);    // 利用 NVIC_EnableIRQ 函数打开 ADC 中断。设置完成后等待中
                                    断触发就好了,然后会转入中断服务程序运行
068 }
069
```

/* ADC_Init 函数只是确定了 CT16B0_MAT0 可以触发转换,但是这个信号的转换周期、时钟都是什么样还没有定,CT16B0_MAT0_Init 函数主要就是来配置 CT16B0_MAT0 的。*/

```
071  void CT16B0_MAT0_Init(uint16_t cycle_ms)  // CT16B0 定时器初始化函数,参数是定时的周期
072  {
```

/*CT16B0_MAT0 是受到定时器 CT16B0 控制的,因此首先要让 CT16B0 时钟工作起来并进行设置,查看图 7.1 可知系统默认定时器复位后是上电的,因此没有类似 53 行的上电操作。所以对于能耗严格的系统而言,大家要非常了解图 7.1,以便可以随时开关设备。定时器的设置大家可以参考第 12 天的学习内容。*/

```
073    LPC_SYSCON - >SYSAHBCLKCTRL | = (1 < <7);//使能 TIM16B0 时钟
074    LPC_TMR16B0 - >TCR  =0x02;//首先要复位定时器
075    LPC_TMR16B0 - >PR    = SystemCoreClock/1000 - 1;//设置预分频计数器,目前 SystemCoreClock =
                                                    //50Mhz,此处表示每 1ms, TC +1
076    LPC_TMR16B0 - >MR0  =cycle_ms;//设置需要 MR0 定时的周期,是我们的输入参数
077    LPC_TMR16B0 - >IR   =0x01; //参考图 12.3,此处是将最低位清 0
078    LPC_TMR16B0 - >MCR  =0x02; //设置 MR0 匹配时复位 TC,但不产生定时器中断
079    LPC_TMR16B0 - >EMR  =0x31;//设置 MR0 与 TC 相等时,MAT0 引脚翻转电平,我们可没有设置 27
                              //号引脚为 MAT0 功能哦,因此这里的匹配寄存器再怎么变化,也不
                              //会影响到芯片的外部引脚
080    LPC_TMR16B0 - >TCR  =0x01; //启动定时器:TCR[0] =1;
```

/* CT16B0 定时器设置完成,定时器一启动,只要时间一到,EMR 寄存器的 EM0 位就会变化,上升沿时将触发 ADC 的转换。*/

```
081 }
082
```

/* 一旦转换完成,就进入到了 ADC 的中断服务函数中 84 ~ 91 行的中断服务程序与前面的代码一样,不多说了。*/

```
084 void ADC_IRQHandler( void)
085 {
086   uint16_t adc_value;
087   adc_value = (LPC_ADC->DR[7]>>6)&0x3FF;
088   adc_value = (adc_value * Vref)/1024;
089   UART_send_byte(adc_value>>8);
090   UART_send_byte(adc_value);
091 }
092
093 int main()  //主函数
094 {
095   UART_init(9600);  //串口初始化
096   ADC_Init();       //ADC 初始化
097   CT16B0_MAT0_Init(1000);  //定时器初始化,周期为 1000ms
098
099   while(1)  //进入死循环,等待中断转换的发生
100   {
101     ;
102   }
103 }
104
```

MAT 匹配触发转换方式到此就结束了。从上面的实例中我们可以看到,只要设置好了定时器,就可以周期性地触发转换,从而周期性地获取外部数据,非常方便。这里需要注意的地方主要有以下几个地方:

(1) MAT 转换不是要让定时器产生中断(参考 78 行),只要定时器匹配寄存器有变化就可以触发 ADC 的转换。

(2) MAT 信号的变化没必要反映到对应的微控制器引脚上,如果想反映到引脚上,必须将对应的引脚设置为 MAT 功能。

(3) MAT 适合周期性转换,CAP 适合外设触发转换。

14.5 多通道硬件扫描模式转换程序设计与详细分析

我们前面说了,LPC1114 ADC 的转换模式包括软件控制模式和硬件扫描模式。软件

控制模式需要触发的条件,比如手动设置 START 标志位、利用外部的 CAP 引脚或者使用定时器的匹配功能 MAT,只有触发了,A/D 转换器才能进行转换工作,而且同时只能有一个通道在工作。因此,软件控制模式对于需要同时对多个通道进行转换的需求无法满足,另外,由于软件控制模式每次都要触发,并等待转换完成,对于一些实时性要求较高的应用也无法满足。那么说软件控制模式是不是就一无是处呢?当然不是,软件控制模式灵活、方便,而且非常节能(/*只有需要时才启动转换*/),这都是软件模式的优点。如果产品应用中有多通道监测、实时转换的需求,那我们怎么做呢?我们可以使用 LPC1114 A/D 转换器的硬件扫描工作模式。硬件扫描模式可以同时开启多个通道,并且一直保持循环转换,因此用户读取数据时直接就会得到最新的转换结果,不必等待过长时间。

下面我们给出一个多通道硬件扫描模式的实例,该实例主要就是打开高 4 个通道,并读取转换信息。

该实例工程主要包括的文件如图 14.10 所示,system_lpc11xx.c、startup_LPC11XX.s 文件与前面介绍的一样。主程序 main.c 的代码请看程序段 14.5。

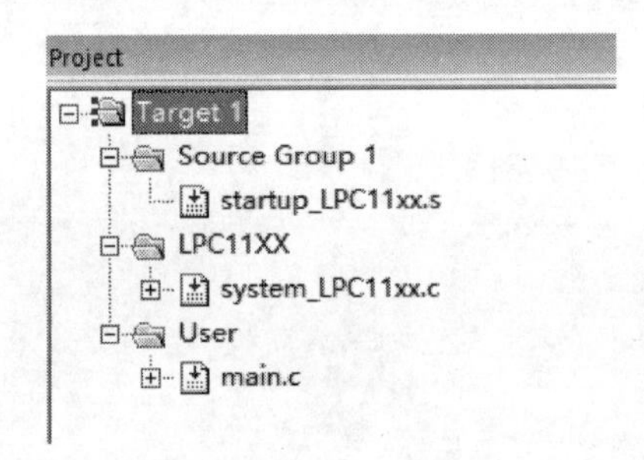

图 14.10　多通道硬件扫描模式转换程序结构

程序段 14.5　main.c 文件代码

```
001 /*****************************************************
002  * 目标:ARM Cortex - M0 LPC1114
003  * 编译环境:KEIL 4.70
004  * 外部晶振:10MHz(主频 50MHz)
005  * 功能:硬件扫描模式,多通道开放。
006  * 作者:
007  *****************************************************/
008 #include "lpc11xx.h"
009 
010 #define  VREF  3300 //参考电压,LPC1114 的参考电压就是电路上的 VDD,也就是 3.3V = 3300mV
011 
012 void delay(void)  //一个简单的延迟函数
013 {
014   uint16_t i,j;
015   for(j = 0;j < 5000;j + + )
016     for(i = 0;i < 500;i + + );
017 }
```

/ * 19 ~ 52 行还是串口初始化和字节发送函数,不做解释。 * /

```
019  /* * * * * * * * * * * * * * * * * * * * * * * * * * * * * * * * * * * * * * * * * * * * * */
020  /* 函数功能:初始化 UART 口 */
021  /* * * * * * * * * * * * * * * * * * * * * * * * * * * * * * * * * * * * * * * * * * * * */
022  void UART_init(uint32_t baudrate)
023  {
024    uint32_t DL_value;
025    Clear = Clear;
026    LPC_SYSCON->SYSAHBCLKCTRL |= (1<<16);
027    LPC_IOCON->PIO1_6 &= ~0x07;
028    LPC_IOCON->PIO1_6 |= 0x01;
029    LPC_IOCON->PIO1_7 &= ~0x07;
030    LPC_IOCON->PIO1_7 |= 0x01;
031    LPC_SYSCON->SYSAHBCLKCTRL &= ~(1<<16);
032
033    LPC_SYSCON->UARTCLKDIV  = 0x1;
034    LPC_SYSCON->SYSAHBCLKCTRL |= (1<<12);
035    LPC_UART->LCR  = 0x83;
036    DL_value  = SystemCoreClock/16/baudrate ;
037    LPC_UART->DLM  = DL_value / 256;
038    LPC_UART->DLL  = DL_value % 256;
039    LPC_UART->LCR  = 0x03;
040    LPC_UART->FCR  = 0x07;
041    Clear  = LPC_UART->LSR;
042  }
045  /* * * * * * * * * * * * * * * * * * * * * * * * * * * * * * * * * * * * * * * * * * * * * */
046  /* 函数功能:串口发送字节数据 */
047  /* * * * * * * * * * * * * * * * * * * * * * * * * * * * * * * * * * * * * * * * * * * * * */
048  void UART_send_byte(uint8_t byte)
049  {
050    while ( ! (LPC_UART->LSR & (1<<5)) );//等待发送完
051    LPC_UART->THR  = byte;
052  }
053
054  /* * * * * * * * * * * * * * * * * * * * * * * * * * * * * * * * * * * * * * * * * * * */
055  /* 函数名称:ADC 初始化,只打开高 4 个通道 */
056  /* * * * * * * * * * * * * * * * * * * * * * * * * * * * * * * * * * * * * * * * * * * */
057  void ADC_Init(void)
058  {
059
060    LPC_SYSCON->PDRUNCFG &= ~(0x1<<4);      // ADC 模块上电(复位后可是不上电的)
061    LPC_SYSCON->SYSAHBCLKCTRL |= (1<<13);   // 让 ADC 时钟运行起来
062    LPC_SYSCON->SYSAHBCLKCTRL |= (1<<16);   //准备配置引脚,因此要使能 IOCON 时钟
```

```
065        LPC_IOCON->SWDIO_PIO1_3 &= ~0x07;          //配置通道AD4
066        LPC_IOCON->SWDIO_PIO1_3 |=0x02;            //把P1.3引脚设置为AD4功能
067        LPC_IOCON->SWDIO_PIO1_3 &= ~(3<<3);  //去掉上拉和下拉电阻,确保准确
068        LPC_IOCON->SWDIO_PIO1_3 &= ~(1<<7);  //由于是A/D转换,输入都是模拟信号,因此
                                                  //设置模拟输入模式

070        LPC_IOCON->PIO1_4 &= ~0x07;                //配置通道AD5
071        LPC_IOCON->PIO1_4 |=0x01;                  //把P1.4引脚设置为AD5功能
072        LPC_IOCON->PIO1_4 &= ~(3<<3);              //去掉上拉和下拉电阻,确保准确
073        LPC_IOCON->PIO1_4 &= ~(1<<7);              //由于是A/D转换,输入都是模拟信号,因此设
                                                  //置模拟输入模式

075        LPC_IOCON->PIO1_10 &= ~0x07;               //配置通道AD6
076        LPC_IOCON->PIO1_10 |=0x01;                 //把P1.10引脚设置为AD6功能
077        LPC_IOCON->PIO1_10 &= ~(3<<3);             //去掉上拉和下拉电阻,确保准确
078        LPC_IOCON->PIO1_10 &= ~(1<<7);             //由于是A/D转换,输入都是模拟信号,因此设
                                                  //置模拟输入模式

080        LPC_IOCON->PIO1_11 &= ~0x07;               //配置通道AD7
081        LPC_IOCON->PIO1_11 |=0x01;                 //把P1.11引脚设置为AD7功能
082        LPC_IOCON->PIO1_11 &= ~(3<<3);             //去掉上拉和下拉电阻,确保准确
083        LPC_IOCON->PIO1_11 &= ~(1<<7);             //由于是A/D转换,输入都是模拟信号,因此设
                                                  //置模拟输入模式
084
085     LPC_SYSCON->SYSAHBCLKCTRL &= ~(1<<16);  //引脚功能设置完成,关闭IOCON时钟
```

/*86行才是初始化的最关键所在,参考图14.1,这行的功能是选择通道4,5,6,7;设置A/D转换器的分频为24,时钟为2MHz;设置Burst=1,即硬件扫描模式;设置START标志位0,不需要触发转换;没有触发边沿;由于硬件扫描模式是循环不停地进行转换,用户随时都可以读取转换后的数据,因此该模式不需要中断。设置完成,ADC就开始工作了,没有专门的启动指令。*/

```
086     LPC_ADC->CR  =(0xF0)|(24<<8)|(1<<16);  //硬件扫描模式
087  }
088
089  /*****************************************/
090  /*函数功能:读取转换数据   */
092  /*****************************************/
```

/*A/D转换读函数,输入参数是需要读取的通道。我们这里的读函数与程序段14.1的读函数不同,无需再启动读转换指令了。*/

```
093  uint32_t ADC_Read(uint8_t Channel)
094  {
095     uint32_t adc_value =0;                          //局部变量,存放读取的转换数据
097     adc_value  =((LPC_ADC->DR[Channel]>>6)&0x3FF);  //读取转换数据
```

```
098    adc_value  = (adc_value * VREF)/1024;                    // 转换为电压,单位毫伏
100    return adc_value;                                        // 返回结果
101  }
102
103  int main()
104  {
105    uint16_t adc_value;  //定义变量用于存放转换后的数据
107    UART_init(9600); //初始化串口
108    ADC_Init();  //硬件扫描模式 ADC 初始化
109
110    while(1)
111    {
112      delay();  //ADC 启动后,简单延迟一小会,让 ADC 通道转换完成,也确保循环过程中串口能够及
                   //时反应上传数据
113      adc_value  = ADC_Read(4);               //读取通道 4
114      UART_send_byte(adc_value >>8);          //向串口发送数据
115      UART_send_byte(adc_value);
116      adc_value  = ADC_Read(5);               //读取通道 5
117      UART_send_byte(adc_value >>8);          //向串口发送数据
118      UART_send_byte(adc_value);
119      adc_value  = ADC_Read(6);               //读取通道 6
120      UART_send_byte(adc_value >>8);          //向串口发送数据
121      UART_send_byte(adc_value);
122      adc_value  = ADC_Read(7);               //读取通道 7
123      UART_send_byte(adc_value >>8);          //向串口发送数据
124      UART_send_byte(adc_value);
125    }
126  }
127
```

从上面的分析过程中我们可以看出硬件扫描模式设置还是非常简单的,可以打开一个通道,也可以打开全部通道;另外读取数据也比较容易,唯一不足的地方就是 ADC 模块一直处于工作状态,要消耗能量。

(/*好了今天的内容就到这里了。大家看到 LPC1114 的强大了吧,普通 51 怎么能做得到!! 另外需要提醒大家的是,读取 A/D 转换的数值,最好把第一次读取的数值舍掉,好像不太准确,再就是记得把引脚的上拉、下拉电阻去掉,同样也是为了确保数据准确。*/)

I^2C 总线读写 AT24C02

其实,定时器、看门狗、ADC 这些微控制器内部模块的学习都是 LPC1114 自己在和自己玩,要想让 LPC1114 能够与其他外部设备通信还需要学习一些通信总线方面的知识,比如我们前面介绍的通用串行总线。今天我们再来学习一个在电子产品当中用得非常多的一种总线接口—— I^2C(Inter - Integrated Circuit)。

15.1 I^2C 总线基本原理

15.1.1 I^2C 总线简介

I^2C (Inter - Integrated Circuit)总线是一种由 PHILIPS 公司开发的两线式串行总线,用于连接微控制器及其外围设备。I^2C 总线产生于 20 世纪 80 年代,最初为音频和视频设备开发,如今主要用于电压、温度监控、E^2PROM 数据的读写、光模块的管理等。I^2C 总线目前已经成为一个国际标准,在很多芯片上都实现,而且得到超过 50 家公司的许可。I^2C 总线只有 SCL 和 SDA 两根线,SCL 即 Serial Clock ,串行参考时钟(/* 这是通信时钟,不是微控制器内的工作时钟,工作时钟我们用 PCLK_I2C 表示,一般等于系统时钟 */),SDA 即 Serial Data ,串行数据。总线速度原来仅有 100kb/s(标准模式),后来增加了快速模式,速度可达 400kb/s(快速模式 + 速度可达 1Mb/s),再后来又增加了高速模式,其速度更可达 3.4Mb/s。

I^2C 总线是一种用于集成电路(IC)器件之间连接的双向二线制总线,它上面可以挂载多个器件(/* 像计算机上的 USB 总线一样可以插上很多 USB 设备 */),这些器件通过两根线连接,占用空间非常的小,总线的长度可高达 25 英尺,并且能够以 10kb/s 的最大传输速率支持 40 个设备。I^2C 总线的另一优点是多主控(/* 总线上挂载那么多设备,谁来管理控制总线呢? I^2C 总线可以有多个控制器 */),只要能够完成接收和发送的设备都可以成为总线的主控制器,当然多个主控的情况下大家的工作时间要交叉开。I^2C 总线上每个设备都有自己的地址,主控设备想要与哪个从设备进行通信首先要给出设备的地址。那么 I^2C 总线上到底可以挂载多少个设备呢? 这主要取决于两个因素:一是 I^2C

从设备的地址位数，I^2C 标准中有 7 位地址和 10 位地址两种，如果是 7 位地址(/* 高 4 位属于固定地址不可改变，由厂家固化的统一地址，低 3 位为引脚设定地址，可以由外部引脚来设定 */)，允许挂接的 I^2C 器件数量为 128 个，如果是 10 位地址，允许挂接的 I^2C 器件数量为 1024，现在几乎所有的 I^2C 器件都使用 7 位地址。二是挂在 I^2C 总线上所有 I^2C 器件的管脚寄生电容之和。I^2C 总线规范要求，I^2C 总线容性负载最大不能超过 470pF，否则会使得信号电平变化的速度过慢，无法识别。

(/* 给大家打个预防针，今天 I^2C 的内容相对而言比较复杂，有些难度，大家要克服哦！ */)

15.1.2 I^2C 总线信号类型与数据传输过程

I^2C 总线在传送数据过程中共有 3 种类型信号，分别是开始信号、结束信号和应答信号。

(1) 开始信号：SCL 为高电平时，SDA 由高电平向低电平跳变，开始传送数据。

(2) 结束信号：SCL 为高电平时，SDA 由低电平向高电平跳变，结束传送数据。

(3) 应答信号：接收数据的 IC 在接收到 8 位数据后，向发送数据的 IC 发出特定的低电平脉冲，表示已收到数据。CPU 向受控单元发出一个信号后，等待受控单元发出一个应答信号，CPU 接收到应答信号后，根据实际情况作出是否继续传递信号的判断。若未收到应答信号，则判断为受控单元出现故障。

这些信号中，起始信号是必需的，结束信号和应答信号，都可以不要。起始和停止条件一般由主机产生，总线在起始条件后被认为处于忙的状态，在停止条件的某段时间后总线被认为再次处于空闲状态。

发送到 SDA 线上的每个字节必须为 8 位，每次传输可以发送的字节数量不受限制。每个字节后必须跟一个响应位。首先传输的是数据的最高位(MSB)，如果从机要完成一些其他功能后(例如一个内部中断服务程序)才能接收或发送下一个完整的数据字节，可以使时钟线 SCL 保持低电平，迫使主机进入等待状态，当从机准备好接收下一个数据字节并释放时钟线 SCL 后数据传输继续。

I^2C 中心以启动信号 START 来掌管总线，以停止信号 STOP 来释放总线；启动信号 START 后紧接着发送一个地址字节，其中 7 位为被控器件的地址码，一位为读/写控制位 R/W，R/W 位为 0 表示由主控向被控器件写数据，R/W 为 1 表示由主控向被控器件读数据；当被控器件检测到收到的地址与自己的地址相同时，在第 9 个时钟期间反馈应答信号；每个数据字节在传送时都是高位(MSB)在前；各类信号波形如图 15.1 所示。

在时钟的第 9 个脉冲期间发送器释放数据总线，接收器不拉低数据总线表示一个非应答 NACK，NACK 有两种用途，一是表示接收器未成功接收数据字节；二是表示当接收器是主控器时，它收到最后一个字节后，应发送一个 NACK 信号，以通知被控发送器结束数据发送，并释放总线，以便主控接收器发送一个停止信号 STOP。

为了加强大家对 I^2C 数据传输过程的理解，我们在图 15.2 中给出了每次进行多个数据收发和每次向不同设备收发一个数据的波形图。

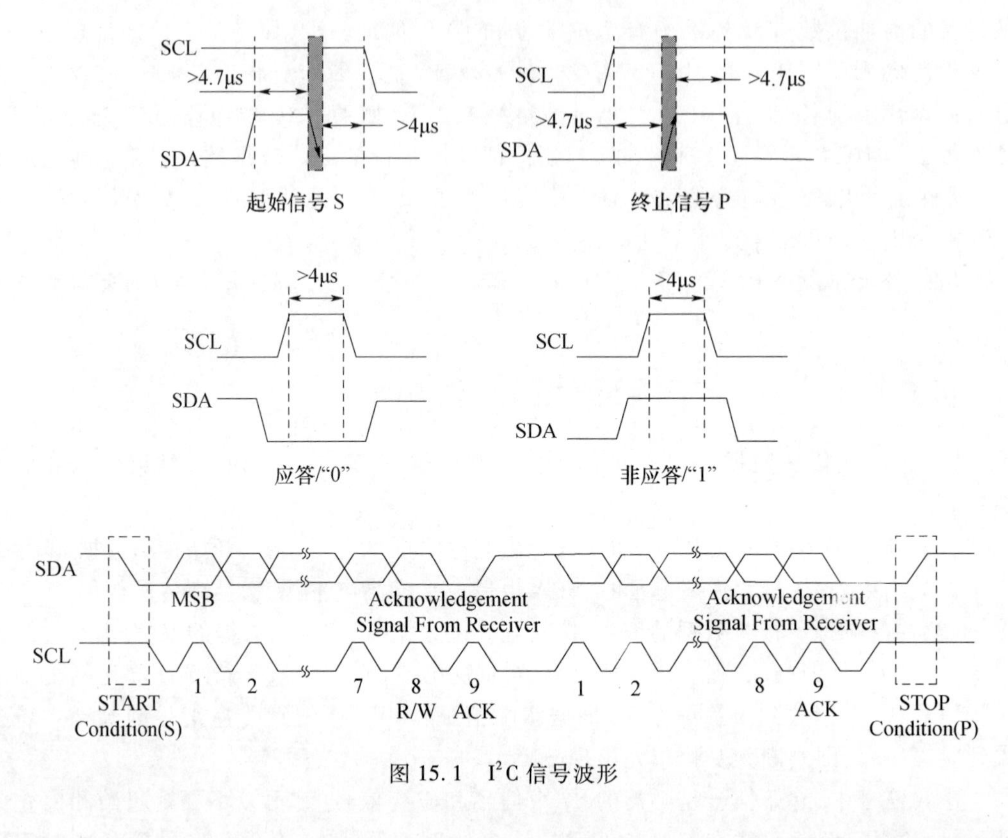

图 15.1 I²C 信号波形

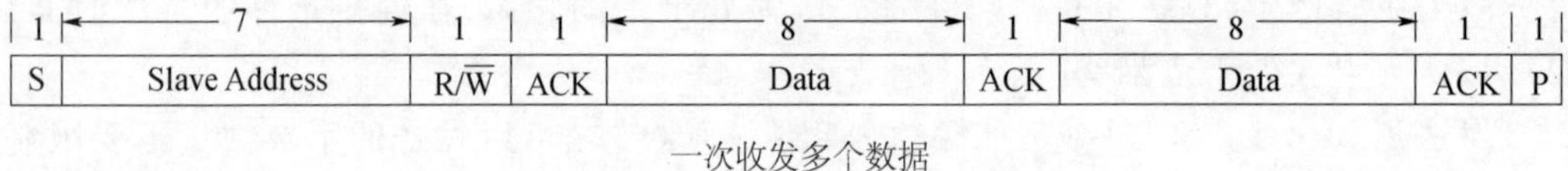

一次收发多个数据

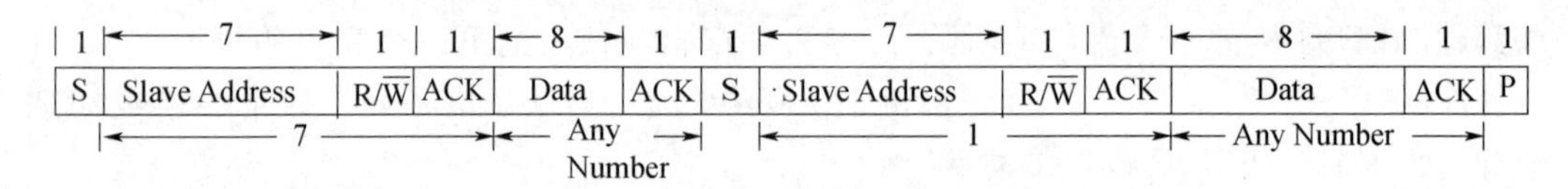

每次向不同设备收发数据

图 15.2 I²C 数据传输信号波形图

15.1.3 I²C 总线竞争的仲裁

I²C 总线上可能在某一时刻有两个主控设备要同时向总线发送数据,这种情况叫做总线竞争。I²C 总线具有多主控能力,可以对发生在 SDA 线上的总线竞争进行仲裁,其仲裁原则是这样的:假设主控器 1 要发送的数据 DATA1 为“101…”;主控器 2 要发送的数据 DATA2 为“1001…”总线被启动后两个主控器在每发送一个数据位时都要对自己的输出电平进行检测,只要检测的电平与自己发出的电平一致,它们就会继续占用总线。在这种情况下总线还是得不到仲裁。当主控器 1 发送第 3 位数据“1”时(主控器 2 发送“0”),由于“线与”的结果 SDA 上的电平为“0”,这样当主控器 1 检测自己的输出电平时,就会测到一个与自身不相符的“0”电平。这时主控器 1 只好放弃对总线的控制权;因此主控器2就成为总线的唯一主宰者。不难看出：

（1）对于整个仲裁过程主控器1和主控器2都不会丢失数据；

（2）各个主控器没有对总线实施控制的优先级别，它们遵循“低电平优先”的原则，即谁先发送低电平谁就会掌握对总线的控制权。

15.2 AT24C02芯片介绍

1. AT24C02芯片概述

由于后面我们将向大家介绍如何利用LPC1114对AT24C02芯片进行读写，因此这里我们先对该芯片进行一下简单介绍。AT24C02是一款遵循I^2C总线接口的CMOS E^2PROM器件，内部含有256个8b存储空间（2Kb），可以用作嵌入式系统或者单片机的“保险箱”，用于存储一些掉电后需要保存的数据，比如密码等，最高速率可达400kb/s。（/* AT24Cxx家族根据存储容量不同有很多芯片，比如常见的AT24C02、AT24C08、AT24C16等，今天我们只关注AT24C02。*/）

AT24C02芯片的引脚分布如图15.3所示，WP为写保护引脚，当该引脚连接到VCC，则芯片内部的数据只能读不能写，要想能够向芯片写数据，则WP应该接地或悬空。A2～A0为地址线，I^2C总线上最多可以挂接8个AT24C02芯片，他们就是通过A2～A0进行区分的。主控对器件进行寻址时，一般会给出如下（图15.4）地址格式，其中地址中的A2～A0如果与芯片引脚A2～A0的连接相匹配，则就选中了某芯片。SCL和SDA两个引脚分别就是时钟和数据线，由于平时总线上这两根线都要保持高电平，因此一般会在电路中将这两根信号线进行上拉。

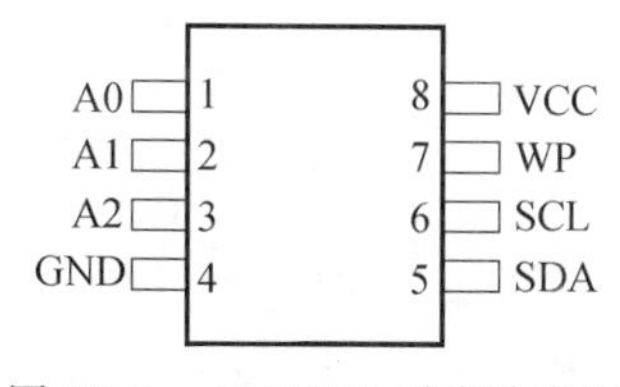

图15.3 AT24C02引脚分布图

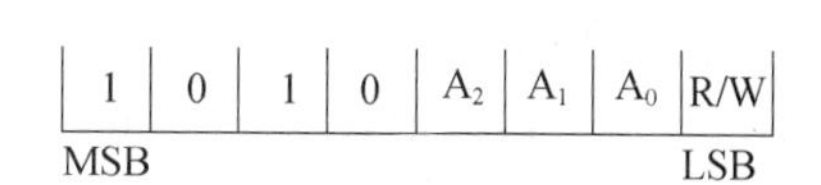

图15.4 I^2C器件地址格式

回顾图3.6给出的AT24C02连接电路，我们可以看到LPC1114的PIO0_4、PIO0_5两个引脚（15、16号引脚）负责对AT24C02的读写（/*短接帽别忘了接上*/）。

2. AT24C02读、写操作时序

AT24C02内部256B的存储空间，共分成32个页，每页8个字节，内部地址0x00～0x07是第0页，0x08～0x0F是第1页，以此类推，0xF8～0xFF是第31页。

AT24Cxx系列的EEPROM为了提高写效率，提供了“页”写功能，芯片内部有个一页大小的写缓冲RAM，当需要向芯片某一页写入数据时，在发生具体写操作前，页地址对应的页面被选中，选中页面的内容会被映像到缓冲RAM，写入的数据将会按照地址顺序对RAM中的映射数据进行修改，每次写入的数据不能多于页的大小。一旦写入的数据超过一页大小，则刚刚写入的数据会被覆盖掉，也就是说对缓冲RAM的写是循环的（也称为回卷）。一页数据写完后，芯片就会把缓冲RAM当中的数据重新写回EEPROM对应的

页当中。如果用户想要写 2 个字节数据到 AT24Cxx 当中,如果数据对应的地址连续,但不在同一个页面,比如地址分别是 0x07 和 0x08,那么如果采用"页"写的方法,是要写 2 次的。

AT24C02 读操作没有页的问题,可以从任意地址开始读取任意大小数据,只是超过整个存储器容量时地址才回卷。但一次性访问的数据长度也不要太大。所以分页的存储器要做好存储器管理,尽量同时读写的数据放在一个页上。

AT24C02 一般在电路中做从器件。对 AT24C02 进行读写操作主要包括以下几种:单字节写、页写、随机单字节读、当前单字节读、随机连续字节读和当前连续字节读。LPC1114 要想对 AT24C02 进行读写,其时序主要如下(/* 注意,开始 START 和结束 STOP 都是由 LPC1114 发出的,ACK 应答主要是由 AT24C02 发出的,由 LPC1114 发出的应答我们用"ACK(主)"表示,NACK 一般都是 LPC1114 发出的。下面的时序很重要,是我们读写的规范 */):

(1) 单字节写操作时序:

START→发送器件地址→ACK→发送字节地址→ACK→发送数据→ACK → STOP

(2) 按"页"写操作,AT24C02 一页为 8 个字节,一页指高四位地址一样的一组数据,具体时序如下:

START→发送器件地址→ACK→发送页的首地址→ACK→发送数据→ACK…→ 发送数据→ACK → STOP

(3) 随机单字节读操作时序:

START→发送器件地址(写)→ACK→发送字节地址→ACK→START→发送器件地址(读)→ACK→接收数据→NACK→STOP

(4) 当前单字节读操作,"当前"指的是前面进行过读操作,但是没有 STOP,芯片内部"指针"指的字节即为"当前"字节。

START→发送器件地址(读)→ACK→接收数据→NACK→STOP

(5) 随机连续字节读操作:

START→发送器件地址(写)→ACK→发送字节首地址→ACK→START→发送器件地址(读)→ACK→接收数据→ACK(主)→接收数据→ACK(主)…接收数据(最后字节)→NACK→STOP

(6) 当前连续字节读操作:

START→发送器件地址(读)→ACK→接收数据→ACK(主)→接收数据 →ACK(主)…接收数据(最后字节)→NACK→STOP

15.3 LPC1114 I^2C 接口及寄存器

LPC1114 内部具有 I^2C 模块,该模块兼容标准的 I^2C 接口,可配置为主机、从机或主/从机;模块的可编程时钟允许对 I^2C 传输速率进行调整;LPC1114 支持快速模式,可识别多达 4 个不同的从机地址,并可以将 I^2C 设置为监控模式,读取总线上的所有流量数据。I^2C 总线上可能存在以下两种类型的数据传输方式:

(1) 由主控制器向从接收器传输数据。主机发送的第一个字节是从机地址,接下来是数据字节数。从机每接收一个字节后返回一个应答位。

(2) 由从发送器向主控制器传输数据。由主机发送第一个字节(从机地址)。然后从机返回一个应答位。接下来是由从机发送数据字节到主机。主机接收到除最后一个字节外的每个字节都返回一个应答位。当接收最后一个字节后,主机返回“非应答”位。主机设备以停止或重复起始条件结束传输。

I^2C 接口是字节导向型,有 4 个操作模式:主发送模式、主接收模式、从发送模式及从接收模式(/* 相信大家可以理解名称的含义,不多解释 */)。

LPC1114 I^2C 总线接口管脚必须通过 IOCON_PIO0_4 和 IOCON_PIO0_5 寄存器配置,以用于标准/快速模式或快速模式 Plus。在这些模式下,I^2C 总线管脚为开漏输出并且完全兼容 I^2C 总线规范。I^2C 总线接口(PCLK_I2C)的时钟由系统时钟提供。这个时钟可通过 AHBCLKCTRL 寄存器的第 5 位来使能或禁止,从而节省功耗。

要想用好 I^2C 模块,最关键的还是要了解 I^2C 寄存器,整个 I^2C 模块涉及到的寄存器如图 15.5 所示,数量比较多,我们逐一介绍。

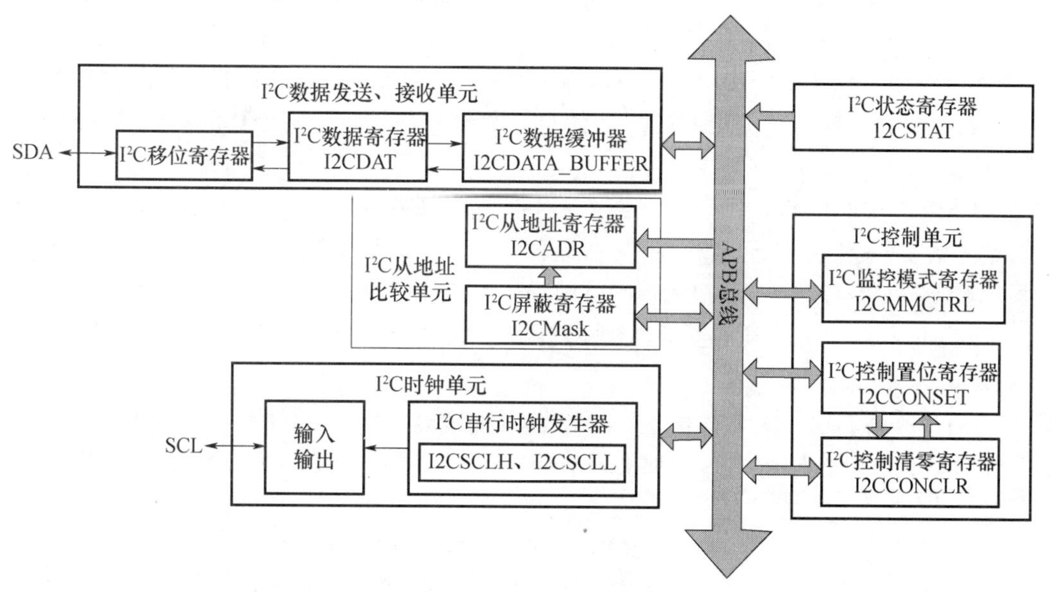

图 15.5 I^2C 寄存器框图

1. I^2C 控制置位寄存器 I2CCONSET

I2CCONSET 寄存器控制 I^2C 控制器中位的设置,这些位控制 I^2C 接口的操作。向该寄存器的位写 1 会使 I^2C 控制寄存器中的相应位置位,写 0 没有影响,该寄存器如图 15.6 所示(用户手册 Table220),其中 I2CCONSET[1:0]和 I2CCONSET[31:7]保留不用。

I2EN 标志主要完成 I^2C 接口使能。当 I2EN 置位时,I^2C 接口使能(/* 可以工作了 */)。如果不想让其工作,但又不能写 0,怎么办? 可通过向 I2CCONCLR 寄存器中的 I2ENC 位写 1 来清零 I2EN 位。当 I2EN 为 0 时,I^2C 接口禁能,此时 I^2C 模块处于“不可寻址”的从状态,STO 位强制为“0”。I2EN 不用于暂时释放 I^2C 总线,因为当 I2EN 复位时,I^2C 总线状态丢失。

Table 220. I²C Control Set register (I2C CONSET - address 0x4000 0000) bit description

Bit	Symbol	Description	Reset value
1:0	–	Reserved. User software should not write ones to reserved bits. The value read from a reserved bit is not defined.	NA
2	AA	Assert acknowledge flag.	
3	SI	I²C interrupt flag.	0
4	STO	STOP flag.	0
5	STA	START flag.	0
6	I2EN	I²C interface enable.	0
31:7	–	Reserved. The value read from a reserved bit is not defined.	–

图 15.6　I²C 控制置位寄存器

STA 为起始标志。当 STA =1 时，I²C 接口进入主模式并发送一个 START，如果已经处于主模式，则发送一个重复发送 START（/＊只有 I²C 总线的主控才能发 START 信号，想要发 START 信号，就将该位置 1＊/）。用户可以通过向 I2CCONCLR 寄存器中的 STAC 位写 1 来清零 STA。

STO 为停止标志。在主模式下，该标志位置 1 会使 I²C 接口发送一个 STOP 信号，当总线检测到停止信号时，STO 自动清零。从模式下，置位 STO 位可从错误状态中恢复，这种情况下不向总线发送停止条件，硬件的表现就好像是接收到一个停止条件并切换到不可寻址的从接收模式，STO 标志由硬件自动清零（/＊想要发 STOP 信号，就将该位置 1＊/）。

SI 是 I²C 中断标志。当 I²C 状态（/＊下面会介绍状态信息＊/）改变时 SI 置位。但是，进入状态 F8 不会使 SI 置位，因为在那种情况下中断服务程序不起作用。当 SI 置位时，SCL 线上的串行时钟低电平持续时间加长，且串行传输被中止。当 SCL 为高时，它不受 SI 标志的状态影响。SI 必须通过软件复位，通过向 I2CCONCLR 寄存器的 SIC 位写入 1 来实现。

AA：应答标志位（/＊想要发 ACK 和 NACK 信号，就将该位置 1＊/）。当 AA 置 1 时，在 SCL 线的应答时钟脉冲内，出现下面的任意情况时都将产生一个应答信号 ACK（SDA 线为低电平）：

（1）当 I²C 接口处于主接收模式时，接收到一个数据字节；

（2）当 I²C 接口处于可寻址的从接收模式时，接收到一个数据字节；

可通过向 I2CCONCLR 寄存器中的 AAC 位写 1 来清零 AA 位。当 AA 位为 0 时，SCL 线上的应答时钟脉冲内出现下列情况时将返回一个非应答信号（SDA 为高电平）；

（1）当 I²C 接口处于主接收模式时，接收到一个数据字节；

（2）当 I²C 接口处于可寻址的从接收模式时，接收到一个数据字节；

2. I²C 控制清零寄存器 I2CCONCLR

为了能够对 I2CCONSET 寄存器进行清零，LPC1114 给出了 I2CCONCLR 寄存器，具体说明在 I2CCONSET 已经描述过了，寄存器请参考图 15.7（用户手册 Table227）。

3. I²C 状态寄存器 I2CSTAT

I²C 状态寄存器反映 I²C 接口的状态，如图 15.8 所示（用户手册 Table221）。I²C 状态寄存器为只读寄存器，其最低 3 位总为 0。Status 状态位为 5 个比特，是 I²C 的状态码，

Table 227. I²C Control Clear register (I2C CONCLR - 0x4000 0018) bit description

Bit	Symbol	Description	Reset value
1:0	–	Reserved. User software should not write ones to reserved bits. The value read from a reserved bit is not defined.	NA
2	AAC	Assert acknowledge Clear bit.	
3	SIC	I²C interrupt Clear bit.	0
4	–	Reserved. User software should not write ones to reserved bits. The value read from a reserved bit is not defined.	NA
5	STAC	START flag Clear bit.	0
6	I2ENC	I²C interface Disable bit.	0
7	–	Reserved. User software should not write ones to reserved bits. The value read from a reserved bit is not defined.	NA
31:8	–	Reserved. The value read from a reserved bit is not defined.	–

图 15.7 I²C 控制清零寄存器

I²C 有 26 种可能存在的状态码。所有状态代码都对应一个已定义的 I²C 状态，当进入这些状态中的任一状态时，SI 都将置位（/* 需要注意的是，状态码是 0xF8 时，没有相关信息可用且 SI 位不会置位 */）。关于状态码的完整列表请大家参考用户手册 Table236、Table237、Table240 ~ Table242。我们在后面程序分析当中会给出必要的状态码说明，这里限于篇幅就不一一介绍了。

Table 221. I²C Status register (I2C STAT - 0x4000 0004) bit description

Bit	Symbol	Description	Reset value
2:0	–	These bits are unused and are always 0.	0
7:3	Status	These bits give the actual status information about the I²C interface.	0x1F
31:8	–	Reserved. The value read from a reserved bit is not defined.	–

图 15.8 I²C 状态寄存器

4. I²C 数据寄存器 I2CDAT

I2CDAT 寄存器只有低 8 位有效，包含要发送的数据或刚接收的数据。只要 SI 位置位，I2CDAT 中的数据就保持不变。I2CDAT 中的数据总是从右向左移位：要发送的第一位是 MSB（位 7），当接收到 1 个字节后，接收到该字节数据的第 1 位放在 I2CDAT 的 MSB 位。该寄存器具体描述请看图 15.9（用户手册 Table222）。

Table 222. I²C Data register (I2CDAT - 0x4000 0008) bit description

Bit	Symbol	Description	Reset value
7:0	Data	This register holds data values that have been received or are to be transmitted.	0
31:8	–	Reserved. The value read from a reserved bit is not defined.	–

图 15.9 I²C 数据寄存器

5. I²C 监控模式控制寄存器 I2CMMCTRL

该寄存器控制监控模式的使能，它可以使 I²C 模块监控 I²C 总线的通信量，并且不干扰 I²C 总线。该寄存器具体描述请看图 15.10（用户手册 Table228）。MM_ENA 为 1，表示使能监控模式，否则为禁能。

当模块处于监控模式下，ENA_SCL 清零，则 SCL 输出将被强制为高电平，这可防止 I²C 模块控制 I²C 时钟线。该位置 1 时，I²C 模块将以与正常操作中相同的方法控制时钟线。

Table 228. I²C Monitor mode control register (I2CMMCTRL - 0x4000 001C) bit description

Bit	Symbol	Value	Description	Reset value
0	MM_ENA		Monitor mode enable.	0
		0	Monitor mode disabled.	
		1	The I²C module will enter monitor mode. In this mode the SDA output will be forced high. This will prevent the I²C module from outputting data of any kind (including ACK) onto the I²C data bus. Depending on the state of the ENA_SCL bit, the output may be also forced high, preventing the module from having control over the I²C clock line.	
1	ENA_SCL		SCL output enable.	0
		0	When this bit is cleared to '0', the SCL output will be forced high when the module is in monitor mode. As described above, this will prevent the module from having any control over the I²C clock line.	
		1	When this bit is set, the I²C module may exercise the same control over the clock line that it would in normal operation. This means that, acting as a slave peripheral, the I²C module can "stretch" the clock line (hold it low) until it has had time to respond to an I²C interrupt.[1]	
2	MATCH_ALL		Select interrupt register match.	0
		0	When this bit is cleared, an interrupt will only be generated when a match occurs to one of the (up-to) four address registers described above. That is, the module will respond as a normal slave as far as address-recognition is concerned.	
		1	When this bit is set to '1' and the I²C is in monitor mode, an interrupt will be generated on ANY address received. This will enable the part to monitor all traffic on the bus.	
31:3	–	–	Reserved. The value read from reserved bits is not defined.	

图 15.10 I²C 监控模式控制寄存器

这意味着,作为从机设备,I²C 模块可“延长”时钟线(使其为低电平),直到它有时间响应 I²C 中断为止。

MATCH_ALL 标志位为 0,该位清零时,只有在 4 个地址寄存器(后面会介绍)中的一个出现匹配时,才会产生中断。也就是说,模块会作为普通的从机响应,直到有地址识别当该位置 1 且 I²C 处于监控模式时,可在任意接收的地址上产生中断。这将使器件监控总线上的所有通信量。

如果 MM_ENA 为“0”,则 ENA_SCL 和 MATCH_ALL 位无效。

当模块处于监控模式时所有中断将正常出现。这意味着检测到地址匹配时就会产生一个中断(如果 MATCH_ALL 位置位,则接收到任意地址都会产生中断,否则只有在地址与 4 个地址寄存器中的一个匹配时才会产生中断)。检测地址匹配后,对于从机写传输,每接收到一个字节就会产生中断,对于从机读传输,每发送完模块“认为”要发送的字节后产生中断。在第二种情况下,数据寄存器实际上包含了总线上其他从机发送的数据,这些从机实际上是被主机寻址的。所有中断产生后,微控制器可读数据寄存器以查看总线上实际发送的数据。

6. I²C 数据缓冲寄存器 I2CDATABUFFER

在监控模式下,如果 I2CMMCTRL 寄存器的 ENA_SCL 没有置位,则 I²C 模块就不能延长时钟(使总线延迟),这意味着处理器读取总线接收数据内容的时间有限。如果处理器读 I2CDAT 移位寄存器,则在接收数据被新数据覆写前,它通常只有一个位时间对中断作出响应。为了使处理器有更多时间响应,LPC1114 提供了一个 8 位只读 DATABUFFER 寄存器。总线上每接收到 9 位(8 位数据加上 1 位 ACK 或 NACK)后,I2CDAT 移位寄存器的高 8 位的内容将自动传输到 DATABUFFER,这意味着处理器有 9 位发送时间来响应中断及在数据被覆写前读取数据。处理器仍可直接读 I2CDAT,I2CDAT 无论如何是不会改变的。尽管 DATABUFFER 寄存器主要是用于监控模式(ENA_SCL 位 =0),但它也可用于在任何操作模式下随时读取数据。I2CDATABUFFER 寄存器如图 15.11 所示(用户手册 Table230)。

Table 230. I^2C Data buffer register (I2CDATA_BUFFER - 0x4000 002C) bit description

Bit	Symbol	Description	Reset value
7:0	Data	This register holds contents of the 8 MSBs of the DAT shift register.	0
31:8	–	Reserved. The value read from a reserved bit is not defined.	0

图 15.11 I^2C 数据缓冲寄存器

7. I^2C 从地址寄存器 I2CADR[0,1,2,3]

AT24C02 这样的存储设备有地址,LPC1114 挂在 I^2C 总线上也有地址。从地址寄存器存储的就是 LPC1114 作为从设备时的设备地址,由于有 4 个地址寄存器,因此 LPC1114 可以设置多个地址,一般只需要设置 I2CADR0 即可。I2CADR 寄存器参考图 15.12(用户手册 Table223,229)。

从地址寄存器是可读可写的寄存器,只有在 I^2C 接口被设置为从模式时才有效,主模式下寄存器无效。I2CADR 寄存器的最低位为通用调用位,当该位置 1 时,可识别通用调用地址(0x00),什么是通用调用地址呢? 就是广播地址。如果寄存器的值为 0x00,则寄存器将被禁能且不与总线上的任意地址匹配。复位时 4 个寄存器都要清零到禁能状态。

Table 223. I^2C Slave Address register 0 (I2CADR0 - 0x4000 000C) bit description
Table 229. I^2C Slave Address registers (I2CADR[1, 2, 3] - 0x4000 00[20, 24, 28]) bit description

Bit	Symbol	Description	Reset value
0	GC	General Call enable bit.	0
7:1	Address	The I^2C device address for slave mode.	0x00
31:8	–	Reserved. The value read from a reserved bit is not defined.	0

图 15.12 I^2C 从地址寄存器

8. I^2C 屏蔽寄存器 I2CMASK[0,1,2,3]

屏蔽寄存器就像网络中的子网掩码。LPC1114 有 4 个屏蔽寄存器,每个寄存器只有位 7 ~ 位 1 有效,分别与 4 个从地址寄存器相同的位相对应。屏蔽寄存器某个位为 1,则在地址匹配查找过程中对应的地址寄存器的相应位就不会进行比较。比如 I2CMASK0 = 0x02,I2CADR0 = 0x1F,则在地址匹配过程中 I2CADR0 将会被视为 0001 11x1b,第一位将不会被关注。

复位时所有屏蔽寄存器中的位清零。与通用调用地址(“0000000”)比较时,屏蔽寄存器无效。当产生地址匹配中断时,处理器必须读数据寄存器(I2CDAT)以决定实际引起匹配的接收地址。I2CMASK 寄存器参考图 15.13(用户手册 Table231)。

Table 231. I²C Mask registers (I2C0MASK[0, 1, 2, 3] - 0x4000 00[30, 34, 38, 3C]) bit description

Bit	Symbol	Description	Reset value
0	–	Reserved. User software should not write ones to reserved bits. This bit reads always back as 0.	0
7:1	MASK	Mask bits.	0x00
31:8	–	Reserved. The value read from reserved bits is undefined.	0

图 15.13　I²C 屏蔽寄存器

9. I2C SCL 高电平占空比寄存器 I2CSCLH 和低电平占空比寄存器 I2CSCLL

这两个寄存器主要确定时钟信号线 SCL 的高电平占空比和低电平占空比，具体描述请看图 15.14（用户手册 Table224、Table225），寄存器只有低 16 位有效。用户需要设定 I2CSCLH 和 I2CSCLL 的值来选择合适的 I²C 总线数据速率和占空比。I2CSCLH 定义了 SCL 高电平期间 PCLK_I2C 的周期数（PCLK_I2C 是 I²C 控制器的工作时钟），I2CSCLL 定义了 SCL 低电平期间 PCLK_I2C 的周期数。因此 SCL 时钟频率（总线速率）为

$$F_{SCL} = PCLK\_I2C/(SCLH + SCLL)$$

Table 224. I²C SCL HIGH Duty Cycle register (I2C0SCLH - address 0x4000 0010) bit description

Bit	Symbol	Description	Reset value
15:0	SCLH	Count for SCL HIGH time period selection.	0x0004
31:16	–	Reserved. The value read from a reserved bit is not defined.	–

Table 225. I²C SCL Low duty cycle register (I2C0SCLL - 0x4000 0014) bit description

Bit	Symbol	Description	Reset value
15:0	SCLL	Count for SCL low time period selection.	0x0004
31:16	–	Reserved. The value read from a reserved bit is not defined.	–

图 15.14　高电平占空比/低电平占空比寄存器

在设置具体寄存器数值时，I2CSCLH 和 I2CSCLL 的值必须确保得出的总线速率在 I²C总线速率的范围之内，且要求各寄存器的值必须大于或等于 4。因此如果作为总线的主控制器，你设置的速率必须能够满足总线上所有器件的要求。

（/＊好了，寄存器我们先介绍到这里，如果碰到其他的寄存器，我们会在代码中介绍。＊/）

15.4　I²C 读写 AT24C02 程序及详解

回头看看我们在图 3.6 中给出的电路原理图，下面我就将利用 PIO0_4，PIO0_5 两个引脚设置为 SCL 和 SDA 功能对芯片 AT24C02 进行读写操作。我们将用串口调试助手发送要写的数据给 LPC1114，LPC1114 在通过 I²C 控制器将其写入到 AT24C02 某个地址当中，接下来我们再从该地址处读出数据，发回串口，看看写入的和读出的是不是同一个数据。

本实例的程序结构如图 15.15 所示，除了 startup_LPC11xx. s、system_LPC11xx. c 和 main. c 文件外，我们还需要再写几个文件并加入到工程当中，这些文件是 at24c02. h、i2c. h、uart. h 三个头文件和 at24c02. c、i2c. c、uart. c 三个 c 程序文件。下面我们就一一来进行介绍，请大家注意我们在代码中给出的中文注释。

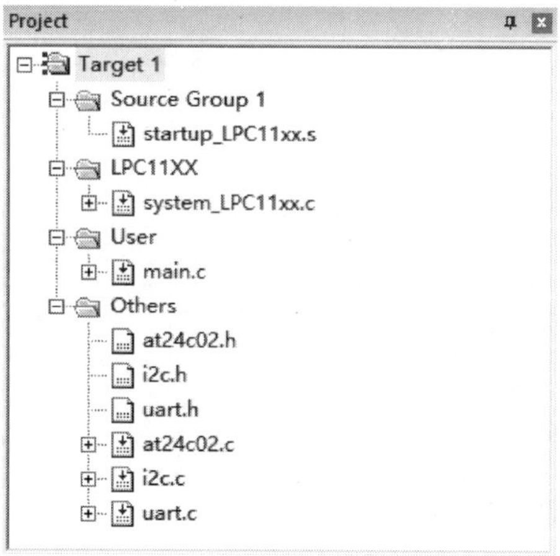

```
Project
Target 1
  Source Group 1
    startup_LPC11xx.s
  LPC11XX
    system_LPC11xx.c
  User
    main.c
  Others
    at24c02.h
    i2c.h
    uart.h
    at24c02.c
    i2c.c
    uart.c
```

图 15.15　I^2C 总线读写 AT24C02 程序结构

(/＊以前我们在代码中都没有用过头文件,主要是因为代码结构相对简单,今天我们要介绍的实例比较复杂,因此很多程序代码我们单独用一个文件给出,当然还需要给出其对应的头文件,C 语言中头文件有什么好处呢? 简单回顾一下:

- 头文件可以定义所用的函数列表,方便查阅你可以调用的函数;
- 头文件可以定义很多宏定义,就是一些全局静态变量的定义,在这样的情况下,只要修改头文件的内容,程序就可以做相应的修改,不用亲自跑到繁琐的代码内去搜索。
- 头文件只是声明,不占内存空间,要知道其执行过程,要看头文件所声明的函数是在哪个 .c 文件里定义的,才知道。
- 它并不是 C 自带的,可以不用。
- 调用了头文件,就等于赋予了调用某些函数的权限。＊/)

1. uart. h 文件详细分析

uart. h 文件主要声明了 uart. c 文件中定义的一系列的函数,具体分析如程序段 15. 1 所示。

程序段 15. 1　uart. h 文件代码

```
1  #ifndef  __NXPLPC11XX_UART_H__   //强烈推荐大家在头文件中使用此类宏定义,从而防止整个头文件
                                    //的“重复包含”
2  #define  __NXPLPC11XX_UART_H__

   /＊4,5,6 行的关键字 extern 可以置于变量或者函数前,以表示变量或者函数的定义在别的文件中,提示编
   译器遇到此变量和函数时在其他模块中寻找其定义。＊/

4  extern void UART_Init(uint32_t baudrate);  //声明串口初始化函数
5  extern uint8_t UART_recive(void);  //声明串口接收字节数据函数
6  extern void UART_send_byte(uint8_t byte); //声明串口发送字节数据函数
7
8  #endif  //与第一行对应
9
```

2. uart.c 文件详细分析

uart.c 文件内主要定义了与串口相关的一些函数,比如初始化函数,数据发送和接收的函数等,程序段15.2中给出了代码的详细分析,这里的内容可以参考程序段11.1的解释说明。

程序段15.2 uart.c 文件代码

```
01 #include "lpc11xx.h"  //需要包含的头文件
02 #include "uart.h"     //需要包含的头文件

/*下面是串口初始化函数,主要是将串口需要用的引脚、波特率、时钟信号、数据传输格式进行设置。*/

04 /*********************************************************************/
05 /*函数功能:串口初始化函数*/
06 /*********************************************************************/
07 void UART_Init(uint32_t baudrate)  //串口初始化函数,函数的参数为需要设置的波特率
08 {
09   uint32_t DL_value;
10   Clear = Clear;              //这样定义编译器不会报错,Clear只是临时使用的一个变量
11   LPC_SYSCON->SYSAHBCLKCTRL |= (1<<16);  //打开IO配置时钟
12   LPC_IOCON->PIO1_6 &= ~0x07;  //寄存器第3位设置为0
13   LPC_IOCON->PIO1_7 &= ~0x07;  //寄存器第3位设置为0
14   LPC_IOCON->PIO1_6 |= 0x01;  //设置为RXD
15   LPC_IOCON->PIO1_7 |= 0x01;     //设置为TXD
16   LPC_SYSCON->SYSAHBCLKCTRL &= ~(1<<16);//关闭IO配置时钟
17
18   LPC_SYSCON->UARTCLKDIV = 0x1;//时钟分频值为1,UART_PCLK=50MHz
19   LPC_SYSCON->SYSAHBCLKCTRL |= (1<<12); //打开串口时钟,配置完串口也不要关闭了,因为
                                          //串口工作需要时钟
20   LPC_UART->LCR = 0x83;  //8位传输,1个停止位,无奇偶校验,允许访问除数锁存器
21   DL_value = SystemCoreClock/16/baudrate ; //计算该波特率要求的除数值
22   LPC_UART->DLM = DL_value / 256; //写除数锁存器高位值到U0DLM寄存器
23   LPC_UART->DLL = DL_value % 256; //写除数锁存器低位值到U0DLL寄存器
24   LPC_UART->LCR = ~(1<<7);  //重新设置U0LCR寄存器,实际上就是把DLAB置0,后面不再
                               //允许对除数锁存器进行访问
25   LPC_UART->FCR = 0x07;  //设置U0FCR寄存器,允许FIFO,清空接收和发送FIFO
26   Clear = LPC_UART->LSR;  //读UART状态寄存器,清空状态信息,初始化完成
27 }
28

/*下面是串口接收一个字节数据的函数,主要通过判断LSR寄存器的状态来决定是否返回RBR寄存器。*/

29 /*********************************************************************/
30 /*函数功能:串口接收一个字节数据*/
31 /*********************************************************************/
```

```
32  uint8_t UART_recive( void)
33  {
  //* 如何知道串口有数据到达？可以判断状态寄存器 U0LSR 的最低位来确定是否有数据到达，如果为 1 表示有数据到达。*/
34    while( ! (LPC_UART - >LSR & (1 < <0))) ;  //如果 U0LSR[0]为 1，循环退出，说明有数据到达
35    return( LPC_UART - >RBR) ; //返回 U0RBR 中的数据
36  }

37
38  /***************************************************************************/
39  /* 函数功能：串口发送字节数据 */
40  /* 串口发送数据函数，每次只发送 1 个字节。*/
41  void UART_send_byte( uint8_t byte)
42  {

  /* 要想让串口发送数据，首先要看看以前发送的数据是否已经发送完成，如果前面的数据发生完成了，就
  可以将新的数据写入了，否则会发生错误。如何判断前面的数据是否发送完成？也可以通过查看 U0LSR
  来实现，如果其第 5 位为 1，表明以前的数据已经发送完成。*/

43    while ( ! (LPC_UART - >LSR & (1 < <5)) ) ;  //等待以前的数据发送完成
44    LPC_UART - >THR  = byte;          //将要发送的数据写入 U0THR 寄存器，串口控制器会自动发送
45  }
```

3. i2c. h 文件详细分析

i2c. h 文件内主要声明了与 I^2C 接口相关的一些函数及宏操作，比如 I^2C 初始化函数，数据发送和接收的函数等，程序段 15. 3 中给出了代码的详细分析。

程序段 15. 3 i2c. h 文件代码

```
01  #ifndef __I2C_H  //宏定义，用来防止重复包含 I2C. h 头文件
02  #define __I2C_H
03  #include "lpc11xx. h"  //需要包含的头文件
04

  /*6 ~15 行定义了一些宏，这些宏代表一些具体的移位操作。*/

06  #define I2CONSET_AA(1 < <2)    /*"I2CONSET_AA"代表将 1 向左移动 2 位的操作，如果将其作用于
                                  I2CONSET 寄存器将使 AA 标志位置 1 */
07  #define I2CONSET_SI(1 < <3)    /*"I2CONSET_SI"代表将 1 向左移动 3 位的操作，如果将其作用于
                                  I2CONSET 寄存器将使中断标志位 SI 置 1 */
08  #define I2CONSET_STO(1 < <4)   /*"I2CONSET_STO"代表将 1 向左移动 4 位的操作，如果将其作用于
                                  I2CONSET 寄存器将使停止标志位 STO 置 1 */
09  #define I2CONSET_STA(1 < <5)   /*"I2CONSET_STA"代表将 1 向左移动 5 位的操作，如果将其作用于
                                  I2CONSET 寄存器将使开始标志位 STA 置 1 */
10  #define I2CONSET_I2EN(1 < <6)  /*"I2CONSET_I2EN"代表将 1 向左移动 6 位的操作，如果将其作用
                                  于 I2CONSET 寄存器将使 I2C 接口使能位 I2EN 置 1 */
12  #define I2CONCLR_AAC(1 < <2)   /*"I2CONCLR_AAC"代表将 1 向左移动 2 位的操作，如果将其作用
                                  于 I2CONCLR 寄存器将使 I2CONSET 寄存器的 AA 标志位清 0 */
```

```
13  #define I2CONCLR_SIC(1<<3)   /*"I2CONCLR_SIC"代表将1向左移动3位的操作,如果将其作用于
                                   I2CONCLR寄存器将使I2CONSET寄存器的SI标志位清0*/
14  #define I2CONCLR_STAC(1<<5)   /*"I2CONCLR_STAC"代表将1向左移动5位的操作,如果将其作用
                                   于I2CONCLR寄存器将使I2CONSET寄存器的STA标志位清0*/
15  #define I2CONCLR_I2ENC(1<<6)   /*"I2CONCLR_ I2ENC"代表将1向左移动6位的操作,将其作用于
                                   I2CONCLR寄存器将使I2CONSET寄存器的I2EN标志位清0*/

    /*17~21行声明了一些I²C接口的函数! */

17  extern void I2C_Init(uint8_t Mode);// I²C初始化函数,参数为模式选择,比如快速模式、标准模式等
18  extern void I2C_Send_Byte(uint8_tSendbyte); // I²C接口发送一个字节数据函数,参数为要发送的数据
19  extern void I2C_Stop(void); //I²C接口发送停止信号
20  extern uint8_t I2C_Recieve_Byte(void); // I²C接口接收一个字节数据的函数,返回值为接收到的数据
21  extern uint8_t I2C_Send_Ctrl(uint8_t CtrlAndAddr); // I²C发送控制命令,比如发送地址和读写标志
22
23  #endif
24
```

4. I2C.c文件详细分析

I2C.c文件内主要定义了与I^2C接口相关的一些函数,比如初始化函数,数据发送和接收的函数等,这些函数是读写AT24C02的基础,比较重要。程序段15.4中给出了代码的详细分析。需要注意的一个问题是由于LPC1114对AT24C02进行操作过程中一直都是主控设备,因此读写的过程主要是主接收模式和主发送模式,而不是被动的。

程序段15.4 I2C.c文件代码

```
01  #include "i2c.h"   //需要包括头文件i2c.h
02
03  /*****************************************/
04  /*函数功能:初始化LPC1114 I²C模块   */
07  /*****************************************/

    /*第8行的I2C_Init函数是I²C接口的初始化函数,I²C接口主要涉及2根信号线,首先要对其功能进行
    设置,还要根据接口需要设置接口通信速率,并启动接口。*/

08  void I2C_Init(uint8_t Mode)      //参数Mode如果为1,是设置I²C接口速度为400kb/s,其他值时,接口速
                                     //率为100kb/s
09  {
    /*第10行涉及到一个寄存器PRESETCTRL(再啰嗦一下,所有的寄存器定义大家都可以在LPC11xx.h文
    件中找到),该寄存器如图15.16所示(用户手册Table9),该寄存器的组要功能是复位LPC1114的通信模
    块,比如CAN接口、SSP0/1接口、I²C接口。低4位某一位为0,就是将对应模块复位,为1就是释放复位,
    不让复位发生。用户在使用CAN接口、SSP0/1接口、I²C接口之前必须要将PRESETCTRL寄存器的对应
    位设置为1,否则你可能什么都读写不到哦! */
```

Table 9. Peripheral reset control register (PRESETCTRL, address 0x4004 8004) bit description

Bit	Symbol	Value	Description	Reset value
0	SSP0_RST_N		SPI0 reset control	0
		0	Resets the SPI0 peripheral.	
		1	SPI0 reset de-asserted.	
1	I2C_RST_N		I2C reset control	0
		0	Resets the I2C peripheral.	
		1	I2C reset de-asserted.	
2	SSP1_RST_N		SPI1 reset control	0
		0	Resets the SPI1 peripheral.	
		1	SPI1 reset de-asserted.	
3	CAN_RST_N		C_CAN reset control. See Section 3.1 for part specific details.	0
		0	Resets the C_CAN peripheral.	
		1	C_CAN reset de-asserted.	
31:4	–	–	Reserved	0x00

图 15.16 PRESETCTRL 寄存器

```
10    LPC_SYSCON - > PRESETCTRL | = (1 < <1); //
11    LPC_SYSCON - > SYSAHBCLKCTRL | = (1 < <5); //将 SYSAHBCLKCTRL 寄存器第 5 位置 1,使能 I²C
                                                  //时钟
```

/* 下面要将 P0.4、P0.5 两个引脚设置为 I^2C 的 SCL 和 SDA 信号线。*/

```
13    LPC_SYSCON - > SYSAHBCLKCTRL | = (1 < <16); //使能 IOCON 时钟
```

/* 下面要将 PIO0_4, PIO0_5 两个引脚设置为 I^2C 的 SCL 和 SDA 功能,参考图 15.17(用户手册 Table68)的 IOCON_PIO0_4 寄存器描述,我们可以看到 FUNC 标志位设置为 1 时,PIO_4 为 SCL 功能,I2CMODE 标志位设置为 0 时,表示支持接口速度为标准模式和快速模式(速率不高于 400kb/s)。IOCON_PIO0_5 寄存器与 IOCON_PIO0_4 寄存器设置方法一样。*/

Table 68. IOCON_PIO0_4 register (IOCON_PIO0_4, address 0x4004 4030) bit description

Bit	Symbol	Value	Description	Reset value
2:0	FUNC		Selects pin function. All other values are reserved.	000
		0x0	Selects function PIO0_4 (open-drain pin).	
		0x1	Selects I2C function SCL (open-drain pin).	
7:3		–	Reserved.	00000
9:8	I2CMODE		Selects I2C mode. Select Standard mode (I2CMODE = 00, default) or Standard I/O functionality (I2CMODE = 01) if the pin function is GPIO (FUNC = 000).	00
		0x0	Standard mode/ Fast-mode I2C.	
		0x1	Standard I/O functionality	
		0x2	Fast-mode Plus I2C	
		0x3	Reserved.	
31:10	–	–	Reserved.	–

图 15.17 IOCON_PIO0_4 寄存器

```
13    LPC_IOCON - > PIO0_4 & = ~0x07;//IOCON_PIO0_4 寄存器低 3 位清 0
14    LPC_IOCON - > PIO0_4 | =0x01;  //把 PIO0_4 脚配置为 SCL 功能
15    LPC_IOCON - > PIO0_5 & = ~0x07;  //IOCON_PIO0_5 寄存器低 3 位清 0
```

```
16    LPC_IOCON->PIO0_5 |=0x01;  //把 PIO0_5 脚配置为 SDA 功能
16    LPC_SYSCON->SYSAHBCLKCTRL |=(1<<16); //引脚功能配置完成,禁止 IOCON 时钟
```

/*下面将要设置 I^2C 接口的速率了。这时需要设置的就是 I2CSCLH 和 I2CSCLL 两个寄存器了,这两个寄存器的和就是 I^2C 时钟的分频,当前我们系统的时钟是 50MHz,I^2C 接口的时钟也是 50MHz。*/

```
18    if(Mode ==1)// Mode 等于 1 为快速 I²C 模式(速率为 50MHz/125=400kb/s)
19    {
20      LPC_I2C->SCLH =60;
21      LPC_I2C->SCLL =65;
22    }
23    else // Mode 非 1,为标准 I²C 模式(速率为 50MHz/500=100kb/s)
24    {
25    LPC_I2C->SCLH =250;
26    LPC_I2C->SCLL =250;
27    }
28    LPC_I2C->CONCLR =0xFF;  // 向寄存器写 1,是清除所有标志,恢复到复位状态
29    LPC_I2C->CONSET |=I2CONSET_I2EN;  /*打开 I²C 接口,让 I²C 工作,从初始化这段代码可以看
                                       到要想让 I²C 接口工作起来有三个开关需要打开,分别是
                                       PRESETCTRL、SYSAHBCLKCTRL 和 CONSET */
30  }  //初始化完毕
31
32  /*****************************************************/
33  /*函数功能:让 I²C 接口发送 STOP 信号*/
34  /*****************************************************/
```

/* I2C_Stop 函数主要是让 I^2C 接口产生一个停止 STOP 信号。*/

```
35  void I2C_Stop(void)
36  {
37    LPC_I2C->CONSET |=I2CONSET_STO; //发送停止信号,这将会改变 I²C 状态
38    LPC_I2C->CONCLR =I2CONCLR_SIC;  /*清除中断标志位,还记得我们前面说过 I²C 接口状态变
                                     化时,SI 会被置 1。我们代码中暂时没有用到中断,因此实
                                     际上清除也可以,但是如果一旦其他地方用到中断信号,就
                                     需要及时把本次操作带来的 SI 信号置位清除掉。*/
39  }
40
41  /*****************************************************/
42  /*函数功能:让 I2C 发送命令数据,返回值代表成功与否*/
46  /*下面是发送控制信号的函数,比如发送读写的地址,请大家请关注流程:START→ADDR→ACK*/
```

```
47  uint8_t I2C_Send_Ctrl(uint8_t CtrlAndAddr)  //参数为要发送的命令、地址等信息,一般为器件地址
48  {
49      uint8_t res;
50
```

```
51    if(CtrlAndAddr & 1)   //看参数最低位是否为1,如果为1,表明是读命令
52          res  =0x40; //如果是读命令,暂时让 res =0x40
53       else         // 最低位不为1,表明是写命令
54       res  =0x18; //如果是写,暂时让 res =18H

55    // 发送开始信号,发送开始信号的一定是主控
56       LPC_I2C - >CONCLR  =0xFF;  //清除所有标志位
57       LPC_I2C - >CONSET | = I2CONSET_I2EN | I2CONSET_STA;//启动 I²C 接口,并发送开始信号
58       while( ! (LPC_I2C - >CONSET & I2CONSET_SI));  /* 如果SI标志位被置1,说明开始信号发送完
                                                        成,跳出循环,通过SI的改变判断状态是否改
                                                        变,因为发送START信号会改变状态,会使SI
                                                        置1。*/
59       //发送数据或地址
60       LPC_I2C - >CONCLR  = I2CONCLR_STAC | I2CONCLR_SIC; // 清除开始START位和SI位,必须
                                                        //清除
61       LPC_I2C - >DAT  = CtrlAndAddr; //开始信号发送完成后,该发送地址了。把数据送入DAT寄存器
                                      //就开始发送数据了
62       while( ! (LPC_I2C - >CONSET & I2CONSET_SI));  // 如果SI再次为1,说明数据应该是发送完
                                                        //成了
```

/* 下面确认一下是否真的发送完成,此时需要查看状态寄存器STAT,这里面放的就是状态码,根据状态码判断状态,请参考用户手册Table236、Table237、Table240 ~ Table242。如果是写操作,发送数据成功并接收到ACK应答后状态码应该为0x18。如果是读操作,发送数据成功并接收到ACK应答后状态码应为0x40。*/

```
63       if(LPC_I2C - >STAT !  = res)/* 如果状态值不等于0x40或0x18,那么说明发送有误,此时应该停止
                                   总线操作,发送STOP信号,并返回1 */
64       {
65       I2C_Stop(); // 没有完成任务,发送停止信号,结束I2C通信
66       return 1;// 返回1,表明发送失败
67       }
68       return 0;// 正确操作,返回0
69  }
70  /* * * * * * * * * * * * * * * * * * * * * * * * * * * * * * * * * * * * * * * * * * */
71  /* 函数功能:I2C发送1字节数据 */
73  /* * * * * * * * * * * * * * * * * * * * * * * * * * * * * * * * * * * * * * * * * * */
74  void I2C_Send_Byte(uint8_t Sendbyte)  //参数为要发送的数据,1个字节
75  {
```

/* 当发送完START信号以及器件地址后,一般都要开始向芯片内部写数据了,此时一般主设备的状态编号会是0x18,参考图15.18,我们可以看到,在0x18状态下,要想传输一个字节数据,并收到ACK应答,要求STA =0,STO =0,SI =0,由于发送完控制信号后STA和STO已经为0了,因此下面必须将SI清0,否则将不能向I²C内部发送数据,也获取不到ACK应答,因此这里SI必须为0。*/

```
76    LPC_I2C - >CONCLR  = I2CONCLR_SIC;  /* 清除SI标志。不清除不行吗?不行,必须清除。如果你
                                         不信,可以把这行去掉//看看还能不能向AT24C02写入数
                                         据,一定写不进去 */
```

Table 236. Master Transmitter mode

Status Code (I2CSTAT)	Status of the I^2C-bus and hardware	Application software response					Next action taken by I^2C hardware
		To/From DAT	To CON				
			STA	STO	SI	AA	
0x18	SLA+W has been transmitted; ACK has been received.	Load data byte or	0	0	0	X	Data byte will be transmitted; ACK bit will be received.
		No DAT action or	1	0	0	X	Repeated START will be transmitted.
		No DAT action or	0	1	0	X	STOP condition will be transmitted; STO flag will be reset.
		No DAT action	1	1	0	X	STOP condition followed by a START condition will be transmitted; STO flag will be reset.

图 15.18　主发送模式下的状态编码(部分截图)

```
77   LPC_I2C - >DAT  =Sendbyte; // 把要发送的字节写入 DAT 寄存器,就是发送操作
78   while( ! (LPC_I2C - >CONSET & I2CONSET_SI)); //数据发送完成后 SI 为 1,此处判断 SI 为 1 则发送成功
79  }
80
81  /*************************************************/
82  /* 函数功能:I²C 接收一字节数据 */
84  /*************************************************/
85  uint8_t I2C_Recieve_Byte(void)
86  {
87    uint8_t rec;

   /* 要接收一个数据非常简单,只要读取 DAT 寄存器就可以了,关键是读过之后要向 AT24C02 回送应答信
   号,这个应答信号怎么发送呢? 89 行的程序进行清 AA 和 SI 标志的操作,清除 AA 标志的作用是让 I²C 接
   收到数据后自动返回 NACK 信号,如果 AA 设置为 1,则接收到数据后返回 ACK 信号(这里非常重要啊!!
   不懂的同学还是要看状态编码啊!!) */

89    LPC_I2C - >CONCLR  = I2CONCLR_AAC | I2CONCLR_SIC;
90    while( ! (LPC_I2C - >CONSET & I2CONSET_SI));  // 如果接收到数据,则 SI 会被置 1
91    rec  = (uint8_t) LPC_I2C - >DAT;// 接收到的数据在 DAT 当中,把接收到的数据给 rec
93    return rec;  //返回接收数据
94  }
95
```

I2C.c 文件到这里我们就解释完成了,在文件中给出的函数只是基本的操作,还没有构成真正数据收发时完整的波形,要想完整地进行数据的读写,还要按照波形控制总线,不过在对 AT24C02 进行读写的操作中,我们将具体看到整个过程。此处需要注意的一些地方就是:

(1) 是否发送接收完成数据都会改变 SI 标志位,通过判断 SI 的变化基本上就可以判断出数据的操作是否成功。

(2) 有些情况需要看对方有没有应答时,需要查看状态寄存器,根据状态码来进行判断。

(3) 在读数据结束时,LPC1114 的 I^2C 接口要发送一个 NACK 信号,如何发送呢? 请

看代码的 89 行上面的解释。

5. at24c0X. h 文件详细分析

at24c0X. h 文件内主要声明了一些对 AT24C02 进行读写操作的函数,比如单字节的读、单字节的写,多字节的读和写等。程序段 15. 4 中给出了代码的详细分析。

程序段 15. 5 at24c0X. h 文件代码

```
1  #ifndef   __AT24C0X_H
2  #define   __AT24C0X_H
3  extern uint8_t AT24C0X_RdOneByte(uint8_t RdAddr);//从指定地址读取 1 个字节的函数
4  extern void AT24C0X_WriteOneByte(uint8_t WriteToAddr,uint8_t DataToWrite);
           //向指定地址写入 1 个字节,两个参数,1 个数据 1 个地址
5  extern void AT24C0X_Write(uint8_t WriteToAddr,uint8_t * Buffer,uint16_t Num);
           //向指定地址开始写入一定长度的数据,3 个参数,1 个数据缓存指针,1 个数据数量,1 个写入
           //地址
6  extern void AT24C0X_Rd(uint8_t RdAddr,uint8_t * Buffer,uint16_t Num);
           //从指定地址开始读出指定长度的数据,3 个参数,1 个是读的起始地址,1 个是读的数量,1 个
           //是从哪里读
7  #endif
```

6. at24c0X. c 文件详细分析

与 at24c0X. h 相对应,at24c0X. c 文件内主要定义了一些对 AT24C02 进行读写操作的函数,这些函数的基本组成是 I2C. c 文件中的一些函数,请大家详细分析读写数据的基本流程。程序段 15. 6 中给出了代码的详细分析。

程序段 15. 6 at24c0X. c 文件代码

```
001  #include "lpc11xx. h"   //需要包含的头文件
002  #include "i2c. h"      //需要包含的头文件
003  #include "AT24C0X. h"  //需要包含的头文件
004
005  void delay(uint8_t t)  //一个简单的 for 语句延迟函数,参数是 t
006  {
007    uint16_t i,j;
008    for(i=0;i<50000;i++)
009      for(j=0;j<t;j++);
010  }
011  /*******************************************/
012  /* 函数功能:向 AT24C02 中写 1 个字节数据   */
015  /* AT24C0X 的地址为 0~255,不能超出读写范围 */
016  /*******************************************/

  /* 请大家请关注写一个字节的流程:START→发送器件地址→ACK→发送字节地址→ACK→发送数据→
  ACK → STOP */

017  void AT24C0X_WriteOneByte(uint8_t WriteToAddr, uint8_t DataToWrite) //参数一个是要写入的地址,一
                                                                      //个是要写入的数据
```

```
018  {
019    I2C_Send_Ctrl(0xA0);  /*0xA0=10100000b,高7位为要写的器件地址,高4位1010是AT24C02地
                              址固定值,接下来的000三位是AT24C02三个地址线的情况,最低位代表读
                              由于电路就一个AT24C02,且地址引脚全部接地,因此读写的目标就是板子上
                              的AT24C02。到这里就知道了该函数的参数代表的是器件地址!! 该函数结
                              束后,表明start信号、器件地址+(写)已发送,且收到了器件ACK的应
                              答。*/
020    I2C_Send_Byte(WriteToAddr);    /*接下来发送要写的器件内部地址WriteToAddr,该函数完成后,
                                      器件地址也发送完成了。按道理来讲我们还需要判断一下
                                      AT24C02器件在接收到数据后是否还发送了应答信号ACK,主要
                                      通过判断状态寄存器I2CSTAT是否为28H。但由于我们的电路非
                                      常简单,一般读写不会有太大问题,因此这里我们没有判断ACK。
                                      直接进行下面的数据写入操作。*/
021    I2C_Send_Byte(DataToWrite);  /*发送1字节数据到刚才指定的地址,同样也只是在函数中判断一
                                    下SI位,并不查看是否收到ACK应答。*/
022    I2C_Stop();//向某一个地址写一字节数据完成,单字节写操作就结束了,这里发送停止条件信号,结
              //束操作。
023    delay(5);//一次操作完成了,需要在保持一段时间不再使用总线,等待总线超时,这个等待是必要的。
024  }
025
026  /*********************************************************/
027  /*函数功能:从AT24C02中读1个字节数据*/
030  /*********************************************************/

/*请大家请关注读一个字节的流程:START→发送器件地址(写)→ACK→发送字节地址→ACK→START
→发送器件地址(读)→ACK→接收数据→NACK→STOP */

031  uint8_t AT24C0X_RdOneByte(uint8_t RdAddr)  //读一个字节函数,该函数的参数是要读的AT24C02的
                                              //内部地址
032  {
033  int8_t temp_byte=0;//临时变量,用于存储读取到的数据
034
035      I2C_Send_Ctrl(0xA0);  /*发送写的控制命令,0x0A最低位为0,说明是写操作,因为我们要把地址
                                告诉芯片才能读到数据,该函数完成后,也就表明了第一个ACK应答信号
                                已经收到,可以发送要读的芯片内部地址了*/
036      I2C_Send_Byte(RdAddr);  //发送要读的芯片内部地址,该函数暂不判断是否收到ACK,默认已经
收到。
037      I2C_Send_Ctrl(0xA1);  /*发送读的控制命令,0xA1最低位为1,说明是读操作,该命令发送完成
                                后,AT24C02芯片会发送一个应答ACK*/
038      temp_byte = I2C_Recieve_Byte(); //将接收到的数据存放在临时变量中。I2C_Recieve_Byte函数操
                                        //作完成后自动返回NACK信号
039
040      I2C_Stop();         //产生一个停止条件
041    return temp_byte;      //返回值是刚刚接收到的信号
042  }
```

```
043
044 /****************************************************/
045 /*函数功能:从AT24C0X中读多个字节数据      */
050 /****************************************************/
```

/*下面的函数是读多个字节的函数,这里为了简单,我们将读一个字节的函数重复多次就成了读多个字节的函数。*/

```
051 void AT24C0X_Rd(uint8_t RdAddr,uint8_t *Buffer,uint16_t Num)//3个参数,起始地址、读取数据放置的
                                                     //缓存地址以及读取数据的数量
052 {
053   while(Num)  //循环
054   {
055     *Buffer = AT24C0X_RdOneByte(RdAddr);//注意,地址不要超过范围
        Buffer++;
        RdAddr++;
056     Num--;
057   }
058 }
059
060 /****************************************************/
061 /*函数功能:向AT24C0X中写多个字节数据*/
066 /****************************************************/
```

/*下面的函数是写多个字节的函数,这里为了简单,我们将写一个字节的函数重复多次就成了写多个字节的函数。*/

```
067 void AT24C0X_Write(uint8_t WriteToAddr,uint8_t *Buffer,uint16_t Num) //三个参数,写起始地址、写数
                                                          //据的缓存以及写数据的数量
068 {
069   while(Num--)
070   {
071     AT24C0X_WriteOneByte(WriteToAddr,*Buffer); //调用写1个字节的函数
072     WriteAddr++;  //地址加1
073     Buffer++;  //缓存地址加1
074   }
075 }
076
077 /****************************************************/
078 /*函数功能:检测AT24C02是否正常,返回0为正常 */
081 /****************************************************/
```

/*检测AT24C02是否正常,原理很简单,就是向某一个地址写入一个数据后再读出来看看。*/

```
082 uint8_t AT24C0X_Check(void)
```

```
083 {
084   uint8_t temp;
089     AT24C0X_WriteOneByte(0x00,0x11);  //向 0x00 地址写入 0x11
090   temp = AT24C0X_RdOneByte(0x00); //再将其读出来,放到 temp 变量中
091     if(temp = = 0X11)
092     return 0;          //如果写进去的和读出来的是一样的,我们就认为 AT24C02 是正常的。
093     else return 1;
094 }
095
```

7. main.c 文件详细分析

前面的文件给大家介绍过了,估计本实例基本功能的实现大家也都基本清楚了。下面我们就简单看看 main.c 主函数的主要工作。程序段 15.7 中给出了代码的详细分析。

程序段 15.7 main.c 文件代码

```
01 /* * * * * * * * * * * * * * * * * * * * * * * * * * * * * * * * * * * * * * * * * * * * * *
02  * 目标:ARM Cortex - M0 LPC1114
03  * 编译环境:KEIL 4.70
04  * 外部晶振:10MHz(主频 50MHz)
05  * 功能:从串口写入 1 个字节,LPC1114 把该字节数据通过 I²C 接口写入 AT24C02,然后再读出来返回给串口。
06  * 作者:
07  * * * * * * * * * * * * * * * * * * * * * * * * * * * * * * * * * * * * * * * * * * * * * */
  /* 下面四行是需要用到的头文件 */
08 #include "lpc11xx.h"
09 #include "uart.h"
10 #include "i2c.h"
11 #include "AT24C0X.h"
12
13 int main()
14 {
15   uint8_t re_data;  //临时存放数据用的
16
17   UART_Init(9600); // 初始化串口
18   I2C_Init(0); // 初始化 I²C 接口
19   if(AT24C0X_Check(void) = =0)
20 {  while(1)
21    {
22     re_data = UART_recive();// 等待串口数据,将其存放在 re_data 中
23     AT24C0X_WriteOneByte(0x11, re_data);// 把串口发来的数据写入 AT24C0X 地址 0x11 处
24     re_data =0;// rece_data 清零
25     re_data = AT24C0X_RdOneByte(0x11);// 读出 AT24C0X 地址 0x11 处的数据,赋予 re_data
26     UART_send_byte(re_data);// 把读出的数据返回到电脑串口
27    }
28 }
29 else
```

```
30      Return0;
}
```

好了,我们整个代码结束了。最后说几点:

(1) 我们这段代码是直接利用 LPC1114 内部 I^2C 控制器对 AT24C02 芯片进行读写的,程序相对比较精炼(/*没感觉到啊!! */)!

(2) 我们在网上能够找到的基于 51 单片机等读写 AT24C02 芯片的程序代码,一般都不是利用 I^2C 硬件模块完成的,而是通过 GPIO 接口模仿 I^2C 总线通信波形完成,代码相对复杂。

(3) 大家在理解我们这段程序时需要对 I^2C 通信过程和 AT24C02 有着非常深入的理解,特别要知道具体的数据读写的时序,这是进行正确操作的关键。

(4) I^2C 的状态编码还是比较重要的,请大家参考用户手册仔细分析一下。

最后希望大家能够仔细阅读代码分析内容,加深理解。

(/*总是感觉我们代码的解释说明有点太啰嗦了,占用了大量的篇幅!不过还是希望大家能够理解,我们主要是想让大家把程序直接复制下来就能够运行,并且详细地知道为什么要这样写程序!也许你真的再也不会找到这么详细认真的代码分析了。有些东西是在经验中获取的,但是我们将经验分享给了你!也谢谢互联网中具有分享精神的那些可爱的人们! */)

10101010101010101010101010

第16天

有用的 SPI 总线

SPI 是英语 Serial Peripheral Interface 的缩写，顾名思义就是串行外围设备接口。SPI 是 Motorola 首先在其 MC68HCXX 系列处理器上定义的，主要应用在 E^2PROM、Flash、实时时钟、A/D 转换器、数字信号处理器和数字信号解码器之间，是一种高速、全双工、同步的通信总线，在芯片的管脚上只占用 4 根线，简单易用。

16.1 SPI 总线基本原理

LPC1100 系列的 Cortex - M0 微控制器都有 SSP(Synchronous Serial Port)模块，我们将其称为同步串行端口控制器。SSP 总线能够兼容 SPI、SSI 和 Microwire 总线的接口，也就是支持 SPI,SSI 和 Microwire 的通信方式(/ * 初学的小伙伴可能会搞不懂 SPI 和 SSP 的区别，现在懂了吧！ * /)。由于 SPI 总线应用广泛，因此今天我们主要学习如何利用 LPC1114 进行 SPI 总线通信，但实际上这些工作都是在 SSP 控制器的支持下完成的。LPC1100 系列 Cortex - M0 微控制器的 SSP 模块都相同，LQFP48 封装的 LPC1114 具有 2 个 SSP 控制器。

16.1.1 SPI 总线简介

SPI 接口是 Motorola 首先提出的全双工三线同步串行外围接口，采用主从模式(Master - Slave)架构；支持多 Slave 应用模式，一般仅支持单 Master。时钟由 Master 控制，在时钟移位脉冲下，数据按位传输，高位在前，低位在后(MSB first)。SPI 接口有 2 根单向数据线，为全双工通信，目前应用中的数据速率可达几 Mb/s 甚至更高的水平，SPI 总线结构如图 16.1 所示。

SPI 接口共有 4 根信号线，分别是设备选择线、时钟线、串行输出数据线、串行输入数据线。

(1) MOSI：主器件数据输出，从器件数据输入。

(2) MISO：主器件数据输入，从器件数据输出。

(3) SCK：时钟信号，由主器件产生。

(4) SSEL：从器件选择信号，由主器件控制，一般低电平有效。

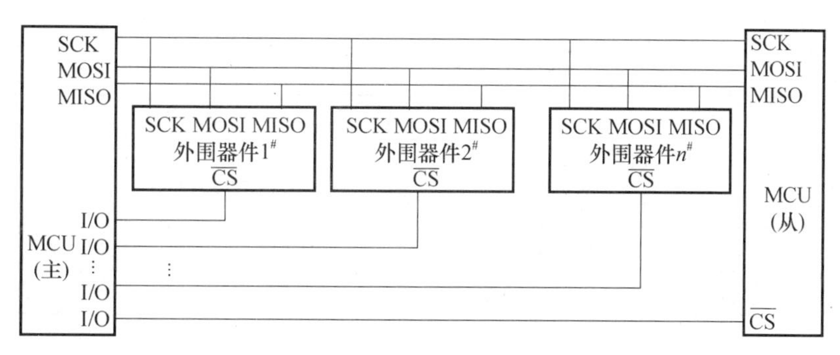

图 16.1　SPI 总线结构图

Master 设备会根据将要交换的数据来产生相应的时钟脉冲(Clock Pulse)，时钟脉冲组成了时钟信号(Clock Signal)，时钟信号通过时钟极性（CPOL）和时钟相位（CPHA）控制着两个 SPI 设备间何时数据交换以及何时对接收到的数据进行采样，来保证数据在两个设备之间是同步传输的。SPI 设备间的数据传输之所以又被称为数据交换，是因为 SPI 协议规定一个 SPI 设备不能在数据通信过程中仅仅只充当一个“发送者(Transmitter)”或者“接收者(Receiver)”。如图 16.2 所示，SPI 主从设备连接后，主设备的移位寄存器与从设备的移位寄存器在 MOSI 和 MISO 两根信号线的连接下，形成一个环。设备每发送一位数据，同时也接收一位数据，因此构成数据交换。如果只是进行写操作，主机只需忽略收到的字节；反过来，如果主机要读取外设的一个字节，就必须发送一个空字节来引发从机的传输(/* 这一点很重要，要记住啊！ */)。

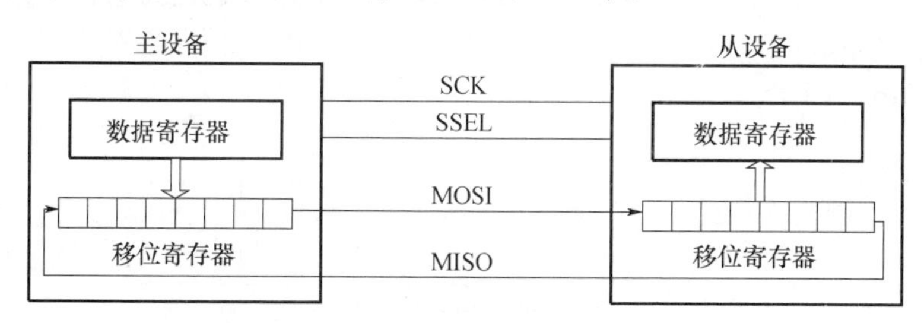

图 16.2　SPI 主从设备数据交换图

一个 Slave 设备要想能够接收到 Master 发过来的控制信号，必须在此之前能够被 Master 设备进行访问（Access）。所以，Master 设备必须首先通过片选信号对 Slave 设备进行片选，把想要访问的 Slave 设备选上。在数据传输的过程中，每次接收到的数据必须在下一次数据传输之前被采样，如果之前接收到的数据没有被读取，那么这些已经接收完成的数据将有可能会被丢弃。因此，在程序中一般都会在 SPI 传输完数据后，去读取 SPI 设备里的数据，即使这些数据(Dummy Data)在我们的程序里是无用的(/* 确保干净，否则模块容易出错 */)。

16.1.2　LPC1114 SPI 接口引脚及时序

1. LPC1114 SPI 接口引脚

LPC1114 微控制器有 SPI0 和 SPI1 两个接口，每个接口对外都有 4 根信号线，对应芯片的引脚如表 16.1 所列。在今天的学习中我们仅关注 SPI0 接口(SPI1 的编程与 SPI0 一样)。

表 16.1 LPC1114 的 SPI 接口引脚

SPI0		SPI1	
SSEL0	PIO0_2(管脚 10)	SSEL1	PIO2_0(管脚 2)
SCK0	PIO0_6(管脚 22)	SCK1	PIO2_1(管脚 13)
MISO0	PIO0_8(管脚 27)	MISO1	PIO2_2(管脚 26)
MOSI0	PIO0_9(管脚 28)	MOSI1	PIO2_3(管脚 38)

2. SPI 帧格式

SPI 接口是一个 4 线接口,它的 SSEL 信号用作从机选择。SPI 帧格式的主要特性是 SCK 信号的无效状态和相位可通过 SSPCR0 控制寄存器的 CPOL 位(控制极性)和 CPHA 位(控制相位,所谓相位可以简单理解为延迟)来编程设定。

(1) CPOL =0,则 SPI 总线空闲时,使 SCK 引脚产生一个稳定的低电平;

(2) CPOL =1,则 SPI 总线空闲时,使 SCK 引脚产生一个稳定的高电平。

CPHA 控制位用来选择捕获数据的时钟沿模式。它将对通信时传输的第一个位产生重要影响。当 CPHA 相位控制位为 0 时,数据在第 1 个时钟沿(SSEL 引脚由无效变为有效以后的第一个 SCK 跳变)被捕获。如果 CPHA 时钟相位控制位为 1,那么数据在 SCK 第 2 次跳变时被捕获(延迟半个周期)。

1) CPOL =0, CPHA =0 时的 SPI 帧格式(SPI 模式 0)

这种配置下,总线在空闲期间,SCK 信号强制为低,SSEL 强制为高,MOSI/MISO 引脚处于高阻态。CPOL =0,CPHA =0 时 SPI 格式的单帧传输和连续帧传输信号时序如图 16.3和图 16.4 所示。

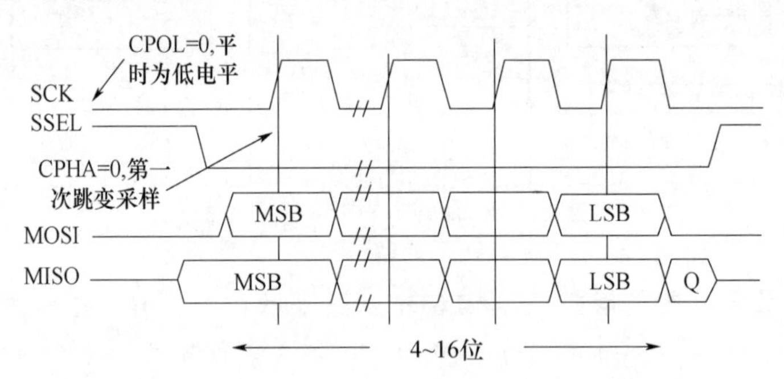

图 16.3 CPOL =0,CPHA =0 时 SPI 单帧传输格式

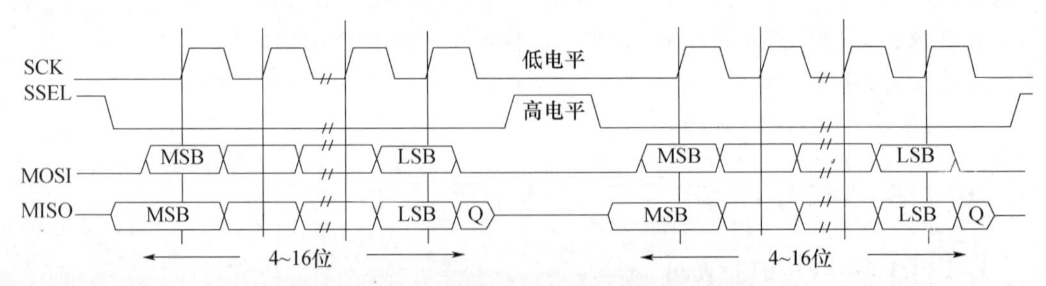

图 16.4 CPOL =0,CPHA =0 时 SPI 连续帧传输格式

需要注意的是在发送单个帧时，当数据帧的所有位发送完，最后一个数据位被捕获的一个 SCK 周期后，SSEL 返回至高电平状态。但是，在连续帧的发送过程中，每个数据帧传输之间 SSEL 信号必须为高。这是因为当 CPHA 位为 0 时，从机选择引脚冻结了串行外围寄存器中的数据，不允许改变。因此，在每次数据帧传输之间主器件必须拉高从器件的 SSEL 引脚来使能串行外设数据的写操作。当连续帧传输结束，最后一位数据被捕获一个 SCK 周期后，SSEL 返回到空闲状态。

2）CPOL = 0，CPHA = 1 时的 SPI 帧格式（SPI 模式 1）

CPOL = 0，CPHA = 1 时 SPI 传输信号时序如图 16.5 所示，它也包括单帧传输和连续传输两种方式。这种配置在空闲期间，SCK 信号强制为低，SSEL 强制为高，发送 MOSI/MISO 引脚处于高阻态。在单个字的传输过程中，当所有位传输结束后，最后一位被捕获后一个 SCK 周期内，SSEL 引脚返回到空闲的高电平状态。对于连续帧的顺序传输，SSEL 在两个连续的数据字传输之间保持低电平，终止传输的方法与单个字传输时相同。

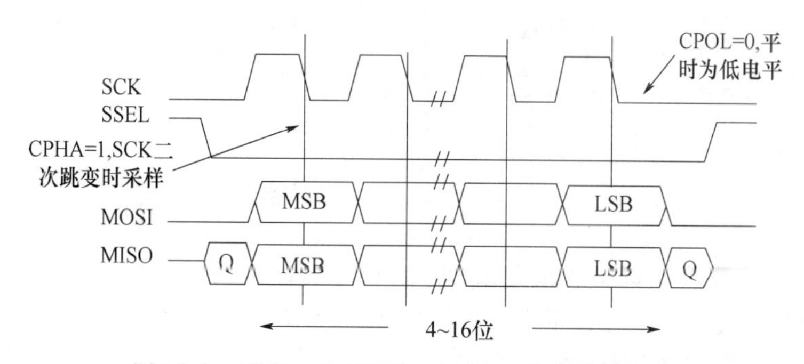

图 16.5　CPOL = 0，CPHA = 1 时 SPI 单帧传输格式

3）CPOL = 1，CPHA = 0 时的 SPI 帧格式（SPI 模式 2）

此种配置情况下，在空闲期间，SCK 信号强制为高，SSEL 强制为高，发送 MOSI/MISO 引脚处于高阻态。CPOL = 1，CPHA = 0 时 SPI 的单帧和连续传输信号时序如图 16.6 和图 16.7所示。与图 16.2 和图 16.3 不同之处就在于 SCK 在空闲时的电平为高。

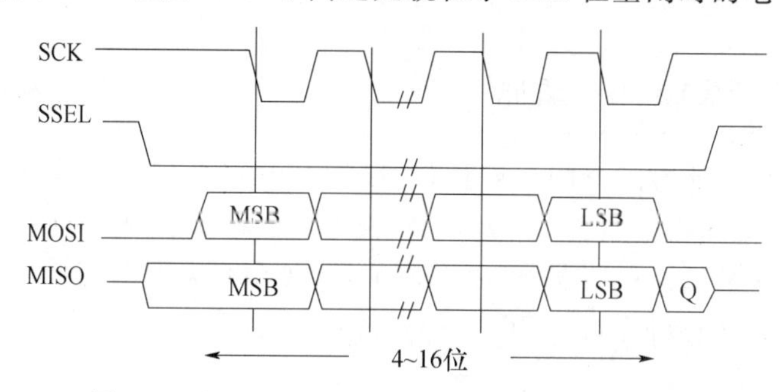

图 16.6　CPOL = 1，CPHA = 0 时 SPI 单帧传输格式

4）CPOL = 1，CPHA = 1 时的 SPI 帧格式（SPI 模式 3）

此种配置情况下，在空闲期间，SCK 信号强制为高，SSEL 强制为高，发送 MOSI/MISO 引脚处于高阻态。CPOL = 1，CPHA = 1 时 SPI 的单帧传输信号时序如图 16.8 所示。与

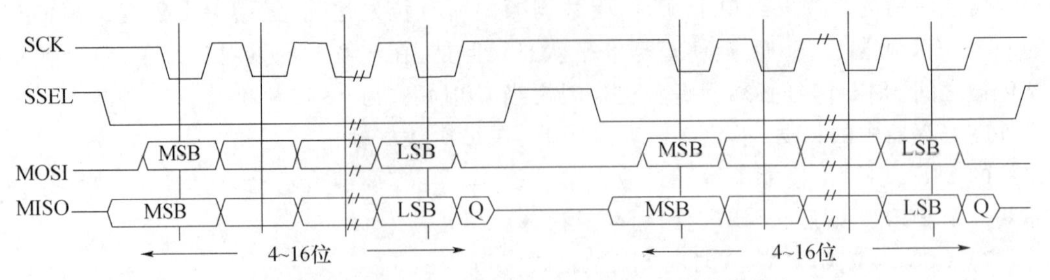

图 16.7 CPOL = 1,CPHA = 0 时 SPI 连续帧传输格式

图 16.5不同之处就在于 SCK 在空闲时的电平为高。

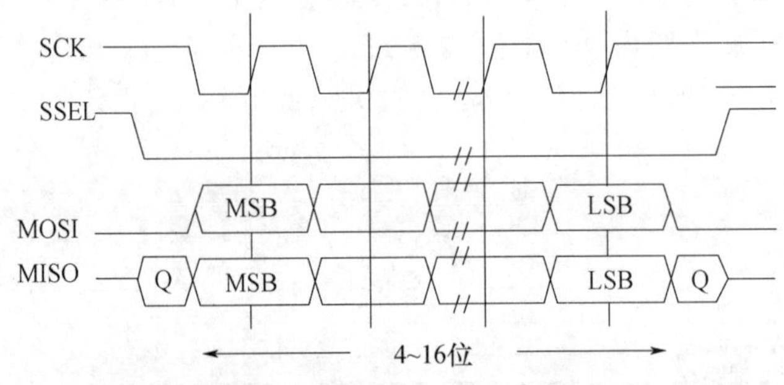

图 16.8 CPOL = 1,CPHA = 1 时 SPI 单帧传输格式

(/＊好了,这里用这么多篇幅讲时序,其原因就在于 SPI 设备很多,从设备也很多,它们所支持的时序一般可能会不同,开发者应该能够根据设备需求来设定数据传输格式,也就是学会设定 CPOL 和 CPHA 的值。＊/)

由于在今天我们主要向大家介绍如何利用 SPI 接口读写 Flash 芯片,因此下面我们将介绍电路中 W25Q16 芯片的基本情况。

16.2 W25Q16 芯片介绍

16.2.1 W25Q16 芯片概述

Flash 芯片是应用非常广泛的存储材料,在学习中非常容易与 RAM 相关芯片混淆。简单说一下:RAM 是随机存储器,在带电的情况下可以存储数据,不过掉电后数据就丢失了,比如内存;ROM 是只读存储器,可以存放数据,掉电后数据不丢失,但数据修改不方便;Flash 也是用来存储数据的,与 ROM 一样,掉电后数据不丢失,读写速度都很快,比较方便。

W25Q16/32/64 系列 FLASH 存储器分别有 8192、16384 和 32768 个可编程页,每个页为 256 字节,因此芯片的存储容量分别为 16Mb、32Mb 和 64Mb,可以为用户提供存储解决方案,具有体积小、引脚少、功耗低的特点,非常适合做代码下载应用,例如存储声音、文本、字库等。W25Q16/32/64 系列 Flash 存储器芯片能够支持的最大时钟信号频率为 75MHz,支持标准的 SPI 接口。下面我们主要介绍 W25Q16 芯片。典型的 W25Q16 芯片引脚情况如图 16.9 所示，图中 VCC 和 GND 分别为电源和地，其他引脚介绍如下：

（1）DO：串行数据输出引脚（可以连接到 LPC1114 的 MISO 上）；

（2）DIO：串行输入输出引脚（可以连接到 LPC1114 的 MOSI 上）；

（3）CLK：串行时钟引脚（可以连接到 LPC1114 的 SCK 上）；

（4）/CS：芯片选择引脚（可以连接到 LPC1114 的 SSEL 上，也可以连接到其他控制引脚）；

（5）/WP：写保护引脚，该引脚为低电平时，无法写入数据；

（6）/HOLD：保持引脚，该引脚为低电平是，读写暂停，为高电平是，读写可继续。

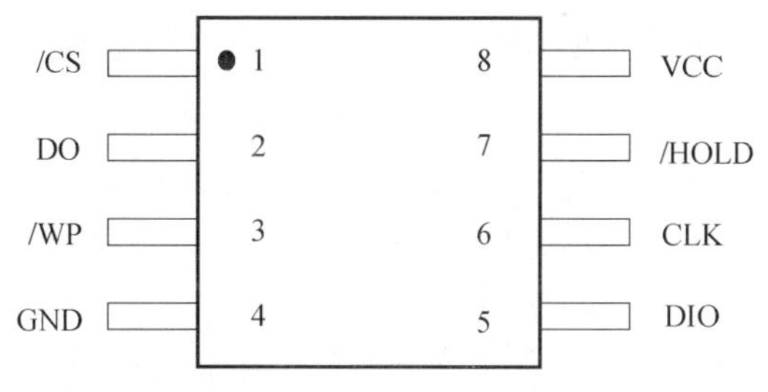

图 16.9　W25Q16 引脚分布

（/＊DIO 引脚在普通的情况下是串行输入引脚 DI，当使用了快读双输出指令时，这根引脚就变成了 DO 引脚，此时芯片就有了 2 个 DO，数据输出的速度就可以提高 1 倍。这里有一个需要注意的地方就是片选信号引脚，在每次对芯片进行新的指令发送时，片选信号都必须有一个由高到低变化的过程。＊/）

还有一个要说的是每一个系列的存储芯片都有一个 ID，由生产厂商 ID＋器件 ID 构成，共 16b 长，有专门的方法可以读取该 ID（后面会介绍）。我们使用的 W25Q16 的 ID 为 0XEF＋0x14。

其他的性能指标我们就不介绍了，大家可以找找相关的资料或查看数据手册。

16.2.2　W25Q16 SPI 接口运行方式及访问控制

W25Q16 支持 SPI 模式 0 和模式 3 两种通信方式（/＊知道上一小节内容的用处了吧，如果你不知道器件的工作方式，你就无法正确对其进行存取操作＊/）。这两种通信方式的主要区别在于 SCK 信号在空闲时的电平是高还是低，但两种模式下芯片都是在时钟信号上升沿进行采样。

另外，W25Q16 还支持 SPI 双输出方式，需要使用“快读双输出指令”，这时数据的传输速率相当于两倍标准的 SPI 传输速率。（/＊仔细想想，你就会清楚，类似于 AT24C02，我们在对芯片的读写过程中，肯定是首先要给出各类命令、地址，才能进行相关操作，因为毕竟只有 4 根信号线。＊/）

W25Q16 存储空间为 16Mb，内部共划分为 32 个 Block，每个 Block 包含 16 个 Sector，每个 Sector 大小为 4KB（16 个页）。向 W25Q16 系列芯片写入数据，仅能按页写入，即一次最多写入一页内容。在写入数据前，必须首先进行擦除工作，擦除是以扇区为单位的，然后才能向该页写入一整页的内容。擦除的目的是使存储空间中的数据变为 0xFF，否则无法写入。

16.2.3 W25Q16控制和状态寄存器

W25Q16内部有一个控制和状态寄存器，该寄存器是一个8位的寄存器，格式图如16.10所示。

S7	S6	S5	S4	S3	S2	S1	S0
SRP	(Reservd)	TB	BP2	BP1	BP0	WEL	BUSY

图16.10 W25Q16控制和状态寄存器

通过“读状态寄存器指令”读出芯片状态数据，就可以知道存储阵列是否可写，或处于写保护状态。通过“写状态寄存器指令”可以配置芯片写保护特征。(/* 好了，此处先说明一下，对W25Q16进行读写操作时，首先要发送各类指令，芯片根据指令才知道做出何种反应，具体指令是什么，我们后面会提及。 */)

图16.10中的各位表示的含义如下：

BUSY：忙标志位，是只读位，当芯片在执行“页编程”、“扇区擦除”、“块区擦除”、“芯片擦除”、“写状态寄存器”指令的时候，该位为1，这时，除了“读状态寄存器”指令，不响应任何其他指令。当以上指令执行完成后，该位自动变为0，表示芯片可以接收其他指令了。

WEL：写保护位，是只读位。在执行完“写使能”指令后，该位为1。当芯片处于“写保护状态”下，该位为0。芯片在掉电后，或者执行完“写禁能”、“页编程”、“扇区擦除”、“块区擦除”、“写状态寄存器”指令后，芯片会进入到“写保护状态”。(/* 所谓写保护，就是不让你随便向某个区域写数据。 */)

TB、BP2、BP1、BP0：块区保护位。这些位默认的情况下都为0，表示不包含任何一个区域，当各位给出不同的组合值时，表示芯片内的某些区域是写保护的。具体哪些区域是写保护的，还请大家查看数据手册，限于篇幅，这里就不介绍了，如果后面用到，会单独告诉大家。

SRP：状态寄存器保护位。该位结合/WP引脚可以实现对“写状态寄存器”指令的控制。当SRP=0时，/WP引脚不能控制状态寄存器的写禁能。当SRP=1，/WP引脚为低电平时，“写状态寄存器”指令会失效；当SRP=1，/WP引脚为高电平时，可以执行“写状态寄存器”指令。

16.2.4 W25Q16操作命令

前面我们一直说对W25Q16进行操作是有一系列命令的，表16.2就给出了这些命令，实际上表中给出的也是数据的时序。表中带括号的内容表示数据从DO引脚输出。

表16.2 W25Q16命令表

指令名称	字节1	字节2	字节3	字节4	字节5	字节6	下一个字节
写使能	06h						
写禁能	04h						

（续）

指令名称	字节1	字节2	字节3	字节4	字节5	字节6	下一个字节
读状态寄存器	05h	(S7 ~ S0)					
写状态寄存器	01h	S7 ~ S0					
读数据	03h	A23 ~ A16	A15 ~ A8	A7 ~ A0	(D7 ~ D0)	下个字节	继续
快读	0Bh	A23 ~ A16	A15 ~ A8	A7 ~ A0	伪字节	D7 ~ D0	下个字节
快读双输出	3Bh	A23 ~ A16	A15 ~ A8	A7 ~ A0	伪字节	I/O = (D6,D4,D2,D0) O = (D7,D5,D3,D1)	每4个时钟 1个字节
页编程	02h	A23 ~ A16	A15 ~ A8	A7 ~ A0	D7 ~ D0	下个字节	直到256 个字节
块擦除(64K)	D8h	A23 ~ A16	A15 ~ A8	A7 ~ A0			
扇区擦除(4K)	20h	A23 ~ A16	A15 ~ A8	A7 ~ A0			
芯片擦除	C7h						
掉电	B9h						
释放掉电/器件ID	ABh	伪字节	伪字节	伪字节	(ID7 ~ ID0)		
制造/器件ID	90h	伪字节	伪字节	00h	(M7 ~ M0)	(ID7 ~ ID0)	
JEDEC ID	9Fh	(M7 ~ M0)	(ID15 ~ ID8)	(ID7 ~ ID0)			

参考上面表格，我们给出擦除整片W25Q16的工作流程图，如图16.11所示。芯片擦除将W25Q16的所有字节擦除为0xFF，由图16.11可见，首先需要写使能芯片，然后给出擦除指令0xC7，在擦除过程中，状态寄存器的BUSY标志位将保持为1，当擦除完成后BUSY将转变为0，通过判断BUSY位的情况就可以知道是否擦除操作完成。

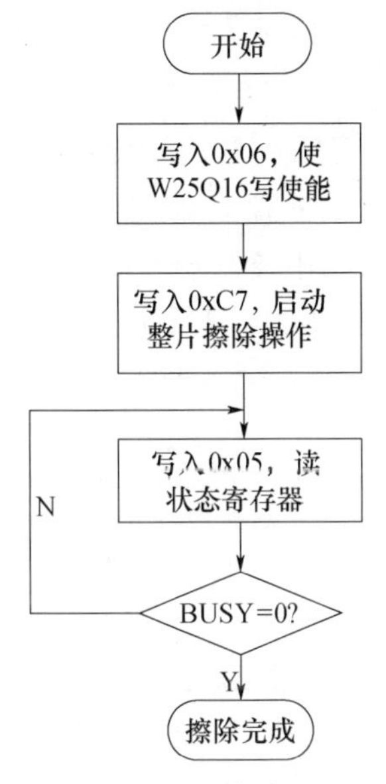

图16.11　芯片擦除流程图

W25Q16页编程工作流程如图16.12所示。页编程是指向擦除过的页面内写入数据，每次页编程之前必须要有擦除的过程。如图 16.12 所示，页编程也是要首先使能 W25Q16 的写入操作，然后写入页编程指令 0x02，接下来写入数据的目的地址（低 8 位为 0），之后连续写入 256 个数据，最后等待状态寄存器的 BUSY 标志位为 0，说明编程结束。

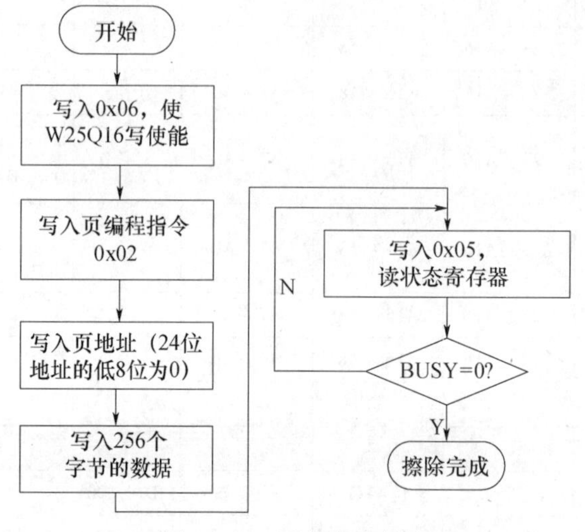

图 16.12　页编程流程图

（/＊需要大家注意的是，凡是有写数据或者擦除操作，都需要先发送写使能指令。我们这里给出的虽然是 W25Q16 芯片的具体讲解，但实际上该系列存储器的其他芯片也都具有同样的特点，不过只是存储空间不同罢了。＊/）

16.3　LPC1114 SPI 接口寄存器（SSP 寄存器）

要想利用 SPI 接口与外设进行通信，首先就要对 SSP 控制器有所了解，同其他部件一样，我们首先要学习一下如何配置 SSP 控制器，也就是要学习其寄存器的设置。

LPC1114 有两个 SSP 控制器，其中控制器 SSP0 内部的寄存器如图 16.13 所示（参考用户手册 Table207，SSP1 控制器与 SSP0 一样，不赘述）。下面我们就一一进行介绍。

Table 207. Register overview: SPI0 (base address 0x4004 0000)

Name	Access	Address offset	Description	Reset value
SSP0CR0	R/W	0x000	Control Register 0. Selects the serial clock rate, bus type, and data size.	0
SSP0CR1	R/W	0x004	Control Register 1. Selects master/slave and other modes.	0
SSP0DR	R/W	0x008	Data Register. Writes fill the transmit FIFO, and reads empty the receive FIFO.	0
SSP0SR	RO	0x00C	Status Register	0x0000 0003
SSP0CPSR	R/W	0x010	Clock Prescale Register	0
SSP0IMSC	R/W	0x014	Interrupt Mask Set and Clear Register	0
SSP0RIS	RO	0x018	Raw Interrupt Status Register	0x0000 0008
SSP0MIS	RO	0x01C	Masked Interrupt Status Register	0
SSP0ICR	WO	0x020	SSPICR Interrupt Clear Register	NA

图 16.13　LPC1114 SSP0 控制器中的寄存器

1. SSP0 控制寄存器 0——SSP0CR0 和 SSP0 预分频寄存器——SSP0CPSR

SSP0CR0 寄存器如图 16.14 所示(用户手册 Table209),该寄存器控制 SSP 控制器的基本操作。图中 DSS 占 4 位,主要用来确定每一帧中的数据长度,数据最少 4 位,最长 16 位。FRF 用于确定 SSP0 控制器所支持的总线,如果要支持 SPI 总线,则 FRF 设置为 0 即可。CPOL 和 CPHA 用来设置 SCK0 信号的在空闲时的电平以及选择捕获数据的时钟沿模式,大家可以参考我们前面介绍的内容。

Table 209: SPI/SSP Control Register 0 (SSP0CR0 - address 0x4004 0000, SSP1CR0 - address 0x4005 8000) bit description

Bit	Symbol	Value	Description	Reset Value
3:0	DSS		Data Size Select. This field controls the number of bits transferred in each frame. Values 0000-0010 are not supported and should not be used.	0000
		0x3	4-bit transfer	
		0x4	5-bit transfer	
		0x5	6-bit transfer	
		0x6	7-bit transfer	
		0x7	8-bit transfer	
		0x8	9-bit transfer	
		0x9	10-bit transfer	
		0xA	11-bit transfer	
		0xB	12-bit transfer	
		0xC	13-bit transfer	
		0xD	14-bit transfer	
		0xE	15-bit transfer	
		0xF	16-bit transfer	
5:4	FRF		Frame Format.	00
		0x0	SPI	
		0x1	TI	
		0x2	Microwire	
		0x3	This combination is not supported and should not be used.	
6	CPOL		Clock Out Polarity. This bit is only used in SPI mode.	0
		0	SPI controller maintains the bus clock low between frames.	
		1	SPI controller maintains the bus clock high between frames.	
7	CPHA		Clock Out Phase. This bit is only used in SPI mode.	0
		0	SPI controller captures serial data on the first clock transition of the frame, that is, the transition **away from** the inter-frame state of the clock line.	
		1	SPI controller captures serial data on the second clock transition of the frame, that is, the transition **back to** the inter-frame state of the clock line.	
15:8	SCR		Serial Clock Rate. The number of prescaler output clocks per bit on the bus, minus one. Given that CPSDVSR is the prescale divider, and the APB clock PCLK clocks the prescaler, the bit frequency is PCLK / (CPSDVSR × [SCR+1]).	0x00
31:16	–	–	Reserved	–

图 16.14 SSP0CR0 寄存器

Table 22. SPI0 clock divider register (SSP0CLKDIV, address 0x4004 8094) bit description

Bit	Symbol	Description	Reset value
7:0	DIV	SPI0_PCLK clock divider values 0: Disable SPI0_PCLK. 1: Divide by 1. to 255: Divide by 255.	0x00
31:8	–	Reserved	0x00

图 16.15 SSP0CLKIV 寄存器

好了,这里我们单独来说一下SCR标志位,该标志位主要用来设置串行通信速率的。说到速率就少不了提及时钟,参考图7.1,我们可以看到,主时钟经过分频后就可以得到SPI0_CLK,这是SSP0的时钟,那么分频值用哪个寄存器来设置呢?请看图16.15(用户手册Table22),微控制器有一个SSP0CLKDIV寄存器,该寄存器用于设置分频值,如果该寄存器的值为0,说明禁能SSP0的时钟,1~255可以随意设置,SPI0_CLK=主时钟/SSP0CLKIV。在我们这里,SPI0_CLK一般也用SPI0_PCLK表示(/*我们后面的表达有点乱,你要看清楚哦!*/)。

接下来我们看下SSP0预分频寄存器SSP0CPSR,该寄存器如图16.16所示(用户手册Table213),该寄存器低8位有效,被称之为CPSDVSR,该8位必须为偶数,用于设置一个分频值。

Table 213: SPI/SSP Clock Prescale Register (SSP0CPSR - address 0x4004 0010, SSP1CPSR - address 0x4005 8010) bit description

Bit	Symbol	Description	Reset Value
7:0	CPSDVSR	This even value between 2 and 254, by which SPI_PCLK is divided to yield the prescaler output clock. Bit 0 always reads as 0.	0
31:8	–	Reserved.	–

图16.16　SSP0CPSR寄存器

在主模式下,CPSDVSR=2或更大的偶数值,若SSP工作在SPI从模式下,该寄存器的内容无效。

好了,设置完了该寄存器,SSP0内部控制每个比特数据的时钟频率为SSPCLK=SPI0_PCLK/CPSDVSR。

那么在通信信号线上的SCK0时钟是多少呢?SCK0=SSPCLK/(SCR+1)。

总结一下:在主模式,有了主时钟后,设置完SSP0CLKIV寄存器就可以获得SPI0_CLK(也就是SPI0_PCLK),这是SSP0的工作时钟,要想产生数据还要有个SSPCLK时钟,这个时钟频率为SSPCLK=SPI0_PCLK/CPSDVSR,要把数据发出去,总线上还有个SCK0时钟信号,该信号的频率SCK0=SSPCLK/(SCR+1),该频率也就是SPI总线的通信速率。假如主时钟为50MHz,SSP0CLKIV=10,那么SPI0_CLK=5MHz,如果设置CPSDVSR=10,那么SSPCLK=500kHz,如果设置SCR=4,那么SCK0=100kHz。

如果LPC1114的SPI为从模式,那么主机提供的SCK0时钟频率不能大于LPC1114内部SPI0_CLK的1/12。

(/*SPI时钟很难理解哦!由于我们的LPC1114是读写W25Q16的,因此肯定是主模式。*/)

2. SSP0控制寄存器1——SSP0CR1

SSP0CR1寄存器如图16.17所示(用户手册Table210),该寄存器主要是用来设置SPI模式的。LBM用于设置回写模式,默认值为0,就是正常模式,没有回写。SSE为0时,禁能SSP控制器;SSE为1时,表示SSP控制器可与串行总线上的其他设备相互通信;SSE置位前,软件应向其他SSP寄存器和中断控制寄存器写入合适的控制信息,也就是说,尽量在其他信息都设置完成后,再置位SSE。

MS用来设置主模式还是从模式,默认为0,是主模式。当MS为1,设置SSP控制器

Table 210: SPI/SSP Control Register 1 (SSP0CR1 - address 0x4004 0004, SSP1CR1 - address 0x4005 8004) bit description

Bit	Symbol	Value	Description	Reset Value
0	LBM		Loop Back Mode.	0
		0	During normal operation.	
		1	Serial input is taken from the serial output (MOSI or MISO) rather than the serial input pin (MISO or MOSI respectively).	
1	SSE		SPI Enable.	0
		0	The SPI controller is disabled.	
		1	The SPI controller will interact with other devices on the serial bus. Software should write the appropriate control information to the other SPI/SSP registers and interrupt controller registers, before setting this bit.	
2	MS		Master/Slave Mode.This bit can only be written when the SSE bit is 0.	0
		0	The SPI controller acts as a master on the bus, driving the SCLK, MOSI, and SSEL lines and receiving the MISO line.	
		1	The SPI controller acts as a slave on the bus, driving MISO line and receiving SCLK, MOSI, and SSEL lines.	
3	SOD		Slave Output Disable. This bit is relevant only in slave mode (MS = 1). If it is 1, this blocks this SPI controller from driving the transmit data line (MISO).	0
31:4	–		Reserved, user software should not write ones to reserved bits. The value read from a reserved bit is not defined.	NA

图 16.17 SSP0CR1 寄存器

为从模式时，如果 SOD 设置为 1，那么将禁止 SSP 发送数据。

3. SSP0 状态寄存器——SSP0SR

和其他总线接口控制器一样，在发送和接收数据时，SSP 也有自己的数据发送和接收缓冲空间，我们称之为发送 FIFO 和接收 FIFO。

SSP0SR 是状态寄存器，如图 16.18 所示（用户手册 Table212），该寄存器主要给出了一些标志位，这些标志位表示通信的一些状态信息。如果发送 FIFO 为空，则 TFE = 1，否则为 0；如果发送 FIFO 满，则 TNF = 0，不满则 TNF = 1；如果接收 FIFO 满，则 RFF = 1，否则 RFF = 0；如果接收 FIFO 为空，则 RNE = 0，否则为 1；当 SPI 空闲时，BSY = 0，当 SPI 正在发送或接收一帧数据，或者发送 FIFO 不空，则 BSY = 1。

Table 212: SPI/SSP Status Register (SSP0SR - address 0x4004 000C, SSP1SR - address 0x4005 800C) bit description

Bit	Symbol	Description	Reset Value
0	TFE	Transmit FIFO Empty. This bit is 1 is the Transmit FIFO is empty, 0 if not.	1
1	TNF	Transmit FIFO Not Full. This bit is 0 if the Tx FIFO is full, 1 if not.	1
2	RNE	Receive FIFO Not Empty. This bit is 0 if the Receive FIFO is empty, 1 if not.	0
3	RFF	Receive FIFO Full. This bit is 1 if the Receive FIFO is full, 0 if not.	0
4	BSY	Busy. This bit is 0 if the SPI controller is idle, 1 if it is currently sending/receiving a frame and/or the Tx FIFO is not empty.	0
31:5	–	Reserved, user software should not write ones to reserved bits. The value read from a reserved bit is not defined.	NA

图 16.18 SSP0SR 寄存器

简单点说，就是如果原来发送 FIFO 为空，且 SPI 空闲，那么就可以向 FIFO 中写数据，写了数据后（此时发送 FIFO 肯定为不满），就可以直接发到 SPI 总线上；当接收 FIFO 不空时，说明接收到了数据，此时就可以读取数据了。那么如何发送和读取呢，请看下面的寄存器 SS0DR。

4. SSP0 数据寄存器——SSP0DR

SSP0DR 是数据寄存器,如图 16.19 所示(用户手册 Table211)。当我们想要发送数据时,如果状态寄存器中的 TNF 位置 1(指示 Tx FIFO 未满),程序就可以将要发送的帧数据写入该寄存器。如果发送 FIFO 原来为空且总线上的 SSP 控制器空闲,则立即开始发送数据。否则,只要前面所有的数据都已发送(或接收),写入该寄存器的数据将会被发送。如果程序写入的数据长度小于 16 位,则程序必须使写入该寄存器的数据向右对齐(置于低位处)。

Table 211: SPI/SSP Data Register (SSP0DR - address 0x4004 0008, SSP1DR - address 0x4005 8008) bit description

Bit	Symbol	Description	Reset Value
15:0	DATA	**Write:** software can write data to be sent in a future frame to this register whenever the TNF bit in the Status register is 1, indicating that the Tx FIFO is not full. If the Tx FIFO was previously empty and the SPI controller is not busy on the bus, transmission of the data will begin immediately. Otherwise the data written to this register will be sent as soon as all previous data has been sent (and received). If the data length is less than 16 bit, software must right-justify the data written to this register. **Read:** software can read data from this register whenever the RNE bit in the Status register is 1, indicating that the Rx FIFO is not empty. When software reads this register, the SPI controller returns data from the least recent frame in the Rx FIFO. If the data length is less than 16 bit, the data is right-justified in this field with higher order bits filled with 0s.	0x0000
31:16	–	Reserved.	–

图 16.19 SSP0DR 寄存器

如果状态寄存器中的 RNE 位置 1(指示 Rx FIFO 未满),程序就可以从该寄存器读出数据。当软件读该寄存器时,SSP 控制器返回接收 FIFO 中最早接收到的帧数据。如果数据长度小于 16 位,那么应使该字段的数据向右对齐,高位补 0。

5. SSP0 中断使能设置/清除寄存器——SSP0IMSC

该寄存器主要是用来设置中断的,如图 16.20 所示(用户手册 Table214)。将 RORIM 位置 1 后,一旦出现接收上溢(即当接收 FIFO 满时,且另一个帧完全接收,原来的数据被覆盖)的情况,将会产生中断。

Table 214: SPI/SSP Interrupt Mask Set/Clear register (SSP0IMSC - address 0x4004 0014, SSP1IMSC - address 0x4005 8014) bit description

Bit	Symbol	Description	Reset Value
0	RORIM	Software should set this bit to enable interrupt when a Receive Overrun occurs, that is, when the Rx FIFO is full and another frame is completely received. The ARM spec implies that the preceding frame data is overwritten by the new frame data when this occurs.	0
1	RTIM	Software should set this bit to enable interrupt when a Receive Time-out condition occurs. A Receive Time-out occurs when the Rx FIFO is not empty, and no has not been read for a time-out period. The time-out period is the same for master and slave modes and is determined by the SSP bit rate: 32 bits at PCLK / (CPSDVSR × [SCR+1]).	0
2	RXIM	Software should set this bit to enable interrupt when the Rx FIFO is at least half full.	0
3	TXIM	Software should set this bit to enable interrupt when the Tx FIFO is at least half empty.	0
31:4	–	Reserved, user software should not write ones to reserved bits. The value read from a reserved bit is not defined.	NA

图 16.20 SSP0IMSC 寄存器

将 RTIM 位置 1 后，如果出现接收超时将会产生中断。什么是接收超时？就是当接收 FIFO 不为空且在“超时周期”没有读出任何数据时，就会出现接收超时。什么是超时周期呢？规定 32 位数据传输的时间为超时周期，即 32 个 SCK 周期。

将 RXIM 位置 1 后，当接收 FIFO 至少有一半为满时，会发生中断。

将 TXIM 位置 1 后，当发送 FIFO 至少有一半为空时，会发生中断。

6. SSP0 原始中断状态寄存器——SSP0RIS

该寄存器主要给出中断过程中的一些状态标志。当接收 FIFO 为满时，如果又完全接收到另一帧数据，则 RORRIS 位被置 1，说明数据被覆盖了。当接收 FIFO 不为空，且在“超时周期”没有被读出时，则 RTRIS 位置 1。当接收 FIFO 至少有一半为满时，RXRIS 位置 1。当发送 FIFO 至少有一半为空时，则 TXRIS 位置 1。该寄存器如图 16.21 所示（用户手册 Table215）。用户可以通过程序查看该寄存器来确定后续操作，而不管中断是否发送。

Table 215: SPI/SSP Raw Interrupt Status register (SSP0RIS - address 0x4004 0018, SSP1RIS - address 0x4005 8018) bit description

Bit	Symbol	Description	Reset Value
0	RORRIS	This bit is 1 if another frame was completely received while the RxFIFO was full. The ARM spec implies that the preceding frame data is overwritten by the new frame data when this occurs.	0
1	RTRIS	This bit is 1 if the Rx FIFO is not empty, and has not been read for a time-out period. The time-out period is the same for master and slave modes and is determined by the SSP bit rate: 32 bits at PCLK / (CPSDVSR × [SCR+1]).	0
2	RXRIS	This bit is 1 if the Rx FIFO is at least half full.	0
3	TXRIS	This bit is 1 if the Tx FIFO is at least half empty.	1
31:4	–	Reserved, user software should not write ones to reserved bits. The value read from a reserved bit is not defined.	NA

图 16.21　SSP0RIS 寄存器

7. SSP0 中断使能状态寄存器——SSP0MIS

SSP0MIS 中断使能状态寄存器如图 16.22 所示（用户手册 Table216），主要用来表征事件以及事件中断。当接收 FIFO 为满时如果又完全接收了另一帧数据，且当前中断使能时，则 RORRIS 位置 1。当接收 FIFO 不为空并在“超时周期”没有被读，且中断使能时，则 RTRIS 位置 1。当接收 FIFO 至少有一半为满，且中断使能时，则 RXRIS 位置 1。当发送 FIFO 至少有一半为空，且中断使能时，则 TXRIS 位置 1。用户可以在中断服务程序中通过查看该寄存器来确定哪些中断发生了。

Table 216: SPI/SSP Masked Interrupt Status register (SSP0MIS - address 0x4004 001C, SSP1MIS - address 0x4005 801C) bit description

Bit	Symbol	Description	Reset Value
0	RORMIS	This bit is 1 if another frame was completely received while the RxFIFO was full, and this interrupt is enabled.	0
1	RTMIS	This bit is 1 if the Rx FIFO is not empty, has not been read for a time-out period, and this interrupt is enabled. The time-out period is the same for master and slave modes and is determined by the SSP bit rate: 32 bits at PCLK / (CPSDVSR × [SCR+1]).	0
2	RXMIS	This bit is 1 if the Rx FIFO is at least half full, and this interrupt is enabled.	0
3	TXMIS	This bit is 1 if the Tx FIFO is at least half empty, and this interrupt is enabled.	0
31:4	–	Reserved, user software should not write ones to reserved bits. The value read from a reserved bit is not defined.	NA

图 16.22　SSP0MIS 寄存器

8. SSP0 中断清除寄存器——SSP0ICR

SSP0ICR 寄存器如图 16.23 所示(用户手册 Table217)。用户可向该只写寄存器写入一个或多个“1”来清除 SSP 控制器中相应的中断,即清除相应的中断标志位(SSP0RIS 和 SSP0MIS 中的相应位)。向 RORIC 位写“1”以清除“接收 FIFO 为满时接收帧”中断;向 RTIC 位写“1”以清除“接收 FIFO 不为空且在超时周期内没有被读出”中断。另外 2 个半满半空的中断可通过写或读相应的 FIFO 来清除,或通过清除 SSPnIMSC 对应的位来禁能。

Table 217: SPI/SSP interrupt Clear Register (SSP0ICR - address 0x4004 0020, SSP1ICR - address 0x4005 8020) bit description

Bit	Symbol	Description	Reset Value
0	RORIC	Writing a 1 to this bit clears the "frame was received when RxFIFO was full" interrupt.	NA
1	RTIC	Writing a 1 to this bit clears the Rx FIFO was not empty and has not been read for a timeout period interrupt. The timeout period is the same for master and slave modes and is determined by the SSP bit rate: 32 bits at PCLK / (CPSDVSR × [SCR+1]).	NA
31:2	-	Reserved, user software should not write ones to reserved bits. The value read from a reserved bit is not defined.	NA

图 16.23　SSP0ICR 寄存器

(/＊寄存器的内容很长,看起来也很累且记不住,小伙伴还得看结合代码进行寄存器学习,那样才能真正理解这些寄存器使用的作用和意义。＊/)

16.4　基于 SPI 接口的 W25Q16 读写程序设计

16.4.1　W25Q16 原理图

在给出具体程序之前我们首先回顾一下 W25Q16 部分相关原理图,如图 16.24 所示(也即图 3.10)。从图中我们可以看出,/WP 和 HOLD 信号都连接到了高电平了,说明写保护和保持功能我们暂且不用了(都在一个开发板上,距离也很近,一般不会出错)。对照图 3.1,我们可以看出电路图中实际上的连接情况如下:

- PIO0_7 ⟷ F_CS
- PIO0_8 ⟷ MISO0
- PIO0_9 ⟷ MOSI0
- PIO0_6 ⟷ SCK0

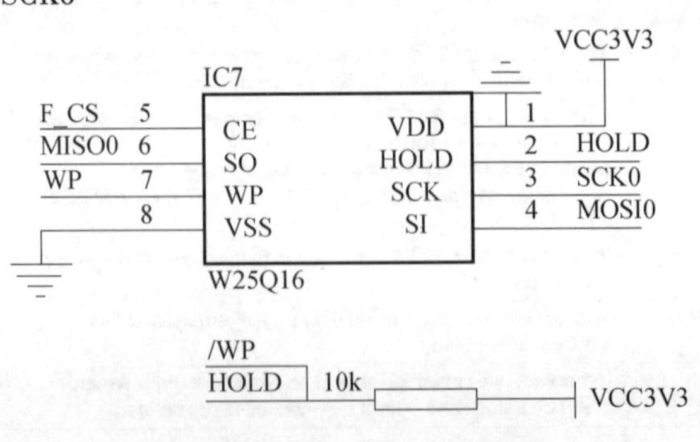

图 16.24　SPI 总线 Flash 电路

这里大家需要注意一点：我们电路中没有将 PIO0_2 管脚作为 W25Q16 的片选信号线，而是用 PIO0_7 用作片选信号。

16.4.2 W25Q16 读写程序

这里我们给出一个对 W25Q16 进行读写的实例程序。该实例中，我们将用串口调试助手发送要写的数据给 LPC1114，LPC1114 再通过 SPI0 接口将其写入到 W25Q16 的第 500 个扇区开始位置处，并再从该地址处读出数据，发回串口，看看写入的和读出的是不是同一个数据。

本实例的程序结构如图 16.25 所示，除了 startup_LPC11xx.s、system_LPC11xx.c 和 main.c 文件外，我们还需要再写几个文件并加入到工程当中，这些文件是 w25q16.h、spi.h、uart.h 三个头文件和 w25q16.c、spi.c、uart.c 三个 c 程序文件。下面我们就一一来进行介绍，请大家注意我们在代码中给出的中文注释。

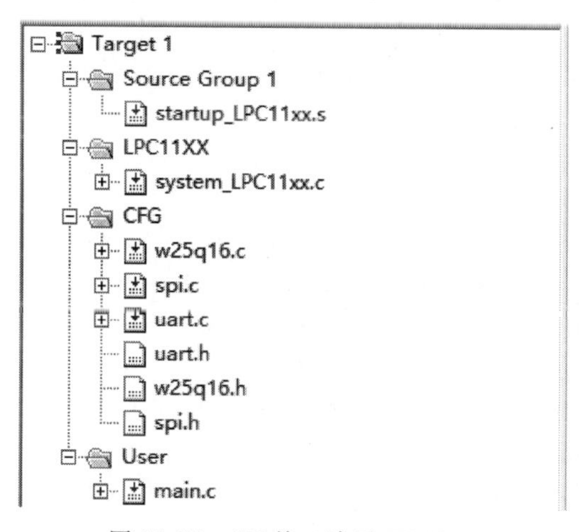

图 16.25 SPI 接口读写 W25Q16

1. uart.h 文件详细分析

uart.h 文件主要声明了 uart.c 文件中定义的一系列函数的列表，具体分析如程序段 16.1 所示。其实这部分与程序段 15.1 一致，前面已经学习过的小伙伴，可以跳过了。

程序段 16.1 uart.h 文件代码

```
1  #ifndef  __NXPLPC11XX_UART_H__   //强烈推荐大家在头文件中使用此类宏定义，从而防止整个头文件
                                    //的“重复包含”
2  #define  __NXPLPC11XX_UART_H__

   /*4～6 行的关键字 extern 可以置于变量或者函数前，以表示变量或者函数的定义在别的文件中，提示编
   译器遇到此变量和函数时在其他模块中寻找其定义。*/

4  extern void UART_Init(uint32_t baudrate);  //声明串口初始化函数
5  extern uint8_t UART_recive(void);          //声明串口接收字节数据函数
6  extern void UART_send_byte(uint8_t byte);  //声明串口发送字节数据函数
7
```

```
8  #endif  //与第一行对应
9
```

2. uart.c文件详细分析

uart.c文件内主要定义了与串口相关的一些函数,比如初始化函数,数据发送和接收的函数等,程序段16.2中给出了代码的详细分析(与程序段15.2一样,学习过的同学也可以略过),这里的内容可以参考程序段11.1的解释说明。

程序段16.2 uart.c文件代码

```
01  #include "lpc11xx.h"  //需要包含的头文件
02  #include "uart.h"     //需要包含的头文件

/*下面是串口初始化函数,主要是将串口需要用的引脚、波特率、时钟信号、数据传输格式进行设置。*/

04  /*************************************************************/
05  /*函数功能:串口初始化函数                    */
06  /*************************************************************/
07  void UART_Init(uint32_t baudrate)  //串口初始化函数,函数的参数为需要设置的波特率
08  {
09    uint32_t DL_value;
10    Clear = Clear;               //这样定义编译器不会报错,Clear只是临时使用的一个变量
11    LPC_SYSCON->SYSAHBCLKCTRL |= (1<<16);  //打开IO配置时钟
12    LPC_IOCON->PIO1_6 &= ~0x07;  //寄存器第3位设置为0
13    LPC_IOCON->PIO1_7 &= ~0x07;  //寄存器第3位设置为0
14    LPC_IOCON->PIO1_6 |= 0x01;      //设置为RXD
15    LPC_IOCON->PIO1_7 |= 0x01;      //设置为TXD
16    LPC_SYSCON->SYSAHBCLKCTRL &= ~(1<<16);  //关闭IO配置时钟
17
18    LPC_SYSCON->UARTCLKDIV  = 0x1;  //时钟分频值为1,UART_PCLK = 50MHz
19    LPC_SYSCON->SYSAHBCLKCTRL |= (1<<12); //打开串口时钟,配置完串口也不要关闭了,因为
                                            //串口工作需要时钟
20    LPC_UART->LCR  = 0x83;           //8位传输,1个停止位,无奇偶校验,允许访问除数锁存器
21    DL_value  = SystemCoreClock/16/baudrate ;  //计算该波特率要求的除数值
22    LPC_UART->DLM  = DL_value / 256;  //写除数锁存器高位值到U0DLM寄存器
23    LPC_UART->DLL  = DL_value % 256;  //写除数锁存器低位值到U0DLL寄存器
24    LPC_UART->LCR  = ~(1<<7);  //重新设置U0LCR寄存器,实际上就是把DLAB置0,后面不再
                                  //允许对除数锁存器进行访问
25    LPC_UART->FCR  = 0x07;     //设置U0FCR寄存器,允许FIFO,清空接收和发送FIFO
26    Clear  = LPC_UART->LSR;     //读UART状态寄存器,清空状态信息,初始化完成
27  }
28

/*下面是串口接收一个字节数据的函数,主要通过判断LSR寄存器的状态来决定是否返回RBR寄存器。*/
```

```
29 /*****************************************************/
30 /*函数功能:串口接收一个字节数据              */
31 /*****************************************************/
32 uint8_t UART_recive(void)
33 {
//如何知道串口有数据到达?可以判断状态寄存器U0LSR的最低位来确定是否有数据到达,如果为1表示有数据到达。
34   while(!(LPC_UART->LSR & (1<<0)));  //如果U0LSR[0]为1,循环退出,说明有数据到达
35   return(LPC_UART->RBR); //返回U0RBR中的数据
36 }
37
38 /*****************************************************/
39 /*函数功能:串口发送字节数据*/
40 /*****************************************************/
   /*串口发送数据函数,每次只发送1个字节。*/
41 void UART_send_byte(uint8_t byte)
42 {

   /*要想让串口发送数据,首先要看看以前发送的数据是否已经发送完成,如果前面的数据发生完成了,就可以将新的数据写入了,否则会发生错误。如何判断前面的数据是否发送完成?也可以通过查看U0LSR来实现,如果其第5位为1,表明以前的数据已经发送完成。*/

43   while(!(LPC_UART->LSR & (1<<5)));  //等待以前的数据发送完成
44   LPC_UART->THR = byte;          //将要发送的数据写入U0THR寄存器,串口控制器会自动发送
45 }
```

3. spi.h 文件详细分析

spi.h文件主要声明了spi.c文件中定义的一些函数,具体分析如程序段16.3所示。

程序段16.3 spi.h文件代码

```
01 #ifndef __NXPLPC11XX_SPI_H__    //建议大家在头文件中使用此类宏定义,从而防止头文件的"重复包含"
02 #define __NXPLPC11XX_SPI_H__
03
04 void SPI0_Init(void);              //声明SPI0接口的初始化函数,该函数没有参数
05 uint8_t SPI0_communication(uint8_t TxData);  //声明SPI0接口的通信函数,该函数的参数是需要发送的
                                               //8位数据
06
07 #endif                       //宏定义结束
08
```

4. spi.c 文件详细分析

spi.c文件内主要定义了与SPI0接口相关的一些函数,主要是初始化函数和数据发送函数。程序段16.4中给出了函数代码的详细分析。

程序段16.4 spi.c文件代码

```
01 #include "lpc11xx.h"    //需要包含的头文件
```

```
02 #include "spi.h"        //需要包含的头文件
03
04 /********************************************/
05 /*函数功能:SPI0初始化函数*/
06 /*说明:PIO0_7是片选信号,不在本函数设置 */
07 /********************************************/
08 void SPI0_Init(void)
09 {
10   uint8_t i,Clear;  //定义两个变量
11   Clear = Clear;     //用这种语句形式解决编译产生的警告
```

/*第12行涉及到一个寄存器PRESETCTRL,该寄存器如图15.16所示(用户手册Table9),该寄存器的主要功能是复位LPC1114的通信模块,比如CAN接口、SSP0/1接口、I2C接口。低4位某一位为0,就是将对应模块复位,为1就是释放复位,不让复位发生。用户在使用CAN接口、SSP0/1接口、I2C接口之前必须要将PRESETCTRL寄存器的对应位设置为1! */

```
12   LPC_SYSCON->PRESETCTRL |= (0x1<<0);  //禁止LPC_SSP0复位
13   LPC_SYSCON->SYSAHBCLKCTRL |= (0x1<<11);  //参考表7.1,将SYSAHBCLKCTRL第11位置
                                          //1是允许SSP0时钟
14   LPC_SYSCON->SSP0CLKDIV = 0x01;  //参考图16.15,我们设置分频系数为1,使SPI0_PCLK频率
                                  //与主频相等为50MHz
15   LPC_SYSCON->SYSAHBCLKCTRL |= (1<<16);  // 使能IOCON时钟,准备配置引脚
```

/*参考一下图2.1,你会发现很多引脚都标有SCK0,说明这些引脚都具有SCK0时钟数据功能,那么到底用哪个引脚呢?我们需要看一个寄存器IOCON_SCK_LOC,该寄存器可以让我们确定到底哪个引脚作为SCK0时钟输出。如图16.26所示(用户手册Table100),我们可以看到该寄存器的低2个比特用于选择哪个引脚作为SCK0时钟输出。我们这里希望PIO0_6为SCK0引脚,见代码16行。*/

Table 100. IOCON SCK location register (IOCON_SCK_LOC, address 0x4004 40B0) bit description

Bit	Symbol	Value	Description	Reset value
1:0	SCKLOC		Selects pin location for SCK0 function.	00
		0x0	Selects SCK0 function in pin location SWCLK/PIO0_10/SCK0/CT16B0_MAT2 (see Table 82).	
		0x1	Selects SCK0 function in pin location PIO2_11/SCK0 (see Table 84.	
		0x2	Selects SCK0 function in pin location PIO0_6/SCK0 (see Table 75).	
		0x3	Reserved.	
31:2	–	–	Reserved.	–

图16.26 IOCON_SCK_LOC寄存器

```
16   LPC_IOCON->SCK_LOC = 0x02;  //让PIO0_6引脚设为SCK0时钟引脚,由于SCK0是输出引脚,我们
                               //还要将PIO0_6设为输出功能
17   LPC_IOCON->PIO0_6 &= ~0x07;  //寄存器低3位清0
18   LPC_IOCON->PIO0_6 |= 0x02;   //低3为设置为0x02,把PIO0_6设置为输出SCK0
19   LPC_IOCON->PIO0_8 &= ~0x07;
20   LPC_IOCON->PIO0_8 |= 0x01;//把PIO0_8设置为MISO0
```

```
21    LPC_IOCON - >PIO0_9 & = ~0x07;
22    LPC_IOCON - >PIO0_9 | =0x01;//把 PIO0_9 设置为 MOSI0
```

/*16~22 行代码设置了总线中的3根信号线,片选信号没有设置,实际上我们的片选信号使用的是 PIO0_7,在后面的 W25Q16 初始化函数中我们会对 PIO0_7 进行设置。这里也间接说明了,SPI 接口的片选信号线没有固定,用哪个引脚都可以,只要能够输出高低电平就可以。*/

```
23    LPC_SYSCON - >SYSAHBCLKCTRL & = ~(1 < <16); // 设置完成,禁能 IOCON 时钟(第 16 位)
```

/*引脚设置完成后,下面需要对 SPI0 接口(SSP0 控制器)通信情况进行设置,主要是设置控制寄存器。这里我们设置 SPI 接口进行 8 位数据传输,SSP0 控制器采用 SPI 模式, CPOL =0, CPHA =0,空闲时 CLK 为 0,第一个上升沿采集数据。我们设置 SCR =1,此时 SCK0 = SPI0_PCLK/(CPSDVSR * 2)。*/

```
25    LPC_SSP0 - > CR0  =0x0107;//  8 位,SPI,CPOL =0, CPHA =0,SCR =1
26
27    LPC_SSP0 - > CPSR  =0x02; //设置 CPSDVSR 的值为 2,注意 CPSDVSR 的值必须为偶数,在 2~254 之
                                 //间。此时 SCK0 =50MHz/4 =12.5MHz
28    LPC_SSP0 - > CR1 & = ~(1 < <0);  // CR1 寄存器最低位设置为 0,为正常模式,无回写。
29    LPC_SSP0 - > CR1 & = ~(1 < <2);  //MS =0,主机模式
30    LPC_SSP0 - > CR1 | =  (1 < <1);  //SSE =1,使能 SPI0 接口,可以工作了
```

/*SPI0 接收 FIFO 能够存储 8 帧数据,每帧数据为 4~16 位。在进行通信之前,首先要把 FIFO 里的数据清理干净。清理的方法很简单,只要读 8 次数据寄存器 DR,FIFO 就空了。*/

```
32    for ( i =0; i < 8; i+ + )
33    {
34    Clear =LPC_SSP0 - > DR;//读数据寄存器 DR,清空 FIFO
35    }
36  }  //SPI0 接口初始化结束
37
38
39  /* * * * * * * * * * * * * * * * * * * * * * * * * * * * * * * * * * * * * * * * * * * * */
40  /* 函数功能:SPI0 接口收发函数 */
41  /* 说明:发送一个字节同时接收一个字节   */
42  /* * * * * * * * * * * * * * * * * * * * * * * * * * * * * * * * * * * * * * * * * * * * */
43  uint8_t SPI0_communication(uint8_t TxData)  //该函数的参数为一个 8 位的需要发送的数据(每帧数据为 8 位)
44  {
```

/*在发送数据前,首先要判断 SPI0 接口是否忙,如果忙,就等待一会再发送,否则就可以直接向数据寄存器中写入要发送的数据。如何查看 SPI0 接口是否忙?需要看状态位。由于主设备与从设备的移位寄存器构成一个环,因此发送一个数据肯定会接收到一个数据,接收到的数据如果不需要,可以直接丢弃,这里我们将接收的数据作为返回值来用。*/

```
45    while(((LPC_SSP0 - > SR)&(1 < <4)) = =(1 < <4));  //如果状态寄存器的位 4 BSY =1,说明接
                                                       //口忙,需要等待。否则为空闲
```

```
46    LPC_SSP0 - > DR  = TxData;  //接口空闲后,就可以把要发送的数写入数据寄存器了,数据寄存器会自
                                  //动将数据送入发送FIFO
47    while(((LPC_SSP0 - > SR)&(1 < <2))! = (1 < <2)); /*判断接收数据是否完成,主要是查看SR
                                  状态寄存器位2 RNE位,接收FIFO非空时,
                                  RNE位为1,说明接收到了数据。如果为0
                                  说明没有接收到数据。*/

/*48行是将接收到的数据作为返回值返回,如果该返回值用户不需要,可以不保存;但该语句起到清空
接收FIFO的作用*/

48    return(LPC_SSP0 - > DR);
49  }
50
```

5. w25q16.h文件详细分析

w25q16.h文件主要声明了w25q16.c文件中定义的一些函数、变量以及操作。具体分析如程序段16.5所示。

程序段16.5 w25q16.h文件代码

```
01  #ifndef __W25Q16_H
02  #define __W25Q16_H
03  #include "lpc11xx.h"   //需要包含的头文件

/*第5行"LPC_GPIO0 - > DATA| = (1 < <7)"是将PIO0_7引脚设置为高电平,也就是将片选信号设置
为高电平。*/

05  #defineF_CS_High   LPC_GPIO0 - > DATA| = (1 < <7)
06  #define F_CS_Low    LPC_GPIO0 - > DATA& = ~(1 < <7)   //将PIO0_7引脚设置为低电平,W25Q16的
                                                      //片选信号是低电平有效

/*下面是W25Q16芯片的指令表,表中定义了一些变量,大家可以对照表16.2进行查看。*/

10  #define W25Q_WriteEnable   0x06
11  #define W25Q_WriteDisable   0x04
12  #define W25Q_ReadStatusReg   0x05
13  #define W25Q_WriteStatusReg   0x01
14  #define W25Q_ReadData   0x03
15  #define W25Q_FastReadData   0x0B
16  #define W25Q_FastReadDual   0x3B
17  #define W25Q_PageProgram       0x02
18  #define W25Q_BlockErase   0xD8
19  #define W25Q_SectorErase   0x20
20  #define W25Q_ChipErase   0xC7
21  #define W25Q_PowerDown   0xB9
22  #define W25Q_ReleasePowerDown   0xAB
```

```
23  #define W25Q_DeviceID   0xAB
24  #define W25Q_ManufactDeviceID       0x90
25  #define W25Q_JedecDeviceID   0x9F

/*下面声明的是操作 W25Q16 芯片时需要用到的一些读写、擦除、等待等函数。具体函数我们将在.c 文件中详细分析。*/

27  extern void W25Q16_Init(void);  // 初始化 W25Q16
28  extern uint16_t W25Q16_ReadID(void);      //读取 W25Q16 ID 号
29  extern uint8_t W25Q16_ReadSR(void);      //读取状态寄存器
30  extern void W25Q16_WriteSR(uint8_t sr);  //写状态寄存器
31  extern void W25Q16_WriteEnable(void);  //写使能
32  extern void W25Q16_WriteDisable(void);  //写禁能
33  extern void W25Q16_Read(uint8_t * Buffer,uint32_t Addr,uint16_t ByteNum);     //读取 W25Q16
34  extern void W25Q16_WritePage(uint8_t * Buffer,uint32_t Addr,uint16_t ByteNum); //向 W25Q16 写一页数据
35  extern void W25Q16_Write(uint8_t * Buffer,uint32_t Addr,uint16_t NumByte);     //向 W25Q16 写多页数据
36  extern void W25Q16_EraseChip(void);            //整片擦除
37  extern void W25Q16_EraseSector(uint32_t Dst_Addr);  //扇区擦除
38  extern void W25Q16_EraseBlock(uint32_t Bst_Addr);  //块擦除
39  extern void W25Q16_WaitBusy(void);            //等待空闲
40
41  #endif
```

6. w25q16.c 文件详细分析

w25q16.c 文件主要给出了对 W25Q16 芯片进行初始化、读、写以及擦除等函数的具体实现。各函数的具体分析如程序段 16.6 所示,请大家在分析程序时注意每一个函数实现过程中的读写顺序,最好要参考一下表 16.2,另外需要注意的是对芯片的每一个新的操作都需要片选信号线有一个下降沿出现。

程序段 16.6 w25q16.c 文件代码

```
001  #include "w25q16.h"
002  #include "spi.h"
003  /*****************************************/
004  /*函数功能:初始化 W25Q16          */
005  /*说明:                    */
006  /*****************************************/
007  void W25Q16_Init(void)  //该函数没有参数和返回值,该初始化函数的主要工作就是设置片选信号
008  {
009    // 设置片选信号引脚(就是总线中的 SSEL 信号)
010    LPC_GPIO0->DIR  |=(1<<7);  // 把 P0.7 脚设置为输出
011    LPC_GPIO0->DATA |=(1<<7);  // 把 P0.7 引脚设为高电平,由于目前没有其他操作,总线处于
                                  //空闲,因此要为高;
012  }
013
014  /*****************************************/
```

```
015 /*函数功能:读 W25Q16 的状态寄存器                 */
016 /*说明:返回值是 8 位 W25Q16 的状态值               */
017 /****************************************************/
```

/*读芯片状态函数非常有用,我们可以根据芯片的状态来决定到底对芯片进行何种操作。*/

```
018 uint8_t W25Q16_ReadSR(void)   //该函数没有输入参数
019 {
020   uint8_t byte=0;   //定义一个 8 位的临时变量,用于存放状态值
021
022   F_CS_Low;   //读取状态之前,首先要使片选信号变为低电平,使能 W25Q16 芯片
023   SPI0_communication(W25Q_ReadStatusReg);   //首先要通过 SPI0 接口向 W25Q16 发送读取状态寄存器命令
024   byte=SPI0_communication(0Xff);   /*命令发送完成后,就该读取状态值了,读取的方式很简单,就是
                                       再向 W25Q16 随便发送一个数据,此时接收到的数据就是芯片返
                                       回的状态值。为什么随便发送的数据一般会写 0Xff? 因为每次芯
                                       片擦除完成后,每个存储单元内的数据都是 0xff*/
025   F_CS_High;      //状态信息读取完毕,可以取消片选了(其实让片选一直有效也没有关系,就是费点
                      //儿电)
026
027   return byte;    //返回状态值。
028 }
```

```
029 /****************************************************/
030 /*函数功能;等待空闲*/
031 /****************************************************/
```

/*该函数的主要功能是判断 W25Q16 是否是空闲的,主要通过读取芯片的状态寄存器并判断 BUSY 位来确定闲和忙。请参考图 16.10,如果芯片状态为闲,则可进行读写等操作,如果芯片为忙,则需要等待。*/

```
032 void W25Q16_WaitBusy(void)   //该函数没有参数
033 {
034   while ((W25Q16_ReadSR()&0x01)==0x01);   //如果获得的状态值的最低位为 1,说明芯片忙,继续等待
035 }
036
037
038 /****************************************************/
039 /*函数功能:写 W25Q16 的状态寄存器*/
040 /*说明:输入参数是 8 位需要希尔状态寄存器的值   */
041 /****************************************************/
```

/*向 W25Q16 芯片的状态寄存器写入数据,一般是与写保护相关的。*/

```
042 void W25Q16_WriteSR(uint8_t sr)
043 {
```

```
044    F_CS_Low;                   //对芯片进行操作之前要使能器件,需要片选信号出现一个下降沿
045    SPI0_communication(W25Q_WriteStatusReg);  //首先写入命令,该命令就是“写状态寄存器命令”
046    SPI0_communication(sr);              //写入状态值
047    F_CS_High;                  //写入完成,取消片选信号
048  }
049
050  /*****************************************************/
051  /*函数功能:向 W25Q16 发送写使能指令              */
052  /*****************************************************/
```

/*在对 W25Q16 进行写入数据之前(写数据或擦除),都需要首先向芯片发送写使能指令。*/

```
053  void W25Q16_WriteEnable(void)
054  {
055    F_CS_Low;                   //使能器件
056      SPI0_communication(W25Q_WriteEnable);     //发送写使能指令
057    F_CS_High;                  //取消片选
058  }
059  /*****************************************************/
060  /*函数功能:向 W25Q16 发送“写禁能”指令            */
061  /*****************************************************/
062  void W25Q16_WriteDisable(void)
063  {
064    F_CS_Low;                   //使能器件
065    SPI0_communication(W25Q_WriteDisable);  //发送写禁止指令,该指令发送后就无法向芯片内部写入数据了
066    F_CS_High;                  //取消片选
067  }
068  /*****************************************************/
069  /*函数功能:读取 W25Q16 的 ID 号                  */
070  /*说明:返回值即为 ID 号,应该是 0xEF14          */
071  /*****************************************************/
```

/*读取芯片 ID 有专门的指令,参考表 16.2,我们可以看到要想读取 ID 首先要发送 90H 指令,然后发送两个无关的数据,再发送一个 0 后,芯片就会返回 ID 号了。由于 ID 长度为 16 位,因此要分两次传输,第一次送来的是厂商 ID,第二是送来的是器件 ID。一般情况下当我们能够读取出芯片的 ID 时,至少说明程序和电路基本上没有什么问题了。*/

```
072  uint16_t W25Q16_ReadID(void)
073  {
074    uint16_t Temp  =0;         //临时变量
075    F_CS_Low;          //使能芯片
076    SPI0_communication(0x90);  //发送读取 ID 命令
077    SPI0_communication(0x00); //发送第一个伪字节
078    SPI0_communication(0x00); //发送第二个伪字节
079    SPI0_communication(0x00); //发送 0
```

```
080    Temp| = SPI0_communication(0xFF) < <8;  //随便发送一个数据,目的是读取芯片送来的厂商ID
081    Temp| = SPI0_communication(0xFF); //再随便发送一个数据,目的是读取芯片送来的器件ID
082    F_CS_High;//读取完成,片选取消
083    return Temp;            //返回读取到的ID
084  }
085
086  /* * * * * * * * * * * * * * * * * * * * * * * * * * * * * * * * * * * * * * * * * * */
087  /*函数功能:读取W25Q16数据                        */
091  /* * * * * * * * * * * * * * * * * * * * * * * * * * * * * * * * * * * * * * * * * * */
```

/* Flash芯片的读操作比写操作要简单的多,只要给出要读取数据的地址和数量基本上就没有问题了,而写操作还涉及到一个擦除的过程。在读取函数W25Q16_Read中有三个参数,分别是Buffer,用于存储读出的数据;Addr给出开始读取的地址(地址信息共24位,实际上21位已经能够表达2MB的存储空间了,不过由于每次传输数据的宽度为8位,因此21位的地址信息也需要传输3次,所以认为地址宽度为24位,只不过地址的高3位为0);ByteNum是要读取的字节数,由于ByteNum为16位数据,因此最多一次读65535个字节数据。*/

```
092  void W25Q16_Read(uint8_t * Buffer,uint32_t Addr,uint16_t ByteNum)
093  {
094    uint16_t i;  //定义一个变量
096    F_CS_Low;  //使能芯片
097    SPI0_communication(W25Q_ReadData);      //发送读取命令
098    SPI0_communication((uint8_t)((Addr) > >16));  //发送24位地址的高8位
099    SPI0_communication((uint8_t)((Addr) > >8));    //发送24位地址的中间8位
100    SPI0_communication((uint8_t)Addr);          //发送24位地址的低8位
101    for(i = 0;i < ByteNum;i + +)                //循环读取数据
102    {
103      Buffer[i] = SPI0_communication(0XFF);     //每次都随便发送一个值0XFF,目的是读取芯片送来的数据。
```

/*在这你会发现一个问题,就是如果按照图16.4所讲的,不是连续两帧数据之间必须让片选信号拉高么?我们程序中怎么没有拉高就进行连续读取了呢?这里我给出这样的两个解释,第一个,大家可以参考W25Q16的数据手册,可以看到当读数据时,只要片选信号没有拉高,芯片就会自动地将下一个地址的数据送出,实现连续读取,因此没有必要拉高;第二个,用户只在对W25Q16进行不同操作的中间,需要将CS拉高(因为需要有个下降沿才能启动操作),我们图16.4说的就是这种情况。同一个操作的多个步骤不许拉高。*/

```
104    }
105    F_CS_High;  //读取完成,取消片选
106  }
107
108  /* * * * * * * * * * * * * * * * * * * * * * * * * * * * * * * * * * * * * * * * * * */
109  /*函数功能:向W25Q16写入一页数据,最多256字节,也称页编程    */
115  /* * * * * * * * * * * * * * * * * * * * * * * * * * * * * * * * * * * * * * * * * * */
```

/* W25Q16_WritePage是页写入函数,该函数有三个入口参数,Buffer指向要写入的数据的指针;Addr表

示开始写入的地址(24 位),写入地址要准确计算,当地址值就是某一个页的起始地址时,这时可以写入一整页共 256 个字节,如果地址不是某一个页的起始,而是在某一页的中间位置,这时小伙伴就要注意了,此时你只能写入该页剩余空间那么多数据,如果多写,就会在本页产生循环覆盖,将本页开始处的数据覆盖掉。ByteNum 为写入的字节数。
另外,写操作相对复杂,在写之前不但需要首先发送写使能指令,还要事先将写入地址空间进行擦除操作,最小擦除范围为一个扇区(4KB)。擦除操作在本函数中并没有给出,在写入数据前,用户需要在函数外进行擦除工作,本函数只负责写入。页写入的流程大家可以参考表 16.2。 */

```
116  void W25Q16_WritePage(uint8_t * Buffer,uint32_t Addr,uint16_t ByteNum)
117  {
118    uint16_t i;
119    W25Q16_WriteEnable();          //发送写使能命令
120    F_CS_Low;                //使能芯片
121    SPI0_communication(W25Q_PageProgram);  //发送写页指令 02h
122    SPI0_communication((uint8_t)((Addr) > >16));  //发送 24 位地址高 8 位
123    SPI0_communication((uint8_t)((Addr) > >8));  //发送 24 位地址中间 8 位
124    SPI0_communication((uint8_t)Addr);      //发送 24 位地址低 8 位
125    for(i = 0;i < ByteNum;i + + )SPI0_communication(Buffer[i]);//循环写数,由于是一个操作的多个步
                                                         //骤,因此中间无需将片选拉高
126  F_CS_High;  // 写入完成以后,片选信号拉高,写入操作就结束了
127  W25Q16_WaitBusy();  //等待芯片处理完成,写入过程整体结束。如果此处不等待,当后续操作跟进很
                       紧时易出错
128  }
129
130  /*********************************************/
131  /* 函数功能:向 W25Q16 写入数据                    */
137  /*********************************************/
```

/* W25Q16_Write 是写入函数,当我们写入的数据量很大时,就需要用到这个函数了。该函数也主要是依靠页编程函数来完成写入的。该函数有三个入口参数,Buffer 指向要写入的数据的指针;Addr 表示开始写入的地址(24 位), ByteNum 为写入的字节数。
别忘了在写入数据前,用户需要在函数外进行擦除工作,保证所有需要写入的地址处都为 0XFF,否则写入会失败。本函数只负责写入。本函数的基本想法就是看看从写入地址开始,到结束一共占了多各个页,然后用页编程函数进行写入(大量数据的写入必须是以页写入为单位)。这段代码具体的算法我们就不进行深入分析了,小伙伴自己来吧! */

```
138  void W25Q16_Write(uint8_t * Buffer,uint32_t Addr,uint16_t ByteNum)
139  {
140    uint16_t pageremain;  //临时变量
141
142    pageremain = 256 - Addr% 256;  //从起始地址开始到起始地址所在页结束一共还有的字节数,也就是
                                   //单页剩余的字节数
143    if(ByteNum < = pageremain)pageremain = ByteNum;  //如果一共要写入的数据小于单页剩余数,page-
                                                   //remain = ByteNum
144    while(1)
145    {
```

```
146         W25Q16_WritePage( Buffer, Addr, pageremain) ;
147         if( ByteNum = =pageremain) break;  //第一循环时,如果 143 行成立,则到此写入就结束了
148         else     /* 如果 143 行不成立,在第一次循环完成 146、147 行操作后,起始地址所在页就写完了,该
                进行后续页面的写入了 */
149           {
150           Buffer + =pageremain;
151           Addr + =pageremain;
152
153           ByteNum - =pageremain;  //减去已经写入了的字节数
154           if( ByteNum >256)   pageremain =256; //剩余数据大于 1 页,则一次可以写入 256 个字节
155           else pageremain =ByteNum;  //剩余数据不够 256 个字节了,那么下次循环也就可以写完了
156           }
157       };
158   }
159
160
161   /***************************************************/
162   /* 函数功能;擦除整片 W25Q16            */
165   /***************************************************/
166   void W25Q16_EraseChip( void)
167   {
168     W25Q16_WriteEnable( );            //擦除也是写操作,因此要首先发送写使能指令
169     W25Q16_WaitBusy( );             //等待芯片不忙
170     F_CS_Low;                 //使能器件
171     SPI0_communication( W25Q_ChipErase);  //发送片擦除命令
172     F_CS_High;                  //取消片选
173     W25Q16_WaitBusy( );  //等待芯片擦除结束,整片擦除还是比较耗时的,大概 10s 左右,看容量。
174   }
175
176   /*******************************************************
**/
177   /* 函数功能;擦除 W25Q16 一个扇区 (4KB)        */
179   /*******************************************************
**/
180   void W25Q16_EraseSector( uint32_t Dst_Addr)  //扇区擦除函数的输入参数是扇区的编号,W25Q16 共有
                                   //512 个扇区,每个扇区 4KB
181   {
182     Dst_Addr* =4096;     //扇区编号乘以 4096 就是扇区的起始地址了,低 12 位都为 0
183
184     W25Q16_WriteEnable( );  //写使能
185     W25Q16_WaitBusy( );  //等待芯片不忙
186     F_CS_Low;       //使能芯片
187     SPI0_communication( W25Q_SectorErase);     //发送扇区擦除指令
188     SPI0_communication( ( uint8_t) ( ( Dst_Addr) > >16) );  //发送 24 位地址的高 8 位
189     SPI0_communication( ( uint8_t) ( ( Dst_Addr) > >8) );  //发送 24 位地址的中间 8 位
```

```
190    SPI0_communication((uint8_t)Dst_Addr);      //发送 24 位地址的低 8 位
191    F_CS_High;                    //取消片选
192    W25Q16_WaitBusy();                 //等待擦除完成
193  }
194  /****************************************************************************/
195  /*函数功能;擦除 W25Q16 一个块区(64KB)      */
197  /****************************************************************************/
198  void W25Q16_EraseBlock(uint32_t Bst_Addr)  //块扇区擦除函数的输入参数是块区的编号,W25Q16 共
                                              //有 32 个扇区,每个块区 64KB
199  {
200    Bst_Addr* =65536;          //块区编号乘以 65536 就是块区的起始地址了,低 16 位都为 0
201
202    W25Q16_WriteEnable();      //写使能
203    W25Q16_WaitBusy();      //等待芯片不忙
204    F_CS_Low;           //使能芯片
205    SPI0_communication(W25Q_BlockErase);     //发送块区擦除指令
206    SPI0_communication((uint8_t)((Bst_Addr) > >16));  //发送 24 位地址的高 8 位
207    SPI0_communication((uint8_t)((Bst_Addr) > >8));  //发送 24 位地址中间高 8 位
208    SPI0_communication((uint8_t)Bst_Addr);      //发送 24 位地址的低 8 位
209    F_CS_High;          // 取消片选
210    W25Q16_WaitBusy();      //等待擦除完成
211  }
212
```

7. main.c 文件详细分析

下面我们就简单看看 main.c 主函数的主要工作,起始主函数的任务很简单,就是接收串口的数据然后通过 SPI0 写入到 W25Q16 芯片的某一个固定地址,再从那里读出来返回给串口显示,如果写入和读出的一致,说明我们的读写都是正确的,通过改程序主要训练大家的读写程序设计。程序段 16.7 中给出了代码的详细分析。

程序段 16.7　main.c 文件代码

```
01  /******************************************************************************
02  *目标:ARM Cortex-M0 LPC1114
03  *编译环境:KEIL 4.70
04  *外部晶振:10MHz(主频 50MHz)
05  *功能:从串口输入 1 个字节,LPC1114 把该字节数据通过 SPI 接口写入 W25Q16,然后再读出来返回给串口。
06  *作者:
07  ******************************************************************************/
08  #include "lpc11xx.h"
09  #include "uart.h"
10  #include "spi.h"
11  #include "w25q16.h"
12
13  int main()
14  {
```

```
15    uint8_t rece_data[1];//该变量用于存储接收到的数据
16    uint32_t flash_addr; //该变量用于设定地址
17    uint16_t ID;      //该变量用于存放 ID
18    UART_Init(9600);  //初始化串口,波特率设为 9600
19    SPI0_Init();//初始化 SPI0
20    W25Q16_Init();  //初始化 W25Q16
21
22    flash_addr = 0x1F4000;  // 0x1F4000 指向的是 W25Q16 第 500 个扇区的第一个字节位置
23    W25Q16_EraseSector(500);// 擦除 W25Q16 第 500 个扇区数据,因为要对该扇区进行写操作,因此写之
                          //前要进行擦除
24
25    while(1)
26    {
27      ID = W25Q16_ReadID();  //读取芯片 ID
28      UART_send_byte(ID >> 8);  //将厂商 ID 发送到串口
29      UART_send_byte(ID);  //将器件 ID 发送到串口
30      rece_data[0] = UART_receive();  //接收串口送来的数据
31      W25Q16_WritePage(rece_data, flash_addr, 1); //向 0x1F4000 所在的页写入一个数据
32      rece_data[0] = 0; //清理
33      W25Q16_Read(rece_data,flash_addr, 1);  //从刚才写入的地址处再读出一个数据
34      UART_send_byte(rece_data[0]);     //将读出的数据发送到串口
35      flash_addr++;               //地址进行加 1
36    }
37 }
```

好了,我们整个代码结束了。最后说几点注意事项:

(1) W25Q16 进行连续帧传输时,如果是同一个操作的不同步骤,则帧与帧之间不需要拉高片选信号。如果是两个不同操作,需要在不同帧之间拉高片选信号。

(2) W25Q16 在进行写入之前,要先擦除,确保写入地址处为 0XFF,否则写入会失败。擦除操作最小单位是扇区。

(3) 写入操作以页编程为基础,每页最多写 256 字节,如果数据量超出该页剩余地址空间,则在本页会发生循环覆盖。

(4) SPI 接口的片选信号可以不使用 SSEL,用哪个控制引脚都可以。当 SPI 有多个从设备时,主设备需要给每个从设备设置一个片选信号,因此占用的引脚是比较多的,这也是 SPI 的一个缺点。

(5) 对 W25Q16 的读写操作需要根据表 16.2 及其给出的时序来。

(6) 我们这里是以 SPI0 为例,SPI1 接口的设置方法与 SPI0 一样。同样,W25Q16 与其他系列芯片也具有类似的操作,因此读写函数在其他如 W25Q32/64 上都可以用。

(/* 由于大家学习的时间也比较长了,因此现在每天的内容相对较多,相信你的能力! */)

点亮绚丽的LCD世界

这年头你做的设备要是没有个液晶屏，你都不好意思和人家打招呼，上个液晶屏就显得倍儿有面子。液晶屏的使用已经非常普遍了，就连以前的非智能手机上都用，更不用说现在的消费电子产品了。因此懂点儿LCD的知识对于以后进行产品开发还是非常有必要的。

17.1 TFT LCD液晶显示原理

（/＊液晶屏相关的内容要想讲透那可是大的篇幅，不是一天两天的内容可以完成的，还好我们从应用角度出发并不是太关心液晶屏是如何制造、如何发光，我们所关心的就是通过什么样的接口送给它数据、送什么样的数据并让它正确地显示出来，这就简单多了。＊/）

TFT-LCD即薄膜晶体管液晶显示器，其英文全称为Thin Film Transistor-Liquid Crystal Display。TFT-LCD在液晶显示屏的每一个像素上都设置有一个薄膜晶体管（TFT），可有效地克服非选通时的串扰，大大提高了图像质量，因此TFT-LCD也叫做真彩液晶显示器。TFT-LCD有什么优缺点，大家可以自行上网搜索，今天就不介绍了。我们从大家最容易理解和使用的角度来进行介绍。

大家都知道液晶屏上有一个一个的点，这样的点我们叫作像素，如图17.1所示。每个像素点都可以发光，为了让每个像素显示多种颜色，每个像素点上实际有红、绿、蓝（RGB）三个发光体构成三基色，根据每个发光体的亮度而呈现出多种色彩，如果红、绿、蓝三种颜色我们一共用16位来代表，那么一个像素点就可以呈现2^{16}种色彩，专业称作56K色。（/＊为了能够直白地说明情况，我们这里描述的不够科学严谨。＊/）

本书所介绍的开发板的液晶屏是2.4英寸的，分辨率是240×320，就是说液晶屏上横着有240个像素点，竖着有320个像素点，一共76800个像素点（其他分辨率的液晶以此类推）。如果想让所有像素点都显示颜色，每个像素点用16位表示色彩，那么就需要153600个字节数据。想一想，仅仅分辨率这么低的小屏幕显示一副满屏图片就要这么多数据，是不是数据量很大啊，更何况现在的屏幕动辄2K、4K分辨率！

如果想让某一个像素点显示颜色，我们是不是至少要给每个像素分配一个地址，然后才能给他送数据？那么这么多像素点如果处理器想要同时点亮，得需要多少个地址线

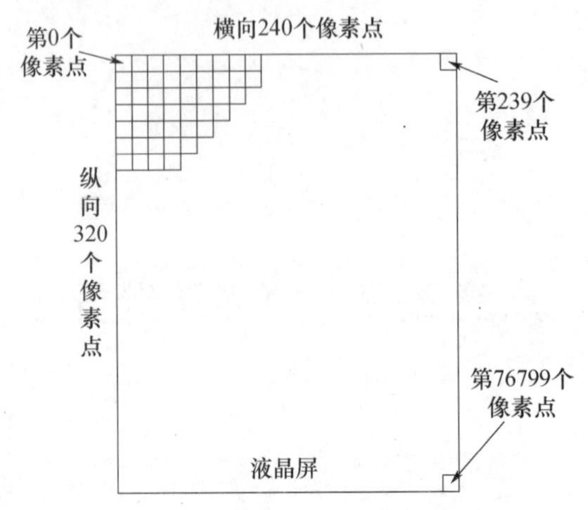

图 17.1　240 像素 ×320 像素液晶屏

和数据线啊！（/＊臣妾做不到啊！＊/），因此我们看到的液晶屏上的图像，各个像素点不是同时亮起来的，而是一个一个亮起来的，因此一个240像素×320像素的液晶屏要想看到一满屏图像，实际上是一个一个像素点依次发光点亮的，那么点亮这76800个像素点的时间就是该屏幕的刷新时间。刷新时间当然越短越好，这样显示动态图像时连贯性才好。另外，各个点刷新的顺序也不尽相同。所以，如果直接让处理器控制液晶屏，那么操作实在是太复杂了，因此通常为了驱动液晶屏，都需要一个驱动芯片。这个驱动芯片专门负责管理液晶屏的显示，处理器只需要通过标准的接口将要显示的数据送给它并告诉它怎么做就可以了。因此在做嵌入式系统开发时，我们最关心的就是通过什么样的接口将数据送给驱动芯片，并如何对驱动芯片进行什么初始化设置，至于如何控制液晶面板的问题就是驱动芯片的事了，我们初级开发人员不必了解。

17.2　TFT LCD 液晶控制电路说明

17.2.1　ILI9325 液晶驱动芯片介绍

液晶屏要想显示文字或图像等信息，就要像PC机的显示器一样要有一个显卡似的驱动设备，这个驱动设备一般称为驱动芯片或LCD驱动器，驱动芯片内部有较大的缓存空间可以存储文字、图像等数据，并将其送入液晶模块显示。LCD驱动器主要功能就是对主机发过的数据/命令，进行变换，变成每个像素的RGB数据，使之在屏上显示出来。常见的液晶驱动芯片有ILI9325、ILI9320、SPFD5408、HX8347、ILI9341、LGDP4532等。我们此处介绍ILI9325芯片，可以支持分辨率是240像素×320像素的液晶屏。（/＊其实大家都大同小异，学会一个也就触类旁通了。＊/）

ILI9325芯片的大小是17820μm×870μm，一般与液晶屏紧密贴合在一起，所处的位置如图17.2所示（/＊为什么液晶的下方会比较热知道了吧，因为那里有个驱动芯片在工作＊/）。驱动芯片对外通过软性线路板（FPC）将控制信号和一些数据信号引出，对内与液晶屏的电路连接方式则非常复杂，我们不必了解。为了方便屏幕安装，我们经常见

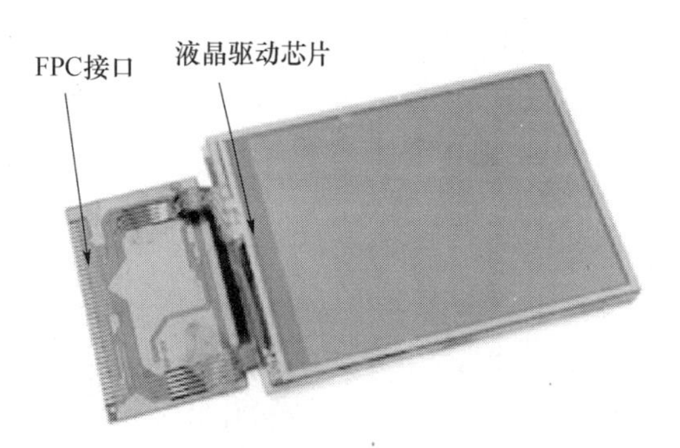

图 17.2 液晶屏

到的是如图 3.16 所示的液晶模块。

17.2.2 微处理器与 ILI9325 接口电路说明

液晶驱动芯片 ILI9325 结构框图如图 17.3 所示，其左上角处的管脚一般会与微控制器相连接，芯片内部有一个图像数据的存储区域，称为 GRAM，用户将要显示的数据写到该处就可以被驱动芯片送到液晶屏幕上显示了。

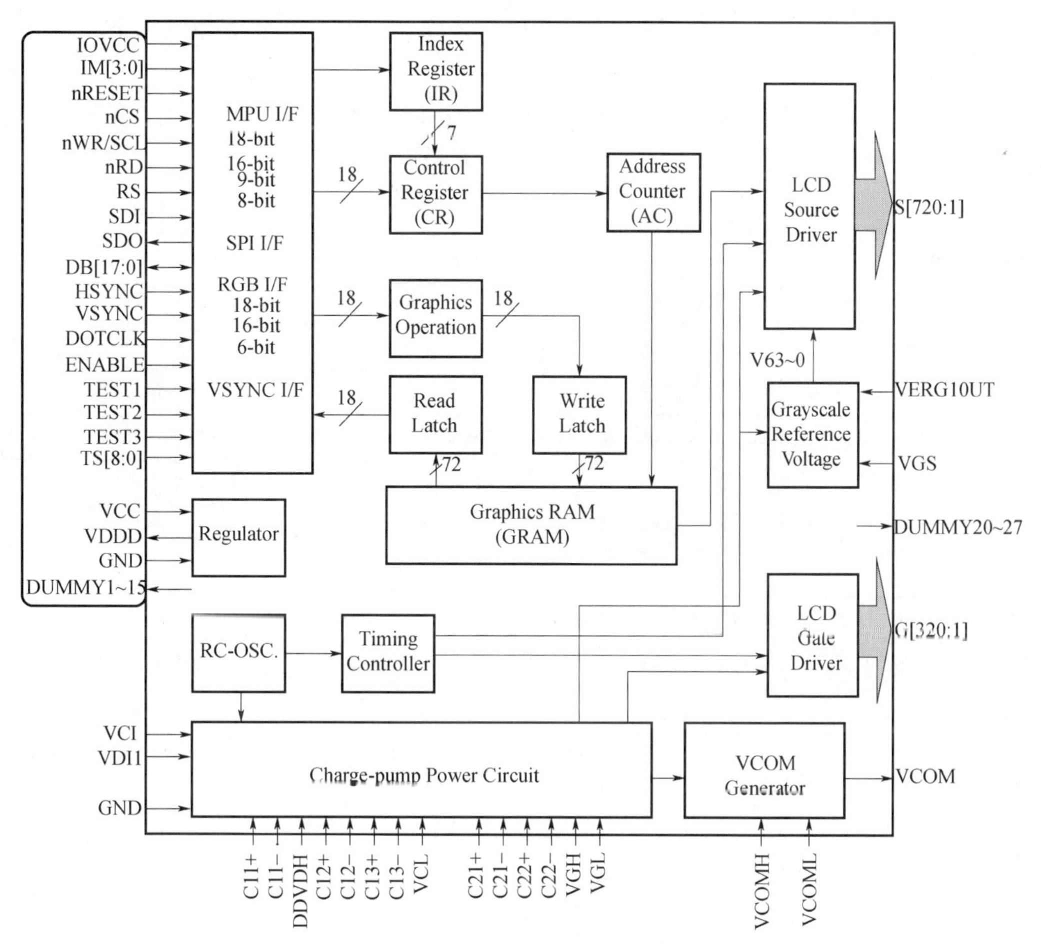

图 17.3 ILI9325 结构框图

通常微控制器和 LCD 驱动芯片有多种连接模式，主要包括：MCU 模式、RGB 模式、SPI 模式、VSYNC 模式等。但应用比较多的就是 MCU 模式和 RGB 模式，其中 MCU 模式是我们重点要介绍的，也是我们电路中采用的模式。

（1）MCU 模式：主要是在单片机领域使用。MCU - LCD 接口的标准是 Intel 提出的 8080 总线标准，（也可用 I80 代表）。MCU 模式又可以分为 8080 模式和 6800 模式，这两者之间主要是时序的区别。数据宽度有 8 位、9 位、16 位、18 位、24 位几种。电路连接线主要有/CS、RS（寄存器选择）、/RD、/WR 和数据线。这种接口模式的优点是：控制简单方便，无需时钟和同步信号；缺点是：要耗费驱动芯片的 GRAM（驱动芯片内部的存储空间，芯片内部很难设计出大容量的空间），因此这种接口很难支持大屏幕（3.8 以上）；另外由于处理器要把显示的数据送入 GRAM 后才能在液晶屏上显示，因此速度较低，对动画效果支持较差，一般只支持静态画面的显示。

（2）VSYNC 模式：该模式是在 MCU 模式下增加了一根 VSYNC（帧同步）信号线，速度较 MCU 模式快，主要应用于运动画面的显示。

（3）RGB 模式：该模式一般为大屏所采用，数据位传输有 8、16、18、24 位。信号一般有 VSYNC（帧同步）、HSYNC（行同步）、DOTCLK（像素时钟）、ENABLE（使能信号）以及数据信号。速度快，但需提供时钟和同步信号。

（4）SPI 模式：信号有/CS、SLK、SDI、SDO 四根线，相对简单，但是软件控制比较复杂。一般很少用。

最常见的液晶屏 FPC 接口电路如图 3.17 所示。具体接口引脚及说明如表 17.1 所列。

表 17.1　FPC 引脚定义及说明

管脚号	符号	功能	管脚号	符号	功能
1	DB0	LCD 数据信号线	20	LEDK4	背光 LED 负极性端
2	DB1	LCD 数据信号线	21	GND	地
3	DB2	LCD 数据信号线	22	DB4	LCD 数据信号线
4	DB3	LCD 数据信号线	23	DB8	LCD 数据信号线
5	GND	地	24	DB9	LCD 数据信号线
6	VCC	模拟电路电源（+2.5 ~ +3.3V）	25	DB10	LCD 数据信号线
7	/CS	片选信号低有效	26	DB11	LCD 数据信号线
8	RS	指令/数据选择端，L：指令，H：数据	27	DB12	LCD 数据信号线
9	/WR	LCD 写控制端，低有效	28	DB13	LCD 数据信号线
10	/RD	LCD 读控制端，低有效	29	DB14	LCD 数据信号线
11	IM0	数据线宽度选择（高：8 位，低：16 位）	30	DB15	LCD 数据信号线
12	X +	触摸屏信号线	31	/RESET	复位信号线
13	Y +	触摸屏信号线	32	VCC	模拟电路电源（+2.5 ~ +3.3V）
14	X -	触摸屏信号线	33	VCC	I/O 接口电压（-1.65 ~ +3.3V）
15	Y -	触摸屏信号线	34	GND	地

（续）

管脚号	符号	功能	管脚号	符号	功能
16	LEDA	背光 LED 正极性端	35	DB5	LCD 数据信号线
17	LEDK1	背光 LED 负极性端	36	DB6	LCD 数据信号线
18`	LEDK2	背光 LED 负极性端	37	DB7	LCD 数据信号线
19	LEDK3	背光 LED 负极性端			

由表 17.1 中 11 号引脚 IM0 的作用是选择数据线宽度，由于在图 3.17 所示的电路中我们将该引脚上拉至高电平，因此我们电路中送给液晶驱动芯片的数据总线宽度是 8 位的（PIO2_4 ~ PIO2_11 连接到 DB8 ~ DB15）；而液晶驱动芯片的读写控制信号则与 LPC1114 的 PIO3 接口的四个引脚相连；触摸液晶屏的位置数据信号（X +，Y +，X -，Y -）与 XPT2046 芯片相连，该芯片将触摸的具体位置信息计算完成后通过接口反馈给微处理器。（/ * 希望大家回头再看一下 3.2.13 小节 * /）

由于我们电路采用的是 MCU 8 位数据接口，因此我们可以用两帧数据来表示一个像素的 RGB 数值，具体表示方法如图 17.4 所示，第一帧的高 5 位表示红色，第一帧的低 3 位和第二帧的高 3 位表示绿色，第二帧的低 5 位表示蓝色。同样，由于 ILI9325 驱动芯片的指令一般也都是 16 位长，因此可以用两帧数据来表示一个指令。（/ * LCD 每个像素用多少帧数据来表示以及表示的方法大家可以参考 ILI9325 的用户手册，其他表示方法我们这里不介绍，总之这都是可以通过给 ILI9325 写命令来设置的。 * /）

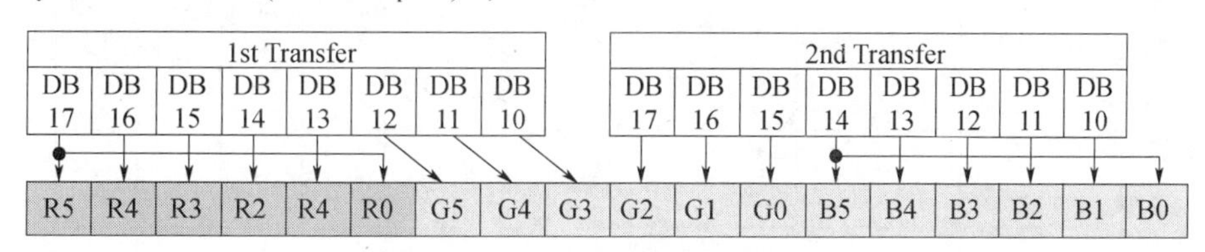

图 17.4　65K 色数据表示方法

17.2.3　ILI9235 液晶驱动芯片控制简介

我们都知道，一旦涉及到显示，就包括屏幕刷新方式、背光的亮度、显示的方向、显示的位置等一系列参数需要设置，这些具体参数设置的方法还是要看 ILI9325 的指令表（参见附录 A），下面我们在表 17.2 中给出了一些常用的寄存器及其指令编码（实际上就是寄存器的编号）。（/ * 请大家注意表中的英文缩写，我们后面介绍一些指令的时候可能会用到，当你发现某个英文缩写没有见过，不知道什么意思的时候，请到表中或者附录 A 中找找。 * /）

从表中我们可以看出 R3 寄存器主要用来设置入口模式，R7 寄存器主要用来对显示进行控制，R80 寄存器主要用来对显示的行起始地址进行设置。（/ * 其他寄存器不再多说，用到的时候我们再回头来看。好了，现在大家知道如何控制液晶显示了吧，就是通过对 ILI9325 发送各种命令来完成。要想把 LCD 设置好，数据手册是必须要吃透的，这个很难，因此能够把 LCD 调校好是非常了不起的！ * /）

表 17.2 ILI9325 常用指令表

编号	指令	各位描述																命令
	HEX	D15	D14	D13	D12	D11	D10	D9	D8	D7	D6	D5	D4	D3	D2	D1	D0	
R0	0X00	1	*	*	*	*	*	*	*	*	*	*	*	*	*	*	OSC	打开振荡器/读取控制器型号
		1	0	0	1	0	0	1	1	0	0	1	0	0	0	0	0	
R3	0X03	TRI	DFM	0	BGR	0	0	HWM	0	ORG	0	I/D1	I/D0	AM	0	0	0	入口模式
R7	0X07	0	0	PTDE1	PTDE0	0	0	0	BASEE	0	0	GON	DTE	CL	0	D1	D0	显示控制
R32	0X20	0	0	0	0	0	0	0	0	AD7	AD6	AD5	AD4	AD3	AD2	AD1	AD0	行地址(X)设置
R33	0X21	0	0	0	0	0	0	0	AD16	AD15	AD14	AD13	AD12	AD11	AD10	AD9	AD8	列地址(Y)设置
R34	0X22	NC	NC	NC	NC	NC	NC	NC	NC	NC	NC	NC	NC	NC	NC	NC	NC	写数据到 GRAM
R80	0X50	0	0	0	0	0	0	0	0	HSA7	HSA6	HSA5	HSA4	HSA3	HSA2	HSA1	HSA0	行起始地址(X)设置
R81	0X51	0	0	0	0	0	0	0	0	HEA7	HEA6	HEA5	HEA4	HEA3	HEA2	HEA1	HEA0	行结束地址(X)设置
R82	0X52	0	0	0	0	0	0	0	VSA8	VSA7	VSA6	VSA5	VSA4	VSA3	VSA2	VSA1	VSA0	列起始地址(Y)设置
R83	0X53	0	0	0	0	0	0	0	VEA8	VEA7	VEA6	VEA5	VEA4	VEA3	VEA2	VEA1	VEA0	列结束地址(Y)设置

在后面介绍ILI9325驱动芯片初始化的时候,我们会详细介绍一些常用指令的意义以及指令中关键比特位的作用,此处就不再空对空的描述了,所以大家要仔细看我们的代码分析。

17.3 LCD英文显示程序设计及详细分析

这里我们给出一个在LCD液晶屏上显示字符串的实例程序。该实例的程序结构如图17.5所示,除了startup_LPC11xx.s、system_LPC11xx.c和main.c文件外,我们还需要再写几个文件并加入到工程当中,这些文件是ascii.h、LCD_9325.h两个头文件和LCD_9325.c程序文件。下面我们就一一来进行介绍,请大家注意我们在代码中给出的中文注释。

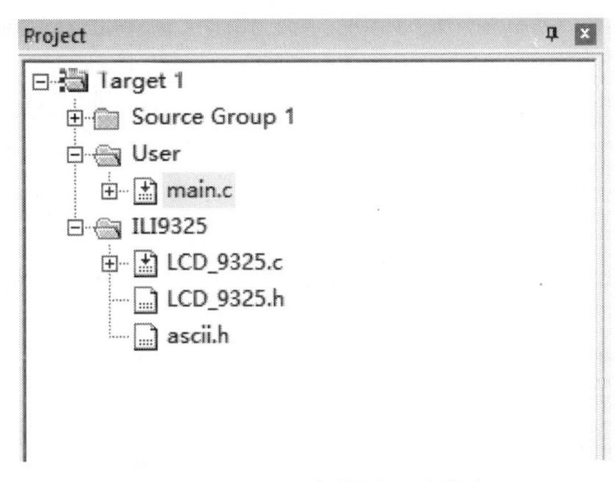

图17.5 LCD液晶屏显示英文

1. ascii.h 文件详细分析

ascii.h文件主要给出了95个常用ASCII码字符以宋体模式在液晶屏幕上显示的点阵数据,该点阵数据是一个二维数组。那么该点阵数据是如何来的呢?大家都知道,通常情况下我们在液晶屏幕上显示字符的时候会以16像素×8像素显示一个英文ASCII码字符。如图17.6所示,在一个16×8的像素区域内,我们显示了一个宋体的"+"符号,那么这个加号的点阵数据是多少呢,就是:00H,00H,00H,00H,10H,10H,10H,10H,FEH,10H,10H,10H,10H,00H,00H,00H这16个字节。细心的同学可能已经看出来了,某个位为0,表明此处不发光,某个位为1表明此处要发光。因此一个英文字符如果要在16×8的像素区域显示,就需要16个字节的数据(如果不是16×8的像素区域,那么所需的字节数量会不同,一般是多少个像素就需要多少个字节)。

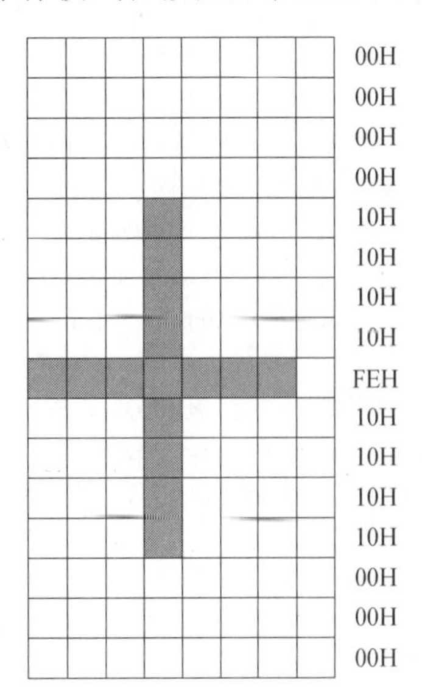

图17.6 "+"号字模

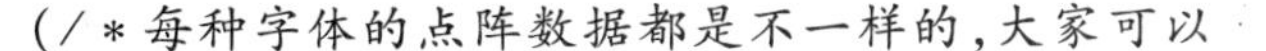
(/*每种字体的点阵数据都是不一样的,大家可以

利用 PCtoLCD2002 等字模生成软件生成自己需要的显示字的字模。*/)

好了,上述内容看过了以后,我们就看看 ascii.h 文件中的代码。ascii_16[95][16] 这个二维数组中给出的就是常用 ASCII 码的点阵数据,每个 ASCII 码字符占 16 个字节,一共 95 个 ASCII 码字符。代码 14 行中就是一个“+”的点阵数据,大家可以看一下,和我们上面给出的是一样的。

程序段 17.1 ascii.h 文件代码

```
001    /*常用 ASCII 码点阵数据,16*8 点阵,宋体,共 95*16=1520 个字节*/
002    const unsigned char ascii_16[95][16]={
003    {0x00,0x00,0x00,0x00,0x00,0x00,0x00,0x00,0x00,0x00,0x00,0x00,0x00,0x00,0x00,0x00},
                                                                        /*" ",0*/
004    {0x00,0x00,0x00,0x10,0x10,0x10,0x10,0x10,0x10,0x10,0x00,0x00,0x18,0x18,0x00,0x00},
                                                                        /*"!",1*/
005    {0x00,0x12,0x36,0x24,0x48,0x00,0x00,0x00,0x00,0x00,0x00,0x00,0x00,0x00,0x00,0x00},
                                                                        /*""",2*/
006    {0x00,0x00,0x00,0x24,0x24,0x24,0xFE,0x48,0x48,0x48,0xFE,0x48,0x48,0x48,0x00,0x00},
                                                                        /*"#",3*/
007    {0x00,0x00,0x10,0x38,0x54,0x54,0x50,0x30,0x18,0x14,0x14,0x54,0x54,0x38,0x10,0x10},
                                                                        /*"$",4*/
008    {0x00,0x00,0x00,0x44,0xA4,0xA8,0xA8,0xA8,0x54,0x1A,0x2A,0x2A,0x2A,0x44,0x00,0x00},
                                                                        /*"%",5*/
009    {0x00,0x00,0x00,0x30,0x48,0x48,0x48,0x50,0x6E,0xA4,0x94,0x88,0x89,0x76,0x00,0x00},
                                                                        /*"&",6*/
010    {0x00,0x60,0x60,0x20,0xC0,0x00,0x00,0x00,0x00,0x00,0x00,0x00,0x00,0x00,0x00,0x00},
                                                                        /*"'",7*/
011    {0x00,0x02,0x04,0x08,0x08,0x10,0x10,0x10,0x10,0x10,0x10,0x08,0x08,0x04,0x02,0x00},
                                                                        /*"(",8*/
012    {0x00,0x40,0x20,0x10,0x10,0x08,0x08,0x08,0x08,0x08,0x08,0x10,0x10,0x20,0x40,0x00},
                                                                        /*")",9*/
013    {0x00,0x00,0x00,0x00,0x10,0x10,0xD6,0x38,0x38,0xD6,0x10,0x10,0x00,0x00,0x00,0x00},
                                                                        /*"*",10*/
014    {0x00,0x00,0x00,0x00,0x10,0x10,0x10,0x10,0xFE,0x10,0x10,0x10,0x10,0x00,0x00,0x00},
                                                                        /*"+",11*/
015    {0x00,0x00,0x00,0x00,0x00,0x00,0x00,0x00,0x00,0x00,0x00,0x00,0x60,0x60,0x20,0xC0},
                                                                        /*",",12*/
016    {0x00,0x00,0x00,0x00,0x00,0x00,0x00,0x00,0x7F,0x00,0x00,0x00,0x00,0x00,0x00,0x00},
                                                                        /*"-",13*/
017    {0x00,0x00,0x00,0x00,0x00,0x00,0x00,0x00,0x00,0x00,0x00,0x00,0x60,0x60,0x00,0x00},
                                                                        /*".",14*/
018    {0x00,0x00,0x01,0x02,0x02,0x04,0x04,0x08,0x08,0x10,0x10,0x20,0x20,0x40,0x40,0x00},
                                                                        /*"/",15*/
019    {0x00,0x00,0x00,0x18,0x24,0x42,0x42,0x42,0x42,0x42,0x42,0x42,0x24,0x18,0x00,0x00},
                                                                        /*"0",16*/
020    {0x00,0x00,0x00,0x10,0x70,0x10,0x10,0x10,0x10,0x10,0x10,0x10,0x10,0x7C,0x00,0x00},
                                                                        /*"1",17*/
```

```
021    {0x00,0x00,0x00,0x3C,0x42,0x42,0x42,0x04,0x04,0x08,0x10,0x20,0x42,0x7E,0x00,0x00},
                                                                              /*"2",18*/
022    {0x00,0x00,0x00,0x3C,0x42,0x42,0x04,0x18,0x04,0x02,0x02,0x42,0x44,0x38,0x00,0x00},
                                                                              /*"3",19*/
023    {0x00,0x00,0x00,0x04,0x0C,0x14,0x24,0x24,0x44,0x44,0x7E,0x04,0x04,0x1E,0x00,0x00},
                                                                              /*"4",20*/
024    {0x00,0x00,0x00,0x7E,0x40,0x40,0x40,0x58,0x64,0x02,0x02,0x42,0x44,0x38,0x00,0x00},
                                                                              /*"5",21*/
025    {0x00,0x00,0x00,0x1C,0x24,0x40,0x40,0x58,0x64,0x42,0x42,0x42,0x24,0x18,0x00,0x00},
                                                                              /*"6",22*/
026    {0x00,0x00,0x00,0x7E,0x44,0x44,0x08,0x08,0x10,0x10,0x10,0x10,0x10,0x10,0x00,0x00},
                                                                              /*"7",23*/
027    {0x00,0x00,0x00,0x3C,0x42,0x42,0x42,0x24,0x18,0x24,0x42,0x42,0x42,0x3C,0x00,0x00},
                                                                              /*"8",24*/
028    {0x00,0x00,0x00,0x18,0x24,0x42,0x42,0x42,0x26,0x1A,0x02,0x02,0x24,0x38,0x00,0x00},
                                                                              /*"9",25*/
029    {0x00,0x00,0x00,0x00,0x00,0x00,0x18,0x18,0x00,0x00,0x00,0x00,0x18,0x18,0x00,0x00},
                                                                              /*":",26*/
030    {0x00,0x00,0x00,0x00,0x00,0x00,0x00,0x10,0x00,0x00,0x00,0x00,0x00,0x10,0x10,0x20},
                                                                              /*";",27*/
031    {0x00,0x00,0x00,0x02,0x04,0x08,0x10,0x20,0x40,0x20,0x10,0x08,0x04,0x02,0x00,0x00},
                                                                              /*"<",28*/
032    {0x00,0x00,0x00,0x00,0x00,0x00,0xFE,0x00,0x00,0x00,0xFE,0x00,0x00,0x00,0x00,0x00},
                                                                              /*"=",29*/
033    {0x00,0x00,0x00,0x40,0x20,0x10,0x08,0x04,0x02,0x04,0x08,0x10,0x20,0x40,0x00,0x00},
                                                                              /*">",30*/
034    {0x00,0x00,0x00,0x3C,0x42,0x42,0x62,0x02,0x04,0x08,0x08,0x00,0x18,0x18,0x00,0x00},
                                                                              /*"?",31*/
035    {0x00,0x00,0x00,0x38,0x44,0x5A,0xAA,0xAA,0xAA,0xAA,0xB4,0x42,0x44,0x38,0x00,0x00},
                                                                              /*"@",32*/
036    {0x00,0x00,0x00,0x10,0x10,0x18,0x28,0x28,0x24,0x3C,0x44,0x42,0x42,0xE7,0x00,0x00},
                                                                              /*"A",33*/
037    {0x00,0x00,0x00,0xF8,0x44,0x44,0x44,0x78,0x44,0x42,0x42,0x42,0x44,0xF8,0x00,0x00},
                                                                              /*"B",34*/
038    {0x00,0x00,0x00,0x3E,0x42,0x42,0x80,0x80,0x80,0x80,0x80,0x42,0x44,0x38,0x00,0x00},
                                                                              /*"C",35*/
039    {0x00,0x00,0x00,0xF8,0x44,0x42,0x42,0x42,0x42,0x42,0x42,0x42,0x44,0xF8,0x00,0x00},
                                                                              /*"D",36*/
040    {0x00,0x00,0x00,0xFC,0x42,0x48,0x48,0x78,0x48,0x48,0x40,0x42,0x42,0xFC,0x00,0x00},
                                                                              /*"E",37*/
041    {0x00,0x00,0x00,0xFC,0x42,0x48,0x48,0x78,0x48,0x48,0x40,0x40,0x40,0xE0,0x00,0x00},
                                                                              /*"F",38*/
042    {0x00,0x00,0x00,0x3C,0x44,0x44,0x80,0x80,0x80,0x8E,0x84,0x44,0x44,0x38,0x00,0x00},
                                                                              /*"G",39*/
```

```
043    {0x00,0x00,0x00,0xE7,0x42,0x42,0x42,0x42,0x7E,0x42,0x42,0x42,0x42,0xE7,0x00,0x00},
                                                                             /*"H",40*/
044    {0x00,0x00,0x00,0x7C,0x10,0x10,0x10,0x10,0x10,0x10,0x10,0x10,0x10,0x7C,0x00,0x00},
                                                                             /*"I",41*/
045    {0x00,0x00,0x00,0x3E,0x08,0x08,0x08,0x08,0x08,0x08,0x08,0x08,0x08,0x08,0x88,0xF0},
                                                                             /*"J",42*/
046    {0x00,0x00,0x00,0xEE,0x44,0x48,0x50,0x70,0x50,0x48,0x48,0x44,0x44,0xEE,0x00,0x00},
                                                                             /*"K",43*/
047    {0x00,0x00,0x00,0xE0,0x40,0x40,0x40,0x40,0x40,0x40,0x40,0x40,0x42,0xFE,0x00,0x00},
                                                                             /*"L",44*/
048    {0x00,0x00,0x00,0xEE,0x6C,0x6C,0x6C,0x6C,0x54,0x54,0x54,0x54,0x54,0xD6,0x00,0x00},
                                                                             /*"M",45*/
049    {0x00,0x00,0x00,0xC7,0x62,0x62,0x52,0x52,0x4A,0x4A,0x4A,0x46,0x46,0xE2,0x00,0x00},
                                                                             /*"N",46*/
050    {0x00,0x00,0x00,0x38,0x44,0x82,0x82,0x82,0x82,0x82,0x82,0x82,0x44,0x38,0x00,0x00},
                                                                             /*"O",47*/
051    {0x00,0x00,0x00,0xFC,0x42,0x42,0x42,0x42,0x7C,0x40,0x40,0x40,0x40,0xE0,0x00,0x00},
                                                                             /*"P",48*/
052    {0x00,0x00,0x00,0x38,0x44,0x82,0x82,0x82,0x82,0x82,0xB2,0xCA,0x4C,0x38,0x06,0x00},
                                                                             /*"Q",49*/
053    {0x00,0x00,0x00,0xFC,0x42,0x42,0x42,0x7C,0x48,0x48,0x44,0x44,0x42,0xE3,0x00,0x00},
                                                                             /*"R",50*/
054    {0x00,0x00,0x00,0x3E,0x42,0x42,0x40,0x20,0x18,0x04,0x02,0x42,0x42,0x7C,0x00,0x00},
                                                                             /*"S",51*/
055    {0x00,0x00,0x00,0xFE,0x92,0x10,0x10,0x10,0x10,0x10,0x10,0x10,0x10,0x38,0x00,0x00},
                                                                             /*"T",52*/
056    {0x00,0x00,0x00,0xE7,0x42,0x42,0x42,0x42,0x42,0x42,0x42,0x42,0x42,0x3C,0x00,0x00},
                                                                             /*"U",53*/
057    {0x00,0x00,0x00,0xE7,0x42,0x42,0x44,0x24,0x24,0x28,0x28,0x18,0x10,0x10,0x00,0x00},
                                                                             /*"V",54*/
058    {0x00,0x00,0x00,0xD6,0x92,0x92,0x92,0x92,0xAA,0xAA,0x6C,0x44,0x44,0x44,0x00,0x00},
                                                                             /*"W",55*/
059    {0x00,0x00,0x00,0xE7,0x42,0x24,0x24,0x18,0x18,0x18,0x24,0x24,0x42,0xE7,0x00,0x00},
                                                                             /*"X",56*/
060    {0x00,0x00,0x00,0xEE,0x44,0x44,0x28,0x28,0x10,0x10,0x10,0x10,0x10,0x38,0x00,0x00},
                                                                             /*"Y",57*/
061    {0x00,0x00,0x00,0x7E,0x84,0x04,0x08,0x08,0x10,0x20,0x20,0x42,0x42,0xFC,0x00,0x00},
                                                                             /*"Z",58*/
062    {0x00,0x1E,0x10,0x10,0x10,0x10,0x10,0x10,0x10,0x10,0x10,0x10,0x10,0x10,0x1E,0x00},
                                                                             /*"[",59*/
063    {0x00,0x00,0x40,0x40,0x20,0x20,0x10,0x10,0x10,0x08,0x08,0x04,0x04,0x04,0x02,0x02},
                                                                             /*"\",60*/
064    {0x00,0x78,0x08,0x08,0x08,0x08,0x08,0x08,0x08,0x08,0x08,0x08,0x08,0x08,0x78,0x00},
                                                                             /*"]",61*/
```

```
065  {0x00,0x1C,0x22,0x00,0x00,0x00,0x00,0x00,0x00,0x00,0x00,0x00,0x00,0x00,0x00,0x00},
                                                                                /*"^",62*/
066  {0x00,0x00,0x00,0x00,0x00,0x00,0x00,0x00,0x00,0x00,0x00,0x00,0x00,0x00,0x00,0xFF},
                                                                                /*"_",63*/
067  {0x00,0x60,0x10,0x00,0x00,0x00,0x00,0x00,0x00,0x00,0x00,0x00,0x00,0x00,0x00,0x00},
                                                                                /*"`",64*/
068  {0x00,0x00,0x00,0x00,0x00,0x00,0x00,0x3C,0x42,0x1E,0x22,0x42,0x42,0x3F,0x00,0x00},
                                                                                /*"a",65*/
069  {0x00,0x00,0x00,0xC0,0x40,0x40,0x40,0x58,0x64,0x42,0x42,0x42,0x64,0x58,0x00,0x00},
                                                                                /*"b",66*/
070  {0x00,0x00,0x00,0x00,0x00,0x00,0x00,0x1C,0x22,0x40,0x40,0x40,0x22,0x1C,0x00,0x00},
                                                                                /*"c",67*/
071  {0x00,0x00,0x00,0x06,0x02,0x02,0x02,0x1E,0x22,0x42,0x42,0x42,0x26,0x1B,0x00,0x00},
                                                                                /*"d",68*/
072  {0x00,0x00,0x00,0x00,0x00,0x00,0x00,0x3C,0x42,0x7E,0x40,0x40,0x42,0x3C,0x00,0x00},
                                                                                /*"e",69*/
073  {0x00,0x00,0x00,0x0F,0x11,0x10,0x10,0x7E,0x10,0x10,0x10,0x10,0x10,0x7C,0x00,0x00},
                                                                                /*"f",70*/
074  {0x00,0x00,0x00,0x00,0x00,0x00,0x00,0x3E,0x44,0x44,0x38,0x40,0x3C,0x42,0x42,0x3C},
                                                                                /*"g",71*/
075  {0x00,0x00,0x00,0xC0,0x40,0x40,0x40,0x5C,0x62,0x42,0x42,0x42,0x42,0xE7,0x00,0x00},
                                                                                /*"h",72*/
076  {0x00,0x00,0x00,0x30,0x30,0x00,0x00,0x70,0x10,0x10,0x10,0x10,0x10,0x7C,0x00,0x00},
                                                                                /*"i",73*/
077  {0x00,0x00,0x00,0x0C,0x0C,0x00,0x00,0x1C,0x04,0x04,0x04,0x04,0x04,0x04,0x44,0x78},
                                                                                /*"j",74*/
078  {0x00,0x00,0x00,0xC0,0x40,0x40,0x40,0x4E,0x48,0x50,0x68,0x48,0x44,0xEE,0x00,0x00},
                                                                                /*"k",75*/
079  {0x00,0x00,0x00,0x70,0x10,0x10,0x10,0x10,0x10,0x10,0x10,0x10,0x10,0x7C,0x00,0x00},
                                                                                /*"l",76*/
080  {0x00,0x00,0x00,0x00,0x00,0x00,0x00,0xFE,0x49,0x49,0x49,0x49,0x49,0xED,0x00,0x00},
                                                                                /*"m",77*/
081  {0x00,0x00,0x00,0x00,0x00,0x00,0x00,0xDC,0x62,0x42,0x42,0x42,0x42,0xE7,0x00,0x00},
                                                                                /*"n",78*/
082  {0x00,0x00,0x00,0x00,0x00,0x00,0x00,0x3C,0x42,0x42,0x42,0x42,0x42,0x3C,0x00,0x00},
                                                                                /*"o",79*/
083  {0x00,0x00,0x00,0x00,0x00,0x00,0x00,0xD8,0x64,0x42,0x42,0x42,0x44,0x78,0x40,0xE0},
                                                                                /*"p",80*/
084  {0x00,0x00,0x00,0x00,0x00,0x00,0x00,0x1E,0x22,0x42,0x42,0x42,0x22,0x1E,0x02,0x07},
                                                                                /*"q",81*/
085  {0x00,0x00,0x00,0x00,0x00,0x00,0x00,0xEE,0x32,0x20,0x20,0x20,0x20,0xF8,0x00,0x00},
                                                                                /*"r",82*/
086  {0x00,0x00,0x00,0x00,0x00,0x00,0x00,0x3E,0x42,0x40,0x3C,0x02,0x42,0x7C,0x00,0x00},
                                                                                /*"s",83*/
```

```
087     {0x00,0x00,0x00,0x00,0x00,0x10,0x10,0x7C,0x10,0x10,0x10,0x10,0x10,0x0C,0x00,0x00},
                                                                                  /*"t",84*/
088     {0x00,0x00,0x00,0x00,0x00,0x00,0x00,0xC6,0x42,0x42,0x42,0x42,0x46,0x3B,0x00,0x00},
                                                                                  /*"u",85*/
089     {0x00,0x00,0x00,0x00,0x00,0x00,0x00,0xE7,0x42,0x24,0x24,0x28,0x10,0x10,0x00,0x00},
                                                                                  /*"v",86*/
090     {0x00,0x00,0x00,0x00,0x00,0x00,0x00,0xD7,0x92,0x92,0xAA,0xAA,0x44,0x44,0x00,0x00},
                                                                                  /*"w",87*/
091     {0x00,0x00,0x00,0x00,0x00,0x00,0x00,0x6E,0x24,0x18,0x18,0x18,0x24,0x76,0x00,0x00},
                                                                                  /*"x",88*/
092     {0x00,0x00,0x00,0x00,0x00,0x00,0x00,0xE7,0x42,0x24,0x24,0x28,0x18,0x10,0x10,0xE0},
                                                                                  /*"y",89*/
093     {0x00,0x00,0x00,0x00,0x00,0x00,0x00,0x7E,0x44,0x08,0x10,0x10,0x22,0x7E,0x00,0x00},
                                                                                  /*"z",90*/
094     {0x00,0x03,0x04,0x04,0x04,0x04,0x04,0x08,0x04,0x04,0x04,0x04,0x04,0x04,0x03,0x00},
                                                                                  /*"{",91*/
095     {0x08,0x08,0x08,0x08,0x08,0x08,0x08,0x08,0x08,0x08,0x08,0x08,0x08,0x08,0x08,0x08},
                                                                                  /*"|",92*/
096     {0x00,0x60,0x10,0x10,0x10,0x10,0x10,0x08,0x10,0x10,0x10,0x10,0x10,0x10,0x60,0x00},
                                                                                  /*"}",93*/
097     {0x30,0x4C,0x43,0x00,0x00,0x00,0x00,0x00,0x00,0x00,0x00,0x00,0x00,0x00,0x00,0x00},
                                                                                  /*"~",94*/
098  };
099
```

2. LCD_9325.h文件详细分析

LCD_9325.h文件主要声明LCD_9325.c文件中定义的一系列函数和宏变量,具体分析如程序段17.2所示。

程序段17.2 LCD_9325.h文件代码

```
01  #ifndef __LCD_9325_H__   //强烈推荐大家在头文件中使用此类宏定义,从而防止整个头文件的“重复包含”
02  #define __LCD_9325_H__
03
04  #include "stdint.h"   //需要用到的其他头文件

    /*6~21行给出了各种颜色的宏常量定义*/

06  #define   RED          0XF800     //红色
07  #define   GREEN        0X07E0     //绿色
08  #define   BLUE         0X001F     //蓝色
09  #define   WHITE        0XFFFF     //白色
10  #define   BLACK        0X0000     //黑色
11  #define   YELLOW       0XFFE0     //黄色
12  #define   ORANGE       0XFC08     //橙色
13  #define   GRAY         0X8430     //灰色
```

```
14  #define   LGRAY         0XC618    //浅灰色
15  #define   DARKGRAY      0X8410    //深灰色
16  #define   PORPO         0X801F    //紫色
17  #define   PINK          0XF81F    //粉色
18  #define   GRAYBLUE      0X5458    //灰蓝色
19  #define   LGRAYBLUE     0XA651    //浅灰蓝色
20  #define   DARKBLUE      0X01CF    //深蓝色
21  #define   LBLUE         0X7D7C    //浅蓝色
```

/*22 行给出了一个宏定义的操作,该操作是将需要送出的数据 value 送到 PIO2_11 ~ PIO2_4 这 8 个引脚上。而实际上这 8 个引脚是与液晶驱动芯片数据总线的高 8 位相连接的(我们采用的是 I80 的 8 位接口),因此此处送出数据的操作实际上就向 9325 芯片送入数据。*/

```
22  #define OUT_DATA(value) LPC_GPIO2 - > DATA  = (value < <4);
23
24  extern void WR_DATA(uint16_t val);  //向寄存器写数据函数
25  extern void WR_REG(uint16_t reg);  //确定向哪个寄存器写数据的函数
26  extern void WR_REG_DATA(uint16_t REG, uint16_t VALUE);//先确定寄存器再写数据函数
27  extern uint16_t RD_DATA(void);          //读寄存器
28  extern uint16_t RD_REG_DATA(uint16_t REG);//先选择寄存器再读
29  extern void XYRAM(uint16_t xstart ,uint16_t ystart ,uint16_t xend ,uint16_t yend);  //设置显示区域函数
30  extern void LCD_Init(void);  // 初始化液晶显示器
31  extern void DisplayOn(void);  //开启显示
32  extern void DisplayOff(void);  //关闭显示
33  extern void Clear(uint16_t color);  //清屏函数
34  extern void ShowChar(uint16_t x,uint16_t y,uint16_t num);//显示 ASCII 字符
35  extern void ShowString(uint16_t x,uint16_t y,uint8_t * p);//显示英文字符串
36  extern uint16_t   POINT_COLOR;  //定义一个变量,代表像素点的颜色
37  extern uint16_t   BACK_COLOR;  //定义一个变量,代表显示背景颜色
38
39  #endif
```

3. LCD_9325.c 文件详细分析

LCD_9325.c 文件主要给出了一系列对 ILI9325 读写和设置的函数。具体分析如程序段 17.3 所示。(/*本段代码的初始化函数中涉及很多 ILI9325 寄存器的控制,想快速了解这些寄存器的功能,建议大家到网上搜索“ILI9325_指令说明”的文档看看。*/)

程序段 17.3 LCD_9325.c 文件代码

```
001  #include "lpc11xx.h"
002  #include "LCD_9325.h"
003  #include "ascii.h"
004
005  uint16_t   POINT_COLOR = BLACK;  //设置变量值,实际上是设置字符显示颜色为黑色
006  uint16_t   BACK_COLOR = WHITE;  //设置变量值,实际上是设置字符显示背景颜色为白色
007  /*************************************/
```

```
008  /*函数功能;延迟函数                    */
009  /****************************************************/
010  void delay(uint32_t i)  //简单的延迟函数,参数为i
011  {
012    i = i * 1000;
013    while(i > 0)
014    {
015      i - -;
016    }
017  }

020  /****************************************************/
021  /*函数功能;向ILI9325的寄存器写数据              */
028  /****************************************************/
```

/*29行处是向ILI9325内部寄存器写入数据的过程,ILI9325驱动芯片的RS引脚与微控制器的PIO3_0引脚相连,RS信号的作用是告知9325现在输入的是指令还是数据,如果RS为高电平,则输入的是数据,如果RS位低电平,则输入的是指令。ILI9325的CS引脚连接到了微控制器PIO3_1引脚上,用作片选信号,低电平有效。ILI9325的WR写信号引脚与微控制器的PIO3_2相连,当WR信号为低电平是,表明要写入数据。ILI9325的RD读信号与微控制器的PIO3_3相连,当RD为低电平是,表明要读数据。*/

```
029  void WR_DATA(uint16_t val)  //val为需要向寄存器内写入的数据,为16bit数据,8位总线宽度需写2次
030  {
031    LPC_GPIO3 - >DATA | = (1 < <0);  //RS = 1,为高电平,表明后面输入的是数据
032    LPC_GPIO3 - >DATA & = ~(1 < <1);//CS = 0,设置片选信号有效,使能驱动芯片
033    OUT_DATA(val > >8);  //将数据的高八位送到PIO2_11 ~ PIO2_4引脚上
034    LPC_GPIO3 - >DATA & = ~(1 < <2);//WR = 0,设置写信号为低电平,此时数据送入到了ILI9325
035    LPC_GPIO3 - >DATA | = (1 < <2);//WR = 1, 设置写信号为高电平,停止写入
036    OUT_DATA(val);//将数据的低8位送到PIO2_11 ~ PIO2_4引脚上
037    LPC_GPIO3 - >DATA & = ~(1 < <2);//WR = 0,设置写信号为低电平,此时数据送入到了ILI9325
038    LPC_GPIO3 - >DATA | = (1 < <2);//WR = 1,设置写信号为高电平,停止写入
039    LPC_GPIO3 - >DATA | = (1 < <1);//CS = 1, 设置片选信号无效
040  }
043  /****************************************************/
044  /*函数功能:确定向哪个寄存器中写数据              */
047  /****************************************************/
048  void WR_REG(uint16_t reg) //reg为寄存器的编号,请大家参考表17.2的第2列
049  {
050    LPC_GPIO3 - >DATA & = ~(1 < <0);//RS = 0,表明当前要输入的是指令
051    LPC_GPIO3 - >DATA & = ~(1 < <1);//CS = 0,使能驱动芯片
052    OUT_DATA(reg > >8);          //将寄存器编码的高8位送入到PIO2_11 ~ PIO2_4引脚上
053    LPC_GPIO3 - >DATA & = ~(1 < <2);//WR = 0,使能写信号,数据写入到驱动芯片
054    LPC_GPIO3 - >DATA | = (1 < <2);//WR = 1,停止写
055    OUT_DATA(reg);//将寄存器编码的低8位送入到PIO2_11 ~ PIO2_4引脚上
056    LPC_GPIO3 - >DATA & = ~(1 < <2);//WR = 0,使能写信号,数据写入到驱动芯片
```

```
057     LPC_GPIO3 - >DATA | =(1< <2);//WR =1,停止写
058     LPC_GPIO3 - >DATA | =(1< <0);//RS =1,表示指令输入完成
059   }
062   /*****************************************************/
063   /*函数功能;向某一个寄存器写入数据                *        */
067   /*****************************************************/
```

/*向某一个寄存器写入数据的函数,REG给出具体的寄存器编号,VALUE给出要写入的数据值,该函数是WR_REG和WR_DATA两个函数的组合体,因此我们可以看出,要想向ILI9325某个寄存器写入数据首先要给出写入寄存器的编号,也即是指令,随后给出要写入到寄存器内部的数据。需要注意的是寄存器编号和数据都是16位的,因为寄存器就是16位的。*/

```
068   void WR_REG_DATA(uint16_t REG, uint16_t VALUE)
069   {
070     WR_REG(REG);
071     WR_DATA(VALUE);
072   }
073   /*****************************************************/
074   /*函数功能;读寄存器内的16位数据                  *        */
076   /*****************************************************/
077   uint16_t RD_DATA(void)
078   {
079     uint16_t value1,value2,value;  //定义三个需要临时用到的变量,都是16位宽
080
081     LPC_GPIO3 - >DATA | =(1< <0);  //RS =1,高电平,表示要操作的是数据不是指令
082     LPC_GPIO3 - >DATA & = ~(1< <1);//CS =0,片选信号有效
083     LPC_GPIO3 - >DATA & = ~(1< <3);//RD =0,读信号为低电平,有效,开始读数据
```

/*首先说明,由于ILI9325寄存器宽度为16位,因此必须读2次才能将寄存器内的数据读取出来,首先读出来的是高8位,第二次读出来的是低8位。程序84行语句的作用是将读出来的数据送入到value1中,由于数据来自PIO2_11~PIO2_4这8个引脚,因此此时value1中有效的数据是中间的8位,这8位是寄存器内数据的高8位。*/

```
084     value1 =LPC_GPIO2 - >DATA;  //读取8位数据放在value1的中间位置
085     value1 =((value1< <4)&(0xFF00));//value1向左移动4位,然后与FF00H作与操作,此时value1
                                        //的高8位就是第一次读取到的数据
086     LPC_GPIO3 - >DATA | =(1< <3);  //RD =1,读信号为高,第一次读取完成
087
088     LPC_GPIO3 - >DATA & = ~(1< <3);//RD =0,开始第二次读数据
089     value2 =LPC_GPIO2 - >DATA;  //将读取到的数据放入到value2中,value2也是中间的8位数据
有效
090     value2 =((value2> >4)&(0x00FF));//将value2中的数据右移4位后,将高8位清0,此时读到的
                                        //数据就放在了value2的低8位
091     LPC_GPIO3 - >DATA | =(1< <3);  //RD =1; //读取完成
092
```

```
093     value =value1 + value2;  //我们最终从ILI9325中读取到的数据就是value1的高8位和value2的低
                                 //8位。将其组合在一起
094     LPC_GPIO3 - >DATA | = (1 < <1);//CS =1,片选信号失效
095     return value;  //返回读取到的16位数据
096  }
097  /*****************************************************/
098  /*函数功能;先给出要读的寄存器编号,再从里面读数据    */
100  /*****************************************************/
101  uint16_t RD_REG_DATA(uint16_t REG) //该函数的功能是读某一个寄存器的16位数据
102  {
103     uint16_t value;         //value用于存放读取到的数据
104
105     WR_REG(REG);          //向ILI9325写入要读的寄存器编号
106     LPC_GPIO2 - >DIR =0x000;  //将PIO2_11 ~ PIO2_4这8个引脚的方向由输出改为输入
107     value =RD_DATA();      //将读取的数据送入value
108     LPC_GPIO2 - >DIR =0xFF0;  //重新将PIO2_11 ~ PIO2_4这8个引脚的方向由输入改为输出
109     return value;  //返回读取到的值
110  }
111  /*****************************************************/
112  /*函数功能:初始化LCD                   */
113  /*****************************************************/
```

/*本函数的功能是初始化LCD,也就是初始化ILI9325驱动芯片。在初始化过程中,需要设置9325中很多的寄存器。说实话,为什么需要设置这些寄存器而不设置其他的寄存器,作者目前也不是非常清楚,如果您真想知道为什么,还请认真阅读ILI9325数据手册,手册中有具体寄存器的功能。此处点到为止,我懂的有限,不好意思。*/

```
114  void  LCD_Init(void)
115  {
116     LPC_GPIO2 - >DIR| =0xFF0;  //设置PIO2_11 ~ PIO2_4这8个引脚的方向为输出,这8个信号线作
                                  //为数据线
117     LPC_GPIO2 - >DATA | =0XFF0;  //输出引脚都置为高电平
118     LPC_GPIO3 - >DIR| =0x00F;  // PIO3_3 ~ PIO3_0这4个引脚设为输出,为ILI9325的控制信号(RS,
                                  //CS,WR,RD)
119     LPC_GPIO3 - >DATA | =0x00F;  //控制信号也都置为高电平
120     delay(60);  //延迟一段时间
121
122  //* Start Initial Sequence *//驱动芯片初始化,该小段主要设置显示方式,下面大家就要参考附录A了。
```

/*123行是向01号寄存器写入0100h,设置SM =1,SS =0,这两位结合60h寄存器的GS位共同设置屏幕的刷新*/

```
123     WR_REG_DATA(0x0001, 0x0100);
```

/*124行是向02号寄存器写入0700h,设置EOR =1,B/C =1,这两位为1表示为线反转模式,即某一行像

素点亮后，再返回点亮第二行像素 */

```
124     WR_REG_DATA(0x0002, 0x0700);
```

/*125 行是向03号寄存器写入1030h，设置 I/D1 = 1，I/D0 = 1，AM = 0，TRI = 0，DFM = 0，BGR = 1，DACKE = 0，HWM = 0。I/D1，I/D0，AM 主要用于控制图像的显示方向，TRI，DFM 主要用于设置数据总线宽度和每传输一次数据需要多少帧。*/

```
125     WR_REG_DATA(0x0003, 0x1030);
```

/*126 行是向04号寄存器写入0000h，设置 RSZ1 = 0，RSZ0 = 0，RCH1 = 0，RCH0 = 0，RCV1 = 0，RCV0 = 0，这些位主要用于对图像进行"resize"，即在原有的基础上进行放大或缩小，并设置修改后的图像与边界的像素距离。此处不对图像进行 resize */

```
126     WR_REG_DATA(0x0004, 0x0000);
```

/*127 行是向08号寄存器写入0202h，设置 FP[3:0] = 0010B，设置 BP[3:0] = 0010B。该寄存器主要是设置液晶上下两段显示区域外像素的宽度，也就是黑边的宽度，上下黑边总体宽度不超过16像素，上下每个黑边不小于2像素宽度。*/

```
127     WR_REG_DATA(0x0008, 0x0202);
```

/*128 行是向09号寄存器写入0000h，设置 ISC[3:0] = 0000B，该4位主要用于设置帧周期（刷新频率），0000B 的是指不刷新，因为我们一般显示的是静态图像。*/

```
128     WR_REG_DATA(0x0009, 0x0000);
```

/*129 行是向10号寄存器写入0000h，该寄存器主要设置 FMARK 信号的输出周期，我们不用管。*/

```
129     WR_REG_DATA(0x000A, 0x0000);
```

/*130 行是向12号寄存器写入0000h，该寄存器主要设置 RGB 数据的宽度（18位），设置显示模式（内部时钟模式），设置不通过 RGB 接口显示数据。*/

```
130     WR_REG_DATA(0x000C, 0x0000);
```

/*131，132 行的设置与驱动芯片的内部信号极性相关，这里不介绍了。我们不进行设置，默认值都是0。*/

```
131     WR_REG_DATA(0x000D, 0x0000);
132     WR_REG_DATA(0x000F, 0x0000);
133   //************Power On sequence**************//电源模块的初始化
134     WR_REG_DATA(0x0010, 0x0000); //10h 号寄存器用于设置睡眠模式，和屏幕电压（可调节亮度）
135     WR_REG_DATA(0x0011, 0x0007);//11h 号寄存器用于设置参考电压和电压的步频，步频越高，显示
                                    //的效果越好
```

```
136    WR_REG_DATA(0x0012, 0x0000); //12h 号寄存器用于设置电压放大比率,干什么用不知道
137    WR_REG_DATA(0x0013, 0x0000); //13h 号寄存器也与电压放大因子有关,不懂。
```

/*07h 号寄存器可以控制液晶的开关,最低 2 位为 D[1:0],主要控制屏幕的开关。D[1:0] = 00B 时,屏幕关闭,即 9325 不向屏幕送数据了,显示功能停止,屏幕保持不变,与黑屏不一样(黑屏是把界面所有像素弄成黑色,或断电);D[1:0] = 11B 时屏幕显示图像;D[1:0] = 10B 时,显示屏关闭,但芯片内部仍在进行显示,只是屏幕上看不出来。*/

```
138    WR_REG_DATA(0x0007, 0x0001);
139    delay(60); //延迟一段时间
140    WR_REG_DATA(0x0010, 0x1690); //重新设置 10h 寄存器
141    WR_REG_DATA(0x0011, 0x0227); //重新设置 11h 寄存器
142    delay(50);
143    WR_REG_DATA(0x0012, 0x001A); //重新设置 12h 寄存器
144    delay(50);
145    WR_REG_DATA(0x0013, 0x1400); //重新设置 13h 寄存器
146    WR_REG_DATA(0x0029, 0x0024); //29h 寄存器仍然是与电压有关
147    WR_REG_DATA(0x002B, 0x000C); //2Bh 寄存器与帧的速率有关
148    delay(50);
```

/*20h 和 21h 寄存器用于设置地址计数器的初值。GRAM 存储空间有一个地址计数器,其指向的位置就是下一个要显示的像素所对应的内容。*/

```
149    WR_REG_DATA(0x0020, 0x0000); //行的初始
150    WR_REG_DATA(0x0021, 0x0000); //列的初始
151 // - - - - - - - Adjust the Gamma Curve - - - - - - -//本部分用于调整 Gamma 曲线
152    WR_REG_DATA(0x0030, 0x0000);
153    WR_REG_DATA(0x0031, 0x0707);
154    WR_REG_DATA(0x0032, 0x0307);
155    WR_REG_DATA(0x0035, 0x0200);
156    WR_REG_DATA(0x0036, 0x0008);
157    WR_REG_DATA(0x0037, 0x0004);
158    WR_REG_DATA(0x0038, 0x0000);
159    WR_REG_DATA(0x0039, 0x0707);
160    WR_REG_DATA(0x003C, 0x0002);
161    WR_REG_DATA(0x003D, 0x1D04);
162 //- - - - - Set GRAM area - - - - -//设置显示区域
```

/*如图 17.7 所示,50h,51h,52h,53h 四个寄存器主要用于设置显示的区域。*/

```
163    WR_REG_DATA(0x0050, 0x0000);  //设置 HSA 即垂直方向
                                     //的起点(竖直方向开始
                                     //于第几个像素)
```

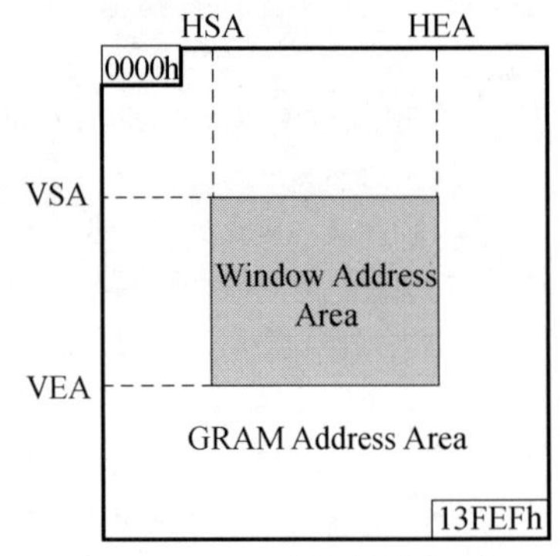

图 17.7 显示区域设置

```
164     WR_REG_DATA(0x0051, 0x00EF);  //设置 HEA 即垂直方向的终点(竖直方向结束于第几个像素)
165     WR_REG_DATA(0x0052, 0x0000);  //设置 VSA 即水平方向的起点(水平方向开始于第几个像素)
166     WR_REG_DATA(0x0053, 0x013F);  //设置 VEA 即水平方向的终点(水平方向结束于第几个像素)
167     WR_REG_DATA(0x0060, 0xA700);
168     WR_REG_DATA(0x0061, 0x0001);
169     WR_REG_DATA(0x006A, 0x0000);
170   // - Partial Display Control -//区域显示控制,主要用于设置局部影像 1 和局部影像 2 的位置
171     WR_REG_DATA(0x0080, 0x0000);
172     WR_REG_DATA(0x0081, 0x0000);
173     WR_REG_DATA(0x0082, 0x0000);
174     WR_REG_DATA(0x0083, 0x0000);
175     WR_REG_DATA(0x0084, 0x0000);
176     WR_REG_DATA(0x0085, 0x0000);
177   //- - - - - - - - - - - - - - Panel Control - - - - - - - - - - - - - - - - - - - -//
178     WR_REG_DATA(0x0090, 0x0010);//设置 9325 显示模式与时钟同步
179     WR_REG_DATA(0x0092, 0x0600);//设置门输出非重叠期
180     WR_REG_DATA(0x0007, 0x0133); // 7 号寄存器最低 2 位的作用是开启和关闭显示
181     delay(60);
182   }//到此,初始化就结束了。这段代码没有任何问题,大家可以放心使用,至于为什么这么设置,大家只能
      //自行学习了。
183   /*****************************************************************/
184   /* 函数功能;开启显示 */
186   /*****************************************************************/
187   void DisplayOn(void)
188   {
189     WR_REG_DATA(0x0007, 0x0133); //设置 07 号寄存器的最低两位为 11B,开启显示
190   }
191   /*****************************************************************/
192   /* 函数功能;关闭显示                    */
197   /*****************************************************************/
198   void DisplayOff(void)
199   {
200     WR_REG_DATA(0x0007, 0x0); // 关闭显示,07 号寄存器最低两位设为 0,此时 ILI9325 不再对屏幕
                                //进行操作
201   }
202   /*****************************************************************/
203   /* 函数功能;设置显示区域 */
206   /*****************************************************************/
```

/* 设置将要显示的显存 XY 起始和结束坐标,比如我们一个字符是 16×8 个像素,因此要显示这个字符,我们需要设置一个 16×8 的区域在屏幕的什么地方,此时就用到本函数。请注意,最好显示完成后恢复到起点(0,0)和终点(239,319)。*/

```
207   void XYRAM(uint16_t xstart ,uint16_t ystart ,uint16_t xend ,uint16_t yend)
208   {
```

```
209    WR_REG_DATA(0x0050, xstart); // 设置横坐标 GRAM 起始地址
210    WR_REG_DATA(0x0051, xend); // 设置横坐标 GRAM 结束地址
211    WR_REG_DATA(0x0052, ystart); // 设置纵坐标 GRAM 起始地址
212    WR_REG_DATA(0x0053, yend); // 设置纵坐标 GRAM 结束地址
213  }
214
216  /*****************************************************************/
217  /*函数功能;清屏 TFT*/
219  /*****************************************************************/
220  void Clear(uint16_t color)  //清屏函数,将屏幕设成同一个颜色。Color = 0000h 为黑色,FFFFh 为白色,
                               //0xf800 为红色
221  {
222    uint32_t temp;
223    WR_REG_DATA(0x0020,0);  //设置地址计数器 X 坐标位置初值
224    WR_REG_DATA(0x0021,0);  //设置地址计数器 Y 坐标位置初值
225    WR_REG(0x0022);/*设置将要写的寄存器。22H 号寄存器是 GRAM 的输入端,向该寄存器写数据,
                      地址计数器指向的像素颜色就会改变,而且地址计数器会自动增长,指向下一个像
                      素。*/
226    for(temp = 0;temp < 76800;temp ++)  //整个屏幕是 76800 个像素
227    {
228    WR_DATA(color);          //每次都向 22h 号寄存器写入要显示的颜色数据,这样一个循环所有的像素
                               //点就成了一个颜色
229    }
230  }
231
232  /*****************************************************************/
233  /*函数功能:显示 8×16 点阵的英文字符*/
237  /*****************************************************************/
238  void ShowChar(uint16_t x,uint16_t y,uint16_t num)  /*(x,y)为 16×8 像素区域的起始位置(左上角),
                                                      num 为所显示字符的 ASCII 码。*/
239  {
240    uint8_t temp;  //临时变量
241    uint8_t pos,t;  //临时变量
242
243    WR_REG_DATA(0x0020,x);//设置 GRAM 计数器 X 坐标位置
244    WR_REG_DATA(0x0021,y);//设置 GRAM 计数器 Y 坐标位置,
245
246    XYRAM(x,y,x + 7,y + 15);  // 开辟要显示的区域,该区域是 16×8 的像素区域。
247   WR_REG(0x0022);/*设置将要写的寄存器。22H 号寄存器是 GRAM 的输入端,向该寄存器写数据,地
                     址计数器指向的像素颜色就会改变,而且地址计数器会自动增长,指向下一个像
                     素。*/
249    num = num - ' ';     //要显示字符的 ASCII 码减去空格的 ASCII 码就是该字符在 ascii_16 二维数组的
                           //行号
250    for(pos = 0;pos < 16;pos ++)  //此处是一个 for 循环,字符的显示还是要一个像素一个像素地打印在
                                   指定的显示区域。
```

```
251     {
252         temp = ascii_16[num][pos]; //取出某一个字节赋值给 temp
253         for(t=0;t<8;t++)       // 8 次循环可以显示 16×8 区域的一行
254         {
255             if(temp&0x80)  //如果最高位为 1,则显示像素颜色
                    WR_DATA(POINT_COLOR);
256             else        //如果最高位不为 1,则显示背景颜色
                    WR_DATA(BACK_COLOR);
257             temp<<=1;  //该字节向左移动一位后重新赋给 temp
258         }
259     }
260  /* 恢复显存显示区域 240*320 */
261     XYRAM(0x0000,0x0000,0x00EF,0X013F); // 恢复 GRAM 整屏显示
262     return;
263  }
264
267  /*****************************************************/
268  /*函数功能:显示 8*16 点阵英文字符串          */
272  /*****************************************************/
```

/*273 行开始为显示字符串函数。参数中(x,y)为字符串显示的起始位置,p 为指向字符串的指针,字符串的显示实际上就是多个字符的显示。*/

```
273  void ShowString(uint16_t x,uint16_t y,uint8_t* p)
274  {
275     uint8_t temp;
276     uint8_t pos,t,m;
277
278     while((*p!='\0')&&(y<302))/*如果 p 没有指向字符串的结束,且显示的行小于 302 则进入循
                                环。如果 y≥302,则说明屏幕剩余的像素点的行数小于 18(屏幕下
                                面边界还要留 2 排像素不用,如果字符串很长,上下两排字符之间
                                也要留有空间),不能满足字符显示的需要。*/
279     {
280         WR_REG_DATA(0x0020,x);//设置字符显示的起始 X 坐标位置
281         WR_REG_DATA(0x0021,y);// 设置字符显示的起始 Y 坐标位置
282         /*开辟每一个字符的显存区域*/
283         XYRAM(x,y,x+7,y+15);      //设置 GRAM 坐标
284         WR_REG(0x0022); //指向 RAM 寄存器,准备写数据到 RAM
285
286         m=*p-' ';//取出某一个字符,减去空格字符后,得到该字符在 ascii_16 二维数组的行号
287         for(pos=0;pos<16;pos++)   //287~296 与上一个函数相同,不多说,就是显示一个 16×8 像素
                                      //区域的一行
288         {
289             temp=ascii_16[m][pos];
290             for(t=0;t<8;t++)
```

```
291             {
292                 if(temp&0x80)WR_DATA(POINT_COLOR);
293                 else WR_DATA(BACK_COLOR);
294                 temp<<=1;
295             }
296         }
297         if(x>231)  /*显示的横坐标最大为239,如果当前大于231,说明水平方向剩余空间不够8个像素
                       点,不能显示一个字符,需要换行,位置从头再来过,因此将x置为2(前面保留2个像
                       素不用),y的位置再加18(两行字符之间再空出2个像素空间)。*/
298         {
299           x=2;
300           y=y+18;
301         }
302         else    //如果当前显示的横坐标不大于231,那么还可以继续显示,x直接加8就可以
303         {
304           x=x+8;
305         }
306         p++;  //一个字符显示完毕,p指向下一个字符,如此循环到字符串结束。
307     }
308     XYRAM(0x0000,0x0000,0x00EF,0X013F);// 恢复GRAM整屏显示
309 }
310
```

4. main.c文件详细分析

main.c主要功能就是定义了一个字符串,并将其输出到屏幕上,功能非常简单。具体分析如程序段17.4所示。

程序段17.4 main.c文件代码

```
01 /**************************************************************
02 *目标:ARM Cortex-M0 LPC1114
03 *编译环境:KEIL 4.70
04 *外部晶振:10MHz(主频50MHz)
05 *功能:在LCD屏幕上显示英文字母
06 *作者:Stone
07 **************************************************************/
08 #include "lpc11xx.h"
09 #include "LCD_9325.h"
10
11 int main()
12 {
13   uint8_t * buf;  //定义一个指针,指向一个字符串
14
15   LCD_Init();  //初始化LCD
16
17   Clear(WHITE);//将屏幕清屏为白色
```

```
18
19    buf = "hello everyone,i am lpc1114 ,my core is cortex - m0, nice to meet you!";
20    POINT_COLOR = BLACK;  //字体为黑色
21    BACK_COLOR = WHITE;  //背景为白色
22    ShowString(20, 5, buf);     //显示字符串
23
24    buf = "hello everyone,i am lpc1114 ,my core is cortex - m0, nice to meet you again!";
25    POINT_COLOR = BLUE;  //字体为蓝色
26    BACK_COLOR = YELLOW;  //背景为黄色
27    ShowString(20, 100, buf);  //显示字符串
28
29    while(1)  //进入死循环
30    {
31      ;
32    }
33 }
```

LCD 显示英文字符的代码到此就结束了。总结一下：

（1）ILI9325 初始化配置过程中涉及很多的寄存器，一些常用的比如显示区域的寄存器、复杂屏幕开关的寄存器等需要大家了解，其他很多的寄存器的功能还希望大家参考用户手册看看，如果要想显示出视觉效果好的图像或文字，还是要深刻理解 ILI9325 配置的。

（2）每个字符可以用 16×8 个像素来表示，也可以用其他像素来表示，具体字符的点阵数据是多少，还是要看字模软件最后的生成值。

（3）汉字和英文字符比较类似，一个汉字一般用两个英文字符的空间来表示，比如 16×16 个像素点表示一个汉字。要想将几千个汉字都能显示出来，需要有字库，字库需要一定的存储空间，一般我们会将字库存放在 W25Q16 存储器中。本书中不做介绍。

（4）如果用户想要显示图片，也可以利用“Image2LCD”等小软件将图片转换成二进制文件，再将文件写入到 W25Q16 中，这样通过读取 W25Q16 就可以在屏幕上显示图片了。

（5）对于 LCD 触摸屏的基本原理我们在 3.1.13 小节已经初步介绍了，限于篇幅原因，关于触摸屏相关的程序设计我们这里也不介绍了。

（/* ILI9325 和 LCD 方面的内容非常多，我们今天只是介绍了一些皮毛，对于初学者还是有帮助的。*/）

1010101010101010101010101010

节能大招

LPC1114 最大的一个优势就是低功耗，其内部各模块几乎都可以通过寄存器来控制是否开启，因此功耗控制非常灵活，关闭越多的模块，功耗自然越低。LPC1114 有 3 种低功耗工作模式：睡眠模式、深度睡眠模式和深度掉电模式，用户可以根据需要进行配置，确保系统功能和功耗的平衡。学习 LPC1114 就是要发挥其最大的优势，因此低功耗设计的学习必不可少。

18.1 LPC1114 低功耗模式简介

微控制器电源模式的使用方式取决于具体应用。LPC1100 系列微控制器可以快速更改频率，具体视处理需求而定。LPC1100 系列微控制器在 30MHz 时的额定电流消耗为 6mA。当以 1MHz 运行于低功耗内部振荡器时，该数值还可降至约 200μA 的水平。然而，需要降低功耗的许多应用都必须依赖睡眠和断电模式。这些应用在大部分时间都处于静止状态，等待处理数据。处理器必须能快速唤醒，处理所需数据，然后返回静止状态。采用电池供电情况下，低平均电流对于延长电池寿命至关重要。为了降低平均电流，必须尽快处理数据，以减少工作周期。LPC1100 系列微控制器在深度掉电模式下的电流不到 300nA，峰值电流仅为 200μA/MHz。（/* 本段摘编自网络文章《深度解析 LPC1100 低功耗设计的七个秘密》。*/）

LPC1114（LPC1100 系列微控制器）有三种低功耗模式，具体如下表 18.1 所示，分别为睡眠模式（Sleep）、深度睡眠模式（Deep - sleep）和深度掉电模式（Deep power - down）。三种节电模式中，深度掉电模式最为省电，深度睡眠模式次之，最后是睡眠模式。下面我们就分别了解一下这三种低功耗模式。（/* 下面这个表还是挺重要的哦，因为我们一般在程序设计中更多会关注不同模式下唤醒的方法。*/）

表 18.1 LPC1114 低功耗模式

节电模式	停止的时钟	是否关闭 Flash 存储器	恢复途径
睡眠模式	仅停止内核时钟	可选	复位或 NVIC 中断唤醒

（续）

节电模式	停止的时钟	是否关闭 Flash 存储器	恢复途径
深度睡眠模式	除 WDT 时钟外其他时钟振荡器都停止	可选	复位或定时器匹配输出引脚唤醒或外部引进逻辑信号唤醒
深度掉电模式	关断整个芯片电源（RESET 引脚，WAKEUP 引脚、PCON 和通用目的寄存器除外）	是	WAKEUP 引脚唤醒

18.1.1 睡眠模式

在睡眠模式下，ARM Cortex－M0 内核的时钟停止，指令的执行被中止直至复位或中断出现。进入睡眠模式的步骤如下：

（1）向 ARM Cortex－M0 系统控制寄存器 SCR（用户手册 Table453）中的 SLEEP-DEEP 位写 0；

（2）使用 ARM Cortex－M0 等待中断（WFI）指令使处理器进入睡眠模式。

当出现任何可能的中断，都会使微控制器内核从睡眠模式中唤醒。在睡眠模式下，表 7.1 所示的 SYSAHBCLKCTRL 寄存器所开启的外设继续运行，并可能产生中断唤醒微控制器。睡眠模式不使用处理器自身的动态电源、存储器系统、相关控制器和内部总线。另外，在睡眠模式下，处理器的状态、寄存器、外设寄存器和内部 SRAM 的值都会保留，管脚的逻辑电平也会保留。

18.1.2 深度睡眠模式

在深度睡眠模式中，ARM 内核的时钟停止，其他各种模拟模块可掉电。深度睡眠模式的进入由深度睡眠模块和深度睡眠有限状态机来控制。从深度睡眠模式唤醒的进程，由起始逻辑启动；在被唤醒后，模拟模块的电源状态就由 PDAWAKECFG 寄存器（用户手册 Table43）确定。进入深度睡眠模式的步骤如下：

（1）通过 PDSLEEPCFG（用户手册 Table42）寄存器选择在深度睡眠模式下需要掉电的模拟模块，比如振荡器、PLL、ADC、Flash 和 BOD；

（2）通过 PDAWAKECFG 寄存器选择从深度睡眠模式唤醒后需要上电的模拟模块；

（3）向 ARM Cortex－M0 SCR 寄存器中的 SLEEPDEEP 位写 1；

（4）使用 ARM Cortex－M0 等待中断（WFI）指令进入深度睡眠模式。

（/＊学习一点小知识，BOD 是单片机内部常见的掉电检测电路，可以设置具体的电压值。当单片机的供电电压低于 BOD 电平，单片机将进入 RESET 过程，不再执行程序，当单片机电压恢复后，再从头执行程序，可以保证系统的可靠性。当单片机电压比较低的时候，有可能外围芯片工作已经混乱，单片机读写的数据可能已经错误，执行的指令也可能不正常，为了避免这种情况出现，一般应允许设置 BOD 检测。＊/）

LPC1100 系列 Cortex－M0 可以不通过中断，而直接通过监控起始逻辑的输入从深度睡眠模式中唤醒。大部分的 GPIO 管脚都可以用作起始逻辑的输入管脚，起始逻辑不需要任何时钟便可以产生中断将微控制器从深度睡眠模式中唤醒。

在深度睡眠模式期间,处理器的状态和寄存器、外设寄存器以及内部 SRAM 的值都保留,而且管脚的逻辑电平也不变。

深度睡眠的优点在于可以使时钟产生模块(例如振荡器和 PLL)掉电,这样深度睡眠模式所消耗的动态功耗就比一般的睡眠模式消耗的要少得多。另外,在深度睡眠模式中 Flash 可以掉电,这样静态漏电流就会减少,但唤醒 Flash 存储器时间就更多。

(/* 前面一直说起始逻辑,起始逻辑是个什么东西呢? 是一个电路,该电路可以向 Cortex - M0 内核发送中断,并使得内核退出深度睡眠模式。LPC1114 有 13 个 IO 端口(PIO0_0 - PIO0_11 和 PIO1_0)都连接到了起始逻辑,并可设置为唤醒管脚。用户可以通过编程分别设置这 13 个引脚唤醒微控制器所需的边沿极性。另外,必须在 NVIC 中使能对应每个输入的中断(可以看看 LPC11xx. h 文件中的中断向量表)。NVIC 中的 0 到 12 对应于 13 个 PIO 管脚。起始逻辑不要求时钟运行,因为在使能时它用 PIO 输入信号来产生时钟边沿。因此在使用前必须清除起始逻辑信号。起始逻辑也可以用于普通的激活模式(不是睡眠和深度睡眠模式),利用输入管脚提供向量中断。*/)

IRC 振荡器是 Cortex - M0 内核中唯一在关闭时不受干扰的振荡器(其他振荡器在关闭时都会对微控制器程序的运行产生干扰)。因此建议用户在芯片进入深度睡眠模式之前,首先将时钟源切换为 12MHz 的 IRC,然后再进入深度睡眠。

18.1.3 深度掉电模式

在深度掉电模式下,整个芯片的电源和时钟都关闭,只能通过 WAKEUP 引脚(PIO1_4)唤醒。进入深度掉电模式的步骤如下:

(1) 将 WAKEUP 引脚上拉到高电平(唤醒时要求有下降沿,因此先上来为高);

(2) 如果有数据需要保存,可将数据保存到通用目的寄存器中(GPREG0 ~ GPREG4,用户手册 Table51 ~ 52);

(3) 置位电源控制寄存器 PCON(用户手册 Table50)中的 DPDEN 位,从而使能深度掉电模式;设置 SCR 寄存器(用户手册 Table453)中的 SLEEPDEEP 位为 1;

(4) 使用 ARM Cortex - M0 等待中断(WFI)指令进入深度掉电模式。

当最后一步完成后,PMU(电源管理单元)关闭片内所有模拟模块的电源,然后等待 WAKEUP 管脚的唤醒信号。

退出深度掉电模式的步骤如下:

(1) WAKEUP 管脚的电平从高到低的转变(此时系统就会复位,芯片重新启动,除了通用目的寄存器和 PCON 寄存器外,所有寄存器都会处于复位状态);

(2) 一旦芯片重新启动之后,就可以读取 PCON 寄存器中的深度掉电模式标记,看看器件复位是由唤醒事件(从深度掉电模式唤醒)引起的还是由冷复位引起;

(3) 清除 PCON 中的深度掉电标记;

(4) 读取保存在通用目的寄存器中的数据。

给 WAKEUP 管脚一个脉冲信号就可以使 Cortex - M0 处理器从深度掉电模式中唤醒。在深度掉电模式期间,SRAM 中的内容会丢失,但是器件可以将数据保存在 4 个通用目的寄存器中。

18.1.4 LPC1114 低功耗模式注意事项

下面给出几点低功耗模式相关的注意事项。

(1) 微控制器由低功耗模式唤醒后,PDRUNCFG 寄存器的值会使得 Flash、IRC 和 BOD 相关模块上电。当用户需要使用某些外设时,还需要访问 PDRUNCFG 寄存器给对应的外设上电,并配合 SYSAHBCLKCTRL 打开相关外设的时钟。

(2) 处理器进入低功耗模式后,其调试功能被禁止。

(3) 芯片进入深度掉电模式后,只能通过 WAKEUP(PIO1_4)引脚唤醒。

(4) 除了前面讲到的三种低功耗模式外,微控制器正常运行情况下我们通常称之为运行模式。运行模式下,Cortex - M0 内核、存储器和外设都使用分频后的系统时钟,系统时钟由寄存器 AHBCLKDIV 来决定。用户通过寄存器 SYSAHBCLKCTRL 选择需要运行的存储器和外设。

(5) 特定的外设(UART、SSP0/1、WDT 和 Systick 定时器)除了有系统时钟以外,还有单独的外设时钟和自己的时钟分频器,用户可以通过外设的时钟分频器来关闭外设。

(6) 为了确保在运行模式下处理器能正常运行,PDRUNCFG 寄存器的中的第 9 位和第 12 位必须为 0。

(7) 在深度睡眠模式,看门狗振荡器是唯一可以工作的时钟源,当需要定时器定时唤醒微控制器时,可以开启看门狗时钟。其他时钟,比如系统振荡器、IRC 和 PLL 都会掉电。如果需要看门狗振荡器工作,它的时钟必须设置到最小值,即把 WDTOSCCTRL 寄存器中的 FREQSEL 位设置为 0001。当需要定时器唤醒微控制器时,需要用 SYSAHBCLKC-TRL 寄存器开启看门狗振荡器和一个通用定时器。

18.2 LPC1114 低功耗模式相关寄存器

既然要设置低功耗模式,避免不了要与一些寄存器打交道。LPC1100 系列 Cortex - M0 微处理器与功率控制相关的寄存器如表 18.2 所列。下面我们就对这些寄存器进行简单介绍。

表 18.2 LPC1114 功率控制相关寄存器

寄存器名称	主要功能
SCR	设置微控制器睡眠和唤醒的模式
PDRUNCFG	用于控制微处理器内部模拟模块的电源是否上电(包括振荡器、PLL、ADC、Flash 和 BOD)。在运行模式下可以通过该寄存器来改变电源的配置(注:为了确保在运行模式下处理器能正常运行,该寄存器的第 9 位和第 12 位必须为 0)
PDSLEEPCFG	设置在深度睡眠模式中需要停止的模拟模块。当器件进入深度睡眠模式时,该寄存器中的内容会自动加载到 PDRUNCFG 中(注:为了降低深度睡眠模式中处理器的功耗,该寄存器中的第 9 位和第 12 位必须为 0)
PDAWAKECFG	设置从深度睡眠模式唤醒后需要上电的模拟模块。当器件退出深度睡眠模式以后,该寄存器中的内容就会自动加载到 PDRUNCFG 中(注:为确保在运行模式下处理器能正常运行,该寄存器的中的第 9 位和第 12 位必须为 0)

（续）

寄存器名称	主要功能
PCON	控制处理器所进入的节能模式
GPREG0 ~ GPREG4	器件已经进入到深度掉电模式下时，通用目的寄存器用于保存数据。
STARTAPRP0、STARTRSRP0CLR、STARTERP0、STARTSRP0	在处理器处于深度睡眠模式时，可以通过唤醒引脚来唤醒处理器，唤醒引脚功能的使能、触发的边沿、引脚的状态都需要进行设置和查看，这些功能与这四个寄存器相关。

1. 系统控制寄存器 SCR

在低功耗模式设置中，系统控制寄存器 SCR 的主要功能是设置处理器进入睡眠模式还是深度睡眠模式。该寄存器的具体描述如图 18.1 所示（用户手册 Table453）。

Table 453. SCR bit assignments

Bits	Name	Function
[31:5]	–	Reserved.
[4]	SEVONPEND	Send Event on Pending bit: 0 = only enabled interrupts or events can wake-up the processor, disabled interrupts are excluded 1 = enabled events and all interrupts, including disabled interrupts, can wake-up the processor. When an event or interrupt enters pending state, the event signal wakes up the processor from WFE. If the processor is not waiting for an event, the event is registered and affects the next WFE. The processor also wakes up on execution of an SEV instruction.
[3]	–	Reserved.
[2]	SLEEPDEEP	Controls whether the processor uses sleep or deep sleep as its low power mode: 0 = sleep 1 = deep sleep.
[1]	SLEEPONEXIT	Indicates sleep-on-exit when returning from Handler mode to Thread mode: 0 = do not sleep when returning to Thread mode. 1 = enter sleep, or deep sleep, on return from an ISR to Thread mode. Setting this bit to 1 enables an interrupt driven application to avoid returning to an empty main application.
[0]	–	Reserved.

图 18.1　SCR 寄存器

（/ * 补充一点小知识，处理器工作模式有两种：处理器模式（Handler mode）和线程模式（Thread mode），用户应用程序代码一般是线程模式，异常处理程序或中断服务程序一般是处理器模式。* /）

SLEEPONEXIT 位用于设置从处理器模式到线程模式是否进入或退出睡眠模式。该位设置为 0，表示在线程模式中不睡眠，该位设置为 1 表示当从中断服务程序返回到线程模式时进入睡眠模式或深度睡眠模式。（/ * 直白一点说，我的理解就是，如果处理器睡眠了以后，当有中断发生时会唤醒处理器执行中断服务程序，如果 SLEEPONEXIT 位为 1，则中断服务程序执行完后会再次自动进入睡眠状态，否则不进入睡眠状态。* /）

SLEEPDEEP 位为 0 时，当执行进入睡眠指令时，处理器会进入睡眠模式，如果该位为 1，则执行睡眠指令时，处理器会进入深度睡眠状态，因此到底是让处理器进入睡眠还是深度睡眠与该位有关。

SEVONPEND 位为 0，表明只有使能的中断才能唤醒处理器，没有使能的中断将被忽略；该位为 1 表示所有的中断都能够唤醒处理器。

2. 电源控制寄存器 PCON

电源控制寄存器 PCON 决定使用 ARM WFI 指令时器件进入的节能模式。该寄存器描述如图 18.2 所示（用户手册 Table50）。

Table 50. Power control register (PCON, address 0x4003 8000) bit description

Bit	Symbol	Value	Description	Reset value
0	–	–	Reserved. Do not write 1 to this bit.	0x0
1	DPDEN		Deep power-down mode enable	0
		0	ARM WFI will enter Sleep or Deep-sleep mode (clock to ARM Cortex-M0 core turned off).	
		1	ARM WFI will enter Deep-power down mode (ARM Cortex-M0 core powered-down).	
7:2	–	–	Reserved. Do not write ones to this bit.	0x0
8	SLEEPFLAG		Sleep mode flag	0
		0	Read: No power-down mode entered. LPC111x/LPC11Cxx is in Active mode Write: No effect.	
		1	Read: Sleep/Deep-sleep or Deep power-down mode entered. Write: Writing a 1 clears the SLEEPFLAG bit to 0.	
10:9	–	–	Reserved. Do not write ones to this bit.	0x0
11	DPDFLAG		Deep power-down flag	0x0
		0	Read: Deep power-down mode **not** entered. Write: No effect.	0x0
		1	Read: Deep power-down mode entered. Write: Clear the Deep power-down flag.	0x0
31:12	–	–	Reserved. Do not write ones to this bit.	0x0

图 18.2　PCON 寄存器

DPDEN 位为 0，表示当使用 ARM WFI 指令时处理器进入睡眠或深度睡眠模式（到底是哪个睡眠还要看 SCR 寄存器的 SLEEPDEEP 位），DPDEN 位为 1，表示使用 ARM WFI 指令时处理器进入深度掉电模式。

SLEEPFLAG 是睡眠模式标志，该位为 0，表明处理器没有进入低功耗模式，为 1 表明处理器进入了睡眠、深度睡眠或深度掉电模式。在该位为 1 时，再次向该位写入 1 可以将该位清零。

DPDFLAG 是深度掉电标志，该位为 0，表明处理器没有进入深度掉电模式，为 1 表明处理器进入了深度掉电模式。在该位为 1 时，向该位写入任何值都可以将该位清零。

3. 通用目的寄存器 GPREG0 ~ GPREG3

器件进入深度掉电模式时，若 VCC 管脚仍有电源，则通用寄存器可用于保存数据。只有在芯片的所有电源都关断的情况下，“冷”引导程序才能将通用寄存器复位。该寄存器为 32 位，具体描述见图 18.3（用户手册 Table51）。

Table 51. General purpose registers 0 to 3 (GPREG0 - GPREG3, address 0x4003 8004 to 0x4003 8010) bit description

Bit	Symbol	Description	Reset value
31:0	GPDATA	Data retained during Deep power-down mode.	0x0

图 18.3　GPREG0 – GPREG3 寄存器

4. 通用目的寄存器 GPREG4

器件进入深度掉电模式时，若 VCC 管脚仍有电源，则通用寄存器可用于保存数据。只有在芯片的所有电源都关断的情况下，“冷”引导程序才能将通用寄存器复位。该寄存器高 21 位用于存放数据，具体描述见图 18.4（用户手册 Table52）。当外部 VCC 管脚电压低于 2.2V 时，如果想让处于深度掉电模式的微处理器能够被 WAKEUP 引脚唤醒，需要将 WAKEUPHYS（管脚滞后使能位）位置 1。

Table 52. General purpose register 4 (GPREG4, address 0x4003 8014) bit description

Bit	Symbol	Value	Description	Reset value
9:0	–	–	Reserved. Do not write ones to this bit.	0x0
10	WAKEUPHYS		WAKEUP pin hysteresis enable	0x0
		1	Hysteresis for WAKEUP pin enabled.	
		0	Hysteresis for WAKUP pin disabled.	
31:11	GPDATA		Data retained during Deep power-down mode.	0x0

图 18.4 GPREG4 寄存器

5. 掉电唤醒配置寄存器 PDAWAKECFG

唤醒配置寄存器中的位表示当芯片从深度睡眠模式唤醒后，哪些外设模块需要上电。该寄存器描述如图 18.5 所示（用户手册 Table43，请注意表中的默认复位值）。从默认的复位值来看，IRC、FLASH 和 BOD 模块在唤醒后悔继续工作。（/* 为避免出错，对于寄存器的保留位请大家保持默认值。*/）

6. 深度睡眠模式配置寄存器 PDSLEEPCFG

深度睡眠模式配置寄存器 PDSLEEPCFG 用于配置在芯片进入深度睡眠后，哪些外设模块掉电。当芯片进入睡眠模式时，PDSLEEPCFG 寄存器会自动更新 PDRUNCFG 寄存器的值。该寄存器的具体描述见图 18.6（用户手册 Table42）。

该寄存器中有很多 NOTUSED 位，这些位请大家参考图中的描述设置成相应的值（注意不是复位后的默认值），否则处理器的工作可能出错。BOD_PD 主要用来设置低压监测电路在深度睡眠模式下是否工作；WDOSC_PD 主要用来设置看门狗电路在深度睡眠模式下是否工作。

7. 掉电配置寄存器 PDRUNCFG

掉电配置寄存器中的位用于控制各个外设模块是否上电，用户应用程序可以在任何时刻对其进行设置。除 IRC 振荡器的掉电信号外，其他外设模块在掉电配置控制位写“0”后，相应的模块会立即掉电；但对 IRC 振荡器输出掉电控制位写“0”后，IRC 时钟振荡器会延时一段时间后才关断，这样的目的是避免 IRC 振荡器在掉电时产生干扰，PDRUNCFG 的具体描述见图 18.7（用户手册 Table44）。（/* 为避免出错，对于寄存器的保留位请大家保持默认值。*/）

8. 起始逻辑信号使能寄存器 STARTERP0

深度睡眠模式下处理器可以通过唤醒引脚的起始信号进行唤醒。STARTERP0 寄存器用于使能或禁止起始逻辑中的起始信号。STARTERP0 的具体描述见图 18.8（用户手册 Table38）。ERPIO0_n 为 1 时，表明使能 PIO0_n 起始信号引脚，否则为禁能。ERPIO1_0 为 1 时，表明使能 PIO1_0 起始信号引脚，否则为禁能。（/* 某个唤醒引脚管不管用靠

它。*/)

Table 43. Wake-up configuration register (PDAWAKECFG, address 0x4004 8234) bit description

Bit	Symbol	Value	Description	Reset value
0	IRCOUT_PD		IRC oscillator output wake-up configuration	0
		0	Powered	
		1	Powered down	
1	IRC_PD		IRC oscillator power-down wake-up configuration	0
		0	Powered	
		1	Powered down	
2	FLASH_PD		Flash wake-up configuration	0
		0	Powered	
		1	Powered down	
3	BOD_PD		BOD wake-up configuration	0
		0	Powered	
		1	Powered down	
4	ADC_PD		ADC wake-up configuration	1
		0	Powered	
		1	Powered down	
5	SYSOSC_PD		System oscillator wake-up configuration	1
		0	Powered	
		1	Powered down	
6	WDTOSC_PD		Watchdog oscillator wake-up configuration	1
		0	Powered	
		1	Powered down	
7	SYSPLL_PD		System PLL wake-up configuration	1
		0	Powered	
		1	Powered down	
8	–		Reserved. **Always write this bit as 1.**	1
9	–		Reserved. **Always write this bit as 0.**	0
10	–		Reserved. **Always write this bit as 1.**	1
11	–		Reserved. **Always write this bit as 1.**	1
12	–		Reserved. **Always write this bit as 0.**	0
15:13	–		Reserved. **Always write these bits as 111.**	111
31:16	–	–	Reserved	–

图 18.5 PDAWAKECFG 寄存器

Table 42. Deep-sleep configuration register (PDSLEEPCFG, address 0x4004 8230) bit description

Bit	Symbol	Value	Description	Reset value
2:0	NOTUSED		Reserved. **Always write these bits as 111.**	0
3	BOD_PD		BOD power-down control in Deep-sleep mode, see Table 41.	0
		0	Powered	
		1	Powered down	
5:4	NOTUSED		Reserved. **Always write these bits as 11.**	0
6	WDTOSC_PD		Watchdog oscillator power control in Deep-sleep mode, see Table 41.	0
		0	Powered	
		1	Powered down	
7	NOTUSED		Reserved. **Always write this bit as 1.**	0
10:8	NOTUSED		Reserved. **Always write these bits as 000.**	0
12:11	NOTUSED		Reserved. **Always write these bits as 11.**	0
31:13	–	0	Reserved	0

图 18.6 PDSLEEPCFG 寄存器

Table 44. Power-down configuration register (PDRUNCFG, address 0x4004 8238) bit description

Bit	Symbol	Value	Description	Reset value
0	IRCOUT_PD		IRC oscillator output power-down	0
		0	Powered	
		1	Powered down	
1	IRC_PD		IRC oscillator power-down	0
		0	Powered	
		1	Powered down	
2	FLASH_PD		Flash power-down	0
		0	Powered	
		1	Powered down	
3	BOD_PD		BOD power-down	0
		0	Powered	
		1	Powered down	
4	ADC_PD		ADC power-down	1
		0	Powered	
		1	Powered down	
5	SYSOSC_PD		System oscillator power-down	1
		0	Powered	
		1	Powered down	
6	WDTOSC_PD		Watchdog oscillator power-down	1
		0	Powered	
		1	Powered down	
7	SYSPLL_PD		System PLL power-down	1
		0	Powered	
		1	Powered down	
8	–		Reserved. **Always write this bit as 1.**	1
9	–		Reserved. **Always write this bit as 0.**	0
10	–		Reserved. **Always write this bit as 1.**	1
11	–		Reserved. **Always write this bit as 1.**	1
12	–		Reserved. **Always write this bit as 0.**	0
15:13	–		Reserved. **Always write these bits as 111.**	111
31:16	–	–	Reserved	–

图 18.7 PDRUNCFG 寄存器

Table 38. Start logic signal enable register 0 (STARTERP0, address 0x4004 8204) bit description

Bit	Symbol	Description	Reset value
11:0	ERPIO0_n	Enable start signal for start logic input PIO0_n: PIO0_11 to PIO0_0 0 = Disabled 1 = Enabled	0x0
12	ERPIO1_0	Enable start signal for start logic input PIO1_0 0 = Disabled 1 = Enabled	0x0
31:13	–	Reserved. Do not write a 1 to reserved bits in this register.	0x0

图 18.8 STARTERP0 寄存器

9. 起始逻辑信号边沿控制寄存器 STARTAPRP0

STARTAPRP0 寄存器的每一位控制一个起始逻辑端口，并连接到 NVIC 中的一个唤醒中断。STARTAPRP0 寄存器中的位 0 对应中断 0，位 1 对应中断 1 等（参考中断向量表),共有 13 个中断。

STARTAPRP0 寄存器用于控制端口 0(PIO0_0 到 PIO_11)和端口 1(PIO1_0)的起始逻辑输入的边沿(上升沿或下降沿),在所需的边沿出现时,可以唤醒微处理器。一旦某个引脚被配置为从深度睡眠中唤醒 CPU,则使用前必须在 NVIC 中将其使能。STARTAP-RP0 的具体描述见图 18.9(用户手册 Table37)。

Table 37. Start logic edge control register 0 (STARTAPRP0, address 0x4004 8200) bit description

Bit	Symbol	Description	Reset value
11:0	APRPIO0_n	Edge select for start logic input PIO0_n: PIO0_11 to PIO0_0 0 = Falling edge 1 = Rising edge	0x0
12	APRPIO1_0	Edge select for start logic input PIO1_0 0 = Falling edge 1 = Rising edge	0x0
31:13	–	Reserved. Do not write a 1 to reserved bits in this register.	0x0

图 18.9 STARTAPRP0 寄存器

10. 起始逻辑复位寄存器 STARTRSRP0CLR

对 STARTRSRP0CLR 寄存器每一个位写 1,则对应的起始逻辑信号复位。当某一个起始逻辑信号引脚相应的边沿起作用后,如果想再次使用该信号来唤醒处理器,必须将其复位。因此,一般起始逻辑的状态必须在它使用之前清除。STARTRSRP0CLR 的具体描述见图 18.10(用户手册 Table39)。

Table 39. Start logic reset register 0 (STARTRSRP0CLR, address 0x4004 8208) bit description

Bit	Symbol	Description	Reset value
11:0	RSRPIO0_n	Start signal reset for start logic input PIO0_n:PIO0_11 to PIO0_0 0 = Do nothing. 1 = Writing 1 resets the start signal.	n/a
12	RSRPIO1_0	Start signal reset for start logic input PIO1_0 0 = Do nothing. 1 = Writing 1 resets the start signal.	n/a
31:13	–	Reserved. Do not write a 1 to reserved bits in this register.	n/a

图 18.10 STARTRSRP0CLR 寄存器

11. 起始逻辑状态寄存器 STARTSRP0

STARTSRP0 寄存器反映了使能起始信号的状态。每一位在使能的情况下都能反映起始逻辑的状态,即可反映出管脚是否接收到了唤醒信号(即管脚是否出现了想要的上升沿或下降沿)。STARTSRP0 的具体描述见图 18.11(用户手册 Table40)。

Table 40. Start logic status register 0 (STARTSRP0, address 0x4004 820C) bit description

Bit	Symbol	Description	Reset value
11:0	SRPIO0_n	Start signal status for start logic input PIO0_n: PIO0_11 to PIO0_0 0 = No start signal received. 1 = Start signal pending.	n/a
12	SRPIO1_0	Start signal status for start logic input PIO1_0 0 = No start signal received. 1 = Start signal pending.	n/a
31:13	–	Reserved	n/a

图 18.11 STARTSRP0 寄存器

18.3 睡眠模式程序设计与详细分析

下面我们给出一个微控制器进入睡眠模式的程序,该程序完成的功能描述如下:首先让LED1灯闪亮,闪亮一段时间后,微控制器进入睡眠状态(灯不会再闪了),进入睡眠状态后如果按下KEY1或KEY2按键,则唤醒微控制器,使得LED1灯继续闪亮。如此循环。

该实例进入睡眠状态是采用WFI指令,微控制器唤醒是利用外部KEY1或KEY2按键的中断完成。该实例工程主要包括的文件如图18.12所示,system_lpc11xx.c、startup_LPC11XX.s文件与前面介绍的一样。主程序main.c的代码请看程序段18.1。

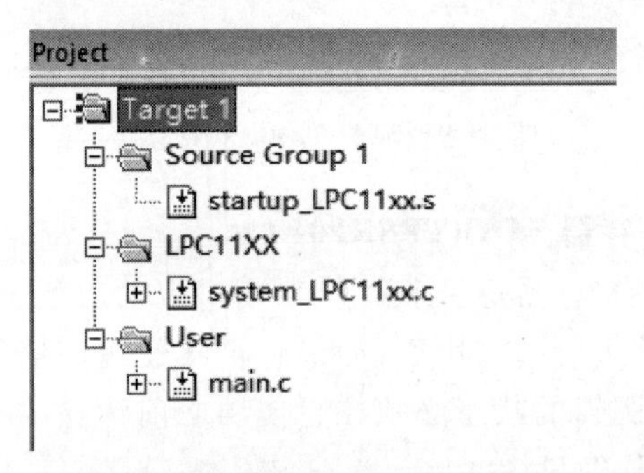

图18.12 睡眠及唤醒程序结构

程序段18.1 main.c文件代码

```
001 /**********************************************
002  * 目标:ARM Cortex - M0 LPC1114
003  * 编译环境:KEIL 4.70
004  * 外部晶振:10MHz(主频50MHz)
005  * 功能:设置LPC1114进入睡眠模式和从睡眠模式唤醒。
006  * 作者:
007  **********************************************/
008 #include "lpc11xx.h"
009
010
011 #define LED1_ON  LPC_GPIO1 - >DATA & = ~(1< <0) /* ~(1< <0)是将1向左移动0位,然后取反。得到的值再与DATA寄存器中的数据进行位与操作,因此LED1_ON实际上是将DATA寄存器的最低位置0,也就是将引脚P1.0设置成低电平,点亮发光二极管LED1。*/
012 #define LED1_OFF LPC_GPIO1 - >DATA | =(1< <0) /* "|"是或操作,LED1_OFF是将P1口的GPIO1DATA[0]设置为1,也就是将引脚P1.0设置为高电平,熄灭点亮发光二极管LED1。*/
013 #define LED2_ON  LPC_GPIO1 - >DATA & = ~(1< <1) /*点亮发光二极管LED2*/
014 #define LED2_OFF LPC_GPIO1 - >DATA | =(1< <1) /*熄灭点亮发光二极管LED2*/
```

```
015
016  /*************************************/
017  /*函数名称:延时函数              */
018  /*************************************/
019  void delay()  //延迟函数,不多介绍
020  {
021    uint16_t i,j;
022
023    for(i=0;i<5000;i++)
024    for(j=0;j<200;j++);
025  }
026
027  /*************************************/
028  /*函数名称:LED灯初始化 */
029  /*************************************/
```

/*下面是LED初始化函数,该函数不详细介绍,大家可以参考程序段8.1。主要就是设置LED引脚为输出功能,同时将引脚设为高电平,让LED灯平时保持熄灭状态。*/

```
030  void led_init()
031  {
032    LPC_SYSCON->SYSAHBCLKCTRL |=(1<<16); // 打开IOCON时钟
033    LPC_IOCON->R_PIO1_0 &= ~0x07;
034    LPC_IOCON->R_PIO1_0 |=0x01; //P1.0设为GPIO
035    LPC_IOCON->R_PIO1_1 &= ~0x07;
036    LPC_IOCON->R_PIO1_1 |=0x01; //P1.1设为GPIO
037    LPC_SYSCON->SYSAHBCLKCTRL &= ~(1<<16); // 关闭IOCON时钟
038
039    LPC_GPIO1->DIR |=(1<<0); // 把P1.0设置为输出引脚
040    LPC_GPIO1->DATA |=(1<<0); // 把P1.0设置为高电平,LED1熄灭
041    LPC_GPIO1->DIR |=(1<<1); // 把P1.1设置为输出引脚
042    LPC_GPIO1->DATA |=(1<<1); // 把P1.1设置为高电平,LED2熄灭
043  }
044
045  /*************************************/
046  /*函数名称:GPIO1中断函数       */
047  /*************************************/
```

/*下面是按键KEY1和KEY2的中断服务函数。在睡眠模式下,一旦按键按下,程序会跳转到该函数执行。*/

```
048  void PIOINT1_IRQHandler()
049  {
050    LPC_PMU->PCON &= ~(1<<8); /*由于每次进入睡眠后PCON寄存器的SLEEPFLAG标志位都
                                  会被置1,因此一旦唤醒后我们需要将其清零,说明没有进入睡
```

眠状态 */

/* 当中断处理完成后,我们可以通过向中断清除寄存器GPIOnIC(见图8.10)某位写1来清除GPIOnMIS,GPIOnRIS两个寄存器中对应的位,这样就可以让GPIOnMIS,GPIOnRIS两个寄存器在下次发生中断时再次进行记录了。51行的LPC_GPIO1 - >IC就是指向GPIO1IC的指针。*/

```
051     LPC_GPIO1 - >IC  =0xFFF;  // 清RIS状态位,大家可以参考程序段9.1的39行处
052  }
053
054  /* * * * * * * * * * * * * * * * * * * * * * * * * * * * * * * * * * * * */
055  /*函数名称:进入睡眠模式函数       */
056  /* * * * * * * * * * * * * * * * * * * * * * * * * * * * * * * * * * * * */
```

/* Sleep_Mode函数能使微处理器进入到睡眠状态。大家注意进入睡眠模式的设置过程,在设置完PCON和SCR两个寄存器后才能执行WFI指令。*/

```
057  voidSleep_Mode (void)
058  {
059    LPC_PMU - >PCON & = ~(1< <1);//设置PCON寄存器的DPDEN=0,也就是选择睡眠或深度睡眠模式
060     SCB - >SCR & = ~(1< <2);  //设置SCR寄存器的SLEEPDEEP=0,指明选择睡眠模式
```

/* 第61行代码请参考程序段5.4 core_cmInstr.h文件的300行和54行,__wfi()就是调用汇编指令WFI,从而使处理器进入睡眠模式。*/

```
061     __wfi();// 写wfi指令进入低功耗模式
062  }
063
064  /* * * * * * * * * * * * * * * * * * * * * * * * * * * * * * * * * * * * */
065  /*函数名称:按键中断初始化函数   */
066  /* * * * * * * * * * * * * * * * * * * * * * * * * * * * * * * * * * * * */
```

/* Key_Interrupt_Init函数的主要功能就是使能P1.9,P1.10引脚中断,调用NVIC打开中断。*/

```
067  void Key_Interrupt_Init(void)
068  {
069     LPC_GPIO1 - >IE |=(1< <9); // 将GPIO1IE寄存器的第9位置1,也就是允许P1.9引脚上的中
                                  //断,该寄存器请参考图8.8
070     LPC_GPIO1 - >IE |=(1< <10); // 将GPIO1IE寄存器的第10位置1,也就是允许P1.10引脚上的
                                  //中断,该寄存器请参考图8.8
071     NVIC_EnableIRQ(EINT1_IRQn); // 打开GPIO1中断
072  }
073
074  /* * * * * * * * * * * * * * * * * * * * * * * * * * * * * * * * * * * * */
075  /*函数名称:LED1闪亮函数         */
076  /* * * * * * * * * * * * * * * * * * * * * * * * * * * * * * * * * * * * */
```

```
077 void Blink(void)  //该函数非常简单,就是让 LED1 点亮和熄灭 1 次,中间需要用延迟函数间隔一段时间
078 {
079   delay();
080   LED1_ON;
081   delay();
082   LED1_OFF;
083 }
084
085 /*************************************/
086 /*函数名称:主函数          */
087 /*************************************/
088 int main()      //主函数让 LED1 闪亮 10 次后进入睡眠模式,一旦外部有按键中断发生,则会唤醒,继续
                    //从进入睡眠处向下执行。
089 {
090   uint8_t cnt = 0; //一个用于计数的变量
091
092   led_init(); //初始化 LED
093   Key_Interrupt_Init (); //初始化按键中断引脚
094
095   while(1)
096   {
097     Blink();//让 LED1 闪亮一次
098     cnt++;//闪亮一次计数加 1
099     if(cnt>10)//闪亮不满 10 次继续闪亮,满 10 次则进入睡眠模式
100     {
101       cnt =0;     //计数值清 0
102       Sleep_Mode();//进入睡眠模式。进入睡眠模式后,微处理器相当于一直在执行 nop 指令(空指令)。
103     }
104   }
105 }
106
```

睡眠模式的设置非常简单,唤醒过程也简单,只要有一个中断发生就可以了。大家需要注意的就是睡眠模式设置的步骤。

18.4 深度睡眠模式程序设计与详细分析

这一节我们一同来看看如何让 LPC1114 进入深度睡眠模式。具体分析程序之前,我们先简单说几句大家需要注意的地方(以下文字来源于瑞生网,一个不错的网站)。深度睡眠模式下,除了 BOD 模块和看门狗振荡器的时钟可以继续工作,其他所有的时钟都会停止。同学们可以通过 PDSLEEPCFG 寄存器来配置在深度睡眠期间 BOD 和看门狗振荡器是否工作。因此在深度睡眠模式下,看门狗振荡器是唯一可以工作的时钟源,当需要

用定时器唤醒微处理器的时候,可以开启看门狗时钟,但时钟必须设置为最小值,即要把 WDTOSCCTRL 寄存器中的 FREQSEL 位设置为 0001,当需要定时器唤醒单片机时,可以在 SYSAHBCLKCTRL 寄存器中开启看门狗振荡器和一个通用定时器。

如何进入深度睡眠模式呢? 我们前面已经介绍过了。这里再重复一下:

(1) 设置 PCON 寄存器的 DPDEN 位为 0。

(2) 配置 PDSLEEPCFG 寄存器。

① 如果需要定时器唤醒微处理器,在 PDRUNCFG 寄存器中,把看门狗的时钟打开,然后在 MAINCLKSEL 把主时钟源选择为看门狗振荡器时钟;

② 如果不需要定时器唤醒微处理器,在 PDRUNCFG 寄存器中,把看门狗的时钟关闭,把 IRC 的时钟打开,在 MAINCLKSEL 寄存器中选择 IRC 时钟为主时钟源。

(3) 配置 PDAWAKECFG 寄存器。

(4) 如果使用外部引脚来唤醒微处理器,配置 STARTAPRP0、STARTERP0、STARTRSRP0CLR 寄存器,初始化外部唤醒引脚,并用 NVIC 开启该引脚的中断。

(5) 在 SYSAHBCLKCTRL 寄存器中,关闭所有的外设模块。如果用到看门狗振荡器和定时器,则开启这两个的时钟。

(6) 设置 SCR 寄存器中的 SLEEPDEEP 位为 1。

(7) 执行 WFI 指令。

当然,唤醒的方法要么是用唤醒引脚,要么是复位。

下面我们就给出一个深度睡眠的实例,在该实例中,我们在唤醒微处理器时使用的是 PIO0_7 引脚。我们将 PIO0_7 与 PIO1_9 用杜邦线短接,这样在按下 KEY1 按键时,就可以唤醒微处理器了。该实例工程主要包括的文件如图 18.13 所示,system_LPC11xx.c、startup_LPC11xx.s 文件与前面介绍的一样。主程序 main.c 的代码请看程序段 18.2。

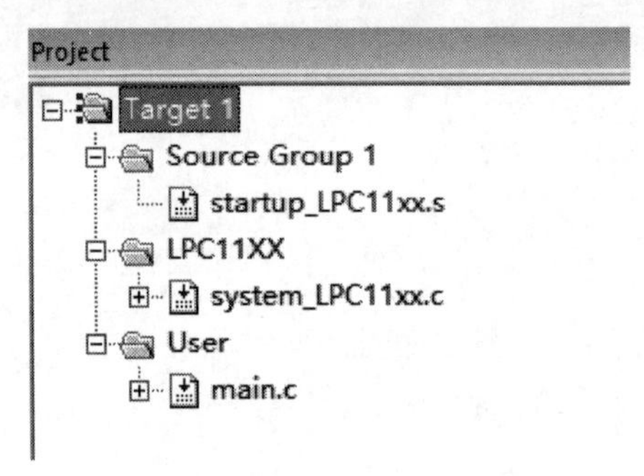

图 18.13 睡眠及唤醒程序结构

程序段 18.2 main.c 文件代码

```
001 /*************************************************
002 * 目标:ARM Cortex - M0 LPC1114
003 * 编译环境:KEIL 4.70
004 * 外部晶振:10MHz(主频 50MHz)
005 * 功能:设置 LPC1114 进入深度睡眠模式和从深度睡眠模式唤醒。
006 * 作者:
007 *************************************************/
008 #include "lpc11xx.h"
```

```
009  //以下4行代码请参考程序段18.1
010  #define LED1_ON   LPC_GPIO1 - > DATA & = ~(1 < <0)
011  #define LED1_OFF LPC_GPIO1 - > DATA | = (1 < <0)
012  #define LED2_ON   LPC_GPIO1 - > DATA & = ~(1 < <1)
013  #define LED2_OFF LPC_GPIO1 - > DATA | = (1 < <1)
014
015  /* * * * * * * * * * * * * * * * * * * * * * * * * * * * * * * * * * * * */
016  /* 函数名称:延时函数 */
017  /* * * * * * * * * * * * * * * * * * * * * * * * * * * * * * * * * * * * */
018  void delay()//简单的延迟函数
019  {
020    uint16_t i,j;
021
022    for(i = 0;i < 5000;i + +)
023      for(j = 0;j < 200;j + +);
024  }
025
026  /* * * * * * * * * * * * * * * * * * * * * * * * * * * * * * * * * * * * */
027  /* 函数名称:LED 灯初始化 */
028  /* * * * * * * * * * * * * * * * * * * * * * * * * * * * * * * * * * * * */
029  void led_init()  //参考程序段18.1
030  {
031    LPC_SYSCON - > SYSAHBCLKCTRL | = (1 < <16); // 使能 IOCON 时钟
032    LPC_IOCON - > R_PIO1_0 & = ~0x07;
033    LPC_IOCON - > R_PIO1_0 | = 0x01; //把 P1.0 脚设置为 GPIO
034    LPC_IOCON - > R_PIO1_1 & = ~0x07;
035    LPC_IOCON - > R_PIO1_1 | = 0x01; //把 P1.1 脚设置为 GPIO
036    LPC_SYSCON - > SYSAHBCLKCTRL & = ~(1 < <16); // 禁能 IOCON 时钟
037
038    LPC_GPIO1 - > DIR | = (1 < <0); // 把 P1.0 设置为输出引脚
039    LPC_GPIO1 - > DATA | = (1 < <0); // 把 P1.0 设置为高电平
040    LPC_GPIO1 - > DIR | = (1 < <1); // 把 P1.1 设置为输出引脚
041    LPC_GPIO1 - > DATA | = (1 < <1); // 把 P1.1 设置为高电平
042  }
043
044  /* * * * * * * * * * * * * * * * * * * * * * * * * * * * * * * * * * * * */
045  /* 函数名称:深度睡眠函数 */
046  /* * * * * * * * * * * * * * * * * * * * * * * * * * * * * * * * * * * * */
```

/* Deep_Sleep 函数的主要功能就是使处理器进入深度睡眠模式,具体过程请看代码分析。在唤醒时,任何一个唤醒引脚产生的中断都可以将处理器唤醒,并跳转到中断服务程序中运行。*/

```
048  void Deep_Sleep(void)//请大家注意设置过程
049  {
```

//第1步设置PCON寄存器的DPDEN=0,主要是选择睡眠或深度睡眠模式

```
051     LPC_PMU->PCON &= ~(1<<1);// DPDEN=0;
```

/*第2步完成主时钟源更新,在深度睡眠时不使用看门狗振荡器,则需要将时钟切换成IRC,这样在进入睡眠时不会产生干扰。当MAINCLKSEL寄存器中的值改变后,需要对更新寄存器MAINCLKUEN(参考图7.19,手册Table19)先写0再写1达到时钟更新的目的。53~57行就是更新过程。57行实际上是等待过程,直到寄存器MAINCLKUEN的值更新完成,程序才向下执行。*/

```
053     LPC_SYSCON->MAINCLKSEL   =0x0;        /* Select IRC   */
054     LPC_SYSCON->MAINCLKUEN    =0x01;       /* Update MCLK Clock Source */
055     LPC_SYSCON->MAINCLKUEN    =0x00;       /* Toggle Update Register   */
056     LPC_SYSCON->MAINCLKUEN    =0x01;
057     while (!(LPC_SYSCON->MAINCLKUEN & 0x01));    /* Wait Until Updated    */
```

/*第3步配置PDAWAKECFG寄存器,当处理器被唤醒后,设置上电的模块。*/

```
059     LPC_SYSCON->PDAWAKECFG &= ~(1<<5);  //唤醒后系统振荡器上电
060     LPC_SYSCON->PDAWAKECFG &= ~(1<<7); //唤醒后锁相环PLL上电
```

/*第4步配置唤醒引脚,我们设置P0.7为唤醒引脚。首先要复位P0.7起始逻辑;接下来设置唤醒边沿,然后使能起始逻辑。*/

```
062     LPC_SYSCON->STARTRSRP0CLR |=(1<<7);// 复位P0.7起始逻辑
063     LPC_SYSCON->STARTAPRP0 &= ~(1<<7);  // P0.7下降沿唤醒。平时P0.7与P1.9连接保持
                                             //高电平,KEY1按下出现下降沿
064     LPC_SYSCON->STARTERP0 |=(1<<7);// 使能P0.7起始逻辑
```

/*打开唤醒引脚对应的中断。*/

```
065     NVIC_EnableIRQ(WAKEUP7_IRQn);//唤醒引脚P0.7对应的中断向量为WAKEUP7_IRQn
```

/*第5步设置SYSAHBCLKCTRL寄存器,如果用到看门狗WDT可以保留,否则关闭,此处关闭了。*/

```
067     LPC_SYSCON->SYSAHBCLKCTRL =0x01f;// 关闭所有外设模块,系统时钟、AHP总线等还没有关
                                          //闭,等深度睡眠后才关闭
```

/*第6步设置SCR寄存器,选择深度睡眠。*/

```
069     SCB->SCR |=(1<<2);      // SLEEPDEEP=1; 选择deep_sleep模式
```

/*第7步调用WFI指令,进入深度睡眠模式。*/

```
071     __wfi();
072   }
```

```
073
074 /*****************************************/
075 /*函数名称:唤醒中断函数        */
076 /*****************************************/
```

/*当P0.7引脚上出现下降沿后,处理器被唤醒,跳转到本中断服务程序中运行。中断服务程序唤醒了微处理器后,将设置处理器进入正常的工作状态。因此需要将时钟改回50MHz,也即要重新选择时钟源。*/

```
078 void WAKEUP_IRQHandler(void)
079 {
081   LPC_SYSCON->MAINCLKSEL   =0x3;//重新选择时钟源为PLL输出
082   LPC_SYSCON->MAINCLKUEN   =0x01;//更新主时钟源
083   LPC_SYSCON->MAINCLKUEN   =0x00;
084   LPC_SYSCON->MAINCLKUEN   =0x01;
085   while (!(LPC_SYSCON->MAINCLKUEN & 0x01));//等待更新完成
086 // 清唤醒标志
087   LPC_SYSCON->STARTRSRP0CLR |=(1<<7);  //复位P0.7起始逻辑
088   LPC_PMU->PCON &= ~(1<<8); //深度睡眠标志位清零,必须手动清除,为下一次睡眠做准备
```

/*下一行是让GPIO上电,因为后面我们还要让LED闪烁,如果不上电就不会闪了。让GPIO上电与让IOCON上电不同,IOCON上电后可以对端口进行配置,不配置端口时可以关闭IOCON。*/

```
089   LPC_SYSCON->SYSAHBCLKCTRL |=(1<<6);
090 }
091
092 /*****************************************/
093 /*函数名称:LED1闪亮函数 */
094 /*****************************************/
095 void Blink(void)  //闪烁函数,参考程序段18.1
096 {
097   delay();
098   LED1_ON;
099   delay();
100   LED1_OFF;
101 }
102
103 /*****************************************/
104 /*函数名称:主函数          */
105 /*****************************************/
106 int main()
107 {
108   uint8_t cnt=0;  //计数变量
109
110   led_init();
111
```

```
112     while(1)
113     {
114       Blink(); //LED1 闪烁 1 次
115         cnt++; //计数值加 1
116         if(cnt>10) //闪烁次数大于 10 次,则进入深度睡眠
117       {
118           cnt =0;
119           Deep_Sleep(); //进入深度睡眠
120       }    //微处理器被唤醒后,程序进入中断服务程序,服务程序运行完成后程序会跳转到这里继续运行
121     }
122   }
123
```

18.5 深度掉电模式程序设计与详细分析

深度掉电模式下,除了WAKUP引脚(PIO1_4),整个芯片都停止工作。内部SRAM中的数据会丢失,因此关键的数据要保存在非易失性存储器中,或者保存在4个通用目的寄存器中。深度掉电模式的设置过程我们在18.1.3小节已经说过了,就不再赘述了。唤醒处理器时只能通过WAKUP引脚的下降沿来唤醒,也就是按下电路板上的WAKUP按键就可以唤醒了(/*在我们的电路中WAKUP引脚平时就是保持上拉的。*/)。WAKUP按键唤醒微处理器后,程序重新执行(很关键哦!此时没有中断服务程序了啊!)。

下面我们就给出一个深度掉电的实例,在该实例中主要包括的文件如图18.14所示,system_LPC11xx.c、startup_LPC11xx.s文件与前面介绍的一样。主程序main.c的代码请看程序段18.3。

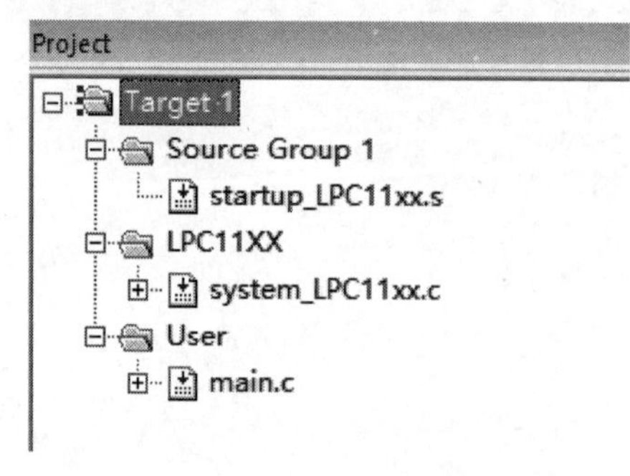

图18.14 睡眠及唤醒程序结构

程序段18.3 main.c文件代码

```
01  /******************************************
02   *目标:ARM Cortex-M0 LPC1114
03   *编译环境:KEIL 4.70
04   *外部晶振:10MHz(主频 50MHz)
05   *功能:设置 LPC1114 进入深度掉电模式。按下 WAKUP 按键唤醒
06   *作者:
```

```
07    * * * * * * * * * * * * * * * * * * * * * * * * * * * * * * * * * * * * * * * * * * * * * */
08  #include "lpc11xx.h"
09    //10 行到 43 行不过多解释,请参考上一小节
10  #define LED1_ON   LPC_GPIO1->DATA &= ~(1<<0)
11  #define LED1_OFF LPC_GPIO1->DATA |= (1<<0)
12  #define LED2_ON   LPC_GPIO1->DATA &= ~(1<<1)
13  #define LED2_OFF LPC_GPIO1->DATA |= (1<<1)
14
15  /* * * * * * * * * * * * * * * * * * * * * * * * * * * * * * * * * * * * */
16  /* 函数名称:延时函数 */
17  /* * * * * * * * * * * * * * * * * * * * * * * * * * * * * * * * * * * * */
18  void delay()
19  {
20    uint16_t i,j;
21
22    for(i=0;i<5000;i++)
23        for(j=0;j<200;j++);
24  }
25
26  /* * * * * * * * * * * * * * * * * * * * * * * * * * * * * * * * * * * * */
27  /* 函数名称:LED 灯初始化 */
28  /* * * * * * * * * * * * * * * * * * * * * * * * * * * * * * * * * * * * */
29  void led_init()
30  {
31    LPC_SYSCON->SYSAHBCLKCTRL |= (1<<16);
32    LPC_IOCON->R_PIO1_0 &= ~0x07;
33    LPC_IOCON->R_PIO1_0 |= 0x01;
34    LPC_IOCON->R_PIO1_1 &= ~0x07;
35    LPC_IOCON->R_PIO1_1 |= 0x01;
36    LPC_SYSCON->SYSAHBCLKCTRL &= ~(1<<16);
37
38    LPC_GPIO1->DIR |= (1<<0);
39    LPC_GPIO1->DATA |= (1<<0);
40    LPC_GPIO1->DIR |= (1<<1);
41    LPC_GPIO1->DATA |= (1<<1);
42  }
43
44  /* * * * * * * * * * * * * * * * * * * * * * * * * * * * * * * * * * * * */
45  /* 函数名称:进入深度睡眠函数 */
46  /* * * * * * * * * * * * * * * * * * * * * * * * * * * * * * * * * * * * */
```

/* Deep_PD 是进入深度睡眠的函数。请大家详细看看寄存器设置的过程。*/

```
47  void Deep_PD(void)
48  {
```

```
49    /*第1步设置PCON寄存器*/
50    LPC_PMU->PCON |= (1<<1);  // DPDEN=1;选择深度掉电模式
51    /*第2步可以保存数据了,52行我们注释掉了,如果你需要保存数据可以参考52行将数据写到4个通
      用目的寄存器里*/
52    // LPC_PMU->GPREG0  =0x0011 ;
54    /* 第3步设置SCR寄存器,将SLEEPDEEP位置1,这时一旦执行WFI指令就进入深度掉电模式*/
55    SCB->SCR |= (1<<2);
56    /* 第4步设置PDRUNCFG寄存器,将该寄存器最低两位设置为0,确保掉电过程中IRC振荡器不产生
      干扰*/
57    LPC_SYSCON->PDRUNCFG &= ~(0X3);   // 确保IRCOUT_PD和IRC_PD为0
58    /* 第5步执行WFI指令*/
59    __wfi();  // 写wfi指令进入深度掉电模式
60  }
61
62
63  /**************************************/
64  /*函数名称:LED1闪亮函数         */
65  /**************************************/
66  void Blink(void)
67  {
68        delay();
69        LED1_ON;
70        delay();
71        LED1_OFF;
72  }
73
74  /**************************************/
75  /*函数名称:主函数          */
76  /**************************************/
77  int main()
78  {
79    uint8_t cnt=0;
81    led_init();
83    while(1)
84    {
85      Blink();
86          cnt++;
87          if(cnt>10)  //闪烁10次后进入深度掉电
88          {
90                Deep_PD();  //进入深度掉电模式,深度掉电模式一旦唤醒后,程序从头执行,因此不必
                              //将cnt清零
91          }
92    }
93  }
94
```

高大上的μC/OS－Ⅱ操作系统

操作系统是个趋势，越来越多的嵌入式开发设计都离不开操作系统。强大的Android、iOS等移动终端操作系统虽然功能强大，但是只适合在高端设备上应用，对于资源有限的小型嵌入式平台而言则需要使用一些高效、简单的嵌入式操作系统。μC/OS－Ⅱ就是一款开源、简单的嵌入式操作系统，非常适合初学者学习和使用。学习μC/OS－Ⅱ会有种屌丝逆袭的感觉哦！

19.1 μC/OS－Ⅱ操作系统简介

μC/OS－Ⅱ是美国Micrium公司推出的开源嵌入式实时操作系统，具有体积小、实时性强和移植能力强的特点。μC/OS－Ⅱ几乎可以移植到所有ARM微处理器上，当然最好处理器的RAM容量在4KB以上。（/＊说实话LPC1114由于RAM太小，移植μC/OS－Ⅱ后性能发挥不出优势，但这并不影响我们学习操作系统，因此我们的目的是入门，学会。＊/）μC/OS－Ⅱ是面向任务的实时嵌入式操作系统，具有3个系统任务，最多可以有255个用户任务，用户可以在用户任务中实现自己所需的功能。（/＊操作系统的分类有多种，实时操作系统就是指能够在规定的时间内及时完成任务，对事件处理快速及时的操作系统。＊/）

前几年又出现了μC/OS－Ⅲ操作系统，相对于μC/OS－Ⅱ可以支持无限多的用户任务，而且同一个优先级的任务之间可以按时间片进行调度，并优化了资源配置，不过μC/OS－Ⅱ是目前使用最多的，而且两者之间传承性非常好，会了一个另一个也没有问题，所以我们今天主要还是向大家介绍μC/OS－Ⅱ。（/＊其他的关于操作系统如何好，如何安全、实时等，我们就不再多说了，大家可以上网自己看，总之，μC/OS－Ⅱ非常适合入门，是不二之选。＊/）。

μC/OS－Ⅱ是一个完整的，可移植、可固化、可裁减的抢占式实时多任务操作系统内核。主要用ANSI的C语言编写，少部分代码是汇编语言。μC/OS－Ⅱ主要有以下特点：

（1）可移植。可以移植到多个CPU上，包括三菱单片机。

（2）可固化。可以固化到嵌入式系统中。

（3）可裁减。可以定制μC/OS－Ⅱ，使用少量的系统服务。

(4) 剥夺性。μC/OS - Ⅱ是完全可剥夺的实时内核,μC/OS - Ⅱ总是运行优先级最高的就绪任务。

(5) 确定性。μC/OS - Ⅱ的函数调用和系统服务的执行时间可以确定。

(6) 多任务。μC/OS - Ⅱ可以管理最多256个任务。不支持时间片轮转调度法,所以要求每个任务的优先级不一样。

用户为什么要使用嵌入式操作系统呢?下面简单说下使用嵌入式系统的优缺点。

1. 使用嵌入式操作系统的优点

(1) 操作系统最大的优势就是能够使任务并发完成,将复杂的系统分解为多个相对独立的任务,采用"分而治之"的方法降低系统的复杂度。通过将应用程序分割成若干独立的任务,系统使得应用程序的设计过程大为简化。(/*没有操作系统时,程序只能顺序执行,有了操作系统,多个任务可以并发执行,效率大大提高。*/)

(2) 使得应用程序的设计和扩展变得容易,无需较大的改动就可以增加新的功能。

(3) 实时性能得到提高。对时间要求苛刻的事件能够快捷有效地处理。

(4) 通过有效的服务,如信号量、邮箱、队列、延时及超时等,操作系统使得资源能够得到更好的利用。

2. 使用嵌入式操作系统的缺点

(1) 使用嵌入式操作系统增加了系统的内存和CPU等使用开销。

(2) 需要采用一些新的软件设计方法,对系统设计人员的要求高一些。

(3) 系统任务的划分是比较复杂的过程,需要设计人员对业务和嵌入式操作系统都很熟悉。

(/*笔者认为:在开发时间运行、硬件平台允许的情况下,能上操作系统就尽量上!对后期维护和复杂功能的实现有很大帮助。*/)

19.2 μC/OS - Ⅱ系统文件结构及功能简介

19.2.1 μC/OS -Ⅱ系统文件

从www.micrium.com上可以下载到各个版本的μC/OS - Ⅱ源代码,目前用得比较多的是V2.86、V2.90,最新的是V2.92。只要版本不是太老,各个版本内的文件基本都一样,以V2.86为例,μC/OS - Ⅱ共有14个源代码文件,如表19.1所列。这些源代码文件是与你所使用的CPU无关的(除了os_dbg_r.c),但却是操作系统实现的基本程序,1万多行,感兴趣的同学可以找些参考书籍好好学一下。

表19.1 μC/OS - Ⅱ系统文件

序号	文件名	文件作用
1	ucos_ii.c	声明全局变量和一些头文件
2	ucos_ii.h	头文件
3	os_core.c	内核文件

（续）

序号	文件名	文件作用
4	os_sem. c	信号量管理
5	os_mutex. c	互斥信号量管理
6	os_mbox. c	消息邮箱管理
7	os_q. c	消息队列管理
8	os_flag. c	事件标志组管理
9	os_task. c	任务管理
10	os_tmr. c	定时器管理
11	os_time. c	延迟管理
12	os_mem. c	存储管理
13	os_dbg_r. c	编译调试信息(使用时去掉“_r”)
14	os_cfg_r. h	系统配置文件(使用时去掉“_r”)

当然，有了这些源代码文件并不代表在你使用的平台上就能够跑操作系统了，还需要一些文件，主要包括3个：os_cpu. h、os_cpu. c、os_cpu_a. asm，这3个文件是与CPU相关的文件。用户针对这3个文件进行修改后，才能真正让操作系统在你的平台上运行起来，这个过程叫做移植。这3个文件到哪里找，以及移植的过程我们后面会向大家介绍。对于只想应用，不问原理的同学，这3个文件如何修改要学好。我们在图19.1中给出了μC/OS-Ⅱ硬软件的体系结构。（/*说实话，操作系统是一个非常复杂的东西，如果你还没有在大学系统地学过“操作系统原理”或类似相关的课程，那么实际上今天的内容对你而言确实有点难了，不过大家要保持一个“不求甚解”的态度，从实际出发吧。我们尽量用最少的语言对μC/OS-Ⅱ进行概括，希望对你有益。*/）

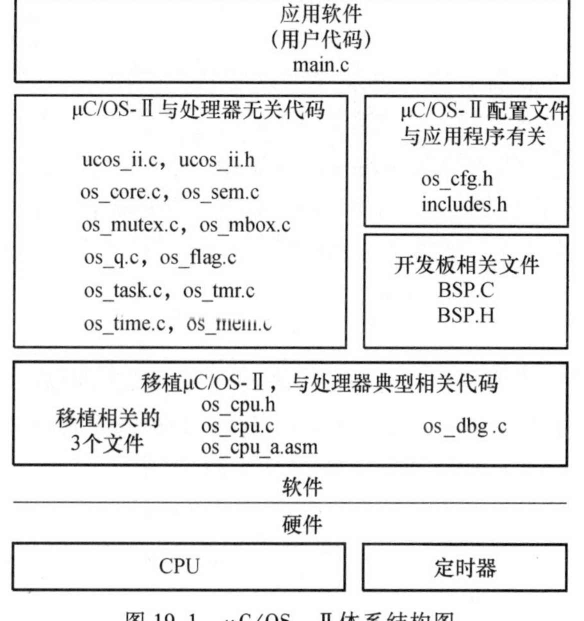

图19.1　μC/OS-Ⅱ体系结构图

19.2.2 μC/OS－Ⅱ功能简介

μC/OS－Ⅱ可以大致分成核心、任务处理、时间处理、任务同步与通信、与 CPU 的接口等 5 个部分。

(1) 核心部分(OSCore.c):是操作系统的处理核心,包括操作系统初始化、操作系统运行、中断进出的前导、时钟节拍、任务调度、事件处理等各部分。能够维持系统基本工作的部分都在这里。

(2) 任务处理部分(OSTask.c):任务处理部分中的内容都是与任务的操作密切相关的。包括任务的建立、删除、挂起、恢复等等。因为 μC/OS－Ⅱ是以任务为基本单位调度的,所以这部分内容也相当重要。(/＊任务,不严谨地说也可以叫作进程,是指具体完成的某一工作的整个过程及与之相关的资源使用。＊/)

(3) 时钟部分(OSTime.c):μC/OS－Ⅱ中的最小时钟单位是 timetick(时钟节拍)。任务延时等操作是在这里完成的。

(4) 任务同步与通信部分:是事件处理部分,包括信号量、邮箱、消息队列、事件标志等;主要用于任务间的互相联系和对临界资源的访问。(/＊两个任务都要使用唯一的一个串口如何协调？一个任务的输出是另一个任务的输入,那么该如何协调两个任务？这都是任务间的交互,就和人一样,总要建立与别人共同协作的规则。同步和通信就是协调这些任务间关系的。＊/)

(5) 与 CPU 的接口部分:是指 μC/OS－Ⅱ针对所使用的 CPU 的移植部分。由于 μC/OS－Ⅱ是一个通用性的操作系统,所以对于关键问题上的实现,还是需要根据具体 CPU 的具体内容和要求作相应的移植。这部分内容由于牵涉到堆栈指针等寄存器,所以通常用汇编语言编写。主要包括中断级任务切换的底层实现、任务级任务切换的底层实现、时钟节拍的产生和处理、中断的相关处理部分等内容。

1. 任务管理

μC/OS－Ⅱ(V2.8 以后版本)中最多可以支持 256 个任务,分别对应优先级 0～255,其中 0 为最高优先级,255 为最低级(一个任务一个优先级,优先级可以唯一表示任务)。μC/OS－Ⅱ提供了任务管理的各种函数调用,包括创建任务、删除任务、改变任务的优先级、任务挂起和恢复等。系统初始化时会自动产生两个任务:一个是空闲任务,它的优先级最低,该任务仅给一个整型变量做累加运算;另一个是系统任务,它的优先级为次低,该任务负责统计当前 CPU 的利用率。

2. 时间管理

μC/OS－Ⅱ的时间管理是通过定时中断来实现的,该定时中断一般为 10ms 或 100ms 发生一次,时间频率取决于用户对硬件系统的定时器编程来实现(Cortex－M0 中就是 SysTick 定时器)。中断发生的时间间隔是固定不变的,该中断周期为一个时钟节拍(也称为操作系统的心跳)。μC/OS－Ⅱ要求用户在定时中断的服务程序中,调用系统提供的与时钟节拍相关的系统函数,例如中断级的任务切换函数,系统时间函数。

3. 内存管理

在 ANSI C 中是使用 malloc 和 free 两个函数来动态分配和释放内存。但在嵌入式实时系统中,多次这样的操作会导致内存碎片,且由于内存管理算法的原因,malloc 和 free 的执行时间也是不确定。μC/OS-Ⅱ中把连续的大块内存按分区管理。每个分区中包含整数个大小相同的内存块,但不同分区之间的内存块大小可以不同。用户需要动态分配内存时,系统选择一个适当的分区,按块来分配内存。释放内存时将该块放回它以前所属的分区,这样能有效解决碎片问题,同时执行时间也是固定的。

4. 通信同步

对一个多任务的操作系统来说,任务间的通信和同步是必不可少的。μC/OS-Ⅱ中提供了 4 种同步对象,分别是信号量,邮箱,消息队列和事件。所有这些同步对象都有创建,等待,发送,查询的接口用于实现进程间的通信和同步。

5. 任务调度

μC/OS-Ⅱ 采用的是可剥夺型实时多任务内核。可剥夺型的实时内核在任何时候都运行就绪了的最高优先级的任务。μC/OS-Ⅱ的任务调度是完全基于任务优先级的抢占式调度,也就是最高优先级的任务一旦处于就绪状态,则立即抢占正在运行的低优先级任务的处理器资源。为了简化系统设计,μC/OS-Ⅱ规定所有任务的优先级不同,因为任务的优先级也同时唯一标志了该任务本身。

高优先级的任务因为需要某种临界资源,主动请求挂起,让出处理器,此时将调度就绪状态的低优先级任务获得执行,这种调度也称为任务级的上下文切换。高优先级的任务因为时钟节拍到来,在时钟中断的处理程序中,内核发现高优先级任务获得了执行条件(如休眠的时钟到时),则在中断态直接切换到高优先级任务执行,这种调度也称为中断级的上下文切换。

这两种调度方式在 μC/OS-Ⅱ的执行过程中非常普遍,一般来说前者发生在系统服务中,后者发生在时钟中断的服务程序中。调度工作的内容可以分为两部分:最高优先级任务的寻找和任务切换。其最高优先级任务的寻找是通过建立就绪任务表来实现的。μC/OS-Ⅱ中的每一个任务都有独立的堆栈空间,并有一个称为任务控制块 TCB(Task Control Block)的数据结构,其中第一个成员变量就是保存的任务堆栈指针。任务调度模块首先用变量 OSTCBHighRdy 记录当前最高级就绪任务的 TCB 地址,然后调用 OS_TASK_SW()函数来进行任务切换。

我们知道了操作系统的主要工作是任务管理、时间管理、内存管理、通信同步和任务调度后,实际上就知道了操作系统这个系统资源的大管家主要的工作就是分配资源和组织协调工作,说起来也很简单不是?

一个操作系统的功能必然是非常多的,有些功能某些用户是用不上的(比如你安装了 Windows 的时候,不想用它的 IE 浏览器,就可以删除),这样用户就可以根据自己的需求来定制操作系统,对系统进行裁剪,如何裁剪,请看明天的内容。

19.3 μC/OS-Ⅱ系统任务

μC/OS-Ⅱ具有 3 个系统任务,分别是空闲任务、统计任务和定时器任务。统计任务用于统计 CPU 的使用率和各个任务的堆栈使用情况,定时器任务用于创建系统定时器,而空闲任务是当所有其他任务均没有使用CPU时,空闲任务占用CPU。

1. 空闲任务 OSTaskIdle()

空闲任务是μC/OS-Ⅱ中优先级最低的任务,该任务实现的工作为:每执行一次空闲任务,系统全局变量OSIdleCtr就自增1;每次空闲任务的执行都将调用一次钩子函数OSTaskIdleHook,用户可以通过该钩子函数扩展功能。

2. 统计任务 OS_TaskStat()

统计任务OS_TaskStat()的优先级号固定为OS_LOWEST_PRIO-1,仅比空闲任务的优先级高,对于μC/OS-Ⅱ V2.91而言,每0.1s执行统计任务一次,将统计这段时间内空闲任务运行的时间。当需要查询某个任务的堆栈使用情况时,必须在创建这个任务时把它的堆栈内容全部清0,这样统计任务在统计每个任务堆栈使用情况时,统计其堆栈中不为0的元素个数,该值就是堆栈使用的长度,堆栈总长减去前者即使该任务的空闲空间长度。

当配置文件os_cfg.h中OS_TASK_STAT_EN为1时,则开启统计任务功能,此时需要在第一个用户任务的无限循环体前面插入语句"OSStatInit()"以初始化统计任务,并且要求使用函数OSTaskCreateExt创建用户任务,最后一个参数使用OS_TASK_OPT_STK_CHK | OS_STK_CLR。统计任务可以统计用户任务的CPU占有率和任务堆栈占用情况。

一般地,在第一个用户任务中显示CPU使用率和用户任务堆栈占用情况,CPU使用率保存在一个全局变量OSCPUUsage中,其值为0~100的整数,如果为10则表示10%。当查询某一个任务的堆栈使用情况时,需要定义结构体变量类型OS_STK_DATA的变量,然后调用函数OSTaskStkChk。该函数有两个参数,第一个为任务优先级号,第二个为指向OS_STK_DATA变量的指针。函数运行完成后堆栈的使用情况保存在StkData变量中,StkData.OSFree为该任务空闲的堆栈大小,StkData.OSUsed为使用堆栈的大小,单位是字节。

3. 定时器任务 OS_TmrTask()

定时器任务属于系统任务,由μC/OS-Ⅱ系统提供,它的主要作用在于创建软定时器(系统定时器)。系统配置文件os_cfg.h定义了常量OS_TMR_CFG_MAX=16,表示最多可以创建16个软定时器。μC/OS-Ⅱ系统定时器任务可管理的定时器数量仅受定时器数据类型限制,对于无符号整型而言,可管理达65536个定时器。

创建一个定时器的步骤如下:

(1) 定义一个定时器,例如:"OS_TMR *myTmr01;"然后定义该定时器的回调函数,例如:"void myTmr01Func(void *ptmr, void *callback_arg);"回调函数是指定时器定时完成后将自动调用的函数,一般会在该函数中释放信号量或消息邮箱,激活某个用户任务去执行特定功能。

(2) 调用OSTmrCreate函数创建该定时器,例如:

myTmr01 = OSTmrCreate(10,10,OS_TMR_OPT_PERIODIC),myTmr01Func,(void *)0,"My Timer 01",&err);

OSTmrCreate函数有7个参数,依次为初次定时/延时值、定时/周期值、定时/方式、回调函数、回调函数参数、定时器名称和出错信息。初次定时/延时值表示第一次定时到结束所经历的时间;定时/周期值表示周期性定时器的定时/周期值。

(3) 软定时器的动作主要有:启动软定时器,如"OSTmrStart(myTmr01,&err)",停止定时器函数原型为:

OSTmrStop(OS_TMR * ptmr,INT8U opt,void * callback_arg,INT8U * perr);

上述函数的4个参数依次为:定时器、定时器停止后是否调用回调函数的选项、传递给回调函数的参数和出错信息码。

(4) 可获得的软定时器的状态,例如:

INT8U TmrState;

TmrState = OSTmrStateGet(myTmr01,&err);

上述代码将返回定时器 myTmr01 当前的状态,如果定时器没有创建,则返回常量 OS_TMR_STATE_UNUSED;如果定时器处于运行状态,返回常量 OS_TMR_STATE_STOPPED。

(5) 当定时到期时,将自动调用定时器回调函数。一般不允许在回调函数中放置耗时较多的数据处理代码,通常回调函数只有几行代码,用于释放信号量或消息邮箱。

19.4 μC/OS-Ⅱ信号量与互斥信号量

当并发的多个任务在运行过程中因相互争夺资源而造成的一种僵局我们称为死锁。图19.2给出了一个死锁的示意图。图中任务A已经占有了资源1,任务B已经占有了资源2,此时如果A想使用资源2,且B想使用资源1,那么就形成了一个死锁的环路。如果A、B没有一方放弃资源,那么就没有一个任务能够完成,此时系统出现僵局,这就是死锁。死锁对系统资源和性能都会造成巨大的浪费,甚至引起系统崩溃。死锁的发生的根本原因是什么呢?就是资源太少或者任务推进的顺序不当。当资源数量无法满足时,人们往往通过协调任务间的推进顺序来解决死锁问题。

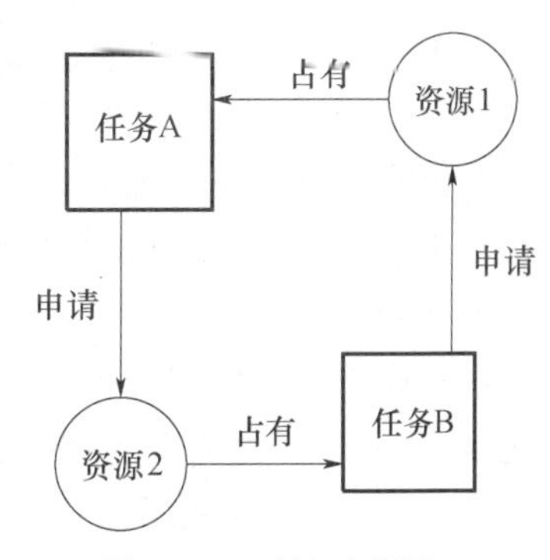

图19.2　死锁示意图

在系统中,任务之间有两种关系,一种叫作同步,比如任务A的输出就是任务B的输入,那么没有A产生输出,B就无法运行,这种关系称为同步;另一种叫作互斥,如果某个资源只有1个,而且不能大家一起使用,这是如果认为A、B都想获得资源,此时就存在竞争,要么A获得资源并运行,要么B获得资源并运行,另一方只能等待,这种由于资源无法共享而引起的任务间的制约关系称为互斥。那么如何解决同步和互斥的问题呢?操作系统中常采用信号量机制,信号量包括两种,一种是解决同步问题的信号量,另一种是解决互斥问题的互斥信号量。下面我们分别说说。

1. 信号量

由图19.3可知,任务B可以同步于任务A执行,也可以同步于某个中断服务程序执行。信号量本质上就是一个全局的计数器变量。任务A释放信号量,S会自增1;任务B请求信号量,当S>0时,表示信号量有效,任务B将请求成功,之后信号量S自减1;S=0说明没有信号量,则任务B一直等待,直到任务A释放信号量,使S>0。比如A生产数据,B 消费数据,S 则代表还未消费的数据量。(/ * 注意,信号量的加、减操作可不是任务 A、B 进行的,是操作系统进行的。 * /)

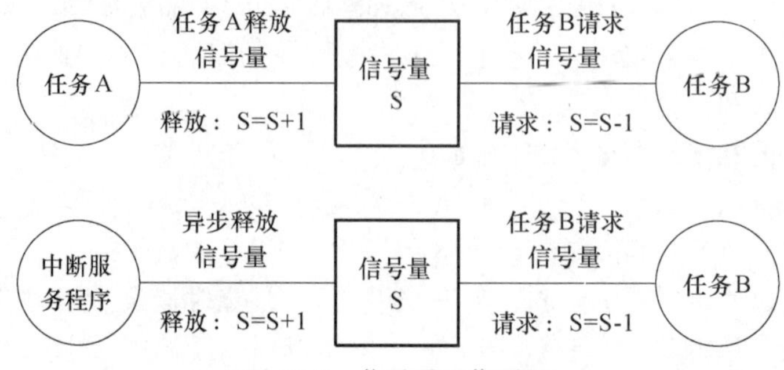

图 19.3 信号量工作原理

中断服务程序也可以释放信号量。当某一个中断到来,中断服务程序执行,中断服务程序可以用较少的代码释放信号量,让请求该信号量的任务就绪执行与该中断相关的操作。

操作系统 μC/OS－Ⅱ中信号量相关的主要操作有:创建信号量 OSSemCreate、请求信号量 OSSemPend 和释放信号量 OSSemPost,这些函数都是操作系统自带的,用户需要进行调用,因此加、减操作都不是用户程序进行的。用户程序 B 如果申请不到信号量,就无法继续运行,系统将阻塞它。当然,信号量还支持多对一的同步。

2. 互斥信号量

当有多个任务因为使用同一个临界资源(同一时间只能被一个任务使用,不能共享的资源,也叫独占资源,如打印机。)而请求同一个信号量时,可能会造成死锁。互斥信号量可以有效地解决死锁问题,确保某个任务对资源的独占式访问,即当某个任务访问某一独占资源时,其他要访问该资源的任务(无论优先级是高还是低)需要等到该任务使用完资源后才能进行访问。其工作原理为:当低优先级的任务请求到互斥信号量而是用共享资源时即将临时提升该任务的优先级,使其略高于全部要请求互斥信号量的任务的优先级,这种现象称为优先级提升或优先级反转,提升后的优先级称为优先级继承优先级(PIP)。当该任务使用完共享资源后,其优先级将还原为原来的优先级。

互斥信号量的工作情况如图 19.4 所示。

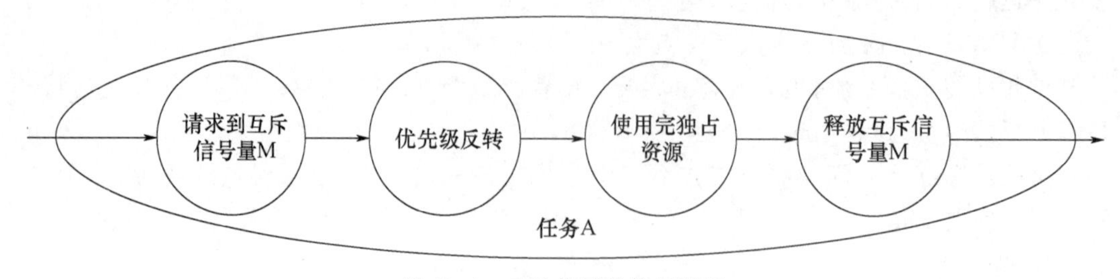

图 19.4 互斥信号量使用情况

互斥信号量只有 0,1 两个值,表示两种状态,即互斥信号量被占用和未被占用。如图 19.4,任务 A 需要使用资源时,首选需要请求互斥信号量 M,如果没有请求到,说明资源被其他任务占用,如果请求到了,则优先级反转到比其他要请求该共享资源的所有任务的优先级略高的优先级继承优先级，任务 A 使用完资源后，释放互斥信号量 M。可见，互斥信号量的请求和释放是在同一个任务中实现的。

19.5 μC/OS-Ⅱ消息邮箱与消息队列

信号量仅能实现任务间的同步，如果任务间要进行数据通信，则只能借助于消息邮箱或消息队列，数据以消息的形式在任务间传送。消息邮箱可以视为消息队列的特殊情况，即只包含一个消息的消息队列可视为消息邮箱。

1. 消息邮箱

共享资源可以实现任务间的通信，共享资源是指所有任务均可以访问，但是某一个时刻仅能有一个任务访问和使用的资源。使用共享资源进行任务间的通信，容易造成数据混乱和死锁。消息邮箱是一种借助共享资源的访问机制，使用消息邮箱可以安全地实现任务间的数据通信。消息邮箱的基本原理为：借助全局的一维数组变量 V，在某一任务 A 中，将消息释放到该数组 V 中，V 即所谓的消息邮箱，另一任务 B 始终在请求消息邮箱 V，当发现邮箱中有消息时，将消息接收到任务 B 中。消息邮箱常用的函数如表 19.2 所列。

表 19.2 消息邮箱常用的函数

序号	函数原型	含义
1	OS _ EVENT * OSMboxCreate (void * msg)	创建并初始化一个邮箱。如果参数不为空，则新建的邮箱将包含消息
2	Void * OSMboxPend (OS _ EVENT * pevent, INT16U timeout, INT8U * perr)	向邮箱请求消息，如果邮箱中有消息，则消息传递到任务中，邮箱清空；如果邮箱中没有消息，当前任务等待，直到邮箱中有消息或者等待超时。timeout 为 0 时表示一直等待，直到有消息到来；为大于 0 的整数时，等待 timeout 个时钟节拍后，如果没有消息到来则不再等待
3	INT8U OSMboxPost (OS _ EVENT * pevent, void * pmsg)	向邮箱中释放消息
4	INT8U OSMboxPostOpt (OS _ EVENT * pevent, void * pmsg, INT8U opt)	向邮箱中释放消息。opt 可取： 1. OS_POST_OPT_BROADCAST，消息将广播给所有请求该消息的任务； 2. OS_POST_OPT_NONE，此时与 OSMboxPost 含义相同； 3. OS_POST_OPT_NO_SCHED，释放消息后不进行任务调度，可以用于一次性地释放多个消息后再进行任务调度

消息邮箱的工作情况如图 19.5 所示。

由图 19.5 所示，任务和中断服务程序可以释放消息，只有任务才能请求消息，邮箱中仅能存放一条消息，如果释放消息的速度比请求消息的速度快，则原来的消息将被覆盖。可以通过广播的方式，使得释放的消息传递给所有请求该消息邮箱的任务。如果当前邮箱为空，且有某一任务 B 正在请求邮箱，则当另一任务 A 向邮箱中释放消息时，释放的消息将直接给任务 B，不用经过邮箱中转。如果使用哑元消息，如(void *)1，可以实现一对多或多对一的同步，此时消息邮箱与信号量的作用相同。但是，用作同步，消息邮箱比信号量的速度慢。

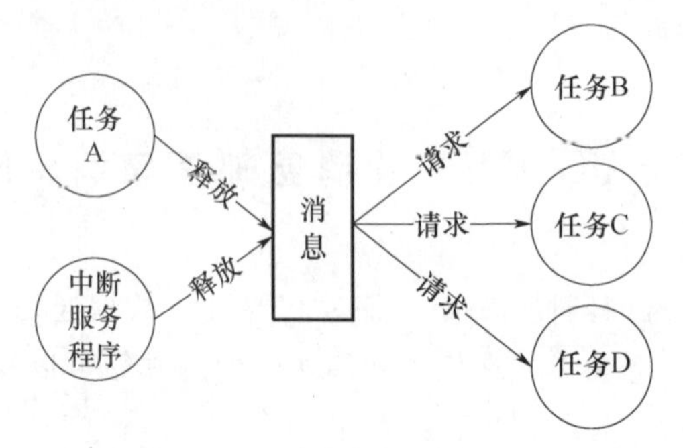

图 19.5　消息邮箱工作原理

2. 消息队列

消息队列可以视为消息邮箱的数组形式，消息邮箱一次只能传递一则消息，而消息队列可以一次传递多则消息。因此，消息邮箱是消息队列的一种特例。消息队列的工作原理如图 19.6 所示。从图中可以看出任务和中断服务程序可以向消息队列中释放消息，只有任务才能从消息队列中请求消息，任务可以始终请求消息，也可周期性地请求消息。消息队列具有一定的长度，其长度为可以包含的消息数量。如果向队列中释放消息的速度大于请求速度，那么消息队列会溢出。常用的消息队列的管理函数见表 19.3。

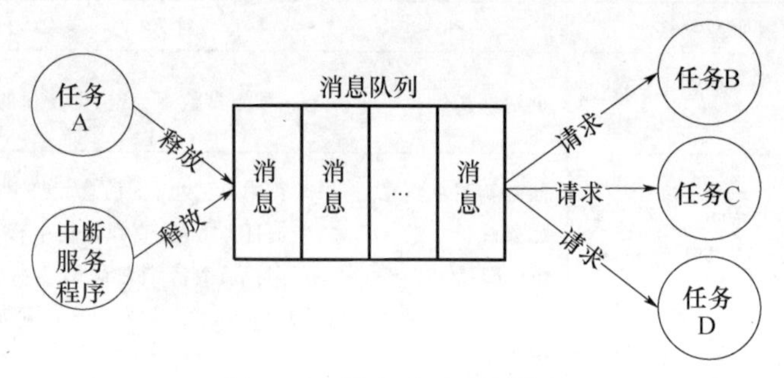

图 19.6　消息队列工作原理

表 19.3　消息队列常用的管理函数

序号	函数原型	含义
1	OS_EVENT * OSQCreate (void * * start, INT16U size)	创建并初始化一个队列。size 表示消息队列的长度
2	Void * OSQPend (OS _ EVENT * pevent, INT16U timeout, INT8U * perr)	向队列请求消息，timeout 为请求延迟值。timeout 为 0 时表示一直等待，直到有消息到来；为大于 0 的整数时，等待 timeout 个时钟节拍后，如果没有消息到来则不再等待
3	INT8U OSQPost (OS _ EVENT * pevent, void * pmsg)	向队列中释放消息。消息队列为首尾相连的圆周形队列，满足先进先出规则，释放的消息放在队列末尾
4	INT8U OSQPostFront (OS _ E-VENT * pevent, void * pmsg)	向队列中释放消息，与 OSQPost 不同的是，该函数向队列的头部放置消息，从而形成后进先出的请求规则

（续）

序号	函数原型	含义
5	INT8U OSQPostOpt(OS_EVENT * pevent, void * pmsg, INT8U opt)	向队列中释放消息。opt 可取： 1. OS_POST_OPT_BROADCAST,消息将广播给所有请求队列的任务； 2. OS_POST_OPT_NONE,此时与 OSQPost 含义相同； 3. OS_POST_OPT_NO_SCHED,释放消息后不进行任务调度,借助该参数可以用于一次性地释放多个消息,在释放完成后,不使用该参数进行任务调度。 4. OS_POST_OPT_FRONT,与 OSQPostFront 相同

19.6 μC/OS－Ⅱ事件标志组

事件标志组是一种比信号量更加灵活的任务间同步方式,可以实现多个任务间的同步控制。时间标志是 OS_FLAGS 类型的变量(默认 16 位无符号整型)。事件标志组的事件释放就是使事件标志中的某些位为 1、某些位为 0,而请求事件标志组,按一定的规则查询某些位为 1 或某些位为 0,如果满足特定的条件,则请求成功;否则等待。事件标志组的原理如图 19.7 所示,任务和中断服务程序可以向事件标志组中释放事件标志,只有任务才能请求事件标志组。如果图中所示的为一种事件标志的模式,则该请求规则为 0x2922,即标注为 1 的位置处的值是 1(空白为 0)。只考虑其各位为 1 或其组合情况下的事件标志,就可以有 $2^{16}-1$ 个信号量。事件标志组的请求规则和释放规则很灵活,可以实现多对多任务的同步。

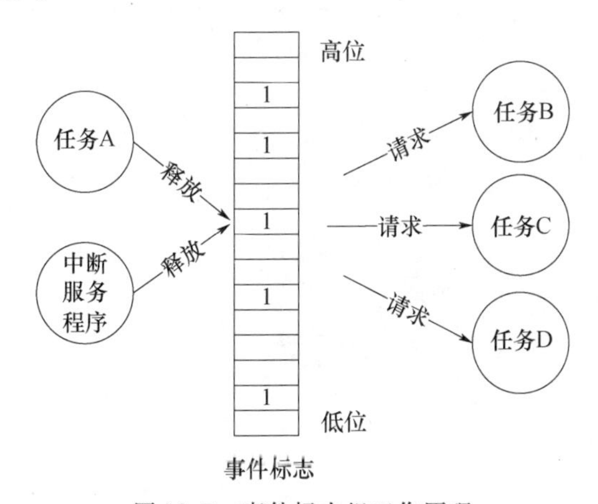

图 19.7　事件标志组工作原理

今天的内容实在是非常绕(好在是没有分析代码——实在太多,没有时间啊),主要目的就是想让大家对 μC/OS－Ⅱ有一个宏观上的认识。总结一下就是:

(1) μC/OS－Ⅱ是一个操作系统,它负责管理整个平台的软、硬件资源。

(2) 有了操作系统会带来一系列的好处,性能允许的情况下,尽量上操作系统。

(3) 操作系统要处理的事物非常多,但就并发的任务而言就涉及到很多同步、通信等问题。

（4）操作系统提供给了用户一系列管理函数，用户使用这些管理函数就能够很方便地实现安全地程序设计。

（5）推荐几本学习 μC/OS－Ⅱ的参考资料：

① Jean J. Labrosse 著，邵贝贝翻译的《μC/OS－Ⅱ嵌入式实时操作系统》，北京航空航天大学出版社出版；

② 任哲编著，《嵌入式实时操作系统 μC/OS－Ⅱ原理及应用》，北京航空航天大学出版社出版；

③ 周慈航编著，《基于嵌入式实时操作系统的程序设计》，北京航空航天大学出版社出版。

LPC1114 上的 μC/OS－Ⅱ裁剪与移植

昨天我们从理论层面学习了 μC/OS－Ⅱ操作系统，今天我们重点给大家介绍一下 μC/OS－Ⅱ的裁剪和移植。所谓裁剪就是根据用户需要定制操作系统的功能，这样可以在保证需求的情况下降低系统的资源开销；所谓移植，就是将操作系统安装到用户平台运行的过程。这两部分内容是开发人员必须具备的能力。

20.1 源程序下载

将 μC/OS－Ⅱ中不使用的组件从系统中移除，称为裁剪；把 μC/OS－Ⅱ运行到特定平台上称为移植。移植分为广义的移植和狭义的移植，前者是针对某一类处理器进行移植，比如针对 Cortex－M0 微控制器的移植，后者针对某一个特定的微处理器型号进行移植，比如针对 LPC1114 微控制器的移植。在这两类移植中，均涉及到 3 个重要的文件：os_cpu. h，os_cpu_c. c 和 os_cpu_a. asm，依次包含自定义数据类型、堆栈管理和任务切换管理等。这些移植文件可以从 Micrium 网站上下载到，不需要用户编写。

为了能够让大家亲自动手完成移植，我们将从程序下载、工程建立、代码添加、系统裁剪、系统移植等几个方面来向大家介绍系统移植的整个过程。首先我们需要找到前人移植的参考资料，方便我们自己的移植，也就是我们要到 Micrium 网站上下载我们所需的代码。我们所需的代码主要有两部分，一部分是 μC/OS－Ⅱ系统的源代码，另一部分是移植所需要的接口文件（os_cpu. h，os_cpu_c. c 和 os_cpu_a. asm）。

1. 下载 μC/OS－Ⅱ源代码

（1）登录 www. micrium. com，进入 Micrium 网站主页，单击“Download”，如图 20.1 所示。

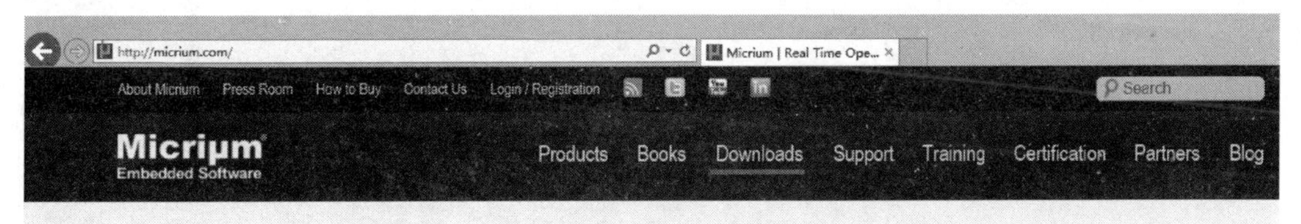

图 20.1 Micrium 网站主页

（2）进入到下载中心界面后，单击左侧“Download Micrium Source Code”标签，如图20.2所示。

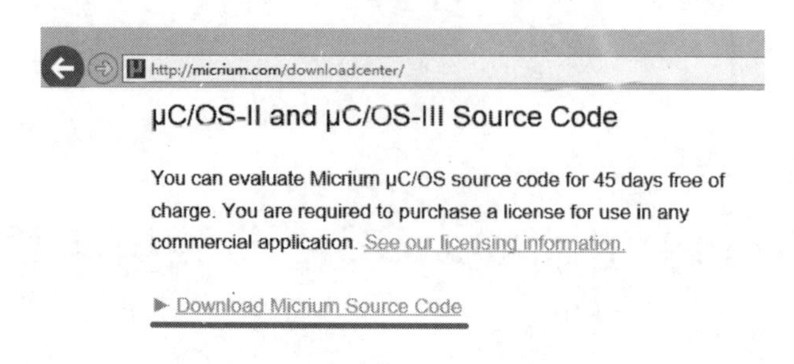

图20.2　进入到下载中心

（3）单击“Download Micrium Source Code”标签后，进入如图20.3所示源码选择界面，单击“Download Micrium μC/OS－Ⅱ”，进入到真正的μC/OS－Ⅱ操作系统源代码下载界面。

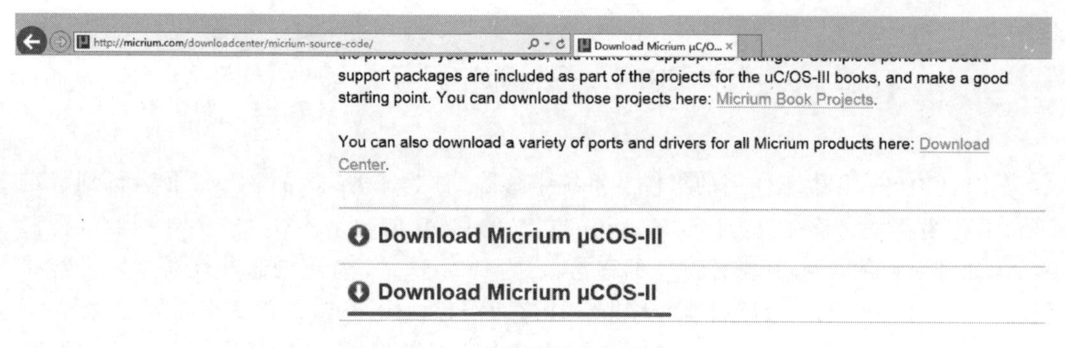

图20.3　源代码选择界面

（4）上一步操作完成后，我们会进入如图20.4所示的源码下载界面，单击左侧“Download”，即可下载了。下载后的源码是一个压缩文件，如图20.5所示，代码的版本号是V2.90。

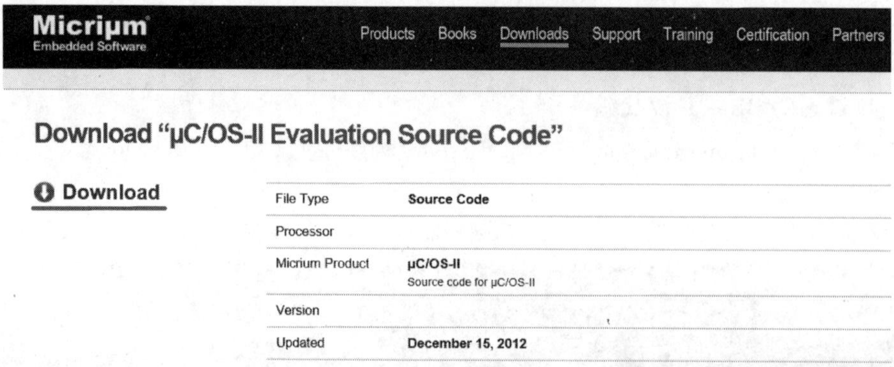

Micrium Embedded Software　Products　Books　Downloads　Support　Training　Certification　Partners

Download “μC/OS-II Evaluation Source Code”

Download

File Type	Source Code
Processor	
Micrium Product	μC/OS-II Source code for μC/OS-II
Version	
Updated	December 15, 2012

图20.4　下载源代码

（5）将图20.5所示的压缩包解压后，我们会在其内部看到如图20.6所示的14个文件（注意图中的路径），这些操作系统源文件有些在移植的过程中需要修改（如何修改后面再介绍）。暂且保存好这些文件，以备后用。操作系统源码下载到此结束。

图20.5　下载源代码

Micrium-uCOS-II-V290 ▸ Micrium ▸ Software ▸ uCOS-II ▸ Source

名称	修改日期	类型	大小
os_cfg_r.h	2010/6/3 10:34	H 文件	11 KB
os_core.c	2010/6/3 10:34	C 文件	87 KB
os_dbg_r.c	2010/6/3 10:34	C 文件	13 KB
os_flag.c	2010/6/3 10:34	C 文件	55 KB
os_mbox.c	2010/6/3 10:34	C 文件	31 KB
os_mem.c	2010/6/3 10:34	C 文件	20 KB
os_mutex.c	2010/6/3 10:34	C 文件	37 KB
os_q.c	2010/6/3 10:34	C 文件	42 KB
os_sem.c	2010/6/3 10:34	C 文件	29 KB
os_task.c	2010/6/3 10:34	C 文件	57 KB
os_time.c	2010/6/3 10:34	C 文件	11 KB
os_tmr.c	2010/6/3 10:34	C 文件	44 KB
ucos_ii.c	2010/6/3 10:34	C 文件	2 KB
ucos_ii.h	2010/6/3 10:34	H 文件	78 KB

图20.6　μC/OS-Ⅱ源码文件

2. 下载移植所需的接口文件

（1）登录www.micrium.com，进入Micrium网站主页，单击“Download”，如图20.1所示。

（2）进入到下载中心界面后，单击右侧“Browse by MCU Architecture”标签，并找到“ARM Cortex-M0”如图20.7所示。

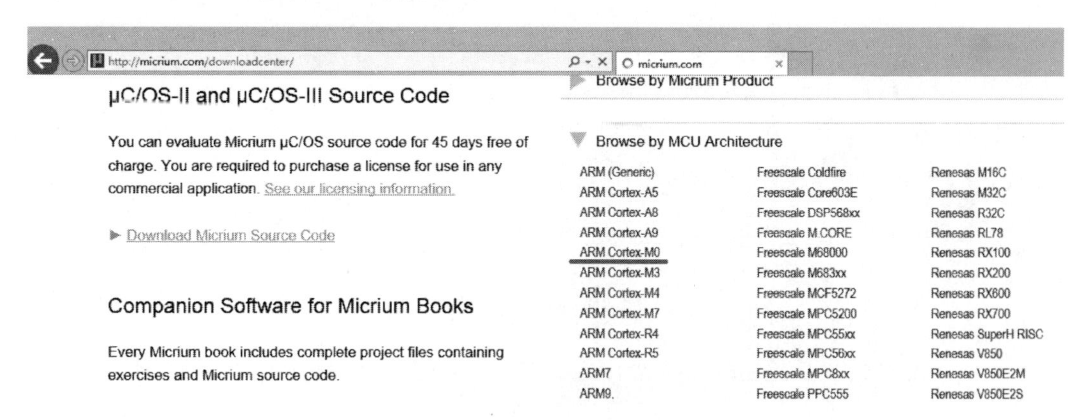

图20.7　根据处理器架构查找Cortex-M0

（3）单击“ARM Cortex－M0”后，进入如图20.8所示界面，单击最后一个选项，因为只有最后一个提供了μC/OS－Ⅱ的程序移植。这时就可以下载到如图20.9所示的压缩包。

MCU	Micrium Product	Evaluation Board	Toolchain	Date
Freescale KL05Z	μC/Building Blocks	FRDM KL05Z	IAR (EWARM) V7.x Keil MDK V4.x	2014/07/28
Freescale KL25Z	μC/Building Blocks	FRDM-KL25Z	IAR (EWARM) V7.x Keil MDK V4.x	2014/08/19
Freescale KL25Z	μC/OS-III μC/OS-III V3.04.04	FRDM-KL25Z	IAR (EWARM) V7.x Keil MDK V4.x	2014/07/28
Freescale KL26Z	μC/Building Blocks	FRDM-KL26Z	IAR (EWARM) V7.x Keil MDK V4.x	2014/08/20
Freescale KL26Z	μC/OS-III μC/OS-III V3.04.04	FRDM-KL26Z	IAR (EWARM) V7.x Keil MDK V4.x	2014/07/28
Freescale KL46Z	μC/Building Blocks	FRDM-KL46Z	IAR (EWARM) V7.x Keil MDK V4.x	2014/08/20
Freescale KL46Z	μC/OS-III μC/OS-III V3.05.01	FRDM-KL46Z	IAR (EWARM) V7.x Keil MDK V4.x	2015/09/15
STMicroelectronics STM32F0	μC/OS-III μC/OS-III V3.03.01	STM320518-EVAL	Atollic TrueSTUDIO V3.x IAR (EWARM) V6.x Keil MDK V4.x	2013/02/05
STMicroelectronics STM32F0	μC/OS-II μC/OS-II V2.92	STM320518-EVAL	Atollic TrueSTUDIO V3.x IAR (EWARM) V6.x Keil MDK V4.x	2012/11/14

图20.8 下载基于STM32F0的μC/OS－Ⅱ移植相关文件

图20.9 基于STM32F0的μC/OS－Ⅱ移植文件

（4）解压后，可以在“解压后所在目录\Micrium_STM320518－EVAL_uCOS－II\Micrium_STM320518－EVAL_uCOS－II\Micrium\Software\uCOS－II\Ports\ARM－Cortex－M0\Generic\RealView”，下看到4个文件，如图20.10所示。这4个文件是我们后面移植过程中需要重点关注的，暂且留存好。接口文件下载到此结束。

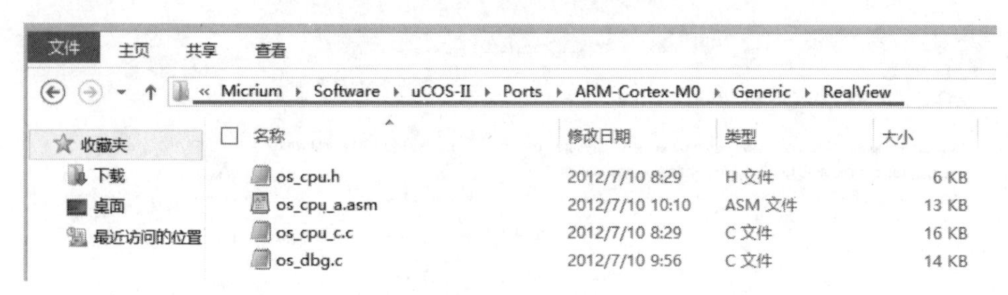

图20.10 port接口文件

（/＊之所以把下载的过程也介绍得这么详细，主要是考虑到网上参考资料太多，很多同学不知道到底该参考哪一个，不如我们就找来最标准的进行参考和修改。＊/）

20.2 μC/OS-Ⅱ系统裁剪——配置文件 os_cfg.h 详解

下面我们来学习操作系统裁剪的基本原理。如图 20.6 所示,在下载到的源代码文件中找到一个名 os_cfg_r.h 的头文件,将其更名为 os_cfg.h,这个文件就是裁剪操作系统所需要的系统配置文件。

对于不关注内核工作原理,只想对系统进行应用的同学来说,系统配置文件 os_cfg.h 是需要关注的,因为通过该文件我们可以实现对操作系统的裁剪。该文件具体内容见程序段 20.1,下面我们在代码中对该文件进行详细分析,从中你就可以知道 μC/OS-Ⅱ是如何进行裁剪的了(/*不像 linux 操作系统往往还有个图形化的裁剪界面,μC/OS-Ⅱ只能通过代码来完成裁剪,还好代码不多。*/)

在看 os_cfg.h 文件时,基本上把握一个规则就是:文件中很多宏定义的常量如果其值为 1,则表示需要其相对应的功能,否则就是不需要。因此开发人员可以通过将不需要功能的宏常量设置为 0 来剪裁内核。

程序段 20.1 os_cfg.h 文件代码

```
001 /*****************************************************
002 * μC/OS-Ⅱ
003 *(为了节省空间,源代码中此处的几行被删除)
004 * File: OS_CFG.H
005 * By: Jean J. Labrosse
006 * Version : V2.91
007 *****************************************************
008
009 #ifndef OS_CFG_H  //头文件声明
010 #define OS_CFG_H
011
012 /* ------------- MISCELLANEOUS ----------- */
013 #define OS_APP_HOOKS_EN      1u  /*表示 μC/OS-Ⅱ 是否支持用户定义的应用程序钩子函数,如果
                                     用户没有写钩子函数,建议设为0*/
014 #define OS_ARG_CHK_EN        0u  /*是否进行参数合法性检查,默认0,建议为1*/
015 #define OS_CPU_HOOKS_EN      1u  /*是否支持系统钩子函数*/
016
017 #defineOS_DEBUG_EN       1u  /*是否使能调试变量*/
018
019 #define OS_EVENT_MULTI_EN    1u  /*是否支持多事件请求系统函数,默认1,建议为0*/
020 #define OS_EVENT_NAME_EN     1u  /*是否可以为各个组件指定名称*/
```

/*22 行 OS_LOWEST_PRIO 表示用户任务的最大优先级号值,默认为 63,μC/OS-Ⅱ 最多支持 255 个任务,因此该值最大不要超过 254,因为优先级编号从 0 开始。255 专用于表示当前执行任务的任务优先级号。*/

```
022 #define OS_LOWEST_PRIO       63u


024
025 #define OS_MAX_EVENTS              10u /* 指定系统中事件控制块的最大数量 */
026 #define OS_MAX_FLAGS               5u  /* 指定事件标志组的最大个数 */
027 #define OS_MAX_MEM_PART            5u  /* 指定内存分区的最大个数 */
028 #define OS_MAX_QS                  4u  /* 指定消息队列的最大个数 */
029 #define OS_MAX_TASKS               20u /* 指定最多可创建的用户任务个数,默认为20,最小为
                                              2,因为系统定时器任务被视为用户任务,而操作系统要
                                              求自少有一个用户任务。*/
030
031 #define OS_SCHED_LOCK_EN           1u  /* 表示用于任务上锁和解锁的OSSchedLock(), OSS-
                                              chedUnlock()函数是否可用 */
032
033 #define OS_TICK_STEP_EN            1u  /* 表示μC/OS-View是否可以观测时钟节拍 */
034 #define OS_TICKS_PER_SEC           100u /* 时钟节拍频率,默认100Hz */
035
036 /* ------------- TASK STACK SIZE(系统任务堆栈) ------------- */
037 #define OS_TASK_TMR_STK_SIZE       128u /* 设定定时器任务堆栈的大小 */
038 #define OS_TASK_STAT_STK_SIZE      128u /* 设定统计任务堆栈的大小 */
039 #define OS_TASK_IDLE_STK_SIZE      128u /* 设定空闲任务堆栈的大小 */
040
041 /* ------------- TASK MANAGEMENT(任务管理相关) ------------- */
042 #define OS_TASK_CHANGE_PRIO_EN     1u  /* 函数OSTaskChangePrio()是否可用 */
043 #define OS_TASK_CREATE_EN          1u  /* 函数OSTaskCreate() 是否可用 */
044 #define OS_TASK_CREATE_EXT_EN      1u  /* 函数OSTaskCreateExt()是否可用 */
045 #define OS_TASK_DEL_EN             1u  /* 函数OSTaskDel()是否可用 */
046 #define OS_TASK_NAME_EN            1u  /* 函数是否可命名 */
047 #define OS_TASK_PROFILE_EN         1u  /* OS_TCB任务控制块中是否包括测试信息 */
048 #define OS_TASK_QUERY_EN           1u  /* 函数OSTaskQuery()是否可用 */
049 #define OS_TASK_REG_TBL_SIZE       1u  /* 设定任务寄存器变量数组长度,默认为1 */
050 #define OS_TASK_STAT_EN            1u  /* 统计任务是否使能 */
051 #define OS_TASK_STAT_STK_CHK_EN    1u  /* 统计任务是否可以统计各个任务的堆栈使用情况 */
052 #define OS_TASK_SUSPEND_EN         1u  /* 函数OSTaskSuspend() 和 OSTaskResume()是否可用 */
053 #define OS_TASK_SW_HOOK_EN         1u  /* 函数OSTaskSwHook()是否可用 */
054
055 /* ------------- EVENT FLAGS(事件标志组相关) ------------- */
056 #define OS_FLAG_EN                 1u  /* 使能事件标志组与否,若为0,则事件标志组被裁剪,
                                              57~62行无效 */
057 #define OS_FLAG_ACCEPT_EN          1u  /* 函数OSFlagAccept()是否可用 */
058 #define OS_FLAG_DEL_EN             1u  /* 函数OSFlagDel()是否可用 */
059 #define OS_FLAG_NAME_EN            1u  /* 是否能为事件标志组命名 */
060 #define OS_FLAG_QUERY_EN           1u  /* 函数OSFlagQuery()是否可用 */
061 #define OS_FLAG_WAIT_CLR_EN        1u  /* 等待清楚事件标志的代码使能与否 */
062 #define OS_FLAGS_NBITS             16u /* 事件标志的数据类型定义为(8, 16或32)位,默认
```

```
                                                       16 位无符号整型 */
063
064 /* -------------- MESSAGE MAILBOXES(邮箱相关) -------------- */
065 #define OS_MBOX_EN                   1u    /*是否使能消息邮箱,如果为0,则66~71行都无效*/
066 #define OS_MBOX_ACCEPT_EN            1u    /*函数 OSMboxAccept()是否可用*/
067 #define OS_MBOX_DEL_EN               1u    /*函数 OSMboxDel()是否可用*/
068 #define OS_MBOX_PEND_ABORT_EN        1u    /*函数 OSMboxPendAbort()是否可用*/
069 #define OS_MBOX_POST_EN              1u    /*函数 OSMboxPost()是否可用*/
070 #define OS_MBOX_POST_OPT_EN          1u    /*函数 OSMboxPostOpt()是否可用*/
071 #define OS_MBOX_QUERY_EN             1u    /*函数 OSMboxQuery()是否可用 */
072
073 /* ------------- MEMORY MANAGEMENT(存储管理相关) ------------- */
074 #define OS_MEM_EN                    1u    /*是否使能存储器管理,若为0,则存储器管理被裁剪
                                                 掉,75、76行无效*/
075 #define OS_MEM_NAME_EN               1u    /*是否能够为内存分区命名*/
076 #define OS_MEM_QUERY_EN              1u    /*函数 OSMemQuery()是否可用 */
077
078 /* ---------- MUTUAL EXCLUSION SEMAPHORES(互斥信号量相关) ---------- */
079 #define OS_MUTEX_EN                  1u    /*是否使能互斥信号量,若为0则互斥信号量被裁减,
                                                 80~82行无效*/
080 #define OS_MUTEX_ACCEPT_EN           1u    /*函数 OSMutexAccept()是否可用*/
081 #define OS_MUTEX_DEL_EN              1u    /*函数 OSMutexDel()是否可用*/
082 #define OS_MUTEX_QUERY_EN            1u    /*函数 OSMutexQuery()是否可用*/
083
084 /* -------------- MESSAGE QUEUES(消息队列相关) -------------- */
085 #define OS_Q_EN                      1u    /*是否使能消息队列,若为0,消息队列被裁剪,86~93
                                                 行无效*/
086 #define OS_Q_ACCEPT_EN               1u    /*函数 OSQAccept()是否可用*/
087 #define OS_Q_DEL_EN                  1u    /*函数 OSQDel()是否可用*/
088 #define OS_Q_FLUSH_EN                1u    /*函数 OSQFlush()是否可用*/
089 #define OS_Q_PEND_ABORT_EN           1u    /*函数 OSQPendAbort()是否可用*/
090 #define OS_Q_POST_EN                 1u    /*函数 OSQPost()是否可用*/
091 #define OS_Q_POST_FRONT_EN           1u    /*函数 OSQPostFront()是否可用*/
092 #define OS_Q_POST_OPT_EN             1u    /*函数 OSQPostOpt()是否可用*/
093 #define OS_Q_QUERY_EN                1u    /*函数 OSQQuery()是否可用*/
094
095 /* ---------------- SEMAPHORES(信号量相关) ---------------- */
096 #define OS_SEM_EN                    1u    /*是否使能信号量组件,若为0,则信号量被裁剪,97~
                                                 101行无效*/
097 #define OS_SEM_ACCEPT_EN             1u    /*函数 OSSemAccept()是否可用*/
098 #define OS_SEM_DEL_EN                1u    /*函数 OSSemDel()是否可用*/
099 #define OS_SEM_PEND_ABORT_EN         1u    /*函数 OSSemPendAbort()是否可用*/
100 #define OS_SEM_QUERY_EN              1u    /*函数 OSSemQuery()是否可用*/
101 #define OS_SEM_SET_EN                1u    /*函数 OSSemSet()是否可用*/
102
```

```
103 /* ---------------- TIME MANAGEMENT(延迟管理相关) ------------- */
104 #define OS_TIME_DLY_HMSM_EN          1u    /* 函数 OSTimeDlyHMSM()是否可用 */
105 #define OS_TIME_DLY_RESUME_EN        1u    /* 函数 OSTimeDlyResume()是否可用 */
106 #define OS_TIME_GET_SET_EN           1u    /* 函数 OSTimeGet() 和 OSTimeSet()是否可用 */
107 #define OS_TIME_TICK_HOOK_EN         1u    /* 函数 OSTimeTickHook()是否可用 */
108
109 /* ------------- TIMER MANAGEMENT(定时器管理相关) ------------- */
110 #define OS_TMR_EN                    1u    /* 是否使能定时器任务 */
111 #define OS_TMR_CFG_MAX               16u   /* 设置最大可创建的定时器个数,默认 16 */
112 #define OS_TMR_CFG_NAME_EN           1u    /* 定时器是否可命名 */
113 #define OS_TMR_CFG_WHEEL_SIZE        8u    /* 设定定时器盘的个数,默认为 8 */
114 #define OS_TMR_CFG_TICKS_PER_SEC     10u   /* 定时器的频率,默认为 10Hz */
115
116 #endif
117
```

从配置文件中我们可以看到,μC/OS－Ⅱ的裁剪非常简单,只要修改文件中响应的宏的值就可以了。针对LPC1114,我们在表20.1中将os_cfg.h文件常用的配置宏列了出来,供大家参考。

表20.1 LPC1114微处理器μC/OS－Ⅱ操作系统常用配置

序号	宏常量名	默认值	建议值	建议值含义
1	OS_EVENT_MULTI_EN	1	0	不使用多事件请求
2	OS_LOWEST_PRIO	63	21	空闲任务优先级为21,统计任务优先级为20,用户任务优先级为0～19(定时器任务优先级为19,被看成用户任务)
3	OS_MAX_TASKS	20	20	最多可创建20个用户任务,用户任务数量和优先级号不需要一一对应,但要求每个任务必须有独一无二的优先级,且满足OS_MAX_TASKS＜＝OS_LOWEST_PRIO－1
4	OS_MAX_ENENTS	10	10	事件个数最多为10个
5	OS_MAX_FLAGS	5	5	事件标志组最多为5个
6	OS_MAX_QS	4	4	消息队列个数最多为4个
7	OS_TICKS_PER_SEG	100	100	系统节拍时钟为100Hz
8	OS_TASK_TMR_STK_SIZE	128	80	定时器任务堆栈大小为80(320B)
9	OS_TASK_STAT_STK_SIZE	128	80	统计任务堆栈大小为80(320B)
10	OS_TASK_IDLE_STK_SIZE	128	80	空闲任务堆栈大小为80(320B)
11	OS_TASK_CREATE_EXT_EN	1	1	允许使用OSTaskCreateExt创建任务
12	OS_FLAG_EN	1	1	使能事件标志组
13	OS_MBOX_EN	1	1	使能消息邮箱
14	OS_MEM_EN	1	0	关闭存储管理
15	OS_MUTEX_EN	1	1	使能互斥信号量
16	OS_Q_EN	1	1	事项消息队列

（续）

序号	宏常量名	默认值	建议值	建议值含义
17	OS_SEM_EN	1	1	使能信号量
18	OS_TIME_DLY_HMSM_EN	1	1	函数 OSTimeDLyHMSM 可用
19	OS_TMR_EN	1	1	使能定时器任务
20	OS_DEBUG_EN	1	0	关闭调试信息
21	OS_TICK_STEP_EN	1	0	关闭系统节拍步进观测
22	OS_TMR_CFG_TICKS_PER_SEC	10	10	软定时器频率为 10Hz

μC/OS-Ⅱ要求每个任务都具有独立的堆栈空间，由于 LPC1114 片上 RAM 空间为 8KB，而每个任务的堆栈一般要在 300B 以上，且 μC/OS-Ⅱ占用了 3KB 左右的 RAM 空间，因此 LPC1114 最大可容纳 20 个左右的用户任务。我们在表中给出的用户任务数和优先级编号是一一对应的，刚好 21 个任务对应 21 个优先级号，没有优先级号空闲，不浪费空间。

（/* 受微控制器 RAM 空间制约的参数主要是任务数量和堆栈大小，开发者可以根据实际的情况来具体设定，比如系统中只有 10 个用户任务，那么最大用户数设为 10 就可以了；堆栈大小的设置可以根据用户任务中函数调用的深度来设定。基本原则就是够用就好！我们在后面移植过程中使用的配置文件就是参考表 20.1 进行设置的。*/）

20.3 LPC1114 上 μC/OS-Ⅱ的移植

20.3.1 第 1 步：Keil MDK 下新建工程

为了能够让大家清晰了解移植的过程，我们参考 4.2 小节在 keil 开发环境下新建一个工程，命名为 TestOS，如图 20.11 所示，工程中自动加载 startup_LPC11xx.s 文件。

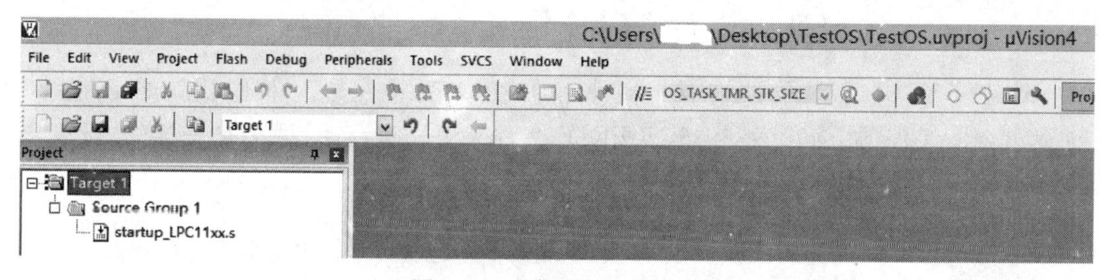

图 20.11 建立 TestOS 工程

如图 20.12 所示，在工程所在的目录下创建 CFG、MAIN、LPC11xx、OS_PORTS、OS_SOURCE 5 个文件夹，分别存放不同类别的程序。

复制我们下载的操作系统源文件到 OS_SOURCE 文件夹，并删除 ucos_ii.c 文件（与我们后面创建的文件功能重复，可以删除），同时将 os_dbg_r.c 文件更名为 os_dbg.c。最后在 OS_SOURCE 文件夹下的文件如图 20.13 所示。

图 20.12　新建文件夹

OS_SOURCE

文件 主页 共享 查看

TestOS ▸ OS_SOURCE

名称	修改日期	类型	大小
os_cfg.h	2015/9/23 16:19	H 文件	11 KB
os_core.c	2015/9/23 9:27	C 文件	87 KB
os_dbg.c	2010/6/3 10:34	C 文件	13 KB
os_flag.c	2010/6/3 10:34	C 文件	55 KB
os_mbox.c	2010/6/3 10:34	C 文件	31 KB
os_mem.c	2010/6/3 10:34	C 文件	20 KB
os_mutex.c	2010/6/3 10:34	C 文件	37 KB
os_q.c	2010/6/3 10:34	C 文件	42 KB
os_sem.c	2010/6/3 10:34	C 文件	29 KB
os_task.c	2010/6/3 10:34	C 文件	57 KB
os_time.c	2010/6/3 10:34	C 文件	11 KB
os_tmr.c	2010/6/3 10:34	C 文件	44 KB
ucos_ii.h	2015/9/23 14:07	H 文件	78 KB

图 20.13　复制操作系统源文件到 OS_SOURCE 文件夹

复制图 20.10 所示下载后的接口文件到 OS_PORTS 文件夹下，同时删除该文件夹下的 os_dbg.c 文件（因为我们在 OS_SOURCE 文件夹下已经有了，两个是一样的，所以删除）。最后在 OS_PORTS 文件夹的文件如图 20.14 所示。

图 20.14　复制接口文件到 OS_PORTS 文件夹

复制 CMSIS 库文件到 LPC11XX 文件夹下，如图 20.15 所示。(/ * CMSIS 库文件请参考 5.2 节 * /)

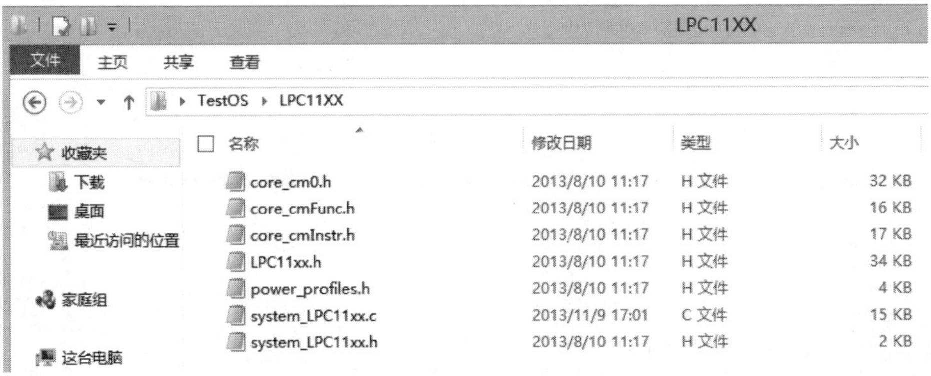

LPC11XX
文件
主页
共享
查看
TestOS
LPC11XX
收藏夹
下载
桌面
最近访问的位置
家庭组
这台电脑
名称
修改日期
类型
大小
core_cm0.h
2013/8/10 11:17
H 文件
32 KB
core_cmFunc.h
2013/8/10 11:17
H 文件
16 KB
core_cmInstr.h
2013/8/10 11:17
H 文件
17 KB
LPC11xx.h
2013/8/10 11:17
H 文件
34 KB
power_profiles.h
2013/8/10 11:17
H 文件
4 KB
system_LPC11xx.c
2013/11/9 17:01
C 文件
15 KB
system_LPC11xx.h
2013/8/10 11:17
H 文件
2 KB

图 20.15　复制 CMSIS 库文件 LPC11XX 文件夹

在 MAIN 文件夹下建立空文件 main.c，如图 20.16 所示。

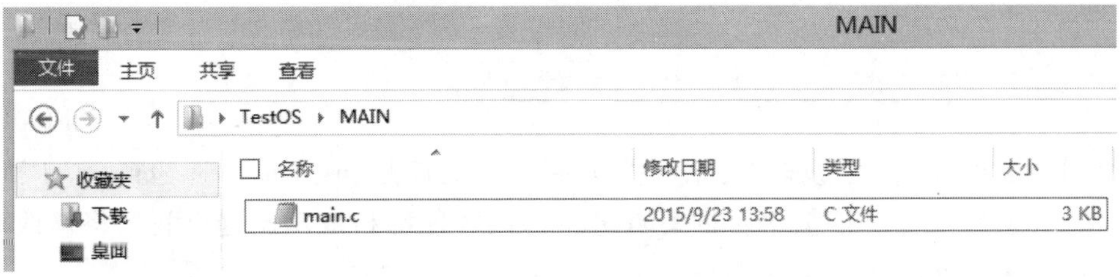

MAIN
文件
主页
共享
查看
TestOS
MAIN
收藏夹
下载
桌面
名称
修改日期
类型
大小
main.c
2015/9/23 13:58
C 文件
3 KB

图 20.16　建立空文件 main.c

在 CFG 文件夹下建立两个空的头文件"app_cfg.h"、"includes.h"，如图 20.17 所示。

CFG
文件
主页
共享
查看
TestOS
CFG
收藏夹
下载
桌面
最近访问的位置
名称
修改日期
类型
大小
app_cfg.h
2015/9/23 14:24
H 文件
1 KB
includes.h
2015/4/7 9:41
H 文件
1 KB

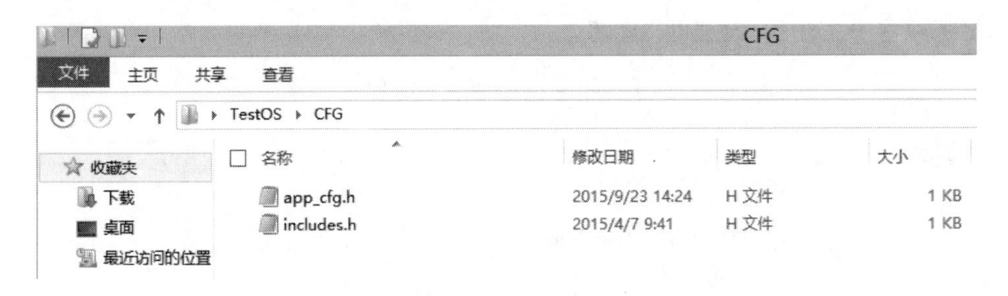

图 20.17　建立空文件 app_cfg.h 和 includes.h

在 TestOS 工程下创建群并添加上述各文件到对应的群下，最后我们形成的工程文件目录如图 20.18 所示。

头文件的路径配置，如图 20.19 所示，即添加我们建立的几个包含头文件的文件夹。工程建立到此结束。当然，由于很多文件是空的因此我们暂时还是编译不通过的。接着向下走！

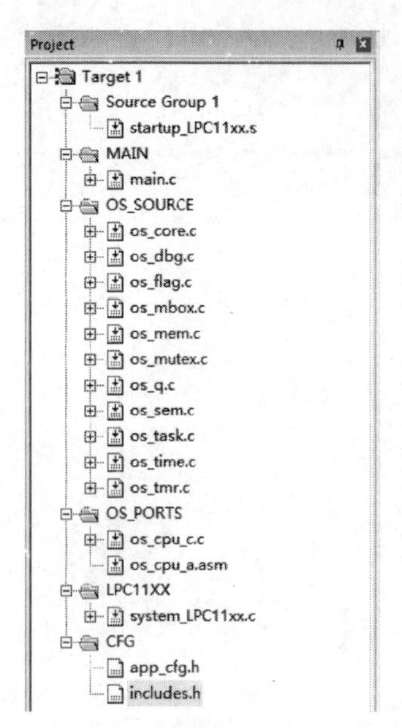

图 20.18　工程文件目录

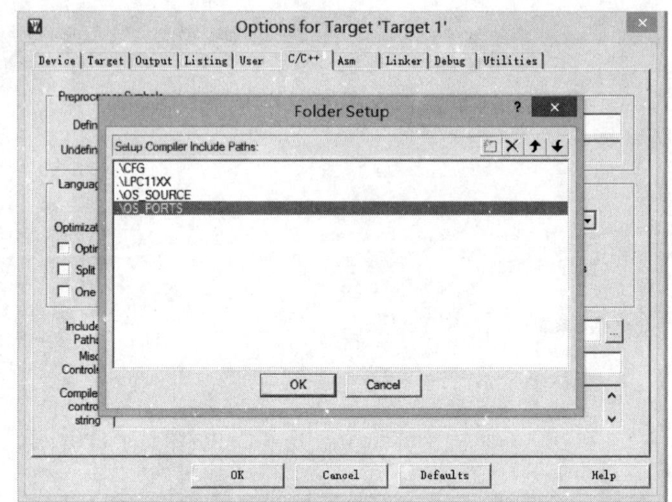

图 20.19　设定头文件路径

20.3.2　第 2 步:修改 3 个接口文件

我们前面说过,移植过程中与平台相关的 3 个文件是:os_cpu. h,os_cpu_c. c 和 os_cpu_a. asm,这些文件要依据平台的特点进行修改才能移植成功。这里我们将修改后的几个文件给大家列出来。

1. 修改 os_cup. h 文件

os_cpu. h 文件主要定义了一些全局变量、数据类型以及声明了一些函数。对该文件我们没有进行修改,保持不变,程序代码如程序段 20. 2 所示。代码中关键的一些地方我们给出了一些中文注释,大家可以参考。

程序段 20. 2　os_cpu. h 文件代码

```
001  /*
002  ********************************************************
003  *                    μC/OS - Ⅱ
004  *                 The Real - Time Kernel
005  *
006  *                  ARM Cortex - M0 Port
007  * File: OS_CPU. H
008  * Version: V2. 92. 07. 00
009  * For: ARMv6M Cortex - M0
010  * Mode: Thumb2
011  * Toolchain : RealView Development Suite
012  *        RealView Microcontroller Development Kit (MDK)
013  *        ARM Developer Suite (ADS)
014  *        Keil uVision
```

```
015  * * * * * * * * * * * * * * * * * * * * * * * * * * * * * * * * * * * * * * * * * * * * * * *
016  */
017
018  #ifndef   OS_CPU_H
019  #define   OS_CPU_H
020
021
022  #ifdef   OS_CPU_GLOBALS
023  #define   OS_CPU_EXT
024  #else
025  #define   OS_CPU_EXT   extern
026  #endif
027
028  #ifndef   OS_CPU_EXCEPT_STK_SIZE
029  #define   OS_CPU_EXCEPT_STK_SIZE   128u   /* 异常情况下堆栈的大小为 128 个 OS_STK(每个 OS_
                                                  STK 占 4 个字节) */
030  #endif
031
032  /*
033  * * * * * * * * * * * * * * * * * * * * * * * * * * * * * * * * * * * * * * * * * * * * * *
034  *                          DATA TYPES
035  *                       (Compiler Specific)
036  * * * * * * * * * * * * * * * * * * * * * * * * * * * * * * * * * * * * * * * * * * * * * *
037  */
038
039  typedef unsigned char   BOOLEAN;
040  typedef unsigned char   INT8U;                    /* Unsigned  8 bit quantity */
041  typedef signed   char   INT8S;                    /* Signed    8 bit quantity */
042  typedef unsigned short INT16U;                    /* Unsigned 16 bit quantity */
043  typedef signed   short INT16S;                    /* Signed   16 bit quantity */
044  typedef unsigned int   INT32U;                    /* Unsigned 32 bit quantity */
045  typedef signed   int   INT32S;                    /* Signed   32 bit quantity */
046  typedef float          FP32;                  /* Single precision floating point */
047  typedef doubleFP64;                       /* Double precision floating point */
048
049  typedef unsigned int   OS_STK;                /* Each stack entry is 32 - bit wide */
050  typedef unsigned int   OS_CPU_SR;               /* Define size of CPU status register (PSR =32 bits) */
051
052  /*
053  * * * * * * * * * * * * * * * * * * * * * * * * * * * * * * * * * * * * * * * * * * * * * *
054  *                          Cortex - M0
055  *                    Critical Section Management
056  *
057  * Method #1:  Disable/Enable interrupts using simple instructions. After critical section, interrupts
058  *          will be enabled even if they were disabled before entering the critical section.
```

```
059  *         NOT IMPLEMENTED
060  *
061  * Method #2:  Disable/Enable interrupts by preserving the state of interrupts. In other words, if
062  *         interrupts were disabled before entering the critical section, they will be disabled when
063  *         leaving the critical section.
064  *         NOT IMPLEMENTED
065  *
066  * Method #3:  Disable/Enable interrupts by preserving the state of interrupts. Generally speaking you
067  *         would store the state of the interrupt disable flag in the local variable 'cpu_sr' and then
068  *         disable interrupts. 'cpu_sr' is allocated in all of μC/OS-Ⅱ's functions that need to
069  *         disable interrupts. You would restore the interrupt disable state by copying back 'cpu_sr'
070  *         into the CPU's status register.
071  *********************************************
072  */
073
074  #define  OS_CRITICAL_METHOD   3u  //定义中断的实现方法
075
076  #if OS_CRITICAL_METHOD == 3u
077  #define  OS_ENTER_CRITICAL()  {cpu_sr = OS_CPU_SR_Save();}  //进入临界区的函数
078  #define  OS_EXIT_CRITICAL()  {OS_CPU_SR_Restore(cpu_sr);}  //退出临界区的函数
079  #endif
080
081  /*
082  *********************************************
083  *                    Cortex-M3 Miscellaneous
084  *********************************************
085  */
086
087  #define  OS_STK_GROWTH       1u     /* 设置堆栈的生长方向 Stack grows from HIGH to LOW memory
                                       on ARM */
088
089  #define  OS_TASK_SW()     OSCtxSw()
090
091  /*
092  *********************************************
093  *                      GLOBAL VARIABLES
094  *********************************************
095  */
096  //以下两个全局变量,用处不大
097  OS_CPU_EXT  OS_STK  OS_CPU_ExceptStk[OS_CPU_EXCEPT_STK_SIZE];
098  OS_CPU_EXT  OS_STK  *OS_CPU_ExceptStkBase;
099
100  /*
101  *********************************************
102  *                       PROTOTYPES
```

```
103   * * * * * * * * * * * * * * * * * * * * * * * * * * * * * * * * * * * * * * * * * * * *
104   */
105
106   #if OS_CRITICAL_METHOD == 3u              /* See OS_CPU_A.ASM   */
107   OS_CPU_SR   OS_CPU_SR_Save(void);
108   void        OS_CPU_SR_Restore(OS_CPU_SR cpu_sr);
109   #endif
110
111   void        OSCtxSw(void); //任务切换函数
112   void        OSIntCtxSw(void); //中断情况下的任务切换函数
113   void        OSStartHighRdy(void);//启动最高优先级任务函数
```

/*115行是任务现场切换中断服务函数,该服务函数与startup_LPC11xx.s文件中的PendSV_Handler是同一个函数*/

```
115   void        OS_CPU_PendSVHandler(void);
116
117                              /* See OS_CPU_C.C */
```

/*116行是系统时钟中断处理函数,该函数与startup_LPC11xx.s文件中的SysTick_Handler是同一个函数*/

```
118   void        OS_CPU_SysTickHandler(void);
119   void        OS_CPU_SysTickInit(INT32U   cnts);   //系统时钟初始化
120   #endif
121
```

虽然os_cup.h文件我们没有修改,但是根据该文件我们需要对工程中的startup_LPC11xx.s文件进行修改。具体的修改方法很简单,如图20.20所示,将startup_LPC11xx.s文件中原有的PendSV_Handler和SysTick_Handler中断服务程序声明注释掉,分别换成OS_CPU_PendSVHandler和OS_CPU_SysTickHandler。由于这两个函数不在startup_LPC11xx.s文件中,因此需要用"IMPORT"声明一下。

```
72                  DCD     0                         ; Reserved
73                  ;DCD     PendSV_Handler            ; PendSV Handler
74                  IMPORT  OS_CPU_PendSVHandler
75                  DCD     OS_CPU_PendSVHandler
76
77                  ;DCD     SysTick_Handler           ; SysTick Handler
78                  IMPORT   OS_CPU_SysTickHandler
79                  DCD      OS_CPU_SysTickHandler
80
```

图20.20 修改startup_LPC11xx.s文件

2. 修改os_cup_c.h文件

该文件我们也没有修改,保持不变。由于程序过长,我们这里就不列出来源程序了,大家可以自行查看。(/* 不改真好!! */)

3. 修改os_cup_a.asm文件

操作系统移植过程中,最难的部分就在于os_cup_a.asm文件的修改。程序段20.3

是我们修改后的os_cup_a.asm文件代码(为了降低篇幅,删除了部分注释),该文件的修改主要在两个方面:一个是在35~41行处,另一个是修改了68行处的OSStartHighRdy函数。大家可以与网上直接下载的文件进行一下比较。其他地方没有任何改变。

程序段20.3 os_cpu_c.asm文件代码(删除部分注释)

```
001 ;*********************************************
002 ;                    μC/OS - Ⅱ
003 ;               The Real - Time Kernel
004 ;                ARM Cortex - M0 Port
005 ;
006 ; File: OS_CPU_A.ASM
007 ; Version: V2.92.07.00
008 ;*********************************************
009
010 ;*********************************************
011 ;                  PUBLIC FUNCTIONS
012 ;*********************************************
013
014   EXTERN  OSRunning                ; External references
015   EXTERN  OSPrioCur
016   EXTERN  OSPrioHighRdy
017   EXTERN  OSTCBCur
018   EXTERN  OSTCBHighRdy
019   EXTERN  OSIntExit
020   EXTERN  OSTaskSwHook
021   EXTERN  OS_CPU_ExceptStkBase
022
023
024   EXPORT  OS_CPU_SR_Save           ; Functions declared in this file
025   EXPORT  OS_CPU_SR_Restore
026   EXPORT  OSStartHighRdy
027   EXPORT  OSCtxSw
028   EXPORT  OSIntCtxSw
029   EXPORT  OS_CPU_PendSVHandler
030
031 ;*********************************************
032 ;                     EQUATES
033 ;*********************************************
034
035 NVIC_INT_CTRL   EQU   0xE000ED04      ; Interrupt control state register.
036 NVIC_SYSPRI14   EQU   0xE000ED22      ; System priority register (priority 14).
037
038 NVIC_SCB_SHPR3   EQU   0xE000ED20      ;我们增加的一行
039
040 NVIC_PENDSV_PRI EQU   0x00FF0000      ; PendSV priority value (lowest).
```

```
041 NVIC_PENDSVSET   EQU   0x10000000         ; Value to trigger PendSV exception.
042
043 ;* * * * * * * * * * * * * * * * * * * * * * * * * * * * * * * * * * * * * * * * * * * *
044 ;                          CODE GENERATION DIRECTIVES
045 ;* * * * * * * * * * * * * * * * * * * * * * * * * * * * * * * * * * * * * * * * * * * *
046
047   AREA |. text|, CODE, READONLY, ALIGN = 2
048   THUMB
049   REQUIRE8
050   PRESERVE8
051
052 ;* * * * * * * * * * * * * * * * * * * * * * * * * * * * * * * * * * * * * * * * * * * *
053
054 OS_CPU_SR_Save
055   MRS   R0, PRIMASK       ; Set prio int mask to mask all (except faults)
056   CPSID   I
057   BX      LR
058
059 OS_CPU_SR_Restore
060   MSR   PRIMASK, R0
061   BX      LR
062
063 ;* * * * * * * * * * * * * * * * * * * * * * * * * * * * * * * * * * * * * * * * * * * *
064 ;                              START MULTITASKING
065 ;                            void OSStartHighRdy(void)
066 ;* * * * * * * * * * * * * * * * * * * * * * * * * * * * * * * * * * * * * * * * * * * *
067
068 OSStartHighRdy
069   LDR   R0, =NVIC_SCB_SHPR3
070   LDR   R1, [R0]
071   LDR R2, =NVIC_PENDSV_PRI
072   ORRS  R1, R1, R2
073   STR  R1, [R0]
074   MOVS  R0, #0
075           ; Set the PSP to 0 for initial context switch call
076   MSR   PSP, R0
077   LDR   R0, =OSRunning
078         ; OSRunning = TRUE
079   MOVS  R1, #1
080   STRB  R1, [R0]
081   LDR   R0, =NVIC_INT_CTRL
082         ; Trigger the PendSV exception (causes context switch)
083   LDR   R1, =NVIC_PENDSVSET
084   STR  R1, [R0]
085   CPSIE  I
```

```
086         ; Enable interrupts at processor level
087 OSStartHang
088   B     OSStartHang
089         ; Should never get here
090
091 ;* * * * * * * * * * * * * * * * * * * * * * * * * * * * * * * * * * * * * * * * * * * * * *
092 ;                    PERFORM A CONTEXT SWITCH (From task level)
093 ;                          void OSCtxSw(void)
094 ;* * * * * * * * * * * * * * * * * * * * * * * * * * * * * * * * * * * * * * * * * * * * * *
095
096 OSCtxSw
097   LDR  R0, =NVIC_INT_CTRL     ; Trigger the PendSV exception (causes context switch)
098   LDR  R1, =NVIC_PENDSVSET
099   STR  R1, [R0]
100   BX    LR
101
102 ;* * * * * * * * * * * * * * * * * * * * * * * * * * * * * * * * * * * * * * * * * * * * * *
103 ;                  PERFORM A CONTEXT SWITCH (From interrupt level)
104 ;                        void OSIntCtxSw(void)
105 ;* * * * * * * * * * * * * * * * * * * * * * * * * * * * * * * * * * * * * * * * * * * * * *
106
107 OSIntCtxSw
108   LDR  R0, =NVIC_INT_CTRL     ; Trigger the PendSV exception (causes context switch)
109   LDR  R1, =NVIC_PENDSVSET
110   STR  R1, [R0]
111   BX    LR
112
113 ;* * * * * * * * * * * * * * * * * * * * * * * * * * * * * * * * * * * * * * * * * * * * * *
114 ;                        HANDLE PendSV EXCEPTION
115 ;                      void OS_CPU_PendSVHandler(void)
116 ;* * * * * * * * * * * * * * * * * * * * * * * * * * * * * * * * * * * * * * * * * * * * * *
117
118 OS_CPU_PendSVHandler
119   CPSID  I              ; Prevent interruption during context switch
120   MRS  R0, PSP            ; PSP is process stack pointer
121
122   CMP  R0, #0
123   BEQ  OS_CPU_PendSVHandler_nosave; equivalent code to CBZ from M3 arch to M0 arch
124                         ; Except that it does not change the condition code flags
125
126 SUBS  R0, R0, #0x10 ; Adjust stack pointer to where memory needs to be stored to avoid overwriting
127 STM  R0!, {R4-R7} ; Stores 4 4-byte registers, default increments SP after each storing
128  SUBS  R0, R0, #0x10  ; STM does not automatically call back the SP to initial location so we must do this manually
129
130 LDR  R1, =OSTCBCur; OSTCBCur->OSTCBStkPtr = SP;
```

```
131     LDR   R1, [R1]
132     STR   R0, [R1]        ; R0 is SP of process being switched out
133
134                           ; At this point, entire context of process has been saved
135  OS_CPU_PendSVHandler_nosave
136     PUSH   {R14}          ; Save LR exc_return value
137     LDR   R0, =OSTaskSwHook; OSTaskSwHook();
138     BLX   R0
139     POP   {R0}
140     MOV   R14, R0
141
142     LDR   R0, =OSPrioCur      ; OSPrioCur = OSPrioHighRdy;
143     LDR   R1, =OSPrioHighRdy
144     LDRB   R2, [R1]
145     STRB   R2, [R0]
146
147     LDR   R0, =OSTCBCur      ; OSTCBCur   = OSTCBHighRdy;
148     LDR   R1, =OSTCBHighRdy
149     LDR   R2, [R1]
150     STR   R2, [R0]
151
152     LDR   R0, [R2]        ; R0 is new process SP; SP = OSTCBHighRdy->OSTCBStkPtr;
153
154     LDM   R0!, {R4-R7}       ; Restore R4-R7 from new process stack
155
156     MSR   PSP, R0         ; Load PSP with new process SP
157
158     MOV   R0,  R14
159     MOVS   R1,  #0x04 ; Immediate move to register
160     ORRS   R0,  R1        ; Ensure exception return uses process stack
161     MOV   R14, R0
162     CPSIE   I
163     BX     LR             ; Exception return will restore remaining context
164
165     ALIGN                 ; Ensures that ARM instructions start on four-byte boundary
166
167     END
168
```

20.3.3 第3步:撰写includes.h、app_cfg.h以及main.c文件

我们在前面创建了3个空文件includes.h、app_cfg.h以及main.c。下面我们就将它们补充完整。

1. includes. h 源程序

includes. h 源程序如程序段 20. 4 所示,该文件将用到的一些 . h 头文件都写在了一起,方便头文件管理。

程序段 20. 4 includes. h 源代码

```
01 /*************************************************
02 *                    EXAMPLE CODE
03 *
04 *          (c) Copyright 2007; Micrium, Inc. ; Weston, FL
05 *************************************************/
06
07 #ifndef __INCLUDES_H__
08 #define __INCLUDES_H__
09
10 #include    <stdio.h>
11 #include    <string.h>
12 #include    <ctype.h>
13 #include    <stdlib.h>
14 #include    <stdarg.h>
15 #include    "os_cpu.h"
16 #include    "ucos_ii.h"
17 #include    "app_cfg.h"
19   #endif
```

2. app_cfg. h 源程序

app_cfg. h 源程序如程序段 20. 5 所示。由于在 ucos_ii. h 等文件中都声明了 app_cfg. h,因此我们就撰写一个 app_cfg. h 文件,内容很简单,就是设定了定时器任务的优先级。

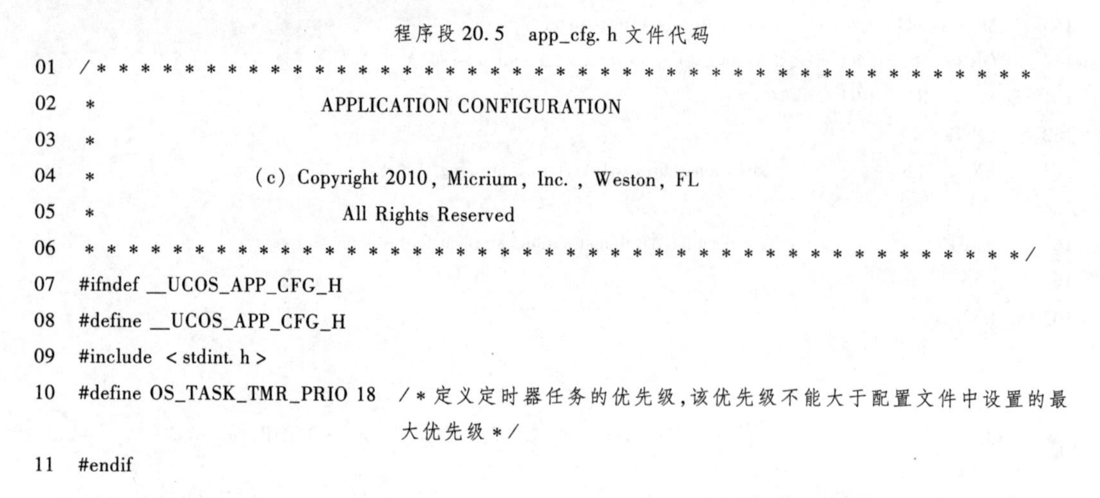

程序段 20. 5 app_cfg. h 文件代码

```
01 /*************************************************
02 *              APPLICATION CONFIGURATION
03 *
04 *          (c) Copyright 2010, Micrium, Inc. , Weston, FL
05 *                  All Rights Reserved
06 *************************************************/
07 #ifndef __UCOS_APP_CFG_H
08 #define __UCOS_APP_CFG_H
09 #include <stdint.h>
10 #define OS_TASK_TMR_PRIO 18  /*定义定时器任务的优先级,该优先级不能大于配置文件中设置的最
                                大优先级*/
11 #endif
```

3. main. c 源程序

参考网络资源,我们设计了 main. c 源程序,该程序调用了 OSTaskCreate 任务创建函数创建了 2 个用户任务,每个用户任务的功能就是分别点亮和熄灭 LED1 和 LED2。

程序段 20.6 main.c 文件代码

```
001 /*************************************************
002  * 目标:ARM Cortex - M0 LPC1114
003  * 编译环境:KEIL 4.70
004  * 外部晶振:10MHz(主频 50MHz)
005  * 功能:移植 μC/OS - Ⅱ操作系统,利用两个任务分别点亮和熄灭 LED 灯
006  * 作者:
007  *************************************************/
008 /* ------------------头文件------------------------*/
009 #include <stdio.h>
010 #include "lpc11xx.h"
011 #include "includes.h"
012 
013 /* ---------------实时系统任务初始条件定义------------------*/
014 #define STACKSIZE 64
015 OS_STK Task1_Stack[STACKSIZE]; //任务 1 堆栈大小的设置
016 void Task1(void *Id);
017 #define Task1_Prio  2 //定义任务 1 的优先级为 2
018 
019 OS_STK Task2_Stack[STACKSIZE]; //任务 2 堆栈大小的设置
020 void Task2(void *Id);
021 #define  Task2_Prio  1 //定义任务 2 的优先级为 1
022 
023 
024 //非精确延时函数
025 void delay(uint16_t ms)
026 {
027   uint16_t i;
028   i =0;
029 while (ms--)
030 {
031     for (i =0; i < 5000; i++);
032   }
033 }
034 
035 void Led_Init(void)  //LED 初始化
036 {
037   SysTick_Config(SystemCoreClock/100);//10ms 中断一次
038 
039   LPC_SYSCON->SYSAHBCLKCTRL |= (1<<6);//初始化 GPIO 时钟
040 
041   LPC_SYSCON->SYSAHBCLKCTRL |= (1<<16); // 使能 IOCON 时钟
042   LPC_IOCON->R_PIO1_0 &= ~0x07;
043   LPC_IOCON->R_PIO1_0 |=0x01; //把 P1.0 脚设置为 GPIO
044   LPC_IOCON->R_PIO1_1 &= ~0x07;
```

```
045    LPC_IOCON - >R_PIO1_1 | =0x01; //把 P1.1 脚设置为 GPIO
046
047    LPC_SYSCON - >SYSAHBCLKCTRL & = ~(1< <16); // 禁能 IOCON 时钟
048    delay(500);//延时一段时间
049    LPC_GPIO1 - >DIR | =(1< <0);
050    //LPC_GPIO1 - >DATA & = ~(1< <0);
051    LPC_GPIO1 - >DIR | =(1< <1);
052    //LPC_GPIO1 - >DATA & = ~(1< <1);
053    delay(500);//延时一段时间
054  }
055
056  int main (void)
057  {
058    Led_Init();
059    OSInit();/*操作系统内核初始化 */
060    while(1)//死循环
061    {
062
063  /*--------------------创建任务----------------------*/
064      OSTaskCreate(Task2, (void *)0, (OS_STK *)&Task2_Stack[STACKSIZE-1], Task2_Prio);
065      OSTaskCreate(Task1, (void *)0, (OS_STK *)&Task1_Stack[STACKSIZE-1], Task1_Prio);
066
067  /*-----------------任务开始工作--------------------*/
068      OSStart(); //任务在操作系统的调度下开始并发工作
069    }
070  }
071  /*----------------实时系统任务1初始定义------------------*/
072  void Task1(void *Id)
073  {
074    INT8U err;
075    err =err;
076    (void)Id;
077
078    for(;;)
079    {
080      LPC_GPIO1 - >DATA | =(1< <0);
081      OSTimeDly(50);//将 cpu 交给嵌入式系统
082      LPC_GPIO1 - >DATA & = ~(1< <0);
083      OSTimeDly(50);//将 cpu 交给嵌入式系统
084    }
085  }
086  /*-----------------实时系统任务2初始定义-----------------*/
087
088  void Task2(void *Id)
089  {
```

```
090    INT8U err;
091    err = err;
092    (void)Id;
093
094    for(;;)
095    {
096      LPC_GPIO1->DATA |= (1<<1);
097      OSTimeDly(100);//将cpu交给嵌入式系统
098      LPC_GPIO1->DATA &= ~(1<<1);
099      OSTimeDly(100);//将cpu交给嵌入式系统
100    }
101 }
```

20.3.4 第4步:配置文件 os_cfg.h 设置

最后我们该修改配置文件 os_cfg.h 了。对工程中的配置文件的设置我们是严格参考表20.1完成的,唯一不同的地方在于 OS_APP_HOOKS_EN 常量我们设置为0u。如果用户想将 OS_APP_HOOKS_EN 设置为1u,那么需要在 os_cup_c.c 文件的最后中添加如下几行代码,就可以编译通过了。

```
void   App_TaskCreateHook(OS_TCB  *ptcb)
{};
void   App_TaskDelHook(OS_TCB  *ptcb)
{};
void   App_TaskIdleHook(void)
{};
void   App_TaskReturnHook(OS_TCB  *ptcb)
{};
void   App_TaskStatHook(void)
{};
void   App_TaskSwHook(void)
{};
void   App_TCBInitHook(OS_TCB  *ptcb)
{};
void   App_TimeTickHook(void)
{};
```

以上4步完成以后,我们的工程就可以编译通过了。大家将程序下载到开发板就可以看到 LED 灯的交替闪烁了。

20.4 裁剪和移植总结

我们今天的内容基本结束了。裁剪和移植的过程实际上也并不是非常复杂,但是给同学们的印象就是好像还没有讲透原理,没有说清楚为什么要这样做,对吧?这就要求

大家回去好好看看 μC/OS-Ⅱ操作系统的基本原理了。这里我们暂且没有篇幅也没有实力向大家介绍得更加透彻了。希望大家随时关注我们的动态,因为我们正在筹划下一本关于 LPC1114 应用开发的教材,那时候就是进阶的阶段了。

把今天裁剪和移植的内容稍微总结一下:

(1) 裁剪,只要关注 os_cfg.h 文件就好,大家裁剪的过程中请重点关注自身的平台的存储空间以及要运行的任务数量,合理设置任务优先级数量级任务数量。

(2) 移植的过程中,重点需要修改的文件包括 startup_LPC11xx.s、os_cpu.h、os_cpu_c.c 和 os_cpu_a.asm。其中 startup_LPC11xx.s 是修改两个中断服务函数的声明;os_cpu_a.asm 是修改 OSStartHighRdy 函数。

(3) 移植过程中我们还要创建两个头文件,一个是 includes.h,另一个是 app_cfg.h。

(4) 操作系统源文件中有一个 ucos_ii.c 文件我们在工程中没有使用,可以删除。

(5) 工程建立后,别忘了设定头文件路径。

(6) 不同版本的操作系统源码以及接口文件,在具体移植的过程中可能使用的方法和修改的方法都是不一样的,请大家注意。

(/*感谢大家对本书的关注,我们虽然倾尽全力从学习者的角度撰写学习内容,但是由于水平和能力有限,可能存在错误和纰漏之处,请大家多多谅解,也多提宝贵意见。真心希望这本书能对您有所帮助。*/)

附录 A　ILI9325 指令表

No.	RegistersName	R/W	RS	D15	D14	D13	D12	D11	D10	D9	D8	D7	D6	D5	D4	D3	D2	D1	D0
IR	Index Register	W	0	–	–	–	–	–	–	–	–	ID7	ID6	ID5	ID4	ID3	ID2	ID1	ID0
SR	Status Read	R	0	L7	L6	L5	L4	L3	L2	L1	L0	0	0	0	0	0	0	0	0
00h	Driver Code Read	R	1	1	0	0	1	0	0	1	0	0	0	1	0	0	0	1	0
01h	Driver Output Control 1	W	1	0	0	0	0	0	SM	0	SS	0	0	0	0	0	0	0	0
02h	LCD Driving control	W	1	0	0	0	0	0	0	BC0	EOR	0	0	0	0	0	0	0	0
03h	Entry Mode	W	1	TRI	DFM	0	BGR	0	DACKE	HWM	0	0	0	I/D1	I/D0	AM	0	0	0
04h	Resize Control	W	1	0	0	0	0	0	0	RCV1	RCV0	0	0	RCH1	RCH0	0	0	RSZ1	RSZ0
07h	Display Control 1	W	1	0	0	PTDE1	PTDE0	0	0	0	BASEE	0	0	GON	DTE	CL	0	D1	D0
08h	Display Control 2	W	1	0	0	0	0	FP3	FP2	FP1	FP0	0	0	0	0	BP3	BP2	BP1	BP0
09h	Display Control 3	W	1	0	0	0	0	0	PTS2	PTS1	PTS0	0	0	PTG1	PTG0	ISC3	ISC2	ISC1	ISC0
0Ah	Display Control 4	W	1	0	0	0	0	0	0	0	0	0	0	0	0	FMA-RKOE	FMI2	FMI1	FMI0
0Ch	RGB Display Interface Control 1	W	1	0	ENC2	ENC1	ENC0	0	0	0	RM	0	0	DM1	DM0	0	0	RIM1	RIM0
0Dh	Frame Maker Interface Position	W	1	0	0	0	0	0	0	0	FMP8	FMP7	FMP6	FMP5	FMP4	FMP3	FMP2	FMP1	FMP0
0Fh	RGB Display Interface Control 2	W	1	0	0	0	0	0	0	0	0	0	0	0	VSPL	HSPL	0	DPL	EPL
10h	Power Control 1	W	1	0	0	0	SAP	0	BT2	BT1	BT0	APE	AP2	AP1	AP0	0	DSTB	SLP	STB
11h	Power Control 2	W	1	0	0	0	0	0	DC12	DC11	DC10	0	DC02	DC01	DC00	0	VC2	VC1	VC0
12h	Power Control 3	W	1	0	0	0	0	0	0	0	0	VCIRE	0	0	PON	VRH3	VRH2	VRH1	VRH0
13h	Power Control 4	W	1	0	0	0	VDV4	VDV3	VDV2	VDV1	VDV0	0	0	0	0	0	0	0	0

（续）

No.	RegistersName	R/W	RS	D15	D14	D13	D12	D11	D10	D9	D8	D7	D6	D5	D4	D3	D2	D1	D0
20h	Horizontal GRAM Address Set	W	1	0	0	0	0	0	0	0	0	AD7	AD6	AD5	AD4	AD3	AD2	AD1	AD0
21h	Vertical GRAM Address Set	W	1	0	0	0	0	0	0	0	AD16	AD15	AD14	AD13	AD12	AD11	AD10	AD9	AD8
22h	Write Data to GRAM	W	1	RAM write data(WD17 -0)/read data(RD17 -0) bits are transferred via different data bus lines according to the selected interfaces															
29h	Power Control 7	W	1	0	0	0	0	0	0	0	0	0	0	VCM5	VCM4	VCM3	VCM2	VCM1	VCM0
2Bh	Frame Rate and Color Control	W	1	0	0	0	0	0	0	0	0	0	0	0	0	FRS [3]	FRS [2]	FRS [1]	FRS [0]
30h	Gamma Control1	W	1	0	0	0	0	0	KP1 [2]	KP1 [1]	KP1 [0]	0	0	0	0	0	KP0 [2]	KP0 [1]	KP0 [0]
31h	Gamma Control 2	W	1	0	0	0	0	0	KP3 [2]	KP3 [1]	KP3 [0]	0	0	0	0	0	KP2 [2]	KP2 [1]	KP2 [0]
32h	Gamma Control 3	W	1	0	0	0	0	0	KP5 [2]	KP5 [1]	KP5 [0]	0	0	0	0	0	KP4 [2]	KP4 [1]	KP4 [0]
35h	Gamma Control 4	W	1	0	0	0	0	0	RP1 [2]	RP1 [1]	RP1 [0]	0	0	0	0	0	RP0 [2]	RP0 [1]	RP0 [0]
36h	Gamma Control 5	W	1	0	0	0	VRP1 [4]	VRP1 [3]	VRP1 [2]	VRP1 [1]	VRP1 [0]	0	0	0	0	VRP0 [3]	VRP0 [2]	VRP0 [1]	VRP0 [0]
37h	Gamma Control 6	W	1	0	0	0	0	0	KN1 [2]	KN1 [1]	KN1 [0]	0	0	0	0	0	KN0 [2]	KN0 [1]	KN0 [0]
38h	Gamma Control 7	W	1	0	0	0	0	0	KN3 [2]	KN3 [1]	KN3 [0]	0	0	0	0	0	KN2 [2]	KN2 [1]	KN2 [0]
39h	Gamma Control 8	W	1	0	0	0	0	0	KN5 [2]	KN5 [1]	KN5 [0]	0	0	0	0	0	KN4 [2]	KN4 [1]	KN4 [0]

（续）

No.	RegistersName	R/W	RS	D15	D14	D13	D12	D11	D10	D9	D8	D7	D6	D5	D4	D3	D2	D1	D0
3Ch	Gamma Control 9	W	1	0	0	0	0	0	RN1[2]	RN1[1]	RN1[0]	0	0	0	0	0	RN0[2]	RN0[1]	RN0[0]
3Dh	Gamma Control 10	W	1	0	0	0	VRN1[4]	VRN1[3]	VRN1[2]	VRN1[1]	VRN1[0]	0	0	0	0	VRN0[3]	VRN0[2]	VRN0[1]	VRN0[0]
50h	Horizontal Address Start Position	W	1	0	0	0	0	0	0	0	0	HSA7	HSA6	HSA5	HSA4	HSA3	HSA2	HSA1	HSA0
51h	Horizontal Address End Position	W	1	0	0	0	0	0	0	0	0	HEA7	HEA6	HEA5	HEA4	HEA3	HEA2	HEA1	HEA0
52h	Vertical Address Start Position	W	1	0	0	0	0	0	0	0	VSA8	VSA7	VSA6	VSA5	VSA4	VSA3	VSA2	VSA1	VSA0
53h	Vertical Address End Position	W	1	0	0	0	0	0	0	0	VEA8	VEA7	VEA6	VEA5	VEA4	VEA3	VEA2	VEA1	VEA0
60h	Driver Output Control 2	W	1	GS	0	NL5	NL4	NL3	NL2	NL1	NL0	0	0	SCN5	SCN4	SCN3	SCN2	SCN1	SCN0
61h	Base Image Display Control	W	1	0	0	0	0	0	0	0	0	0	0	0	0	0	NDL	VLE	REV
6Ah	Vertical Scroll Control	W	1	0	0	0	0	0	0	0	VL8	VL7	VL6	VL5	VL4	VL3	VL2	VL1	VL0
80h	Partial Imaqe 1 Display Position	W	1	0	0	0	0	0	0	0	PTDP08	PTDP07	PTDP06	PTDP05	PTDP04	PTDP03	PTDP02	PTDP01	PTDP00
81h	Partial Imaqe 1 Area（Start Line）	W	1	0	0	0	0	0	0	0	PTSA08	PTSA07	PTSA06	PTSA05	PTSA04	PTSA03	PTSA02	PTSA01	PTSA00

（续）

No.	RegistersName	R/W	RS	D15	D14	D13	D12	D11	D10	D9	D8	D7	D6	D5	D4	D3	D2	D1	D0
82h	Partial Imaqe 1 Area（End Line)	W	1	0	0	0	0	0	0	0	PTEA 08	PTEA 07	PTEA 06	PTEA 05	PTEA 04	PTEA 03	PTEA 02	PTEA 01	PTEA 00
83h	Partial Imaqe 2 Display position	W	1	0	0	0	0	0	0	0	PTDP 18	PTDP 17	PTDP 16	PTDP 15	PTDP 14	PTDP 13	PTDP 12	PTDP 11	PTDP 10
84h	Partial Imaqe 2 Area(Start Line)	W	1	0	0	0	0	0	0	0	PTSA 18	PTSA 17	PTSA 16	PTSA 15	PTSA 14	PTSA 13	PTSA 12	PTSA 11	PTSA 10
85h	Partial Imaqe 2 Area(End Line)	W	1	0	0	0	0	0	0	0	PTEA 18	PTEA 17	PTEA 16	PTEA 15	PTEA 14	PTEA 13	PTEA 12	PTEA 11	PTEA 10
90h	Panel Interface Control 1	W	1	0	0	0	0	0	0	DIVI 1	DIVI 00	0	0	0	0	RTNI 3	RTNI 2	RTNI 1	RTNI 0
92h	Panel Interface Control 2	W	1	0	0	0	0	0	0	NOWI 2	NOWI 1	NOWI 0	0	0	0	0	0	0	0
95h	Panel Interface Control 4	W	1	0	0	0	0	0	0	DIVE 1	DIVE 0	0	0	RTNE 5	RTNE 4	RTNE 3	RTNE 2	RTNE 1	RTNE 0
A1h	OTP VCM Programming Control	W	1	0	0	0	0	OTP_ PGM EN	0	0	0	0	0	VCM_ OTP 5	VCM_ OTP 4	VCM_ OTP 3	VCM_ OTP 2	VCM_ OTP 1	VCM_ OTP 0
A2h	OTP VCM Status and Enable	W	1	PGM_ CNT 1	PGM_ CNT 0	VCM_ D 5	VCM_ D 4	VCM_ D 3	VCM_ D 2	VCM_ D 1	VCM_ D 0	0	0	0	0	0	0	0	VCM_ EN
A5h	OTP Programming ID Key	W	1	KEY 15	KEY 14	KEY 13	KEY 12	KEY 11	KEY 10	KEY 9	KEY 8	KEY 7	KEY 6	KEY 5	KEY 4	KEY 3	KEY 2	KEY 1	KEY 0

附录B 软件接口标准(CMSIS)快速参考

B.1 数据类型

CMSIS 使用的标准数据类型定义在 stdint. h 中(见表 B.1)。

表 B.1 CMSIS 使用的标准数据类型

类型	数据
Unit32_t	无符号 32 位整数
Unit16_t	无符号 16 位整数
Unit8_t	无符号 8 位整数

B.2 NVIC 操作函数

函数名	void NIVC_EnableIRQ(IRQ_Type IRQn)
描述	使能 NVIC 中断控制器中的中断
参数	IRQ_Type IRQn 指定中断编号(IRQn 枚举)该函数不支持系统异常
返回	无

函数名	void NIVC_DisableIRQ(IRQ_Type IRQn)
描述	禁止 NVIC 中断控制器中的中断
参数	IRQ_Type IRQn 为外部中断的正的编号,该函数不支持系统异常
返回	无

函数名	void NIVC_GetPendingIRQ(IRQ_Type IRQn)
描述	读取一个设备特定的中断源的中断挂起位
参数	IRQ_Type IRQn 为特定设备中断编号,该函数不支持系统异常
返回	如果中断挂起为 1,否则为 0

函数名	void NIVC_ SetPendingIRQ(IRQ_Type IRQn)
描述	设置一个外部中断的挂起位
参数	IRQ_Type IRQn 为中断编号,该函数不支持系统异常
返回	无

函数名	void NIVC_ ClearPendingIRQ(IRQ_Type IRQn)
描述	清除一个外部中断的挂起位
参数	IRQ_Type IRQn 为中断编号,该函数不支持系统异常
返回	无

函数名	void NIVC_ SetPriority(IRQ_Type IRQn,uint32_t priority)
描述	设置一个外部中断的优先级
参数	IRQ_Type IRQn 为中断编号,uint32_t priority 为中断优先级,该函数自动将优先级数值移动到对应的位上
返回	无

函数名	uint32_t NIVC_ GetPriority(IRQ_Type IRQn)
描述	读取优先级可编程的中断或系统异常的优先级
参数	IRQ_Type IRQn 为中断编号
返回	uint32_t priority 为中断优先级,该函数自动将中断优先级寄存器中的未使用的位移除

B.3 系统和SysTick操作函数

下面的函数用于系统控制和SysTick设置:

函数名	void NIVC_ SystemReset(void)
描述	发起一次系统复位请求
参数	无
返回	无

函数名	uint32_t SysTick_Config(unit32_t ticks)
描述	初始化并启动SysTick定时器以及它的中断,该函数设置SysTick使其每“ticks”数目的内核时钟周期产生一次SysTick异常
参数	ticks为两次中断间的时钟周期数
返回	始终为0

函数名	void SystemInit(void)
描述	初始化系统,该设备特定的函数,位于system_ < device >. c中
参数	无
返回	无

函数名	void SystemCoreClockUpdate(void)
描述	更新SystemCoreClock变量,该函数从CMSIS版本1.3开始出现,而且与设备相关,位于system_ < device >. c中,时钟每次设置完后,就应该使用该函数

（续）

函数名	void SystemCoreClockUpdate(void)
参数	无
返回	无

B.4 内核寄存器操作函数

下面的函数用于访问内核寄存器：

函数名	void SystemCoreClockUpdate(void)
uint32_t __get_MSP(void)	获取 MSP 的值
void __set_MSP(uint32_t topOfMainStack)	修改 MSP 的值
uint32_t __get_PSP(void)	获取 PSP 的值
void __set_PSP(uint32_t topOfProcStack)	修改 PSP 的值
uint32_t __get_CONTROL(void)	获取 CONTROL 的值
void __set_ CONTROL (uint32_t control)	修改 CONTROL 的值

B.5 特殊指令操作函数

CMSIS 中具有以下的特殊指令操作函数：

系统特性函数

函数名	指令	描述
void __WFI(void)	WFI	等待中断(休眠)
void __WFE(void)	WFE	等待事件(休眠)
void __SEV(void)	SEV	发送事件
void __ enable_irq(void)	CPSIE i	使能中断(清除 PRIMASK)
void __ disable_irq(void)	CPSID i	禁止中断(设置 PRIMASK)
void __NOP(void)	NOP	无操作
void __ISB(void)	ISB	指令同步屏障
void __DSB(void)	DSB	数据同步屏障
void __DMB(void)	DMB	数据存储器屏障

数据处理函数

函数名	指令	描述
uint32_t __REV(uint32_t value)	REV	在字中反转字节顺序
uint32_t__REV16(uint32_t value)	REV16	反转两个半字内的字节顺序
uint32_t __ REVSH(uint32_t value)	REVSH	反转低半字内的字节顺序，然后对结果进行 32 位有符号展开

参 考 文 献

[1] 张勇,吴文华,贾晓天. ARM CORTEX - M0 LPC1115 开发实战——芯片级与 μC/OS - Ⅱ系统级[M]. 北京:北京航空航天大学出版社,2014.

[2] 温子祺,冼安胜,林秩谦,等. ARM CORTEX - M0 微控制器深度实战[M]. 北京:北京航空航天大学出版社,2014.

[3] Labrosse J J. 嵌入式实时操作系统 μC/OS - Ⅱ[M]. 2 版. 邵贝贝,译. 北京:北京航空航天大学出版社,2003.

[4] Joseph Yiu. ARM CORTEX - M0 权威指南[M]. 吴常玉,魏军,译. 北京:清华大学出版社,2013.

[5] 广州周立功单片机发展有限公司. LPC1100 系列微控制器用户手册,http://www.zlgmcu.com.

[6] 瑞生网. ARM CORTEX - M0 LPC1114 基础手册,http://www.rationmcu.com.

[7] 瑞生网. ARM CORTEX - M0 LPC1114 入门手册,http://www.rationmcu.com.

[8] 瑞生网. Ration 带你进入 ARM 的世界——征服 CORTEX - M0 LPC1114,http://www.rationmcu.com.